Uni-Taschenbücher 1299

Eine Arbeitsgemeinschaft der Verlage

Birkhäuser Verlag Basel · Boston · Stuttgart
Wilhelm Fink Verlag München
Gustav Fischer Verlag Stuttgart
Francke Verlag München
Harper & Row New York
Paul Haupt Verlag Bern und Stuttgart
Dr. Alfred Hüthig Verlag Heidelberg
Leske Verlag + Budrich GmbH Opladen
J. C. B. Mohr (Paul Siebeck) Tübingen
R. v. Decker & C. F. Müller Verlagsgesellschaft m. b. H. Heidelberg
Quelle & Meyer Heidelberg
Ernst Reinhardt Verlag München und Basel
K. G. Saur München · New York · London · Paris
F. K. Schattauer Verlag Stuttgart · New York
Ferdinand Schöningh Verlag Paderborn · München · Wien · Zürich
Eugen Ulmer Verlag Stuttgart
Vandenhoeck & Ruprecht in Göttingen und Zürich

Uwe Andersen / Wichard Woyke (Hrsg.)

Handwörterbuch Internationale Organisationen

Springer Fachmedien Wiesbaden GmbH

Cip-Kurztitelaufnahme der Deutschen Bibliothek

Handwörterbuch Internationale Organisationen
Uwe Andersen; Wichard Woyke (Hrsg.).

(UTB für Wissenschaft: Uni-Taschenbücher 1299)
ISBN 978-3-8100-0463-5   ISBN 978-3-663-14405-2 (eBook)
DOI 10.1007/978-3-663-14405-2

NE: UTB für Wissenschaft / Uni-Taschenbücher;
Andersen, Uwe (Hrsg.)

(c) 1985 by Springer Fachmedien Wiesbaden
 Ursprünglich erschienen bei Leske Verlag + Budrich GmbH, Leverkusen 1985

Einbandgestaltung: Alfred Krugmann

Vorwort/Einleitung

Das vorliegende Handwörterbuch Internationale Organisationen ist entstanden in Reaktion auf die höchst unbefriedigende Literaturlage, insbesondere im deutschsprachigen Raum. Es beansprucht einen wichtigen Beitrag zur Verbesserung dieses angesichts der wachsenden Bedeutung internationaler Organisationen besonders bedauerlichen Zustands zu leisten, indem es in systematischer Aufbereitung knappe Informationen zu allen politisch wichtigen internationalen Organisationen bereitstellt.

Im folgenden wird eine kurze Problemskizze internationaler Organisationen versucht. Sie zielt v. a. darauf ab, Analysekriterien zu liefern, die eine Strukturierung des Problemfeldes ermöglichen. Die anschließenden Erläuterungen zum Aufbau des Buches sind als Hilfe für den Nutzer gedacht.

1. Problemskizze internationaler Organisationen

Seit dem 19. Jahrhundert haben die grenzüberschreitenden Austauschprozesse aller Art rapide zugenommen und mit dem wachsenden Interdependenzgrad auch zu einem erhöhten Organisations- und Regelungsbedarf geführt. Internationale Organisationen sind eine Antwort auf diese Entwicklung, indem gemeinsame Interessen auf vertraglicher Basis mit Hilfe spezieller Institutionen verfolgt werden. Internationale Organisationen übernehmen damit ansatzweise eine Steuerungsfunktion im internationalen System. Die Bezeichnung inter-national verweist dabei auf die Nationalstaaten als weiterhin dominante Akteure des internationalen Systems. Internationale Organisationen sind sowohl als Ausdruck als auch partiell Ansatzpunkt zur Überwindung dieser grundlegenden Systemstruktur. Sowohl in der Wissenschaft als auch bei den vielfältigen politischen Akteuren gibt es grundlegende Auffassungsunterschiede darüber, welchen Hauptfunktionen internationale Organisationen dienen sollten. Dabei ist der Stellenwert des Ziels Aufbrechen und Überwinden bestehender Herrschafts- und Systemstrukturen besonders kontrovers. Auch eine präzise und einheitliche Definition internationaler Organisationen existiert bisher nicht, wobei die beiden sprachlichen Komponenten des Begriffs bereits auf die Abgrenzungsprobleme verweisen.

Nach der *Trägerschaft* — Staaten oder gesellschaftliche Organisationen — werden traditionell IGOs (International Governmental Organisations) und INGOs (International Non-Governmental Organisations) unterschieden, wobei die Abgrenzung auch hier unscharf bleibt. Unter einer IGO wird eine durch völkerrechtlichen Vertrag geschaffene Staatenverbindung mit eigenen Kompetenzen und Organen verstanden, die eine multilaterale Zusammenarbeit auf politischem und/oder militärischem, ökonomischem, sozialem oder kulturellem Gebiet anstrebt. INGOs sind dagegen Institutionen des internationalen Privatrechts. Die Union of International Associations benutzt zur Abgrenzung der in ihr Yearbook of International Organisations aufgenommenen Organisationen sieben Kriterien, darunter indidivuelle oder kollektive Mitgliedschaften aus mindestens drei Staaten. Gewinnorientierte transnationale Unternehmen (Buisiness INGOs = BINGOs) werden von ihr nicht berücksichtigt.

Die Unterscheidung zwischen IGOs und INGOs ist keineswegs identisch mit der problematischen Abgrenzung von politischen und unpolitischen internationalen Organisationen. Als unpolitisch werden meist spezialisierte technische Organisationen angesehen, bei denen Wertkonkurrenz- und Machtgesichtspunkte eine geringe Rolle spielen. Auch wenn zuzugeben ist, daß der Internationale Verband der Briefmarkensammler kaum politisch bedeutsam sein dürfte, haben andere in ihrem Selbstverständnis durchaus unpolitische INGOs wie auf dem Gebiet des Sports z. B. das Internationale Olympische Komitee (IOC) und der Weltfußballverband (FIFA) sich gerade in jüngster Vergangenheit als politische Akteure erwiesen. Bei der Einstufung ‚politisch‘ geht es eher um den Grad der Politiknähe, der sich im Zeitverlauf wandeln kann. Z.B. galt der Weltpostverein (UPU) unter den IGOs traditionell als relativ unpolitisch, ist aber in jüngster Zeit verstärkt politisiert worden.

Die Gesamtzahl der internationalen Organisationen wird auf 3.000 - 4.000 geschätzt — Verhältnis IGOs zu INGOs etwa 1 : 10 — mit stärkerer Wachstumsdynamik bei den INGOs.

Gründe für diese spezielle Wachstumsdynamik sind insbesondere die Revolutionierung des Informations- und Kommunikationssystems, die gewachsene Mobilität des Bürgers sowie die zunehmende Verflechtung über den staatlichen Bereich hinaus. Für die Ausweitung der IGOs lassen sich folgende Faktoren nennen:

- Vernachlässigung bzw. Ausklammerung von Problembereichen,
- Situationswandel, der zu neuen Fragestellungen führt,
- Unzufriedenheit mit bestehenden Organisationen,
- Nichtmitgliedschaft in bestehenden Organisationen bzw. Konkurrenzsituation,
- bürokratisches Expansionsbestreben und politische Mobilisierungsversuche.

Da das Handbuch schwerpunktmäßig IGOs abhandelt, bezieht sich die folgende Diskussion vorrangig auf diese Organisationen.

Ein weiteres wichtiges Differenzierungskriterium für internationale Organisationen ist ihre **Reichweite**, wobei zeitliche, mitgliederbezogene und sachliche Aspekte zu berücksichtigen sind. Bezogen auf die **zeitliche Reichweite** interessiert z. B. die Frage, ob es sich um eine alte oder junge internationale Organisation handelt, da damit meist Konsequenzen für die Etablierung im Feld der Akteure, Traditionsprägung usw. verbunden sind. Von Bedeutung sein kann auch die zeitliche Fixierung, ob eine internationale Organisation z. B. vertraglich befristet oder unbefristet gegründet wird.

Bei der **mitgliederbezogenen Reichweite** wird traditionell das räumliche Kriterium besonders betont. So werden nach Ziel — offener oder geschlossener Mitgliederkreis gemäß Vertrag — und Realität — tatsächliche Mitgliedschaft — insbesondere globale und regionale internationale Organisationen unterschieden. Neben der räumlichen Nähe sind für die Mitgliederbegrenzung in internationalen Organisationen aber auch Kriterien wie die Wertorientierung (bezogen auf den Ost-West-Konflikt z.B. sozialistische Länder oder westliche Demokratien), Entwicklungsstand (bezogen auf den Nord-Süd-Konflikt z.B. Industrie- oder Entwicklungsländer), Gewicht (nur besonders einflußreiche „Schlüsselländer" oder alle Staaten), analytisch interessant. Im konkreten Fall können verschiedene Begrenzungskriterien kombiniert auftreten (z.B. BENELUX).

Der Mitgliederaspekt ist wiederum nicht unabhängig von der **sachlichen Reichweite** internationaler Organisationen. So führt z.B. bei der Organisation Erdölexportierender Staaten (OPEC) das gemeinsame Interesse am Ölexport zugleich zur Aufgaben- und Mitgliederbegrenzung. Unter dem Aufgabenaspekt reicht die Spannweite von monofunktionalen internationalen Organisationen mit eng begrenzten Aufgaben bis zu multifunktionalen internationalen Organisationen mit einem umfassenden Aufgabenspektrum, was u. a. Konsequenzen für die innerorganisatorische Komplexität und Ausdifferenzierung hat.

Ein zentrales Analysekriterium ist die **Kompetenzstärke** internationaler Organisationen und damit die formale Bindungskraft gegenüber ihren Mitgliedern. Damit wird die sensible Souveränitätsfrage angesprochen. Bei Dominanz der Einzelstaaten im internationalen System dürfte die Verteilungsmaxime soviel internationale Regelungskompetenz wie möglich, soviel Kompetenztransfer auf internationale Organisationen wie unbedingt nötig, am ehesten konsensfähig sein. Damit wird der Konflikt aber nur auf die Interpretation des unbedingt Nötigen verlagert. Während für den klassischen Typ internationaler Organisationen die besondere Souveränitätsschonung gegenüber den Mitgliedern und entsprechend schwach ausgebildete Kompetenzen charakteristisch sind, zeichnet sich der bisher seltene Typ **supranationaler Organisationen** durch seine Kompetenzstärke aus, die sich z.B. in der EG in der unmittelbaren Rechtssetzungsbefugnis von EG-Organen gegenüber den Bürgern der EG-Mitgliedsländer äußert. Die Kompetenzen prägen auch den Arbeitsstil internationaler Organisationen, bei denen sich idealtypisch exekutive Organisationen mit ausgeprägten operativen Kompetenzen, z.B. der IWF, und kompetenzarme Verhandlungsforen, z.B. UNCTAD, unterscheiden lassen.

Gerade in der Kompetenzfrage sind aber die Ebenen Norm − Vertragsbestimmungen − und Realität zu unterscheiden, d.h. auch vertraglich verankerte Kompetenzen internationaler Organisationen müssen erst gegenüber den Mitgliedern durchgesetzt werden. Die bisherigen Erfahrungen zeigen, daß auch juristische Kompetenzen einer internationalen Organisationen wenig helfen und sie schnell zur „Papierinstitution" degeneriert, wenn die Unterstützung der Mitglieder ausbleibt, da hinreichende Zwangsmittel zur Durchsetzung der Kompetenzen fehlen. Unter diesem Aspekt interessieren nicht nur die Sanktionsmöglichkeiten gegenüber unbotmäßigen Mitgliedern, sondern auch das Instrumentenmix, d.h. ob internationale Organisationen neben „negativen" Instrumenten beschränkender und kontrollierender Art auch über positive Anreizmittel verfügen, um die Kooperation der Mitglieder zu sichern. Die Handlungsfähigkeit internationaler Organisationen hängt auch davon ab, ob die vertragliche Grundlage auf strenge Regelbindung oder eher auf ad-hoc-Entscheidungen ausgerichtet ist. Die mit strenger Regelbindung verbundene Sicherheit, welche Aktivitäten von einer internationalen Organisation zu erwarten sind, dürfte bei den Mitgliedern die Bereitschaft erhöhen, ihr größere Kompetenzen einzuräumen. Der dafür zu zahlende Preis besteht in geringerer Flexibilität, da in vertraglich nicht vorhergesehenen Situationen angemessene ad-hoc-Entscheidungen der internationalen Organisation nicht möglich sind.

Das durchaus verständliche Kontrollbestreben der Mitglieder gerade bei gewichtigen Kompetenztransfers auf internationale Organisationen läßt sich formal aber auch durch eine entsprechende Ausgestaltung der Binnenorganisation gewährleisten. Das zentrale Instrument dabei ist das Stimmrecht. Das Erfordernis der Einstimmigkeit garantiert jedem Mitglied ein Vetorecht, bildet damit aber auch eine hohe Hürde für die praktischen Handlungsmöglichkeiten einer internationalen Organisation. Wird für Entscheidungen Einstimmigkeit verlangt, wird diese Regelung, wie z.B. im Fall der OECD, häufig mit der Möglichkeit verknüpft, daß Mitglieder sich durch Stimmenthaltung der Anwendung der Entscheidung auf sie selbst entziehen können, ohne die Entscheidung für andere Mitglieder zu blockieren. Qualifizierte Mehrheiten – generell oder bei besonders wichtigen Fragen – sind bereits ein Mittelweg, hohen Konsensbedarf zu berücksichtigen, ohne jedem Mitglied ein Vetorecht einzuräumen.

Aber auch bei vertraglich vorgesehener Mehrheitsentscheidung dominiert in der politischen Praxis internationaler Organisationen meist das Konsensprinzip. Eine realitätsbezogene Einflußverteilung in der Binnenstruktur internationaler Organisationen ist eine der wichtigsten Voraussetzungen für die Handlungsmöglichkeiten und Durchsetzungschancen gegenüber den Mitgliedern. Die vom Grundsatz einzelstaatlicher Souveränität abgeleitete völkerrechtliche Fiktion der Gleichheit aller Staaten hat zur „one state-one vote"-Doktrin geführt, die bis heute für die meisten internationalen Organisationen gilt. Bei der Finanzierung internationaler Organisationen ist dagegen traditionell die unterschiedliche wirtschaftliche Leistungskraft der Mitglieder zumindest näherungsweise berücksichtigt worden. Es ist nicht zu übersehen, daß – abhängig vom Gewicht der Finanzen für die Arbeit der Organisation – bereits die unterschiedlichen Finanzbeiträge ein Einflußinstrument darstellen, z.B. bei der Zusammensetzung des Stabes meist berücksichtigt werden. Versuche, das unterschiedliche reale Gewicht der Mitglieder auch formal zu berücksichtigen, gibt es einmal in Form von Sonderrechten für besonders wichtige Mitglieder, z.B. das Anrecht auf einen ständigen Sitz im Sicherheitsrat der Vereinten Nationen und die damit verbundenen Privilegien für die fünf „Großmächte" (die USA, die Sowjetunion, die VR Chrina sowie Großbritannien und Frankreich). Zum anderen gibt es Experimente mit einem gewichteten Stimmrecht wie z.B. bei der EG und dem IWF. Das Hauptproblem dabei ist die Konsensfähigkeit der Gewichtungskriterien. Kritiker des gewichteten Stimmrechts — im Falle des IWF z.B. die Entwicklungsländer — fordern häufig eine „Demokratisierung" internationaler Organisationen, wobei allerdings dikussionsbedürftig bleibt, ob der Demokratiebegriff als Bezugspunkt für Staatengemeinschaften sinnvoll ist, ganz abgesehen von den Implikationen unterschiedlicher Demokratiemodelle. Auch im Falle des gewichteten Simmrechtes bleibt ein wichtiger Aspekt die Anpassung an sich verändernde Verhältnisse. Dabei scheint unter dem Einfluß des Faktors Besitzstandswahrung eine asymmetrische Anpassungstendenz vorzuherrschen; bei Stimmrechtsanpassung sind Stimmenvermehrungen anscheinend leichter durchzusetzen als -verminderungen.

Gelingt es internationalen Organisationen nicht, in ihrer Binnenstruktur die reale Machtverteilung in ihrem Aufgabenfeld angemessen zu berücksichtigen, wächst die Gefahr, daß Mehrheitsbeschlüsse gegen wichtige Mitglieder nicht durchgesetzt werden können, die internationalen Organisationen ignoriert oder umgangen werden, sich wirksame Entscheidungen in mehr oder minder formalisierte Zirkel von Schlüsselländer verlagern oder es gar zu Austritten und/ oder Neugründung von Konkurrenzorganisationen kommt. Andererseits ist eine wichtige Voraussetzung für die Bereitschaft, z.B. sensitive Informationen weiterzugeben und politisch brisante Fragen offen zu diskutieren, ein Vertrauensklima, das wesentlich davon abhängt, daß die internationale Organisation als genuin international und nicht als verlängerter Arm eines Landes oder einer Ländergruppe betrachtet wird.

In der Organisationsstruktur verkörpern die Leitung und der Stab in ihrem Rollenverständnis am stärksten das transnationale Element und auch das Eigeninteresse internationaler Organisationen. Zu berücksichtigen ist allerdings, daß die Leitung durch einen Wahlakt der Mitglieder ins Amt kommt und de facto besondere Loyalitäten zu bestimmten Mitgliedern oder Mitgliedergruppen bestehen können. Auch bei der personellen Selektion der internationalen Bürokratie spielt meist nicht nur die fachliche Qualifikation eine Rolle, sondern zumindest informell wird die Struktur der Mitgliedschaft berücksichtigt. Neben Leitung und Bürokratie existiert in der Regel ein stärker national orientiertes Kontrollgremium der Mitglieder, wobei der Handlungsspielraum und die Wirkungschancen der internationalen Organisation u. a. vom Mitgliederprofil des Kontrollgremiums – Funktionen und Einfluß in den Mitgliedsländern – abhängen.

2. Zum Aufbau des Buches

Im Mittelpunkt des Buches stehen die IGOs, da sie in der Regel die wichtigeren Akteure in der internationalen Politik sind. Abgesehen von einigen sehr kleinen, bisher unbedeutenden Organisationen ist bei den IGOs auf möglichst umfassende Berücksichtigung Wert gelegt worden. Darüber hinaus haben wir uns entschlossen, auch wenige informelle, vertraglich nicht abgesicherte internationale Gremien bzw. Konferenzen wie z.B. Weltwirtschaftsgipfel oder die Abrüstungskonferenzen aufzunehmen, die zwar nach gängigen Definitionen nicht zu den IGOs im engeren Sinn zählen, gleichwohl aber ähnliche Funktionen wahrnehmen und z.T. für die internationale Politik größere Bedeutung als formelle IGOs besitzen. Schließlich haben wir einige nach dem Kriterium ihres politischen Stellenwertes ausgewählte INGOs einbezogen. Auch beim Umfang der Darstellung haben wir uns bemüht, nach der unterschiedlichen Bedeutung der einzelnen internationalen Organisationen für die internationale Politik zu gewichten.

In der Reihenfolge werden zunächst die IGOs, im Anschluß daran die informellen internationalen Gremien bzw. Konferenzen und schließlich die INGOs behandelt. Innerhalb der IGOs wird nach globalen und regionalen Organisationen gegliedert. In einem ersten Teil werden die globalen Organisationen vorgestellt, wobei als Kriterium primär der globale Anspruch und damit die Offenheit für Mitglieder aus allen Regionen der Welt herangezogen wurde. Dieser in sich wiederum alphabetisch aufgebaute Teil beginnt mit dem Allgemeinen Zoll- und Handelsabkommen (GATT) und endet mit dem Weltpostverein (UPU). Es folgen die regionalen IGOs, wobei die Regionen traditionell abgegrenzt wurden. Die gewählte Reihenfolge lautet: Europa, Afrika, Naher Osten, Asien und Pazifik, Amerika.

Hinsichtlich der für die alphabetische Reihung maßgeblichen Bezeichnung der internationalen Organisationen gilt, daß in der Regel der deutsche Name gewählt wurde. Es folgt – falls gebräuchlich – die deutsche Abkürzung und daran anschließend werden die am meisten verwendeten fremdsprachlichen Bezeichnungen und Abkürzungen genannt. Da im deutschen Sprachraum häufig deutsche und unterschiedliche fremdsprachliche Bezeichnungen und Abkürzungen nebeneinander verwendet werden, bieten sich für ein schnelles Auffinden einer internationalen Organisation das Abkürzungsverzeichnis und das Stichwortregister an, in die die unterschiedlichsten Bezeichnungen aufgenommen wurden.

Für den Aufbau der einzelnen Beiträge wurde das folgende Kriterienraster vorgegeben: 1. Sitz; 2. Mitglieder; 3. Entstehungsgeschichte; 4. Ziele/Vertragsinhalte; 5. Organisationsstruktur/Finanzierung, 6. Entwicklung; 7. Perspektiven/Bewertung. Aufgrund spezifischer Strukturen konnte dieses Raster nicht in allen Beiträgen strikt durchgehalten werden, doch diente es auch bei Abweichungen als Orientierungshilfe. Für Querverweise auf andere in diesem Buch dargestellte internationale Organisationen werden Pfeile (→) verwendet.

An dem Handwörterbuch Internationale Organisationen haben mehr als 50 Experten mitgearbeitet, die „ihre" internationale Organisation(en) seit langem ständig beobachten. Die organisatorischen Zwänge eines solchen Unternehmens erlauben es allerdings nicht, generell die aktuelle Entwicklung zu berücksichtigen. Soweit möglich wurden besonders gewichtige Ereignisse bis einschließlich Frühjahr 1985 einbezogen. Leider haben besondere organisatorische Schwierigkeiten im Herstellungsprozeß das Erscheinen des Buches verzögert, so daß nicht in jedem Artikel die Entwicklung des letzten Jahres berücksichtigt werden konnte. Da die Funktion eines Handbuchs allerdings in der Herausarbeitung der Grundstrukturen und Entwicklungstends liegt, halten wir dies für vertretbar.

Uns bleibt die angemehme Pflicht, uns für die tatkräftige Unterstützung von Birgit Keller (Münster), Bärbel Kleine-Kampmann (Bochum) und Rainer Bovermann (Bochum) zu bedanken.

Bochum/Münster, den 1. Juni 1985   Uwe Andersen/Wichard Woyke

Inhalt

Verzeichnis der wichtigsten Abkürzungen

AAD	=	Arab Accounting Dinar
ABEDA	=	Arab Bank for Economic Development in Africa/Arabische Bank für ökonomische Entwicklung in Afrika
ADB	=	Asian Development Bank/Asiatische Entwicklungsbank
AfDB / ADB	=	African Development Bank/Afrikanische Entwicklungsbank
AFESD	=	Arab Fund for Economic and Social Development/Arabischer Fonds für ökonomische und soziale Entwicklung
AFL/CIO	=	American Federation of Labour/Congress of Industrial Organizations
AGM	=	Arabischer Gemeinsamer Markt
ai	=	Amnesty International
AKP-Länder	=	Afrikanische, Karibische und Pazifische Länder
AL	=	Arabische Liga / Liga der Arabischen Staaten
ALADI	=	Asociación Latinoamericana de Integración/Lateinamerikanische Integrationsassoziation
AMF	=	Arab Monetary Fund/Arabischer Währungsfonds
ANZUS-Pakt	=	Australien-Neuseeland-USA-Pakt
ASEAN	=	Association of South East Asian Nations/Verband südostasiatischer Staaten
BCIE	=	Banco Centroamericano de Integración Económica/Zentralamerikanische Bank für Wirtschaftliche Integration
BE	=	British Empire
BENELUX	=	Belgisch-Niederländisch-Luxemburgische Wirtschaftsunion
BID	=	Banco Interamericano de Desarollo/Interamerikanische Entwicklungsbank
BIS / BIZ	=	Bank for International Settlements/Bank für Internationalen Zahlungsausgleich
CABEI	=	Central-American Bank for Economic Integration/Zentralamerikanische Bank für Wirtschaftliche Integration
CACM	=	Central-American Common Market/Zentralamerikanischer Gemeinsamer Markt
CADC	=	Central American Defense Council/Zentralamerikanischer Verteidigungsrat
CAEU	=	Council of Arab Economic Unity/Rat für Arabische Wirtschaftseinheit
CAF	=	Corporación Andina de Fomento/Andine Finanzkorporation
CARICOM	=	Caribbean Community/Karibische Gemeinschaft
CBLT	=	Commission du Bassin du Lac Tchad/Lake Chad Basin Commission

CCM	=	Caribbean Common Market/Karibischer Gemeinsamer Markt
CDB	=	Caribbean Development Bank/Karibische Entwicklungsbank
CdE	=	Conceil de l'Entente/Rat der Entente
CDWU	=	Christlich-Demokratische Weltunion
CEAO	=	Communauté Economique de l'Afrique de l'Ouest/Westafrikanische Wirtschaftsgemeinschaft
CECLA	=	Comissión Especial de Coordinacion Latinoamericana
CEDEAO	=	CommunautéEconomique des Etats de l'Afrique de l'Ouest/Wirtschaftsgemeinschaft Westafrikanischer Staaten
CEEAC	=	Communauté Economique des Etats de l'Afrique Centrale
CENTO	=	Central Treaty Organization
CEPAL	=	Commissión Económica para America Latina/Wirtschaftskommission der Vereinten Nationen für Lateinamerika
CEPGL	=	Communauté Economique des Pays des Grande Lacs
CERN	=	Centre Européen pour la recherche nucléaire/Europäisches Kernforschungszentrum
CFA	=	Communauté Financière Africaine
CGIL	=	Confederazione Generale Italiana del Lavoro
CGT	=	Confédération Générale du Travail
CILSS	=	Comité Permanent Inter-Etats de Lutte contre la Sécheresse dans le Sahel
CLAT	=	Central Latinoamericana de Trabajadores/Lateinamerikanische Arbeiterzentrale
CMEA/COMECON	=	Council for Mutual Economic Assistance/Fs/Rat für gegenseitige Wirtschaftshilfe/Communist Economie
CONDECA	=	Consejo de Defensa Centroamericano/Zentralamerikanischer Verteidigungsrat
DC	=	Democrazia Christiana
EAC	=	East African Community/Ostafrikanische Gemeinschaft
ECA	=	United Nations Economic Commission for Africa/Wirtschaftskommission der Vereinten Nationen für Afrika
ECAFE	=	Economic Commission for Asia and the Far East
ECCM	=	East Caribbean Common Market/Gemeinsamer Markt der Ostkaribik
ECE	=	Economic Commission for Europe/Wirtschaftskommission der Vereinten Nationen für Europa
ECOSOC	=	Economic and Social Council (UN)/Wirtschafts- und Sozialrat der Vereinten Nationen
ECOWAS	=	Economic Community of West African States/Wirtschaftsgemeinschaft Westafrikanischer Staaten
ECU	=	European Currency Unit/Europäische Währungseinheit
ECWA	=	Economic Commission for Western Asia/Wirtschaftskommission der Vereinten Nationen für Westasien

EFTA	=	European Free Trade Association/Europäische Frei-handelsassoziation
EG	=	Europäische Gemeinschaft(en)
EGKS	=	Europäische Gemeinschaft für Kohle und Stahl
EIB	=	Europäische Investitionsbank
EL	=	Entwicklungsländer
ELD	=	Europäische Liberale Demokraten
ESA	=	European Space Agency/Europäische Weltraumorganisation
ESCAP	=	Economic and Social Commission for Asia and the Pacific/Wirtschaftliche und Soziale Kommission der Vereinten Nationen für Asien und den Pazifik
EURATOM	=	Europäische Atomgemeinschaft
EWG	=	Europäische Wirtschaftsgemeinschaft
FAO	=	Food and Agricultural Organization of the United Nations/Ernährungs- und Landwirtschaftsorganisation der Vereinten Nationen
FES	=	Friedrich-Ebert-Stiftung
FIFA	=	Fédération Internationale de Football Association/ Weltfußballverband
Franc-CFA	=	Francs des Colonies Francaises d'Afrique
GAMO	=	Gemeinsame Afrikanisch-Mauretanische Organisation
GATT	=	General Agreement on Tariffs and Trade/Allgemeines Zoll- und Handelsabkommen
GCC	=	Gulf Cooperation Council/Kooperationsrat der Arabischen Golfstaaten
GP	=	Greenpeace
IAEA/IAEO	=	International Atomic Energy Agency/Internationale Atomenergie-Organisation
IALA	=	International African Law Association/Internationale Vereinigung für afrikanisches Recht
IAO	=	Internationale Arbeitsorganisation
IATA	=	International Air Transport Association/Internationale Lufttransportgesellschaft
IBFG	=	Internationaler Bund Freier Gewerkschaften
IBRD	=	International Bank for Reconstruction and Development/Internationale Bank für Wiederaufbau und Entwicklung
IBS	=	Internationale Berufssekretariate
IBWZ	=	Internationale Bank für Wirtschaftliche Zusammenarbeit
ICAITI	=	Instituto Centroamericano de Investigacion y Tecnología Industrial/Zentralamerikanisches Forschungsinstitut für industrielle Technologie
ICAO	=	Internationale Civil Aviation Organization/Internationale Zivilluftfahrtorganisation
ICAP	=	Inter-American Committee on the Alliance for Progress

ICC	=	International Chamber of Commerce/Internationale Handelskammer
ID	=	Islamische Dinare
IDA	=	International Development Association/Internationale Entwicklungsorganisation
IDB	=	Islamic Development Bank/Islamische Entwicklungsbank
IDB	=	Inter-American Development Bank/Interamerikanische Entwicklungsbank
IDU	=	Internationale Demokratische Union
IEA	=	International Energy Agency/Internationale Energieagentur
IFAD	=	International Fund for Agricultural Development/ Internationaler Fond für landwirtschaftliche Entwicklung
IFC	=	International Finance Corporation/Internationale Finanz-Corporation
IHO	=	International Hydrographic Organization
IIB	=	Internationale Investitionsbank
IL	=	Industrieländer
ILO	=	International Labour Organization/Internationale Arbeitsorganisation
IMCO	=	Inter-Governmental Maritime Consultative Organization
IMF	=	International Monetary Fund/Internationaler Währungsfonds
IMO	=	International Maritime Organization/Internationale Seeschiffahrts-Organisation
INFCE	=	International Nuclear Fuel Cycle Evaluation/Internationale Bewertung des nuklearen Brennstoff-Kreislaufs
INMARSAT	=	International Maritime Satellite Organization/Internationale Seefunksatelliten-Organisation
INTAL	=	Instituto para la Integración de América-Latina/Institut für Lateinamerikanische Integration
INTELSAT	=	International Telecommunications Satellite Organization/Internationale Fernmeldesatellitenorganisation
IOC	=	Indian Ocean Commission/Indische Ozean Kommission
IOC	=	International Olympic Committee/Internationales Olympisches Komitee
IOE	=	International Organization of Employers/Internationale Arbeitgeberorganisation
IPSA	=	International Political Science Association/Internationale Vereinigung für Politikwissenschaft
IPU	=	Interparlamentary Union/Interparlamentarische Union
IRK	=	Internationales Rotes Kreuz
ITU	=	International Telecommunication Union/Internationale Fernmelde-Union
IWF	=	Internationaler Währungsfonds

KBO	=	Kagera Basin Organization/Organisation pour l'Aménagement et le Dévéloppement du Bassin de Kagera
KSZE	=	Konferenz über Sicherheit und Zusammenarbeit in Europa
LAIA	=	Latin American Integration Association/Lateinamerikanische Integrationsassoziation
LDC/LLDC	=	Less Developed Countries/Least Developed Countries
LI	=	Liberale Internationale
MCCA	=	Mercado Comun Centroamericano/Zentralamerikanischer Gemeinsamer Màrkt
MNK	=	Multinationale Konzerne
MRU	=	Mano River Union
NATO	=	North Atlantic Treaty Organization/Nordatlantische Verteidigungsorganisation
NEA	=	Nuclear Enery Agency/Atomenergie-Agentur
NGO	=	Non-Governmental Organization
NWWO	=	Neue Weltwirtschaftsordnung
OAE	=	Organisation für Afrikanische Einheit
OAPEC	=	Organization of Arab Petroleum Exporting Countries/ Organisation arabischer erdölexportierender Länder
OAS	=	Organization of American States/Organisation Amerikanischer Staaten
OCAM	=	Organisation Commune Africaine et Mauricienne/Gemeinsame Afrikanisch-Mauretanische Organisation
OCAS/ODECA	=	Organization of Central American States/Organización de los Estados Centroamericanos/Organisation der Zentralamerikanischen Staaten
OEA	=	Organización de los Estados Americanos / Organisation Amerikanischer Staaten
OECD	=	Organization for Economic Cooperation and Development/Organisation für wirtschaftliche Zusammenarbeit und Entwicklung
OECS	=	Organization of Eastern Caribbean States/Organisation der Staaten der Ostkaribik
ÖRK	=	Ökumenischer Rat der Kirchen
OIC	=	Organization of Islamic Conference/Organisation der Islamischen Konferenz
OLADE	=	Organización Latinoamericana de Energía/Lateinamerikanische Energieorganisation
OMVG	=	Organisation pour la Mise en Valeur du Fleuve Gambie/ Gambia River Development Organization
OMVS	=	Organisation pour la Mise en Valeur du Fleuve Sénégal
ONU	=	Organisation des Nations Unies/Organisation der Vereinten Nationen
OPANAL	=	Organismo para la Proscripción de las Armas Nucleares en la América Latina/Behörde zum Verbot von Kernwaffen in Lateinamerika

OPEC	=	Organization of Petroleum Exporting Countries/Organisation erdölexportierender Länder
OUA	=	Organisation de l'Unité Africaine/Organisation für Afrikanische Einheit
PNUD	=	Programme des Nation Unies pour le Développement/Entwicklungshilfsprogramm der Vereinten Nationen
POLISARIO	=	Frente Popular de Liberación Sanguia-el-Hamra y Rio de Oro/Befreiungsfront für die Westsahara
PTA	=	Preferential Trade Area for Eastern and Southern Africa
RCD	=	Regional Cooperation for Development/Regionale Zusammenarbeit für Entwicklung
RGW	=	Rat für gegenseitige Wirtschaftshilfe
SA	=	Südafrika
SACU	=	Southern African Customs Union
SADCC	=	Southern African Coordination Conference
SARC	=	South-Asian Regional Cooperation/Südasiatische Regionale Zusammenarbeit
SEATO	=	South-East Asia Treaty Organization
SELA	=	Sistema Económico Latinoamericano/Lateinamerikanisches Wirtschaftssystem
SHAPE	=	Supreme Headquarters Allied Powers Europe
SI	=	Sozialistische Internationale
SIECA	=	Secretaria Permanente del Tratado General de Integración Económica Centroamericana
SOHYO	=	Generalrat der Japanischen Gewerkschaften
SPEC	=	South Pacific Bureau for Economic Co-operation/Südpazifisches Büro für ökonomische Zusammenarbeit
SPF	=	South Pacific Forum/Süd-Pazifisches Forum
SZR	=	Sonderziehungsrechte
TIAR	=	Tratado Interamericano de Asistencia Recíproca/Rio-Pakt
TUC	=	Trades Union Congress
UDEAC	=	Union Douanière et Economicque de l'Afrique Centrale/Zentralafrikanische Zoll- und Wirtschaftsunion
UMOA	=	Union Monétaire Ouest Africaine/Westafrikanische Währungsunion
UN	=	United Nations
UNCTAD	=	United Nations Conference on Trade and Development/Konferenz der Vereinten Nationen für Handel und Entwicklung
UNDP	=	United Nations Development Programme/Entwicklungsprogramm der Vereinten Nationen
UNEP	=	United Nations Environment Programme/Umweltprogramm der Vereinten Nationen
UNESCO	=	United Nations Educational, Scientific, and Cultural

		Organization/Organisation der Vereinten Nationen für Erziehung, Wissenschaft und Kultur
UNFPA	=	United Nations Fund for Population Activities/Bevölkerungsfonds der Vereinten Nationen
UNHCR	=	United Nations High Commissioner for Refugees/ Hoher Flüchtlingskommissar der Vereinten Nationen
UNICE	=	Union des Industries de la Communauté Européenne/ Union der Industrien der Europäischen Gemeinschaft
UNICEF	=	United Nations Children's Fund/Kinderhilfswerk der Vereinten Nationen
UNIDO	=	United Nations Industrial Development Organization/ Organisation der Vereinten Nationen für industrielle Entwicklung
UNITAR	=	United Nations Institute for Training and Research/ Ausbildungs- und Forschungsinstitut der Vereinten Nationen
UNO	=	United Nations Organization/Organisation der Vereinten Nationen
UNRWA	=	United Nations Relief and Works Agency for Palestine Refugees in the Near East/Hilfswerk der Vereinten Nationen für Palästina-Flüchtlinge im Nahen Osten
UNU	=	United Nations University/Universität der Vereinten Nationen
UPU	=	Universal Postal Union/Weltpostverein
VAE	=	Vereinigte Arabische Emirate
WCC	=	World Council of Churches/Ökumenischer Rat der Kirchen
WEU	=	Westeuropean Union/Westeuropäische Union
WFC	=	World Food Council/Welternährungsrat
WFP	=	World Food Programme/Welternährungsprogramm
WGB	=	Weltgewerkschaftsbund
WHO	=	World Health Organization/Weltgesundheitsorganisation
WIPO	=	World Intellectual Property Organization/Weltorganisation für geistiges Eigentum
WMO	=	World Meteorological Organization/Weltmetereologieorganisation
WP	=	Warschauer Pakt
WVA	=	Weltverband der Arbeitnehmer
WWG	=	Weltwirtschaftsgipfel
ZAR	=	Zentralafrikanische Republik

Globale Organisation

Allgemeines Zoll- und Handelsabkommen (General Agreement on Tariffs and Trade/GATT)

1. Sitz: Genf

2. Mitglieder: Mitglieder werden als Vertragsparteien bezeichnet. Für den Beitritt ist eine Zwei-Drittel-Mehrheit erforderlich. Mitte 1984 hatte das GATT 88 Vollmitglieder, darunter 60 EL, alle westlichen IL und die Mehrheit der kommunistischen Staaten Osteuropas mit Ausnahme insbesondere der UdSSR und der DDR. Etwa 30 EL, deren Gebiet noch unter der Kolonialherrschaft von den GATT-Regeln erfaßt wurde, haben einen Zwischenstatus. Sie wenden die GATT-Regeln de facto weiter an, halten die Entscheidung über ihren Beitritt aber noch offen. Weitere Länder haben den Status eines Beobachters.

3. Entstehungsgeschichte: In den insbesondere angelsächsischen Plänen zu einer Neukonzeption des Weltwirtschaftssystems der Nachkriegszeit waren eigenständige internationale Organisationen für die Teilbereiche Währung, Kapitalhilfe und Handel vorgesehen. Die schwierigen Verhandlungen im Handelsbereich unmittelbar nach dem Zweiten Weltkrieg mündeten in der „Havanna-Charta" (1948), in der eine Internationale Handelsorganisation (ITO) vorgesehen war. Parallel laufende Zollverhandlungen führten 1947 zur Unterzeichnung des GATT, das als Übergangslösung bis zur Ratifizierung der Havanna-Charta angesehen wurde. Die ITO wurde wegen wachsender Widerstände v. a. im amerikanischen Kongreß jedoch nicht realisiert. In dieser Situation übernahm das Provisorium GATT eine Ersatzfunktion und wurde zur Dauereinrichtung, obwohl es de jure bis heute nur „vorläufig" angewandt wird.

4. Ziele/Vertragsinhalte: In der GATT-Präambel werden allgemeine ökonomische Ziele genannt, wie Erhöhung des Lebensstandards, Vollbeschäftigung, Steigerung der Produktion und des Warenaustausches. Im Dienste dieser übergeordneten Ziele strebt das GATT an, Handelshemmnisse abzubauen und Diskriminierung zu beseitigen. Art. 1 enthält den Grundsatz der allgemeinen Meistbegünstigung, d. h. grundsätzlich müssen Handelsvergünstigungen, z. B. bei Zöllen, die ein GATT-Mitglied einem Dritten einräumt, auf alle Mitglieder ausgedehnt werden. Mengenmäßige Beschränkungen sind nur in Ausnahmefällen, z. B. bei Zahlungsbilanzschwierigkeiten, erlaubt. Der Schutz der inländischen Industrie ist grundsätzlich nur in Form von Zöllen zulässig, und hier zielt das GATT einerseits auf Sicherheit – die ausgehandelten Zollsätze sind Teil des Übereinkommens –, andererseits auf Reduzierung im Wege von Verhandlungen. Ein durchgängiges Prinzip des Übereinkommens ist Konsultation, und das GATT bietet nicht zuletzt einen Rahmen für die friedliche Regelung von Handelskonflikten zwischen den Mitgliedern. Im Kern legt das Übereinkommen einen Verhaltenskodex für den internationalen Handel fest, der allerdings mit zahlreichen Ausnahmeklauseln durchsetzt ist.

5. Organisation/Finanzierung: Aufgrund seiner Entstehungsgeschichte ist die Organisationsstruktur des GATT unterentwickelt. Oberstes Entscheidungsgremium ist die in der Regel einmal jährlich tagende Vollversammlung der Vertreter der Vertragsparteien. In seltenen Fällen, bei besonders schwerwiegenden Entscheidungen, finden Tagungen auf Ministerebene statt. In der Regel fallen Entscheidungen der Vollversammlung konsensual. In den seltenen Abstimmungsfällen hat jedes Mitglied eine Stimme, wobei in der Regel eine einfache Mehrheit der abgegebenen Stimmen erforderlich ist. Will ein Mitglied in besonderen Fällen von Verpflichtungen des Abkommens entbunden werden, benötigt es dagegen zwei Drittel der abgegebenen Stimmen und über die Hälfte der Mitglieder. Zwischen den Vollversammlungen wird die Tätigkeit des GATT seit 1960 von einem Rat geleitet, der für alle Vertragsparteien offen ist. Bei der Vorbereitung von Entscheidungen wirken eine Vielzahl von Ausschüssen und Arbeitsgruppen sowie das Sekretariat – etwa 300 Mitarbeiter – unter Leitung eines Generaldirektors mit. Seit 1975 ist die „Konsultativgruppe der 18" tätig, die aus hochrangigen, mit handelspolitischen Fragen befaßten Vertretern der Mitgliedsländer besteht, wobei der Kreis der Länder vom Rat unter Beachtung einer breiten Repräsentation jedes Jahr neu bestimmt wird. Dem Sekretariat angegliedert ist das 1964 gegründete Internationale Handelszentrum (International Trade Center/ITC), das den EL technische Hilfe leistet bei ihren Exportbemühungen. Es wird seit 1968 gemeinsam mit der → UNCTAD unterhalten. Wegen der engen Verbindung von Handels- und Währungsbeschränkungen bestehen darüber hinaus enge Kontakte zum → IWF, dessen Urteil in Zahlungsbilanzfragen, z. B. wenn ein Mitglied Importbeschränkungen mit Zahlungsbilanzproblemen begründet, für das GATT bindend ist.

Das GATT-Budget wird finanziert durch Beiträge der Vertragsparteien, die auf der Basis ihres Handelsanteils berechnet werden.

6. Entwicklung: Versuche, die aus der Entstehung des GATT resultierende Organisationsschwäche grundlegend zu korrigieren, sind erfolglos geblieben. So scheiterte der 1955 ausgearbeitete Entwurf für eine Organisation für Handelskooperation (OTC) als institutionellem Kern des GATT wiederum an der fehlenden Ratifizierung.

Ein wichtiger Teil der GATT-Aktivitäten umfaßt multilaterale Zollsenkungsverhandlungen. Die mit der Entstehung des GATT verbundene erste Zollrunde 1947 in Genf hatte noch zu einer Zollsenkung von etwa 19 % unter den 23 Vertragsparteien geführt. Die vier folgenden Zollrunden in Annecy/Frankreich (1949), Torquay/England (1950/51), Genf/Schweiz (1956) und 1961/62 („Dillon-Runde") brachten aber nur sehr bescheidene Ergebnisse. Dazu trug der Verhandlungsmodus bei. In einem komplizierten und zeitaufwendigen Verfahren wurden bilateral und produktorientiert die einzelnen Tarifpositionen verhandelt und damit auch die innenpolitischen Druckmöglichkeiten der betroffenen Interessenverbände maximiert. In der sechsten Zollrunde 1964 bis 1967 („Kennedy-Runde") wurde daher die „selektive" durch die „lineare" Methode ersetzt, d. h. es wurden lineare Zollsenkungen um den gleichen Prozentsatz für möglichst viele Tarifpositionen angestrebt. Beschlossen wurde eine durchschnittliche Tarifsenkung um 36 % über die nächsten 5 Jahre, wobei die Erfolge im Bereich der Agrarprodukte – Widerstand der → EG – allerdings sehr viel kärglicher ausfielen.

In Erkenntnis der weiterhin bestehenden Defizite wurde schon 1967 eine neue Initiative zur Handelsliberalisierung eingeleitet. Nach schwierigen Vorverhandlungen wurde auf einer GATT-Ministertagung 1973 in Tokio die siebente Zollrunde beschlossen („Tokio-Runde"), an der sich auch Nicht-Mitglieder beteiligen konnten. Als Verhandlungsschwerpunkte wurden die Agrarprodukte, die wachsenden nicht-tarifären Handelshemmnisse und Verbesserungen für die EL vorgesehen. Bedingt durch die weltwirtschaftlichen Krisenmomente – Energie,

Währungssystem, Rezession – verzögerten sich die Verhandlungen und konnten erst 1979 abgeschlossen werden. Es wurden auf acht Jahre verteilte Zollsenkungen von durchschnittlich 34 % im industriellen Bereich und 32-40 % im landwirtschaftlichen Bereich vereinbart. Im Bereich der nicht-tarifären Hemmnisse wurden u. a. Kodices über Subventions- und Ausgleichszahlungen, die Gleichbehandlung von in- und ausländischen Unternehmen bei öffentlichen Aufträgen, den Abbau technischer Handelshemmnisse (Normen) und das Verfahren bei Importlizenzen vereinbart. Für die EL war neben der Zollsenkung für tropische Produkte ein neuer Rechtsrahmen wichtig.

Die Kritik der EL, daß ihre Probleme weitgehend vernachlässigt würden, hat die GATT-Tätigkeit begleitet und zu einer reservierten Haltung gegenüber dem GATT geführt. 1963 verlangten 21 EL in einer GATT-Resolution den gezielten Abbau von Hemmnissen gegenüber ihren Exporten, mit bescheidenem Erfolg. Immerhin wurde das Übereinkommen 1965 durch einen Teil IV ergänzt, in dem das Verhältnis von Handel und Entwicklung behandelt und u. a. festgelegt wird, daß IL für Handelserleichterungen gegenüber den EL keine reziproken Zugeständnisse erwarten. Um die Interessen der EL besser zur Geltung zu bringen, wurde ein Handels- und Entwicklungsausschuß eingerichtet. Die größere Sensibilität innerhalb des GATT gegenüber den spezifischen Interessen der EL dürfte auch mit der Gründung der UNCTAD zusammenhängen. Die UNCTAD ist Ausdruck der Unzufriedenheit der EL mit den bestehenden internationalen Organisationen und versucht ausdrücklich, Handel und Entwicklung zu verknüpfen. Sie gerät mit diesem Anspruch primär in den Aufgabenbereich des GATT, und dementsprechend ist das Verhältnis beider Organisationen trotz partieller Zusammenarbeit – gemeinsames Internationales Handelszentrum – schwierig. Die Nord-Süd-Kommission („Brandt-Kommission") hat daher kurzfristig eine verstärkte Koordinierung vorgeschlagen und längerfristig eine neue internationale Handelsorganisation, die sowohl das GATT wie auch die UNCTAD in sich vereinigt.

Als Ergebnis der Tokio-Runde ist in das Übereinkommen eine „Ermächtigungsklausel" eingefügt worden, die Präferenzregelungen für die EL ohne Rückgriff auf Ausnahmegenehmigungen ermöglicht. Damit verknüpft ist allerdings das „Prinzip der Graduation", d. h. daß EL sich entsprechend ihrem wirtschaftlichen Fortschritt wieder den allgemeinen GATT-Regeln unterwerfen müssen.

Die Tokio-Runde war ein Versuch, dem angesichts schwieriger weltwirtschaftlicher Rahmenbedingungen und hoher Arbeitslosigkeit auch in den IL wachsenden Handelsprotektionismus entgegenzutreten. Doch konnte den zunehmenden GATT-Verletzungen, z. B. durch Überdehnung der Schutzklausel in Art. XIX, „Marktordnungsvereinbarungen" und bilateralen Abkommen über „freiwillige" Exportbeschränkungen, nicht Einhalt geboten werden. Mit einer GATT-Ministerkonferenz im Nov. 1983 in Genf, der ersten nach der Tokio-Konferenz 1973, wurde ein neuer Anlauf versucht und ein Prioritätenkatalog für die 80er Jahre angestrebt. In der Schlußerklärung wurden zwar in der Lageanalyse die Mißstände offen beschrieben und bei den Zielen die GATT-Grundsätze erneuert und dem Protektionismus der Kampf angesagt, im Maßnahmenbereich blieb es aber mit Ausnahme einer Verbesserung des Streitschlichtungsverfahrens bei Absichten.

7. Perspektiven/Bewertung: Das GATT hat bei der Liberalisierung des Welthandels und der davon mitbedingten Vervielfachung des Handels in der Nachkriegszeit eine wichtige Rolle gespielt. Der Grundsatz der Meistbegünstigung ist aber durch die wachsende Zahl regionaler Präferenzzonen, denen inzwischen etwa drei Viertel der Mitglieder angehören, und durch Präferenzen für EL eingeschränkt worden. Gravierender noch sind die mit den wirtschaftlichen Schwierigkeiten gewachsenen protektionistischen Neigungen, die zu vielfältigen Verstößen zumindest gegen den Geist des GATT geführt haben. Dabei dominieren neue Formen nicht-tarifärer Hemmnisse. Auch das Problem der Anwendung des GATT auf Staatshandelsländer mit zentraler Preisfestsetzung ist bisher nicht befriedigend gelöst.

Die EL haben auch im GATT eine stärkere Berücksichtigung ihrer Interessen verlangt. Da die Funktionsfähigkeit des GATT auf Konsens beruht und im Welthandel die „Großmächte" EG, USA und Japan dominieren, hat den EL ihre Stimmenmehrheit wenig genutzt. Unter dem Konkurrenzdruck der UNCTAD ist aber auch im GATT versucht worden, stärker auf die Bedürfnisse der EL einzugehen. Die Mehrzahl der EL hat sich andererseits zunehmend im GATT engagiert, weil es trotz aller berechtigten Kritik das Hauptforum für praktische Handelsvereinbarungen bildet.

Literatur

Curzon, G. 1965: Multilateral Commercial Diplomacy. An Examination of the Impact of the General Agreement on Tariffs and Trade on National Commercial Policies and Techniques, London

Curzon, G./Curzon, V. 1972: Global Assault on Non-Tariff Trade Barriers, London

Dam, K. W. 1970: The GATT-Law and International Economic Organisation, Chicago u. a.

GATT: GATT Activities (jährlich), Genf

GATT: International Trade (jährlich), Genf

Gupta, K. R. 1976: GATT and Underdeveloped Countries, Neu-Dehli

Hudec, R. E. 1975: The GATT Legal System and World Trade Diplomacy, New York u. a.

Kock, K. 1967: International Trade Policy and the GATT 1947-1967, Stockholm

Liebich, F. K. 1971: Das GATT als Zentrum der internationalen Handelspolitik, Baden-Baden

Preeg, E. H. 1970: Traders and Diplomats. An Analysis of the Kennedy Round of Negotiations under the General Agreement on Tariffs and Trade, Washington

Uwe Andersen

Bank für Internationalen Zahlungsausgleich/BIZ (Bank for International Settlements/BIS)

1. Sitz: Basel

2. Mitglieder: Stimmberechtigte Aktionäre sind die europäischen Zentralbanken ohne die Staatsbanken der UdSSR, der DDR und Albaniens sowie die außereuropäischen Zentralbanken Australiens, Japans, Kanadas, Südafrikas und der USA.

3. Entstehungsgeschichte: Auf der Haager Konferenz 1930 wurde auf der Basis des Young-Planes eine Neuregelung der Reparationsschulden des Deutschen Reiches und in Zusammenhang damit auch die Gründung der BIZ beschlossen. An der Gründung beteiligten sich die Notenbanken Belgiens, Deutschlands, Frankreichs, Großbritanniens und Italiens sowie amerikanische und japanische Geschäftsbanken. Außer in ihrer Rolle bei der Abwicklung des Young-Planes wurde die BIZ von Anfang an als institutionelles Zentrum einer verstärkten Zusammenarbeit der Notenbanken gesehen.

4. Ziele/Vertragsinhalt: Nach Art. 3 der Statuten ist der Zweck der BLZ, „die Zusammenarbeit der Zentralbanken zu fördern, neue Möglichkeiten für internationale Finanzgeschäfte zu schaffen und als Treuhänder (Trustee) oder Agent bei den ihr aufgrund von Verträgen mit den beteiligten Parteien übertragenen internationalen Zahlungsgeschäften zu wirken". Die BIZ darf Einlagen von Zentralbanken annehmen und ihnen Kredit gewähren und eine Reihe von Geschäften für Rechnung der Zentralbanken oder für eigene Rechnung tätigen, auch mit Privaten, sofern die Zentralbanken keinen Einspruch erheben. Verboten ist der BIZ u. a. die Kreditgewährung an Regierungen.

5. Organisation/Finanzierung: Die BIZ hat die Rechtsform einer Aktiengesellschaft mit einem genehmigten Grundkapital von 1,5 Mrd. Goldfranken, das zu fast vier Fünfteln gezeichnet ist (davon eingezahlt 25 %). Etwa ein Sechstel der ausgegebenen Aktien befindet sich in privater Hand, aber das Stimmrecht liegt allein bei den Zentralbanken. Oberstes Organ der BIZ ist die einmal jährlich tagende Generalversammlung. Die oberste Geschäftsführung liegt beim Verwaltungsrat aus dreizehn Personen. Ihm gehören ex officio die Präsidenten der fünf an der Gründung beteiligten Zentralbanken an – die USA nehmen ihren Sitz bisher nicht ein, Japan hat 1952 auf dieses Recht verzichtet –, je ein von ihnen benannter Vertreter der Finanz, der Industrie oder des Handels und zugewählte Zentralbankpräsidenten, derzeit drei. Der dreizehnköpfige Verwaltungsrat wählt seinen Vorsitzenden und den Präsidenten – seit Kriegsende personenidentisch – sowie den Generaldirektor der BIZ, der den Mitarbeiterstab leitet. Zu den Privilegien der BIZ zählt, daß sie in Friedens- und Kriegszeiten von beschränkenden Maßnahmen, wie Beschlagnahme oder Ausfuhrverbot, freigestellt ist.

Die BIZ finanziert sich aus ihren Geschäftsaktivitäten und schüttet regelmäßig Dividenden aus. Ihre Geschäfte tätigt sie überwiegend mit den Zentralbanken, die u. a. einen Teil ihrer Gold- und Devisenreserven bei ihr anlegen.

6. Entwicklung: Die Rolle der BIZ als Agent für die deutschen Reparationszahlungen endete faktisch schon 1931. Auf der Währungskonferenz der Alliierten in Bretton Woods 1944 wurde die Auflösung der BIZ empfohlen, aber insbesondere die europäischen Zentralbanken hielten an der BIZ fest. 1950 wurden die Statuten geändert, um die Beteiligung weiterer Zentralbanken zu ermöglichen. Die BIZ wurde bei verschiedenen internationalen Abkommen als Agent eingeschaltet, z. B. im Rahmen der Europäischen Zahlungsunion (beendet 1958) und des Europäischen Währungsabkommens (beendet 1972).

Im Auftrag des Zehnerklubs (→ IWF) erfaßt sie seit 1964 die Finanzierung der Zahlungsbilanzdefizite und -überschüsse der Mitgliedsländer, und seit 1964 bzw. 1973 stellt sie das Sekretariat für →EG-Institutionen, den Ausschuß der Zentralbankpräsidenten und den Europäischen Fonds für währungspolitische Zusammenarbeit.

Die regelmäßigen Treffen der Notenbankleiter im Rahmen des BIZ-Verwaltungsrates haben eine besonders enge Notenbankkooperaton begünstigt, v. a. innerhalb des Zehnerklubs. In Basel sind häufig währungspolitische Feuerwehraktionen vereinbart worden, insbesondere Kredithilfen für unter Spekulationsdruck geratene Währungen. Darüber hinaus ist die BIZ mit Hilfe der Notenbanken zum wichtigsten Informationszentrum für die internationalen Finanzmärkte, insbesondere Euromärkte, und die Bankenüberwachung entwickelt worden. In der akuten Verschuldungskrise 1982 und 1983 hat die BIZ zusammen mit den wichtigsten Zentralbanken ihre Feuerwehrfunktion erneut wahrgenommen und u. a. Ungarn, Mexiko, Brasilien, Argentinien und Jugoslawien kurzfristig hohe Kredite bereitgestellt, um die Zeit bis zu den erwarteten Kreditabkommen mit dem IWF zu überbrücken.

7. Perspektiven/Bewertung: Die BIZ ist das wichtigste Instrument in der internationalen Notenbankkooperation und hat in dieser währungspolitischen Rolle insbesondere im Rahmen des Zehnerklubs ständig an Bedeutung gewonnen. Dabei dürften nicht zuletzt die von außen nur beschränkt sichtbaren informellen Möglichkeiten der BIZ auf dem Hintergrund der durch besondere Vertraulichkeit und ein relativ hohes Maß sowohl an Zielharmonie wie an Unabhängigkeit innerhalb des Regierungsapparates gekennzeichneten „Subkultur'' der Notenbanken von besonderem Wert sein.

Literatur

Aubion, R. 1955: The Bank for International Settlements 1930-55, Princeton (dt. Übersetzung als Beilage zum 25. Jahresbericht der BIZ, Basel 1955)
Bank für Internationalen Zahlungsausgleich: Jahresberichte, Basel
Mandel, H. H. 1974: Die Bank für Internationalen Zahlungsausgleich. Das Bankwesen im größeren Europa, Baden-Baden
Schloss, H. H. 1958: The Bank for International Settlements. An Experiment in Central Bank Cooperation, Amsterdam

Uwe Andersen

Bewegung Blockfreier (Bündnisfreier, Nichtpaktgebundener, Ungebundener) Staaten (Movement of Non-Aligned Countries)

1. Sitz: Es gibt lediglich ein Koordinationsbüro in New York.

2. Mitglieder: Seit dem Gipfel in Neu Delhi 1983 hat die Bewegung 101 Mitglieder aus Afrika (51), Asien (30), Lateinamerika (17) und Europa (Cypern, Jugoslawien, Malta) darunter die Befreiungsbewegungen PLO und SWAPO. Ferner nahmen 44 weitere Delegationen aus Staaten, von internationalen Organisationen und Befreiungsbewegungen teil, 18 als Beobachter (mit Rederecht) und 26 als Gäste. Chile wurde 1973 suspendiert, Burma trat 1979 aus.

3. Entstehungsgeschichte Zwei Entwicklungen der Nachkriegszeit haben die Entstehung wesentlich beeinflußt: im Zuge der mit Ende des Zweiten Weltkrieges von Südostasien ausgehenden Entkolonialisierung (Indien 1947) entstand eine Vielzahl unabhängiger Nationalstaaten in Asien und Afrika. Parallel zu diesem Prozeß verschärfte sich mit der 1947/48 einsetzenden Blockbildung der Ost-West-Konflikt. Das weltweite Ringen der Supermächte um Einflußsphären und Verbündete im Zeichen des Kalten Krieges beeinflußte dabei zunehmend auch die Entwicklungen in der Dritten Welt, v. a. in Asien (Korea-Krieg 1950-53) und Nahost (Nahostkonflikt). U. a. als Reaktion hierauf hatten einige der jungen Staaten (z. B. Indien, Indonesien, Burma) seit der Unabhängigkeit eine blockfreie Außenpolitik verfolgt und warben um Sympathien für diese Orientierung. Es gab verschiedene Bemühungen, die als Folge des Kolonialismus kaum entwickelten Beziehungen untereinander zu intensivieren (als frühe Versuche u. a. Asian Relations Conference 1947, Indonesien-Konferenz 1949), auch um die durch vielfältige innere Probleme nach der Unabhängigkeit bedingte individuelle Schwäche auszugleichen. Nur so schien es möglich, vorrangige gemeinsame Interessen wie Sicherung der nationalen Unabhängigkeit, Beseitigung des Kolonialismus und Streben nach wirtschaftlicher und sozialer Entwicklung im Rahmen des bipolar strukturierten internationalen Systems wirkungsvoll zu vertreten. Ein geeignetes Forum boten hierfür zunächst die → UN, wo die Kooperationsansätze zusätzlich Auftrieb erhielten durch die tendenzielle Lähmung der Weltorganisation im Zuge des Ost-West-Konfliktes sowie die satzungsbedingte Dominanz der Großmächte. Einen ersten Höhepunkt erreichte die Solidarisierung afro-asiatischer EL 1955 mit der Konferenz von Bandung (Indonesien). Neben Fragen der wirtschaftlichen und kulturellen Zusammenarbeit erörterten die 29 anwesenden Delegationen v. a. Probleme des Kolonialismus und den Stand der internationalen Beziehungen. Bedeutsam sind v. a. die hier formulierten zehn Prinzipien für die friedliche und freundschaftliche Zusammenarbeit der Nationen, eine Erweiterung der fünf Prinzipien der friedlichen Koexistenz *(Panch Shila)*. Mit der Absage an jegliche Machtpolitik reflektieren sie die Interessenlage der jungen EL. In diesem Sinne und in ihrer grundlegenden Bedeutung für die Solidarisierung der EL kann die Konferenz als Vorläufer der Blockfreienbewegung angesehen werden, obwohl sie keine Blockfreienkonferenz war. Die Einladungskriterien waren geografisch orientiert, und so waren neben in enger Anlehnung zur UdSSR stehenden Ländern (z. B. VR China, Nordvietnam) auch Mitglieder von Militärbündnissen mit den USA (Pakistan, Philippinen, Thailand, Türkei) vertreten. Der allmähliche Durchbruch einer Politik der Blockfreiheit in der Folgezeit geht u. a. auf das besondere Engagement des jugoslawischen Staatschefs *Tito* zurück. Aufgrund der Sonderstellung Jugoslawiens im europäischen Zentrum der Blockkonfrontation (1948 Bruch mit Moskau; wegen sozialistischer Orientierung Systemgegensatz zum Westen) bestanden potentiell gemeinsame Interessen mit den jungen EL. *Tito* hatte sich daher schon früh um intensive Kontakte bemüht. Erwähnenswert sind hier v. a. seine Asien- und Afrika-Reisen in den 50er Jahren, die engen Kontakte zu *Nehru* (Indien) und *Nasser* (Ägypten; u. a. Dreigipfel auf Brioni 1956) sowie die Gespräche und gemeinsamen Initiativen mit afro-asiatischen EL im Rahmen der UN-Vollversammlung 1960 (Erarbeitung der UN-Entkolonialisierungsresolution). Erste Pläne für die Abhaltung einer Konferenz blockfreier Staaten entwickelten sich während *Titos* Afrika-Reise Anfang 1961. Im Vorjahr waren hier 16 Staaten unabhängig geworden, und viele von ihnen wie auch der übrigen EL zeigten Interesse an dem Plan, v. a. auch aufgrund der angespannten Weltlage (Verschärfung des Ost-West-Konflikts, u. a. auch drohendes Übergreifen auf Afrika im Zuge der Kongo-Krise ab 1960; Krise der UN; Verschlechterung der Wirtschaftslage der EL). So kam es im Juni 1961 zu einer Vorkonferenz in Kairo, die u. a. die folgenden fünf Kriterien der Blockfreiheit festlegte: 1. unabhängige, auf Koexistenz von Staaten unterschiedlicher Gesellschaftsordnung und auf Nichtpaktgebundenheit gegründete Politik; 2. Unterstützung nationaler Befreiungsbewegungen; 3. u. 4. Nichtbeteiligung an multi- bzw. bilateralen Militärbündnissen im Kontext des Ost-West-Konflikts; 5. keine Gewährung von Militärstützpunkten an fremde Mächte in Verbindung mit dem Konflikt. Auf dieser Grundlage versammelten sich vom 1.-6.9.1961 in Belgrad die Staats- und Regierungschefs aus 25 blockfreien Ländern zu ihrem ersten Gipfeltreffen.

4. Ziele/Vertragsinhalt: Die Ziele sind nicht vertraglich fixiert und können daher nur über eine Analyse von Konferenzdokumenten erschlossen werden. Zwei Hauptanliegen kristallisieren sich dabei heraus: die Sicherung und der Ausbau des politischen und ökonomischen Handlungsspielraumes sowie die Schaffung eines qualitativ neuen, demokratisch und egalitär strukturierten internationalen Systems. Konkretere Teilziele sind v. a.: Friedenssicherung durch Auflösung der Blöcke, Abrüstung und friedliche Konfliktregelung; Wahrung der nationalen Unabhängigkeit durch Bekämpfung jeglicher Form von Fremdherrschaft und Einmischung sowie durch aktive Solidarität mit Befreiungsbewegungen; Förderung der wirtschaftlichen und sozialen Entwicklung durch Intensivierung der Zusammenarbeit (*collective self-reliance*, → Intra-Süd-Kooperation) und Errichtung einer NWWO; Demokratisierung der internationalen Beziehungen durch Stärkung der UN sowie Forderung nach gleichberechtigter Partizipation in weltwirtschaftlichen Institutionen (z. B. → IBRD, → IWF) und Entscheidungsprozessen.

5. Organisationsstruktur/Finanzierung: Eine lose und informelle Organisationsstruktur (ohne Statut) zeichnet sich erst seit Anfang der 70er Jahre ab. Seit 1970 finden alle drei Jahre Gipfelkonferenzen der Staats- u. Regierungschefs statt. Das gastgebende Land übernimmt jeweils den Vorsitz bis zum nächsten Gipfel („Koordinator", 1983-86 Indien). Entscheidungen erfolgen – wie auch auf allen anderen Ebenen – nach dem Konsensprinzip (Äußerung von Vorbehalten nur bei Gipfeltreffen möglich). Ein Jahr vor dem Gipfel sowie unmittelbar davor finden vorbereitende Außenministertreffen statt (1985 in Angola geplant). Als eigentliches Exekutivorgan fungiert seit 1973 das Koordinationsbüro. Es stimmt die laufenden Aktivitäten ab (u. a. mit der „Gruppe der 77") und tagt (seit Festlegung des Mandats 1976) in der Regel einmal jährlich auf Ministerebene und einmal monatlich auf der Ebene der UN-Botschafter unter Vorsitz des amtierenden Präsidenten. Anfangs mit 17 Mitgliedern nach dem Prinzip geografischer Ausgewogenheit besetzt, wurde das Büro 1976 und 1979 erweitert (auf 25 bzw. 36) und 1983 für alle Interessierten geöffnet (z. Zt. Afrika 31, Asien 23, Lateinamerika 10, Europa 2). Hierin zeigt sich u. a. das Bestreben, den Ausbau des Büros zu einem Machtzentrum innerhalb der Bewegung zu verhindern. Gipfel-, Außenminister- und Ministerkonferenzen des Büros tagen gewöhnlich vor der jährlichen UN-Vollversammlung, wodurch der Stellenwert der UN als Adressat von Beschlüssen unterstrichen wird. Im Rahmen des seit 1972/73 laufenden „Aktionsprogramms für die wirtschaftliche Zusammenarbeit" arbeiten z. Zt. 23 Koordinationsgruppen. Daneben gibt es weitere technische und Expertengruppen für ökonomische Fragen, Arbeitsgruppen im politischen Bereich, Fachkonferenzen, außerordentliche Ministertreffen sowie mehrere Sonderfonds. 1973 wurde ein Informationszentrum über transnationale Unternehmen (Havanna) geschaffen. Seit 1976 arbeitet ein gemeinsamer Pool der Nachrichtenagenturen blockfreier Länder. Einen gemeinsamen Finanzhaushalt gibt es nicht.

6. Entwicklung: Bzgl. der Gewichtung der Arbeitsschwerpunkte lassen sich zwei Phasen unterscheiden: die erste Phase bis 1970 war wesentlich vom Ost-West-Konflikt und der kolonialen Dimension des Nord-Süd-Konflikts beeinflußt und vorrangig an politischen Zielen orientiert. Zwar gab es auch Initiativen im ökonomischen Bereich (Wirtschaftskonferenz der Blockfreien in Kairo 1962; Initiative für → UNCTAD), doch angesichts der potentiellen Kriegsgefahr war die Sicherung des Weltfriedens vordringlich. Neben konkreten Aktivitäten (z. B. Abrüstungsappelle, aktive Beteiligung an Konfliktlösungen) war das Hauptziel, eine weltweite Aufteilung in Blöcke zu verhindern und so zugleich die eigene Unabhängigkeit zu sichern. Insbesondere diesem Ziel diente die Politik der Blockfreiheit, d. h. das Bemühen um eine eigenständige, aktiv-dynamische Politik, die eine Parteinahme bei Konflikten im konkreten Einzelfall nicht ausschließen sollte und die daher von Neutralität wie auch einer Politik der Äquidistanz zu den Blöcken zu unterscheiden ist. Schwerpunkte waren ferner die Behandlung der Kolonialproblematik (bedingt u. a. durch die Dominanz afrikanischer Mitglieder v. a. bezogen auf das südliche Afrika) und Initiativen zur Stärkung und zum Ausbau der UN (Universalisierung, institutionelle Reformen). Mitte der 60er Jahre folgte eine gewisse Stagnation, u. a. infolge des Fehlens jeglicher institutionellen Absicherung einer kontinuierlichen Arbeit sowie der nachlassenden Integrationsfunktion des Ost-West-Konflikts (Übergang zur Entspannung) und des Antikolonialismus (weitreichende Entkolonialisierung). Eine zweite, von der verteilungs- und machtpolitischen Dimension des Nord-Süd-Konflikts geprägte Phase begann Anfang der 70er Jahre. Sie ist u. a. gekennzeichnet durch den Übergang zur Strategie der *collective self-reliance* (1970), die Forderung nach einer NWWO (konkret ab 1972/73) und die allmähliche Entwicklung von Organisationsstrukturen (Ansätze ab 1970). Den Hintergrund für die in der Folgezeit entfaltete Dynamik bilden u. a. die enttäuschenden Ergebnisse der ersten UN-Entwicklungsdekade und der UNCTAD, die bedrohliche Wirtschaftslage vieler EL, aber auch wachsendes Mißtrauen gegenüber der Block-zu-Block-Entspannung (deutlich formuliert 1973) und anhaltende Interventionen der Großmächte. Forciert durch die → OPEC-Aktion 1973/74, aber auch als Folge effektiver Koordination mit der „Gruppe der 77" gelang es, 1974 mit Hilfe der Stimmenmehrheit in den UN (ca. 2/3) das NWWO-Programm gegen Widerstand der IL in UN-Dokumenten zu verankern. Mit der Herausbildung einer neuen Identität als internationale pressure group für weltwirtschaftliche Reformen wuchs zugleich die Attraktivität der Bewegung. Deutlicher Indikator ist die Mitgliederentwicklung von Belgrad über Kairo 1964 (47), Lusaka 1970 (53), Algier 1973 (75), Colombo 1976 (85), Havanna 1979 (95) bis Neu Delhi sowie v. a. die Vervierfachung lateinamerikanischer Mitglieder im Zeitraum 1970-83. Seit Mitte der 70er Jahre treten zunehmend interne Spannungen auf. Gründe sind u. a.: die durch Mitgliederentwicklung und allgemeine Differenzierungsprozesse in der Dritten Welt (z. B. Schwellenländer/LLDCs; rohstoffarm/ rohstoffreich) verstärkte Heterogenität; Stagnation im → Nord-Süd-Dialog und bei der → Intra-Süd-Kooperation; ausbleibende Erfolge bei der Realisierung der NWWO (als Folge: Differenzen über Taktik und Strategie); eine Reihe militärischer Konflikte zwischen Mitgliedern (u. a. Äthiopien/Somalia, Vietnam/Kampuchea, z. Zt. Iran/Irak). Ab 1978/79 gab es zusätzlich Versuche einer radikalen Minderheit (v. a. Kuba, Vietnam, Mozambique, Äthiopien), die Bewegung an die UdSSR als ,natürlichen Verbündeten' anzubinden. Trotz der so bewirkten Handlungsunfähigkeit in einigen Fragen (z. B. Afghanistan, rechtmäßige Vertretung Kampucheas) – u. a. eine Folge des Konsensprinzips –, wurden diese Versuche mehrheitlich zurückgewiesen und müssen als gescheitert angesehen werden. Die Folgezeit, v. a. auch der Gipfel 1983, war geprägt vom Bemühen um Abbau der Konfrontation, Ausräumung bilateraler Konflikte und den Erhalt der Einheit. Erwähnenswert ist auch die Zusammenarbeit zwischen Blockfreien und Neutralen im Rahmen der → KSZE.

7. Perspektiven/Bewertung: Erfolgreich waren die Blockfreien in den 60er Jahren v. a. mit der Verhinderung einer weltweiten Blockteilung, der Universalisierung der UN und der weitgehenden Überwindung des Kolonialismus. Nach vollzogener Anpassung an veränderte internationale Rahmenbedingungen bewährten sie sich Anfang der 70er Jahre als einflußreiche Interessenvertretung der EL u. a. mit der Thematisierung der Entwicklungsproblematik auf hoher politischer Ebene, der Verankerung der NWWO-Forderungen in UN-Dokumenten sowie der Herbeiführung des Nord-Süd-Dialogs. Wegen fehlender Machtmittel war die Außenwirkung der Bewegung stets abhängig von der moralischen Überzeugungskraft. Die allgemeine Glaubwürdigkeit verringerte sich jedoch ab Mitte der 70er Jahre u. a. durch das problematische Verhältnis einer Minderheit zu den Supermächten, Gewaltandrohung und -anwendung zwischen Mitgliedern sowie auch die Aufrüstung vieler EL. Die systematische Ausklammerung interner Probleme (Menschenrechtsverletzungen, Vernachlässigung der Grundbedürfnisse etc.) verweist auf die strukturellen Beschränkungen der Bewegung, denen sie als Bündnis von Eliten der Dritten Welt unterliegt. Allgemein dürfte das künftige Gewicht der Blockfreien in der internationalen Politik auch davon abhängen, inwieweit es gelingt, den eigenen Idealen und Prinzipien gerecht zu werden.

Literatur

Engel, B. 1980: Von Belgrad (1961) bis Havanna (1979). Zur Entwicklung der Bewegung blockfreier Staaten, Köln.
Fritsche, K. 1984: Blockfreiheit und Blockfreienbewegung – Eine Bibiographie. Hrsg. vom Deutschen Übersee-Institut, Hamburg in Zusammenarbeit mit der Dokumentationsstelle Bewegung Blockfreier Staaten e. V., Dortmund. Hamburg.
Jaipal, R. 1983: Non-Alignment. Origins, Growth and Potential for World Peace, New Delhi.
Jankowitzsch, O./Sauvant, K. P. (Eds.) 1978: Conference of Heads of State or Government of Non-Aligned Countries. The Third World without Superpowers. The Collected Documents of the Non-Aligned Countries, New York.

Mates, L. 1972: Nonalignment. Theory and Current Policy, Belgrad. Ders. 1982: Es begann in Belgrad. Zwanzig Jahre Blockfreiheit, Percha.

Matthies, V. 1982: Die Bewegung der Blockfreien, in: Ders. (Hrsg.): Süd-Süd-Beziehungen. Zur Kommunikation, Kooperation und Solidarität zwischen Entwicklungsländern, Hamburg, 97-127.

Willets, P. 1978: The Non-Aligned Movement. The Origins of a Third World Alliance, London.

Wünsche, R. (Auswahl u. Einleitung) 1981: Dokumente der Nichtpaktgebundenen. Hauptdokumente der 1.-6. Gipfelkonferenz der nichtpaktgebundenen Staaten 1961-1979. (hrsg.: Institut für Internationale Beziehungen, Potsdam-Babelsberg), Berlin (DDR)/Köln.

Andreas Langmann

Commonwealth

1. Sitz: Das Sekretariat als Koordinationsinstanz befindet sich in London.

2. Mitgliedschaft: Das Commonwealth(C.)zählt (1983) 45 unabhängige Mitgliedsstaaten, darunter Großbritannien, Canada, Australien, Neuseeland, Indien, Pakistan, Ceylon, Sri Lanka, Singapur und Malaysia, die nach der Unabhängigkeitserklärung 1946/49 für den Beitritt optierten. Mit Ghana begann 1957 der Eintritt afrikanischer Staaten. 1977/78 traten als vorläufig letzte Staaten karibische und pazifische Staaten (z. T. mit Sonderstatus wie Tuvalu und Nauru) dem C. bei. Der Ausschluß aus dem C. setzt Einstimmigkeit voraus. Nach der Verurteilung seiner Apartheidpolitik erklärte Südafrika 1961 seinen Austritt. Pakistan verließ 1972 aus Protest gegen die Anerkennung Bangladeshs durch einige C.-Mitglieder das C. Im UN-System besitzt das C. keinen Gruppenstatus und hat daher kein Anrecht auf die Nomination für einen der nicht-ständigen Sicherheitsratssitze. Es verfügt seit 1976 über einen Beobachterstatus bei den → UN.

3. Entstehungsgeschichte: Das C. basiert auf dem British Empire; es ist aber seit Mitte der 60er Jahre nicht länger ein Britisches C.; nur Australien, Neuseeland und Fidschi führen noch den Union Jack in ihrer Flagge. Umgekehrt hob Großbritannien die separate Handhabung der Beziehungen mit den Dominions, Kolonien, Mandatsgebieten etc. schrittweise auf und gliederte die Ressorts in das „Foreign and Commonwealth Office" ein (1970).
Vor dem Zweiten Weltkrieg bildeten Großbritannien und die weißen Dominions das Brit. C.; die Premierminister der Dominions waren genauso Mitglied des Privy Council (PC) wie die brit. Kabinettsmitglieder. Imperial Conferences (seit 1897) waren also gleichsam Erfahrungs- und Meinungsaustausch unter Ministern der brit. Krone; auch *Nkrumah* (Ghana) wurde zum PC ernannt. Auf den Pariser Friedenskonferenzen 1918/20 traten die Dominions ebenso als selbständige Akteure auf wie im Völkerbund. Ihre volle Souveränität erhielten sie im Statut von Westminster (1930).
Nach dem Zweiten Weltkrieg definierte Großbritannien seine Rolle als „Teil Europas, das aber nicht in Europa aufgehe", auch als Selbstverpflichtung, das Empire zum C. zu entwickeln. Da Großbritannien in den 50er Jahren rund die Hälfte seines Außenhandels mit den C.-Ländern abwickelte und weiterhin

Vorteile von Zollpräferenzen für brit. Exporte in die C.-Länder erwartete, isolierte es sich von der Herausbildung der EWG (EG) und der → OECD.

4. Ziele: Das C. versteht sich als eine politische Gemeinschaft, der keine sicherheitspolitische Funktion zukommt. Mit der Realisierung des durch Schwäche und Sparzwang ausgelösten Rückzugs „East of Suez" 1968/71 baute Großbritannien seine Beistandsgarantien ab. Auch nach Auflösung des Sterling-Blocks Ende der 60er Jahre und dem EG-Beitritt 1973 wird von Großbritannien der Hauptbeitrag zur Finanzierung der Gemeinschaftsprogramme erwartet (C. Fund for Technical Cooperation 1971, Industrial Development Unit (1978/79). Im Vergleich mit Frankreichs Entwicklungshilfe an die francophone Zone in Afrika, aber auch mit Großbritanniens Beiträgen an multinationale Organisationen (insgesamt ca. 980 Mio. £) sind die brit. Aufwendungen für die C.-Programme gering (1 1,2 Mio für CFTC 1980/81).

Die seit 1964 im zweijährigen Turnus abgehaltenen Gipfelkonferenzen dienen einer Koordinierung der Politik der Teilnehmerstaaten wie auch die Treffen der verschiedenen Ministerrunden und der Spitzenbeamten. Auf südostasiatisch-pazifischen Regionalkonferenzen wurde – auf Drängen Australiens – seit 1978 eine breitere Basis für Abwehrstrategien gegen EG-Protektionismus und Vietnams Expansionismus in Südostasien gesucht. Schließlich soll auf der gesellschaftlichen, also transnationalen Ebene, die Kooperation der Mitglieder untereinander gefördert werden.

5. Organisation: Innerhalb des C. gibt es keine Führungsmacht. Einflußchancen fallen allen Mitgliedern zu, die für die Aufrechterhaltung der Gruppierung agieren. Das politische Interessengefälle innerhalb des C. ist außerordentlich groß. Die unterschiedliche Mitgliedschaft in anderen internationalen Organisationen – z. B. → NATO, → ANZUS, → OPEC oder → ASEAN vergrößert auch die politische Heterogenität.

Canada, das in den 50/60er Jahren im C. die Plattform entdeckte, um aus dem Schatten der USA in der Weltpolitik herauszukommen, trat in den Suez- (1956), Südafrika- (1961) und Rhodesienkrisen (1966) um des C. willen dem brit. Standpunkt entgegen. Demgegenüber beklagten Australien und Neuseeland in den 60er Jahren die Verwandlung des C. in eine „afrikanische Liga" unter Vernachlässigung der Anliegen der ,alten' Mitglieder. Im Zusammenhang mit franco-kanadischen Problemen in der Innenpolitik (seit 1968/69) orientierten sich die Regierungen *Trudeau* zunehmend an einer Dritten-Welt-Politik unter Einbeziehung der französischen Einflußgebiete Afrikas. Im Zusammenhang mit der Kritik am EG-Protektionismus profiliert sich auch Australien als Fürsprecher der wirtschaftlichen Zusammenarbeit zwischen IL und El.

Die asiatischen Mitglieder, die nach dem Zweiten Weltkrieg als erste Kolonialgebiete ihre politische Unabhängigkeit erkämpften, können als Initiatoren der → Blockfreienbewegung gelten: Aus einer Außenministerkonferenz der C.-Länder in der Hauptstadt Ceylons ging 1950 der → Colombo-Plan hervor, die erste und wichtigste Plattform für die wirtschaftliche und technische Entwicklung der Region Süd- und Südostasien. Die Regierungen der Colombo-Plan-Länder fungieren als Sprecher der unabhängig gewordenen Länder und gaben Ende 1954 den Startschuß zur asiatisch-französischen Solidaritätskonferenz, die im April 1955 in Bandung abgehalten wurde.

6. *Entwicklung:* Die Entwicklung des C. stand vor dem Zweiten Weltkrieg im Zeichen der Belastungen, denen Großbritannien ausgesetzt war. Die Dominions beteiligten sich in unterschiedlichem Ausmaß am „burden sharing" in den sicherheitspolitischen Maßnahmen Großbritanniens für das BE (Ausbau Singapurs zum Schutz der Verbindungswege nach Australien/Neuseeland). Im wirtschaftlichen Bereich vereinbarten die Dominions und Großbritannien in bilateralen Verträgen Vorzugszölle („imperial preference"-Abkommen von Óttawa 1932); dem X-Block (1933) gehörte Canada (wegen der Bindung an den US-Dollar) nicht an, dafür aber neben den brit. Hoheitsgebieten auch die Handelspartner in Skandinavien, Lateinamerika und SW-Europa. Während die USA – bes. ab 1938 – die britische Sicherheitspolitik unterstützten, nützten sie die finanzielle Abhängigkeit Großbritanniens während und nach dem Zweiten Weltkrieg – in den „lend-lease"-Abkommen und anläßlich der Währungsstützungshilfe 1946 –, um den Verzicht auf ‚imperial preference' und die X-Währungszone zu verlangen.

Der innere Zusammenhalt des C. nach dem Zweiten Weltkrieg stand in ursächlichem Zusammenhang mit den Konstitutionsproblemen der neuen unabhängigen Mitglieder. Dort, wo die national-religiösen Spannungen eine Teilung des Kolonialgebietes bedingten, wie im Falle des indischen Subkontinents in die Staaten Indien, Pakistan und Burma (das dem C. nicht beitrat), konnten Großbritannien und das C. die sich bis zum Kriegsausbruch 1965 steigernden Konflikte nicht schlichten. In dem Maße, in dem Pakistan – durch den Militärpakt mit den USA 1954 und den Beitritt zur CENTO und SEATO – sich an die USA band, suchte Indien Rückendeckung bei der UdSSR; als ‚ehrlicher Makler' führte die UdSSR 1966 beide Seiten an den Verhandlungstisch. Auch der nigerianische Bürgerkrieg („Biafra") überforderte das C. Indem Großbritannien die Unabhängigkeitserklärung der weißen Minderheitsregierung in Rhodesien („UDI") nicht verhindern (1964/5) bzw. rückgängig machen konnte, überschattete diese unerledigte ‚Kolonialfrage' für mehr als ein Jahrzehnt die Entwicklung des C. Auf dem Gipfel von Lusaka (August 1979) gelang der Durchbruch: Die Reg. *Thatcher* nahm Abstand von einer Lösung zugunsten einer aus der Koalition mit dem Smith-Regime hervorgegangenen Regierung Bischof *Muzerewas;* Australien warnte vor der Anerkennung einer Muzerewa-Reg; die Führer der ‚Frontstaaten' *Nyerere* (Tansania) und *Kaunda* (Sambia), wirkten auf den Ausgleich zwischen *Mugabe* und *Nkomo* ein, der nach sechsmonatigen Verhandlungen in London (Lord *Carrington*) zustande kam. Bereits auf dem Gipfeltreffen in Melbourne 1981 konnte *Mugabe* ‚Zimbabwe' repräsentieren.

Das C. hat weder Statuten noch eine Satzung; die Gipfelkonferenzen schufen zwar Konventionen, wichtiger sind aber die Ausnahmen von der Regel: 1) Innenpolitische Angelegenheiten eines Mitgliedslandes sollten nur auf dessen Ersuchen behandelt werden. Südafrika stimmte 1960 einer Debatte über seine Rassenpolitik in ‚informellen' Sitzungen zu; nach dem Austritt SA's 1961 erklärte das C. ‚Südafrika' zur internationalen Frage. Durch moralischen Boykott wurde *Amin* (Uganda) 1977 die Nicht-Teilnahme an der Londoner Gipfelkonferenz (Silberjubiläum Königin *Elisabeths II*) aufgezwungen; die Wahlen in Uganda im Dez. 1980 wurden durch eine C.-Delegation überwacht. 2) Streitigkeiten zwischen Mitgliedern sollen nur mit deren Einwilligung auf die Tagesordnung gelangen; das bedingte einerseits die Nicht-Befassung mit dem indisch-pakistanischen Krieg und mit Biafra, schloß andererseits aber nicht aus, daß etwa Sambia *(Kaunda)* für den Fall der Wiederaufnahme brit. Waffenlieferungen an SA (Reg. *Heath* 1970/71) mit dem Austritt drohte (Gipfel von Singapur, Januar 1971). Nach dem Boykott der olympischen Spiele in Montreal/ Kanada 1976 durch die schwarzafrikanischen Staaten wegen der Nicht-Verurteilung der Rugby-Tourneen zwischen Neuseeland und Südafrika verständigten sich die C.-Länder am Rande des Londoner Gipfels (Juni 1977) auf die Gleneagles-Deklaration, d. h. sie setzten politische Verhaltensregeln für den internationalen Sport fest. 3) Das C. erstrebt keine formellen, auf abgestimmtes Verhalten in der UNO zielenden Beschlußfassungen über internationale Fragen; auf dem Gipfel von Singapur im Jan. 1971 verabschiedeten die Regierungschefs aber erstmals eine Deklaration, die die Leitlinie der Zusammenarbeit im C. niederlegte und dem C. bescheinigte, ein Modell für die UN vorzuleben: Vertrauen in die UN als Friedensstifter; Ablehnung des Rassismus; Bekenntnis zu freiheitlich-rechtsstaatlichen Verfassungsordnungen und garantierten Bürgerrechten; Bereitstellung adäquater Ressourcen an die EL; internationale Zusammenarbeit als wichtigste Voraussetzung für die Beseitigung von Kriegsursachen und zur Förderung von Toleranz und Entwicklung.

7. Perspektiven: Die Tatsache, daß die Mitglieder des C. verschiedenen anderen Gruppierungen angehören, bewirkte bislang im Fall eines Zielkonfliktes Loyalitätsbekundungen mit dem Standpunkt der anderen IGO's; die Frage ist, ob das C., falls es seine Verfahrenspraxis ändern und die Formulierung gemeinsamer Positionen betreiben sollte, künftig seinerseits über seine Mitglieder auf die Willensbildung in den anderen IGO's einwirken könnte. Entsprechende Bestrebungen, die sowohl vom Generalsekretär *Ramphal* als auch von den ‚neuen' Mitgliedsstaaten ausgehen, artikulieren sich als Pression auf Großbritannien, es dürfe sich dem ‚Mehrheitswillen der Welt' (und im C.) nicht entgegenstellen (RT 1981, 172); Großbritannien solle von den Bretton-Woods-Institutionen (→ IWF) abrücken und daran mitwirken, daß sich das C. an die Spitze der Befürworter der NWWO setze. Da 80 % der Ärmsten der Welt in Mitgliedsstaaten des C. (Bangladesh, Tansania u.a.) leben, ist erklärlich, warum das C. die Berichte der Brandt-Kommission, an denen der Generalsekretär des C. mitwirkte (→ Nord-Süd-Dialog), und die Strategie der → Weltbank begrüßt, Vorzugshilfe auf die LLDC's zu konzentrieren. Auf dem Gipfel in London 1977 und auf der Tagung der C.-Außenminister im April 1978 schwenkte Großbritannien auf die von Australien, Canada und Neuseeland unterstützten programmatischen Forderungen der Gruppe 77 ein (Common Fund', zweites Fenster). In der Frage der Seerechtskonvention (→ Seerechtskonferenz), in der Großbritannien bezüglich der Tiefseeboden- und Meeresnutzung Abkommen mit den USA geschlossen hatte, tritt das C. für die Unterzeichnung ein und verlangt von Großbritannien, daß es dieser Linie folge (Frühjahr 1983). Ob das nachlassende Interesse in Großbritannien am C., das selbst 1980 nach dem Erfolg des Lusaka-Gipfels und der Londoner Rhodesien-Konferenz ermittelt wurde, oder ob das gemeinsame Interesse der ‚alten' Dominions und ‚neuer' Mitglieder an der verstärkten politischen und wirtschaftlich-technischen Zusammenarbeit anhält und die Entwicklung beeinflußt, wird sich erweisen. Das C hat zahlreiche schwere Belastungsproben bestanden und mehrere Kurswechsel in den politischen Regimen seiner Mitgliedsstaaten überstanden; die Strategie des Überlebens kann sich auf die kollektive Weisheit der politischen Kultur und auf die Interessenlage bestimmter Koalitionen zwischen Schlüsselmitgliedern (Indien/Kanada) und der Mehrheit der ‚Kleinen' stützen.

Literatur

Millar, T. B. 1967: The Commonwealth and the UN, Sydney;
Miller, J. D. B. 1974: Survey of Commonwealth Affairs. Problems of Expansion and Attrition 1953-69, Oxford UP;
Mansergh, N. 1969: The Commonwealth Experience, London.
The Round Table (R. T.) 1970: Empire to Commonwelth 1910-1970.
The Commonwelth Journal of International Affairs, 1981 ff. (zuvor: The Round Table), hg. vom Institute of Commenwelth Studies.
Survey of Current Affairs, hg. vom British Office of Information.

Gustav Schmidt

Ernährungs- und Landwirtschaftsorganisation der Vereinten Nationen (Food and Agricultural Organization of the United Nations/FAO)

1. Sitz: Bis 1951 Washington, seitdem Rom.

2. Mitglieder: Am 1. Juli 1984 zählte die FAO 156 Mitglieder. Die UdSSR ist nicht Mitglied, beteiligt sich aber an einzelnen Maßnahmen. Auch die DDR ist bisher nicht Mitglied.

3. Entstehung: Die FAO wurde am 16.10.1945 als Sonderorganisation der → Vereinten Nationen gegründet.

4. Ziele/Aufgaben: Ihre Ziele sind die Hebung des weltweiten Ernährungsstandards, Steigerung der Produktion land-, forst- und fischereiwirtschaftlicher Erzeugnisse, Verbesserung der Lebensbedingungen der ländlichen Bevölkerung. Die FAO befaßt sich mit der Analyse und Lösung der landwirtschaftlichen und ernährungspolitischen Probleme der Welt, insbesondere der EL. Sie gewährt technische Hilfe, welche durch ein — im ordentlichen FAO Haushalt vorgesehenes — eigenes Technisches Kooperationsprogramm, sowie durch das United Nations Development Programm — → UNDP — und durch bilaterale freiwillige Zuwendungen („Treuhandfonds") finanziert wird. Dem FAO-Generaldirektor obliegt die Zuständigkeit für die Genehmigung von Nahrungsmittel-Notstandshilfe, für welche die Ressourcen des UN/FAO Welternährungsprogramms (→ World Food Programme — WFP) und der (vom WFP abgewickelten) Internationalen Notstands-Nahrungsmittelreserve (International Emergency Food Reserve — IEFR) zur Verfügung stehen. Für Nahrungsmittel-Notstandshilfe wurden in den letzten Jahren rd. je 190 bis 200 Mio. US-Dollar aufgewendet. Die FAO gewährt ferner Notstandshilfe auch durch Bereitstellung von Produktionsmitteln, Gerät aller Art, Fahrzeugen und anderen Ausrüstungsgegenständen. Ein Frühwarnsystem unterrichtet die Mitgliedsländer über die Gebiete, in welchen Hungerkatastrophen drohen. Informationsdienste bestehen auch bezüglich des Ausbruchs von Tier- und Pflanzenkrankheiten.

5. Organisationsstruktur/Finanzierung: Die wichtigsten Organe sind die alle zwei Jahre zusammentretende Konferenz sämtlicher Mitgliedsländer und der (mindestens einmal jährlich tagende) FAO-Rat (49 Mitgliedsländer). Ferner bestehen verschiedene regelmäßig zusammentretende ständige Ausschüsse (u.a. für Programme, Finanzen, Rechtsfragen, Rohstoffe, Ernährungssicherheit, Landwirtschaft, Forsten und Fischerei). Die FAO verfügt über sechs Regionalbüros und über mehr als 70 eigene Vertretungen in den Entwicklungsländern. Gesamtbeschäftigtenzahl (Planstellen, Konsulenten und sonstige Mitarbeiter mit Sonderverträgen): etwa 10 500.

Der — auf Pflichtbeiträgen beruhende — ordentliche Haushalt für das Doppeljahr 1984/85 beträgt 421 Mio. US-Dollar. Zu diesen Ressourcen kommt der etwa zwei- bis zweieinhalbfache Betrag aus freiwilligen Zuwendungen des UNDP und einzelner Mitgliedsländer („Treuhandfonds").

An der Spitze des FAO-Sekretariats steht ein Generaldirektor; seit 1976 der Libanese Edouard *Saouma.* Nach der FAO-Verfassung war *Saouma* zunächst nur — einmal — für sechs Jahre gewählt worden, und seine Wiederwahl wurde erst durch eine Verfassungsänderung möglich.

6. Entwicklung/Probleme: Das gegenwärtige FAO-Management ist Gegenstand heftiger öffentlicher Kritik. Die Hauptthese der Kritiker geht dahin, daß die FAO bezüglich ihrer Effizienz und der Entwicklungswirksamkeit ihrer Maßnahmen unzureichend kontrolliert sei und daß daher erhebliche Ressourcen verschwendet würden. Die interne Evaluierung sei unzulänglich; vor allem aber fehle es fast ganz an einer externen Effizienz- und Wirksamkeitsprüfung.

Zum Hauptthemenkreis aller auf dem Gebiet der Ernährung tätigen UN-Institutionen gehört das Problem der Nahrungsversorgung der Dritten Welt. Die Statistiken über das Ausmaß und die Intensität des Hungers divergieren beträchtlich. Der Zustand ist von Land zu Land, ja in vielen Ländern von Region zu Region verschieden. Nach den Schätzungen der FAO sind gegenwärtig etwa 400 bis 500 Mio. Menschen „ernstlich unterernährt". Aber diese und andere Versuche der Quantifizierung sind mit Vorsicht aufzunehmen. Sie könnten risikolos substantiell nach oben oder unten auf- oder abgerundet werden. Eine einigermaßen verläßliche Quantifizierung stößt nicht nur auf Schwierigkeiten der statistischen Erfassung, sondern sie wird auch erschwert durch das Fehlen ausreichend präziser Definitionen der Begriffe Unter- und Mangelernährung. Bei der Bestimmung des Kalorien-„Bedarfs" müssen so verschiedene Faktoren wie Klima, Alter, Gewicht, Geschlecht und Berufstätigkeit berücksichtigt werden. Aber auch wenn eine verläßliche Quantifizierung nicht möglich ist, so steht doch fest, daß gegenwärtig einige Hundertmillionen Menschen ernstlich an Unter- und/oder Mangelernährung leiden. Das Problem hat zwei Hauptdimensionen: 1. die Bedarfsseite, welche insbesondere durch das Bevölkerungswachstum und die Kaufkraftsteigerung im Rahmen der Einkommensentwicklung bestimmt wird; 2. die Produktions- und Verteilungsaspekte.

7. Perspektiven/Bewertung: Es herrscht heute weiterhin Übereinstimmung darüber, daß das Problem der Nahrungsversorgung der Dritten Welt dauerhaft nur durch eine substantielle Steigerung ihrer Eigenerzeugung zu erreichen ist. Das landwirtschaftliche Produktionspotential der EL ist noch längst nicht voll genutzt. Die wesentlichsten Steigerungen sind von einer Erhöhung der Erträge je bereits kultivierter Fläche zu erwarten. Wesentlich ist auch eine rationelle Preispolitik, welche den Bauern Produktionsanreize gibt. Solange Regierungen die Produzentenpreise systematisch niedrig halten, um die städtischen Verbraucher zu begünstigen, ist mit einer Ankurbelung der Produktion über den Eigenbedarf der Bauern hinaus nicht zu rechnen. Eine Steigerung der Nahrungsproduktion allein kann nur Teilaspekte des Gesamtproblems lösen, da sie den armen Bevölkerungsschichten nur dann zugute kommt, wenn diese über die erforderliche Kaufkraft verfügen. Damit stellt sich das Problem der Schaffung von Arbeitsplätzen. Für eine Übergangszeit nach Anhebung der Produzentenpreise sind direkte Sondermaßnahmen für die Ärmsten zu erwägen.

Nahrungsmittelhilfe von außen stellt keine echte Lösung des Welternährungsproblems dar. Sie kann ernste Negativeffekte haben, da sie Leistungsanreize verhindert. Wenn die Gefahren der Nahrungsmittelhilfe vermieden werden sollen, so muß sie viel stärker als bisher in die Entwicklungsstrategien der Empfängerländer integriert werden.

Literatur:

Philips, R. W. 1981: FAO: Its origins, formation and evolution 1945-1981, Rom.
Matzke, O. 1981: Unzureichende Effizienz- und Erfolgskontrolle im UNO-System — Das Beispiel der Welternährungsorganisation (FAO), in: Aus Politik und Zeitgeschichte (Beillage zur Wochenzeitung, Das Parlament). B 50
Matzke, O. 1982: Kritisches zum Management der FAO, in: Außenpolitik 2/1982.
FAO-Studie: 1981 „Agriculture Toward 2000", Rom.

Otto Matzke

Internationale Atomenergie-Organisation/IAEO (International Atomic Energy Agency/IAEA)

1. Sitz: Wien

2. Mitglieder: Der IAEO gehören 112 Mitgliedstaaten an, darunter einige, die nicht Mitglied der → Vereinten Nationen sind, so etwa Nord- und Süd-Korea, die Schweiz und der Vatikan. Namibia, obgleich noch kein souveräner Staat, ist seit 1983 IAEO-Mitglied. Alle IL, aber nur etwa die Hälfte der EL sind Mitglieder. Nichtmitglieder sind vor allem die ärmsten EL im Schwarzen Afrika, in der Karibik und im Pazifik.

3. Entstehung: Die Gründung der IAEO geht auf eine amerikanische Initiative zurück, die unter dem Namen „*Atoms for Peace*" bekannt wurde. 1953 schlug US-Präsident *Eisenhower* vor, daß die friedliche Nutzung der Kernenergie, die damals erst geplant, aber noch nirgends realisiert war, von ihrer militärischen Nutzung, die in einigen Ländern bereits weit fortgeschritten war, getrennt werde sollte. Zu diesem Zweck sollten die für die nukleare Energieerzeugung bestimmten Anlagen und Spaltstoffe in allen Ländern der Kontrolle einer internationalen Behörde unterstellt werden. Ziel des Vorschlages war es, den in der Atomrüstung gewonnenen technologischen Vorsprung der USA für die weltweite Entwicklung einer Kernenergiewirtschaft nutzbar zu machen,

18

zugleich aber die weitere Verbreitung von Kernwaffen in der Welt einzudämmen.

Eisenhowers Vorschlag war bereits die zweite amerikanische Initiative, nachdem Anfang 1946 die USA die Schaffung einer internationalen Atommonopolbehörde vorgeschlagen hatten, die in allen Ländern der Welt das alleinige Verfügungsrecht über kerntechnische Anlage und Materialien ausüben und die militärische Verwendung der Nukleartechnologie kategorisch ausschließen sollte. Dieser Plan *(,,Baruch-Plan'')*, der in seiner Konsequenz auf die Einrichtung einer supranationalen Weltregierung zielte, scheiterte am Widerstand der Sowjetunion. Der Plan ,,*Atoms for Peace''* war bescheidener. Er verlangte weder den Verzicht auf Kernwaffen noch eine Einschränkung nationaler Souveränitätsrechte. Die Sowjetunion, seit 1949 selbst im Besitz der Atombombe, stimmte ihm zu und beteiligte sich — zusammen mit den USA und einer Gruppe von interessierten IL und EL — an den Vorarbeiten zu seiner Verwirklichung. Im Herbst 1956 billigte eine Konferenz von 58 Staaten einstimmig den von dieser Gruppe vorgelegten Satzungsentwurf. Am 29. Juli 1957 trat die Satzung der IAEO in Kraft.

4. Ziele: Die IAEO hat die Aufgabe, in der ganzen Welt den Beitrag der Atomenergie zum Frieden, zur Gesundheit und zum Wohlstand zu beschleunigen und zu steigern. Die Organisation sorgt im Rahmen ihrer Möglichkeiten dafür, daß die von ihr oder auf ihr Ersuchen oder unter ihrer Überwachung oder Kontrolle geleistete Hilfe nicht zur Förderung militärischer Zwecke benützt wird.'' Zur Förderung der Kernenergie und zur Verhinderung ihres militärischen Mißbrauchs wurden der IAEO zwei einander ergänzende Tätigkeitsbereiche zugewiesen. Im Bereich der Energiepolitik soll die Organisaton sich für den Fortschritt und Ausbau der Kernforschung und Kerntechnik einsetzen, den Informationsaustausch und die internationale Zusammenarbeit auf diesen Gebieten fördern, die Ausbildung und Vermittlung von Fachpersonal vorantreiben, kerntechnische Materialien, Dienstleistungen und Ausrüstungen bereitstellen sowie Gesundheits- und technische Sicherheitsnormen ausarbeiten. Im Bereich der Sicherheitspolitik obliegt der IAEO die Durchführung von Überwachungsmaßnahmen, die gewährleisten sollen, daß nukleare Materialien, Dienstleistungen, Einrichtungen und Informationen, die für die friedliche Nutzung der Kernenergie bestimmt sind, nicht zu militärischen Zwecken mißbraucht werden. Ein Staat, in dem die unerlaubte Abzweigung oder mißbräuchliche Verwendung von Kernmaterial nachgewiesen wurde, soll dem Sicherheitsrat der Vereinten Nationen angezeigt und von der Mitarbeit in der IAEO suspendiert werden. Die Kontrollen beziehen sich jedoch nur auf die von den Mitgliedstaaten offiziell benannten Anlagen und Materialien.

5. Organisationsstruktur/Finanzierung: Die institutionelle Struktur der IAEO weist die für internationale Organisationen typische Dreiteilung auf: eine jährlich einmal tagende Mitgliederversammlung, die Generalkonferenz, in der jeder Staat eine Stimme hat; einen mehrmals im Jahr zusammentretenden Exekutivausschuß, den Gouverneursrat, dessen 35 Mitglieder ebenfalls je eine Stimme besitzen; und ein ständiges Sekretariat mit etwa 1500 Mitarbeitern aus 70 Ländern, an deren Spitze ein Generaldirektor steht.

Entscheidungspolitisch besitzt der Gouverneursrat ein deutliches Übergewicht gegenüber den anderen Organen der IAEO. Ihm obliegt die Beratung und (teilweise im Einvernehmen mit der Generalkonferenz) die Entscheidung aller für die Organisation wichtigen Fragen, insbesondere die Genehmigung des Budgets und der Arbeitsprogramme, die Billigung aller Abkommen mit den Mitgliedstaaten, aller wichtigen Projekte und kerntechnischen Normen sowie die Nominierung des Generaldirektors. Für die Verabschiedung des Budgets und für die Ernennung des Generaldirektors ist auch die Zustimmung der Generalkonferenz erforderlich. Die Generalkonferenz ist weiterhin zuständig für die Zulassung neuer Mitglieder, für Satzungsänderungen und für die regelmäßige Neuwahl von Mitgliedern des Gouverneursrates. Der Generaldirektor, der für eine Amtszeit von jeweils vier Jahren ernannt wird, ist für die Leitung des Sekretariats verantwortlich. Er untersteht der Weisungsbefugnis und Kontrolle des Gouverneursrates. Beschlüsse im Gouverneursrat werden in der Regel im Konsensverfahren herbeigeführt.

Die starke Stellung des Gouverneursrates beruht nicht allein auf seinen satzungsgemäßen Kompetenzen, sondern auch auf dem besonderen Charakter seiner Zusammensetzung. Dreizehn seiner 35 Mitglieder – nämlich diejenigen Staaten, die ‚in der Technik der Atomenergie einschließlich der Erzeugung von Ausgangsmaterial am weitesten fortgeschritten sind" – werden satzungsgemäß nicht von der Generalkonferenz gewählt, sondern vom Gouverneursrat selbst jährlich neu bestimmt. Auf diese Weise hat sich eine nahezu invariante Kerngruppe von faktisch permanenten – und dadurch priviliegierten – Mitgliedern des Gouverneursrates herausgebildet.

Die dominierende Stellung der kerntechnisch führenden Staaten in der IAEO zeigt sich u. a. auch darin, daß die USA, die Sowjetunion, Japan, die Bundesrepublik Deutschland, Frankreich und Großbritannien allein mehr als zwei Drittel des regulären Budgets der Organisation finanzieren und entsprechend auch die meisten und einflußreichsten Posten im Sekretariat besetzen. Das reguläre Budget, das aus den Pflichtbeiträgen der Mitgliedstaaten gespeist wird, betrug 1984: 96,8 Mio. US-Dollar. Die technische Hilfe, die den Entwicklungsländern zufließt, wird im wesentlichen aus freiwilligen Beiträgen der Industrieländer finanziert; sie war für 1984 mit ca. 30 Mio. US-Dollar veranschlagt.

6. *Entwicklung:* Die Entwicklung der IAEO seit ihrer Gründung ist durch den unlösbaren Zusammenhang zwischen dem Ausbau der Kernenergie und der Problematik der Kernwaffenverbreitung bestimmt. Nach einer Periode der Stagnation gelang der Kerntechnik in den 70er Jahren der Durchbruch zur energiewirtschaftlichen Marktreife. Zahlreiche Länder suchten der weltweiten Verknappung konventionaller Energieträger durch den forcierten Aufbau einer Nuklearindustrie zu begegnen. Damit wuchs die Bedeutung des internationalen Handels mit Kernbrennstoffen und Nukleartechnologien, gleichzeitig aber auch das Risiko ihrer Verwendung für militärische Zwecke. Durch den 1970 in Kraft getretenen Atomsperrvertrag wurde die IAEO mit der Überwachung aller Nuklearanlagen in allen dem Vertrag beigetretenen kernwaffenlosen Staaten betraut. Bis Ende 1983 waren 121 Staaten, darunter drei Kernwaffenstaaten, dem Vertrag beigetreten. Insgeamt 520 Anlagen (Kernkraftwerke, Spaltstofflager, Forschungszentren u. a.) in 53 Ländern unterstanden 1983 der IAEO-Kontrolle. Eine vertragswidrige Verwendung von Kernmaterial wurde noch niemals festgestellt. Doch blieb die Kontrolle lückenhaft, weil einige wichtige

Schwellenländer der Dritten Welt sich dem Atomsperrvertrag verweigern und nur einen Teil ihrer Nuklearanlagen kontrollieren lassen. Bestrebungen der IL unter Führung der USA, alle Nuklearexporte an die Bedingung einer lückenlosen IAEO-Kontrolle zu knüpfen, konnten sich nicht uneingeschränkt durchsetzen. In der IAEO verwahrten sich zahlreiche EL gegen eine zu strikte Kontrolle oder Einschränkung der Nuklearexporte. Zweifel an der Fähigkeit der IAEO, eine heimliche Abzweigung von Spaltmaterial für militärische Zwecke zu verhindern, blieben indessen bestehen.

7. Bewertung: In der Energiepolitik wie in der internationalen Sicherheitspolitik sind die Wirkungsmöglichkeiten einer zwischenstaatlichen Behörde eng begrenzt. Gegenüber den innenpolitischen Widerständen, die am Anfang der 80er Jahre in einigen Ländern, namentlich in den USA, den Ausbau der Kernenergie fast zum Erliegen brachten, ist die IAEO ganz ohne Einfluß geblieben. Den EL, die eine massive Unterstützung ihrer nuklearen Aufbaupläne verlangen, kann die IAEO mit ihren bescheidenen finanziellen Ressourcen nur wenig helfen. Der seit langem erhobenen Forderung nach Finanzierung der nuklearen Entwicklungshilfe aus Pflichtbeiträgen der IAEO-Mitglieder widersetzen sich beharrlich die IL. Unter den EL wiederum wächst der Unmut über den steilen Kostenanstieg der Sicherungskontrollen. Die Kontrollen werden umso mehr als diskriminierende Zumutung empfunden, je nachhaltiger die etablierten Atommächte sich weigern, den im Atomsperrvertrag zugesicherten Abbau ihrer Nuklearrüstung zu verwirklichen.

Die IAEO ist in einem politisch hochsensiblen Bereich nationalstaatlicher Souveränität tätig. Sie ist deshalb in besonderer Weise vom politischen Konsens, vom guten Willen und Vertrauen ihrer Mitglieder abhängig. Der Konsens über die Notwendigkeit einer Entmilitarisierung der Kernenergie und einer kontrollierten Nichtverbreitung von Kernwaffen hat zwei Jahrzehnte lang selbst die spannungsreichsten Perioden des Ost-West-Gegensatzes überdauert. Dieser Konsens ist gegen Ende der 70er Jahre durch den aufbrechenden Nord-Süd-Konflikt erschüttert worden. Um ihn wiederherzustellen, wird es nötig sein, das Verlangen der Entwicklungsländer nach finanzieller Entlastung und großzügiger Förderung, nach mehr politischer Mitsprache und administrativer Mitwirkung in der IAEO zu erfüllen, ohne jedoch die wissenschaftlich-technische Integrität, Effektivität und Zuverlässigkeit der Organisation zu beeinträchtigen. Die Bundesrepublik Deutschland hat als ein kerntechnisch führendes, kernwaffenloses, aber durch Kernwaffen geschütztes Mitglied ein besonderes Interesse am erfolgreichen Wirken, doch auch eine besondere Verantwortung für die politische Funktionsfähigkeit der IAEO.

Literatur

Goldschmidt, B. 1980: Le complexe atomique, Paris.
IAEA 1982: 25 Years International Atomic Energy Agency 1957-1982, Wien.
Kaiser, K./Klein, F. J. (Hrsg.) 1982: Kernenergie ohne Atomwaffen, Bonn.
Kohl, W. L. 1983: International Institutions for Energy Management, Aldershot.
Loeck, C. 1980: Internationale Nuklearorganisationen und die Nichtverbreitung von Kernwaffen, in: Wilker, L. (Hrsg.): Nuklearpolitik im Zielkonflikt, Köln, 107-143.

Pendley, R./Scheinman, L./Butler, R. W. 1975: International Safeguarding as Institutionalized Collective Behavior, in: International Organization 29, 585-616.

Scheinman, L. 1969: Nuclear Safeguards, the Peaceful Atom, and the IAEA, in: International Conciliation 572, 1-64.

Scheinman, L. 1973: IAEA – Atomic Condominium?, in: Cox, R. W./ Jacobson, H. K. (Hrsg.): The Anatomy of Influence, New Haven, 216-262.

Szasz, P. C. 1970: The Law and Practices of the International Atomic Energy Agency, Wien.

Erwin Häckel

Internationale Arbeitsorganisation/IAO (International Labour Organization/ILO)

1. Sitz: Hauptsitz der ILO und des Internationalen Arbeitsamtes (IAA) ist seit 1946 Genf; außerdem bestehen weltweit rund 40 Außenstellen – Regional-, Verbindungs- und Zweigbüros (so auch das ILO-Zweigamt in Bonn).

2. Mitglieder: Am 30.6.1984 waren 151 Staaten Mitglieder der ILO; die BR Deutschland wurde 1951 aufgenommen. Nach dem vorübergehenden Austritt der USA von Nov. 1977 bis Febr. 1980 und der Bereitschaft der VR China, den 1971 Taiwan aberkannten chinesischen ILO-Sitz ab Mitte 1983 einzunehmen, ist die Universalität der Organisation nahezu erreicht; die Republik Südafrika hat 1964 die ILO verlassen.

3. Entstehung: Die historischen Wurzeln der Organisation reichen bis ins Europa des 19. Jh. zurück. als die sich verschärfenden sozialen Probleme den Ruf nach zwischenstaatlichen sozialpolitischen Vereinbarungen immer lauter werden ließen. Nach Ende des Ersten Weltkrieges wurde schließlich 1919 auf gewerkschaftliche Initiative hin die ILO als autonome, aber zunächst dem Völkerbund angegliederte Organisation gegründet. Ihre ursprüngliche Verfassung war als Teil XIII Bestandteil des Friedensvertrages von Versailles; inzwischen mehrfach geändert, trat die heute gültige Satzung 1974 in Kraft. Am 14.12.1946 wurde die ILO die erste Sonderorganisation im Verband der → UN.

4. Ziele/Arbeitsweise: Die 40 Artikel umfassende Satzung der ILO geht von dem Grundsatz aus, daß „der Weltfriede auf Dauer nur auf sozialer Gerechtigkeit aufgebaut werden (kann)" (Präambel). Demgemäß hat die ILO zum Ziel: die globale Förderung der sozialen Gerechtigkeit durch Verbesserung der Lebens- und Arbeitsbedingungen, Schaffung neuer Beschäftigungsmöglichkeiten und durch Anerkennung fundamentaler Menschenrechte. Die einzelnen Grundsätze und Aufgaben sind in der 1944 verkündeten „Erklärung von Philadelphia" niedergelegt, die als Anlage Bestandteil der Satzung ist.

In Erfüllung ihres Auftrages wird die ILO auf drei einander ergänzenden Ebenen tätig:

4.1 Sie schafft internationale Übereinkommen und Empfehlungen, die in ihrer Gesamtheit eine Art Internationales Arbeitsgesetzbuch darstellen, um weltweit arbeits- und sozialpolitische Mindestnormen in Fragen wie Arbeitszeit, Entlohnung, Berufsausbildung, Unfallschutz, Sozialversicherung, Koalitionsfreiheit herbeizuführen. Die Übereinkommen sind völkerrechtlichen Verträgen vergleichbar, die dadurch in den Mitgliedstaaten der ILO Rechtskraft erlangen, daß sie von den jeweiligen nationalen gesetzgebenden Organen ratifiziert werden; ihre Durchführung wird ohne Sanktionsmöglichkeiten gemäß den ILO-Vorschriften von der Organisation kontrolliert. Die weniger verbindlichen Empfehlungen sollen den jeweils zuständigen nationalen Instanzen als Leitlinien dienen.

4.2 Ein zunehmend bedeutsames Arbeitsgebiet stellt die internationale technische Zusammenarbeit dar. Zur Beseitigung der wirtschaftlichen und sozialen Schwierigkeiten der Dritten Welt ist die ILO mit speziellen entwicklungspolitischen Aufgaben betraut, die vorwiegend im Bereich der Technischen Hilfe liegen; dazu gehören die Entsendung von Experten, die Errichtung von Ausbildungszentren und die berufliche und fachliche Fortbildung. Mit einigen anderen, ebenfalls mit sozialpolitischen Fragen befaßten UNO-Organisationen (z. B. → FAO und → UNESCO) hat die ILO Kooperationsabkommen geschlossen.

4.3 Weitere Tätigkeitsgebiete sind arbeitswissenschaftliche Forschung, Dokumentation und Information.

5. Organisation/Finanzierung:

5.1 Der dreigliedrige Aufbau ist seit ihrer Gründung das einzigartige Charakteristikum der ILO. In durchweg allen Gremien mit Ausnahme des IAA sitzen Repräsentanten der Arbeitnehmer und der Arbeitgeber gleichberechtigt neben Regierungsvertretern. Die drei Hauptorgane sind:

Internationale Arbeitskonferenz. Sie bildet als Vollversammlung die höchste Instanz der ILO. Jedes Mitglied entsendet zwei Regierungs-, einen Arbeitnehmer- und einen Arbeitgebervertreter, die auf den jährlich stattfindenden Konferenzen voll stimmberechtigt sind. Dieses „Weltforum der Arbeit" diskutiert und bestimmt die allgemeine politische Linie der Organisation, beschließt die internationalen Übereinkommen und Empfehlungen und entscheidet alle zwei Jahre über das Tätigkeitsprogramm und den Haushalt; außerdem wählt es alle drei Jahre einen Teil der Mitglieder des Verwaltungsrates.

Verwaltungsrat. Er besteht seit 1974 aus 56 Mitgliedern: 28 Regierungs-, 14 Arbeitgeber- und 14 Arbeitnehmervertretern. Die zehn wirtschaftlich bedeutendsten Länder (darunter die Bundesrepublik Deutschland) haben ein ständiges Mitgliedschaftsrecht und entsenden direkt je einen Regierungsvertreter. Der Rat als Vollzugsorgan tritt dreimal im Jahr zusammen und beaufsichtigt die Tätigkeit des IAA.

Internationales Arbeitsamt (IAA). Es ist mit nahezu 3000 hauptamtlichen Mitarbeitern das ständige ILO-Sekretariat mit einem Generaldirektor an der Spitze, zugleich auch Koordinierungsorgan für die Expertentätigkeit sowie Forschungs- und Informationszentrale auf dem Gebiet der Arbeits- und Sozialpolitik.

Wie bei internationalen Organisationen üblich hat die ILO zur Lösung von Einzelproblemen seit Bestehen eine Reihe von Hilfs- und Unterorganen geschaffen (z. B. Ausschüsse, Beratergruppen, Regionalkonferenzen). In den Jahren 1960 bzw. 1965 wurden von der ILO zwei rechtlich weitgehend selbständige Bildungsinstitute gegründet. Das Internationale Institut für Arbeitsfragen in Genf befaßt sich im Rahmen seiner Lehr- und Forschungstätigkeit mit arbeits- und sozialpolitischen Studien, während sich das Internationale Zentrum für berufliche und fachliche Fortbildung in Turin vorwiegend auf die Weiterbildung von Fachkräften aus EL konzentriert.

5.2 Der 1983 von der 69. Arbeitskonferenz verabschiedete Zweijahreshaushalt beläuft sich für 1984/85 auf 254,7 Mio. US-Dollar. Da die Mittelaufbringung durch Mitgliedsbeiträge erfolgt, deren Höhe sich an dem UN-Beitragsschlüssel orientiert, ist die Bundesrepublik Deutschland mit 8,47% (zuvor 8,25%) nach den USA (25%), der Sowjetunion und Japan der viertgrößte Beitragszahler. Die Hilfsprogramme im Rahmen der technischen Zusammenarbeit werden überwiegend aus Mitteln des Enwicklungsprogramms der Vereinten Nationen → (UNDP) finanziert.

6. Entwicklung/Probleme:

6.1 Die ILO befaßte sich in ihren Anfangsjahren nach dem Ersten Weltkrieg vorwiegend mit Fragen des Arbeitsschutzes, dem Achtstundentag, der Frauen- und Kinderarbeit oder dem Mutterschutz. Als Konsequenz des technischen, wirtschaftlichen und sozialen Wandels trat insbesondere nach dem Zweiten Weltkrieg eine Vielzahl neuer arbeits- und sozialpolitischer Probleme und damit Aufgaben hinzu. Die gegenwärtigen Schwerpunkte der ILO sind durch folgende Aktivitäten gekennzeichnet:

Ein 1976 angenommenes ,,Internationales Programm zur Verbesserung der Arbeitsbedingungen und der Arbeitsumwelt" (nach der französischen Abkürzung PIACT genannt) bildet einen Eckpfeiler in den Bemühungen um die Humanisierung der Arbeit. Im Kampf gegen die Arbeitslosigkeit wurde bereits 1969 ein ,,Weltbeschäftigungsprogramm" verabschiedet, und 1976 einigte sich die ,,Weltbeschäftigungskonferenz" auf eine Strategie zur Befriedigung der Grundbedürfnisse primär in den EL.

Mehr als zwei Drittel der für technische Zusammenarbeit zur Verfügung stehenden Mittel dienen in EL der effizienten Erschließung des Arbeitskräftepotentials (durch Berufsbildung, Weiterbildung, rationellen Arbeitseinsatz). Die Förderung des Auf- und Ausbaus sozialer Institutionen erstreckt sich auf Bereiche wie Arbeitsrecht und Sozialgesetzgebung, Arbeitsverwaltung, Arbeitsbeziehungen, Genossenschaftswesen. Insgesamt sind im Rahmen der konkreten Hilfeleistung derzeit über 800 Experten mit der Durchführung von etwa 500 Programmen in rund 115 Ländern betraut.

Als eine der wichtigsten Aufgaben der Organisation gilt nach wie vor die Normensetzung; von 1919 bis 1984 wurden von der Internationalen Arbeitskonferenz 159 Übereinkommen verabschiedet (zu den weitgehendst anerkannten Normen gehören die Konventionen über das Verbot von Zwangsarbeit und Diskriminierung in Beschäftigung und Beruf, über Vereinigungsfreiheit und Gleichheit der Entlohnung); hinzu kommen insgesamt 169 Empfehlungen.

6.2 In Würdigung ihres Bemühens um Verbesserung der wirtschaftlichen und sozialen Verhältnisse erhielt die ILO zum 50jährigen Bestehen 1969 den Friedensnobelpreis. Die Arbeitsorganisation, die sich nach den Worten ihres Generaldirektors als das ,,soziale Gewissen der Menschheit" versteht, gehört heute zweifellos zu den angesehensten UN-Sonderorganisationen, obschon Auseinandersetzungen im Zeichen des Ost-West- wie des Nord-Süd-Gegensatzes auch diese Fachorganisation berühren. Der Vorwurf der sachfremden und einseitigen Politisierung, die Beschäftigung mit allgemein-politischen Konflikten, wie Nahost bzw. Israel,

Abrüstung und südliches Afrika, gibt immer wieder Anlaß zu Kontroversen und war auch der Grund für den zeitweiligen Rückzug der USA aus der ILO, mit der Gefahr einer materiellen Existenzkrise.

Seit Jahren ebenso umstritten ist das Strukturprinzip des Tripartismus, weil eine freie Entfaltung der Gewerkschaften und Arbeitgeberverbände in sehr vielen Mitgliedstaaten nur unzureichend gewährleistet ist. Eine prinzipielle Korrektur dieser Grundmaxime der Organisation sieht jedoch auch die in Vorbereitung befindliche Satzungsrevision nicht vor; neuralgische Punkte sind vielmehr die von den EL geforderte „Demokratisierung" des Verwaltungsrates und die von den sozialistischen Staaten propagierte Änderung des Kontrollverfahrens hinsichtlich der Einhaltung der arbeitsrechtlichen Übereinkommen.

Literatur

Beitzke, G. 1981: Verwirklichung sozialer Menschenrechte durch internationale Kontrolle, in: Vereinte Nationen, 5, 149-153.

Haase, W. 1982: Die Internationale Arbeitsorganisation, in: Hauff, M. v./Pfister-Gaspary, B. (Hrsg.): Internationale Sozialpolitik, Stuttgart, 113-137.

Die Internationale Arbeitsorganisation 1981: Die Vereinten Nationen und ihre Spezialorganisationen, Dokumente, Bd. 12, Berlin (Ost).

Internationales Arbeitsamt, 1980: Verfassung der Internationalen Arbeitsorganisationen und Geschäftsordnung der Internationalen Arbeitskonferenz, Genf.

Internationales Arbeitsamt 1979: Die IAO und die Welt der Arbeit, Genf.

Internationales Arbeitsamt 1984: Bericht des Generaldirektors, Genf.

Zöllner, D. 1978: Ziele und Arbeitsweise der Internationalen Arbeitsorganisation, in: Universitas, 3, 233-236.

ILO-Periodika: IAO-Nachrichten (fünfmal jährlich), International Labour Review (sechsmal jährlich), Official Bulletin (pro Serie dreimal jährlich), Legislative Series (zweimal jährlich).

Günther Unser

Internationale Bank für Wiederaufbau und Entwicklung/Weltbank (International Bank for Reconstruction and Development/IBRD)

1. Sitz: Washington, D. C.

2. Mitglieder: Die Mitgliedschaft im → IWF ist Voraussetzung für den Beitritt zur Weltbank. Da alle IWF-Mitglieder auch der Weltbank beigetreten sind, ist die Mitgliedsstruktur beider Organisationen identisch. Auch die Weltbank zählte am 1.1.1985 148 Mitglieder, darunter fast alle EL und westlichen IL, während von den kommunistischen Ländern Osteuropas neben Jugoslawien bisher nur Rumänien und Ungarn beigetreten sind. Der Sitz Chinas wird seit 1980 anstelle von Nationalchina (Taiwan) von der VR China wahrgenommen.

3. Entstehungsgeschichte: Die Weltbank ist ein Resultat der alliierten, insbesondere angelsächsischen Verhandlungen während des Zweiten Weltkrieges über eine Neuordnung der internationalen Wirtschaftsbeziehungen mit dem Ziel verstärkter internationaler Zusammenarbeit und ihrer institutionellen Sicherung. In den ersten amerikanischen Überlegungen („White-Plan") wurde eine internationale Organisation mit Aufgaben sowohl der Währungs- als auch der Kapitalhilfe erwogen. Vor dem Hintergrund jüngerer Kontroversen ist auch interessant, daß *White* ursprünglich an ein breiteres Aufgabenfeld dachte, die Weltbank u. a. eine internationale Rohstoffentwicklungsgesellschaft und eine Institution zur Preisstabilisierung bei bestimmten grundlegenden Gütern finanzieren sollte. 1944 auf der Konferenz von Bretton Woods/USA wurden dann getrennte Verträge über die Währungsorganisation IWF und die Weltbank verabschiedet, die Ende 1945 in Kraft traten.

4. Ziele/Vertragsinhalt: Die Zielrichtung kommt bereits in der offiziellen Bezeichnung „Internationale Bank für Wiederaufbau und Entwicklung" zum Ausdruck. Hauptziel ist die Entwicklungsförderung durch langfristige Kredithilfe für produktive Zwecke. Die Weltbank darf Kredite nur vergeben, wenn die Regierungen der Empfängerländer ihre Rückzahlung garantieren.

5. Organisation/Finanzierung:

5.1 Organisation: Die Organisationsstruktur der Weltbank ist der des IWF sehr ähnlich. Oberstes Entscheidungsorgan ist die Gouverneursversammlung, in der jedes Mitgliedsland mit einem Gouverneur, meistens dem Finanzminister, vertreten ist. Die jährliche gemeinsame Gouverneursversammlung von Weltbank und IWF im Herbst ist ein wichtiger Treffpunkt der staatlichen Finanzelite. Abgesehen von wenigen der Gouverneursversammlung vorbehaltenen Grundsatzentscheidungen liegt die Führungskompetenz beim Exekutivdirektorium. Es umfaßt 21 stimmberechtigte Mitglieder, von denen fünf von den stimmenstärksten Mitgliedern (USA, Japan, Bundesrepublik Deutschland, Großbritannien und Frankreich), die restlichen 16 von Ländergruppen – analog zum IWF primär nach regionaler Zugehörigkeit und annähernd gleichem Stimmengewicht zusammengestellt – alle zwei Jahre gewählt werden, außer bei Stimmengleichheit ohne Stimmrecht. Der Vorsitz liegt beim Präsidenten der Weltbank, der unter Aufsicht des Exekutivdirektoriums die laufenden Geschäfte führt und den Mitarbeiterstab (1983 etwa 5600, davon etwa 50% im höheren Dienst aus gut 100 Ländern) leitet. Er wird vom Exekutivdirektorium auf fünf Jahre gewählt und war bisher – insbesondere mit Blick auf den besonders wichtigen amerikanischen Kapitalmarkt – stets U.S. Amerikaner (z. Z. *A. W. Clausen*).

Wie für den IWF gilt für die Weltbank das Prinzip des gewichteten Stimmrechtes. Es richtet sich im wesentlichen nach der Höhe der Kapitalzeichnung der einzelnen Länder, geringfügig modifiziert durch eine gleiche Zahl von Sockelstimmen für jedes Mitglied. Es führt zu einer sicheren Mehrheit für die westlichen IL.

Die Weltbank hat in einem Abkommen mit der → UN den Status einer Sonderorganisation erhalten, der UN aber kaum Befugnisse eingeräumt und damit ihre spezifische Struktur gegenüber der andersartigen der UN (gleiches Stimmrecht, vor allem Beteiligung des Ostblocks) abgeschirmt. Mit einer Reihe von Organisationen der UN-Familie, z.B. → FAO und → UNIDO, gibt es eine intensive Zusammenarbeit, teilweise auf der Basis von Kooperationsabkommen. Funktional und organisatorisch besonders eng ist die Verbindung zum IWF. Sie drückt sich u. a. aus in dem „gemeinsamen Ministerausschuß der Gouverneursversammlungen der Weltbank und des IWF für den Transfer realer Ressourcen in Entwicklungsländer" – kurz als Entwicklungskomitee bezeichnet. Es geht zurück auf Versuche der EL, die Reformüberlegungen im internationalen Währungssystem mit einer Erhöhung des Mittelzuflusses in die EL zu verknüpfen und wurde im Herbst 1974 durch Beschlüsse der Gouverneursversammlungen von Weltbank und IWF ins Leben gerufen. Die 20 Mitglieder werden nach dem gleichen Modus selektiert, wie die Exekutivdirektoren von Weltbank und IWF. Das politisch hochrangige Entwicklungskomitee ist ein Forum für die Behandlung aller wichtigen Fragen der Entwicklungszusammenarbeit mit dem Ziel eines verstärkten Ressourcentransfers in EL. Es arbeitet auf Konsensbasis ohne formelle Beschlüsse.

Zur Weltbankgruppe werden neben der Weltbank auch die „Tochterorganisationen" → IDA und → IFC gezählt, die zwar rechtlich selbständig, mit der „Mutter" aber eng verflochten sind. Ebenfalls unabhängig, aber mit der Weltbank verknüpft, ist das 1966 in Washington gegründete Internationale Zentrum zur Beilegung von Investitionsstreitigkeiten (International Centre for Settlement of Investment Disputes – ICSID).

5.2 Finanzierung: Eine Finanzquelle für die Kredittätigkeit der Weltbank sind die Kapitalanteile der Mitgliedsländer. Das ursprünglich genehmigte Kapital von 10 Mrd. US-Dollar (zum Goldwertgehalt von 1944) ist mehrfach erhöht worden. Nach der letzten 1982 beschlossenen Kapitalerhöhung umfaßt das genehmigte Kapital 71,7 Mrd. SZR (= Sonderziehungsrechte), wovon Mitte 1983 48,8 Mrd. SZR gezeichnet waren. Das gezeichnete Kapital muß aber nach den Statuten grundsätzlich nur zu 20 % eingezahlt werden, davon 2 % in Gold oder US-Dollar und 18 % in Landeswährung, wobei der letztgenannte Teil nur mit Zustimmung des betreffenden Landes für Kredite genutzt werden darf. Nach entsprechenden Beschlüssen sind in der Praxis nur etwa 10 % des gezeichneten Kapitals eingezahlt worden, und für die 1982 beschlossene Kapitalerhöhung um rund 100 % ist nur eine Einzahlung von 7,5 % – davon 0,75 % in Gold oder US-Dollar – vorgesehen. Das gezeichnete Kapital ist also ganz überwiegend Haftungskapital, was auch daran deutlich wird, daß Grundkapital und Reserven die Obergrenze für die Kreditvergabe der Weltbank bilden.

Diese Konstruktion macht deutlich, daß die Weltbank primär als Brücke gedacht ist, über die privates Kapital in die EL geleitet werden soll. Die wichtigste Finanzquelle der Weltbank sind daher Schuldverschreibungen, die auf den Kapitalmärkten, z. T. auch direkt bei Regierungen, Notenbanken usw. plaziert werden. Für ihre Anleihen benötigt die Weltbank die Zustimmung des Mitgliedes, dessen Kapitalmarkt und/oder Währung in Anspruch genommen werden soll. Weitere Finanzquellen sind der Verkauf eigener Forderungen aus Darlehen, Rückzahlungen aus Darlehen und die Gewinne der Weltbank, die allerdings teilweise an die IDA abgeführt werden.

6. Entwicklung: Die anfänglich starke Orientierung auf Kredite für den Wiederaufbau und damit verbunden auf europäische Länder wurde nach Anlaufen der amerikanischen Marshall-Plan-Hilfe abgelöst durch Kredite fast ausschließlich an EL. Da die Weltbank ihre Kredite – Laufzeit meist 15 bis 20 Jahre – überwiegend durch Mittelaufnahme an den Kapitalmärkten finanziert, sind auch ihre Konditionen für Kredite marktorientiert. Die damit verbundene Härte insbesondere für die ärmeren EL führte 1960 zur Gründung der IDA. Bei den Finanzierungsquellen hat die Weltbank große Flexibilität gezeigt. Nachdem sie in den ersten Jahren fast ausschließlich auf den amerikanischen Kapitalmarkt angewiesen war, hat sie beginnend in den 60er Jahren ihre Mittelaufnahme zunehmend diversifiziert, insbesondere den schweizer und den deutschen Kapitalmarkt sowie japanisches und arabisches Kapital in Anspruch genommen.

Die Weltbank finanziert überwiegend Einzelprojekte, die vor der Finanzierung genau geprüft und auch während der Abwicklung genau beobachtet werden. Anders als normale Geschäftsbanken analysiert die Weltbank auch detailliert die gesamtwirtschaftliche Situation der kreditsuchenden Länder und den volkswirtschaftlichen Stellenwert der zu finanzierenden Projekte. Die Weltbank hat noch bei keinem Kredit auf die Rückzahlung verzichten müssen. Das dürfte neben der genauen Prüfung und der Regierungsgarantie darauf zurückzuführen sein, daß die Nichtrückzahlung dem betreffenden Land wahrscheinlich auch andere internationale Finanzquellen verschließen würde.

In ihrer Kreditpolitik und den dahinterstehenden entwicklungspolitischen Strategieüberlegungen hat die Weltbank mehrfach deutlich Akzentverschiebungen vorgenommen. Während sie sich in den 50er Jahren auf die Finanzierung von Infrastrukturmaßnahmen konzentriert hat, hat sie ihre Aktivitäten in der Folgezeit zunehmend verbreitert und versucht, die Einzelprojekte aufeinander abzustimmen und zusammenzubinden. In Reaktion auf die Ölpreisentwicklung hat sie ihre Kredithilfe im Energiebereich stark ausgeweitet. Weitergehende Vorstellungen, z. B. die Gründung einer Energieorganisation als Tochtergesellschaft, haben sich aber bisher nicht durchsetzen lassen.

Anfang der 70er Jahre hat die Weltbank die sehr unterschiedlichen Folgen der allgemeinen Wachstumsförderung für unterschiedliche Einkommensgruppen besonders betont und mit ihrer Kreditpolitik versucht gezielter den ärmsten Bevölkerungsgruppen zu helfen (integrierte Schwerpunktprogramme zur Förderung der ärmsten Bevölkerungsteile auf dem Lande 1973 und in den Städten 1975). Die Weltbank hat auch ihre technische Hilfe verstärkt, um insbesondere die ärmsten Länder mit häufig unzulänglichem Verwaltungsstab bei der Ausarbeitung und Durchführung von Projekten und Programmen zu unterstützen. Generell hat die Weltbank ihre Analyse- und Beratungstätigkeit stark ausgeweitet (seit 1978 z. B. jährliche Publikation des Weltentwicklungsberichtes) und genießt gerade in ihrer Expertenrolle international hohes Ansehen. Ausdruck dessen dürfte auch sein, daß die Weltbank in den für einige EL bestehenden Koordinierungsgruppen für Entwicklungshilfe den Vorsitz führt.

Die weltwirtschaftliche Rezession und die davon mitbedingte Schuldenexplosion der EL hat auch die Kreditwünsche an die Weltbank extrem erhöht. Die Weltbank hat versucht, diesen Wünschen wenigstens teilweise gerecht zu werden, indem sie ihre Mittelaufnahme weiter gesteigert (Geschäftsjahr 1983 Rekordbruttokreditaufnahme 10 Mrd. US-Dollar) und bei ihrer Kreditvergabe (1983 11 Mrd. US-Dollar) die Kofinanzierung und damit die direkte Einbindung anderer Geldgeber verstärkt hat.

7. Perspektiven/Bewertung: Die Weltbank ist sowohl hinsichtlich ihres Geschäftsvolumens als auch in ihrer Expertenrolle die bei weitem einflußreichste internationale Organisation für Kapitalhilfe an EL. Kritiker setzen v. a. bei der westlich dominierten Macht- und Finanzierungsstruktur an. Kritikpunkte sind u. a.: „politische" Kreditentscheidungen, d. h. politisch motivierte, wenn auch offiziell ökonomisch begründete Entscheidungen auf Druck insbesondere der USA (z. B. Verweigerung der Kredithilfe beim Bau des Assuan-Staudammes in

Agypten), eine auf Weltmarktintegration gerichtete und insgesamt kapitalistisch orientierte Entwicklungsstrategie, Ineffizienz und Feigenblattcharakter von Strategieänderungen wie Förderung der ärmsten Bevölkerungsgruppen. Aber auch die entgegengesetzte Kritik, z. B. Vergeudung knapper Mittel durch Finanzierung „sozialistischer Experimente", ist in der Literatur anzutreffen. Die EL fordern v. a. ein größeres Stimmengewicht und eine verstärkte Kreditexpansion zu möglichst günstigen Bedingungen, v. a. eine Verstärkung der ungebundenen Programmkredite. Andere Reformvorschläge beziehen sich auf eine stärkere Regionalisierung innerhalb der Weltbank, insbesondere eine Stärkung der basisnäheren Regionalbüros. Versuche, alternative Institutionen der Entwicklungsfinanzierung mit „demokratischeren" Entscheidungsstrukturen aufzubauen, sind bisher v. a. an der westlichen Unterstützung für die „Bretton-Woods-Institutionen" gescheitert.

Literatur

Cairncross, A. 1959: The International Bank for Reconstruction and Development, Princeton
Hayter, T. 1971: Aid as Imperialism, Harmondsworth
Hürli, B. 1980: Die Weltbank. Funktion und Kreditvergabepolitik nach 1970, Diessenhofen
Mason, E. H./Asher, A. E. 1973: The World Bank since Bretton Woods, Washington
Payer, Ch. 1982: The World Bank. A Critical Analysis, New York u. a.
Tetzlaff, R. 1980: Die Weltbank: Machtinstrument der USA oder Hilfe für Entwicklungsländer? Zur Geschichte und Struktur der modernen Weltgesellschaft, München u. a.
Weltbank: Jahresberichte, Washington
Weltbank: Weltentwicklungsberichte (jährlich), Washington

Uwe Andersen

Internationale Energieagentur/IEA (International Energy Agency)

1. Sitz: Paris

2. Mitglieder: 21 Mitgliedstaaten der → OECD mit Ausnahme Frankreichs.

3. Entstehungsgeschichte: Die Gründung der IEA ist als Antwort westlicher Industrieländer auf die Herausforderungen im Zusammenhang mit der internationalen Ölpreiskrise im Winter 1973/74 zu verstehen (→ OPEC). Am 18.11.1974 unterzeichneten Vertreter von 16 OECD-Mitgliedstaaten ein Internationales Energieprogramm und gründeten gleichzeitig die IEA.

4. Ziele/Vertragsinhalt: Hauptziel der IEA ist die Förderung eines Strukturwandels in den Mitgliedsländern zwecks Verwirklichung einer ausgewogeneren und rationelleren Nutzung der Energieressourcen sowie eine Verminderung der Abhängigkeit vom Erdöl. 1977 wurden folgende z.Z. gültige energiepolitische Grundsätze verabschiedet: 1. Begrenzung der Ölimporte durch Energieeinsparung, Angebotsausweitung und Ölsubstitution; 2. Abbau der Zielkonflikte zwischen Umweltbelangen und Erfordernissen der Energieversorgung; 3. Duldung des Anstiegs der Energiepreise in den Teilnehmerstaaten auf ein Niveau, bei dem ein Anreiz für Energieeinsparungen und die Entwicklung alternativer Energiequellen gegeben ist; 4. Begrenzung des Anstiegs der Energienachfrage im Verhältnis zwischen Wirtschaftswachstum durch Energieeinsparung und Substitution; 5. Substitution von Erdöl für Verstromungs- und industrielle Verwendungszwecke durch andere Energieträger; 6. Förderung des internationalen Kohlenhandels; 7. Beschränkung der Verwendung von Erdgas auf die Deckung des Bedarfs der Sektoren, die sich nicht ohne große Schwierigkeiten auf andere Energieträger umstellen können; 8. Stetiger Ausbau der Kernkraftkapazitäten; 9. Stärkere Betonung von Forschung und Entwicklung durch Erhöhung der Zahl internationaler Gemeinschaftsvorhaben; 10. Schaffung eines günstigen Investitionsklimas und vorrangige Förderung der Exploration; 11. Aufstellung anderer Programme, falls die Einsparungs- und Energieversorgungsziele nicht voll verwirklicht werden und 12. Zusammenarbeit mit den EL bei der Beurteilung der Welt-Energielage, der Forschung und Entwicklung sowie den Fragen der technischen Erfordernisse auf dem Energiesektor.

5. Organisation: An der Spitze der IEA steht der Verwaltungsrat, der die Arbeiten der IEA leitet und die wichtigsten politischen Entscheidungen trifft. Er setzt sich aus den für Energiefragen zuständigen Ministern bzw. ihren Delegierten zusammen. Trotz eines komplizierten gewichteten Stimmenverhältnisses werden die meisten Entscheidungen im Konsensusverfahren getroffen. Das Sekretariat besteht aus einem ständigen Stab von Energieexperten aus den Teilnehmerländern. Seine Aufgabe besteht in der Unterstützung der Arbeit des Verwaltungsrats und der ihm nachgeordneten Organe (dies sind die Gruppen „Langfristige Zusammenarbeit", „Ölmarktinformation", „Notstandsfragen", „Beziehungen zu den Förderländern und anderen Verbraucherländern", „Ausschuß für Energieforschung und -entwicklung"). An der Spitze des Sekretariats steht der vom Verwaltungsrat ernannte Exekutivdirektor, der dem Geschäftsführenden Ausschuß vorsteht.

6. Entwicklung: Nach mehr als zehnjährigem Wirken hat die IEA entscheidend dazu beigetragen, daß die Energieprobleme zu keinem Konfliktherd zwischen den Industrieländern wurden, sondern daß mit Hilfe energiepolitischer Maßnahmen zu einem Strukturwandel in den Mitgliedsländern beigetragen werden konnte. Inzwischen ist in der IEA ein Notstandsprogramm entwickelt worden, das im Falle einer wesentlichen Störung des Welt-Ölversorgungssystems vorsieht, die Nachfrage zu drosseln und das verfügbare Erdöl untereinander aufzuteilen. Alle Mitgliedsländer müssen entsprechend dem Abkommen über das Internationale Energieprogramm ausreichende Notstandsreserven unterhalten, um ohne Netto-Öleinfuhr den Verbrauch mindestens 90 Tage lang decken zu können.

7. Perspektiven/Bewertung: Obwohl Frankreich nicht an der IEA teilnimmt – politische und ökonomische Gründe bewogen Frankreich dazu – hat sich die IEA zu einer funktionsfähigen Energieorganisation des Westens entwickelt. Die unter der Ägide der IEA z.Z. laufenden 45 internationalen Kooperationsvorhaben im Bereich der Energieforschung können weiter dazu beitragen, daß das grundsätzliche politische Ziel, geringere Abhängigkeit vom Erdöl und damit weniger politische Dependence, langfristig erreicht werden kann.

Literatur:

Roggen, P. 1979: Die Internationale Energie-Agentur, Energiepolitik und wirtschaftliche Sicherheit, Bonn.

Wichard Woyke

Internationale Entwicklungsorganisation (International Development Association/IDA)

1. Sitz: Washington, D. C.

2. Mitglieder: Voraussetzung für den Beitritt ist die Mitgliedschaft in der → Weltbank. Über 90% der Weltbank-Mitglieder sind der IDA beigetreten, die Ende 1983 131 Mitglieder umfaßte. Bisher ferngeblieben sind neben einigen Kleinstaaten Rumänien, Ungarn, Venezuela und Uruguay.

3. Entstehungsgeschichte: Faktisch von Beginn ihrer Tätigkeit an wurde die Weltbank von seiten der EL mit dem Vorwurf konfrontiert, ihre Konditionen seien insbesondere für die ärmsten EL nicht tragbar. Die Weltbankleitung wehrte sich aber mit Blick auf ihr Ansehen an den Kapitalmärkten gegen eine Aufweichung. Dies führte zusammen mit Forderungen nach einer stärkeren → UN-Kontrolle und damit einem größeren Gewicht der EL im Entscheidungsprozeß zu Überlegungen, einen UN-Sonderfonds für multilaterale Entwicklungshilfe zu „weichen" Bedingungen zu schaffen. Auf Initiative der USA wurde schließlich mit der Gründung der IDA 1960 ein Kompromiß gefunden, ein Entwicklungsfonds zu günstigeren Bedingungen, aber als Tochter und damit unter Kontrolle der Weltbank.

4. Ziele/Vertragsinhalt: Im IDA-Abkommen wird davon ausgegangen, daß „durch eine gesunde Entwicklung der Weltwirtschaft und durch ein ausgewogenes Wachstum des Welthandels internationale Beziehungen gefördert werden, die der Erhaltung des Friedens und dem Wohlstand in der Welt dienlich sind." Ziel ist daher eine beschleunigte Förderung der wirtschaftlich weniger entwickelten Länder. Die IDA hat die Aufgabe, Finanzmittel bereitzustellen „zur Deckung der wichtigsten Entwicklungsbedürfnisse zu Bedingungen, die elastischer sind und die Zahlungsbilanz weniger belasten als die Bedingungen herkömmlicher Darlehen."

5. Organisation/Finanzierung:

5.1 Organisation: Die Organisationsstruktur der IDA entspricht nicht nur der der Weltbank, sie ist auch ungeachtet der rechtlichen Selbständigkeit in der personellen Besetzung identisch. Auch für die IDA gilt ein gewichtetes Stimmrecht, das zwar geringfügig von der Weltbankregelung abweicht und mehrfach modifiziert worden ist — höherer Anteil der für jedes Land gleichen Grundstimmen (pro Land 0,25% der Gesamtstimmen) —, im Ergebnis aber auch zu einer sicheren Mehrheit für die westlichen IL führt.

5.2 Finanzierung: Die wichtigste Finanzquelle der IDA sind die Kapitalzeichnungen und weitere freiwillige Beiträge ihrer Mitglieder. Die Mitglieder sind in die Gruppen I – umfaßt neben den IL inzwischen auch einige arabische Öl-exportländer – und II aufgeteilt, wobei die Länder der Gruppe I ihre Kapital-zeichnungen in konvertibler Währung verfügbar machen müssen, die Länder der Gruppe II dagegen 90 % in Landeswährung zahlen können. Das Anfangskapital von 1 Mrd. US-Dollar wurde zu etwa 75 % von den IL aufgebracht. Statt der vertraglich vorgesehenen Möglichkeit weiterer Kapitalzeichnungen nach Ver-ausgabung des Startkapitals sind der IDA im Wege von ausgehandelten, meist dreijährlichen „Wiederauffüllungsrunden" zusätzliche Mittel zugeführt worden. Einschließlich der Zusagen im Rahmen der 6. Wiederauffüllungsrunde 1980-82 haben die Mitglieder über 28 Mrd. US-Dollar aufgebracht. Eine weitere Finanz-quelle sind Gewinnzuweisungen der Weltbank.

6. Entwicklung: In ihrer Politik der Mittelaufbringung wie insbesondere der -verteilung ist die IDA durch ihre Statuten wenig eingeengt. Sie hat sich bei der Vergabe ihrer Mittel für Kredite mit Rückzahlung in Devisen, aber zu sehr günstigen Konditionen entschieden. Die IDA vergibt zinslose Kredite – Be-arbeitungsgebühr 0,75 % – mit einer Laufzeit von 50 Jahren und einer tilgungs-freien Periode von zehn Jahren. Bei der Auswahl der Projekte werden grund-sätzlich die gleichen strengen Maßstäbe angelegt wie bei der Weltbank. Bei der Entscheidung, welche EL Kredite erhalten, haben drei Kriterien besonders Ge-wicht: 1. ein niedriges Pro-Kopf-Einkommen, 2. die begrenzte Kreditwürdig-keit für herkömmliche Finanzierungsquellen, 3. der wirtschaftliche Entwick-lungsstand einschließlich der Fähigkeit, die Kredite nutzbringend einzusetzen, und der Verfügbarkeit geeigneter Projekte. Die IDA hat ihre Kreditvergabe auf die ärmsten Länder konzentriert. Der Kreis der Kreditnehmer hat sich im Laufe der Zeit entsprechend der wirtschaftlichen Entwicklung verändert. Zur Zeit erhalten rund 50 Länder IDA-Kredite, ein Teil davon gleichzeitig Kredite der Weltbank. In diesen Fällen ergibt sich eine Mischkalkulation die es ermög-licht, die unterschiedliche Bedürftigkeit zu berücksichtigen. Die bevölkerungs-reichen armen Staaten Asiens, insbesondere Indien, haben anfangs den größten Teil der IDA-Mittel in Anspruch genommen. Dies hat später zu einer Art Quoten-begrenzung geführt, verbunden mit dem Versuch, den Armutsgürtel in Afrika stärker in die Kreditvergabe einzubeziehen. Die Veränderungen in der Entwick-lungsstrategie sind die gleichen wie bei der Weltbank.

Ein die IDA-Entwicklung begleitender Konfliktherd waren die wiederkehrenden Verhandlungen über die Wiederauffüllungsrunden, wobei die Höhe der Gesamt-mittel, die zeitliche Verteilung, v. a. aber die Lastenverteilung unter den Geber-ländern und damit verbunden die Stimmrechte eine Rolle gespielt haben. Ins-besondere der Kongreß der USA hat die Wiederauffüllung der IDA-Mittel mehr-fach ins Stocken gebracht und auch bei der 6. Runde (vorgesehen 1981-83) die amerikanischen Mittel bisher nicht voll angewiesen. Dadurch ist auch die Ver-handlung über die 7. Runde verzögert worden und die IDA in eine sehr schwie-rigen Finanzlage geraten. Die USA, deren Finanzanteil von der Erstzeichnung bis IDA 6 von 42 % auf 27 % gefallen ist, bei starken Anhebungen für die Bundesrepublik Deutschland (7 auf 13 %) und Japan (4 auf 15 %), verlangen eine weitere Reduzierung. Die USA besitzen eine Schlüsselposition, da Wieder-auffüllungen erst wirksam werden, wenn 80 % der Mittel zugesagt sind.

7. Perspektiven/Bewertung: Die IDA ist die wichtigste Finanzquelle für multi-laterale Entwicklungshilfe zu sehr günstigen Bedingungen und hat damit auch dazu beigetragen, die Rolle der Weltbankgruppe als Entwicklungsorganisation zu unterstreichen. Sie ist die wichtigste internationale Kreditquelle für die ärmsten Länder. Deren Zahlungsbilanzdefizite wurden 1980 z. B. zu 65 % durch öffentliche Entwicklungshilfe finanziert, von der etwa ein Sechstel auf die IDA entfiel.

Literatur

Arbeitsgruppe der Weltbank 1982: IDA im Rückblick. Die ersten zwei Jahrzehnte der Internationalen Entwicklungsorganisation, Washington
Weaver, J. H. 1965: The International Development Association. A new approach to foreign aid, New York

Uwe Andersen

Internationale Fernmeldesatellitenorganisation (International Telecommunications Satellite Organization/INTELSAT)

1. Sitz: Die INTELSAT hat ihren Sitz in *Washington*.

2. Mitglieder: Mitglieder (Anfang 1983: 109, einschließlich Bundesrepublik Deutschland) können alle → ITU-Mitgliedstaaten werden, (bloße) „Benutzer" auch andere Staaten. Nicht beigetreten sind vor allem die sozialistischen Staaten, die unter Führung der UdSSR durch Vertrag vom 15.11.1971 eine eigene Organisation („Intersputnik") gegründet haben. Eine Beendigung der Mitgliedschaft ist möglich durch freiwilligen oder (seitens der Organisation bei Vertragsverletzung) erzwungenen Austritt.

3. Entstehungsgeschichte: Die INTELSAT geht zurück auf das „Übereinkommen zur Vorläufigen Regelung für ein Weltweites Kommerzielles Satelliten-Fernmeldesystem" vom 20.8.1964, einen nicht-rechtsfähigen Zusammenschluß von Staaten und Fernmeldeverwaltungen der westlichen und Dritten Welt („joint venture"). Nach schwierigen Verhandlungen infolge unterschiedlicher Interessen vor allem zwischen den USA und den westeuropäischen Staaten kam es am 20.8.1971 zum Abschluß des am 12.2.1973 in Kraft getretenen „Übereinkommens über die Internationale Fernmeldesatellitenorganisation ‚INTELSAT'" sowie des dazugehörigen „Betriebsübereinkommens".

4. Ziele/Vertragsinhalt:

4.1 *Ziel* der INTELSAT ist es, zu einem einzigen weltweiten kommerziellen Satelliten-Fernmeldesystem zu gelangen. Demgemäß verfolgt sie als *Hauptzweck,* auf kommerzieller Grundlage das Weltraumsegment (d. h. Fernmeldesatelliten mit den erforderlichen technischen Einrichtungen zur Bahnverfolgung, Steuerung, Überwachung usw.) bereitzustellen, das erforderlich ist, um allen Gebieten der Welt internationale öffentliche Fernmeldedienste (z. B. Telefon, Telegraf, Fernschreiber, Datenübermittlung, Rundfunk- und Fernsehprogramme zwischen zugelassenen Erdefunkstellen) von hoher Qualität und Zuverlässigkeit auf der Grundlage der Nichtdiskriminierung zur Verfügung zu stellen. Sofern der Hauptzweck nicht beeinträchtigt wird, kann das Weltraumsegment auch für *andere* – nationale oder besondere, nicht jedoch für militärische – *Fernmeldedienste* (z. B. Navigationsfunkdienste, Satelliten-Rundfunkdienste, die von der Allgemeinheit empfangen werden können, Weltraumforschungsdienste, meteorologische Dienste und Dienste zur Erforschung der Hilfsquellen der Erde) bereitgestellt werden. Unabhängige nationale (z. B. Kanada: Anik, USA: Westar) und internationale (z. B. ARABSAT) Fernmeldesatellitensysteme der INTELSAT-Mitglieder sind nicht ausgeschlossen, bedürfen aber der Abstimmung mit der Organisation.

4.2 Das (Haupt-)*Übereinkommen* ist ein zwischenstaatlicher Vertrag, der in 22 Artikeln und vier Anlagen die Grundlagen der Organisation festlegt: u. a. ihren Tätigkeitsbereich, ihre Rechtspersönlichkeit, ihre Finanzierung, ihre Organisationsstruktur, die Rechte und Pflichten ihrer Mitglieder und die Beilegung von Streitigkeiten. Das *Betriebsübereinkommen* ist ein Vertrag zwischen den am Hauptabkommen beteiligten Staaten oder den von diesen bestimmten öffentlichen oder privaten Fernmeldeträgern (z. B. Deutsche Bundespost). Es besteht aus 24 Artikeln sowie einer Anlage und enthält die technischen Regelungen für die Organisationstätigkeit: u. a. über Finanzierung, Beziehungen zur ITU, Erdefunkstellen, Zuteilung von Weltraumsegment-Kapazitäten, Beschaffung, Erfindungen, Haftung, Abfindung, Beilegung von Streitigkeiten. Beide Übereinkommen können für einen Staat nur *gemeinsam* in oder außer Kraft treten.

5. Organisationsstruktur/Finanzierung:

5.1 Die INTELSAT besitzt vier Organe. Hauptorgan ist die *Versammlung der Vertragsparteien* (des Hauptübereinkommens), die aus allen Mitgliedstaaten mit gleichem Stimmrecht besteht, regelmäßig alle zwei Jahre zusammentritt und für die Beratung und Empfehlungen in grundlegenden Angelegenheiten zuständig ist. Die *Versammlung der Unterzeichner* (des Betriebsübereinkommens), die aus allen Staaten bzw. Fernmeldeträgern mit gleichem Stimmrecht besteht und jährlich zusammentritt, überwacht die Tätigkeit der Organisation in technischer, finanzieller und wirtschaftlicher Hinsicht. Der *Gouverneursrat* besteht aus zwei Kategorien von Vertretern der Unterzeichner: etwa 20 kommen aus Staaten, die allein oder gemeinsam einen von der Versammlung der Unterzeichner jährlich bestimmten Mindestinvestitionsanteil erreichen, höchstens fünf kommen aus jeweils mindestens fünf Staaten, die den Mindestinvestitionsanteil nicht erreichen und die fünf ITU-Regionen (Afrika, Nord- und Südamerika, Asien/Ozeanien, Osteuropa, Westeuropa) repräsentieren. Jeder Gouverneur hat grundsätzlich einen Stimmenanteil entsprechend dem Investitionsanteil des oder der von ihm vertretenen Unterzeichner, höchstens aber 40 % des Gesamtstimmenanteils. Der Gouverneursrat tritt mindestens viermal jährlich zusammen und ist verantwortlich für die Planung und Entwicklung, den Bau und die Errichtung, den Betrieb und die Erhaltung des INTELSAT-Weltraumsegments. Der *Generaldirektor,* der vom Gouverneursrat ernannt und diesem verantwortlich ist, steht an der Spitze des (seit 1979 international besetzten) Geschäftsführungsorgans und vertritt die Organisation nach außen.

5.2 Die INTELSAT ist Eigentümerin des Weltraumsegments, an dem jeder Unterzeichner einen Investitionsanteil entsprechend seinem Anteil an der Gesamtbenutzung hat. Der erforderliche Kapitalbedarf wird durch *Beiträge* der Unterzeichner aufgebracht, denen Ansprüche auf Rückzahlung und Entschädigung für die Kapitalnutzung zustehen. Für die Benutzung des Weltraumsegments werden *Gebühren* erhoben, die zur Deckung der laufenden Kosten, zur Bildung eines möglichen Betriebsmittelfonds sowie zur Tilgung und Verzinsung der Kapitalbeiträge dienen sollen.

6. Entwicklung: Die Entwicklung der INTELSAT ist eng verbunden mit dem technischen Fortschritt auf dem Gebiet des internationalen Fernmeldewesens, spiegelt aber auch die grundlegenden Konflikte zwischen West und Ost sowie Nord und Süd wider. In den 20 Jahren ihres Bestehens hat sie sich von einer lockeren Vereinigung weniger Industriestaaten, die aufgrund der technischen und wirtschaftlichen Gegebenheiten ursprünglich unter dem dominierenden Einfluß der USA stand, zu einer – bis auf die sozialistischen Staaten, mit deren Intersputnik-System sie allerdings inzwischen kooperiert – praktisch weltweiten Internationalen Organisation mit eigener Rechtspersönlichkeit entfaltet, in der die Interessen aller Mitgliedstaaten gleichmäßig, wenn auch abgestuft nach ihrem unterschiedlichen Gewicht im internationalen Fernmeldewesen, Berücksichtigung finden.

7. Bewertung/Perspektiven: Die gegenwärtige Struktur der INTELSAT stellt einen *Kompromiß* zwischen den Möglichkeiten und Interessen der beteiligten Staaten dar, die aufgrund ihrer unterschiedlichen nationalen Fernmeldestrukturen eine mehr privat-unternehmerische (so die USA) oder eine mehr öffentlich-rechtliche Gestaltung (so etwa die westeuropäischen Staaten) anstrebten. Die *„kommerzielle" Betriebsform* der INTELSAT, die mit kostendeckenden Gebühren arbeitet, ermöglicht zwar auch Gewinne aus den erbrachten Dienstleistungen; diese fließen jedoch den Fernmeldeträgern der einzelnen Mitgliedstaaten zu, die über die Verwendung nach ihrem nationalen Recht bestimmen. Im Laufe ihrer Entwicklung hat die INTELSAT die nötige *Flexibilität* gezeigt, sich gewandelten Erfordernissen anzupassen. Zu erwähnen sind etwa die Begrenzung des amerikanischen Einflusses durch Herabsetzung des maximalen Stimmanteils im Gouverneursrat auf 40 % und die Übertragung der laufenden Geschäftsführung von der Privatgesellschaft COMSAT auf ein internationales Sekretariat, die grundsätzliche Zulassung von INTELSAT-unabhängigen Satellitensystemen der Mitgliedstaaten, die Pflicht zur öffentlichen internationalen Ausschreibung bei der Beschaffung von Material und Dienstleistungen oder die Kooperation mit Systemen von Nicht-Mitgliedstaaten (Intersputnik). Bei Fortsetzung dieser offenen Haltung dürfte die INTELSAT auch künftigen Anforderungen gewachsen sein. Dafür spricht auch, daß ihre organisatorische Struktur als Vorbild für die später gegründete → INMARSAT diente.

Literatur

Matte, N. M. 1980: Aerospace Law – Telecommunications Satellites, in: Recueil des Cours 166, 119-249.
Cheng, B. 1976: INTELSAT – The definitive arrangements, in: Essays on International Law in Honour of Krishna Rao, 156-169.
Colino, R. 1973: The INTELSAT definitive arrangements, Genf.
Kildow, J. 1973: INTELSAT – Policy makers' dilemma, Lexington (Massachussetts).

v. Braun, Ch. 1972: Die juristische Ausgestaltung eines internationalen Nachrichtensatellitensystems, dargestellt am Falle „Intelsat", Frankfurt/M.

Siegfried Magiera

Internationale Fernmelde-Union (International Telecommunication Union/ITU)

1. Sitz: Die ITU hat ihren Sitz seit 1948 in Genf (zuvor in Bern).

2. Mitglieder: Mitglieder (Ende 1983: 158, einschließlich Bundesrepublik Deutschland und DDR) können alle UNO-Mitgliedstaaten werden sowie – mit Zustimmung von zwei Dritteln der Mitglieder – alle anderen souveränen Staaten.

3. Entstehungsgeschichte: Die ITU geht zurück auf die 1865 in Paris gegründete Internationale Telegraphen-Union und die 1906 in Berlin versammelte Internationale Funktelegraphen-Konferenz. 1932 kam es zum Zusammenschluß in der ITU durch den ersten einheitlichen „Weltnachrichtenvertrag" von Madrid. Gegenwärtig gilt der Internationale Fernmeldevertrag in der Fassung von Malaga-Torremolinos (1973).

4. Ziele/Vertragsinhalt:

4.1 Die ITU soll – in voller Anerkennung des Rechts eines jeden Staates, sein Fernmeldewesen selbst zu regeln –, die internationalen Beziehungen durch einen gut arbeitenden Fernmeldedienst erleichtern. Zu ihren *Aufgaben* gehört insbesondere die Aufteilung des Frequenzspektrums auf die verschiedenen Fernmeldedienste (z. B. Seefunk, Flugfunk, allgemeiner Rundfunk, Amateurfunk) sowie die Registrierung und Koordinierung der einzelnen Frequenzzuteilungen, um internationale Funkstörungen zu vermeiden; die Förderung der internationalen Zusammenarbeit, um Fernmeldedienste von hoher Qualität bei möglichst niedrigen Gebühren zu sichern; die Förderung der Fernmeldeeinrichtungen in Entwicklungsländern; Maßnahmen zur Sicherung des menschlichen Lebens durch Zusammenarbeit der Fernmeldedienste. Die weltweite Zuständigkeit der ITU schließt *regionale Sonderbeziehungen* der Mitgliedstaaten nicht aus, wenn diese nicht im Widerspruch zum IFV stehen.

4.2 Der *Internationale Fernmeldevertrag* (IFV) besteht aus zwei Teilen, den „Grundlegenden Bestimmungen" und der „Allgemeinen Geschäftsordnung". Letztere regelt die Arbeitsweise der ITU und ihrer Organe; erstere enthalten Vorschriften u. a. über Zusammensetzung, Zweck und Aufbau der ITU, über den Fernmeldedienst im· allgemeinen, über den Funkdienst im besonderen, über die Beziehungen zu den → Vereinten Nationen und anderen internationalen Organisationen sowie über die Anwendung des Vertrages und der Vollzugsordnungen. Letztere ergänzen den IFV und bestimmen die Aufgaben der verschiedenen Fernmeldedienste im einzelnen (Telegraphen- und Telephondienst, 1973; Funkdienst, 1979).

5. Organisationsstruktur/Finanzierung:

5.1 Die ITU besitzt sieben Organe, davon vier ständige. Die *Konferenz der Regierungsbevollmächtigten* als oberstes Organ besteht aus Delegationen der Mitglieder; sie tritt regelmäßig alle fünf Jahre zusammen (zuletzt 1982 in Nairobi) und ist für die grundlegenden Entscheidungen sowie für die Wahl des Verwaltungsrates, des Generalsekretärs und der Mitglieder des IFRB zuständig. Die – weltweiten und regionalen – *Verwaltungskonferenzen* werden zur Behandlung besonderer Fragen des Fernmeldewesens, insbesondere zur Änderung der Vollzugsordnungen, einberufen. Der *Verwaltungsrat* besteht aus 36 nach regionalen Gesichtspunkten ausgewählten ITU-Mitgliedern; er handelt zwischen den Konferenzen der Regierungsbevollmächtigten als deren Beauftragter und tritt in der Regel einmal jährlich zusammen. Das *Generalsekretariat* wird von einem Generalsekretär geleitet, der für die laufende Verwaltung zuständig ist und von einem Koordinierungsausschuß aus Vertretern der ständigen Organe unterstützt wird. Der *Internationale Ausschuß für Frequenzregistrierung* (IFRB) besteht aus fünf unabhängigen Fachleuten; er registriert systematisch die von den Staaten vorgenommenen Frequenzzuweisungen und berät die ITU-Mitglieder, um Frequenzstörungen zu vermeiden. Die beiden *Internationalen Beratenden Ausschüsse für den Funkdienst* (CCIR) *und den Telegrafen- und Telefondienst* (CCITT) bestehen aus den Verwaltungen aller ITU-Mitglieder und anerkannten privaten Betriebsunternehmen; sie sind beauftragt, über technische und betriebliche (der CCITT auch über tarifliche) Fragen Studien durchzuführen und Empfehlungen abzugeben.

5.2 Die *Finanzierung* der ITU erfolgt hauptsächlich durch Beiträge der Mitglieder, die eine Beitragsklasse zwischen 0,5 und 30 Einheiten wählen können (z. B. 1983: Bundesrepublik Deutschland 25, DDR 3). Solange ein Mitglied mit zwei Jahresbeiträgen oder mehr im Rückstand ist, verliert es sein Stimmrecht. Der jährliche Haushaltsplan wird im Rahmen der allgemeinen Vorgaben der Konferenz der Regierungsbevollmächtigten vom Verwaltungsrat aufgestellt. Für 1983 belief sich der ordentliche Haushalt auf rund 83 Mio. sfr.; der Wert einer Beitragseinheit – bei insgesamt 427,5 Einheiten – betrug 176.000 sfr.

6. *Entwicklung:* Die Entwicklung der ITU ist eng verbunden mit dem technischen Fortschritt auf dem Gebiet des Fernmeldewesens. Ihr *Tätigkeitsbereich* erweiterte sich allmählich von der Telegraphie (1865) über die Telephonie (1885) auf die Funktelegraphie (1906), vom Land- und Seefunk (1906) über den Flug- und allgemeinen Rundfunk (1927) bis hin zum Weltraumfunk (1959). Seit dem 1.1.1949 ist die ITU aufgrund eines Abkommens die *Sonderorganisation* der Vereinten Nationen für das Fernmeldewesen.

7. *Bewertung/Perspektiven:*

7.1 Die im wesentlichen mit technischen Koordinierungs- und Beratungsfunktionen betraute ITU hat die in sie gesetzten Erwartungen weitgehend erfüllt, wenn man darauf abstellt, daß sie vor allem störungsfreie internationale Fernmeldedienste gewährleisten soll. Auch die technische Unterstützung von Entwicklungsländern, die hauptsächlich aus fremden Mitteln, insbesondere dem →UN-Entwicklungsprogramm finanziert wird, hat Fortschritte gemacht (z. B. 1972: 9, 1980: 33, 1983: 28 Mio. US-Dollar).

7.2 Es besteht kein Zweifel, daß die Tätigkeit der ITU auch zukünftig für das internationale Fernmeldewesen unentbehrlich sein wird. Inwieweit es allerdings gelingen wird, die bisher weitgehend technisch-sachliche Arbeitsweise aufrechtzuerhalten, oder ob es zu mehr politisch-wirtschaftlichen Kontroversen (Nord-Süd-, Ost-West-Konflikt; z. B. beim Satellitenrundfunk) kommen wird, ist derzeit noch offen.

Literatur

Codding, G. A. Jr./Rutkowski, A. M. 1982: The International Telecommunication Union in a Changing World.
Durand-Barthez, P. 1979: L'Union internationale des télécommunications, Paris.
Garmier, J. 1975: L'ITU e t les télécommunications par satellites. Brüssel
Haschke, H./Paupel, W. 1977: Der Internationale Fernmeldeverein.
Krause, G. B. 1960: Internationaler Fernmeldeverein, Frankfurt/M.
Leive, D. M. 1970: International Telecommunication and International Law, Leyden/New York.
Smith, D. D. 1969: International Telecommunication Control, Leyden.
Thieme, U. 1973: Rundfunksatelliten und internationales Recht, Hamburg.

Siegfried Magiera

Internationale Finanz-Corporation (International Finance Corporation/ IFC)

1. Sitz: Washington, D. C.

2. Mitglieder: Voraussetzung für den Beitritt ist die Mitgliedschaft in der → Weltbank. Über 80 % der Weltbank-Mitglieder gehören auch der IFC an, die Mitte 1983 124 Mitglieder umfaßte. Zu den Nicht-Mitgliedern gehören Länder mit einem sozialistischen Selbstverständnis wie Rumänien, Ungarn, Algerien, VR Jemen, Benin, Laos und Kampuchea.

3. Entstehungsgeschichte: Da das Weltbank-Abkommen Engagements der Weltbank von der Garantieübernahme durch die Regierung des betreffenden Landes abhängig macht, wurden schon Anfang der 50er Jahre Pläne diskutiert, diese Restriktion durch Gründung einer Weltbank-Tochter zu überwinden. 1956 wurde schließlich als rechtlich selbständige, aber eng mit der Weltbank verflochtene Organisation die IFC ins Leben gerufen, wobei anfänglich die Möglichkeit ausdrücklich ausgeschlossen wurde, sich am Kapital von Unternehmen zu beteiligen.

4. Ziele/Vertragsinhalt: Die IFC ergänzt die Weltbankaktivitäten, indem sie zusammen mit privaten Investoren die Errichtung, Verbesserung und Erweiterung produktiver Privatunternehmen in den Mitgliedsländern fördert. Zu diesem Zweck bringt sie in- und ausländische Investoren und erfahrenes Management zusammen, fördert das Investitionsklima und leistet Kapitalhilfe ohne Regierungsgarantie für Privatunternehmen, falls privates Kapital zu angemessenen Bedingungen nicht verfügbar ist (Art. 1).

5. Organisation/Finanzierung:

5.1 Organisation: Die Organisationsstruktur – Gouverneursversammlung, Exekutivdirektorium, Präsident – entspricht der der Weltbank und ist in der personellen Besetzung identisch. Auch die prozentuale Beteiligung am Kapital der IFC und das daran orientierte Stimmengewicht weichen nicht wesentlich von den Verhältnissen in der Weltbank ab. U. a. sind die fünf stimmenstärksten

Länder identisch, und die westlichen IL verfügen über eine deutliche Mehrheit. Im Unterschied zur zweiten Weltbanktochter → IDA verfügt die IFC über einen eigenen Mitarbeiterstab und einen eigenen geschäftsführenden Vizepräsidenten. Durch ein Abkommen mit den → UN hat die IFC den Status einer Sonderorganisation der UN.

5.2 Finanzierung: Die erste Finanzquelle der IFC sind die Kapitalbeteiligungen der Mitglieder. Das genehmigte Grundkapital von anfänglich 100 Mio. US-Dollar wurde 1963 und 1977 stark erhöht. Von 1977 zugeteilten rund 470 Mio. US-Dollar wurden bis Mitte 1983 rund 430 Mio. US-Dollar gezeichnet und eingezahlt. Nach Statutenänderungen von IFC und Weltbank im Jahre 1965, die Kredite der Weltbank an die IFC bis zum Vierfachen von deren Eigenkapital ermöglichen, ist die Weltbank zum wichtigsten Finanzier geworden. Mitte 1983 betrug die ausstehende Kreditsumme rund 1 Mrd. US-Dollar. Die mögliche Kreditaufnahme bei Dritten spielt demgegenüber kaum eine Rolle. Weitere Finanzquellen sind neben eigenen Gewinnen rückfließende Mittel und der Verkauf eigener Kapitalanlagen.

6. Entwicklung: In den ersten Jahren blieb das Geschäftsvolumen der IFC gering. Durch eine Statutenänderung 1961 erhielt die IFC die Möglichkeit, sich am Kapital privater Unternehmen zu beteiligen. Entsprechend ihrer angestrebten Katalysatorfunktion engagiert die IFC sich aber nur zusammen mit privaten Kapitalgebern, wobei sie eine Minderheitsbeteiligung übernimmt und sich an der Geschäftsführung nicht beteiligt. Im Normalfall einer Unternehmensförderung verbindet die IFC eine geringe Eigenkapitalbeteiligung mit einem langfristigen Darlehen. Der gesamte Finanzierungsbeitrag liegt in der Regel zwischen 1 und 20 Mio. US-Dollar. Seit 1961 hat die IFC sich bevorzugt am Kapital von Entwicklungsgesellschaften und -banken beteiligt, in der Hoffnung, damit eine Multiplikatorwirkung zu erzielen. 1978 beschloß die IFC, ihr finanzielles Engagement sowohl regional als auch branchenmäßig zu verbreitern und dabei die am wenigsten entwickelten Länder gezielt zu fördern und entwicklungspolitische Prioritäten stärker zu beachten. Damit wurde versucht, Kritikpunkte aufzunehmen. Die Folge war u. a. eine relative Gewichtsverschiebung der IFC-Aktivitäten zugunsten Afrikas (zu Lasten Südamerikas), der schwach entwickelten Länder (zu Lasten der Schwellenländer), der Agrarwirtschaft (zu Lasten der Schwerindustrie).

7. Perspektiven/Bewertung: Die IFC ist die Spezialorganisation der Weltbankgruppe, die sich auf die Förderung privater Unternehmen in EL konzentriert. Trotz ihres stark gewachsenen Geschäftsvolumens (genehmigte Investitionen 1983 845 Mio. US-Dollar) ist sie innerhalb der Weltbankgruppe die bei weitem kleinste Finanzorganisation, womit ihre schwer einschätzbare Katalysatorwirkung allerdings nicht erfaßt wird.

Literatur

Baker, J. G. 1968: The International Finance Corporation. Origin, operations and evolution, New York
IFC: Jahresberichte, Washington

Uwe Andersen

Internationale Seefunksatelliten-Organisation (International Maritime Satellite Organisation/INMARSAT)

1. Sitz: Die INMARSAT hat ihren Sitz in *London.*

2. Mitglieder: Mitglieder (Anfang 1983: 38, einschließlich Bundesrepublik Deutschland) können alle Staaten werden. Eine Beendigung der Mitgliedschaft ist möglich durch freiwilligen oder (seitens der Organisation bei Vertragsverletzung) erzwungenen Austritt.

3. Entstehungsgeschichte: Die INMARSAT geht zurück auf Vorarbeiten im Rahmen der IMCO (nunmehr: → IMO) seit Mitte der 60er Jahre und auf eine von dieser einberufene Staatenkonferenz in den Jahren 1975 und 1976. Am 3.9. 1976 kam es zum Abschluß des am 16.7.1979 in Kraft getretenen „Übereinkommens über die Internationale Seefunksatelliten-Organisation (INMARSAT)" sowie der dazugehörigen „Betriebsvereinbarung".

4. Ziele/Vertragsinhalt:

4.1 *Ziel* der INMARSAT ist es, den Schiffen aller Staaten die weltraumtechnisch leistungsfähigsten und wirtschaftlichsten Einrichtungen zugute kommen zu lassen, die mit einer rationellen und gerechten Ausnutzung des Funkfrequenzspektrums und der Satellitenumlaufbahnen vereinbar sind. Demgemäß verfolgt sie den (ausschließlich friedlichen) *Zweck,* das Weltraumsegment (d. h. Satelliten mit den erforderlichen technischen Einrichtungen zur Bahnverfolgung, Steuerung, Überwachung usw.) zur Verfügung zu stellen und dadurch u. a. Einsatz und Leistungsfähigkeit der Schiffe, der öffentlichen Seefunkdienste, insbesondere des Seenotfunks, und der Funkortungsmöglichkeiten in aller Welt zu verbessern.

4.2 Das (Haupt-)*Übereinkommen* ist ein zwischenstaatlicher Vertrag, der in 35 Artikeln und einer Anlage die Grundlagen der Organisation festlegt: u. a. Zweck, Finanzierung, Nutzungsbedingungen, Organisationsstruktur, Haftung, Rechtspersönlichkeit, Beziehungen zu anderen internationalen Organisationen, Austritt und Suspendierung, Beilegung von Streitigkeiten. Die *Betriebsvereinbarung* ist ein Vertrag zwischen den am Hauptabkommen beteiligten Staaten oder den von diesen bestimmten öffentlichen oder privaten Rechtsträgern (z. B. Deutsche Bundespost). Sie besteht aus 19 Artikeln sowie einer Anlage und enthält die technischen Regelungen für die Organisationstätigkeit: u. a. über Finanzierung und Haftung, Zulassung und Benutzung, Streitbeilegung. Beide Übereinkommen können für einen Staat nur *gemeinsam* in oder außer Kraft treten.

5. Organisation/Finanzierung:

5.1 Die INMARSAT besitzt drei Organe. Die *Versammlung* besteht aus allen Vertragsstaaten mit gleichem Stimmrecht. Sie kommt regelmäßig alle zwei Jahre zusammen und hat insbesondere die Aufgabe, die allgemeinen und langfristigen Ziele der Organisation zu überprüfen sowie die Einhaltung des Übereinkommens sicherzustellen. Der *Rat* besteht aus 18 Vertretern derjenigen Unterzeichner (der Betriebsvereinbarung), die die größten (nach dem Nutzungsumfang bestimmten) Investitionsanteile an der Organisation haben, und vier Vertretern der übrigen Unterzeichner, die nach geographischen und entwicklungspolitischen Gesichtspunkten auszuwählen sind. Jeder Ratsvertreter hat eine Stimmenzahl, die dem von ihm repräsentierten Investitionsanteil entspricht, jedoch höchstens 25 %. Er tritt mindestens dreimal im Jahr zusammen und ist für die Bereitstellung des Weltraumsegments und die damit verbundenen Aufgaben verantwortlich. Der *Generaldirektor,* der vom Rat auf sechs Jahre ernannt wird, leitet das für die laufende Verwaltung zuständige *Direktorium* und vertritt die Organisation nach außen.

5.2 Die INMARSAT kann Eigentümerin des Weltraumsegments sein oder es mieten. Sie arbeitet auf gesunder wirtschaftlicher und finanzieller Grundlage unter Berücksichtigung anerkannter kommerzieller Grundsätze. Ihre Finanzierung erfolgt durch *Beiträge* der Unterzeichner, denen Ansprüche auf Rückzahlung und Entschädigung für die Kapitalnutzung zustehen. Für die Benutzung des Weltraumsegments werden *Gebühren* erhoben, die zur Deckung der laufenden Kosten, zur Bereitstellung der erforderlichen Betriebsmittel sowie zur Tilgung und Verzinsung der Kapitalbeiträge dienen sollen. Die Gebührensätze sind für alle Benutzer grundsätzlich gleich, können aber für Nichtunterzeichner insgesamt höher festgelegt werden.

6. *Entwicklung:* Anders als die ähnlich organisierte → INTELSAT wurde die INMARSAT von Anfang an von allen wichtigen Industriestaaten, insbesondere auch unter Einschluß der UdSSR, und einer großen Zahl von Staaten der Dritten Welt getragen, so daß ihrer Entwicklung zu einer weltweiten Organisation keine unüberwindlichen Hindernisse im Wege standen.

7. *Bewertung/Perspektiven:* Die INMARSAT erhielt mit der Satellitenkommunikation eine technisch unentbehrliche Funktion im weltweiten Schiffsverkehr. Die traditionellen Kommunikationsmöglichkeiten waren nicht mehr ausreichend und entwicklungsfähig, um den gestiegenen Bedarf der Seeschiffahrt zu befriedigen und erhebliche Gefahren von ihr abzuwenden; die durchschnittlichen Wartezeiten im Seefunkverkehr betrugen fünf bis sechs Stunden, die Empfangsqualität war schlecht, die geographische Reichweite beschränkt. Diese Hindernisse soll und kann INMARSAT beseitigen.
Dabei ist allerdings zu berücksichtigen, daß die Organisation einen Kompromiß darstellt zwischen den unterschiedlichen Interessen vor allem der USA einerseits sowie der westeuropäischen und teilweise der sonstigen Staaten andererseits. Demgemäß ist die INMARSAT zwar eine zwischenstaatliche Internationale Organisation mit eigener Rechtspersönlichkeit, aber zugleich (über die Betriebsvereinbarung) unter (im entscheidenden Rat) maßgeblicher Beteiligung öffentlicher und auch privater Rechtsträger. Zudem ist ihr Finanzgebaren kommerziellen Grundsätzen verpflichtet, was nicht nur über die Gestaltung der Gebühren zum Ausdruck kommt, sondern auch etwa über die Beschaffung der technischen Einrichtungen, insbesondere der erforderlichen Satelliten. Insoweit besteht ein unübersehbarer Wettbewerb wiederum vor allem zwischen den USA und den westeuropäischen Staaten. Dennoch sprechen die überwiegend technische, auf friedliche Zwecke begrenzte Funktion sowie die bisher erreichte Ausdehnung ihres Wirkungsbereichs für eine auch weiterhin erfolgreiche Tätigkeit der INMARSAT.

Literatur

Sondaal, H. H. M. 1980: The current situation in the field of maritime communication satellites: „INMARSAT", in: Journal of Space Law 8, 9-39.

Doyle, S. E. 1977: The INMARSAT – Origins and Structure, in: Journal of Space Law 5, 45-63.

Menon, P. K. 1977: The INMARSAT – An important milestone in maritime communications service, in: Netherland's International Law Review 24, 489-506.

Siegfried Magiera

Internationale Seeschiffahrts-Organisation (International Maritime Organization/ IMO, bis 1982: Inter-Governmental Maritime Consultative Organization/IMCO)

1. Sitz: Der Sitz der UN-Sonderorganisation für Schiffahrtsfragen ist London.

2. Mitglieder: 122 Mitglieder (1982), darunter alle wichtigen Schiffahrtsländer einschließlich „billiger Flaggen". Die Mitgliedschaft steht allen Staaten offen.

3. Entstehungsgeschichte: Nach Vorarbeiten ab 1944 erfolgte die Gründung der IMCO 1948 durch 31 Mitglieder. Das Übereinkommen trat 1958 in Kraft. Die IMCO hatte zunächst den Status einer beratenden Organisation. Vertragsänderungen wurden 1964/65/74 und 1982 vorgenommen. Seit 1965 erfuhr die IMCO einen starken Mitgliederzuwachs, besonders durch die EL.

Mit der Namensänderung 1982 wurden zugleich Ergänzungen und Änderungen des „Übereinkommens über die Internationale Seeschiffahrts-Organisation" vorgenommen.

4. Ziele/Vertragsinhalt: Ziele sind die schiffstechnische und navigatorische Sicherheit auf See zu gewährleisten; die Leistungsfähigkeit der Schiffahrt zu erhöhen; die Verhütung und Bekämpfung der Meeresverschmutzung durch Schiffe, insbesondere durch Tanker, zu verbessern. Ein weiteres Ziel besteht in der Beseitigung von Diskriminierungen in der Schiffahrt. Zunehmend gewinnt Entwicklungshilfe an Bedeutung hinsichtlich seemännischer Ausbildung, Transport gefährlicher Güter, nationaler Gesetzgebung und Schiffahrtsverwaltung.

Zur Durchführung erarbeitet und aktualisiert die IMO laufend Übereinkommen, Resolutionen und sonstige Übereinkünfte (sog. Codes). Wichtige Arbeitsergebnisse sind: Seestraßenordnung COLREG 1960/72; Schiffssicherheitsvertrag SOLAS 1960/74/78/81; Ölverschmutzungs-Übereinkommen OILPOL 1954/62/69/71; Freibord-Übereinkommen 1966/71; MCO-Code „Gefährliche Güter" 1971; Haftungs-Übereinkommen 1969/76; Interventions-Übereinkommen 1969/73; Fonds-Übereinkommen 1971; mehrere Übereinkommen zur Reederhaftung 1971/74/76; Such- und Rettungsdienst SAR 1979; Verhütung der Meeresverschmutzung durch Schiffe MARPOL 1973/78; Seefunksatelliten INMARSAT 1976; Mindestnormen für Ausbildung und Befähigung von Seeleuten STCW 1978.

5. Organe/Finanzierung: Die Versammlung, in der alle Mitglieder vertreten sind, tagt alle zwei Jahre. Sie wählt den Rat, der über das Arbeitsprogramm und den Haushalt entscheidet. Der Rat besteht aus 24 Mitgliedern, wobei folgende drei Gruppen in diesen 24 Mitgliedern repräsentiert sind: sechs Staaten mit großen Handelsflotten; sechs Staaten mit großen Seehandelsinteressen und zwölf sonstige Staaten mit Schiffahrtsinteressen unter regionaler Berücksichtigung. Vier gleichgeordnete *Ausschüsse* für Schiffssicherheit, Recht, Schutz der Meeresumwelt, technische Zusammenarbeit (jeweils mit Unterausschüssen) unter der koordinierenden Leitung des Rates haben beratende Funktion. Daneben besteht ein Sekretariat mit sechs Abteilungen und ca. 200 Mitarbeitern. Generalsekretär ist seit 1973 *C. P. Srivastava,* Indien.

Die Finanzierung erfolgt durch die Mitglieder nach einem bestimmten Verteilungsschlüssel. Außerdem erhält die IMO Zuwendungen von dem → UNDP. Der Haushalt 1983 betrug 16,2 Mio. US-Dollar.

Die IMO arbeitet mit zahlreichen internationalen Organisationen wie → EG, → IOC, → FAO, → UNCTAD (Committee on Shipping) → UNDP, IHO, → ILO, IALA sowie zahlreichen NGO's zusammen.

6. Entwicklung: Die ursprüngliche Aufgabenstellung der IMCO (Erfahrungsaustausch, Beratung, Vorbereitung von Übereinkommen) wandelte sich in Richtung auf systematische Rechtssetzung, Umweltschutz und Übertragung von technischem Sachverstand auf die EL und führte 1982 zur Namensänderung in IMO.

Das Spannungsfeld zwischen Schiffahrts- und Industrieländern hinsichtlich Navigations- und Wettbewerbsfreiheit einerseits, wachsende Erfordernisse des Umweltschutzes und Aufbau neuer Handelsflotten und Häfen der EL andererseits bestimmten die praktische Arbeit und führten dennoch zu allseits anerkannten Ergebnissen. Problematische Konkurrenz ergibt sich bei wirtschaftspolitischen Schiffahrtsfragen, die von der UNCTAD wahrgenommen werden.

7. Perspektiven/Bewertung: Die Bundesrepublik Deutschland gehört dem Rat seit ihrem Beitritt im Jahr 1959 an. Sie hat die Arbeiten seitdem maßgeblich mitbestimmt, wobei der Bundesminister für Verkehr, Abt. Seeverkehr, federführend ist. Die DDR ist seit 1973 Mitglied. Der IMO (IMCO) ist es gelungen, die Internationalität der Schiffahrt mit Hilfe von allgemein anerkannten Regeln und Standards zu bewahren.

Zukünftige Aufgaben der IMO werden u. a. sein: die Weiterentwicklung von Schiffssicherheit und Umweltschutz; die Gewährleistung von Sicherheit bei Offshore-Tätigkeiten; die sektorale Umsetzung der UN-Seerechtskonferenz von 1982, die ihrerseits die IMO zur „zuständigen internationalen Organisation" für eine Vielzahl von Einzelfragen bestimmte.

Literatur

Breuer, G. 1965: Die IMCO und ihr Einfluß auf das öffentliche Seerecht, in: HANSA 1965: 1045 ff.;

Lampe, W. H. 1982: Die Internationale Seeschiffahrtsorganisation (IMO), in: HANSA 1982: 737-740 und 801-804;

Wolfrum, R. 1977: IMCO, in: Handbuch Vereinte Nationen (Hrsg.) Wolfrum/ Prill/Brückner: 204-209

Uwe Jenisch

Internationale Zivilluftfahrtorganisation (International Civil Aviation Organization/ICAO)

1. Sitz: Die ICAO hat ihren Sitz in Montreal und unterhält Regionalbüros in Bangkok, Kairo, Dakar, Lima, Mexico City und Paris.

2. Mitgliedschaft: Die Mitgliedschaft steht allen Staaten offen, die UN-Mitglieder sind, oder sonstige Staaten mit Zustimmung der ICAO-Versammlung sowie der UN-Generalversammlung. Die ICAO zählte Anfang 1984 152 Mitgliedstaaten, darunter die UN-Nichtmitglieder Schweiz, Nordkorea, Südkorea, Monaco, Nauru und Kiribati.

3. Entstehung: Die ICAO wurde durch die internationale Staatenkonferenz zur Regelung der Zivilluftfahrt (Konferenz von Chicago, 1944) ins Leben gerufen. Ihre Satzung ist in Teil II des Abkommens von Chicago vom 7.12.1944 niedergelegt. Sie arbeitete zunächst auf provisorischer Basis (PICAO), bis das Abkommen am 4.4.1947 bei Erreichen der erforderlichen 26 Ratifikationen in Kraft trat. Wenig später, am 13.5.1947, erhielt die ICAO aufgrund eines Abkommens mit der →UN den Status einer UN-Sonderorganisation. Sie hat sich seitdem zu einer quasi-universellen Organisation entwickelt, der die Sowjetunion im Jahre 1970 und die Volksrepublik China im Jahre 1975 beigetreten sind.

4. Ziele: Die Satzung der ICAO sieht in Art. 44 vor:
,,Ziel und Aufgabe der Organisation ist es, die Grundsätze und die Technik der Internationalen Luftfahrt zu entwickeln sowie die Planung und Entwicklung des internationalen Luftverkehrs zu fördern . . .".
Dazu gehören insbesondere die Gewährleistung eines sicheren und geordneten Wachstums der internationalen Zivilluftfahrt in der ganzen Welt, die Förderung des Baus und des Betriebs von Luftfahrzeugen zu friedlichen Zwecken, sowie die Förderung der Entwicklung von Luftverkehrsstraßen, Flughäfen und Luftfahrteinrichtungen. Gemäß dem Grundsatz der Gleichheit der Staaten verfolgt die ICAO ferner auch das Ziel, diskriminierende Maßnahmen der Vertragsstaaten untereinander zu vermeiden.

5. Organisation/Finanzierung:

5.1 Die Organisationsstruktur der ICAO ist gegliedert in
- die Versammlung, in die alle Mitgliedstaaten einen Vertreter entsenden und die im Dreijahresturnus zusammentritt. Sie ist das oberste ICAO-Organ.
- den Rat, der das ständige Exekutivorgan der ICAO darstellt. Es besteht gegenwärtig aus 33 Mitgliedern, die von der Versammlung gewählt werden. Dabei spielen vor allem die Luftverkehrsbedeutung und die geographische Repräsentation der einzelnen Staaten eine Rolle;
- die Ausschüsse, die dem Rat nachgeordnet sind. Es bestehen satzungsgemäß ein Luftverkehrsausschuß (Air Transport Committee) und eine Luftfahrtkommission (Air Navigation Commission). Daneben sind vom Rat drei weitere Ausschüsse gebildet worden, nämlich der Rechtsausschuß (Legal Committee), der Finanzausschuß (Finance Committee) und der gemeinsame Unterstützungsausschuß (Joint Support Committee), der sich mit der Errichtung und der Finanzierung gemeinsamer Bodennavigationsanlagen befaßt.
- das Sekretariat, das vom Generalsekretär der ICAO geleitet wird. Dieser

wird vom Rat ernannt und ist dessen Weisungen unterworfen. Daher kommen dem Präsidenten des Rates in der Praxis die politischen Leitungsfunktionen zu, während der Generalsekretär die verwaltungsmäßigen Leitungsfunktionen innehat.

Regionalkonferenzen und Sonderkonferenzen. Die Regionalkonferenzen dienen vor allem zur Aufstellung der sog. Regionalen Pläne (Festlegung von Luftstraßen, Flugverkehrskontrollstellen etc. im regionalen Rahmen). Die Sonderkonferenzen befassen sich mit wichtigen aktuellen Problemen (z. B. die Luftverkehrskonferenzen 1977 und 1980).

Die wohl wichtigste Tätigkeit der ICAO besteht in der Aufstellung und Fortentwicklung der Anhänge zum Abkommen von Chicago. Es handelt sich dabei um internationale Richtlinien (Standards), die für die Mitgliedstaaten bindend sind, falls diese nicht Abweichungen notifizieren, oder um Empfehlungen (Recommended Practices), die keinen bindenden Charakter haben. Die Anhänge werden vom Rat erlassen und regeln z. B. die Erlaubnisse für Luftfahrtpersonal, Luftverkehrsregeln, Flugwetterdienste, Luftfahrtkarten, Vereinheitlichung der Nachrichtenübermittlung usw. Die Anhänge werden durch weitere technische Veröffentlichungen der ICAO ergänzt, so daß eine umfassende Standardisierung erreicht wird.

5.2 Die Finanzierung der ICAO erfolgt durch ihre Mitgliedstaaten. Die Versammlung stellt das Budget für drei Jahre im voraus auf und setzt die einzelnen Mitgliedsbeiträge nach einem Schlüssel fest, der die wirtschaftliche Leistungsfähigkeit der jeweiligen Mitgliedstaaten berücksichtigt. Richtgrößen sind das Nationaleinkommen und das Pro-Kopf-Einkommen. Die Beiträge halten sich jedoch im Rahmen von Grenzbeitragssätzen, die gegenwärtig maximal 25 % und minimal 0,06 % des Gesamtjahresbudgets der ICAO beträgt. Das Budget für 1982 betrug insgesamt ca. 29 Mio. US-Dollar.

6./7. Entwicklung/Bewertung: Die ICAO erfüllt in bezug auf die Regulierung des Luftverkehrs vorwiegend Aufgaben technischer und administrativer Natur, während die wirtschaftliche Regulierung des internationalen Luftverkehrs der IATA (hinsichtlich der Tarife) sowie den jeweils beteiligten Regierungen (bezüglich Marktzugang, Beförderungskapazitäten etc.) vorbehalten bleibt. Diese Arbeitsteilung hat sich insgesamt bewährt. Ferner hat die ICAO die Gründung von rechtlich eigenständigen Regionalorganisationen gefördert, die Luftfahrtfragen von ausschließlich regionalem Interesse behandeln (insbesondere ECAC: Europäische Zivilluftfahrtkonferenz; AFCAC: Afrikanische Zivilluftfahrtkommission; LACAC: Lateinamerikanische Zivilluftfahrtkommission; und ACAC: Arabischer Zivilluftfahrtrat).

Literatur

Buergenthal, Th. 1969: Law-Making in the International Civil Aviation Organization, Syracuse

Erler, J. 1967: Rechtsfragen der ICAO: Die Internationale Zivilluftfahrtorganisation und ihre Mitgliedstaaten, Köln

Fitzgerald, G. F. 1976: ICAO Now And In Coming Decades, in: International Air Transport, hrsg. by *N. M. Matte*, Montreal

Rehm, G.-W. 1961: Die Internationale Zivilluftfahrt-Organisation, Europa-Archiv 1961, 85
Schenkman, J. 1955: International Civil Aviation Organization, Genf
Schwenk, W. 1981: Handbuch des Luftverkehrsrechts, Köln.

Ludwig Weber

Internationaler Fonds für landwirtschaftliche Entwicklung (International Fund for Agricultural Development/IFAD)

1. Sitz: Rom.

2. Mitglieder: Am 31. Januar 1982 hatte IFAD 136 Mitglieder, die in folgenden drei Kategorien eingeteilt werden: 1. OECD-Mitglieder (20); 2. OPEC-Mitglieder (12); 3. andere Entwicklungsländer (104).

3. Entstehung: Der Internationale Fonds für landwirtschaftliche Entwicklung wurde entsprechend einer Empfehlung der UN-Welternährungskonferenz (1974) Ende 1977 errichtet.

4. Ziele: Ziel des IFAD ist die Mobilisierung „zusätzlicher Ressourcen zu besonders günstigen Bedingungen (concessional terms) für die Landwirtschaft in den EL", wobei der Akzent besonders auf die ärmsten Bauern und die landlosen Armen gelegt wird.

5. Organisation/Finanzierung: Der IFAD wird gesteuert von einem Gouverneurs- und einem Verwaltungsrat. Neu in der Organisationsstruktur ist, daß in diesen Organisationen die drei Ländergruppen mit der gleichen Stimmenzahl vertreten sind. An der Spitze des Sekretariats steht ein Präsident. Der IFAD verfügt über ca. 170 Planstellen, von denen etwa 75 im höheren Dienst angesiedelt sind.
Für 1978-1980 wurden 1 022 Mio. US-$ durch freiwillige Beiträge der drei Ländergruppen aufgebracht (IL 569 Mio., OPEC 435 Mio. andere EL 18 Mio. US-$). Die für den Zeitraum 1981-1983 beschlossene erste Aufstockung des Kapitals um 1,1 Mrd. US-$ ist bisher nicht beendet. Hierbei spielt auch die zögernde Haltung der USA eine Rolle. Seit 1983 laufen Gespräche über eine zweite Aufstockung.

6. Entwicklung: Bis Ende 1982 hat der IFAD 114 Projekte in 80 Ländern mit einem Verpflichtungsvolumen von insgesamt rd. 1,5 Mrd. US-$ genehmigt. Tatsächlich verausgabt wurden bis Ende 1982 nur rd. 238 Mio. US-$. Ein wesentlicher Teil der tatsächlichen Ausgaben ging an nationale und internationale Agrar-Forschungsinstitute. IFAD ist bemüht, seine Projekte ländermäßig weit zu streuen. 69% der Verpflichtungen beziehen sich auf Niedrigeinkommensländer (pro-Kopf-Einkommen unter 300 US-$ nach dem Stand von 1976). Auf Mitteleinkommensländer entfallen über 30% der Verpflichtungen.

7. Bewertung: Bis Mitte 1983 liegen noch keine Ergebnisberichte über die Aktivitäten des IFAD vor. Wörtlich heißt es im Jahresbericht 1982: „Es ist viel zu früh, abschließend die Wirksamkeit der Projekte zu bewerten". Viele Anzeichen sprechen dafür, daß es dem IFAD nicht gelungen ist, ein besseres Konzept als die anderen bi- und multilateralen Institutionen (einschließlich der →Weltbank) zu entwickeln, um mit äußerer Hilfe die Hauptzielgruppen zu erreichen, nämlich die ärmsten Bauern und die landlosen Armen in den Entwicklungsländern. Die Existenzberechtigung des aufwendigen IFAD bleibt damit weiterhin problematisch.

Allenfalls läßt sich ein – im Lichte der praktischen Erfahrungen schwächer werdendes – politisches Argument zugunsten des IFAD daraus herleiten, daß es gelungen ist, eine Kooperation zwischen den Industrie-und →OPEC-Ländern herbeizuführen. Diese hat vielleicht die Mobilisierung zusätzlicher Ressourcen bewirkt. Das Beitragsverhältnis zwischen den Industrieländern und den OPEC-Ländern lag bisher bei etwa 58 zu 42. Offen ist aber noch das Ergebnis der Aufstockung des IFAD-Kapitals für 1981 bis 1983. Noch ungewisser ist es, welche Ergebnisse die ab Mitte 1983 laufenden Bemühungen über eine dritte Kapitalaufstockung haben werden.

Otto Matzke

Internationaler Währungsfonds/IWF (International Monetary Fund/ IMF)

1. Sitz: Washington, D. C.

2. Mitglieder: Die Mitgliedschaft steht grundsätzlich jedem Land offen. Am 1.1.1985 zählte der IWF 148 Mitglieder, darunter fast alle westlichen IL und EL. Das fehlende westliche IL Schweiz arbeitet im Rahmen der „Allgemeinen Kreditvereinbarungen" (AKV) eng mit dem IWF zusammen. Die UdSSR ist trotz Beteiligung an den Gründungsverhandlungen dem IWF nicht beigetreten, Polen und die Tschechoslowakei sind in den 50er Jahren im Kontext des Ost-West-Konfliktes wieder ausgeschieden, Kuba 1964. Eine neue Entwicklung zeichnet sich dadurch ab, daß neben Jugoslawien von den kommunistischen Staaten Osteuropas Rumänien (1972) und Ungarn (1982) die Mitgliedschaft erworben haben. Der vorliegende Beitrittsantrag Polens wird bisher dilatorisch behandelt. Der Sitz des Gründungsmitgliedes China wird seit 1980 nicht mehr von Nationalchina (Taiwan), sondern von der VR China wahrgenommen.

3. Entstehungsgeschichte: Bei den Ursachen für den Zweiten Weltkrieg ist gerade auf angelsächsischer Seite den weltwirtschaftlichen Faktoren (Weltwirtschaftskrise) und dabei wiederum insbesondere den nahezu chaotischen zwischenstaatlichen Währungsbeziehungen großes Gewicht beigemessen worden. Überlegungen zu einer Neugestaltung des internationalen Wirtschaftssystems als wesentliches Element der angestrebten Friedensordnung der Nachkriegszeit spielten daher frühzeitig eine wichtige Rolle. Dabei setzte sich der Gedanke funktionaler Teilregelungen und -organsiationen für die Bereiche Währung, Kapitalhilfe und Handel durch, wobei dem Währungsbereich zeitlicher Vorrang eingeräumt wurde. Bereits während des Zweiten Weltkrieges kam es auf alliierter Seite zu intensiven Verhandlungen, die von den beiden führenden Handelsmächten USA (White-Plan) und Großbritannien (Keynes-Plan) initiiert und dominiert wurden. Sie mündeten im Juli 1944 in der Konferenz von Bretton Woods (USA), an der sich 45 Nationen beteiligten, u. a. die UdSSR. Auf ihr wurden die Abkommen über den IWF und die → Weltbank („Bretton-Woods-Zwillinge") fixiert. Das IWF-Übereinkommen, das ein internationales Währungssystem mit grundsätzlich festen Wechselkursen und stärkeren internationalen

Bindungen der Staaten mit dem IWF als institutionellem Zentrum vorsah („Bretton-Woods-System") trat Ende 1945 in Kraft.

4. Ziele/Vertragsinhalt: Auf dem Hintergrund der Zwischenkriegserfahrungen wurde ein internationales Währungssystem angestrebt, das den Welthandel förderte und die internationalen Auswirkungen nationaler Währungsentscheidungen dadurch berücksichtigte, daß die Einzelstaaten in ihrer Handlungsfreiheit beschränkt wurden. Die Bindungen in Form eines Verhaltenskodex betreffen v. a. die freie Austauschbarkeit der Währungen, die Freiheit des Zahlungsverkehrs mit Ausnahme des Kapitalverkehrs und die Wechselkurspolitik. Die vertragliche Einschränkung der nationalen Souveränität wird bei den Wechselkursen besonders deutlich. Ursprünglich verpflichteten sich die Mitglieder zur Einhaltung fester Wechselkurse, die nur im Fall eines „fundamentalen Ungleichgewichtes" und bei größeren Änderungen allein mit Zustimmung des IWF neu festgesetzt werden durften. Auch nach dem Übergang zu flexiblen Wechselkursen ab 1971 ist die Überwachungsfunktion des IWF ausdrücklich bestätigt, deren Wahrnehmung allerdings nicht leichter geworden. Diese Beschränkungen sind verbunden mit einer Finanzhilfe der Mitgliedergemeinschaft im Fall von Zahlungsbilanzdefiziten eines Landes. Der IWF hat die Aufgabe, sowohl die Einhaltung des Verhaltenskodex zu überwachen als auch bei der Finanzierung kurzfristiger Zahlungsbilanzdefizite zu helfen. Darüber hinaus dient er als Informationszentrum und als institutionelles Forum für Fragen der internationalen Währungspolitik.

5. Organisation/Finanzierung:

5.1 Organisation: Für die formale Organisationsstruktur sind vier Elemente bestimmend:

a) *Die Gouverneursversammlung:* Sie ist das höchste Entscheidungsorgan, in dem jedes Mitgliedsland, in der Regel durch den Finanzminister oder Notenbankpräsidenten (Bundesrepublik Deutschland z. B. durch den Bundesbankpräsidenten), vertreten ist. Sie tritt regelmäßig einmal im Jahr zusammen. Die gemeinsamen Gouverneurstagungen von IWF und Weltbank im Herbst bilden ein wichtiges Forum für den Meinungsaustausch der Finanzminister und Notenbankpräsidenten.

b) *Das Exekutivdirektorium:* Es trifft unter Vorsitz des Geschäftsführenden Direktors die laufenden Entscheidungen und besteht z. Z. aus 22 Mitgliedern (jeweils 11 aus IL und EL). Die fünf quotenstärksten Mitglieder (ebenso wie bis zu zwei der größten Gläubiger des IWF) können einen Exekutivdirektor ernennen. Die anderen Mitglieder bilden – überwiegend nach regionalen Gesichtspunkten – Gruppen mit annähernd gleichem Stimmenanteil, die alle zwei Jahre jeweils einen Exekutivdirektor wählen. Die Gruppenstimmen können nur geschlossen abgegeben werden.

c) *Geschäftsführender Direktor und Stab:* Der Geschäftsführende Direktor wird vom Exekutivdirektorium für eine erste Amtszeit von fünf Jahren gewählt. Er steht an der Spitze des Stabes – z. Z. etwa 1600 Personen –, bei deren Auswahl neben der Qualifikation die Mitgliederstruktur beachtet wird, auch wenn Geschäftsführender Direktor und Stab dem Rollenverständnis nach nur dem IWF gegenüber verantwortlich sind. Der Geschäftsführende Direktor ist traditionell ein Europäer, sein Stellvertreter ein Bürger der USA.

d) Interimskomitee-Rat: Durch die zweite Verfassungsreform des IWF 1978 ist die Möglichkeit geschaffen worden, auf Beschluß der Gouverneursversammlung nach dem Muster des Exekutivdirektoriums aber auf Ministerebene einen Rat als ranghohes Entscheidungsgremium einzusetzen. Statt des Rates fungiert bisher das analog konstruierte Interimskomitee, das aber formell nur Beratungsrechte hat und halbjährlich tagt.

Die Entscheidungsstruktur des IWF wird wesentlich durch das Quotensystem bestimmt. Mit den Quoten wird anhand einer komplizierten Formel – Kriterien u. a. Volkseinkommen, Währungsreserven und Außenhandel – versucht, das währungspolitische Gewicht eines Landes zu messen. Sowohl die Quotensumme als auch die einzelnen Länderquoten werden mindestens alle fünf Jahre auf Angemessenheit hin überprüft und sind mehrfach angepaßt worden. Nach der achten Überprüfung wurde 1983 die Quotensumme auf rd. 90 Mrd. SZR (= Sonderziehungsrechte) erhöht. Die Quoten bestimmen insbesondere die Beitragsverpflichtung gegenüber dem IWF, den Zugang zu IWF-Krediten, die Verteilung der SZR und das Stimmrecht. Als Tribut an das Prinzip der Staatengleichheit erhält zwar jedes Mitglied 250 Sockelstimmen, diese haben aber bei wachsenden Quoten (eine Stimme pro 100.000 SZR) ständig an Bedeutung eingebüßt und machen nur rund 4 % der Gesamtstimmen aus. Das gewichtete Stimmrecht garantiert den westlichen IL – die fünf quotenstärksten Mitglieder des IWF sind die USA (20 % der Quotensumme), Großbritannien (7 %), Bundesrepublik Deutschland (6 %), Frankreich (5 %) und Japan (5 %) – eine sichere Mehrheit. Für bestimmte Entscheidungen sind qualifizierte Mehrheiten von 70 oder 85 % erforderlich, letztere z. B. bei Quotenänderungen und Ausgabe von SZR. Kampfabstimmungen werden im IWF allerdings möglichst vermieden.

Bezogen auf die Außenbeziehungen ist der IWF formell eine Sonderorganisation der → UN, hat dieser aber vertraglich nur geringe Rechte eingeräumt. Besonders enge Beziehungen unterhält der IWF zur Zwillingsorganisation Weltbank, mit der gemeinsam u. a. ein Entwicklungskomitee auf Ministerebene gebildet worden ist, sowie zum → GATT.

5.2 Finanzierung: Eine wichtige Aufgabe des IWF ist die Hilfe bei Zahlungsbilanzdefiziten, insbesondere die Vergabe von kurz- bis mittelfristigen Währungskrediten an seine Mitglieder. Technisch handelt es sich um Ziehungen, d. h. das betreffende Mitglied kauft vom IWF benötigte, international verwendbare Währungen gegen eigene Währung. Das Kreditvolumen von 1948 bis 1984 betrug ca. 80 Mrd. SZR und machte allein im Geschäftsjahr 1983/84 10 Mrd. SZR aus. Finanziert werden die Kredite einmal aus den Quoten der Mitglieder, die ursprünglich zu 75 % in eigener Währung und zu 25 % in Gold eingezahlt wurden. Darüber hinaus kann der IWF Kredite in benötigten Währungen aufnehmen. Die wichtigste Abmachung dieser Art sind die Allgemeinen Kreditvereinbarungen (AKV) mit elf westlichen IL – dem Zehnerklub sowie der Schweiz. Für den Fall einer Gefährdung des internationalen Währungssystems kann sich der IWF nach der Erhöhung Ende 1983 auf AKV-Mittel von 17 Mrd. SZR und eine analoge Vereinbarung mit Saudi-Arabien über 1,5 Mrd. SZR stützen.

6. Entwicklung: – Der IWF mußte mit erheblichen Startschwierigkeiten kämpfen. Die in der unn............... ...achkriegszeit dominierenden USA setzten gegen Widerstand das Prinzip konditionaler Kredite durch, d. h., daß der IWF Währungskredite nur gegen Auflagen gewährt, die eine Rückkehr zum Zahlungsbilanzgleichgewicht wahrscheinlich machen. Dabei sind die Bedingungen gestaffelt und werden verschärft, je stärker die verschiedenen Kredittranchen (jeweils 25 % der Quote) ausgeschöpft werden. Damit erhielt der IWF erstmals indirekt die Möglichkeit, die allgemeine Wirtschaftspolitik der Kreditnehmer zu beeinflussen. Die Kreditvergabe des IWF blieb aber gering, und ohne den Einsatz seines wichtigsten positiven Anreizmittels verblieb der IWF in einer einflußlosen Beobachterposition.

Erst die massive Kreditgewährung im Gefolge der Suezkrise 1956 stärkte die Stellung des IWF und leitete auch eine Phase intensiverer Beziehungen zu den Mitgliedern ein. Aufgrund wachsender Krisentendenzen im internationalen Währungssystem kam es von 1963-68 zu Reformverhandlungen, auf Druck der EL unter Einbeziehung des IWF. Die Ergebnisse führten zu einer ersten Überarbeitung des IWF-Vertrages. Wichtigstes Teilergebnis war ein neues künstliches Zahlungsmittel im IWF, die SZR. Der Wert der SZR, die in einem besonderen Kontensystem des IWF geführt werden, beruht auf der Verpflichtung der Teilnehmer, bis zum zweifachen des zugeteilten Betrages als Zahlungsmittel zu akzeptieren. Der rechnerische Wert orientiert sich an einem Währungskorb, in dem inzwischen nur noch die fünf wichtigsten Welthandelswährungen (die der quotenstärksten Mitglieder) vertreten sind (z. B. 1.1.1984 1 SZR = 2,85 DM). Bestrebungen, die SZR anstelle des Goldes und der Reservewährungen zum wichtigsten internationalen Liquiditätsmedium zu machen und zu einer rationaleren Steuerung der internationalen Liquiditätsmenge zu gelangen, sind bisher ebenso erfolglos geblieben, wie Versuche der EL, die Ausgabe der SZR mit der Entwicklungshilfe zu koppeln („link"). Bisher sind ca. 21 Mrd. SZR ausgegeben worden (= ca. 5% der offiziellen Währungsreserven (ohne Gold).

Der zweite Versuch Anfang der 70er Jahre, das internationale Währungssystem durch eine grundlegende Reform zu stabilisieren, scheiterte. Verbunden mit dem Zusammenbruch des Bretton-Woods-Systems (Übergang zu flexiblen Wechselkursen ab 1973) führte dies zu einer erneuten Anpassung des IWF-Vertrages. In der wachsenden Verschuldungskrise der EL, insbesondere von Schwellenländern wie Mexiko und Brasilien Anfang der 80er Jahre, hat der IWF eine Schlüsselrolle gespielt, um die drohende Zahlungsunfähigkeit und damit verbundene Kettenreaktionen zu verhindern. Er hat zusätzliche Kredite gewährt, diese aber an harte Stabilisierungsprogramme gekoppelt. Dabei hat sich einmal mehr gezeigt, daß IWF-Kredite als Multiplikator wirken, da sie als ein Gütesiegel für die Wirtschaftspolitik des betreffenden Landes angesehen werden und häufig die Voraussetzung sind für weitere private und staatliche Kredite.

7. *Perspektiven/Bewertung:* Der IWF hat in seiner fast 40jährigen Geschichte erheblich an Einfluß gewonnen und bildet heute ansatzweise das Steuerungszentrum des internationalen Währungssystems. Zu einer wirksamen Steuerung ist er angesichts seiner bescheidenen Kompetenzen allerdings nicht in der Lage, und auf dem Hintergrund der politischen Rahmenbedingungen erscheinen auch die jüngsten Bemühungen um eine neue „Bretton-Woods-Konferenz" wenig erfolgversprechend. Ein wesentlicher Teil der IWF-Tätigkeit dürfte daher auch zukünftig im Bereich des Krisenmanagements zu erwarten sein. Als zentrale Konfliktlinie innerhalb des IWF hat sich immer wieder der Interessengegensatz zwischen Überschuß- und Defizitländern herausgestellt. Damit verbunden, aber nicht identisch, ist der zunehmende Nord-Süd-Konflikt im IWF, organisatorisch untermauert durch den Zehnerklub als Interessenvertetung der wichtigsten IL

und die Gruppe der 24 (je acht Länder aus Afrika, Lateinamerika und Asien) als Sprecher der EL. Insbesondere die mit IWF-Krediten verbundenen wirtschaftspolitischen Auflagen, die einen mittelfristigen Zahlungsbilanzausgleich sichern sollen, sind als den Strukturproblemen der EL unangemessen und als politisches Diktat von außen kritisiert worden und haben in verschiedenen Fällen zu innenpolitischen Unruhen und Protesten von Mitgliedern gegen die „monetäre Nebenregierung" des IWF geführt. Zu beachten ist dabei, daß Defizitländer häufig versucht haben, den IWF-Auflagen durch Kreditaufnahme an den privaten Geldmärkten, insbesondere bei westlichen Banken, zu entgehen und die Hilfe des IWF erst in äußerst schwieriger Lage beansprucht haben.

Der IWF hat zwar versucht, durch eine Funktionsausweitung – u. a. zusätzliche Kreditfazilitäten, z. B. zum Ausgleich von Rohstoffpreisschwankungen und zur Finanzierung von Ausgleichslagern, Ausbau der Beratung und Schulung von Währungsfachleuten – die Interessen der EL stärker zu berücksichtigen, ist aber mit weitergehenden Forderungen konfrontiert (u. a. größerer Quoten- und Stimmenanteil, großzügigere Kredite bei geringeren Auflagen, verstärkte Ausgabe von SZR und „link"). Diese Forderungen stoßen bisher aber auf den Widerstand der dominierenden westlichen IL, die eine Aufgabenverlagerung des IWF von einer Währungs- zu einer Entwicklungsfinanzierungsorganisation ablehnen.

Literatur

Andersen, U. 1977: Das internationale Währungssystem zwischen nationaler Souveränität und supranationaler Integration, Berlin
Gardner, R. N. 1969: Sterling-Dollar Diplomacy. The Origins and the Prospects of Our International Economic Order, Oxford
Hook, A. W. [2]1982: The International Monetary Fund. Its Evolution, Organization and Activities, IMF-Pamphlet Series 37, Washington
Horsefield, J. K. (Ed.) 1969: The International Monetary Fund 1945-65, 3 vols., Washington
Internationaler Währungsfonds: Jahresberichte, Washington
Tew, B. 1977: The Evolution of the International Monetary System 1945-77, London
Triffin, R. 1966: The World Money Maze, New Haven u. a.
de Vries, M. G. 1976: The International Monetary Fund 1966-1971, Washington

Uwe Andersen

Islamische Entwicklungsbank (Islamic Development Bank/IDB)

1. Sitz: Djidda (Jeddah)

2. Mitglieder: Mitglieder sind alle 42 Staaten der → OIC.

3. Entstehungsgeschichte: Die Gründung der Bank geht auf eine Absichtserklärung der 4. Außenministerkonferenz der OIC im März 1973 zurück. Eine Konferenz islamischer Finanzminister beschloß daraufhin im Dez. 1973 die Einrichtung einer Kommission zur Ausarbeitung eines Vertrags- und Satzungsentwurfs, der nach einer Überarbeitung im Aug. 1974 gebilligt wurde. Am 23.4. 1975 trat der Vertrag in Kraft; die IDB nahm am 20.10.1975 ihre Arbeit auf.

4. Ziele: Ziel ist die Förderung der wirtschaftlichen Entwicklung und des sozialen Fortschritts der Mitglieder. Alle Aktivitäten müssen in Übereinstimmung mit den Prinzipien des islamischen Rechts erfolgen.

5. Organisation/Finanzen:

5.1 Organisationsstruktur: Oberstes Organ ist der jährlich tagende Gouverneursausschuß. Er entscheidet über die Richtlinien der Bankpolitik. Das Stimmrecht ist auf der Basis eines – relativ geringen – Sockels und nach Kapitalanteilen verteilt; dadurch werden Mitglieder mit geringem Kapitalanteil leicht gestärkt. Dem zehnköpfigen Direktorenausschuß obliegt die Geschäftsführung; sechs Mitglieder werden vom Gouverneursausschuß für drei Jahre gewählt, vier sind als Vertreter der Hauptgeberländer (s. u.) ständige Mitglieder. Den Vorsitz hat der vom Gouverneursausschuß auf fünf Jahre gewählte Bankpräsident. Von der IDB mitverwaltet wird der ebenfalls in Djidda ansässige und von der OIC gegründete *Islamische Solidaritätsfonds.* Mit 10 Mio. US-Dollar unterstützt er islamische Gemeinschaften in ärmeren Ländern und in der Diaspora, u. a. durch den Bau von Moscheen, Schulen, Universitäten, Krankenhäusern.

5.2 Finanzen: Das Bankkapital beträgt nach der Aufstockung im Jan. 1981 1,82 Mio. Islamische Dinare (ID, Verrechnungsgröße, wertgleich mit Sonderziehungsrechten des → IMF). Die vier Hauptgeberländer sind Saudi-Arabien (28 %), Libyen (17 %), Kuwait (14 %), Vereinigte Arabische Emirate (11 %). Bis Ende 1982 wickelte die IDB 145 Importfinanzierungen für 1,6 Mrd. ID (= 69 %) und 122 Projektfinanzierungen für 0,713 Mrd. ID (= 31 %) ab. Bei der Importfinanzierung entfielen auf die Einfuhr von Öl und Ölprodukten (z. B. Kunstdünger) 66 %, von Nicht-Ölprodukten aus Mitgliedsländern 11 % und auf Einfuhren aus Nicht-Mitgliedsländern 23. %. Bei einer Unterscheidung der Projektfinanzierungen nach Finanzierungsarten entfielen 35 % auf zinslose Darlehen (vor allem Infrastrukturprojekte der Bereiche Verkehr und Bildung), 2,5 % auf zinslose Darlehen für Durchführbarkeitsstudien und Projektvorbereitungen, 29 % auf *Leasing* (u. a. für Schiffe und Eisenbahnwagen) und 33 % auf Minderheitsbeteiligungen bei Industrie- und Agroindustrieprojekten.

6./7. Perspektiven/Bewertung: Wenn auch generell die Mittel für Importfinanzierung nicht für Konsumgüter, sondern für entwicklungsrelevante Waren (u. a. Stahl, Kupfer, Zement, Öl, Dünger) bereitgestellt werden, so muß doch hervorgehoben werden, daß einmal auf Importfinanzierungen ein mehr als doppelt so großes Finanzvolumen als auf Projektfinanzierungen entfallen, und daß zum anderen der Finanzierungsanteil des IDB-internen Handels mit Nicht-Ölprodukten an der gesamten Importfinanzierung mit 11 % relativ bescheiden ist. Da 2/3 aller Importfinanzierungen für Öl und Ölprodukte verwendet werden, sind die – relativ reichen – islamischen Ölländer (vor allem Saudi-Arabien, Kuwait, Irak) Hauptempfängerländer dieser Mittel. Saudi-Arabien und Kuwait gehören zugleich zu den Hauptgeberländern der IDB. Eine verstärkte Förderung des IDB-internen Handels und des Kapitaltransfers über Projektfinanzierungen könnten entwicklungspolitisch bedeutsame Anstöße vor allem für die ärmeren islamischen Länder geben. Neben der Erstellung von Konzepten für Kapitalverkehr und für Gemeinschaftsprojekte ist die Einrichtung eines Forschungs- und

Trainingsinstituts (Anwendung islamischen Rechts in der Wirtschaft, Ausbildung, Informationsstelle) geplant.

Literatur

Nienhaus, V. 1982: Islam und moderne Wirtschaft – Einführung in Positionen, Probleme und Perspektiven, Graz/Wien/Köln.

Wolfgang Kiehle

Konferenz der Vereinten Nationen für Handel und Entwicklung (United Nations Conference on Trade and Development/UNCTAD)

1. Sitz: Genf

2. Mitglieder: Als Mitglieder zugelassen sind alle Länder, die in den → UN, ihren Sonderorganisationen oder der → IAEA vertreten sind. Mitte 1983 gehörten der UNCTAD 166 Mitglieder an.

3. Entstehungsgeschichte: Auf Drängen der IL und mit Unterstützung der kommunistischen Länder Osteuropas beriefen die UN 1962 eine Konferenz für Handel und Entwicklung ein. Diese erste UNCTAD-Konferenz fand 1964 in Genf statt. Sie war Ausdruck der Unzufriedenheit der EL mit den bestehenden internationalen Wirtschaftsorganisationen, denen eine unzureichende Berücksichtigung der Entwicklungsthematik vorgeworfen wurde. So sei z. B. das für den internationalen Handel primär zuständige → GATT in seiner Aufgabenstellung zu eng und zudem einseitig an den Interessen der westlichen IL ausgerichtet. Die Forderung nach einer neuen internationalen Handelsorganisation im Rahmen der → UN war schon in der Vergangenheit von der UdSSR und ihren Verbündeten erhoben worden und wurde daher von ihnen unterstützt. Sie stieß dagegen auf den Widerstand der westlichen IL, die sich gegen eine GATT-Konkurrenz wehrten.

Auf der ersten UNCTAD-Konferenz kam es zu heftigen Auseinandersetzungen über die Institutionalisierung der UNCTAD, ihre Aufgaben, Kompetenzen und Organisation. Die westlichen IL wollten eine neue Organisation möglichst vermeiden, sie aber, falls dies nicht durchsetzbar war, dem Wirtschafts- und Sozialrat der UN unterstellen und nur mit geringen Kompetenzen versehen, die die Stellung des GATT nicht beeinträchtigten. Die EL strebten demgegenüber mit Unterstützung der östlichen IL eine starke, unabhängige Organisation mit breiten Aufgaben und umfassenden Kompetenzen an. Das Ergebnis war schließlich ein einstimmig akzeptierter Kompromiß, in dem die EL sich aber in wichtigen Fragen durchsetzten und andere Streitpunkte durch unterschiedlich auslegbare Formulierungen in die Zukunft verlagert wurden. Die UNCTAD wurde durch Beschluß der UN zur Dauereinrichtung.

4. Ziele/Vertragsinhalt: Die UNCTAD hat die Aufgabe, den internationalen Handel, vor allem im Hinblick auf die Beschleunigung der wirtschaftlichen Entwicklung, zu fördern. Sie soll Grundsätze und Richtlinien für den internationalen Handel und die mit ihm verbundenen Fragen der wirtschaftlichen Entwicklung ausarbeiten und Vorschläge zu ihrer Umsetzung machen. Sie soll darüber hinaus die Koordination der Tätigkeit anderer UN-Organisationen im Bereich des Handels und der wirtschaftlichen Entwicklung prüfen und erleichtern. Dabei soll sie mit der UN-Vollversammlung und dem Wirtschafts- und Sozialrat zusammenarbeiten, damit diese ihre in der UN-Charta festgelegte Koordinierungsaufgabe wahrnehmen können.

5. Organisation/Finanzierung: Die UNCTAD hat den Status eines Organs der Vollversammlung der UN. Ihr oberstes Gremium ist die Vollversammlung, die in der Regel alle vier Jahre zusammentritt (UNCTAD-Konferenzen). Zwischen diesen Konferenzen ist der Welthandels- und Entwicklungsrat (WHR, englisch TDB) für die Kontinuität der Arbeit zuständig, wobei er von Ausschüssen unterstützt wird. Der WHR steht allen Mitgliedern offen (Mitte 1983 124 Mitglieder) und tagt in der Regel einmal jährlich. An der Spitze des Mitarbeiterstabes steht ein Generalsekretär — bisher stets ein Vertreter der EL — der vom UN-Generalsekretär ernannt und von der UN-Vollversammlung bestätigt wird.

Ein Merkmal der UNCTAD ist die Aufteilung ihrer Mitglieder in Gruppen. Gruppe A umfaßt die afro-asiatischen EL, Gruppe B die westlichen IL, Gruppe C die lateinamerikanischen EL und Gruppe D die östlichen IL. Die VR China ist keiner Gruppe zugeordnet. Die EL haben aber schon auf der Genfer UNCTAD-Konferenz als Block agiert und sich zur „Gruppe der 77" zusammengeschlossen. Diese Bezeichnung ist beibehalten worden, obwohl die Gruppe der 77 inzwischen etwa 130 Mitglieder hat.

Jedes Mitglied verfügt über eine Stimme. Im WHR gilt für Entscheidungen die einfache Mehrheit. Für Konferenzen genügt diese nur in Verfahrensfragen, während Sachentscheidungen eine Zweidrittelmehrheit erfordern.

Seit 1968 ist die UNCTAD gemeinsam mit dem GATT Träger des Internationalen Handelszentrum (ITC), das den EL technische Hilfe bei der Exportförderung leistet.

Finanziert wird die UNCTAD entsprechend ihrem Status im wesentlichen aus allgemeinen Etatmitteln der UN.

6. Entwicklung: Das Bild der UNCTAD ist geprägt worden von den Mammutkonferenzen der Vollversammlungen — jeweils zweitausend bis dreitausend Delegierte —, von denen bisher sechs stattgefunden haben:
1. 1964 in Genf,
2. 1968 in Neu-Delhi,
3. 1972 in Santiago de Chile,
4. 1976 in Nairobi,
5. 1979 in Manila,
6. 1983 in Belgrad.

Auf diesen Konferenzen ist eine sehr breite Themenpalette behandelt und partiell sind auch Ergebnisse erzielt worden.

In der Frage der Entwicklungsfinanzierung haben die IL auf der UNCTAD II einem Richtziel von 1 % des BSP unter Einschluß privater Kapitalströme zugestimmt und damit einer deutlichen Anhebung gegenüber der Zielgröße von 1964 mit 1 % des Volkseinkommens. Die Diskussion hat sich dann stärker auf die öffentliche Entwicklungshilfe (ODA; Zuschußkomponente) verlagert, bei der die meisten westlichen IL prinzipiell das Ziel von 0,7 % des BSP anerkannt, einen verbindlichen Zeitplan aber stets abgelehnt und die Zielgröße im Durchschnitt nur zu etwa 50 % erreicht haben. Die östlichen IL haben die Zielgröße für sich nicht akzeptiert, da die Schuld für die Situation der EL bei den westlichen IL liege. Seit UNCTAD IV steht die wachsende Verschuldung der EL und ihre Forderung einer allgemeinen Umschuldung insbesondere bei den öffentlichen Mitteln verstärkt auf der Tagesordnung. Im Vorfeld der UNCTAD VI wurde auf seiten der Gruppe der 77 sogar die Drohung mit einem gemeinsamen Schuldendienstboykott erwogen, aber schließlich fallengelassen. Die westlichen IL haben sich nur zu selektiven Umschuldungen bereit erklärt und 1978 einer Entschließung des WHR zugestimmt, die auf eine Streichung der Schulden für die am wenigsten entwickelten Ländern gegenüber öffentlichen Stellen der westlichen IL zielt. Auf UNCTAD V wurde ein umfassendes Hilfsprogramm für die am wenigsten entwickelten Länder initiiert, das auf einer von der UN-Vollversammlung 1981 in Paris einberufenen Sonderkonferenz über die Situation dieser Länder in einem Aktionsprogramm für die 80er Jahre konkretisiert wurde. Die Verantwortung für die Umsetzung dieses Programms liegt bei der UNCTAD.

Ein weiteres durchgängiges Thema sind Maßnahmen zur Förderung der Exporte der EL. So stimmten die westlichen IL u. a. 1970 einer UNCTAD-Empfehlung zur Gewährung von Zollpräferenzen für die EL zu, um deren Industrialisierung zu beschleunigen. Auf den UNCTAD-Konferenzen V und VI standen Bemühungen im Vordergrund, den Protektionismus insbesondere gegenüber Exporten der EL einzudämmen, wobei die delikate Frage der Kompetenzabgrenzung zum GATT eine wichtige Rolle spielte. Eine wichtige Initiativfunktion hat die UNCTAD auch übernommen bei den Bemühungen um einen internationalen Verhaltenskodex für den Technologietransfer.

Ein Schwerpunkt der UNCTAD-Tätigkeit war der Rohstoffbereich. Im Mittelpunkt der Auseinandersetzungen auf der UNCTAD IV 1968 stand das „Integrierte Rohstoffprogramm" (IRP). Dieses nach dem Initiator, dem UNCTAD-Generalsekretär, auch als „Corea-Plan" bezeichnete Programm versuchte, umfassende Vereinbarungen über Rohstoffe zum Angelpunkt für eine Verbesserung der Situation der EL zu machen und wurde als Schlüsselelement der von den EL geforderten Neuen Weltwirtschaftsordnung angesehen. Hauptstreitpunkt war ein vorgesehener Gemeinsamer Fonds mit einer Erstausstattung von etwa 6 Mrd. US-Dollar, der primär als Katalysator für den Abschluß von Rohstoffabkommen gedacht war und die Finanzierung von Ausgleichslagern (buffer stocks) als Instrument zur Bekämpfung der starken Preisschwankungen sichern sollte. Die westlichen IL lehnten Teile des IRP wegen der dirigistischen Ausrichtung (z. B. multilaterale Liefer- und Abnahmeverpflichtungen) entschieden ab und wollten einen Gemeinsamen Fonds mit reduzierten Kompetenzen allenfalls nach dem Abschluß von Rohstoffabkommen akzeptieren. Nach langwierigen Verhandlungen wurde schließlich 1980 ein Kompromiß über einen nach Größe und Kompetenzen stark reduzierten Gemeinsamen Fonds gefunden, dessen Mittel überwiegend von den IL aufgebracht werden, dessen Stimmrechtsregelung interessanterweise mit 42 % für die westlichen und 8 % für östliche IL beiden gemeinsam die Hälfte der Stimmen einräumt. Die bisher wenig erfolgreichen Verhandlungen über Rohstoffabkommen im Rahmen des IRP hat die UNCTAD aktiv gefördert.

Der wirtschaftlichen Zusammenarbeit zwischen den EL (→ Intra-Süd-Kooperation) ist seit UNCTAD IV verstärkte Aufmerksamkeit geschenkt worden. Ausdruck dieses Interesses ist der UNCTAD-Ausschuß für wirtschaftliche Zusammenarbeit der EL. Versuche, diese Arbeiten auf den Kreis der EL zu begrenzen, sind auf den Widerstand der IL gestoßen, die auf den universalen Charakter der UNCTAD verwiesen haben.

Versuche zur Ausdehnung der UNCTAD-Zuständigkeit in den Kompetenzbereich bestehender Institutionen hinein haben häufig zu Auseinandersetzungen geführt, besonders deutlich im Währungsbereich. Die EL haben z. B. auf den UNCTAD-Konferenzen den → IWF betreffende Forderungen, wie Erhöhung ihrer IWF-Quoten, erleichterte Kreditmöglichkeiten sowie die Koppelung von Entwicklungshilfe und Verteilung von Sonderziehungsrechten, erhoben und einen umfassenden Forderungskatalog auf der UNCTAD V 1979 mit ihrer Mehrheit gegen die Stimmen der westlichen IL auch als Resolution verabschiedet. Die praktische Umsetzung ist aber am Widerstand der westlichen IL gescheitert, die sich nicht einmal an der in der Resolution geforderten Expertengruppe für Währungsfragen beteiligt haben.

Erwähnenswert an allgemeinen UNCTAD-Aktivitäten ist noch ihre Promotorfunktion für die 1974 von der UN-Vollversammlung verabschiedete Charta der wirtschaftlichen Rechte und Pflichten der Staaten, ein Grunddokument der NWWO. Seit 1981 veröffentlicht die UNCTAD jährlich einen Handels- und Entwicklungsbericht, der eine weltwirtschaftliche Analyse unter besonderer Berücksichtigung der Auswirkungen auf die EL bietet und die wechselseitigen Beziehungen zwischen den Problembereichen Handel, Währung, Finanzen und Entwicklung einzubeziehen versucht.

7. Perspektiven/Bewertung: – Die UNCTAD hat sich zur wichtigsten internationalen Wirtschaftsorganisation entwickelt, die von den EL beherrscht wird. Ihre Aktivitäten erstrecken sich ungeachtet westlichen Widerstandes inzwischen auf nahezu alle weltwirtschaftlichen Fragen bei Dominanz der entwicklungspolitischen Perspektive. Der Konflikt um die Ausweitung der Aktivitäten und Kompetenzen insbesondere in Beziehung zu GATT, → Weltbank und IWF hat die Geschichte der UNCTAD begleitet. Ihre wichtigsten Funktionen sind:
1. Expertenhilfe insbesondere im Vorfeld der Festlegung entwicklungspolitischer Forderungen der Dritten Welt, v. a. über das Sekretariat;
2. öffentlichkeitswirksame Plattform für die Darstellung der Probleme und Forderungen der Dritten Welt;
3. Verhandlungsforum.

Die UNCTAD verfügt im Gegensatz zu den anderen, selbständigen Wirtschaftsorganisationen kaum über operative Kompetenzen. Ihre Beschlüsse haben keine bindende Wirkung nach außen. Das bedeutet, daß die dominante Gruppe der 77 zwar die IL jederzeit überstimmen kann, Mehrheitsentscheidungen aber praktisch kaum Veränderungen bewirken. Konsensentscheidungen werden daher in der Regel angestrebt. Auch wenn die UNCTAD Teilerfolge vorweisen kann und ihre Konkurrenz zur höheren Sensibilität für die Probleme der Dritten Welt bei anderen internationalen Wirtschaftsorganisationen beigetragen haben dürfte, wird zunehmend eine negative Bilanz von gigantischem Aufwand und dürftigem Ertrag kritisiert. Dabei steht die Kritik des Verhandlungsmodus im Vordergrund. Zwar hat das ausgeprägte Gruppensystem der UNCTAD den Vorteil, eine Vorstrukturierung zu ermöglichen, ohne die derartige Mammutkonferenzen verhandlungsunfähig wären, aber der bisherige Modus führt zu hohem Zeitaufwand – nach Schätzungen etwa drei Viertel der Verhandlungszeit allein für die gruppeninterne Abstimmung – und Rigidität der Verhandlungspositionen. Die Verhandlungen werden vorwiegend zwischen der Gruppe der 77 und der Gruppe B (westliche IL) geführt, obwohl sich die Forderungen der Dritten Welt zunehmend auch an die Gruppe D (östliche IL) richten. Zur Vorbereitung auf die UNCTAD-Konferenzen veranstaltet die Gruppe der 77 regelmäßig Vorkonferenzen, auf denen die einheitliche Gruppenposition am leichtesten dadurch erreichbar ist, daß Interessenunterschiede überspielt und die verschiedenen Forderungen der Mitglieder addiert und zu einem maximalen Forderungspaket verschnürt werden. Dem entspricht auf seiten der westlichen IL der Versuch, die für die Forderungen der EL aufgeschlossensten Länder, insbesondere die nordischen Staaten und die Niederlande, an ein Minimalangebot zu binden, wobei sich die Gruppensolidarität allerdings als nur beschränkt belastbar erwiesen hat. Kompromisse, die das Aufschnüren des Paketes verlangen und in der Regel Interessen selektiv berücksichtigen, sind angesichts rigider Gruppenpositionen und entsprechend geringer Spielräume für die Verhandlungsführer nur schwer erreichbar, obwohl die UNCTAD ein ausgebautes formelles und informelles Vermittlungssystem kennt. Die Immobilität des bisherigen Verhandlungssystems hat zu Vorschlägen geführt, die auf eine Aufspaltung der Verhandlungen – nach Sachfragen, Regionen, Betroffenheit – zielen, aber auf das Mißtrauen stoßen, die Gruppe der 77 als Symbol für die Einheit der Dritten Welt unterminieren zu wollen. Zumindest ein flexibleres und stärker mit repräsentativen Elementen versehenes Gruppensystem dürfte für erfolgversprechende Verhandlungen allerdings erforderlich sein, auch wenn diese primär vom politischen Einigungswillen abhängen dürften.

Literatur

BMZ 1979: UNCTAD V. Neue Weltwirtschaftsordnung, Entwicklungspolitik Materialien 64, Bonn

Corea, G. 1977: North-South Dialogue at the UN: UNCTAD and the New International Economic Order, in: International Affairs 53, S. 177-87

Gardner, R. N. 1968: The United Conference on Trade and Development, in: *Gardner, R. N./Millikan, M. F.* (eds.): The Global Partnership: International Agencies and Economic Development, New York

Koul, A. K. 1977: The Legal Framework of UNCTAD in the World Trade, Leyden

Rothstein, R. L. 1979: Global Bargaining: UNCTAD and the Quest for a New International Economic Order, Princeton

UNCTAD: Proceedings (zu den Konferenzen)

UNCTAD: Trade and Development Report (seit 1981 jährlich)

Uwe Andersen

Organisation der Islamischen Konferenz (Organization of Islamic Conference/OIC)

1. Sitz: Djidda, Saudi-Arabien.

2. Mitglieder: 21 arabische, 13 afrikanische und 9 asiatische Staaten mit islamischer Bevölkerung oder erheblichen islamischen Bevölkerungsanteilen, ferner die Palästinensische Befreiungsbewegung (PLO). Die Mitgliedschaft Afghanistans ruht seit Jan. 1980, die Mitgliedschaft Ägyptens war von Mai 1979 bis Jan. 1984 suspendiert.

3. Entstehungsgeschichte: Der Wunsch nach einer umfassenden politischen Organisation für die islamische Welt der Gegenwart reicht Jahrzehnte zurück. In den 60er Jahren hat vor allem Saudi-Arabien die Bedeutung des Islams für Politik und Gesellschaft der Staaten des Nahen und Mittleren Ostens betont. Es hat damit in bewußtem Gegensatz zu der von Ägyptens Präsident *Nasser* betriebenen Politik des arabischen Nationalismus gehandelt. Mit dem Gedanken zur Einberufung einer Islamischen Konferenz hat sich Saudi-Arabien jedoch erst 1969 durchsetzen können. Voraussetzung dafür war die militärische Niederlage der arabischen Staaten gegen Israel im Juni-Krieg 1967. Sie hat nicht nur das Ende des Nasserismus, sondern auch eine Neubewertung der arabischen Kultur und politischen Praxis bewirkt. Die Folge war eine verstärkte Rückbesinnung auf den Islam als Möglichkeit einer nicht von westlichen Normen abgeleiteten Identität. Konkreter Anlaß für die erste Gipfelkonferenz islamischer Staaten in Rabat war der Brand der *al-Aqsa Moschee* in Ost-Jerusalem. Insbesondere Saudi-Arabien hat sich als Hüter der Heiligen Stätten des Islams durch diesen Brand provoziert gefühlt.

4. Ziele: Die Ziele der OIC sind in einer Charta von 1972 festgelegt. Es sind im wesentlichen: Die Förderung der islamischen Solidarität; die Festigung der Zusammenarbeit zwischen den Mitgliedstaaten auf wirtschaftlichem, sozialem, kulturellem und wissenschaftlichem Gebiet; der Kampf gegen Rassismus und Kolonialismus; die Bewahrung von Frieden und Sicherheit in der Welt; die Koordinierung aller Anstrengungen zum Schutz der Heiligen Stätten des Islams und zur Unterstützung des palästinensischen Volkes im Kampf um seine Rechte und sein Heimatland; die Stärkung der Bemühungen aller Muslime im Hinblick auf die Wahrung ihrer Würde, Unabhängigkeit und nationalen Rechte; die Schaffung einer geeigneten Atmosphäre zur Förderung des Verständnisses und der Zusammenarbeit zwischen muslimischen und nichtmuslimischen Staaten.

5. Organisation: Die OIC ist eine zwischenstaatliche Organisation ohne eigenständige Zwangsgewalt. Ihr oberstes Organ ist die Gipfelkonferenz der Staatsoberhäupter. Sie ist 1969 in Rabat, Marokko; 1974 in Lahore, Pakistan; 1981 in Taif, Saudi-Arabien, und 1984 in Casablanca, Marokko, zusammengetreten. Gipfeltreffen finden seit 1981 in einem Rhythmus von drei Jahren statt. Die Außenministerkonferenz, die einerseits selbständig Entscheidungen trifft, andererseits die Gipfelkonferenz vorbereitet, tagt in der Regel einmal jährlich. Bis Ende 1983 haben 14 ordentliche, darüber hinaus aus aktuellem Anlaß mehrere außerordentliche Außenministerkonferenzen stattgefunden. Einzig ständiges Organ der OIC ist das Generalsekretariat. Es hat planende, verwaltende und ausführende Funktion. Der erste Generalsekretär der Organisation war der

Malaysier *Tunku Abdul Rahman* (1970-1973), der zweite der Ägypter *Hassan Tohami* (1973-1975), der dritte der Senegalese *Amadou Karim Gaye* (1975-1979), der vierte der Tunesier *Habib Chatti* (1979-1984), der fünfte ist der Pakistani *Sharifuddin Pirzada* (seit 1985). Die Amtszeit des Generalsekretärs beträgt nach einem Beschluß der Gipfelkonferenz von Taif vier Jahre. Anschließende Wiederwahl ist nicht zulässig.

6. Entwicklung: Die OIC hat sich in den ersten Jahren ihres Bestehens vornehmlich um den Schutz der Heiligen Stätten im israelisch besetzten Ost-Jerusalem und die Lösung der Palästinafrage bemüht. Diese beiden Aufgaben bilden auch weiterhin einen Schwerpunkt in den Aktivitäten der OIC. Wichtigstes Gremium in diesem Zusammenhang ist das 1975 gegründete *al-Quds* (Jerusalem) Komitee. Es tritt seit 1979 auf Außenministerebene zusammen. Vorsitzender ist *König Hassan II.* von Marokko. Die Vereinbarungen von Camp David und der israelisch-ägyptische Friedensvertrag sind von der OIC scharf verurteilt und mit der vorübergehenden Suspendierung der Mitgliedschaft Ägyptens geahndet worden. Die vierte Gipfelkonferenz islamischer Staatsoberhäupter hat mit der Charta von Casablanca die Forderung der OIC nach Wiederherstellung der legitimen Rechte des palästinensischen Volkes einschließlich seines Rechtes auf Selbstbestimmung, Rückkehr in die Heimat und Schaffung eines unabhängigen Palästinenserstaates unter Führung der PLO erneut bekräftigt, ohne allerdings zur Durchsetzung dieser Forderung wie 1981 in Taif zum ,Heiligen Krieg' aufzurufen.

Über den israelisch-arabischen Konflikt hinaus hat die OIC eine Vielzahl politischer Themen beraten. 1974 konnte sie erfolgreich im Konflikt zwischen Pakistan und Bangladesh vermitteln. 1980 hat sie den Einmarsch der Sowjetunion in Afghanistan scharf verurteilt und die Mitgliedschaft dieses Landes bis auf weiteres ausgesetzt. Im Krieg zwischen Iran und Irak ist sie um eine Beendigung bemüht – bislang allerdings ohne Erfolg. Hilfeleistungen für die Sahelzone, die Entkolonialisierung Namibias, die Zypernfrage, die Entwicklung in Eritrea, der Konflikt am Horn von Afrika und die Lage im Libanon sind weitere Themen, mit denen sich die OIC auseinandergesetzt hat. Gegenüber den Supermächten hat sie ihre Zugehörigkeit zur →Bewegung der Blockfreien und damit zur Dritten Welt betont.

Zunehmendes Gewicht für die OIC haben ökonomische und soziale Fragen. Das ist bereits auf der Gipfelkonferenz von Lahore 1974 deutlich geworden. Zentrale Forderungen waren die Beseitigung von Armut, Krankheit und Analphabettentum, die Beendigung der Ausbeutung durch die industrialisierte Welt, die Verbesserung der *Terms of Trade*, die Wiederherstellung der Souveränität und uneingeschränkten Kontrolle der islamischen Länder über ihre natürlichen Ressourcen und die Festigung der wirtschaftlichen Zusammenarbeit untereinander. Als entsprechendes Steuerungsinstrument dient der OIC die *Islamic Commission for Ecomomic, Cultural and Social Affairs.* Sie tagt seit 1977 zweimal jährlich. Resultate sind neben zahlreichen Absichtserklärungen und Abkommen die Gründung des *Center for Statistical, Economic and Social Research* in Ankara, Türkei (1978), des *Center for Technical and Vocational Training and Research* in Dakka, Bangladesh (1979), und des *Islamic Center for the Development of Trade* in Tanger, Marokko (1981). Zudem ist 1980 die Islamische Handels-, Industrie- und Warenaustauschkammer mit Sitz in Karatschi, Pakistan, ins Leben gerufen worden. Die bekannteste Institution, die aus der OIC hervorgegangen ist, ist die 1974 gegründete, in Djidda ansässige *Islamic Development Bank* (→ IDB). Die von ihr gewährten zinslosen Kredite sind bis 1981 vor allem Pakistan, Bangladesh, Tunesien, Somalia, Sudan und dem Nordjemen zugute gekommen.

7. Bewertung: Die OIC ist ein lockerer Zusammenschluß von Ländern der Dritten Welt. Ihre Klammer ist das gemeinsame Bekenntnis zum Islam. Konkrete Übereinstimmung besteht vor allem in der Verurteilung Israels als Aggressor im Nahostkonflikt und in dem Kampf gegen Rassismus und Kolonialismus. Ein wesentliches Motiv für die Mitarbeit in der OIC ist zudem die Aussicht auf finanzielle Unterstützung der ,armen' durch die ,reichen' islamischen Länder. Integrationskraft und Handlungsfähigkeit Islamischer Konferenzen sind gering, wenn es um Sonderinteressen oder machtpolitische Auseinandersetzungen von Mitgliedstaaten geht. Beispiele dafür sind der iranisch-irakische Krieg und der Streit zwischen Algerien und Marokko über die Zukunft der ehemaligen Spanischen Sahara. Dominierende Mächte innerhalb der OIC sind seit Ende der 70er Jahre Saudi-Arabien und Pakistan. Insbesondere Riyadh nutzt seinen Ölreichtum zur Stützung konservativer Kräfte in der Welt des Islams. Die künftige Entwicklung der OIC ist zum einen abhängig von der Richtung des Revitalisierungsprozesses, den der Islam durchmacht, zum anderen von dem wirtschaftlichen Nutzen, den die Organisation ihren Mitgliedern zu bringen vermag.

Literatur:

Khalid, D. 1982: Reislamisierung und Entwicklungspolitik, Forschungsberichte des Bundesministeriums für wirtschaftliche Zusammenarbeit Bd. 30, München – Köln – London, 105-114.
Stetter, E. 1979: Regionale Gruppierungen und Organisationen, in:
Udo Steinbach, u.a. (Hrsg.), Politisches Lexikon Nahost, München, 340-348.
Arab World File (Fiches du Monde Arabe), Gen-1306/1-6.
Aktueller Informationsdienst Moderner Orient. 1/1984, 1-3 und 3/1984, 1-5.

Rüdiger Robert

Organisation erdölexportierender Länder (Organization of Petroleum Exporting Countries/OPEC)

1. Sitz: Wien (bis 1965 Genf)

2. Gründungsmitglieder: 1960: Kuweit. Irak. Iran. Saudi-Arabien, Venezuela. Später traten Katar (1961), Indonesien und Libyen (1962), Vereinigte Arabische Emirate (1967), Algerien (1969), Nigeria (1971), Ecuador (1973) und Gabun (1975) bei.

3. Entstehungsgeschichte: Erste Initiativen zu einer gemeinsamen Front der erdölexportierender EL gingen seit 1947 von Venezuela aus. Auch die nahöstlichen Länder suchten seit 1950 ihre Ölpolitik im Rahmen der → Arabischen Liga zu vereinheitlichen, wo man 1954 ein permanentes Petroleum Bureau einrichtete, das seit 1957 zahlreiche Vertragsentwürfe produzierte. Sie wurden jedoch nie ratifiziert bzw. in Kraft gesetzt. Erst als die Ölkonzerne, als Reaktion auf die sinkenden Marktpreise, ihre Listenpreise − auf deren Basis sie Royalties und Steuern an die Förderländer abführten − senkten; war der Boden zur Bildung einer gemeinsamen Produzentenländerorganisation bereit. Allerdings bedurfte es der zweimaligen einseitigen Senkung der Literpreise (1958 und 1966), und eines ersten vergeblichen Anlaufes, bevor es im Sept. 1960 in Bagdad zur Gründung der OPEC kommen konnte.

4. Ziele: Ziel der OPEC ist es, die Erdölpolitiken der Mitgliedstaaten zu koordinieren und zu vereinheitlichen, um ihre Interessen „individuell und kollektiv" zu schützen. Im Mittelpunkt steht die Notwendigkeit der Stabilisierung der Weltmarktpreise und der Sicherung eines ständigen Einkommens der Produzentenländer, die effiziente, wirtschaftliche und sichere Versorgung der Verbraucherländer mit Erdöl, die Gewährleistung „fairer Erträge" für die Investoren in der Erdölindustrie (Art. 2 des Abkommens). In Art. 4 versichert man sich gegenseitige Solidarität für den Fall, daß ein oder mehrere Mitglieder direkte oder indirekte Sanktionen, bei Befolgung der Beschlüsse der Organisation, durch intern. Ölkonzerne ausgesetzt werden.

5. Organisation/Finanzierung: Höchstes Organ der OPEC ist die Konferenz der Erdölminister, die regulär zweimal im Jahr, dazu noch in außerordentlichen Sitzungen, zusammentritt. In der Konferenz werden die politischen Entscheidungen auf der Basis der Einmütigkeit und des (formal) gleichen Stimmrechtes gefällt. Die Einstimmigkeit bedeutet allerdings nicht, daß alle Entscheidungen, die getroffen werden, auch umgesetzt werden bzw. daß alle Mitgliedstaaten sich immer daran halten. Der Gouverneursrat (Board of Governors), in dem jedes Mitgliedsland durch einen (auf zwei Jahre ernannten) Beamten vertreten ist, hat die Entscheidungen der Konferenz vorzubereiten und auszuführen sowie das Sekretariat zu beaufsichtigen. Die Aufgabe der Wirtschaftskommission (seit 1964) ist es, Ölwirtschaftsfragen (Preise, Steuern usw.) zu analysieren und für die politischen Gremien aufzuarbeiten. Auf der ersten und bisher einzigen OPEC-Konferenz der Staatsoberhäupter und Regierungschefs, 1975 in Algier, wurde außerdem die Errichtung eines „Sonderfonds für Entwicklungshilfe" beschlossen, der 1976 mit einem (getrennten) Ministerrat und einem Verwaltungsrat eingerichtet wurde.

Das Sekretariat der OPEC dient gleichfalls der Datensammlung und -aufbereitung, der Vorbereitung der OPEC-Treffen und allgemein der Harmonisierung der Interessen der Gruppe. Es besteht aus fünf Abteilungen (Verwaltung, Wirtschafts-, Rechts-, Informations- und technische Abteilung), besitzt aber nur einen verhältnismäßig kleinen Mitarbeiterstab (im Durchschnitt 25-30 akad. Mitarbeiter, 1978: 39, 1980: 48), und ein kleines Budget (1979: 3,6 Mio. US-Dollar, 1981: 6,4 Mio. US-Dollar), das zu gleichen Teilen von allen Mitgliedstaaten aufgebracht wird. Das Sekretariat wird durch den Generalsekretär geleitet, der im Rotationsverfahren von der Konferenz gewählt wird, bis 1970 meist nur für ein Jahr (mit kürzeren Verlängerungen), seit 1971 für zwei Jahre. Da auch die übrigen Mitarbeiter im Sekretariat für eine kaum längere Zeit für die OPEC tätig sind (maximal vier Jahre, tatsächlich meist kürzer), es in einer so kleinen Behörde auch kein Karrieresystem gibt, konnte das Sekretariat auch nicht zum Focus eines multinationalen Eigengewichts der Organisation werden. Die Mitglieder haben sich entschieden, das Sekretariat schwach zu konzipieren und es auch so zu belassen und die eigentliche Macht in den eigenen Händen zu behalten und nicht auf die Organisation zu übertragen.

6. Entwicklung: Die OPEC ist durch zwei Etappen in ihrer Geschichte gekennzeichnet. Bis etwa 1974 ging es den Mitgliedsländern um Sicherung und Steigerung ihrer Öleinnahmen durch Ausweitung ihrer Produktion sowie Erhöhung ihres Steueranteils sowie um die Entkolonisierung der Erdölförderung. Sie wurde bis zu Beginn der 70er Jahre von den transnationalen Ölgesellschaften beherrscht, die praktisch souverän über Ölexploration, Förderung, Export und der Preisfestsetzung in ihren Konzessionsgebieten entscheiden konnten. Die OPEC diente ihren Mitgliedern zunächst meist nur als eine Art Clearing-Stelle zum gegenseitigen Informationsaustausch, gelegentlich auch als Organ zur Bekundung verbaler Solidaritätsadressen. In den meisten Fällen verhandelten die OPEC-Mitgliedsländer jedoch einseitig mit den Ökonzernen.

Allerdings kam es in den 60er Jahren schon zu Verhandlungen zwischen der OPEC und den Ölgesellschaften (1962-64, 1966-68, über die Aufhebung der Anrechnung der Royalties auf die Einkommensteuer in den Golfländern und Libyen). Da die OPEC formal noch nicht anerkannt wurde, wurden die Verhandlungen zeitweise vom iranischen Generalsekretär der OPEC als iranischem Regierungsvertreter mit den · im Iran-Konsortium zusammengefaßten Ölgesellschaften geführt. Damals wurde eine gleitende Anpassung (Erhöhung und Harmonisierung) der Steuerbedingungen bis 1972/75 vereinbart. Hatten die OPEC und ihre Mitgliedsländer schon während der 60er Jahre — der Zeit der Ölschwemme und allgemein sinkender Marktpreise — einige Erfolge vorzuweisen, so nutzten sie die für sie sich günstiger gestaltenden weltwirtschaftlichen Rahmenbedingungen Ende der 60er/Anfang der 70er Jahre (Ölknappheit, Schließung des Suezkanals 1967). Libyen unter dem Revolutionsregime Oberst *Kadhdhafi* vermochte zuerst höhere Listenpreise und Regierungsabgaben durchzusetzen, die dann auch von den übrigen OPEC-Ländern gefordert wurden. Die Ölgesellschaften, die von dieser Taktik überrascht wurden, und — aus ihrer Sicht zu spät — ihre Politik gegenüber den Förderländern zu koordinieren suchten, drängten nun auf Verhandlungen mit der OPEC (für alle Mitgliedstaaten). Nach zähen Verhandlungen kam es in Teheran (14.2.71) und Tripolis (2.4.71) zu Abkommen, in denen die Listen- und Abgabepreise angehoben wurden, die im Aug. 71 und noch einmal im Juli 73, aufgrund des Dollarverfalls, nach weiteren Verhandlungen, zwei weitere Male aufgestockt wurden. Dieses System der (zwischen OPEC und den Ölgesellschaften) verhandelten Preise brach unter dem Eindruck des vierten Nahostkrieges (im Okt. 73) und des arab. Ölboykotts zusammen. Als die Ölgesellschaften Preisverhandlungen zu verschleppen suchten, setzte die OPEC erstmals die Listenpreise einseitig herauf. Schon 1968 hatten die Förderländer in der OPEC beschlossen, eine staatliche Beteiligung an den Konzessionsgesellschaften zu erzwingen. Zwischen 1971-73 erfolgten in einzelnen Ländern erste Beteiligungen, die nach 1973/74 erheblich ausgeweitet wurden und in den meisten Ländern zur völligen Übernahme der Produktionsgesellschaften führte.

Damit hatten die OPEC-Länder weitgehend die Souveränität in den Förder- und Ausfuhrentscheidungen sowie der Preisgestaltung für ihren Rohstoff erringen können. Sie waren aber nun auch freier, ihre jeweiligen nationalen Interessen in der Förderpolitik und Preisgestaltung nachgehen zu können. Es kam so immer zu erheblichen Tauziehen im OPEC-Ministerrat, der nun einen gemeinsamen Richtpreis festsetzte. Auf die Bewertung der jeweiligen Qualitäts- und Transportkostenunterschiede konnte man sich nicht verständigen, zweimal (Dez. 76 – Juni 77, 1979/80) vermochte man sich nicht einmal auf einen gemeinsamen Richtpreis zu einigen. Die zweite „Ölkrise" von 1979/80 war ebensowenig Resultat der OPEC-Politik wie es die erste „Ölkrise" (1973/74) gewesen war. Diese zweite Preisexplosion erfolgte zunächst nur auf den freien Spot-Märkten und wurde von der OPEC dann nachvollzogen. Sie war Konsequenz der hysterischen Reaktion in den Verbraucherländern aufgrund der Produktionsausfälle wegen der iranischen Revolution und des iranisch-irakischen Krieges. Unter maßgeblichem Einfluß Saudi-Arabiens nahm die OPEC 1974-78 sogar ein reales Sinken ihrer Richtpreise hin. Seit 1981 sucht die OPEC, nun unter maßgeblichem Einsatz Saudi-Arabiens, ihre hohen Richtpreise gegen den Verfall der Spot-Preise aufgrund des Abbaus der Lagerhaltung, des Angebots aus neuen Fördergebieten, des sinkenden Verbrauches durch die Energiesparpolitik in vielen Verbraucherländern und der weltwirtschaftlichen Rezession zu verteidigen. Sie war dabei nicht erfolgreich und nahm als Konsequenz ihre Richtpreise erstmals auch nominal wieder zurück (März 1983). Ihre Schwäche offenbart sich in ihrer Unfähigkeit, zu einer gemeinsamen Produktionsplanung zu kommen, weshalb der OPEC gelegentlich ihre Kartelleigenschaft sogar abgesprochen wird. Diese Frage war – während der Ölschwemme in den 60er Jahren – schon akut. Sie wurde 1960/61 erstmals diskutiert. 1965 kam es sogar zur Unterzeichnung eines Produktionskontrollabkommens, das sich allerdings nur auf die zukünftigen Produktionszuwächse bezog (und nicht umgesetzt wurde). Ohne Folgen blieb auch die im Febr. 1980 beschlossene allgemeine Preisrichtlinie, der die OPEC in Zukunft folgen wollte, die man durch eine gemeinsame Produktionsplanung durchsetzen wollte. Erst den Verfall der Erdölpreise in den folgenden Jahren suchte man durch die Festsetzung von Förderquoten (im März 1982) zu stoppen, an die man sich jedoch sehr ungleich hielt.

7. *Bewertung/Perspektiven:* Die OPEC hat schon viele Zerreißproben erlebt. Gegenwärtig befindet sie sich wieder in einer besonders schwierigen Phase ihrer Entwicklung. Ihr Anteil an der Welterdölproduktion belief sich 1982 nur noch auf 33 %, 1981 waren es noch 40 %, 1979 48 %, 1973 sogar 54 % (1960 40 %). In der OPEC ist Saudi-Arabien zu einem dominierenden Mitglied aufgestiegen. Hatte es 1971 gerade einen Anteil von 19 % der OPEC-Förderung so konnte es diesen Anteil auf 24 % (1973), 31 % (1979), 43,6 % (1981) und 34 % (1982) steigern. Somit ist in der OPEC eine Politik gegen Saudi-Arabien nicht möglich. Dennoch hat jedoch Saudi-Arabien oft Schwierigkeiten, seine Vorstellungen durchzusetzen. Obwohl die internen Differenzen aufgrund unterschiedlicher politischer und wirtschaftlicher Interessen und Zielsetzungen häufig nicht überwunden werden können, die OPEC überhaupt auch nur als schwache Organisation mit geringem Eigengewicht aufgebaut und gestaltet werden konnte, war sie für die Mitgliedsländer dennoch ein geeignetes Instrument, ihre Interessen gegenüber den Ölgesellschaften und den Verbraucherländern zu koordinieren und partiell durchzusetzen. Bei all ihren Defiziten und Unzulänglichkeiten war und ist sie eine der erfolgreichsten internationalen Organisationen der Dritten Welt. Sie hat Impulse zur Organisation anderer → internationaler Produzentenvereinigungen gegeben, hat den → Nord-Süd-Dialog

über eine NWWO mit erzwungen und die restlichen Energieverbraucherländer zu einer Gegengründung – der → IEA in Paris – veranlaßt. Inzwischen wächst in den westlichen Industrieländern die Einsicht, daß ein Zusammenbruch der OPEC zu einer weiteren Destabilisierung des Welterdölmarktes und zu dessen immer erratischeren Entwicklung führen müßte, woran weder die Produzenten noch die Konsumentenländer ein Interesse haben können.

Literatur

Fesharaki, F./Isaak, D. 1983: OPEC, the Gulfe and the World Petroleum. Market. A Study on Government Policy and Downstream Operations. Boulder

Hanisch, R. 1982: Die OPEC, in: *Matthies, V.* (Hg.): Süd-Süd-Beziehungen. München, 151-186

Johany, A. D. 1980: The Myth of the OPEC Cartel. The Role of Saudi Arabia. Chichester

Mallakh, R. E. (Hg.) 1982: OPEC: Twenty Years and Beyond. Boulder

Maull, H. W. 1981: The Control of Oil, in: International Journal 36/2.273-293

Seymor, I. 1980: OPEC: Instrument of Change. London

Shihata, I. F. 1982: The Other Face of OPEC. Finacial Assistance to the Third World. London

Hallwood, P./Sinclair, S. 1981: Oil, Debt und Development. OPEC in the Third World. London

Rolf Hanisch

Organisation der Vereinten Nationen/Vereinte Nationen/VN (United Nations (Organization)/UN/UNO; Organisation des Nations Unies/ONU)

1. Sitz: Die UN mit Hauptsitz in New York unterhalten – neben etwa 60 weltweit verteilten Dienststellen – Büros in Genf, Nairobi und Wien.

2. Mitglieder: Z. Z. (Juli 1984) haben die UN 158 Mitgliedstaaten und damit das Ziel der Universalität fast erreicht (→ Tab. 1). China, das zu den „ursprünglichen" 51 Mitgliedern gehört, war zunächst durch die Republik China (Formosa/Taiwan) vertreten. Am 25.10.1971 entschied die Generalversammlung (GV), die „Volksrepublik China als den einzigen rechtmäßigen Vertreter Chinas bei den Vereinten Nationen anzuerkennen".

Zwischen 1945 und 1960 verdoppelte sich die Mitgliederzahl von 51 auf 100, wobei der Zuwachs vor allem auf die nach dem Zweiten Weltkrieg unabhängig gewordenen Staaten Afrikas (von 4 auf 26) und Asiens (von 9 auf 24) zurückzuführen war. 1970 zählten die UN 127 Mitglieder, darunter 42 afrikanische und 29 asiatische Staaten. 1982 waren von 157 Mitgliedstaaten 124 EL, davon 92 aus Afrika und Asien, sowie 32 aus Lateinamerika. Nichtmitglieder der UN, aber Mitglied einer oder mehrerer ihrer Sonderorganisatione sind: Dem. VR Korea, Republik Korea, Liechtenstein, Monaco, Nauru, San Marino, die Schweiz, Tonga und Vatikanstadt. (Dementsprechend schwankt auch die Mitgliedschaft in den einzelnen Sonderorganisationen, nämlich zwischen 166 (→ UPU) und 107 (→ WIPO).)

Nach Art. 4 Abs. 2 Charta erfolgt die Aufnahme als Mitglied auf Empfehlung des Sicherheitsrats durch Beschluß der GV. Die BR Deutschland, die bereits in den 50er Jahren Vollmitglied in sämtlichen Sonderorganisationen und in der → IAEA wurde, nahm seit Anfang der 60er Jahre auch an allen Konferenzen unter der Schirmherrschaft der UN teil, da nach der „Wiener Formel" zu diesen Konferenzen in der Regel neben den UN-Mitgliedstaaten auch diejenigen Staaten eingeladen werden, die Mitglied einer oder mehrerer Sonderorganisationen sind. Am Hauptsitz der UN war die BR Deutschland seit 1952 durch einen Ständigen Beobachter vertreten.

Diese „Quasi-Mitgliedschaft" in den UN konzentrierte sich weniger auf eine intensive Mitarbeit auf multilateraler, weltweiter Ebene als vielmehr auf die Durchsetzung nationaler, deutschlandpolitischer Interessen. Erst die Regierungswechsel (1966 Große Koalition, ab 1969 sozialliberale Koalition) führte mit der Aufgabe des Alleinvertretungsanspruchs (Hallstein-Doktrin) und der Entspannungspolitik gegenüber den sozialistischen Staaten einschließlich der DDR („Ost-Politik") auch zu einer Neuorientierung der UN-Politik, die schließlich am 18.9.1973 zur gleichzeitigen Mitgliedschaft der beiden deutschen Staaten in den UN führte.

3./4. Entstehungsgeschichte, Ziele und Vertragsinhalt: An Bord eines englischen Schlachtschiffs unterzeichneten der amerikanische Präsident *Roosevelt* und der britische Premierminister *Churchill* am 14.8.1941 die „Atlantik-Charta" über die Grundlagen der Weltordnung nach dem Zweiten Weltkrieg. Diese Erklärung wurde am 1.1.1942 von allen im Krieg gegen die Achsenmächte „Vereinten Nationen", zum Abschluß der Gründungskonferenz am 26.6.1945 in San Francisco unterzeichnet und trat am 24.10.1945 in Kraft („Tag der Vereinten Nationen").

Die Konzeption der Nachkriegsordnung und der Rolle weltweiter internationaler Organisationen in ihr war die ideologische Antwort aus der bürgerlich-liberalen Tradition europäischer Gesellschaftsbilder und -ideologien auf die Herausforderung des Faschismus und auf das Trauma der Weltwirtschaftskrise.

Die drei zentralen Pfeiler dieser Antwort bestanden aus

— der Betonung der gleichen individuellen Menschenrechte;
— der Verallgemeinerung der Ideologie des Parlamentarismus und seiner Verfahrenstechniken auf die Ebene zwischenstaatlicher Beziehungen;
— einer breiten Aufgabendefinition der organisierten Staatengemeinschaft (und implizit der einzelnen Staaten) über den Bereich der militärischen Sicherheit hinaus.

Die Quellen dieser Prinzipien reichen weit in die Entwicklungsgeschichte der europäischen Staaten und Gesellschaften zurück. Daß sie aber mitten im Zweiten Weltkrieg zum Programm einer weltweiten Nachkriegsordnung werden und innerhalb weniger Jahre nach seinem Ende in Gestalt des UN-Systems in seiner Gesamtheit (UN plus Sonderorganisationen (SO); vgl. Abb. 1) ihren organisatorisch-institutionellen Niederschlag finden, ist ohne die zeitgenössische Erfahrung der Weltwirtschaftskrise und die Herausforderung des Faschismus nicht zu erklären.

Die in der Charta an mehreren Stellen angesprochene Achtung vor und Verwirklichung von „Menschenrechten und Grundfreiheiten für alle ohne Unterschied der Rasse, des Geschlechts, der Sprache oder der Religion" enthält nicht nur die Orientierung an den traditionellen Bürgerrechten, sondern ist vor allem der ideologische Kontrapunkt zu faschistischen Ideologien, die individuelle und kollektive Unterschiede in Rechten und Pflichten und im soziokulturellen Entwicklungsstand auf vermeintliche Unterschiede in der biologisch-organischen Erbmasse von Völkern und Rassen zurückführen und sie damit legitimieren wollten. Mit dieser Ausdeutung von Menschenrechten, die einerseits über das Konzept der bürgerlichen Abwehrrechte gegenüber kollektiven oder staatlichen Eingriffen und Beschränkungen hinausgeht und andererseits auch über den unmittelbaren rassistischen Anlaß der Judenverfolgung hinausweist, entsteht gleichzeitig der Anfang der Entwicklungs-(länder)ideologie: Kapitel XII der Charta (Treuhandsystem) verlangt u. a. „... den politischen, wirtschaftlichen, sozialen und erzieherischen Fortschritt der Einwohner der Treuhandgebiete und ihre fortschreitende Entwicklung zur Selbstregierung oder Unabhängigkeit ..." (Art. 76 b) und sieht ein Berichts- und Kontrollsystem durch den Treuhandrat (Kapitel XIII) und die GV vor, allerdings beschränkt auf die ehemaligen Kolonien der Feindmächte und auf freiwillig dem System unterstellte Gebiete (de facto geschah dies nur in wenigen Ausnahmen). Aber auch Kapitel XI, das sich in Form einer „Erklärung" auf die Kolonialgebiete bezieht und nur ein Berichts-, aber kein Kontrollsystem vorsieht, formuliert als „heiligen Auftrag die Verpflichtung", u. a. die „Selbstregierung zu entwickeln" und „Aufbau und Entwicklungsmaßnahmen zu fördern".

Auf der individuellen Ebene erklärt die Charta die kontrafaktische Gültigkeit der „Menschenrechte und Grundfreiheiten für alle." Auf der staatlichen Ebene entspricht diesem Postulat das Prinzip der souveränen Gleichheit der Mitgliedstaaten bzw. – übersetzt in politische Verfahrensmodalitäten – das Prinzip „ein Staat – eine Stimme". Damit wird ein Konstruktionsprinzip moderner politischer Systeme auf der einzelgesellschaftlichen Ebene – die Garantie prinzipiell gleicher politischer Beteiligungs- und Einwirkungsrechte für den einzelnen „Bürger", unabhängig von seiner wirtschaftlichen Kraft, seiner verwandtschaftlichen Herkunft und seiner sozialen Position – als zentrales legitimiertes und legitimierendes Element übertragen auf das Schichtungssystem der Staatengemeinschaft. Dies erfolgt allerdings vor dem Hintergrund von zwei Einschränkungen:

1. Das demokratische Prinzip „ein Staat – eine Stimme" wird zwar zum zentralen Organisationsprinzip der GV der UN und der meisten der entsprechenden Hauptorgane der SO – mit Ausnahme des → IMF und der → Weltbankgruppe –, gleichwohl wird die Vormachtstellung der fünf Großmächte der Gründungsära teilweise auch formal festgeschrieben (Sicherheitsrat, Treuhandrat).

2. In der Gründungsphase des UN-Systems überwogen auf der politischen Landkarte der Welt bei weitem „weiße" Staaten mit einem westlich-europäischen Selbstverständnis. Der Sozialismus/Kommunismus als ideologische und institutionelle Variante der politischen Entwicklung in der europäischen Tradition bestand noch immer ausschließlich aus der UdSSR, die „Dritte Welt" gab es noch nicht. Der „Westen" war im Prinzip noch unter sich.

Der Umstand, daß das UN-System schon in der Gründungsphase einen sehr breit gefächerten Aufgabenkatalog erhielt, kann als Ausdruck eines säkularen Trends in der ideologischen Entwicklung und Institutionalisierungspraxis hinsichtlich der legitimen Aufgaben und Verantwortungen gesellschaftlicher Kollektive gegenüber ihren Mitgliedern betrachtet werden. Auf eine Kurzformel gebracht: Der liberale „Nachtwächterstaat" – und seine Entsprechung auf der Ebene internationaler Organisationen in der Gestalt des Völkerbundes – ist tot; es lebe der interventionsorientierte Wohlfahrtsstaat westlicher oder sozialistischer Prägung – auf der internationalen Ebene das UN-System. Unmittelbarer Anlaß für die damalige Akzentuierung dieses Trends war die Weltwirtschaftskrise der frühen 30er Jahre, mittelbare Auslöser liegen in der seit der Jahrhundertwende wachsenden Verbreitung sozialistischer Ideologien und der Gründung der UdSSR bzw. den dadurch bewirkten Veränderungen im bürgerlich-liberalen Lager.

5. Organisationsstruktur/Finanzierung: Nach Art. 7 Abs. 1 Charta gibt es sechs Hauptorgane, nämlich die Generalversammlung (GV), den Sicherheitsrat (SR), den Wirtschafts- und Sozialrat (WSR), den Treuhandrat (TR), den Internationalen Gerichtshof (IGH) und das Sekretariat (S).

Die GV mit ihren sieben Hauptausschüssen ist das einzige Hauptorgan, in dem sämtliche Mitgliedstaaten mit Sitz und Stimme vertreten sind. Die GV nimmt innerhalb der UN eine Zentralstellung ein: Sie entscheidet über die Zusammensetzung der anderen Hauptorgane; sie übt die Kontrolle über Haushalt und Administration der Organisation aus; sie kann nach Art. 10 alle Fragen und Angelegenheiten erörtern, die in den Rahmen der Charta fallen oder die Befugnisse und Aufgaben eines jeden anderen Organs betreffen, und entsprechende Empfehlungen an die VN-Mitglieder oder an den SR oder an beide richten; WSR und TR erfüllen ihre Aufgaben unter der Autorität der GV. Soweit es sich um Fragen der internationalen Sicherheit handelt, gilt die Vormachtstellung des SR. Die GV darf zu diesen Fragen keine Empfehlungen aussprechen, solange der SR seine ihm in friedensgefährdenden Situationen zugewiesene Funktion ausübt.

Dem SR wird die Hauptverantwortung für die Wahrung des Weltfriedens und der internationalen Sicherheit übertragen. Er ist das einzige Organ der UN, das Beschlüsse mit bindender Wirkung für die UN-Mitgliedstaaten fassen kann. Dem SR gehören Mitglieder zweier Kategorien an: fünf ständige Mitglieder (China, Frankreich, Großbritannien, UdSSR und USA) und zehn nicht-ständige Mitglieder, die auf jeweils zwei Jahre aus dem Kreis aller Mitgliedstaaten auf der Grundlage einer geographisch-politischen Verteilung (fünf afrikanische und asiatische, zwei lateinamerikanische, zwei westeuropäische und andere Staaten (Kanada, Australien, Neuseeland) sowie ein osteuropäischer Staat) gewählt werden. Das politische Gewicht der ständigen SR-Mitglieder wird durch das Veto-Recht verstärkt: Für alle Beschlüsse, abgesehen von Verfahrensfragen, ist nach Art. 27 ihre Zustimmung erforderlich. Überwogen bis 1961 die Vetos der UdSSR (insgesamt 99 Vetos, davon 51 bei Aufnahmeanträgen), waren es in den 70er Jahren vor allem Vetos der USA (insgesamt 20 Vetos, davon 6 bei Aufnahmeanträgen). Da der SR im Falle eines Vetos eines oder mehrerer seiner ständigen Mitglieder funktionsunfähig ist, hat die GV in ihrer „Uniting-for-Peace-Resolution" (Res. 377 A (V) vom 3.11.1950) erklärt, daß sie in solchen Fällen die Zuständigkeit übernehmen werde; die GV empfiehlt dann Kollektivmaßnahmen, deren Zwangscharakter allerdings strittig ist.

Der WSR ist das wirtschafts- und sozialpolitische Hauptorgan. Seit 1971 besteht er aus 54 Mitgliedern, von denen alljährlich 18 Mitglieder für eine Amtszeit von drei Jahren gewählt werden; eine unmittelbare Wiederwahl ist zulässig. Jedes Mitglied hat eine Stimme; bei Abstimmungen entscheidet die einfache Mehrheit. Die 54 Mitglieder werden aufgrund folgender geographisch-politischer Verteilung gewählt: 14 afrikanische, 11 asiatische, 10 lateinamerikanische, 6 osteuropäische sowie 13 westeuropäische und andere Staaten.

Nach Art. 62 ff. bestehen die Aufgaben des WSR u. a. darin,

- international vergleichende Untersuchungen und Berichte über wirtschaftliche, soziale, kulturelle und verwandte Probleme durchzuführen oder zu veranlassen,
- entsprechende Empfehlungen an die GV, die Mitglieder der UN oder die betreffenden Sonderorganisationen zu richten,
- Empfehlungen zur Achtung und Verwirklichung der Menschenrechte und Grundfreiheiten für alle abzugeben,
- mit Genehmigung der GV mit den Sonderorganisationen Verträge über deren Beziehungen zu den UN zu schließen sowie deren Tätigkeit zu koordinieren.

Der WSR hat zur Erfüllung seiner Aufgaben ein komplexes Netzwerk von Gremien geschaffen, darunter funktionale Kommissionen (u. a. die 1946 gegründete Menschenrechtskommission, welche inzwischen aus 43 Staatenvertretern besteht), regionale Wirtschaftskommissionen (insgesamt fünf, darunter die → ECE) sowie ständige Kommissionen (u. a. für die Anwendung von Wissenschaft und Technologie im Dienste der Entwicklung und für transnationale Konzerne).

Daneben existieren zahlreiche UN-Institutionen, welche über den WSR der GV berichten (vgl. Abb. 1): u. a. → UNRWA, → UNCTAD, → UNICEF, → UNHCR, → UNITAR, → UNDP, → UNEP und → UNU.

Nach Art. 87 übt der TR gemeinsam mit der GV und unter ihrer Verantwortung die Aufsicht über Treuhandgebiete mit dem Ziel ihrer Unabhängigkeit und Selbstregierung aus. Ursprünglich setzte sich der TR aus a) Mitgliedern, die Treuhandgebiete verwalten, b) denjenigen ständigen Mitgliedern des SR, die keine Treuhandgebiete verwalten, und c) so vielen weiteren von der GV auf jeweils drei Jahre gewählten Mitgliedern zusammen, damit der TR je zur Hälfte aus Treuhandgebiete verwaltenden und nicht-verwaltenden Mitgliedstaaten besteht. Treuhandgebiete verwaltende Mitglieder waren Australien (1947-75), Belgien (1947-62), Frankreich (1947-60), Großbritannien (1947-68), Italien (1955-60) und Neuseeland (1947-68). Seit Ende 1975 besteht der TR lediglich aus einem Treuhandgebiet (die Pazifischen Inseln) verwaltenden Mitglied (USA) und den vier anderen ständigen Mitgliedern des SR, die keine Treuhandgebiete verwalten.

Der IGH mit Sitz in Den Haag ist das Hauptrechtsprechungsorgan der UN; er ist ein Gericht zur Entscheidung von Rechtsstreitigkeiten zwischen Staaten und ist außerdem für die Erstattung von Rechtsgutachten zuständig, die von der GV oder dem SR sowie von anderen Organen der UN und SO mit jeweiliger Ermächtigung durch die GV angefordert werden können (Art. 96). Der IGH besteht aus 15 ständigen Mitgliedern verschiedener Staatsangehörigkeit, welche „in ihrer Gesamtheit eine Vertretung der großen Kulturkreise und der hauptsächlichsten Rechtssysteme der Welt gewährleisten" (Art. 9 IGH-Statut, das integraler Bestandteil der Charta ist). Sie werden von der GV und von dem SR in getrennten Wahlen auf neun Jahre gewählt; alle drei Jahre wird ein Drittel der Richter neu gewählt, wobei eine Wiederwahl zulässig ist. Gewählt ist, wer in beiden Hauptorganen die absolute Mehrheit der Stimmen erhält.

Das S ist das Hauptverwaltungsorgan der UN; ihm gehören zur Zeit etwa 15.000

Mitarbeiter an (insgesamt arbeiten im UN-System etwa 46.000 Mitarbeiter, davon 40 % im höheren und 60 % im allgemeinen Dienst). Bei der Ernennung der internationalen Verwaltungsbeamten ist nach Art. 101 „ein Höchstmaß an Leistungsfähigkeit fachlicher Eignung und Ehrenhaftigkeit zu gewährleisten." Die Auswahl soll auf möglichst breiter politisch-geographischer Grundlage erfolgen; die Beamten dürfen keine Weisungen von ihren Regierungen erbitten oder annehmen.

An der Spitze des S steht der Generalsekretär (GS), der auf Empfehlung des SR von der GV für eine Amtszeit von fünf Jahren gewählt wird; Wiederwahl ist zulässig. Er ist nicht nur der höchste Verwaltungsbeamte der Organisation, der an allen Sitzungen der GV, des SR, des WSR und des TR teilnimmt und alle ihm von diesen Hauptorganen zugewiesenen Aufgaben zu erfüllen hat, sondern er kann auch nach Art. 99 die Aufmerksamkeit des SR auf jede Angelegenheit lenken, die seiner Meinung nach geeignet ist, die Wahrung des Weltfriedens und der internationalen Sicherheit zu gefährden. Der GS erstattet der GV alljährlich einen Bericht über die Tätigkeit der Organisation und darf ihm wichtig erscheinende Punkte auf die Tagesordnung der GV setzen sowie jederzeit schriftliche oder mündliche Stellungnahmen vor dem Plenum abgeben.

Am 15.12.1981 wurde *Javier Perez de Cuellar* (Peru) für die Amtszeit 1982-86 zum GS gewählt. Bisherige GS waren: 1946-53: *Trygve Lie* (Norwegen); 1953-61: *Dag Hammarskjöld* (Schweden); 1961-71: *U Thant* (Burma) und 1972-81: *Kurt Waldheim* (Österreich).

Sämtliche Mitgliedstaaten müssen sich an der Finanzierung der Institutionen und Aktivitäten des UN-Systems beteiligen. Anfang der 80er Jahre betrugen die Ausgaben des 'Gesamtsystems jährlich rund 3,5 Mrd. US-Dollar. Davon betrug der Anteil der freiwilligen Leistungen rund 2,0 Mrd. US-Dollar (davon über 0,8 Mrd. an das UNDP). Etwa 1,5 Mrd. US-Dollar wurden durch Pflichtbeiträge der Mitgliedstaaten aufgebracht, die über einen primär am Volkseinkommen orientierten Beitragsschlüssel festgelegt werden, der zwischen 0,01 % als Mindestsatz (1983-85: 78 Staaten) und 25 % als Höchstsatz (lediglich USA) schwankt. Die SO orientieren sich bei unterschiedlicher Mitgliederzahl an diesem, von der GV auf jeweils drei Jahre festgelegten Beitragsschlüssel.

Für 1980/81 betrug der ordentliche UN-Haushalt 1,4 Mrd. US-Dollar (zum Vergleich: Berlin (West) hatte 1980/81 einen Haushalt von umgerechnet etwa 16,0 Mrd. US-Dollar. Der Beitragsschlüssel 1983-85 beträgt für die BR Deutschland 8,5 %; sie steht damit nach den USA, der Sowjetunion (19,54 %) und Japan (10,32 %) an vierter Stelle. Gemessen an den aboluten Gesamtleistungen an das UN-System stand die BR Deutschland 1978 nach den USA sogar an zweiter Stelle, gefolgt von Schweden, Niederlande und Japan; bei einer Berechnung nach dem Pro-Kopf-Beitrag folgt sie jedoch nach den skandinavischen Staaten, Niederlande, Schweiz, Belgien, Kanada sowie fünf ölproduzierenden EL erst an 13. Stelle. Legt man den Anteil des UN-Beitrags am Bruttosozialprodukt zugrunde, liegt die BR Deutschland, u. a. hinter vielen armen EL (Malediven, Kap Verde, Guinea, Somalia, Gambia, Mali) erst an 50. Stelle. Lediglich fünf Staaten, nämlich Dänemark, Niederlande, Norwegen, Saudi-Arabien und Schweden, gehören nach allen drei Berechnungsmethoden zu den „Top 20".

6./7. Entwicklung/Perspektiven/Bewertung: Vor dem Hintergrund der Etablierung sozialistischer Staaten in Osteuropa und der erfolgreichen kommunistischen Revolution in China zerbrach die Gemeinschaft der fünf Hauptmächte der UN und damit auch das in der Charta niedergelegte System der kollektiven Sicherheit. Militärische Sanktionen in der nach Kapitel VII vorgesehenen Weise wurden nie verhängt (der Beschluß zur Beteiligung der UN am Korea-Krieg war nur möglich, weil die UdSSR 1950 aus Protest gegen die China-Vertretung der SR-Sitzung fernblieb), wirtschaftliche Sanktionen nur im Falle Rhodesiens und Südafrikas; die Uniting-for-Peace-Resolution wurde nur in wenigen Fällen angewendet (u. a. Suez, Kongo, Sechs-Tage-Krieg). Eine erhebliche Bedeutung haben im Laufe der letzten 20 Jahre die friedenssichernden Maßnahmen der UN (keine Parteinahme der UN, Polizeifunktion der Truppen bei Zustimmung der Betroffenen) und die „präventive Diplomatie" des GS gewonnen. Voraussetzung war aber stets die Zustimmung, zumindest aber Duldung der beiden Supermächte.

Abb. 2 zeigt das institutionell-organisatorische Wachstum des UN-Systems seit seiner Konzeptionalisierung: Die erste Welle von Gründungen von SO, Programmen und Organen bis in die frühen 50er Jahre entspricht den politischen Kräfteverhältnissen und dem Zeitgeist der Gründungsära. Die zweite Gründungswelle setzt Ende der 50er Jahre ein und zeigt sich besonders ausgeprägt im Wachstum von Programmen und Organen, die auf Beschluß der GV und als Teil der UN geschaffen wurden, ohne bisher den Status einer SO erreicht zu haben (wofür ein separater, zu ratifizierender Gründungsvertrag erforderlich wäre). Die zweite Gründungswelle – zusammen mit der Erweiterung und Neuakzentuierung der Arbeitsbereiche in den älteren SO und Programmen – ist Ausdruck und Motor der „Demokratisierung der Weltgesellschaft" und des Entstehens und Wandels von „Entwicklungskonzeptionen". „Demokratisierung der Weltgesellschaft" heißt, daß – unabhängig von den Einzelheiten innerstaatlicher politischer Arrangements – im Zuge der Entkolonialisierung die Staaten der Dritten Welt „Sitz und Stimme" im UN-System erhielten: Zuvor nicht beteiligte arme, häufig kleine, nicht-weiße, im traditionellen Sinne nicht-christliche und nicht-westliche Staaten wurden neben den „Junkern" und dem „Mittelstand" zu „Voll-Mitgliedern der Staatengemeinschaft".

Damit ergibt sich seit Mitte der 50er bis Anfang der 70er Jahre folgende allgemeine politische Konstellation in den UN und allen SO: Die zunächst entstehende, dann wachsende Mehrheit der Dritten Welt versucht, die Arbeitsschwerpunkte des UN-Systems ihrer Interessenlage entsprechend zu verändern, von der Beschleunigung des Entkolonialisierungsprozesses bis zum Umbau des UN-Systems zur „steuerfinanzierten" Leistungsverwaltung im Dienste von Entwicklungsbemühungen der Dritten Welt. Diesem Trend widersetzt sich die Mehrheit der westlichen IL mit zwei Zielsetzungen (während die sozialistischen IL die im engeren Sinne politischen Forderungen der EL zwar offen unterstützen, bezüglich der wirtschafts- und sozialpolitischen Forderungen der EL aber stille Bundesgenossen des Westens sind): Verhindert werden muß die Entstehung steuerähnlicher Abgabe-Automatismen (etwa im Sinne völkerrechtlich zwingender Abgaben entsprechend der Höhe des Bruttosozialprodukts, der Besteuerung des Außenhandels, der Rüstungsaufwendungen, o. ä.) zugunsten des UN-Systems; dasselbe gilt für eine extensive Auslegung des Haushaltsrechts und der „impliziten Organisationsgewalt" der GV bzw. der entsprechenden parlamentarischen Gremien der SO, weil auch dies bedeutet, daß die Mehrheit der potentiellen Dienstleistungs- und Ressourcenempfänger die Vergabemodalitäten stark beeinflussen und die Minderheit der reichen Staaten über ihre Pflichtbeiträge zur Organisation und Finanzierung verpflichten kann. Ergebnis dieser Interessengegensätze war die Entstehung neuer Programme und Organe als Resultat der impliziten Organisationsgewalt der GV sowie das Festlegen neuer und zusätzlicher Arbeitsschwerpunkte der SO bei nur geringer Aufstockung der ordentlichen Haushalte der UN und der SO. Das bedeutet, daß das UN-System zur Finanzierung seiner neu geschaffenen operativen Aufgaben primär auf freiwillige Beiträge angewiesen ist, die zum überwiegenden Teil über die → IDA als Teil der → Weltbankgruppe und das UNDP geleitet werden. Mit diesem Arrangement sichern sich die (überwiegend westlichen) Geberstaaten die Kontrolle über die Höhe ihres Finanzierungsbeitrages sowie einen deutlichen Einfluß auf die Vergabemodalitäten (der gleichwohl geringer ist als in der quantitativ weitaus umfangreicheren bilateralen Entwicklungshilfe).

Die skizzierte Frontstellung ist seitdem erhalten geblieben, hat sich aber in gewisser Weise noch verallgemeinert. Dies dürfte u. a. entscheidend damit zusammenhängen, daß sich die Vorstellungen von der Entwicklungsproblematik geändert haben. Bis zum Anfang der 70er Jahre überwog ein wissenschaftlich-ideologisches Bild, in dem die westlichen und sozialistischen IL gleichermaßen den Endpunkt der sozialen Evolution charakterisieren, den die Dritte Welt zu erreichen habe. Dieses Bild ist aus zwei Gründen zerbrochen: einerseits an der (westlichen) Selbstkritik an den Folgen der Industrialisierung und Modernisierung, andererseits daran, daß in steigendem Maße auch die IL sich dem Anpassungsdruck und den Anpassungsforderungen von Weltentwicklungstrends ausgesetzt sehen. „Neue Regime" (im Sinne positiven, politisch gesetzten und beeinflußbaren Völkerrechts gegenüber dem gewachsenen Völkergewohnheitsrecht) sind notwendig, um die Folgen der gewachsenen technisch-ökonomischen, ökologischen und ideologischen Interdependenz zu bewältigen.

Die Verfahren des UN-Systems dienen zur Thematisierung dieser Probleme. Über Studien, Diskussionen, Empfehlungen sollen Verhaltensregeln für die Staatengemeinschaft und andere Akteure vermittelt werden. Im „Idealfall" wird die Form von völkerrechtlich bindenden Verfahren erreicht, (→ internationale Seerechtkonferenz) ferner die Konventionen und Kontrollverfahren der → ILO sowie die inzwischen auf über 20 angestiegene Zahl der Menschenrechtskonventionen). Die Diskussion um die „Neue Weltwirtschaftsordnung" und dahinterstehende Probleme der Welthandels- und der Weltwährungsverordnung sowie u.a. dem Bevölkerungswachstum, der Ökologie und der Energie haben dieses Stadium noch nicht erreicht, obwohl die UN-Debatten in den 70er Jahren die Vorstellungen von „Entwicklung" angesichts zunehmender Nord-Süd-Interdenpendenzen grundlegend verändert haben (im Gegensatz zu den 50er und 60er Jahren, wo die entscheidenden Veränderungen im ökonomischen Bereich jeweils innerhalb der beiden Blöcke (→ OEEC/OECD, → EWG/EG, → RGW) erfolgen).

Bei den Abrüstungsverhandlungen, konkreter: Bemühungen um Rüstungsbeschränkungen, gab die UN seit den 50er Jahren häufig den Anstoß und stellte auch den institutionellen Rahmen, allerdings ohne den Durchbruch zu einer umfassenden Abrüstungsverhandlung zu erzielen. Aktuelle (Nach-)Rüstungsbeschränkungen werden außerhalb der UN verhandelt; wurden jedoch nie ganz aus den UN herausverlagert; im Gegenteil, in den letzten Jahren wurde auf zwei Sondersetzungen der GV einzunehmender politischer Druck der UN sichtbar, die bisher negativen Bilanz der Abrüstungsbemühungen aufzubessern.

Erfolgreicher waren die Bemühungen um die völkerrechtliche Kodifizierung der Menschenrechte (MR). Nach der Verabschiedung der Allgemeinen Erklärung der MR durch die GV am 10.12.1948 („Tag der MR") erfolgte auf deren Grundlage die Entwicklung eines UN-Petitionssystems, dem heute die 1966 von der GV angenommenen Internationalen Menschenrechtspakte (1976 in Kraft getreten), bestehend aus einem Sozial- und einem Zivilpakt sowie einem Fakultativprotokoll (zur Individualbeschwerde), zur Seite stehen (Stand der Ratifizierungen am 1.7.1982: Sozialpakt: 73 Staaten, Zivilpakt: 70 Staaten, Fakultativprotokoll: 27 Staaten). Nach der Ergänzung der bürgerlichen Freiheitsrechte durch Sozialrechte von Individuen erfolgt zur Zeit eine intensive Diskussion um die 3. Stufe der MR, nämlich um die Solidarrechte („Recht auf Entwicklung", „Recht der Völker"), mit denen Staatengruppen in die Pflicht genommen werden sollen.

Bei den Diskussionen um die „Neue Weltwirtschaftsordnung" geht es um die Einführung einer „sozialen Marktwirtschaft" auf Weltebene mit Auswirkungen auf und Hebel für Veränderungen im Nord-Süd-Verhältnis. Obwohl die Abwehrfront der „Junker" in Ost und West sich formiert, um die Kompetenzen internationaler Agenturen des UN-Systems möglichst gering zu halten, sind Kompromisse vielfältiger Art nicht auszuschließen.

Literatur

Hüfner, K./Naumann, J. 1974: Das System der Vereinten Nationen: Eine Einführung, Düsseldorf.

Hüfner, K./Naumann, J. 1976-79: The United Nations Systems. International Bibliography. Das System der Vereinten Nationen – Internationale Bibliographie, Bde. 1, 2A, 2B, 3A, 3B, München.

Hüfner, K. 1983: Die Vereinten Nationen, Bonn.

New Zealand Ministry of Foreign Affairs 1961 ff.: United Nations Handbook Wellington.

Siegler & Co., Verlag für Zeitarchive GmbH (Hrsg.) 1981: Die Bundesrepublik Deutschland, Mitglied der Vereinten Nationen und ihre Sonderorganisationen. Strukturen, Aufgaben, Dokumente. Eine Dokumentation, Sankt Augustin.

Vereinte Nationen 1962 ff.: Einzige deutschsprachige Fachzeitschrift (erscheint zweimonatlich; Hrsg.: Deutsche Gesellschaft für die Vereinten Nationen).

Weltbank 1978 ff.: Weltentwicklungsbericht, Washington, D. C.

Wolfrum, R., u. a. (Hrsg.) 1977: Handbuch Vereinte Nationen, München.

Klaus Hüfner/Jens Naumann

Tabelle 1: Die UN-Mitgliedstaaten (Stand: Februar 1984)

Die folgenden 157 Staaten sind Mitglieder der Vereinten Nationen:

Mitglied:	Aufnahmedatum:		
Afghanistan	19. November 1946	Angola	1. Dezember 1976
Agypten	24. Oktober 1945	Antigua und	
Albanien	14. Dezember 1955	Barbuda	11. November 1981
Algerien	8. Oktober 1962	Aquatorial-	

guinea	12. November 1968	Guinea-Bisseau	17. September 1974
Argentinien	24. Oktober 1945	Guyana	20. September 1966
Äthiopien	13. November 1945	Haiti	24. Oktober 1945
Australien	1. November 1945	Honduras	17. Dezember 1945
Bahamas	18. September 1973	Indien	30. Oktober 1945
Bahrain	21. September 1971	Indonesien	28. September 1950
Bangladesch	17. September 1974	Irak	21. Dezember 1945
Barbados	9. Dezember 1966	Iran	24. Oktober 1945
Belgien	27. Dezember 1945	Irland	14. Dezember 1955
Belize	25. September 1981	Island	19. November 1946
Benin	20. September 1960	Israel	11. Mai 1949
Bhutan	21. September 1971	Italien	14. Dezember 1955
Birma	19. April 1948	Jamaika	18. September 1962
Bjelorussische		Japan	18. September 1956
SSR	24. Oktober 1945	Jemen	30. September 1947
Bolivien	14. November 1945	Jordanien	14. Dezember 1955
Botswana	17. Oktober 1966	Jugoslawien	24. Oktober 1945
Brasilien	24. Oktober 1945	Kanada	9. November 1945
Bulgarien	14. Dezember 1955	Kap Verde	16. September 1975
Burundi	18. September 1962	Kenia	16. Dezember 1963
Chile	24. Oktober 1945	Katar	21. September 1971
China	24. Oktober 1945	Kolumbien	5. November 1945
Dänemark	24. Oktober 1945	Komoren	12. November 1975
Demokrati-		Kongo	20. September 1960
scher Jemen	14. Dezember 1967	Kostarika	2. November 1945
Demokratisches		Kuba	24. Oktober 1945
Kampuchea	14. Dezember 1955	Kuwait	14. Mai 1963
Deutsche De-		Laotische Volks-	
mokratische		demokratische	
Republik	18. September 1973	Republik	14. Dezember 1955
Bundesrepublik		Lesotho	17. Oktober 1966
Deutschland	18. September 1973	Libanon	24. Oktober 1945
Dominika	18. Dezember 1978	Liberia	2. November 1945
Dominikani-		Libysche Arabi-	
sche Republik	24. Oktober 1945	sche Dschama-	
Dschibuti	20. September 1977	hirija	14. Dezember 1955
Ekuador	21. Dezember 1945	Luxemburg	24. Oktober 1945
Elfenbeinküste	20. September 1960	Madagaskar	20. September 1960
El Salvador	24. Oktober 1945	Malawi	1. Dezember 1964
Fidschi	13. Oktober 1970	Malaysia	17. September 1957
Finnland	14. Dezember 1955	Malediven	21. September 1965
Frankreich	24. Oktober 1945	Mali	28. September 1960
Gabun	20. September 1960	Malta	1. Dezember 1964
Gambia	21. September 1965	Marokko	12. November 1956
Ghana	8. März 1957	Mauretanien	27. Oktober 1961
Grenada	17. September 1974	Mauritius	24. April 1968
Griechenland	25. Oktober 1945	Mexiko	7. November 1945
Guatemala	21. November 1945	Mongolei	27. Oktober 1961
Guinea	12. Dezember 1958	Mosambik	16. September 1975

Nepal	14. Dezember 1955	Surinam	4. Dezember 1975
Neuseeland	24. Oktober 1945	Swasiland	24. September 1968
Niederlande	10. Dezember 1945	Sudan	12. November 1956
Niger	20. September 1960	Syrische Arabi-	
Nigeria	7. Oktober 1960	sche Republik	24. Oktober 1945
Nikaragua	24. Oktober 1945	Thailand	16. Dezember 1946
Norwegen	27. November 1945	Togo	20. September 1960
Obervolta	20. September 1960	Trinidad und	
Oman	7. Oktober 1971	Tobago	18. September 1962
Österreich	14. Dezember 1955	Tschad	20. September 1960
Pakistan	30. September 1947	Tschechoslo-	
Panama	13. November 1945	wakei	24. Oktober 1945
Papua-		Tunesien	12. November 1956
Neuguinea	10. Oktober 1975	Türkei	24. Oktober 1945
Paraguay	24. Oktober 1945	UdSSR	24. Oktober 1945
Peru	31. Oktober 1945	Uganda	25. Oktober 1962
Philippinen	24. Oktober 1945	Ukranische SSR	24. Oktober 1945
Polen	24. Oktober 1945	Ungarn	14. Dezember 1955
Portugal	14. Dezember 1955	Uruguay	18. Dezember 1945
Rumänien	14. Dezember 1955	Vanuatu	15. September 1981
Rwanda	18. September 1962	Venezuela	15. November 1945
Salomon-Inseln	19. September 1978	Vereinigte Ara-	
Sambia	1. Dezember 1964	bische Emi-	
Samoa	15. Dezember 1976	rate	9. Dezember 1971
Sao Tome und		Vereinigtes Kö-	
Principe	16. September 1975	nigreich Groß-	
Saudi-Arabien	24. Oktober 1945	britannien und	
Schweden	19. November 1946	Nordirland	24. Oktober 1945
Senegal	28. September 1960	Vereinigte Re-	
Seychellen	21. September 1976	publik Kame-	
Sierra Leone	27. September 1961	run	20. September 1960
Simbabwe	25. August 1980	Vereinigte	
Singapur	21. September 1965	Republik	
Somalia	20. September 1960	Tansania	14. Dezember 1961
Spanien	14. Dezember 1955	Vereinigte	
Sri Lanka	14. Dezember 1955	Staaten von	
St. Christoph		Amerika	24. Oktober 1945
und Nevis	23. September 1983	Vietnam	20. September 1977
St. Lucia	18. September 1979	Zaire	20. September 1960
St. Vincent und		Zentralafrikani-	
die Grenadi-		sche Republik	20. September 1960
nen	16. September 1980	Zypern	20. September 1960
Südafrika	7. November 1945		

Quelle: Vereinte Nationen/Informationsdienst: *Die Vereinten Nationen 1982.* Wien, VN, Oktober 1982, S. 123-124.

Auf den folgenden Seiten werden einige ausgewählte spezifische Organe und Programme — auch Nebenorgane bzw. Spezialorgane der UN genannt — im Überblick dargestellt, die vor allem in den 60er und 70er Jahren von der Generalversammlung eingesetzt wurden (vgl. Abbildungen 1 und 2). Sie sind einerseits Ausdruck der Aufgabenerweiterung des UN-Systems, andererseits der verstärkten Forderungen der Entwicklungsländer nach größerer finanzieller Unterstützung durch die Industriestaaten.

Die Aktivitäten dieser Nebenorgane, die heute einen festen Platz im Organisationssystem der Vereinten Nationen einnehmen, werden in der Regel durch freiwillige Beiträge und nur teilweise aus dem ordentlichen UN-Haushalt finanziert; d. h., das „Engagement" der westlichen und östlichen Industrieländer läßt sich deutlich an deren relativer Finanzbeteiligung, gemessen am Beitragsschlüssel der einzelnen Mitgliedstaaten zum ordentlichen UN-Haushalt, ablesen.

Ausbildungs- und Forschungsinstitut der Vereinten Nationen (United Nations Institute for Training and Research/UNITAR)

1. Sitz: UNITAR unterhält neben seinem New Yorker Hauptquartier noch ein Büro in Genf.

2. Mitglieder: Als Nebenorgan der → Vereinten Nationen kennt UNITAR keine eigene Mitgliedschaft.

3. Entstehungsgeschichte: Am 11.12.1963 wurde aufgrund der Resolution 1934 (XVII) das UNITAR durch die Generalversammlung gegründet. Das Institut begann 1966 seine Arbeit.

4. Ziele: UNITAR soll durch seine Ausbildungs- und Forschungstätigkeit die Wirksamkeit der Vereinten Nationen bei der Erreichung ihrer Hauptziele erhöhen. UNITAR hat u. a. zahlreiche Aus- und Fortbildungsveranstaltungen in Form von Seminaren und Symposien durchgeführt. Auf Anregungen von UN-Organen oder von Mitgliedstaaten wurden von UNITAR Studien mit bisher mehr als 100 Veröffentlichungen initiiert, u. a. über die Vereinten Nationen und die Neue Weltwirtschaftsordnung, die multilaterale Zusammenarbeit, die Weiterentwicklung des Völkerrechts sowie die Funktionstüchtigkeit verschiedener UN-Institutionen.

5. Organisationsstruktur/Finanzierung: Ein *Board of Trustees* (Treuhänderrat) — bestehend aus bis zu 24 Mitgliedern, die ihm in ihrer persönlichen Eigenschaft angehören — formuliert die Grundsätze und Richtlinien der Institutsarbeit, prüft und billigt dessen Arbeitsprogramm und entscheidet über das Budget. Der Rat tritt jährlich mindestens einmal zusammen. Er hat zwei von ihm mit eigenen Mitgliedern besetzte Ausschüsse gebildet, den Verwaltungs- und Finanzausschuß sowie den Forschungsausschuß.

Der Exekutivdirektor wird nach Konsultationen mit dem Treuhänderrat vom Generalsekretär ernannt. Ihm steht ein Mitarbeiterstab zur Verfügung, dessen Mitglieder von ihm eingesetzt werden und ihm gegenüber verantwortlich sind; dabei ist zwischen Stammpersonal und projekt- oder programmgebundenem Personal zu unterscheiden.

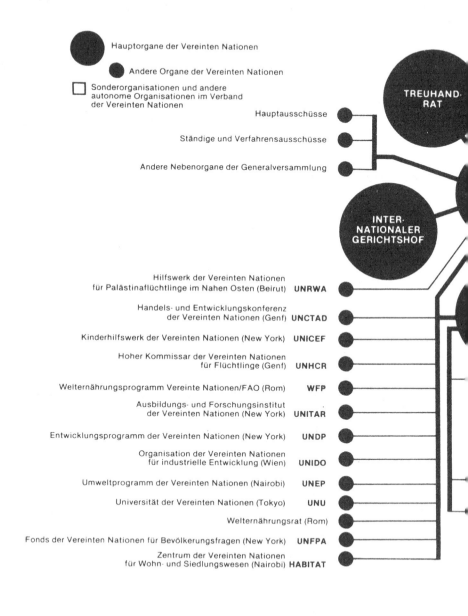

Hauptorgane der Vereinten Nationen

Andere Organe der Vereinten Nationen

Sonderorganisationen und andere
autonome Organisationen im Verband
der Vereinten Nationen

Hauptausschüsse

Ständige und Verfahrensausschüsse

Andere Nebenorgane der Generalversammlung

TREUHAND-
RAT

INTER-
NATIONALER
GERICHTSHOF

Hilfswerk der Vereinten Nationen
für Palästinaflüchtlinge im Nahen Osten (Beirut) **UNRWA**

Handels- und Entwicklungskonferenz
der Vereinten Nationen (Genf) **UNCTAD**

Kinderhilfswerk der Vereinten Nationen (New York) **UNICEF**

Hoher Kommissar der Vereinten Nationen
für Flüchtlinge (Genf) **UNHCR**

Welternährungsprogramm Vereinte Nationen/FAO (Rom) **WFP**

Ausbildungs- und Forschungsinstitut
der Vereinten Nationen (New York) **UNITAR**

Entwicklungsprogramm der Vereinten Nationen (New York) **UNDP**

Organisation der Vereinten Nationen
für industrielle Entwicklung (Wien) **UNIDO**

Umweltprogramm der Vereinten Nationen (Nairobi) **UNEP**

Universität der Vereinten Nationen (Tokyo) **UNU**

Welternährungsrat (Rom)

Fonds der Vereinten Nationen für Bevölkerungsfragen (New York) **UNFPA**

Zentrum der Vereinten Nationen
für Wohn- und Siedlungswesen (Nairobi) **HABITAT**

Quelle: Vereinte Nationen Bd. 29, 1, Februar 1981, S. 20.

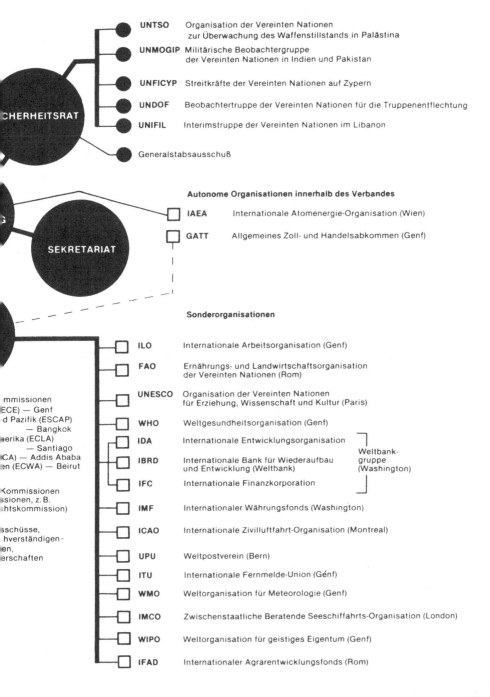

UNTSO Organisation der Vereinten Nationen
zur Überwachung des Waffenstillstands in Palästina

UNMOGIP Militärische Beobachtergruppe
der Vereinten Nationen in Indien und Pakistan

UNFICYP Streitkräfte der Vereinten Nationen auf Zypern

UNDOF Beobachtertruppe der Vereinten Nationen für die Truppenentflechtung

UNIFIL Interimstruppe der Vereinten Nationen im Libanon

Generalstabsausschuß

Autonome Organisationen innerhalb des Verbandes

IAEA Internationale Atomenergie-Organisation (Wien)

GATT Allgemeines Zoll- und Handelsabkommen (Genf)

Sonderorganisationen

ILO Internationale Arbeitsorganisation (Genf)

FAO Ernährungs- und Landwirtschaftsorganisation
der Vereinten Nationen (Rom)

UNESCO Organisation der Vereinten Nationen
für Erziehung, Wissenschaft und Kultur (Paris)

WHO Weltgesundheitsorganisation (Genf)

IDA Internationale Entwicklungsorganisation

IBRD Internationale Bank für Wiederaufbau
und Entwicklung (Weltbank)

IFC Internationale Finanzkorporation

Weltbank-
gruppe
(Washington)

IMF Internationaler Währungsfonds (Washington)

ICAO Internationale Zivilluftfahrt-Organisation (Montreal)

UPU Weltpostverein (Bern)

ITU Internationale Fernmelde-Union (Genf)

WMO Weltorganisation für Meteorologie (Genf)

IMCO Zwischenstaatliche Beratende Seeschiffahrts-Organisation (London)

WIPO Weltorganisation für geistiges Eigentum (Genf)

IFAD Internationaler Agrarentwicklungsfonds (Rom)

CHERHEITSRAT

G

SEKRETARIAT

mmissionen
ECE) — Genf
d Pazifik (ESCAP)
— Bangkok
erika (ECLA)
— Santiago
CA) — Addis Ababa
en (ECWA) — Beirut

Kommissionen
sionen, z. B.
htskommission)

sschüsse,
hverständigen-
en,
erschaften

77

Abbildung 2: Die Entwicklung des UN-Systems, 1946 - 81

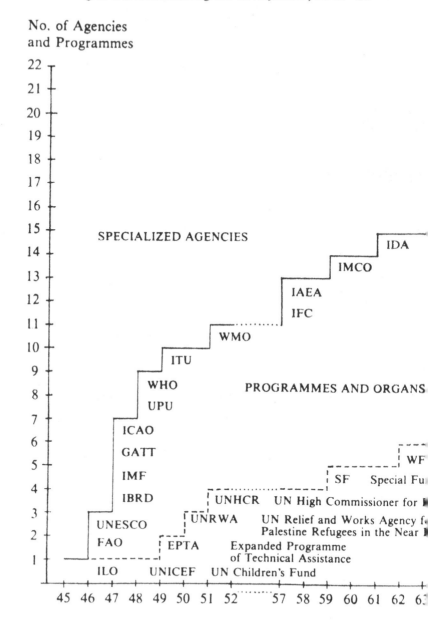

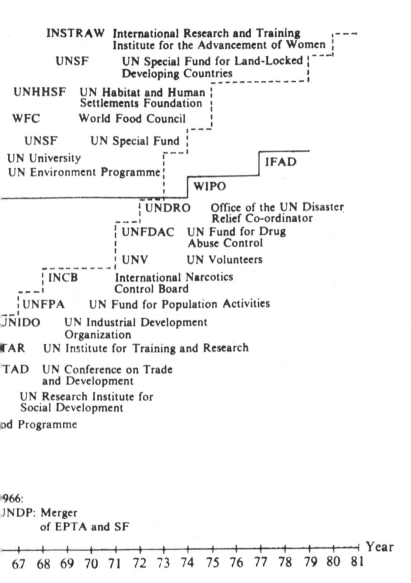

INSTRAW   International Research and Training
Institute for the Advancement of Women

UNSF   UN Special Fund for Land-Locked
Developing Countries

UNHHSF   UN Habitat and Human
Settlements Foundation

WFC   World Food Council

UNSF   UN Special Fund

UN University
UN Environment Programme

IFAD

WIPO

UNDRO   Office of the UN Disaster
Relief Co-ordinator

UNFDAC   UN Fund for Drug
Abuse Control

UNV   UN Volunteers

INCB   International Narcotics
Control Board

UNFPA   UN Fund for Population Activities

UNIDO   UN Industrial Development
Organization

TAR   UN Institute for Training and Research

TAD   UN Conference on Trade
and Development

UN Research Institute for
Social Development

od Programme

966:
UNDP: Merger
of EPTA and SF

Year

67 68 69 70 71 72 73 74 75 76 77 78 79 80 81

Das Institut wird durch freiwillige Beiträge finanziert, für 1982 betrug der Haushaltsansatz 1,83 Mio. US-Dollar; darüber hinaus verfügte UNITAR 1982 über besondere, zweckgebundene Zuschüsse in Höhe von 3. Mio. US-Dollar.

Literatur

Jordan, R. S. 1976: UNITAR and UN Research. In: *International Organization* (30)1: S. 163-171.
Rittberger, V. 1982: UNITAR-Ausbildung im Dienste der Vereinten Nationen. In: *Vereinte Nationen* (30)6: S. 195-199.

Klaus Hüfner/Jens Naumann

Bevölkerungsfonds der Vereinten Nationen (United Nations Fund for Population Activities/UNFPA)

1. Sitz: New York

2. Mitglieder: Als Nebenorgan der →Vereinten Nationen hat UNFPA keine eigenen Mitglieder.

3. Entstehungsgeschichte: UNFPA wurde 1960 als Trust Fund des UN-Generalsekretärs gegründet, 1969 der Verwaltung des UNDP-Administrators zugeordnet, 1972 im Rahmen des → UNDP als halbautonome Unterorganisation der Generalversammlung unterstellt und hat seit 1979 den vollen Status eines Nebenorgans der Generalversammlung, ohne daß die engen Arbeitsbeziehungen mit dem UNDP aufgegeben wurden.

4. Ziele: UNFPA ist auf den Gebieten der Bevölkerungsstatistik und -wissenschaft, der Bevölkerungspolitik und -planung tätig und für die Koordinierung aller entsprechenden Maßnahmen des UN-Systems verantwortlich. Schwerpunktmäßig widmet sich die Organisation der Familienplanung, wofür über 40 % der Mittel zur Zeit eingesetzt werden.

5. Organisationsstruktur/Finanzierung: Die Fachaufsicht liegt beim Verwaltungsrat des UNDP.
Die Durchführung der UNFPA-Programme erfolgt sowohl direkt als auch über zahlreiche Institutionen des UN-Systems, u. a. → UNICEF, → UNIDO, → ILO, → FAO, → UNESCO und → WHO, ferner über die International Planned Parenthood Federation (PPF) und den International Council of Women.
Zwischen 1972 und 1983 stieg das sich aus freiwilligen Beiträgen von Regierungen und NGO's zusammensetzende UNFPA-Aufkommen von 30 auf etwa 133 Mio. US-Dollar. Zu den Hauptbeitragszahlern gehören die USA, Japan, Norwegen, die Bundesrepublik Deutschland und die Niederlande. Die meisten osteuropäischen Staaten beteiligten sich bisher nicht an der Finanzierung.

Klaus Hüfner/Jens Naumann

Entwicklungsprogramm der Vereinten Nationen (United Nations Development Programme/UNDP)

1. Sitz: Außer dem Hauptsitz des UNDP in New York existieren noch fünf weitere Dienststellen sowie 111 nationale Büros in Entwicklungsländern.

2. *Mitglieder:* Für das UNDP existiert aufgrund seines Rechtsstatus innerhalb der ⇥ Vereinten Nationen keine gesonderte Mitgliedschaft.

3. *Entstehungsgeschichte:* Das UNDP wurde am 22.11.1965 durch Zusammenlegung der Vorgänger Erweitertes Programm für Technische Hilfe (EPTA) und Sonderfonds (SF) von der Generalversammlung (Resolution 2029 (XX)) gegründet. Gegenwärtige Organisationsstruktur (vgl. 5.) und Aktivitäten des UNDP wurden in Resolution 2688 (XXV) vom 11.12.1970 von der Generalversammlung festgelegt.

4. *Ziele:* Aufgabe des UNDP ist die technische Projekt-Unterstützung der Entwicklungsländer bei Programmen zu ihrer wirtschaftlichen und sozialen Entwicklung (z. B. Ausrüstung, Dienstleistungen, Ausbildungsplätze und Stipendien). Die Durchführung der Projekte erfolgt hauptsächlich über Unter- und Sonderorganisationen der Vereinten Nationen.
Das UNDP unterstützt nur solche Projekte, die sich in die Entwicklungspläne und Prioritäten des jeweiligen Entwicklungslandes einfügen.

5. *Organisationsstruktur/Finanzierung:* Das UNDP, obwohl nur Nebenorgan der Vereinten Nationen, das dem Wirtschafts- und Sozialrat sowie der Generalversammlung untersteht, kann als eine eigenständige UN-Institution betrachtet werden, die in eigenem Namen Rechtsgeschäfte durchführt. Es soll im Bereich der multilateralen Entwicklungspolitik des UN-Systems eine zentrale Koordinierungs- und Steuerungsfunktion ausüben − eine Rolle, die vor allem auf den Widerstand der autonomen Sonderorganisationen stieß.
Die Politik des UNDP bestimmt ein *Governing Council* (Verwaltungsrat) mit 48 Mitgliedern. Jährlich werden von dem ECOSOC 16 Mitglieder auf drei Jahre gewählt; ausscheidende Mitglieder können wiedergewählt werden. 27 Sitze stehen den Entwicklungsländern zu, davon elf Sitze für Afrika, neun für Asien und sieben Sitze für Lateinamerika. Die Industrieländer erhalten 21 Sitze, davon für Westeuropa und andere Länder 17 Sitze, für Osteuropa vier Sitze. Jeder Staat verfügt über eine Stimme; der Verwaltungsrat kann Beschlüsse mit einfacher Mehrheit fassen. Der Verwaltungsrat ist für die Verabschiedung der allgemeinen Richtlinien und des Verwaltungshaushaltes, für die Festlegung der Programmprioritäten und für die Kontrolle der Durchführung dieser Aktivitäten sowie für die Berichterstattung an den ECOSOC verantwortlich.
An der Spitze der UNDP-Verwaltung steht ein *Administrator,* der vom Verwaltungsrat auf vier Jahre gewählt wird. Ferner gibt es einen *Inter-Agency Consultative Board* (Beratender Ausschuß mit den Vertretern der Internationalen Organisationen), der für die Abstimmung der operativen Aktivitäten des UNDP, für ihre Koordinierung sowie ihre größtmögliche Integration zuständig ist.
Die Aktivitäten des UNDP werden durch freiwillige Beiträge der Mitgliedstaaten getragen. Die Entwicklung des UNDP-Budgets zwischen 1973 und 1982 war beachtlich: Die freiwilligen Beitragszusagen stiegen von rund 308 auf 721 Mio. US-Dollar; allerdings kam es 1981 zu einem ersten Einbruch, als nur 673

Mio. US-Dollar erreicht wurden. Herausragende Beiträge, gemessen an ihrem Beitragsschlüssel zum UN-Budget, leisteten die Niederlande und Schweden mit je etwa 10 %. Zu den Hauptbeitragszahlern gehören ferner die USA, Dänemark, Großbritannien und die BR Deutschland.

Literatur

Morse, Bradford: Zur Rolle des Entwicklungsprogramms der Vereinten Nationen. Sieben Charakteristika der multilateralen Hilfe. In: *Vereinte Nationen* (25) 4: S. 104-107, August 1977

Singer, H. W. 1976: Die Zukunft des Entwicklungsprogramms der Vereinten Nationen. In: *Vereinte Nationen* (24) 5: S. 141-144

Klaus Hüfner/Jens Naumann

Hilfswerk der Vereinten Nationen für Palästina-Flüchtlinge im Nahen Osten (United Nations Relief and Works Agency for Palestine Refugees in the Near East/UNRWA)

1. Sitz: Der Hauptsitz des UNRWA ist Beirut, wurde aber wegen der gegenwärtigen militärisch-politischen Auseinandersetzungen im Libanon nach Wien bzw. Amman verlegt.

2. Mitglieder: Als dem Wirtschafts- und Sozialrat (ECOSOC) zugeordnetes Nebenorgan der →Vereinten Nationen kennt das Hilfswerk keine eigene Mitgliedschaft; die Finanzierung des Verwaltungshaushalts erfolgt aus dem UN-Haushalt; die UNRWA-Aktivitäten werden über freiwillige Beiträge (vgl. 4.) finanziert.

3. Entstehungsgeschichte: UNRWA wurde aufgrund der Resolution 302 (IV) am 8.12.1949 von der Generalversammlung gegründet, die sich seitdem auf jeder ihrer Jahressitzungen mit dem Problem der Palästina-Flüchtlinge befaßt hat. Das Mandat der UNRWA wurde in periodischen Abständen erneuert.

4. Ziele: Es ist Aufgabe des UNRWA, die Palästina-Flüchtlinge u. a. durch Zusatznahrung, Gesundheitsdienste für Mütter und Kinder, Unterrichtsprogramme, Fachschulen und Lehrerbildungsanstalten zu unterstützen, um ihnen zu helfen, eine Existenz in einem der Nachbarländer zu gründen. Die Erziehungs- und Ausbildungsprogramme, für die mehr als die Hälfte des Budgets ausgegeben wird, wird als die wichtigste Hilfe angesehen.

5. Organisationsstruktur/Finanzierung: Das Hilfswerk wird von einem *Commissioner-General* (Generalkommissar) geleitet, dem ein *Advisory Committee* (Beratungsausschuß) zur Seite steht, das von zehn Mitgliedstaaten gebildet wird. Die Aktivitäten werden aus freiwilligen Beiträgen der Regierungen von rund 70 Mitgliedstaaten finanziert; sie stiegen im Zeitraum 1970-1983 von 30 Mio. US-Dollar auf über 200 Mio. US-Dollar; Hauptbeitragszahler sind z. Z. die USA, die EG, Japan, Schweden, Großbritannien und die BR Deutschland (zusammen rund 70 %); die sozialistischen Staaten Osteuropas beteiligen sich am UNRWA-Aufkommen überhaupt nicht.

Literatur

Defrates, J. F. 1975: 25 Jahre UNO-Hilfe für Palästina-Flüchtlinge. In: *Vereinte Nationen* (23)5: S. 142-148.

Klaus Hüfner/Jens Naumann

Hoher Flüchtlingskommissar der Vereinten Nationen (United Nations High Commissioner for Refugees/UNHCR)

1. Sitz: Der Hohe Flüchtlingskommissar unterhält neben seinem Hauptsitz in Genf 12 weitere regionale Büros und 47 nationale Dienststellen.

2. Mitglieder: Als Nebenorgan der → Vereinten Nationen hat der UNHCR keine eigenen Mitglieder.

3. Entstehungsgeschichte: Aufgrund der Resolution 319 (IV) vom 3.12.1949 entschied die Generalversammlung, einen Hohen Flüchtlingskommissar der Vereinten Nationen zu ernennen, um weiterhin die Interessen zugunsten der Flüchtlinge zu wahren, nachdem die International Refugee Organization (IRO) sich aufgelöst hatte. Das Amt des UNHCR wurde 1951 geschaffen, zunächst auf drei Jahre befristet und seit 1953 um jeweils fünf Jahre verlängert. Seit 1952 darf der UNHCR um freiwillige Beiträge werben, zunächst für Notprogramme, dann auch für langfristige Lösungsprogramme zugunsten der Flüchtlinge.

4. Ziele: Die Hauptaufgabe des Hohen Flüchtlingskommissars besteht darin, den internationalen Rechtsschutz für Flüchtlinge wahrzunehmen, genauer: den Vollzug der „Konvention über die Rechtstellung der Flüchtlinge" (Flüchtlingskonvention) vom 28.7.1951 zu überwachen (bis Ende 1982 sind dieser Konvention 93 Staaten, darunter auch die Bundesrepublik Deutschland, beigetreten). Der UNHCR unterhält in den wichtigsten Zufluchtsorten, wie z. B. in der BR Deutschland, diplomatische Vertretungen und beobachtet sorgfältig die Anerkennungspraxis der einzelnen Staaten. Gegenwärtig fallen weltweit etwa 10 Mio. Flüchtlinge unter das Mandat des UNHCR.

5. Organisationsstruktur/Finanzierung: Der Hohe Flüchtlingskommissar wird jeweils von der Generalversammlung auf Vorschlag des Generalsekretärs gewählt; er ist der Generalversammlung über den ECOSOC verantwortlich und legt diesen Organen jährlich einen Bericht vor. Ein aus Vertretern von 41 Staaten zusammengesetzter *Executive Committee* (Verwaltungsrat) ist für die Zielsetzung und Durchführung der Programme verantwortlich und berät den Hohen Flüchtlingskommissar.

Die Aktivitäten des UNHCR werden durch freiwillige Beitragsleistungen finanziert. Die Ausgaben für das allgemeine Programm betrugen 1981 319 Mio. US-Dollar. Darüber hinaus führt der UNHCR Sonderprogramme durch (1981: 155 Mio. US-Dollar. Für 1982 wurden insgesamt 407 Mio. US-Dollar bereitgestellt.

Die osteuropäische Industriestaaten beteiligen sich überhaupt nicht an den UNHCR-Programmen.

Literatur

Böhm, S. 1982: Grenzüberschreitende Flüchtlingsströme. Präventive Behandlung im Rahmen der Vereinten Nationen. In: *Vereinte Nationen* (30)/2: S. 48-54.

Henkel, J. 1980: Internationaler und nationaler Rechtsschutz für Flüchtlinge. Gegenwärtige Bemühungen des Hohen Flüchtlingskommissars. In: *Vereinte Nationen* (28)/5: S. 156-165.

Klaus Hüfner/Jens Naumann

Kinderhilfswerk der Vereinten Nationen (United Nations Children's Fund/UNICEF)

1. Sitz: Neben dem Hauptsitz von UNICEF in New York gibt es noch 18 Regionalbüros sowie 26 nationale Büros und 35 Nationalkomitees.

2. Mitglieder: Als Nebenorgan der →Vereinten Nationen hat UNICEF keine eigenen Mitglieder.

3. Entstehungsgeschichte: UNICEF wurde aufgrund der Resolution 57 (I) vom 11.12.1946 durch die Generalversammlung gegründet. Es handelte sich zunächst um eine keinesfalls auf Dauer eingerichtete Institution mit dem Namen UN International Children's Emergency Fund. Mit der Resolution 802 (VIII) vom 6.10.1953 entschied sich die Generalversammlung, die Institution als ständiges UN-Nebenorgan zu errichten, das dem Wirtschafts- und Sozialrat jährlich zu berichten hat, und den Namen in UN Children's Fund unter Beibehaltung des Symbols UNICEF zu ändern.

4. Ziele: UNICEF hat es sich zur Aufgabe gemacht, allen notleidenden Kindern − unabhängig von politischer, rassischer oder religiöser Zugehörigkeit − Hilfe zu leisten. Das Hilfswerk unterstützt vor allem die Staaten der Dritten Welt mit Hilfsprogrammen für Mütter und Kinder in den Bereichen Gesundheitsfürsorge, Ernährung und Erziehung; in besonderen Krisensituationen führt es außerdem Sonderhilfsprogramme durch.

5. Organisationsstruktur/Finanzierung: Für die Planung und Durchführung der Programme ist ein *Executive Board* (Verwaltungsrat) zuständig, der sich aus Delegierten von 41 Staaten zusammensetzt, die vom ECOSOC jeweils auf drei Jahre gewählt werden. Die administrative Arbeit wird von einem Sekretariat geleistet, an dessen Spitze ein *General-Director* (Generaldirektor) steht. Die Finanzierung von UNICEF erfolgt aus freiwilligen Regierungsbeiträgen sowie privaten Spenden und dem Erlös des Grußkartenverkaufs, der über Nationalkomitees (in der Bundesrepublik Deutschland über das Deutsche Komitee für UNICEF) organisiert wird. Der Beitrag eines Staates kann also zwei Komponenten aufweisen: einen freiwilligen staatlichen Beitrag der Regierung und einen privaten Beitrag der jeweiligen Nationalkomitees für UNICEF. Eine Analyse der Entwicklung der Gesamteinnahmen in den Jahren 1977-1980 zeigt, daß der Anteil der Regierungsbeiträge deutlich zurückgeht, nämlich von 54,9 % auf 46,3 %.Die Gesamteinnahmen für das Jahr 1982 beliefen sich auf 337 Mio. US-Dollar.

1980 erhielt UNICEF von der Bundesregierung 6,3 Mio. US-Dollar und vom Deutschen Komitee für UNICEF 11,4 Mio. US-Dollar.

Klaus Hüfner/Jens Naumann

Umweltprogramm der Vereinten Nationen (United Nations Environment Programme/UNEP)

1. Sitz: Es existieren außer dem Hauptsitz des UNEP in Nairobi noch sieben weitere Büros.

2. Mitglieder: Da es sich um ein Nebenorgan der →Vereinten Nationen handelt, kennt UNEP keine eigene Mitgliedschaft.

3. Entstehungsgeschichte: Bereits 1968 befaßte sich der Wirtschafts- und Sozialrat (ECOSOC) mit der Notwendigkeit eines weltweiten Umweltschutzes. Auf Vorschlag des ECOSOC beschloß 1968 die Generalversammlung in ihrer Resolution 2398 (XXIII), für 1972 eine UN-Umweltschutzkonferenz (in Stockholm) einzuberufen. Auf Vorschlag der Stockholmer Konferenz wurde das UNEP mit Sitz in Nairobi geschaffen, das im Frühjahr 1973 seine Arbeit aufnahm.

4. Ziele: Der Organisation fällt die Aufgabe zu, die verschiedenen Projekte der Organe und Sonderorganisationen der Vereinten Nationen zu koordinieren. Es soll die internationale Zusammenarbeit anregen und mit Hilfe aller auf dem Gebiet des Umweltschutzes tätigen internationalen staatlichen und nichtstaatlichen Organisationen ein umfassendes integriertes System der Sammlung und Auswertung von Kenntnissen über internationale Umweltprobleme erstellen.
Das UNEP hilft bei der Forschung, Planung und Finanzierung von Projekten im Zusammenhang mit (a) einer weltweiten integrierten und rationalen Nutzung der natürlichen Resourcen, (b) einer Unterstützung der Entwicklungsländer bei der Bewältigung ihrer Umweltprobleme und (c) einer Intensivierung der Öffentlichkeitsarbeit über Umweltprobleme (5.6.: Weltumwelttag).

5. Organisationsstruktur/Finanzierung: Das UNEP besteht aus einem *Governing Council* (Verwaltungsrat) und einem Sekretariat mit einem Exekutivdirektor an der Spitze, der auf Vorschlag des Generalsekretärs von der Generalversammlung gewählt wird.
Der Verwaltungsrat besteht aus 58 von der Generalversammlung gewählten Mitgliedstaaten; er ist für die gesamte Umweltschutzpolitik der Vereinten Nationen verantwortlich. Das Sekretariat wacht über die Durchführung als Koordinierungsstelle der internationalen Umweltprogramme.
Das UNEP wird aus einem von freiwilligen Leistungen gebildeten Umweltfonds getragen, der von mehr als 50 Staaten finanziert wird. Zu den Hauptbeitragszahlern gehören die USA, die UdSSR, Japan und die BR Deutschland.

Literatur

Egger, K., 1981: Zehn Jahre nach Stockholm. Das Umweltprogramm der Vereinten Nationen (UNEP) in seinem politischen Umfeld. In: *Vereinte Nationen* (30) 4: S. 113-116.

Klaus Hüfner/Jens Naumann

Universität der Vereinten Nationen (United Nations University/UNU)

1. Sitz: Neben dem Hauptsitz in Tokio existiert noch eine Nebenstelle in New York.

2. Mitglieder: Die UN-Universität hat als autonomes Organ der Generalversammlung keine eigenen Mitglieder.

3. Entstehungsgeschichte: Mit der Resolution 2951 (XXVII) vom 11.12. 1972 beschloß die Generalversammlung, eine Universität der Vereinten Nationen zu gründen. Ein Jahr später nahm die Generalversammlung die Charta der UNU an.

4. Ziele: Die UNU soll aktionsorientierte Forschung über Weltprobleme durchführen und zugleich als eine Weiterbildungseinrichtung für Jungakademiker dienen.

In der mittelfristigen Planung für 1982-1987 stehen fünf Programmschwerpunkte im Vordergrund:

- Frieden, Sicherheit, Konfliktlösungen;
- Weltwirtschaft;
- Hunger, Armut, Ressourcen und Umwelt;
- menschliche und soziale Entwicklung sowie die Koexistenz von Völkern, Kulturen und Sozialsystemen;
- Wissenschaft und Technologie – ihre sozialen und ethischen Implikationen.

5. Organisationsstruktur/Finanzierung: Die UNU stellt ein dezentralisiertes System von adakemischen Institutionen dar, d. h. sie ist keine zwischenstaatliche Organisation. Sie verfügt über eine koordinierende Zentrale. Die Charta der UNU sieht einen *University Council* (Universitätszentrum) vor.
Der Rat mit seinen 24 Mitgliedern wird vom UN-Generalsekretär und von dem UNESCO-Generaldirektor ernannt. Der Rektor ist dem Rat gegenüber für die Verwaltung und Koordination verantwortlich; er wird auf fünf Jahre gewählt. Die freiwilligen Beiträge werden von Regierungen, Stiftungen, Universitäten und Individuen erbracht; für 1983 ist ein Budget von 19,3 Mio. US-Dollar vorgesehen.

Klaus Hüfner/Jens Naumann

Organisation der Vereinten Nationen für Erziehung, Wissenschaft und Kultur (United Nations Educational, Scientific and Cultural Organization/UNESCO)

1. Sitz: Paris. Daneben bestehen noch verschiedene Regionalbüros u. a. in Afrika, Asien und Lateinamerika.

2. Mitglieder: Die Unterzeichnung der Verfassung der UNESCO erfolgte am 16.11.1945 durch 44 Staaten. Am 31.12.1982 zählte die UNESCO 153 Staaten als Mitglieder. (Der Beitritt der BR Deutschland erfolgte 1951; die UdSSR trat 1954 bei.)

3. Entstehungsgeschichte: Die UNESCO wurde am 14.12.1945 durch ein Abkommen von 44 Staaten in London als Sonderorganisation der → UN gegründet.

Ihre Geschichte reicht bis auf die Aktivitäten des Völkerbundes und sein 1921 gegründetes beratendes Organ, die „Kommission für internationale geistige Zusammenarbeit" zurück. Die Kommission (Mitglieder u.a. *Albert Einstein, Marie Curie*) arbeitete seit 1926 als Kuratorium eines selbständigen Instituts für geistige Zusammenarbeit, das auf Initiative des Völkerbundes gegründet und mit Sitz in Paris als eine Einrichtung eigener Rechtspersönlichkeit von der französischen Regierung finanziert wurde. Auf einer von England und Frankreich einberufenen Konferenz wurde am 1.11.1945 in London von 44 Staaten der Beschluß zur Errichtung der UNESCO gefaßt. Nach der Unterzeichnung der Verfassung am 16.11.1945 trat diese am 4.11.1946 nach der Ratifizierung durch 20 Unterzeichnerstaaten in Kraft.

4. Ziele / Vertragsinhalt: Noch stark geprägt von den durch die Erfahrungen des Zweiten Weltkriegs mithervorgerufenen Bestrebungen nach einer „Weltkultur", die vielfach auch als „UNESCO-Ideologie" bezeichnet wurde, klingt die Präambel der 1945 unterzeichneten Verfassung (in der 1964 nur unwesentlich geänderten Fassung) für heutige Verhältnisse etwas pathetisch: „Die Regierungen der Vertragsstaaten dieser Satzung erklären im Namen ihrer Völker, daß, da Kriege im Geist der Menschen entstehen, auch die Bollwerke des Friedens im Geist der Menschen errichtet werden müssen; (...) daß die weite Verbreitung der Kultur und die Erziehung des Menschengeschlechts zur Gerechtigkeit, Freiheit und Friedensliebe für die Würde des Menschen unerläßlich sind (...)". In Art. 1 sind die Ziele und Aufgaben der Organisation dargelegt: Gestaltung von Übereinkünften für den freien Nachrichtenaustausch, Belebung der Volksbildung und Verbreitung der Kultur, Mitarbeit am Aufbau des Erziehungswesens von Mitgliedsstaaten, Schutz und Verbreitung des geistigen und kulturellen Erbes, internationaler Austausch von Personen und Veröffentlichungen auf den Gebieten der Erziehung, Wissenschaft und Kultur.

5. Organisationsstruktur / Finanzierung: Mitglied in der UNESCO werden können – ohne besondere Formalitäten – die Mitgliedstaaten der UN und nach einem besonderen Verfahren Länder, die nicht Mitglieder der UN sind: auf Empfehlung des Exekutivrats durch Beschluß einer Zweidrittelmehrheit der Generalkonferenz.
Organe der UNESCO sind die Generalkonferenz, der Exekutivrat und das Sekretariat. Die Generalkonferenz setzt sich aus den Delegierten der Mitgliedsstaaten (pro Staat eine Stimme) zusammen. Sie legt die allgemeinen Richtlinien, das Programm und Budget für jeweils zwei Jahre fest. Die derzeit 51 Mitglieder des Exekutivrates werden nach einem System der regionalen Repräsentation von der Generalkonferenz für vier Jahre gewählt. Der Rat tagt zweimal jährlich, kontrolliert die Arbeit zwischen den Generalkonferenzen und schlägt einen Kandidaten für das Amt des Generalsekretärs vor. Dieser wird von der Generalkonferenz für sechs Jahre gewählt, wobei Wiederwahl zulässig ist. Der mittlerweile siebte Generaldirektor der UNESCO ist der Senegalese *Amadou Mahtar M'Bow;* er leitet das internationale Sekretariat und bereitet Programm- und Budgetentwürfe vor. Das Sekretariat besteht aus den sechs Sektoren Erziehung, Naturwissenschaften, Kultur und Kommunikation, Sozialwissenschaften, internationaler Austauschdienst, Verwaltung und Informationswesen. Die Finanzierung der UNESCO orientiert sich am Beitragssystem der UN. Die UNESCO unterhält intensive Beziehungen zu einer Reihe anderer internatio-

naler Organisationen (→FAO, →IAEA u. ä.); die Zusammenarbeit mit nicht-staatlichen Organisationen erfolgt über eine vom Exekutivrat vorgenommene Einstufung.

6. *Enwicklung:* Die ersten Aktivitäten der UNESCO orientierten sich an den Bedürfnissen der durch den Zweiten Weltkrieg geschädigten europäischen Länder; sehr bald aber galt das Interesse auch den EL. Das stark vom ersten Generaldirektor der UNESCO, *Julian Huxley,* beeinflußte Ziel der Errichtung einer „Weltkultur" scheiterte auch am aufkommenden Ost-West-Konflikt: auch nach dem Beitritt der UdSSR (1954) überwog noch für einige Jahre die skeptische Haltung des Ostblocks. Die Chancen wurden eher darin gesehen, den weltweiten Austausch von Personen, Informationen und Ideen auf der Grundlage der Anerkennung selbständiger spezifischer Kulturen zu organisieren. Dem Prinzip der Universalität kam man näher, als in der Zeit von 1960 bis 1970 eine große Zahl von EL beitraten, womit aber auch der anfängliche Ost-West-Konflikt zunehmend durch den aufkommenden Nord-Süd-Konflikt überlagert wurde. Die Bemühungen der UNESCO, ihre Aktivitäten als eine „systemübergreifende Service-Einrichtung" (Knoll 1980) auszurichten, erfuhren Rückschläge durch Konflikte, die auch in diese Sonderorganisation der UN hineinragten: z. B. die Auseinandersetzung um zwei Israel-Resolutionen 1974 oder der Streit auf der 2. Weltkulturkonferenz der UNESCO in Mexiko 1982 um die Rückgabe in der Kolonialzeit verschleppter Kulturgüter in ihre Ursprungsländer und massive Angriffe zahlreicher Länder gegen angebliche Überflutung ihrer nationalen Kulturen durch amerikanische Einflüsse. Diese u.a. ähnliche Auseinandersetzungen haben ein vorläufiges Resultat in der im Dez. 1983 von den USA verkündeten Absicht gefunden, mit Wirkung vom 31.12.1984 aus der Organisation auszutreten. Als Gründe wurden u. a. die zunehmende Politisierung und eine „ungezügelte Haushaltsexpansion" der UNESCO angegeben. Andererseits kann die UNESCO durchaus internationale Erfolge vorweisen: die Rettung von Kulturdenkmälern wie Abu Simbel (Tempel in Ägypten), Venedig usw., wäre ohne ihre Aktivitäten wohl kaum denkbar gewesen. Die internationale Diskussion um die Erwachsenenbildung ist mit den Ergebnissen entsprechender Konferenzen (u.a. Montreal 1960, Tokio 1972) verbunden. Der Gefahr, sich in zu viele Einzelprojekte zu verzetteln, ist die UNESCO mit dem Entwurf mittel- und langfristiger Programme (Halbzeitplan 1977-82, Zweiter Mittelfristiger Plan von 1984-1989) und der Konzentration auf Projekte, die sonst keine Unterstützung finden („Subsidiaritäts-Prinzip") entgegengetreten. Weitere einzelne Projekte: 1953: Initiative zur Gründung der „Europäischen Organisation für Kernforschung (→CERN); 1961: Addis Abeba-Plan über die Entwicklung des Bildungswesens in Afrika; 1971: Programm „Mensch und Biosphäre"; 1978: UNESCO-Mediendeklaration. Das UNESCO-Programm 1981-83 sah u.a. die Schwerpunkte Bekämpfung des Analphabetentums, Förderung der Wissenschafts- und Technologiepolitik, Schaffung einer neuen internationalen Informations- und Kommunikationsordnung („Internationales Programm für die Entwicklung der Kommunikation" IPDC) vor. Die Kommunikation zwischen den Mitgliedsstaaten wird auch über die Herausgabe ständiger Publikationen (UNESCO-Kurier in 16 Sprachen) und nationale UNESCO-Kommissionen erleichtert. In der Bundesrepublik Deutschland ist die „Deutsche UNESCO-Kommission" seit 1952 (1950: Deutscher Ausschuß für UNESCO-Arbeit) Verbindungsstelle zwischen UNESCO und Mitgliedstaaten, berät die Delegationen zur Vollver-

sammlung u.ä. Durch eine Reihe UNESCO-naher, aber selbständiger Einrichtungen (in der Bundesrepublik z.B.: UNESCO-Institut für Pädagogik in Hamburg) werden diese Kontakte auch praktisch wirksam.

7. *Perspektiven/Bewertung:* Diese Aktivitäten der UNESCO zeigen zunehmend ein starkes Aufgreifen der auch national und in den unterschiedlichen politischen Systemen intensiv diskutierten Probleme (Umwelt, Medien, Technologie u.ä.). Dies bietet die Chance zu einer „universellen" Diskussion von Fragestellungen im Bereich von Erziehung, Wissenschaft und Kultur. Im Halbzeitplan der UNESCO 1977-82 weist der Generalsekretär *Amadou-Mahtar M'Bow* auf diese „Ganzheitlichkeit" hin und auf die notwendige Perspektive, die „Suche nach einer neuen internationalen Wirtschaftsordnung in ihrer weitesten Bedeutung zu erfassen: als Suche nach einer sowohl wirtschaftlich als auch sozial und kulturell neuen Weltordnung, die dem tiefen Wunsch der Menschen nach freier Entfaltung, Frieden und Gerechtigkeit Raum gibt". Angesichts der Komplexität und Verflechtung aller Politikbereiche ist diese Einbindung sozialer und kultureller Themen wohl unumgänglich und stellt zugleich ein Anknüpfen an die Ursprungsideen der UNESCO dar. Gleichzeitig wächst aber auch die Gefahr, daß die Aktivitäten der UNESCO in den Strudel politischer Auseinandersetzungen geraten. Das Ausscheiden der USA droht die UNESCO zum Scheitern zu bringen, da die USA allein 25% des UNESCO-Haushalts finanzieren.

Literatur:

Deutsche UNESCO-Kommission 1980: Veröffentlichungen 1950-1980, Bonn.
Knoll, J. 1980: Bildung international, Tübingen.
Vereinigung für Internationale Zusammenarbeit (VIZ) (Hrsg.): Handbuch für Internationale Zusammenarbeit, versch. Lieferungen.

Wolfram Kuschke

Organisation der Vereinten Nationen für industrielle Entwicklung (United Nations Industrial Development Organization/UNIDO)

1. Sitz: Der Sitz der UNIDO ist Wien.

2. Mitglieder: Aufgrund des Rechtscharakters der UNIDO als UN-Unterorganisation gehören ihr alle Mitgliedstaaten der → UN an. Im obersten Beschlußorgan der UNIDO, dem Rat für industrielle Entwicklung, sind jedoch lediglich 45 Staaten gemäß dem Prinzip angemessener geographischer Repräsentation vertreten. Diese Mitgliedstaaten sind in vier Ländergruppen mit folgender Sitzverteilung gegliedert: Afrika und Asien 18 Sitze, Lateinamerika 7 Sitze, Westliche Industrieländer 15 Sitze, Sozialistische Länder Osteuropas 5 Sitze.

3. Entstehungsgeschichte: Die Institutionalisierung der Entwicklungspolitik auf dem industriellen Sektor innerhalb des Systems der Vereinten Nationen ist einem bis heute noch nicht abgeschlossenen Wandel unterworfen. Die Generalversammlung der UN schuf verschiedene aufeinander folgende Institutionen, die sich speziell mit den Problemen industrieller Entwicklungspolitik befaßten.

Als Vorläufer der heute bestehenden UNIDO gab es bereits in Wien seit 1956 im Sekretariat in der Abteilung für Wirtschafts- und Sozialfragen eine besondere Unterabteilung, die sogenannte „Industries Section". Diese wurde 1961 in das „Centre for Industrial Development" (CID) überführt. Die UNIDO wurde durch einen Beschluß der 21. UN-Generalversammlung vom 17.11.1966 durch die Umwandlung des CID in eine autonome Unterorganisation der Vereinten Nationen gegründet (zur neuesten Entwicklung siehe 7.).

4. Ziele: Ziel von UNIDO ist die Förderung des Industrialisierungsprozesses in den EL. Hierzu gehören z. B. die Erstellung von Industrialisierungsprogrammen für bestimmte Länder oder Regionen, Studien zur technischen und ökonomischen Durchführbarkeit von Projekten, Management – Unterstützung, Verbreitung und Anwendung neuer Technologien in EL, Aufbau und Unterstützung landeseigener Institutionen für Forschung, Planung, Technologie und Produktion, Ausbildungsprogramme, Entsendung von Experten und die Errichtung von Musteranlagen. Neben diesen operationellen Tätigkeiten obliegt der UNIDO die Koordination aller Aktivitäten auf dem Gebiet der industriellen Entwicklungspolitik im Gesamtrahmen der Vereinten Nationen.

5.1 Organisationsstruktur: Oberstes Beschlußorgan der UNIDO ist der Rat für industrielle Entwicklung (IDB), in dem 45 Staaten aus dem Kreis der UN-Mitgliedsländer vertreten sind. Der oberste Verwaltungsbeamte ist der Exekutivdirektor im Range eines UN-Untergeneralsekretärs. Seit dem 1.1.1975 wird dieses Amt von *Abd-el Rahman Khane* (Algerien) ausgeübt. Die Aufgaben des UNIDO-Sekretariats beinhalten die gesamte Planung, Durchführung und Kontrolle der operationellen Tätigkeiten von UNIDO sowie Konferenzdienste, Forschungsaktivitäten und innere Verwaltung. Im Sekretariat sind zur Zeit 420 Bedienstete des höheren Dienstes tätig. Der Anteil der deutschen Mitarbeiter beträgt 23 (5,4 %) (Stand 31.12.1982). UNIDO unterhält keine unabhängigen Außenvertretungen in EL. Sie verfügt über ein Netz von Industrieberatern (Special Industrial Field Advisers – SIDFA).

Der Rat für industrielle Entwicklung (IDB) bestimmt die Richtlinien der Politik der Organisation. Er billigt das Arbeitsprogramm und übt eine fachliche Kontrollfunktion aus. Er tritt einmal jährlich zusammen. Daneben gibt es einen Ständigen Ausschuß (Permanent Committee), der dieselbe Zusammensetzung wie der Rat hat und zweimal jährlich tagt. Er dient vornehmlich der Vorbereitung der Arbeiten des Rates.

5.2 Finanzierung:

Die Einnahmen der UNIDO (1982 rund 137 Mio. US-Dollar) setzen sich aus 4 Quellen zusammen:

- aus dem ordentlichen UN-Haushalt (für die Zweijahresperiode 1982/83 73 Mio. US-Dollar, d. h. 1982 rd. 36 Mio. US-Dollar)
- aus → UNDP-Mitteln (1982 79 Mio. US-Dollar) (UNIDO führt als Durchführungsorganisation UNDP-Projekte mit Industrialisierungscharakter durch)
- aus direkten freiwilligen Beiträgen an UNIDO (1982 17 Mio. US-Dollar) (seit 1968 werden UNIDO freiwillige Beiträge von Mitgliedsländern zugesagt, die vornehmlich in den Industrieentwicklungsfonds der UN (United Nations Industrial Development Fund, → UNIDF) fließen.
- aus Mitteln des regulären Programms für Technische Hilfe der UN (1982

5 Mio. US-Dollar) (die Mittel werden vorwiegend für Ausbildungsmaßnahmen und besondere Beratungsdienste für die am wenigsten entwickelten Länder bereitgestellt).

UNIDO gibt knapp 2/3 seines Budgets für Programme und Projekte der Technischen Zusammenarbeit aus (1982 rd. 92 Mio. US-Dollar). Die Kosten für Verwaltungs-, Forschungs- und Konferenzaktivitäten belaufen sich auf etwa 1/3 (1982: 45 Mio. US-Dollar). Die Bundesrepublik Deutschland beteiligt sich mit rund 8% an den Gesamteinnahmen der UNIDO.

6. Entwicklung: Die 2. UNIDO-Generalkonferenz (Lima, 1975) setzte wichtige Schwerpunkte für die Arbeit der Organisation:
- Verstärkung der multilateralen technischen Zusammenarbeit im Industriesektor
- entscheidende Fortschritte bei der Industrialisierung der EL (Zielsetzung: Anteil der EL an der Weltindustrieproduktion mindestens 25 % im Jahre 2000)
- Förderung des Technologietransfers (Technologie-Informationsdienst, internationale Technologie-Informationsbank)
- Belebung des Dialogs zwischen IL und EL über Grundsatz- und Branchenfragen der Industrialisierung durch das Konsultationssystem.

Die 3. UNIDO Generalkonferenz (Neu Delhi 1980) führte zu erheblichen Auseinandersetzungen zwischen Nord und Süd. Für die westlichen IL unakzeptabel waren insbesondere die Forderungen der EL nach

- Disaggregierung des Lima-Ziels in zeitliche, regionale und sektorale Unterziele
- Industrieverlagerung durch weltweiten Dirigismus und Verpflichtung der IL zu einer verlagerungsfördernden antizipatorischen Strukturpolitik
- Errichtung eines internationalen Fonds zur Industrieentwicklung mit Aufbringungsverpflichtung durch IL und Entscheidungskompetenz der EL.

Auf dieser Grundlage konnte ein Konsensus trotz Annäherung in Einzelfragen nicht erzielt werden. Die Deklaration und der Aktionsplan von Neu Delhi wurden durch Mehrheitsbeschluß bei Neinstimmen sämtlicher westlicher IL und Stimmenthaltungen der Sozialistischen Staaten sowie einiger → OPEC- Länder verabschiedet.

Von besonderer Bedeutung für die Förderung der industriellen Kooperation zwischen IL und EL ist das Konsultationssystem der UNIDO. Dieses System ist pragmatisch entwickelt worden. Die westlichen IL haben dabei ihr grundsätzliches Anliegen, den Charakter informeller gegenseitiger Information und des fachlichen Erfahrungsaustausches zu erhalten, durchgesetzt. Es wurde verhindert, die Konsultationen zu offiziellen Regierungsverhandlungen über strukturpolitische Vereinbarungen „umzufunktionieren". Von 1976 bis Ende 1983 fanden rd. 15 sektorspezifische Konsultationstreffen in den verschiedensten Sektoren statt (Düngemittelindustrie, Eisen- und Stahl, Leder und Lederprodukte, Öle und Fette, petrochemische Industrie, Landmaschinenindustrie, pharmazeutische Industrie, Investitionsgüterindustrie, Nahrungsmittelverarbeitende Industrie). Die in Brüssel, Köln, New York, Paris, Tokyo, Wien und Zürich eingerichteten Büros zur Investitionsförderung sind weitere wichtige Elemente des Programms von UNIDO zur Förderung der industriellen Kooperation zwischen IL und EL.

7. Perspektiven/Bewertung: Die 2. UNIDO-Generalkonferenz (1975, Lima) beschloß, UNIDO in eine autonome UN-Sonderorganisation umzuwandeln. Nach schwierigen Verhandlungen wurde die neue Verfassung von UNIDO am 8.4.1979 im Konsensus verabschiedet und zur Zeichnung ausgelegt. Mitte 1983 hatten 131 Staaten die Satzung unterzeichnet, darunter die Bundesrepublik Deutschland, und 102 Staaten Ratifizierungsurkunden hinterlegt. Es wird damit gerechnet, daß UNIDO 1984 offiziell in eine UN-Sonderorganisation umgewandelt wird. Als Sonderorganisation wird UNIDO insbesondere ein eigenständiges Mandat und volle Budgethoheit haben.

UNIDO erhebt den Anspruch, durch ihre Hilfe den EL während der letzten 20 Jahre zu beachtlichen Industrialisierungserfolgen verholfen zu haben. Bisher hat UNIDO etwa 25.000 Einzelprojekte in 120 EL finanziert, allein etwa 1.500 neue Projekte 1982. Allerdings klafft zwischen dem bisher erreichten Anteil der EL an der Weltindustrieproduktion mit derzeit 10-11% und dem von der UNIDO selbst gesetzten Ziel, nämlich 25% im Jahre 2000, noch eine erhebliche Lücke.

Literatur

UNIDO, Annual Report of the Executive Director 1982, Wien 1983
UNIDO-Newsletter, erscheint monatlich
UNIDO, in: Börsen- und Wirtschaftshandbuch 1982, Frankfurt 1982
UNIDO, in: Handbuch Vereinte Nationen, München 1977
UNIDO, Industry in a Changing World, New York 1983
Bohnet, M.: Industrialisierung und Entwicklung, in: P. J. Opitz, 1984: Die Dritte Welt in der Krise, München

Michael Bohnet

Organisation für wirtschaftliche Zusammenarbeit und Entwicklung (Organization for Economic Cooperation and Development/OECD)

1. Sitz: Paris.

2. Mitglieder: Mitglieder sind alle nichtkommunistischen Länder Europas einschließlich der Türkei (19) sowie darüber hinaus Australien (seit 1971), Japan (seit 1964), Kanada, Neuseeland (seit 1973) und USA. Jugoslawien besitzt einen Sonderstatus und nimmt nur an bestimmten Arbeiten teil.

3. Entstehungsgeschichte: Die OECD ist die Nachfolgeorganisation der Organisation für Europäische Wirtschaftliche Zusammenarbeit (OEEC). Diese wurde im Zusammenhang mit dem Marshall-Plan auf amerikanische Initiative — Ziel politische Stabilisierung Westeuropas auf dem Hintergrund des Ost-West-Konfliktes — 1948 in Paris gegründet. Ihre unmittelbare Aufgabe war der koordinierte wirtschaftliche Wiederaufbau Westeuropas unter Nutzung der amerikanischen Wirtschafs- und Finanzhilfe und die Liberalisierung des Handels- und Währungsverkehrs — Instrument insbesondere die Europäische Zahlungsunion (EZU). Das weitgehende Erreichen dieser Ziele Ende der 50er Jahre und neue Aufgaben und Probleme legten eine Überprüfung der Organisation nahe. Zu dieser Zeit waren an der OEEC die 16 Gründungsmitglieder, die Bundesrepublik Deutschland (seit 1949) und Spanien (seit 1959) als Vollmitglieder, die USA und Kanada als assoziierte Mitglieder sowie Jugoslawien und Finnland mit Sonderstatus beteiligt. Neue Aufgabenfelder waren insbesondere der Ausbau und die Koordination der westlichen Entwicklungshilfe – hier waren insbesondere die USA an einer stärkeren Lastenbeteiligung Westeuropas interessiert – und die verstärkte Zusammenarbeit und Abstimmung in der Wirtschaftspolitik zwischen den westlichen IL, über den europäischen Bereich hinaus. Die westeuropäische Wirtschaftsspaltung in →EWG und →EFTA erhöhte gleichzeitig den Bedarf nach einer Organisation, die eine Klammerfunktion wahrnehmen konnte. Auf einer Konferenz in Paris 1960 wurde die Umwandlung der OEEC beschlossen und 1961 realisiert. Neben den 18 OEEC-Vollmitgliedern traten Kanada und die USA der OECD als Vollmitglieder bei. Die bewährte Organisationsform der OEEC, die durch hohe Flexibilität und enge Konsultation bei gleichzeitiger Wahrung der vollen Souveränität der Mitglieder gekennzeichnet war, wurde weitgehend übernommen.

4. Ziele/Vertragsinhalt: Die drei Grobziele der OECD sind (Art. 1 und 2 der OECD-Konvention):

1. Förderung der wirtschaftlichen Entwicklung der Mitglieder;
2. Hilfe bei der wirtschaftlichen Entwicklung der EL, insbesondere durch Kapitalexport in Mitglieds- wie Nichtmitgliedsländer;
3. Unterstützung der Ausweitung des Welthandels.

5. Organisation/Finanzierung: Oberstes Organ ist der Rat, in dem alle Mitglieder vertreten sind. In der Regel einmal jährlich tagt der Rat auf Ministerebene. Ansonsten tritt er auf der Ebene der Leiter der ständigen Delegationen zusammen. Entscheidungen oder Empfehlungen bedürfen der Einstimmigkeit, wenn nicht Ausnahmen von dieser Regel in Sonderfällen einstimmig zugestimmt worden ist. Diese souveränitätsschonende, außerordentlich hohe Hürde wird dadurch gemildert, daß bei Stimmenthaltung eines Mitgliedes die betreffende Entscheidung nicht blockiert wird, allerdings auf das sich der Stimme enthaltende Mitglieder keine Anwendung findet. Auf Wunsch der USA wurde mit Blick auf den Kongreß eine Bestimmung aufgenommen, nach der Entscheidungen für ein Mitglied erst wirksam werden, wenn seine verfassungsmäßigen Erfordernisse erfüllt sind.

Der Exekutivausschuß – 14 gewählte Mitglieder – bereitet die Sitzungen des Rates vor und übernimmt auch Koordinierungsaufgaben bei Problemkreisen, die mehrere Ausschüsse berühren. Die OECD arbeitet mit einer Vielzahl von Fachausschüsen, die teilweise permanent, teilweise auf ad hoc-Basis tätig sind und deren Besetzung teilweise nicht für alle Mitglieder offen ist.

Unter den Ausschüssen nimmt der Wirtschaftspolitische Ausschuß eine herausragende Stellung ein. Er wird von Arbeitsgruppen unterstützt, die sich mit wichtigen Teilgebieten der Wirtschaftspolitik befassen. Der Prüfungsausschuß für Wirtschafts- und Entwicklungsfragen beschäftigt sich periodisch mit der Analyse der Wirtschaftslage und -politik der Mitglieder und veröffentlicht deren Ergebnis in Jahresberichten. Ein weiterer prominenter Ausschuß ist der für Entwicklungshilfe (Development Assistance Committee/DAC).

An der Spitze des Sekretariats steht ein vom Rat für fünf Jahre ernannter Generalsekretär, der den Vorsitz im Rat der ständigen Vertreter innehat und die Vorbereitung und Durchführung von Entscheidungen überwacht.

Mit der OECD verbunden sind mehrere autonome und halbtautonome Institutionen. Die mit der friedlichen Nutzung der Kernenergie befaßte Atomenergie-Agentur (Nuclear Energy Agency/NEA) – ursprünglich eine europäische Einrichtung – ist seit 1972 zunehmend auch um die außereuropäischen Mitglieder erweitert worden (Ausnahme Neuseeland). Das 1962 geschaffene Entwicklungszentrum beschäftigt sich mit der Erforschung von Entwicklungsfragen und technischer Hilfe. 1968 wurde das Zentrum für Forschung und Innovation im Bildungswesen (CERI) gegründet, dem alle OECD-Mitglieder und Jugoslawien angehören. Von Bedeutung ist die 1974 in Reaktion auf die Ölpreisexplosion geschaffene → Internationale Energie-Agentur (International Energy Agency/IEA), die von den meisten OECD-Mitgliedern, v. a. allen großen Industrieländern mit der bemerkenswerten Ausnahme Frankreichs, getragen wird. Sie bemüht sich um eine Koordinierung der Energiepolitik und sieht für Krisenfälle gemeinsame Notstandsmaßnahmen vor. Auch der 1975 geschlossene Vertrag über die Schaffung eines Finanziellen Beistandsfonds – nach seinem Initiator „Kissinger-Fonds" genannt – stand im Zusammenhang mit der „Ölkrise". Es sollte bei Zahlungsbilanzdefiziten von Mitgliedern als finanzielles Sicherheitsnetz dienen und finanzielle Unabhängigkeit von Ölländern garantieren, ist aber wegen fehlender Ratifikation einiger Mitgliedsländer, insbesondere der USA, bisher nicht in Kraft getreten.

Mit einer Vielzahl internationaler Organisationen bestehen Arbeitskontakte. Direkt beteiligt an OECD-Arbeiten sind die → EG, die → BIZ und der → IWF.

Die OECD wird aus Beiträgen der Mitglieder finanziert, deren Höhe nach dem Volkseinkommen der Länder bemessen wird (mit Höchst- und Mindestgrenzen).

6. *Entwicklung:* Mit der Erweiterung der EG ist diese zum Zentrum der innereuropäischen Koordination der Wirtschaftspolitik geworden, auch wenn die EG weiterhin nicht alle westeuropäischen IL umfaßt. Die OECD hat in diesem Bereich an Bedeutung eingebüßt, sich dagegen mit dem Beitritt der außereuropäischen IL, insbesondere Japans, zur wichtigsten internationalen Organisation entwickelt, in der eine Abstimmung der Wirtschaftspolitiken der westlichen IL nach innen und außen versucht wird. Dabei spielt der Wirtschaftspolitische Ausschuß mit seinen Arbeitsgruppen eine besondere Rolle. In ihm treffen sich mehrmals jährlich leitende Beamte der zuständigen Ministerien und Notenbanken, um die wirtschaftliche Lage und die nationalen Politiken der Mitglieder, insbesondere ihre internationalen Auswirkungen, zu prüfen und, soweit möglich, zu harmonisieren. Die Auswirkungen der OECD-Konsultationen sind schwer nachweisbar, doch wird der von dem Rechtfertigungszwang ausgehende indirekte Einfluß von Teilnehmern als erheblich angesehen. Ein Beispiel für den Stellenwert der Arbeitsgruppen bietet die besonders wichtige Arbeitsgruppe 3, eine Art Währungsausschuß der OECD, die etwa alle zwei Monate tagt. Ihr Arbeitsstil ist bestimmt durch die begrenzte Teilnehmerzahl – sie kann als organisatorischer Unterbau des Zehnerklubs (→ IWF) angesehen werden –, den hohen Rang der Teilnehmer – maßgebliche Vertreter der Ministerien und Notenbanken, die in ihren Heimatländern für die Wirtschafts- und Währungspolitik direkte Verantwortung tragen – und die absolute Vertraulichkeit als Voraussetzung für eine offene Diskussion. Ein sichtbares Er-

gebnis der Arbeitsgruppe 3 war 1966 ein Wohlverhaltenskodex für die Zahlungsbilanzpolitik.

Auf der Basis von Berichten der Arbeitsgruppen des wirtschaftspolitischen Ausschusses hat der OECD-Ministerrat sich 1976 erstmals auf eine mittelfristige wirtschaftspolitische Strategie zur Rückgewinnung der Vollbeschäftigung geeinigt, die auch die Basis für Beschlüsse des → Weltwirtschaftsgipfels 1978 lieferte, die durch die Ölpreiserhöhung 1979 aber überholt wurde. Auch der Erfolg späterer neuer Anläufe ist zweifelhaft.

Das Ziel, die Ausweitung des Welthandels zu fördern, ist eng mit dem der wirtschaftspolitischen Koordinierung verknüpft. Bei ihren handelspolitischen Aktivitäten hat die OECD versucht, eine Überschneidung mit den GATT-Kompetenzen zu vermeiden, sie hat aber eine Art Vorreiterrolle übernommen. Erwähnenswert ist das auf dem Hintergrund der Ölkrise 1974 abgegebene „Handelsversprechen" – keine handelspolitischen Beschränkungen –, das mehrfach verlängert und erweitert wurde, das aber verstärkte protektionistische Tendenzen v. a. im nichttarifären Bereich, allenfalls dämpfen, nicht aber verhindern konnte. Der Versuch einer gemeinsamen Reaktion der westlichen IL auf die „Öldrohung" war auch der Ausbau der Energiepolitik im Rahmen der 1974 neugegründeten IEA und der Vertrag über den Finanziellen Beistandsfonds 1975. Auf dieser Basis wurde 1976 – 77 der West-Süd-Dialog auf der Konferenz für Internationale Wirtschaftliche Zusammenarbeit (KIWZ → Nord-Süd-Dialog) geführt. Hierbei wie auch für andere internationale Verhandlungsgremien (→ GATT, → UNCTAD) hat die OECD eine wichtige Rolle bei der Vorklärung und Abstimmung der Positionen der westlichen IL übernommen.

Die Koordinierung im Aufgabenbereich der Entwicklungshilfe leistet das DAC. Ihm gehören zur Zeit 17 der 24 OECD-Mitglieder (nicht vertreten Island und Luxemburg, sowie Griechenland, Irland, Portugal, Spanien und die Türkei) sowie zusätzlich die EWG-Kommission und damit alle wichtigen westlichen Geberländer an. Das DAC überprüft jährlich umgehend die entsprechenden Leistungen der Mitglieder und bemüht sich um eine Verbesserung. Erfolg hatte das DAC v. a. bei der Erarbeitung einheitlicher Meßkriterien (z. B. Erfassung des „Zuschußelementes") und mit seinen präzisen Empfehlungen zur Verbesserung der Konditionen der öffentlichen Entwicklungshilfe, kaum dagegen bei der Steigerung dieser Hilfe. Die OECD zählt zu ihren Mitgliedern auch einige europäische Entwicklungsländer und hat mehrfach größere Hilfsaktionen, insbesondere für die Türkei, organisiert.

Kennzeichen der OECD-Aktivitäten ist nicht zuletzt ihre Vielfalt, für die stichwortartig einige weitere Tätigkeitsbereiche genannt seien: Kapitalverkehr – 1976 Wohlverhaltenskodex für multinationale Unternehmen – und Kapitalmärkte, Steuerwesen, Landwirtschaft, Seeverkehr, Energie einschließlich Kernenergie, Arbeitskräfte, Umwelt- und Wissenschaftspolitik.

7. Perspektiven/Bewertung: Obwohl von der Mitgliederstruktur nicht ausschließlich auf IL beschränkt, ist die OECD im wesentlichen eine Organisation der westlichen IL. Kritiker haben unter Hinweis auf ihren diffusen Aufgabenbereich, das wenig übersichtliche, teilweise ausufernde Ausschußwesen, den schwerfälligen Entscheidungsmodus und die dürftigen Ergebnisse die Notwendigkeit und den Nutzen der OECD infrage gestellt. Richtig ist, daß die direkt sichtbaren Ergebnisse der OECD-Arbeit abgesehen von der allgemein anerkannten statistischen Information und Dokumentation nicht sonderlich beeindrucken können. Die Schwächen der Organisation sind aber teilweise auch ihre Stärken. Die OECD hat sich bei der Anpassung an neue Aufgabenfelder, z. B. in der Reaktion auf die Ölkrise, ebenso wie bei der Abstufung der Beteiligung als sehr flexibel erwiesen. Sie hat auch versucht, der Kritik an ihrem Ausschußsystem u. a. durch stärkere Koordinierung zu begegnen. Das Argument, die OECD sei „nur" ein Diskussionsklub, trifft ein wesentliches Merkmal, vernachlässigt aber den – schwer objektivierbaren – Einfluß, den die OECD-Diskussionen auf die politischen Entscheidungen in den Mitlgiedsländern haben. Bei dem Versuch der OECD, die Wirtschaftspolitik der westlichen IL besser aufeinander abzustimmen und die Positionen nach außen zu harmonisieren, bleiben die bisherigen Ergebnisse gemessen an den Erfordernissen und Erwartungen dürftig. Dennoch dürfte der Stellenwert der OECD mit der Bedeutung dieser Koordinierungsfunktion eher wachsen.

Literatur

Aubrey, H. G. 1967: Atlantic Economic Cooperation. The Case of the OECD, New York u.a.
Burgess, R. W. et al. (Hrsg.) 1960: A Remodelled Economic Organization. A Report, Paris.
Camps, M. 1975: „First World" Relationships: The Role of the OECD, Paris u. a.
Esman, M. J./Cheever, D. S. 1967: The Common Aid Effort. The Development Assistance Activities of the OECD, Columbus.
Fratiani, M./Pattison, J. C. 1976: The Economics of the OECD. Institutions, Politics and Economic Performance, Amsterdam u. a.
Hahn, H./Weber, A. 1976: Die OECD, Organisation für Wirtschaftliche Zusammenarbeit und Entwicklung, Baden-Baden.
OECD: Activities of OECD in 19.. (jährlich), Paris
OECD: Development Assistance Efforts and Policies (jährlich), Paris.
Rubin, S. J. 1966: The Conscience of the Rich Nations: The Development Assistance Committee and the Common Aid Effort, New York u. a.

Uwe Andersen

Welternährungsprogramm (UN/FAO World Food Programme/WFP)

1. Sitz: Rom

2. Entstehung: Das Welternährungsprogramm wurde 1961 gegründet, um – insbesondere unter Verwendung von Agrarüberschüssen – Entwicklungshilfe zu leisten (Food-for-Work Projekte, Sonderspeisungsprogramme für besonders anfällige Bevölkerungsgruppen; ferner Notstandshilfe).
Das Programm, welches seine Tätigkeit 1963 aufnahm, ist autonom (eigenes Budget) und nicht Teil der FAO. Beim FAO-Generaldirektor liegt nur die Zuständigkeit für die Genehmigung von Notstandshilfe, welche durch das WFP abgewickelt wird.

3. Organe: Hauptorgan ist ein zweimal jährlich zusammentretendes intergouvernementales „Committee on Food Aid Policies and Programmes" (CFA). An der Spitze des Sekretariats steht ein Executive Director, welcher gemeinsam vom Generalsekretär der UN und dem Generaldirektor der →FAO ernannt wird. Die Zahl der Beschäftigten beträgt 1100 (einschließlich des Feldpersonals).

Die – auf freiwilliger Basis – an das WFP zu leistenden Beiträge bestehen aus Nahrungsmitteln (insbesondere Getreide), Geldmitteln und Dienstleistungen (insbesondere Schiffsfrachten). Für das Doppeljahr 1983/84 ist ein Beitragsziel von 1,2 Mrd. US-Dollar festgesetzt worden. Für das Doppeljahr 1985/86 ist eine Erhöhung des Beitragsziels auf 1,35 Mio. Dollar in Aussicht genommen.

4. Entwicklung: Seit der Aufnahme seiner Tätigkeit bis Anfang 1984 hat das WFP feste Zusagen für Nahrungsmittelhilfe in rd. 1 100 Entwicklungsprojekten mit einem Kostenaufwand von 7 Mio. US-$ gegeben. 33% der Hilfe gingen in die Region Asien und pazifischer Raum, 28% in die Sahelzone, 26% nach Nordafrika und in den Nahen Osten und 10% nach Lateinamerika. Etwa 80% der für Entwicklungsprojekte geleisteten Hilfe entfiel auf „Niedrigeinkommen-Länder" mit Nahrungsdefiziten. Der Anteil der am wenigsten entwickelten Länder (LDC) betrug 37%. Auf die Sahelländer allein entfielen 40%.

Weitere 1,1 Mrd. entfielen auf Notstandshilfe in 600 Fällen in 103 Ländern. 51% betrafen die Unterstützung von Flüchtlingen und Vertriebenen, 31% Interventionen im Zusammenhang mit (fast immer voraussehbaren) Ernteausfällen wegen Dürre und nur 18% unvorhersehbare Naturkatastrophen. Schätzungsweise kam die Hilfe im ganzen rund 170 Mio. Menschen zugute, davon mehr als 100 Mio. in Notstandsfällen. 1982 wurden fast 2 Mio. t Nahrungsmittel verschifft.

Das WFP verwaltet zusätzlich zu seinen eigenen Ressourcen auch die der (1975 durch Beschluß der UN-Generalversammlung geschaffenen) Internationalen Notstands-Nahrungsmittelreserve (IEFR). Die IEFR soll aus freiwilligen Beiträgen jährlich 500 000 t Getreide für Notstandszwecke aufbringen. Seit seinem Bestehen hat das WFP keinen einzigen seriösen Antrag auf Notstandshilfe wegen Mangel an Ressourcen ablehnen müssen. Das Verpflichtungsvolumen für Notstandshilfe liegt seit einigen Jahren bei rd. 190 bis 200 Mio. US-$ jährlich.

5. Bewertung: Das WFP ist intensiv um eine weitere Erhöhung seines Ressourcenvolumens bemüht. Eine zunehmende Zahl von Kritikern weist allerdings auf die Grenzen praktisch-organisatorischer Art für die vom WFP geleistete Projekthilfe hin. In den Empfängerländern müssen nicht nur gewisse technisch-administrative Infrastrukturen vorhanden sein, sondern auch ein Minimum an komplementären Ressourcen (z.B. Lagerraum, Transportmittel, einfache Geräte, Werkzeuge). Hunderte von praktischen Beispielen der vergangenen Jahrzehnte zeigen, daß andernfalls die Projekte zum Scheitern verurteilt sind.

Otto Matzke

Welternährungsrat (World Food Council/WFC)

Der Welternährungsrat wurde entsprechend einer Empfehlung der UN-Welternährungskonferenz von 1974 durch Beschluß der UN-Generalversammlung gegründet und nahm seine Tätigkeit 1975 in Rom auf. Die 36 Mitglieder des WFC werden von der UN-Generalversammlung auf rotierender Basis aus den Mitgliedsstaaten der → UN gewählt. Der WFC ist ein Organ der UN. Seine Mitgliedsländer treten auf Minister- oder Ministerstellvertreter-Ebene zusammen. An der Spitze des Sekretariats (32 Mitarbeiter) steht ein vom UN-Generalsekretär ernannter Executive Director. Das Budget für das Doppeljahr 1982-83 sieht Ausgaben in Höhe von 5,4 Mio. US-$ vor (Teil des UN-Haushalts). Dem WFC ist die Funktion eines obersten Leit- und Koordinierungsorgans für alle Probleme der Ernährung und Landwirtschaft im UN-System übertragen worden. Mehr als zwei Dutzend Institutionen, im UN-Bereich — unter ihnen die → FAO — befassen sich mit diesen Problemen.

Seit 1978 setzt sich der WFC für ein Konzept nationaler Strategiepläne ein. Diese Pläne sollen sowohl die Probleme der Steigerung der Nahrungsproduktion als auch die der Verteilung einbeziehen. Die von den Nahrungsdefizitländern auszuarbeitenden Ernährungsstrategien sollen als ,,Schlüsselmechanismen" dienen und die Priorität des Nahrungssektors hervorheben. Der WFC übt insofern eine beratende Funktion aus.

Es besteht ein Spannungsverhältnis zwischen dem WFC und der FAO. Der FAO-Generaldirektor weigert sich, die Koordinierungsfunktion des WFC anzuerkennen. Demgegenüber betonte der im Juli 1982 für zwei Jahre gewählte neue Präsident des WFC, der kanadische Landwirtschaftsminister Eugene *Whelan*, der Rat sei ,,das höchste Forum der Welt für alle Ernährungsfragen". Der WFC müsse über den politischen Kämpfen stehen, die ,,inner- und außerhalb der Institutionen" ausgefochten werden. Die Mitgliedsregierungen müßten durch ihre Vertreter in den verschiedenen Institutionen die gleiche Sprache sprechen.

Otto Matzke

Weltgesundheitsorganisation (World Health Organization/WHO)

1. Sitz: Genf

2. Mitglieder: 159 Staaten und Namibia als assoziiertes Mitglied.

3. Entstehungsgeschichte: Die internationale Zusammenarbeit im Gesundheitswesen begann 1839 mit der Gründung des *Internationalen Obersten Gesundheitsrates* in Konstantinopel, dessen Aufgabe die Organisierung von Quarantänemaßnahmen gegen Seuchenausbreitung war. 1840 (Tanger) und 1881 (Alexandria und Bukarest) wurden vergleichbare Räte geschaffen. Auf der ersten internationalen Gesundheitskonferenz 1851 in Paris wurde eine Sanitätskonvention verabschiedet, die jedoch längerfristig keine Bedeutung hatte. Weitere Konferenzen führten ebenfalls zu keinen dauerhaften zwischenstaatlichen Regelungen. Erst 1892 wurden — nach schweren Choleraepidemien in Europa — erste internationale Vereinbarungen in Venedig getroffen, weitere folgten 1893 (Dresden) und 1894 (Paris). 1907 wurde dann von zwölf Staaten der Aufbau eines *Internationalen Büros für das öffentliche Gesundheitswesen* (OIHP) als ständiges zentrales Organ beschlossen; bis 1914 traten weitere 47 Staaten bei. Bereits 1902 war das *Panamerikanische Sanitätsbüro* als regionale Gesundheitsorganisation gegründet worden. 1923 entstand neben dem OIHP die Gesundheitsorganisation des Völkerbundes; beide waren organisatorisch teilweise miteinander verflochten. Auf der UNO-Gründungskonferenz 1945 in San Francisco wurde die Bildung einer Weltgesundheitsorganisation als Sonderorganisation der → UN gem. Art. 57 der UN-Charta beschlossen. Im Frühjahr 1946 erarbeitete ein Gründungsausschuß in Paris einen Satzungsentwurf, der dann im Sommer desselben Jahres auf einer internationalen Gesundheitskonferenz in New York weitgehend unverändert angenommen wurde; das OIHP wurde gleichzeitig aufgelöst. Mit der Ratifizierung von 26 Staaten trat am 7.4.1948 (Weltgesundheitstag) die Satzung der WHO in Kraft.

4. Ziele: Ziel ist die Schaffung des bestmöglichen Gesundheitszustandes für alle Menschen (Art. 1) ohne Unterschied der Rasse, der Religion, der politischen Überzeugung, der wirtschaftlichen oder sozialen Stellung (Präambel). Gesundheit wird als Zustand des vollständigen körperlichen, geistigen und sozialen Wohlbefindens und nicht nur des Freiseins von Krankheit und Gebrechen definiert. Betont wird weiter die gesunde Entwicklung der Kinder und der gleiche Zugang für alle Völker zu medizinischem, psychologischem und damit zusammenhängendem Wissen. Dieses umfassende Verständnis von Gesundheit findet in einem relativ breitgefächertem Aufgabenkatalog (Art. 2) seinen Niederschlag. U.a. reicht er von der Seuchenbekämpfung, der Verbesserung der Umwelthygiene (u.a. sanitäre Einrichtungen, Ernährung, Wohn- und Arbeitsbedingungen) und der geistigen Gesundheit, über Verbesserung medizinischer Forschung und Ausbildung sowie Unterstützung beim Aufbau nationaler Gesundheitsdienste, bis hin zur Entwicklung von Klassifikationen bei Krankheiten und Todesursachen bzw. Mindeststandards bei pharmazeutischen Produkten und bei Nahrungsmitteln. Zum notwendigen Informationstransfer sollen entsprechende Dienste eingerichtet werden.

5. Organisationsstruktur/Finanzierung: Höchstes Organ ist die jährliche ca. drei Wochen tagende Weltgesundheitsversammlung (WGV), in der jedes Mitglied über eine Stimme verfügt. Wichtigste Zuständigkeit ist die Bestimmung der Grundzüge der WHO-Politik. Sie wählt den Präsidenten sowie – unter Berücksichtigung einer ausgewogenen regionalen Verteilung – jährlich 10 der 30 Mitgliedsstaaten des Exekutivrates neu. Die so gewählten Staaten entsenden dann eine Person in den Exekutivrat; gleichwohl soll sie nicht als deren Vertreter handeln. Der Rat tritt mindestens zweimal jährlich zusammen, soll die Beschlüsse der WGV ausführen und Vorlagen an diese erarbeiten. Bei Katastrophen organisiert er Sofortmaßnahmen. Auf Vorschlag des Exekutivrates wird von der WGV der Generaldirektor gewählt; er steht dem Sekretariat vor und ist der höchste Verwaltungsbeamte. In dieser Eigenschaft stellt er den Haushaltsplan auf. Nach Behandlung im Exekutivrat (besondere Bedeutung: ständiges Komitee für Finanzen/Verwaltung) wird der Haushaltsplan der WGV zur Beschlußfassung vorgelegt. Im Haushaltsjahr 1984-85 hat der Etat eine Höhe von 520,1 Mio. US-S. Finanziert wird er aus Beiträgen der Mitgliedsstaaten, Mitteln des *Fonds für Technische Hilfe* und Spenden. Der Schlüssel über die Beitragszahlungen der Mitglieder wird von der WGV festgelegt. 1984 zahlten u. a. die USA 25,69% (1976: 25,64%), die Sowjetunion 11,44% (15,14%), Japan 10,02% (7,0%), die Bundesrepublik Deutschland 8,29% (6,9%), Frankreich 6,51% (5,73%); zusammen ca. 62% (60%). Mit *United Nations Development Programme* → (UNDP), *United Nations International Children's Emergency Fund* → (UNICEF) und *United Nations Fund for Population Activities* → (UNFPA) werden gemeinsame Gesundheitsprogramme durchgeführt. Die WHO ist die einzige Sonderorganisation der UN, die über eine ausgebaute Regionalstruktur verfügt. Ziel ist die stärkere

Berücksichtigung oft erheblich voneinander abweichender Besonderheiten des Gesundheitswesens in folgenden sechs Regionen: Afrika (Sitz des Büros: Brazzaville), Amerika (Washington), Europa (Kopenhagen), Östliches Mittelmeer (Alexandria), Südostasien (Deu-Delhi), Westlicher Pazifik (Manila). Jedes Mitglied kann die Zuordnung selbst wählen. Die Regionalbüros stehen unter der Führung des Regionaldirektors, der durch den Exekutivrat in Abstimmung mit den jeweiligen Regionalkomitees (Konferenz der Mitglieder einer Region, in der Regel jährliche Tagung) ernannt wird.

6./7. Entwicklung/Perspektiven: Die Arbeit der WHO ist auf Kooperationsbereitschaft der Regierungen angewiesen, da sie nicht direkt in den Mitgliedsländern tätig werden kann. Erschwerend kommt hierbei hinzu, daß in den Mitgliedsländern unterschiedliche Gesundheitssysteme bestehen und es zudem in den EL oft an notwendigen Voraussetzungen fehlt. Die WHO versucht, über Empfehlungen zu einer einheitlichen Gesundheitspolitik zu gelangen. Beispielhaft seien hier die auf der 4. WGV 1951 angenommenen *Internationalen Gesundheitsvorschriften* genannt. In die gleiche Richtung zielt die Festlegung von Klassifikationen zum Aufbau weltweit vergleichbarer Statistiken, wie die *Internationale Klassifikation von Krankheiten, Verletzungen und Todesursachen*. Nach *Jusatz/Kröger* 1977 lagen die anfänglichen Schwerpunkte der WHO-Aktivitäten vor allem in den Bereichen Gesundheitsdienste und -erziehung, Ausbildung, Dokumentation/ Statistik, Arzneimittel und Seuchenbekämpfung. Bedeutsame Fortschritte wurden vor allem durch verschiedene Seuchenausrottungsprogramme erzielt; so konnte die 33. WGV im Mai 1980 die Pocken für ausgerottet erklären. Weitere Programme bestehen u.a. zur Immunisierung gegen Malaria, Diphterie, Tetanus, Masern, Tuberkulose. Erweitert hat sich das Tätigkeitsfeld u.a. durch das Aufkommen neuer gesundheitsrelevanter Fragestellungen, wie Umweltverschmutzung (Mitarbeit im *United Nations Environmental Programm* → UNEP), Familienplanung aufgrund von Bevölkerungswachstum (Zusammenarbeit mit → *Food and Agriculture Organisation/FAO)*, Rauschgiftkonsum (Zusammenarbeit mit dem *Internationalen Suchtstoffkontrollamt*). Weiterer Schwerpunkt ist die medizinische Forschung, die die finanzielle und personelle Unterstützung von ca. 240 Wissenschaftszentren und mehr als 200 Forschungsstellen beinhaltet. Verstärkt hat sich dabei auch die Grundlagenforschung und die Entwicklung von Früherkennung und Präventivmaßnahmen bei — vor allem in hochindustrialisierten Ländern — auftretenden Krankheiten wie Herz- und Kreislaufleiden sowie Krebs (bereits 1965 auf Beschluß der 15. WGV Gründung der *International Agency for Research on Cancer*/IARC, Sitz in Lyon/Frankreich, Mitglieder sind 12 IL). Besondere Bedeutung hat zu allen Zeiten die gesundheitliche Situation in den EL gespielt. Schwerpunkte waren neben den bereits erwähnten Programmen der Aufbau von Basisgesundheitsdiensten zur Versorgung der gesamten Bevölkerung mit medizinischen und hygienischen Mindeststandards. So ist das UN-Programm *Sauberes Wasser und sanitäre Einrichtungen für alle* gerade für den Gesundheitszustand auf dem Lande von großer Wichtigkeit. Das auf der 34. WGV 1981 verabschiedete Programm Gesundheit für alle bis zum Jahre 2000 (Fixierung von Minimalanforderungen bezüglich Trinkwasserversorgung, sanitäre Einrichtungen, Impfschutz, Versorgung mit Basismedikamenten, Vorsorgemaßnahmen für Geburt und gegen Säuglingssterblichkeit) und die Annahme eines Verhaltenskodex für die Werbung von Muttermilchersatz-Produkten dokumentieren weitere Schwerpunkte der WHO-Tätigkeit in den EL.

Literatur:

Jusatz, H. J. /Kröger, E. K. 1977: WHO – Weltgesundheitsorganisation, in: *Wolfrum, R. /Prill, N.J. /Brückner, J.A.* (Hrsg.): Handbuch Vereinte Nationen, München, 536-539.

Peck, J. (Hrsg.) 1976: Die Weltgesundheitsorganisation, Berlin (Ost). WHO 1976: WHO 1976: Introducing WHO, Geneva.

Wolfgang Kiehle

Weltmeteorologieorganisation (World Meteorological Organization/ WMO)

1. Sitz: Genf

2. Mitglieder: 152 Staaten und 5 abhängige Territorien, wobei die Mitgliedschaft der Republik Südafrika suspendiert ist.

3. Entstehungsgeschichte: Mit Gründung der *Internationalen Meteorologischen Organisation* (IMO) 1873 in Wien institutionalisierte sich erstmals die internationale Zusammenarbeit in der Wetterbeobachtung. Da in der IMO jedoch keine Regierungsvertreter, sondern nur die Direktoren der nationalen meteorologischen Dienste Mitglied waren, konnten von ihr keine verbindlichen zwischenstaatlichen Abkommen geschlossen werden. U. a. deshalb verabschiedete die 12. IMO-Konferenz 1947 das *Übereinkommen über die Weltmeteorologieorganisation,* das am 23.3.1950 in Kraft trat. Im Dez. 1951 wurde die WMO Sonderorganisation der UNO.

4. Ziele: Ziel ist die weltweite Kooperation meteorologischer Stationen, der schnellstmögliche Austausch meteorologischer Daten, die Normierung von Beobachtungsinstrumenten und -methoden, die Erstellung einheitlicher Statistiken, die Anwendung meteorologischen Wissens für u. a. Luftfahrt, Schiffahrt, Landwirtschaft sowie die Förderung meteorologischer Forschung und Ausbildung.

5. Organisationsstruktur/Finanzierung: Höchstes Organ ist der alle vier Jahre tagende *Meteorologische Weltkongreß,* in dem jedes Mitglied eine Stimme hat. Seine wichtigsten Aufgaben sind die Bestimmung der WMO-Politik, die Verabschiedung des Haushalts und die Wahl des 29köpfigen Exekutivrates. Der Exekutivrat tritt mindestens jährlich zusammen, führt Beschlüsse des Kongresses aus und legt diesem Empfehlungen und Studien vor. Das Sekretariat mit dem Generalsekretär ist als höchstes Verwaltungsorgan Verbindungsglied zwischen den meteorologischen Diensten und für Öffentlichkeitsarbeit zuständig. Sechs Regionalverbände (Afrika, Asien, Nord- und Mittelamerika, Südamerika, Südwestpazifik, Europa) ermöglichen die Einbringung regionaler Interessen in die WMO und eine effektivere Umsetzung von Beschlüssen in diesen Regionen. Die mit Wissenschaftlern besetzten Fachkommissionen für Grundlagensysteme, Klimatologie und Anwendung der Meteorologie, Instrumente und Beobachtungsmethoden, Atmosphärologie, Hydrologie, Landwirtschaftsmeteorologie, Luftfahrtsmeteorologie, Maritime Meteorologie sollen die Arbeit der WMO beratend unterstützen. Der Haushalt wird durch Beiträge der Mitglieder finanziert. Er betrug 1984-87 77,5 Mio. US-Dollar; größer Etattitel sind sechs wissenschaftlich-technische Programme mit ca. 40 Mio. US-Dollar (ca. 50%).

6./7. Entwicklung/Bewertung: Die Natur des Organisationsgegenstandes Meteorologie bedingt in der Regel internationale Zusammenarbeit, mindestens in Form von Datenaustausch. Ohne ihn ist Meteorologie für kaum ein Land denkbar. Ansonsten wären weder theoretische Erkenntnisse über Klimavorgänge noch Wettervorhersagen möglich. In der Anfangsphase der Zusammenarbeit lag der Schwerpunkt auf der Normierung von Meßinstrumenten und -verfahren zur vergleichbaren Auswertung von Beobachtungsdaten. In den letzten Jahren ist mit dem Ausbau des weltweiten Netzes von Beobachtungsstationen (ca. 9300 auf dem Land, ca. 7000 Schiffe, ca. 3000 Flugzeuge, dazu Ballone und Bojen) und der Entwicklung von Techniken zur schnellen Datenübertragung und -verarbeitung sowie von Wettersatelliten die Leistungsfähigkeit der WMO erheblich erhöht worden. Dabei werden die in den Weltmeteorologiezentren Melbourne, Moskau und Washington sowie weiteren 26 regionalen Zentren laufend gewonnenen Analysen den nationalen Wetterdiensten zur Bildung einer Wettervorhersage zugänglich gemacht. Weitere Arbeitsschwerpunkte sind die Verbesserung der Kenntnisse über das Weltklima und dessen Veränderlichkeit durch natürliche und anthropogene Einflüsse sowie eine Vielzahl unterschiedlicher Beobachtungsprogramme.

Literatur

Hagemeier, V. 1977: WMO – Weltorganisation für Meteorologie, in: Wolfrum, R./Prill, N. J./Brückner, J. A. (Hrsg.): Handbuch Vereinte Nationen, München, 552-554
Lingelbach, E. 1971: Die Welt-Wetter-Wacht der Weltorganisation für Meteorologie (WMO), in: Vereinte Nationen, 165-168

Wolfgang Kiehle

Weltorganisation für geistiges Eigentum (World Intellectual Property Organization/WIPO)

1. Sitz: Sitz der WIPO ist Genf.

2. Mitglieder: Nach der Gründung 1967 zählte die WIPO beim Inkrafttreten des Übereinkommens am 26.4.1970 12 Mitgliedstaaten. Im Juli 1973 gehören ihr 101 Staaten an. Mitglieder sind u. a. USA, UdSSR und eine Reihe von EL.

3. Entstehungsgeschichte: Vorläuferorganisationen der WIPO, die auch heute noch bestehen, sind die Pariser Verbandsübereinkunft zum Schutz des gewerblichen Eigentums (PVÜ) von 1883 und die Berner Übereinkunft zum Schutz von Werken der Literatur und der Kunst (BÜ) von 1886.
Im Zuge der internationalen Verbreitung geistiger Erzeugnisse wurden multilaterale Schutzregelungen notwendig. Dieser Entwicklung entsprachen am 20.3.1883 elf Staaten mit der Unterzeichnung der PVÜ (Inkrafttreten am

7.7.1884; Mitgliederstand März 1981: 89). Zum Schutz von Erfindungen, Warenzeichen, gewerblichen Mustern usw. sind eine Reihe von Abkommen erarbeitet worden (z. B. Madrider Markenabkommen vom 14.4.1891).

Zehn Staaten unterzeichneten am 9.9.1886 die BÜ (mittlerweile 72 Staaten, Bundesrepublik Deutschland seit 1974). Die BÜ garantiert ihren Mitgliedstaaten, daß Urheberrechte in jedem anderen Mitgliedstaat denselben Schutz erhalten wie die Werke der eigenen Staatsangehörigen, dieser Schutz automatisch erfolgt und unabhängig ist vom Bestehen des Schutzes im Ursprungsland.

Die Effektivität beider Verbände konnte auch durch die Vereinigung der beiden Sekretariate 1982 zum „Bureaux internationaux réunis pour la protection de la propriété intellectuelle (BIRPI)" nicht erhöht werden. Auch angesichts der neuartigen Probleme der EL erfolgte daher 1967 in Stockholm das Übereinkommen zur Errichtung der WIPO. Nachdem bereits 1964 die ständige Zusammenarbeit zwischen BIRPI und den → UN vereinbart wurde, ist die WIPO seit dem 17.12.1974 die 14. Sonderorganisation der UN.

4. Ziele/Vertragsinhalt: Die WIPO bemüht sich um eine weltweite Förderung des Schutzes des geistigen Eigentums (Literatur, Kunst, Wissenschaft, „Erfindungen auf allen Gebieten der menschlichen Tätigkeit"). Daneben übernimmt die WIPO die Verwaltung von PVÜ und BÜ bei voller Wahrung der Unabhängigkeit jedes Verbandes. Sie unterstützt das Zustandekommen von internationalen Vereinbarungen, bietet (vor allem den EL) juristisch-technische Hilfe an, sorgt für die Verbreitung entsprechender Informationen und trägt geeignete Einrichtungen zur Umsetzung der Organisationsziele.

5. Organisationsstruktur/Finanzierung: Mitglied der WIPO kann jeder Staat werden, der der PVÜ bzw. BÜ angehört oder den UN, einer ihrer Sonderorganisationen, der → Internationalen Atomenergie-Organisation oder Vertragspartei des Internationalen Gerichtshofes ist. Die Generalversammlung der WIPO kann darüber hinaus Staaten einladen, Vertragspartei zu werden. Organe der WIPO sind die Generalversammlung (Ernennung des Generaldirektors, Haushalt); die Konferenz (Organisationsfragen, Dreijahresprogramm für juristisch-technische Hilfe); der Koordinierungsausschuß (Verwaltungs- und Finanzfragen); das Internationale Büro (Sekretariat der Organisation mit Generaldirektor und mindestens zwei Stellvertretern).

Die WIPO finanziert ihren Haushalt über Beiträge der Mitglieder, die keinem Verband angehören, über direkte Zahlungen von PVÜ und BÜ und durch Gebührenerhebung bei internationalen Registrierungen. Dabei gelten für die Mitgliedstaaten der WIPO, die keinem Verband angehören und für die übrigen Mitgliedstaaten jeweils unterschiedlich gestaffelte Beitragsklassen (Einordnung der Bundesrepublik in die höchste Gruppe), in die sich die Mitgliedstaaten − bei gleichen Mitgliedsrechten − selbständig einordnen. Der gesamte Haushalt 1982/83 betrug ca. 72 Mio Sfr.

6. Entwicklung: Die WIPO bemüht sich um die Revision bereits bestehender Übereinkommen (vor allem Anpassung an Erfordernisse der EL) und Abschluß neuer Abkommen aufgrund der raschen technologischen Entwicklung. Dazu gehören u. a. die Stärkung der Zusammenarbeit auf dem Gebiet der Patentanmeldung, -information und -prüfung, Registrierung und Klassifizierung internationaler Marken, Technologietransfer und Patentschutz in der Entwicklungshilfe (Revision der PVÜ 1974 mit Sonderregelungen für EL; Mustergesetze zum gewerblichen Rechtsschutz; Entwicklung eines Technologietransferpatents). Neben der engen Zusammenarbeit mit der UN unterhält die WIPO enge Beziehungen zu zwischenstaatlichen Organisationen (z. B. → EG, → RGW). Am 17.12.1974 wurde die WIPO 14. UN-Sonderorganisation.

7. Perspektiven/Bewertung: Der WIPO ist es in ihrer bisherigen Arbeit teilweise gelungen, die Forderungen der EL beim Interessenausgleich mit den IL stärker zu berücksichtigen. Der zunehmende Konkurrenzkampf im Welthandel und die Verschärfung des Nord-Süd-Konfliktes (→ Nord-Süd-Dialog) erschweren diese Arbeit. Die zunehmende Bedeutung neuer Technologien und entstandene Überlegungen zu einer weltweiten industriellen „Arbeitsteilung" (Spitzentechnologie für die IL, einfache Massenproduktion für die EL) sind ein weiteres Indiz für eine negative Entwicklung, wie sie sich in den schwierigen Verhandlungen zur Revision des Patentrechts bereits abzeichnet.

Literatur

Becher, K. 1982: Die Weltorganisation für geistiges Eigentum, Berlin (DDR) (= Die Vereinten Nationen und ihre Spezialorganisationen, Dokumente, Bd. 18).
Pfanner, K. 1977: Die Weltorganisation für geistiges Eigentum, in: Vereinte Nationen 5/77, 143-151
Vereinigung für Internationale Zusammenarbeit (VIZ) (Hrsg.), Handbuch für Internationale Zusammenarbeit, versch. Lieferungen
WIPO 1981: Allgemeine Informationen, Genf

Wolfram Kuschke

Weltpostverein (Universal Postal Union/UPU)

1. Sitz: Die UPU hat ihren Sitz in Bern.

2. Mitglieder: Mitglieder (Ende 1983: 166, einschließlich Bundesrepublik Deutschland und DDR) können alle UNO-Mitglieder werden sowie — mit Zustimmung von zwei Dritteln der Mitglieder — alle anderen souveränen Staaten. Südafrika, das wegen seiner Apartheid-Politik vom Weltpostkongreß 1979 ausgeschlossen wurde, trat — als UNO-Mitglied aufgrund einseitiger Erklärung — 1981 wieder bei.

3. Entstehungsgeschichte: Die UPU geht zurück auf den 1874 von 22 Staaten in Bern gegründeten „Allgemeinen Postverein". Ihren endgültigen Namen erhielt sie auf dem 2. Weltpostkongreß von Paris 1878. Gegenwärtig gelten die auf dem 15. Kongreß in Wien 1964 angenommene Satzung sowie die auf dem 18. Kongreß in Rio de Janeiro abgeschlossenen Verträge.

4. Ziele/Vertragsinhalt:
4.1 Die UPU soll die Verbindungen zwischen den Völkern durch wirkungsvolle Postdienste fördern und zur internationalen Zusammenarbeit auf kulturellem, sozialem und wirtschaftlichem Gebiet beitragen. Sie dient dem Aufbau und der Vervollkommnung der Postdienste und leistet dazu auch technische Hilfe. Die Mitglieder bilden ein einheitliches Vereinsgebiet, in dem sie die Freiheit des

Postdurchgangs gewährleisten. Sie können regional „Engere Vereine" gründen oder Sondervereinbarungen treffen, wenn die Postbenutzer dadurch nicht ungünstiger gestellt werden.

4.2 Das Vertragswerk der UPU besteht aus der Satzung, der Allgemeinen Verfahrensordnung und dem Weltpostvertrag, die für alle Mitglieder verbindlich sind, sowie sieben weiteren Abkommen über einzelne Postdienste, denen die Mitglieder wahlweise beitreten können. Die Satzung enthält die grundlegenden Bestimmungen, wie etwa über Wesen und Zweck der UPU, Aufnahme und Austritt der Mitglieder, die innere Organisation und die Finanzierung. Der Weltpostvertrag umfaßt die allgemeinen Regelungen für den internationalen Postdienst (z. B. über die Freiheit des Durchgangs, Gebühren, Postwertzeichen) sowie besondere Regelungen für die Briefpost und deren Beförderung auf dem Luftweg (z. B. über Größen, Gebühren, Zollbehandlung, Haftung). Die weiteren Abkommen betreffen Postpakete, Postanweisungen und -reiseschecks, Postschecks, Postnachnahmen, Postaufträge, Postsparkassen und Postzeitungssendungen.

5. Organisationsstruktur/Finanzierung:

5.1 Die UPU besitzt sechs Organe, davon drei ständige. Oberstes Organ ist der aus Vertretern der Mitglieder bestehende Kongreß, der regelmäßig alle fünf Jahre zusammentritt (zuletzt 1984 in Hamburg) und vor allem für Vertragsänderungen zuständig ist. Zur Prüfung von Verwaltungsangelegenheiten können besondere Verwaltungskonferenzen einberufen werden. Beide genannten Organe können Sonderkommissionen mit der Untersuchung bestimmter Fragen beauftragen. Der Vollzugsrat, der aus 40 nach geographischen Gesichtspunkten vom Kongreß ausgewählten Mitgliedern besteht, gewährleistet die Kontinuität der UPU zwischen den Kongressen. Der Konsultativrat für Poststudien, der aus 35 nach geographischen Gesichtspunkten vom Kongreß ausgewählten Fachleuten besteht, ist mit der Untersuchung und Begutachtung technischer, betrieblicher und wirtschaftlicher Fragen beauftragt. Das Internationale Büro, das von einem vom Kongreß bestellten Generaldirektor geleitet wird und unter der Oberaufsicht der Schweizerischen Regierung steht, dient als zentrale Verwaltungsstelle und den Mitgliedern als Verbindungs-, Auskunfts- und Beratungsorgan.

5.2 Die Finanzierung der UPU erfolgt hauptsächlich durch Beiträge der Mitglieder, die eine Beitragsklasse zwischen 1 und 50 Einheiten wählen können (z. B. 1983: Bundesrepublik Deutschland 50, DDR 15). Bei vorübergehenden Finanzierungsproblemen leistet die Schweizerische Regierung, die auch die Kassen- und Haushaltsführung überwacht, kurzfristige Kassenvorschüsse. Die regelmäßigen Jahreshöchstbeträge der ordentlichen Ausgaben legt der Kongreß fest. Für 1983 belief sich der ordentliche Haushalt auf rund 18,6 Mio. sfr; der Wert einer Beitragseinheit — bei insgesamt 1065 Einheiten — betrug 17.500 Franken.

6. Entwicklung: Die UPU hat ihren Tätigkeitsbereich ständig entsprechend den zeitbedingten Bedürfnissen erweitert und angepaßt: sachlich vom Briefdienst (seit 1875) auf Postanweisungen und Pakete (1878/80), Postaufträge (1885), Postzeitungen (1891), Postüberweisungen (1920), Luftpost (1927), Postreiseschecks (1934), Postnachnahmen (1947) sowie Postsparkassen (1957); räumlich von den 22 Gründerstaaten auf praktisch weltweite Ebene. Seit dem 1.7.1948 ist sie die Sonderorganisation der → Vereinten Nationen für das Postwesen.

7. Bewertung/Perspektiven: Die UPU hat die in sie gesetzten Erwartungen, einen wirkungsvollen internationalen Postdienst zu entwickeln, durch die Gewährleistung des freien Durchgangs sowie die Vereinheitlichung der dafür erforderlichen Voraussetzungen (z. B. von Maßen und Gewichten, Gebühren, Zahlungen und Abrechnungen) im wesentlichen erfüllt. Auch technische Hilfeleistung an weniger entwickelte Mitglieder, die hauptsächlich durch Mittel des UN-Entwicklungsprogramms ermöglicht wird, konnte (etwa 1983 in Höhe von rund 2 Mio. US-Dollar) erbracht werden. Der Ausschluß von Südafrika im Jahre 1979 zeigte aber, daß auch eine so technisch ausgerichtete Internationale Organisation wie die UPU von politischen Kontroversen nicht völlig unberührt bleibt. Dennoch bestehen insgesamt keine ernsthaften Zweifel an der Unentbehrlichkeit der UPU als Koordinierungs- und Konsultationsstelle für den internationalen Postverkehr.

Literatur (UPU)

Chaubert, L. 1970: L'Union postale universelle, Bern.
Codding, G. A. 1964: The Universal Postal Union, New York.
Fazelly, M. K. 1959: L'Union postale universelle, Paris.
Sasse, H, 1959: Der Weltpostverein, Frankfurt/M.

Siegfried Magiera

Regionale Organisationen: Europa

Belgisch-Niederländisch-Luxemburgische Wirtschaftsunion/Benelux (Union Douanière Benelux)

1. Sitz: Brüssel

2. Mitglieder: Belgien, Niederlande, Luxemburg

3. Entstehungsgeschichte: Die Enge des Marktes veranlaßte Luxemburg bereits 1921 in Form der Belgisch-Luxemburgischen Wirtschaftsunion (BLEU/UEBL) die ökonomische Zusammenarbeit mit dem Nachbarn zu suchen. Im Londoner Exil unterzeichneten die Regierungen der drei Staaten am 5.9.1944 die Londoner Zollkonvention, die de facto den Beitritt der Niederlande zu BLEU beinhaltete. Durch Kriegsfolgen verzögert, konnte dieses Abkommen erst am 1.1.1948 in Kraft treten. Es sah die Aufhebung von Einfuhrzöllen zwischen den BENELUX-Staaten sowie die Einführung eines gemeinsamen Außenzolls vor. Von 1948 bis 1958 betrieben die BENELUX-Staaten eine pragmatische Integrationspolitik in Richtung auf eine Wirtschaftsunion, die durch eine Koordinierung der Wirtschafts-, Sozial- und Außenhandelspolitik wie auch durch die Liberalisierung des Kapitalverkehrs gekennzeichnet war. Am 3.2.1958 unterzeichneten die drei Regierungen in Den Haag den Vertrag zur Bildung einer Wirtschaftsunion zwischen den drei Staaten, der am 1.11.1960 in Kraft trat.

4. Ziele: Neben dem Abbau der Zollschranken und der Einführung eines gemeinsamen Marktes strebten die BENELUX-Staaten eine engere Zusammenarbeit auf den verschiedenen Politikfeldern an, die den Staaten eine bessere Verteidigung ihrer Position im internationalen und im europäischen Regionalsystem ermöglichen soll. Auch sollte durch den Zusammenschluß innerhalb des europäischen Kräftegleichgewichts eine günstigere Position gegenüber den großen Nachbarn Deutschland und Frankreich — dies trifft besonders für Luxemburg und Belgien zu — gewährleistet werden.

5. Organisationsstruktur: Oberstes Organ ist das *Ministerkomitee,* das sich aus den Außen-, Finanz- und Wirtschaftsministern der drei Staaten zusammensetzt. Es kann politische Beschlüsse fassen, Abkommen schließen, Empfehlungen und Richtlinien erlassen. Die Beschlüsse, die einstimmig erfolgen müssen, sind für die Angehörigen der Mitgliedstaaten nicht direkt bindend, da sie erst durch die Parlamente in den Mitgliedstaaten bestätigt werden müssen. Der *Rat der Wirtschaftsunion* besteht aus zehn höheren Beamten der drei Länder. Er führt die Beschlüsse des *Ministerkomitees* aus, koordiniert die Politik und ist für die Wirksamkeit der verschiedenen Organe verantwortlich. Das *Ministerkomitee* setzt verschiedene Sonderausschüsse für Teilprobleme wie z. B. Außenwirtschaft, Währung, Industrie etc. ein, die Serviceleistungen für das *Ministerkomitee* zu erbringen haben. Das *Generalsekretariat* mit Sitz in Brüssel ist für den ordnungsgemäßen Geschäftsablauf verantwortlich. Der *Generalsekretär,* der immer ein Niederländer sein muß, verfügt seit 1975 auch über das Initiativrecht.

Diesen Exekutivorganen stehen beratende Organe gegenüber, von denen der *Konsultative Interparlamentarische BENELUX-Rat* der bedeutendste ist. Er setzt sich aus je 21 belgischen und niederländischen sowie aus sieben luxemburgischen Abgeordneten zusammen. Der durch Sonderabkommen vom 5.11.1955 geschaffene Rat berät die mit der BENELUX-Union in Zusammenhang stehenden Probleme. Eine *Wirtschaftliche und Soziale Beratungskommission*, bestehend aus 27 Mitgliedern des wirtschaftlichen und sozialen Lebens der drei Länder, unterstützt ihn dabei. Zur Schlichtung von Streitigkeiten wurde ein *Schiedsrichterkollegium* geschaffen, das bisher aber noch nicht tätig werden mußte. Seit dem 31.3.1965 gibt es auch einen *BENELUX-Gerichtshof* mit Sitz in Brüssel, der aus drei Richtern besteht und für die Überwachung der Anwendung der Gemeinschaftsverträge zuständig ist.

6. Entwicklung: Die bereits während des Zweiten Weltkriegs begonnene institutionelle Zusammenarbeit wurde durch den Ost-West-Konflikt in ihren Rahmenbedingungen verändert und durch die Gründung neuer funktionaler internationaler Wirtschaftsorganisationen wie dem → GATT und der OEEC (→ OECD) überlagert. Durch den europäischen Integrationsprozeß, insbesondere durch EGKS und EWG, wurden die von BENELUX verfolgten Ziele auf die → Europäischen Gemeinschaften übertragen. Dennoch hat BENELUX zu erheblichen Vorteilen für die drei Länder beigetragen. So stieg der Intrabenelux-Handel, nicht zuletzt wegen der Abschaffung der Zölle, allein zwischen 1948 und 1958 um 200 %. Auch im Außenhandel konnten die BENELUX-Staaten ihren Anteil von 2,3 Mrd. Dollar (1948) auf 60 Mrd. Dollar (1976) steigern, so daß sich BENELUX zum viertgrößten Exporteur in der Welt entwickelte. Zwischenstaatliche Differenzen, besonders zwischen den Niederlanden und Belgien, konnten durch BENELUX gelöst werden. Schließlich haben die drei Länder durch ihren Zusammenschluß innerhalb der EWG ein größeres Gewicht erhalten, so daß gegen sie bis zur Erweiterung der EG 1973 keine Entscheidung möglich war. Im europäischen Integrationsprozeß konnten sie, nicht zuletzt dank ihrer herausragenden politischen Persönlichkeiten wie *Spaak, Stikker, Beyen, Bech, Luns, Tindemans, Thorn* und *Werner*, immer wieder eine wichtige Schrittmacherrolle spielen.

7. Perspektiven/Bewertung: BENELUX hat trotz der Überwölbung durch die EG für die drei Staaten nach wie vor eine große Bedeutung. Zunächst einmal können Entscheidungen, die in der EG nicht getroffen werden, im kleineren Verbund schneller Anwendung finden. Somit kann BENELUX auch seine sich selbst zugeschriebene Schrittmacherrolle im europäischen Integrationsprozeß fortsetzen. Drittens kann BENELUX – im Falle eines Scheiterns der EG – als Auffangbecken dienen. BENELUX hat jedoch nicht zu einer koordinierten Außenpolitik der drei Staaten geführt, da unterschiedliche außenpolitische Interessen der drei Staaten nach wie vor fortbestehen.

Literatur

Fayat, H. 1975: Historische Übersicht über die Zusammenarbeit der Benelux-Länder, in: Österreichische Zeitschrift für Öffentliches Recht (25), S. 247-254
Willems, L. (1982): Le Benelux et la Communauté européenne: cinq arguments, Brüssel

Wichard Woyke

Europäische Freihandelsassoziation (European Free Trade Association/ EFTA)

1. Sitz: Genf (Sekretariat)

2. Mitglieder: Dänemark (1960-72), Irland (1960-72), Großbritannien (1960-72), Norwegen, Portugal, Schweiz, Island, Österreich, Schweden (alle seit 1960), Irland (seit 1970), Finnland seit 1961 assoziiert.

3. Entstehung: Die EFTA enstand aus einer vor allem von Großbritannien geführten Gegenbewegung zur Europäischen Wirtschaftsgemeinschaft (→ EG). Schon im Juli 1956, als die sechs Mitgliedstaaten der Montan-Union bereits über die EWG verhandelten, schlug Großbritannien eine alle westeuropäischen OEEC-Staaten umfassende Freihandelszone vor. Diese große Freihandelszone fand zwar auch bei Politikern der Montan-Unions-Länder Unterstützung, nicht zuletzt bei *Ludwig Erhard,* der von der EWG eine Behinderung des Handels mit Drittländern befürchtete; innerhalb der Montan-Union behaupteten sich jedoch die Kräfte, die eine höhere Integrationsstufe als eine bloße Freihandelszone wünschten und daher der als Zollunion konzipierten EWG den Vorzug gaben. Nach der Gründung der EWG setzte Großbritannien seine Bemühungen fort, alle übrigen OEEC-Mitglieder in einer Freihandelszone zusammenzuschließen. Als das mißlang, beschlossen im Sommer 1959 Großbritannien. Dänemark, Norwegen Österreich, Schweden, Portugal und die Schweiz, eine Freihandelszone zu bilden. Am 4.1.1960 wurde das „Übereinkommen zur Errichtung der Europäischen Freihandelsassoziation" unterzeichnet, nach Ratifizierung trat es am 3. Mai 1960 in Kraft. Finnnland ist seit 1961 assoziiert. Island trat 1970 der EFTA bei.

4. Ziele/Vertragsinhalt: Ziel der EFTA ist die Errichtung einer Freihandelszone für Industrieerzeugnisse und für einzelne verarbeitete Agrarprodukte. Nebenziele, wie das Verbot wettbewerbsbeschränkender Praktiken, z. B. wettbewerbsverzerrender Subventionen oder Dumping, ergeben sich aus dem Primärziel des Freihandels. Die EFTA ist jedoch keine Zollunion, d. h. den Mitgliedsländern steht es frei, ihre Zölle und Mengenbeschränkungen gegenüber Drittländern selbständig und nach eigenem Ermessen festzulegen. Aus dem Verzicht auf einen gemeinsamen Außenzoll ergibt sich die Notwendigkeit, beim Handel innerhalb der EFTA Ursprungszeugnisse vorzulegen.

5. Organisationsstruktur/Finanzierung: Hauptorgan der EFTA ist der Rat, Er besteht aus Ministern oder Beamten der Mitgliedsländer; jedes Mitgliedsland hat eine Stimme. Der Rat entscheidet einstimmig, wenn es sich um neue Verpflichtungen handelt; sonst mit Mehrheit. Die Vorbereitungs- und Verwaltungsarbeit erledigt ein Sekretariat mit Sitz in Genf. Der Rat hat mehrere Komitees eingesetzt, so ein Budget-, ein Wirtschaftskomitee sowie Komitees der Ursprungs- und Zollexperten, ein Komitee für Wirtschaftsentwicklung und ein Konsulativkomitee aus Vertretern der Unternehmer und der Gewerkschaften.
Das Nettobudget betrug 1982/83 10,3 Mio. Sfr, von dem die Schweiz, Österreich und Schweden ca. 75% aufbrachten.

6./7. Entwicklung/Perspektiven: Von Anfang an stand die EFTA im Schatten der sich rasch entwickelnden EWG. Großbritannien stellte 1961 und 1967

Anträge auf Mitgliedschaft in der EWG; auch die übrigen EFTA-Mitglieder strebten entweder nach Vollmitgliedschaft in der EG (Dänemark und Norwegen) oder nach Assoziierung. Diese Versuche scheiterten jedoch vor allem am Widerstand Frankreichs. Nach 1969 bemühten sich Großbritannien, Dänemark und Norwegen erneut um den Beitritt zur Europäischen Gemeinschaft; 1972 führten die Verhandlungen zum Erfolg, allerdings lehnten die norwegischen Wähler in einer Volksabstimmung den EG-Beitritt ab. Nach dem Austritt Großbritanniens und Dänemarks bestand die EFTA somit ab 1972 aus den Ländern Finnland, Island, Norwegen, Österreich, Portugal, Schweden und der Schweiz. Zwischen dieser „Rest-EFTA" und der EG wurden 1972 Freihandelsabkommen abgeschlossen, die dazu führten, daß seit 1977 der Handel von Industrieerzeugnissen zwischen allen Mitgliedern der EFTA und der EG zum größten Teil ohne Zölle und Mengenbeschränkungen erfolgt.

Die EFTA hat die Ausweitung des Handels zwischen ihren Mitgliedern beträchtlich gefördert. So betrug 1959-1977 die durchschnittliche jährliche Zuwachsrate der Binnenexporte der EFTA-Länder 16,2 %, ihrer Gesamtexporte 13,4 %, ihrer Exporte in die EG-Länder (EG der Neun) 12,8 %. Die hohen Zuwachsraten des Binnenhandels der EFTA-Länder können jedoch nicht darüber hinwegtäuschen, daß der Handel zwischen den EFTA-Ländern und der EG bei weitem gewichtiger ist: Vom Gesamtexport der EFTA-Länder gingen 1977 44 % in die EG, nur 17 % des Gesamtexportes war EFTA-Binnenhandel.

Die EFTA hat die Möglichkeit, Mitgliedern, die in wirtschaftliche Schwierigkeiten geraten, Hilfen zu gewähren. So wurde 1976 ein mit 100 Mio $ ausgestatteter Industrieentwicklungsfonds für Portugal geschaffen.

Literatur

EFTA. Übereinkommen zur Errichtung der Europäischen Freihandelsassoziation. Textausgabe mit Einführung, Nomos, Baden-Baden, 2. Aufl. 1978
EFTA-Bulletin (dt. Ausgabe) vierteljährlich

Dieter Grosser

Europäische Gemeinschaften (EG, EWG, EGKS, EURATOM)

1. Sitz und Arbeitsorte: Brüssel (Ministerrat, Kommission, Wirtschafts- und Sozialausschuß; Brüssel ist Sitz der EG); Luxemburg (Europäischer Gerichtshof; Generalsekretariat des Europäischen Parlaments und dessen Dienststellen); Straßburg (Plenarsitzungen des Europäischen Parlaments, dessen Ausschüsse tagen überwiegend in Brüssel).

2. Mitglieder: Belgien, Bundesrepublik Deutschland, Frankreich, Italien, Luxemburg, Niederlande; seit 1973: Großbritannien, Dänemark, Irland; seit 1981: Griechenland.

3. Entstehungsgeschichte: Mit Ende des Zweiten Weltkriegs wurde die schon in den 20er Jahren virulente Bewegung zur Einigung Europas geschichtsmäßig in Form verschiedener, (west-)europäischer Staatenzusammenschlüsse. Gründe und Motive hierzu waren und sind vor allem: die Sicherung des Friedens in Europa; die Abwehr des Kommunismus; die Einbindung Deutschlands in eine übernationale Ordnung; Kompensation der kolonialen Verluste mit dem Ziel einer Gleichberechtigung Europas zwischen den Supermächten; rationellere Faktorallokation in einer Großraumwirtschaft; besonders für die Bundesrepublik Deutschland: Erzielung der Souveränität und Gleichberechtigung. Vorläufer der EG sind die Europäische Gemeinschaft für Kohle und Stahl (EGKS, seit 1952) sowie die Europäische Verteidigungsgemeinschaft (EVG). Die EGKS, die institutionell ähnlich strukturiert war wie die EWG (s. dort) und daher 1957, bzw. 1965, mit ihr fusioniert wurde, zielt auf die Schaffung eines zoll- und diskriminierungsfreien, gemeinsamen Marktes zwischen den westeuropäischen Montanindustrien, denen gegenüber die supranationale Exekutive der EGKS, die Hohe Behörde, unmittelbare Hoheitsbefugnisse wahrnimmt (u.a. Preis-Vorschriften; EGKS-„Steuer"; Quotierung der Produktion und sozialpolitische Maßnahmen im Falle von Krisen). Der 1952 unterzeichnete EVG-Vertrag, der eine integrierte Europa-Armee (einschließlich neu aufzustellender deutscher Truppen) unter gemeinsamen Oberbefehl vorsah und in dessen Zusammenhang der Vorschlag einer Europäischen Politischen Gemeinschaft (EPG) mit der Integration weiterer, (außen-)politischer und wirtschaftlicher Sektoren entstand, scheiterte schließlich 1954 vor allem an den nationalen Interessen Frankreichs sowie am Desinteresse Großbritanniens. Stattdessen wurde 1958 die Europäische Wirtschaftsgemeinschaft (EWG) gegründet, die die politische Union der westeuropäischen Staaten nun über den „Umweg" der wirtschaftlichen Integration zu erreichen suchte. Zu jener Zeit gingen ihre Gründungsväter davon aus, sie würde sachlogisch aufgrund des Zusammenhangs aller Sozialbereiche notwendig die politische Einigung erzwingen (funktionalistische Integrationstheorie).

4. Ziele und Inhalt des EWG-Vertrages: Zwischen den EWG-Staaten sollte eine in 12 bis 15 Jahren stufenweise alle Zölle und sonstige, nicht-tarifären Handelshemmnisse beseitigende Zollunion mit einem gemeinsamen Außenzoll gegenüber Drittstaaten geschaffen werden, die auszubauen sei zu einem Gemeinsamen Markt mit binnenmarktähnlichen Bedingungen. Das schlug sich vor allem in den sogenannten „Vier Freiheiten" nieder: Freihandel; freier Kapitalverkehr; die Freizügigkeit von Arbeitnehmern; freier Dienstleistungsverkehr sowie Niederlassungsfreiheit für Unternehmungen. Zusätzlich waren gemeinsame, supranationale Politiken auf europäischer Ebene vorgesehen, insbesondere im Agrar-, Außenhandels- und Verkehrsbereich. Die nationalen Wirtschaftspolitiken dagegen sollten eher intergouvernmental koordiniert werden. Gleiche Wettbewerbsbedingungen im einheitlichen Markt sollten durch Rechtsangleichungen und bestimmte Wettbewerbsregelungen sowie durch regionale und soziale Disparitäten ausgleichende Fonds gewährleistet werden. Im wesentlichen beschränkte sich der Vertrag auf den wirtschaftlichen Bereich. Der ebenfalls 1958 gegründeten Europäischen Atomgemeinschaft (EURATOM) wurde zum Ziel gesetzt, gemeinsam die Forschung auf dem atomaren Gebiet voranzutreiben, einheitliche Sicherheitsnormen aufzustellen, die Versorgung mit Kernbrennstoffen zu sichern sowie diesbezügliche Investitionen zu erleichtern, um derart die hohen Kosten dieses Wirtschaftssektors gemeinschaftlich reduzieren zu können (1965 wurden alle Organe von EGKS, EWG und EURATOM, nicht jedoch deren Verträge selbst zu den Europäischen Gemeinschaften (EG) fusioniert).

5. Organisationsstruktur: Zentral im EWG/EG-Entscheidungsprozeß sind die Kommission, der Rat (Ministerrat), das Europäische Parlament sowie der Europäische Gerichtshof. Sie machen spezifisch den supranationalen Charakter der EG aus als einem Völkerrechtssubjekt mit völkerrechtlicher Rechtsfähigkeit (Recht zum Abschluß internationaler Verträge) sowie mit Rechtsetzungshoheit (Weisungs-, Aufsichts- und Eingriffsbefugnisse gegenüber den Mitgliedstaaten und unvermittelt gegenüber einzelnen Bürgern). Die Kommission ist die Quasi-Exekutive, die das in den Verträgen konzipierte Programm zu realisieren sucht. Dieser dynamischen Funktion gemäß besitzt sie ein Initiativrecht für Vorlagen an den Rat, die von diesem nur einstimmig abgeändert werden können. Sie setzt sich (seit 1981) aus 14 von den Regierungen einvernehmlich für 4 Jahre ernannten, jedoch unabhängigen Kommissaren zusammen, denen – obwohl sie ein Kollegialorgan ist – verschiedene Generaldirektionen und Dienststellen (z.B. Auswärtige Beziehungen, Verkehr, Haushalt) zugeordnet sind. Im Verlauf der Entwicklung der EG wurde jedoch die Kommission als supranationaler Motor der Integration zunehmend vom Rat als dem Repräsentanten der nationalen Interessen in den Hintergrund gedrängt. In den Rat, dem Rechtsetzungsorgan, entsendet jeder EG-Staat einen Vertreter, die je nach Größe des Landes bei bestimmten Entscheidungen jedoch ein unterschiedliches Stimmgewicht haben. Seine Zusammensetzung richtet sich nach dem zu verhandelnden Sachgebiet: Außen-, Landwirtschafts-, Verkehrs-, usw. -(Minister)Rat. Die Rats-Sitzungen werden vom Ausschuß der Ständigen Vertreter (= Botschaftern) in Brüssel sowie von Sachverständigengruppen vorbereitet. Rat und Kommission erlassen zur Regelung der ihnen zugewiesenen Aufgaben Verordnungen mit voller, unmittelbarer, allgemeiner Verbindlichkeit in der EG; Richtlinien, die nur das angestrebte Ziel vorschreiben, die Wege zu dessen Erreichung aber den Einzelstaaten überlassen; Entscheidungen mit voller Verbindlichkeit für bestimmte Regierungen, Unternehmen oder Privatpersonen; sowie Empfehlungen und Stellungnahmen ohne Verbindlichkeit.

Das Europäische Parlament, das sich bis 1979 aus Delegierten der nationalen Parlamente zusammensetzte, seitdem aber direkt gewählt wird, hatte zunächst nur konsultative Funktionen (sieht man von der Möglichkeit des Mißtrauensvotums gegenüber der Kommission sowie vom Fragerecht gegenüber Kommission und Rat ab). Seit 1977 kann das Parlament aber im Rahmen von Höchstsätzen letztentscheidend über rd. 20% des EG-Haushaltes (den sog. „nicht obligatorischen" Ausgaben, vor allem Verwaltungsausgaben sowie dem Regional-, Sozialfonds z. B.) beschließen, d. h. auch den Haushaltsplan insgesamt ablehnen.

Vor dem Europäischen Gerichtshof (EuGH), der sich aus 11 von den EG-Staaten einvernehmlich auf sechs Jahre ernannten Richtern und aus fünf Generalanwälten zusammensetzt, können die Mitgliedsstaaten gegen die Kommission, bzw. weitaus öfters umgekehrt, sowie auch Einzelpersonen auf Einhaltung des Gemeinschaftsrechts klagen. U.a. durch das Verfahren der Vorabentscheidung, bei denen einzelstaatliche Gerichte dem Gerichtshof Fragen betreffend die Auslegung des Gemeinschaftsrechts vorlegen, wird ein zunehmend wachsendes Maß an Rechtsangleichung erreicht. Erwähnt sei noch der 1975 geschaffene Europäische Rechnungshof, dem externen Kontrollorgan des Gesamthaushalts der EG. Sozial und politisch eingebettet sind diese Organe in eine Vielzahl von europäischen Parteienbünden und Interessenverbänden. Letztendlich seit 1979 wird die EG (anstelle der vorherigen Finanzbeiträge der Mitgliedstaaten) aus

Eigenmitteln finanziert: Abschöpfungen bei der Einfuhr von Agrarprodukten; Zolleinnahmen; bis zu 1 % der Mehrwertsteuereinnahmen der EG-Staaten.

6. Entwicklung: Der EG-Integrationsprozeß ist gekennzeichnet von Aufschwungphasen (1958 ff.; 1969 ff.) sowie in Reaktion darauf von diesen alsbald folgenden Phasen der Stagnation (1966 ff.; 1975 ff.). Ursache hierfür ist ein ungelöster Grundlagenkonflikt zwischen denen, die wie die Bundesrepublik (verbal) ein eher föderatives, supranationales Europa anstreben, und denen, die wie vor allem das gaullistisch-sozialistische Frankreich einem konföderalen Leitbild des „Europas der Vaterländer" anhängen. Dieser Konflikt wurde im EWG-Vertrag von 1958 dadurch sublimiert, daß das deutsche Interesse an einem großen, europäischen Absatzmarkt für seine Industrie und das französische Interesse an einem großen Absatzmarkt und hohen Preisen für seine Landwirtschaft befriedigt wurde. Dieser latente Konflikt brach jedoch zu Beginn der 60er Jahre offen aus, als die Pläne zu einer politischen Organisation Europas (Fouchet-Pläne) scheiterten. Verschärft wurde dieser Konflikt durch die Frage nach dem Umfang der EWG: Während *de Gaulle* den angloamerikanischen Einfluß infolge einer englischen EWG-Mitgliedschaft fürchtete, setzten sich vor allem die →BENELUX-Staaten und die Bundesrepublik für eine Erweiterung der EWG um Großbritannien und die skandinavischen Staaten ein, die 1973 erfolgte. Die ersten Jahre der EWG waren jedoch im allgemeinen charakterisiert durch Integrationsfortschritte. 1966 einigten sich die Mitgliedsstaaten auf ein durch Marktordnungen einheitlich organisiertes Agrarmarktsystem mit freiem Warenverkehr und gemeinsamem Preisniveau, das zur Sicherung einer vom Weltmarkt weitgehend unabhängigen Agrarproduktion über dem Weltmarktpreisniveau liegt. Im Agraraußenhandel werden bei der Einfuhr Abschöpfungen und bei der Ausfuhr Rückerstattungen vorgenommen. Das gemeinsame Preisniveau wird durch staatlichen Aufkauf (Interventionen) gesichert, selbst dann, wenn der Marktpreis unter diesem Niveau liegt (Absatzgarantie). Den Vorteilen einer Einkommensgarantie für die Landwirtschaft sowie einer agrarischen Selbstversorgung Europas stehen die zunehmend die EG-Integration gefährdenden Nachteile einer starken, finanziellen Belastung des EG-Haushalts sowie von Überproduktionen („Milchseen", „Butterberge") gegenüber. Obwohl Ende der 60er Jahre infolge der Währungsprobleme (unterschiedliche Inflationsraten, Auf-/Abwertungen) und infolge der Einführung der sog. Grenzausgleichsabgabe (einem Quasi-Zoll) das einheitliche Preissystem partiell auseinanderbrach, kann doch von einem hohen Integrationsgrad im Agrarsektor gesprochen werden, der bei anderen Teilpolitiken (Sozial-, Regionalpolitik) bis auf die Schaffung gemeinsamer Fonds bei weitem nicht erreicht wurde. Eine gemeinsame Verkehrspolitik, wie im Vertrag vorgesehen, wurde erst gar nicht in Angriff genommen. Als Erfolg der 60er Jahre ist noch die vorzeitige Abschaffung der Zollgrenzen, die Errichtung eines gemeinsamen Außenzolls sowie der damit implizierte Aufbau einer gemeinsamen Außenhandelspolitik zu verzeichnen (endgültig 1968). Dadurch wurde die EG zu einem wichtigen Akteur in internationalen Verhandlungen (z.B. in den Kennedy-Runden). Nichttarifäre Handelshemmnisse (unterschiedliche Steuersysteme, Normen, Qualitätskontrollen, Subventionen u.a.) bestehen jedoch noch. Auch durch unterschiedliche Ausbildungs- und Berufssysteme konnte die Freizügigkeit der Arbeitnehmer faktisch nur z.T. realisiert werden. Allerdings einigte man sich auf die Einführung der Mehrwertsteuer in allen Mitgliedstaaten. Als jedoch die Kommission 1965 unter ihrem dynamischen Präsidenten *Hallstein* das vertraglich vorgesehene Mehrheitsprinzip bei bestimmten Entscheidungen im Ministerrat durchzusetzen versuchte, kam es es zur großen Verfassungskrise der EWG, indem das gaullistische Frankreich den Sitzungen des Rates im zweiten Halbjahr 1965 fernblieb („Politik des leeren Stuhls") und dadurch das Einstimmigkeitsprinzip in Angelegenheiten, die ein EG-Staat als national vital betrachtet (was dieser selbst bestimmt), aufrechterhielt. Dieser sog. Luxemburger Kompromiß von 1966 gilt im wesentlichen bis heute. Erst infolge des Rücktritts *de Gaulles* und der Wahl einer sozialliberalen Regierung in Bonn (1969) erhielt der Integrationsprozeß neue Impulse: auf der Gipfelkonferenz der Staats-, bzw. Regierungschefs in Den Haag (1969) wurde die Aufnahme von Verhandlungen mit beitrittswilligen Staaten (vor allem Großbritannien) sowie die stufenweise Einführung der Wirtschafts- und Währungsunion bis 1980 beschlossen. Diese, sowie auch analoge Beschlüsse der Pariser Gipfelkonferenz von 1972 wurden jedoch hinfällig angesichts der EG-internen Differenzen zwischen den „Ökonomisten", wie der Bundesrepublik, die vor einer Währungsunion eine gemeinsame Wirtschaftspolitik als notwendig betrachteten, und den „Monetaristen" wie Frankreich, die sich auf einen wechselseitigen Währungsbeistand ohne Vereinheitlichung der Wirtschaftspolitiken beschränken wollten. Dazu kamen die Weltwährungs- und Wirtschaftskrisen seit Beginn der 70er Jahre → WWG, die einen Rückfall in national begrenzte Wirtschaftspolitiken bis zum Protektionismus heraufbeschwören. Da sich angesichts der Zunahme nationaler und internationaler Probleme die EG-Organe z. T. als handlungsunfähig erwiesen, wurden neue Entscheidungsmechanismen geschaffen, die zwar eher traditionell intergouvernmental und nicht gemeinschaftlich, aber der Situation angemessener waren: 1975 wurden regelmäßige, dreimal pro Jahr abzuhaltende Gipfelkonferenzen der Staats- und Regierungschefs institutionalisiert, die im Rahmen von Grundsatzentscheidungen die EG-Politiken koordinieren, planen und Impulse entwickeln sollen. Daneben wurde die schon im „Davignon-Bericht" 1970 geforderte und beschlossene „Europäische Politische Zusammenarbeit" (EPZ) stark ausgebaut, die eine regelmäßige Koordination der Außenpolitiken durch Tagungen der Außenminister und Leiter der Politischen Abteilungen aller Außenministerien beinhaltet. Erste Erfolge erzielte die EPZ in der → UN, während der → KSZE und vor allem gegenüber der Dritten Welt. Gerade auf dem Gebiet der Entwicklungspolitik, auf dem die EG schon in den 60er Jahren mit Assoziierungs-Abkommen (z. B. von Jaunde und Arusha) hervorgetreten war, agierte die EG mit ihren Abkommen von Lomé (1975 und 1979) vorbildhaft, indem sie 63 Staaten Afrikas, der Karibik und des Pazifiks (meist ehemaligen Kolonien von EG-Staaten) einen präferentiellen Zugang zum EG-Markt, finanzielle Unterstützung, Mitspracherechte in eigens eingerichteten Organen sowie eine Erlösgarantie für einen Teil ihrer Exportprodukte bei Preis- und Mengenrückgang (Stabex, Sysmin) gewährleistet. Ebenso wurde für den Mittelmeerraum ein einheitliches Konzept z.T. realisiert. EG-binnenwirtschaftlich gelang, nach dem Scheitern einiger Anläufe, 1978 aufgrund eines deutsch-französischen Konsenses der Aufbau eines Europäischen Währungssystems, in dem eine europäische Währungseinheit (ECU, bemessen nach einem gewichteten Währungskorb) u. a. zu Interventionen am Devisenmarkt sowie eine Vereinbarung über relativ feste Wechselkurse mit Schwankungen ± 2,25 % (sog. „Schlange im Tunnel") statuiert wurde, verbunden mit einer Interventionspflicht der Notenbanken sowie der Pflicht zum Saldenausgleich durch den neugeschaffenen Fonds für währungspolitische Zusammenarbeit, wenn die Kursschwankungen eine bestimmte Marge überschreiten. Trotz dieser Fortschritte, bzw. Verhinderung von Rückschritten muß festgestellt werden, daß abgesehen von einigen Bereichen der Außenpolitik (Nah-Ost, Südafrika, z.T. gegenüber den USA) keine wirtschaftlichen oder gar politischen Integrationserfolge seit der Weltwirtschaftskrise zu verzeichnen sind. Vielmehr ist umgekehrt ein verstärkter Bilateralismus (z.B. zwischen Frankreich und der Bundesrepublik) festzustellen, der die gemeinsamen Organe weiter erodieren läßt. Dazu kommen die wirtschaftlichen Probleme in Folge der Süderweiterung der EG um Griechenland, Spanien und Portugal (der Beitritt Spaniens und Portugals ist für die Mitte der 80er Jahre vorgesehen) deren Agrarprodukte, evtl. noch gesteigert durch das Anreiz- und Prämiensystem des Agrarmarkts, den EG-Markt noch mehr überschwemmen werden. Dennoch wird die Erweiterung von der EG gefördert, um die dortigen Demokratien sowie deren Unterstützung des westlichen (Militär-)Bündnisses zu stabilisieren.

7. *Perspektiven:* Auf die durch die Erweiterung sowie durch die Wirtschaftskrise bewirkte, zunehmende Auseinanderentwicklung zwischen den EG-Staaten mit dem Konzept unterschiedlicher Integrationsgrade in der EG zu reagieren (wie der Tindemans-Bericht von 1976 vorschlug), löst das Problem nicht, da es letztendlich vom neofunktionalistischen und föderalistischen Leitbild eines bundesstaatlich organisierten Europas ausgeht, was sich als irreal erwiesen hat. Auch die Direktwahl des Europäischen Parlaments ist z.Z. noch kein erfolgversprechender Ansatz. Stattdessen ist das national-intergouvernmentale und z.T. auch supranationale, europa- und weltweite Krisen-Mangement von Interdependenz sowie der Koordination nationaler Interessen, z.B. in Form der EPZ, als alleinig adäquat zur funktionalen Problembewältigung zu betrachten. Nur so können die zahlreichen Krisen in der EG (Struktur- und Finanzierungsprobleme im Agrarsektor, Konflikte um die Aufteilung von Fischereizonen und der Lasten bei der notwendigen Reduktion der Stahlproduktion, Divergenzen bei der Bewältigung der Wirtschaftskrise usw.) überwunden werden. Dabei wird es sich oft als unerläßlich erweisen, die Problemlösungen zu Paketen zu verbinden, die nur als Ganzes angenommen werden können, was dann geschehen kann, wenn sie für jeden sowohl Positives als auch Negatives enthalten, das er aber um des Positiven willen zu akzeptieren bereit ist.

Literatur:

Beutler, B. u. a. [2]1982: Die Europäische Gemeinschafts-Rechtsordnung und Politik, Baden-Baden.
Besters, H. (Hrsg.)1974: Zwischenbilanz Europa, Baden-Baden.
Bieber, R. 1974: Organe der erweiterten Gemeinschaften: Das Parlament, Baden-Baden.
Landeszentrale für politische Bildung des Landes Nordrhein-Westfalen, 1978 (Hrsg.): Europa als Fernziel, Köln.
Grabitz E./Läufer, T. 1980: Das Europäische Parlament, Bonn.
Grosser, D./Neuß, B. 1981: Europa zwischen Politik und Wirtschaft, Hildesheim/New York.

Hallstein, W. 1979: Die Europäische Gemeinschaft, Düsseldorf.
Ipsen, H. P. 1972: Europäisches Gemeinschaftsrecht, Tübingen.
Noël, E. 1981: Die Organe der Europäischen Gemeinschaften, Brüssel.
Kujath, K. 1977: Bibliographie zur Europäischen Integration, Bonn.
Rummel, R./Wessels W. (Hrsg.) 1978: Die Europäische Politische Zusammenarbeit, Bonn.
Sasse, Chr. 1975: Regierungen, Parlamente, Ministerrat, Entscheidungsprozesse in der Europäischen Gemeinschaft, Bonn.
Schöndube, C. ⁷1980, Europa-Taschenbuch, Bonn.
Schöndube, C. 1983: Das Europäische Parlament vor der Zweiten Direktwahl – Bilanz und Perspektiven, Bonn.
Weidenfeld, W. 1980: Europa 2000, München.
Weidenfeld, W./Wessels (Hrsg.) 1980 ff.: Jahrbuch der Europäischen Integration, Bonn.
Woyke, W. (Hrsg.) 1984: Europäische Gemeinschaft – Problemfelder, Institutionen, Politik, München.

Jürgen Bellers

Europäische Investitionsbank (EIB)

1. Sitz: Luxemburg

2. Mitglieder: Belgien, Bundesrepublik Deutschland, Dänemark, Frankreich, Griechenland, Großbritannien, Irland, Italien, Luxemburg und Niederlande.

3. Entstehungsgeschichte: Die EIB hat ihren Ursprung in dem Wunsch der westeuropäischen Regierungen nach enger ökonomischer und politischer Zusammenarbeit nach dem Zweiten Weltkrieg. Mit der EIB, die als autonome Einrichtung im EWG-Vertrag vorgesehen wurde, sollte ein Instrument geschaffen werden, das mit Hilfe von Darlehen zu einer Investitionsfinanzierung eines erfolgsorientierten Unternehmertums beitragen sollte. Die EIB wurde 1958 errichtet.

4. Ziele/Vertragsinhalte: Gem. Art. 129 EWGV ist die EIB eine finanziell und organisatorisch selbständige öffentlich-rechtliche Institution mit eigener Rechtspersönlichkeit. Ihre Funktion ist es, „zu einer ausgewogenen und reibungslosen Entwicklung des Gemeinsamen Marktes im Interesse der Gemeinschaft beizutragen" (Art. 130 EWGV). Dafür nimmt sie Kapital auf den allgemeinen Märkten auf und stellt diese Mittel zu günstigen Bedingungen für Investitionsvorhaben in den weniger entwickelten Regionen der →EG, für die Modernisierung oder Umstellung von Unternehmen oder die Schaffung neuer Arbeitsplätze sowie für Vorhaben von gemeinsamen Interessen für mehrere Mitgliedstaaten, die die Finanzkraft eines einzelnen Mitgliedstaates übersteigen, zur Verfügung.

5. Organisationsstruktur: Die EIB wird durch einen dreistufigen Organisationsaufbau gekennzeichnet. Der Rat der Gouverneure, bestehend aus den zehn Finanzministern der Mitgliedstaaten, bestimmt die Richtlinien der Kreditpolitik. Der aus 19 ordentlichen und 11 stellvertretenden Mitgliedern (Hohe Beamte aus den Mitgliedstaaten und der Kommission) bestehende Verwaltungsrat entscheidet über die Gewährung von Darlehen und Garantien sowie über die Aufnahme von

Anleihen. Die vier großen Staaten stellen je drei, die kleinen Mitglieder und die Kommission der EG je 1 ordentliches Mitglied. Der Verwaltungsrat kontrolliert die Verwaltung der Bank. Das Direktorium besteht aus dem Präsidenten und fünf Vizepräsidenten. Es führt die Geschäfte der EIB und bereitet die Entscheidungen des Verwaltungsrates vor und sorgt für dessen Durchführung. Der Prüfungsausschuß aus drei Mitgliedern, meistens Beamte von Rechnungshöfen der Mitgliedstaaten bestehend, prüft die Ordnungsmäßigkeit der Operationen und die Bücher der Bank.

6. Entwicklung: Die Bedeutung der EIB hat kontinuierlich zugenommen. Ihre Finanzierungen haben sich seit 1973 real verdreifacht. Zu Beginn ihrer Tätigkeit wurde die EIB zu einem Instrument, das das weitere Auseinanderdriften der europäischen Regionen verhinderte. Von 1958 bis 1982 stellte die EIB 22,5 Mrd. ECU für Investitionsvorhaben zur Verfügung.

Seit 1963 hat die EIB aufgrund verschiedener Abkommen, Übereinkommen oder Beschlüsse ihre Mittelvergabe schrittweise auf Griechenland (vor dem Beitritt), die AKP-Staaten, die Türkei, Portugal, Jugoslawien sowie die Mashrek- und Mahgreb-Staaten ausgedehnt.

7. Bewertung: Die EIB hat sich kontinuierlich zu einem wichtigen Instrument zur Förderung der Investitionen in den EG-Staaten entwickelt. Darüber hinaus erlangt sie zunehmend als Instrument der europäischen Entwicklungspolitik Bedeutung. Die Finanzierung der EIB wird in Zukunft nicht so sehr zur Schaffung von neuen Arbeitsplätzen führen, sondern nachhaltige Auswirkungen auf infrastrukturelle Maßnahmen — wie in den Bereichen Wasserversorgung, Abwasserbeseitigung, Verkehr und Fernmeldewesen — haben.

Literatur

Europäische Investitionsbank 1983; 25 Jahre 1958-1983 Luxemburg

Wichard Woyke

Europäische Weltraumorganisation (European Space Agency/ESA)

1. Sitz: Paris

2. Mitglieder: Bundesrepublik Deutschland, Dänemark, Frankreich, Irland, Italien, Niederlande, Schweden, Schweiz, Spanien, Vereinigtes Königreich.

3. Entstehungsgeschichte: Nachdem in den USA und in der UdSSR in der zweiten Hälfte der 50er Jahre der erfolgreiche Eintritt in die Raumfahrttechnik gelungen war, schlossen sich 1961 die fünf →EWG-Staaten (mit Ausnahme Luxemburgs) mit Australien zur *Europäischen Organisation für Entwicklung und den Bau von Raumfahrzeugträgern* (ELDO) zusammen. Ein Jahr später gründeten die ELDO-Staaten zusammen mit Dänemark, Spanien, Schweiz und Schweden die *Europäische Weltraumforschungsorganisation* (ESRO). Mit der Einrichtung dieser Organisation wollte Europa in der Weltraumpolitik Anschluß an die Weltraumtechnik der beiden Supermächte erzielen. Nachdem jedoch erkennbar wurde, daß der für erfolgreiche Weltraumpolitik notwendige personelle, technische und finanzielle Aufwand die Möglichkeiten der einzelnen in diesen Weltraumorganisationen zusammengeschlossenen Staaten überstieg, kamen die in ESRO und ELDO zusammenarbeitenden Staaten überein, die nationalen Weltraumprogramme zu integrieren. Dazu wurde 1975 die ESA gegründet.

5. *Ziele/Vertragsinhalt:* Zweck der ESA ist es, die Zusammenarbeit europäischer Staaten für ausschließlich friedliche Zwecke auf dem Gebiet der Weltraumforschung, der Weltraumtechnologie und ihrer weltraumtechnischen Anwendung im Hinblick auf deren Nutzung für die Wissenschaft und für operationale Weltraumanwendungssysteme sicherzustellen und zu entwickeln. Im einzelnen ist die Durchführung und Betreuung des europäischen Satellitenprogramms, die Entwicklung der europäischen Trägerrakete (Ariane) und des europäischen Weltraumlabors (Spacelab), die Koordinierung der Weltraumpolitik mit der Weltraumpolitik auf nationaler Ebene und die Zusammenarbeit mit anderen Weltraumbehörden wie z. B. der NASA vorgesehen.

5. *Organisationsstruktur/Finanzierung:* Die Politik der ESA wird vom Rat bestimmt, in dem die Mitgliedstaaten jeweils einen Vertreter entsenden. Entsprechend ihrer Bedeutung werden Entscheidungen entweder einstimmig, mit Zweidrittelmehrheit oder mit einfacher Mehrheit getroffen. Der Rat tritt je nach Bedarf auf Ministerebene zusammen. Die Abwicklung der laufenden Geschäfte ist dem Generalsekretär übertragen, dem ein internationaler Mitarbeiterstab zu Seite steht.

Die wichtigsten Einrichtungen der ESA sind 1. das *Europäische Zentrum für Weltraumforschung und Technologie* (ESTEC) in den Niederlanden mit mehr als 700 Mitarbeitern. ESTEC ist zuständig für die technologische Unterstützung der für die Durchführung der jeweiligen Programme verantwortlichen Direktorate und für die angewandte Forschung in der Weltraumtechnologie. 2. Das *Europäische Operationszentrum für Weltraumforschung* (ESOC) in Darmstadt, mit einem Mitarbeiterstab von mehr als 200 Personen, ist zuständig für alle mit Satelliten in Zusammenhang stehenden Probleme. Schließlich ist 3. das *Europäische Weltraumdokumentationszentrum* (ESPRIN) mit 60 Mitarbeitern in Italien zuständig für die Sammlung, Speicherung und Zurverfügungstellung der für die ESA benötigten Daten. Das Budget — 1982 betrug es fast 740 Mio. US-Dollar — wird anteilsmäßig von den Mitgliedern aufgebracht.

6./7. *Entwicklung/Perspektiven/Bewertung:* Neben Erfolgen in der Satellitentechnik (ESA-Meteosat) hat die ESA besonders in der Raketentechnik mit der Europarakete Ariane und dem Weltraumlabor Spacelab einige Erfolge erzielt. Die hohen Kosten in der Raumfahrttechnik wirkten sich integrationsfördernd — wenn auch auf intergouvermentaler Ebene — aus.

Literatur

ESA (Hrsg.) 1982: Space, Science and Technology in Europe Today, Paris.

Wichard Woyke

Europäisches Kernforschungszentrum (Centre Européan pour la recherche nucléaire/CERN)

1. Sitz: Genf

2. Mitglieder: Belgien, Bundesrepublik Deutschland, Dänemark, Frankreich, Griechenland, Italien, Niederlande, Norwegen, Österreich, Schweden, Vereinigtes Königreich – Beobachter: Jugoslawien, Polen, Türkei.

3. Entstehung: Im Dez. 1951 versammelten sich europäische Wissenschaftler unter der Schirmherrschaft der → UNESCO in Paris zu einer Vorbereitungskonferenz für die Errichtung eines europäischen Laboratoriums für kernphysikalische Forschungen. Sie schlossen sich im Feb. 1952 zum „Europäischen Rat für Kernforschung" zusammen und unterzeichneten am 1.7.1954 die Konvention über die Zusammenarbeit, die 1954 in Kraft trat.

4. Ziele / Vertragsinhalt: Ziel von CERN ist die Zusammenarbeit europäischer Staaten auf dem Gebiet der rein wissenschaftlichen und grundlegenden Kernforschung sowie der damit in unmittelbaren Zusammenhang stehenden Forschung. Militärische Kernforschung wird nicht betrieben. Die Ergebnisse der experimentellen und theoretischen Arbeiten von CERN werden der Öffentlichkeit zugänglich gemacht.

5. Organisationsstruktur / Finanzierung: Oberstes Organ von CERN ist der Rat, in dem jeder Mitgliedstaat durch zwei Delegierte vertreten ist. Er bestimmt die Richtlinien für die Forschungsarbeit von CERN, ist für den Haushalt und die Organisation verantwortlich. Er tritt zweimal jährlich zusammen. Der Ratsausschuß (in dem ebenfalls alle Mitgliedstaaten vertreten sind) bereitet die Sitzungen des Rates in nichtöffentlicher Sitzung vor. Daneben gibt es den Wissenschaftlichen Ausschuß, den Versuchsausschuß und den Finanzausschuß. Der Exekutivdirektor und Generaldirektor ist für das ordnungsgemäße Funktionieren der internationalen Organisation zuständig.

1982 betrug das Budget von CERN 644 Mio. sfr. Die Bundesrepublik brachte dabei mit 25% den größten Gemeinschaftteil ein.

6./7. Entwicklung/Bewertung/Perspektiven: CERN hat auf der funktionalen wissenschaftlichen Ebene zum europäischen Integrationsprozeß über die EG hinaus wesentlich beigetragen, da es europäischen Physikern Forschungsanlagen von Weltklasse für Teilchenphysik zur Verfügung stellt, die sich aus den Mitteln der einzelnen Mitgliederstaaten nicht bestreiten lassen. CERN ist das bedeutendste Zentrum für subnukleare Grundlagenforschung, die sich mit dem Aufbau der Materie befaßt.

Literatur:

Europäisches Laboratorium für Teilchenphysik (Hrsg.) 1982 – CERN – Dokument no. CERN/DOC 82/6, Genf.

Wichard Woyke

Europarat (Council of Europe/Conseil de l'Europe)

1. Sitz: Straßburg

2. Mitglieder: Belgien, Bundesrepublik Deutschland, Dänemark, Frankreich, Finnland, Griechenland, Island, Irland, Italien, Malta, Luxemburg, Niederlande, Norwegen, Österreich, Portugal, Schweden, Schweiz, Spanien, Türkei (seit 15.8. 81 faktisch suspendiert), Vereinigtes Königreich, Zypern (z. Z. ohne parlamentarische Delegation).

3. Entstehungsgeschichte: Bereits während des Zweiten Weltkrieges entstanden in Widerstandsgruppen in Frankreich und den → BENELUX-Staaten Pläne für ein Vereintes Europa. Auf dem Haager Kongreß von 1948 kammen mehr als 750 europäische Politiker zusammen, die die Gründung eines Europarats forderten. Am 28.1.1949 trafen Vertreter aus zehn europäischen Staaten zusammen, um ein Statut für einen Europarat auszuarbeiten, das am 5.5.1949 verabschiedet wurde; am 3.8.1949 trat es in Kraft.

4. Ziele/Vertragsinhalt: Entsprechend der Satzung des Europarats ist es sein Ziel, „eine engere Verbindung zwischen seinen Mitgliedern zum Schutz und zur Förderung der Ideale und Grundsätze, die ihr gemeinsames Erbe bilden, herzustellen und ihren wirtschaftlichen und sozialen Fortschritt zu fördern." Mit Hilfe von Diskussionen, Abkommen und gemeinsamen Aktionen in wirtschaftlichen, sozialen, kulturellen, wissenschaftlichen, administrativen und rechtlichen Angelegenheiten sowie durch Wahrung und Verwirklichung der Menschenrechte sollen die angestrebten Ziele realisiert werden. Ausschließlich nicht in den Kompetenzbereich des Europarats gehören satzungsgemäß Fragen der nationalen Verteidigung.

5. Organisationsstruktur: Das Exekutivkomitee des Europarats bildet das *Ministerkomitee,* das sich aus den 21 Außenministern der Mitgliedstaaten zusammensetzt. Als Entscheidungsorgan ist es allein berechtigt, im Namen des Europarats zu handeln. Es bestimmt daher maßgeblich die Arbeit des Europarats. Die laufende Arbeit wird jedoch seit 1952 von ständigen Vertretern im Botschafterrang geleistet. Die *Parlamentarische Versammlung* (bis 1974 Beratende Versammlung) verkörpert das parlamentarische Element, besitzt aber keinerlei Gesetzgebungsbefugnisse. Sie tagt dreimal im Jahr, setzt sich nach einem bestimmten Schlüssel aus 170 Abgeordneten zusammen und kann durch Empfehlungen und Anfragen auf die Arbeit des *Ministerkomitees* Einfluß und Kontrolle ausüben. Während der Sitzungspausen amtiert ein *Ständiger Ausschuß,* der aus 33 Abgeordneten besteht. Das *Sekretariat* des Europarats ist kein selbständiges Organ; es erfüllt Serviceleistungen für *Ministerkomitee* und *Parlamentarische Versammlung.* Der an seiner Spitze stehende *Generalsekretär* wird einerseits von der Versammlung gewählt, ist jedoch andererseits in seiner Arbeit dem Ministerkomitee gegenüber verantwortlich.

6. Entwicklung: Von 1949 bis heute hat sich die Mitgliedzahl mehr als verdoppelt. Inhaltlich hat der Europarat mehr als 100 Konventionen verabschiedet, deren politische Bedeutung und konkreten Auswirkungen für das Leben der Bürger in den Mitgliederstaaten sehr unterschiedlich sind. Die bekannteste Konvention ist die vom Europarat 1950 verabschiedete und 1953 in Kraft getretene Europäische Konvention zum Schutze der Menschenrechte, mit der die Grundrechte der Bürger in den Mitgliedstaaten gesichert werden konnten. Andere wichtige Konventionen waren die Europäische Kulturkonvention (1954) und die Europäische Sozialcharta (1961).

7. Perspektiven/Bewertung: Gemessen an den Intentionen und Hoffnungen seiner geistigen Gründungsväter, die im Europarat einen ersten Schritt auf dem Weg zu einem Vereinten Europa sahen, fällt die Leistungsbilanz negativ aus. Gemessen jedoch an praktischen, für den europäischen Integrationsprozeß bedeutsamen Schritten, erfüllt der Europarat eine wichtige Funktion, indem er erstens als Forum europäischer Öffentlichkeit dient und zweitens eine Brücke für EG- und Nicht-EG-Staaten bildet. Der Europarat stellt darüber hinaus drittens insbesondere für die Nicht-EG-Staaten eine wichtige Bühne dar, auf der sie ihre europäische Politik darstellen können.

Literatur

Europarat (Presse- und Informationsabteilung) 1979: Der Europarat – Aufbau, Ziel, Arbeit, Straßburg
Institut für Europäische Politik (Hrsg.): Das Europa der 17. Bilanz und Perspektiven von 25 Jahren Europarat, Bonn
Karasek, Franz (1979): Die Einigung Europas aus der Sicht des Europarats, in: Österreichische Zeitschrift für Außenpolitik (19), S. 54-61

Wichard Woyke

Internationale Bank für Wirtschaftliche Zusammenarbeit (IBWZ)

1. Sitz: Moskau

2. Mitglieder: Bulgarien, CSSR, DDR, Mongolei, Polen, Rumänien, UdSSR und Ungarn als Gründungsmitglieder; Kuba (1974) und Vietnam (1978) traten später bei. Beobachtungsstatus: Afghanistan, Athiopien, Finnland, VR Jemen, Jugoslawien, Laos, Mocambique.

3. Entstehungsgeschichte: Im Okt. 1963 unterzeichneten die → RGW-Mitglieder ein „Abkommen über die mehrseitigen Verrechnungen in transferablen Rubeln und die Gründung der Internationalen Bank für Wirtschaftliche Zusammenarbeit". Das Abkommen trat zum 1.1.1964 in Kraft. Bis 1963 wurde der Handel zwischen den RGW-Ländern bilateral verrechnet, d. h. jedes Land unterhielt gegenüber jedem anderen Mitgliedstaat ein Verrechnungs- oder Clearingkonto. Dieses Verfahren wurde als unbefriedigend empfunden, weil der bilaterale Handel durch die Leistungsfähigkeit des jeweils schwächeren Partners beschränkt wird. Die Verrechnung ist erforderlich, weil die Währungen der RGW-Länder Binnenwährungen sind. Sie sind nur im nichtkommerziellen Verkehr (Tourismus) begrenzt konvertierbar.

4. Ziele/Aufgaben: Hauptaufgabe der IBWZ ist die mehrseitige Verrechnung der Zahlungsbeziehungen zwischen den Mitgliedsländern der Bank (Warenaustausch, Kredite, Verrechnungen aus nichtkommerziellen Zahlungen). Zum Zwecke der multilateralen Verrechnung wurde bei der IBWZ ab 1.1.1964 für jedes Mitgliedsland *ein* Verrechnungskonto eingerichtet, über das alle Außenhandelsgeschäfte mit Waren und Dienstleistungen gegenüber allen anderen RGW-Staaten abgerechnet werden. Damit entstehen Gläubiger- und Schuldnerpositionen nur noch zwischen der Bank und den Mitgliedsländern, nicht aber zwischen den Handelspartnern untereinander. Dies schafft grundsätzlich die Voraussetzung für eine Multilateralisierung der Handelsbeziehungen. Hat ein Land A Überschüsse gegenüber B erwirtschaftet, könnte es diese zum Kauf zusätzlicher Waren aus C einsetzen, wenn C dafür mehr Waren aus B kauft. Durch die Transferierbarkeit des Rubels (daher die Bezeichnung transferabler Rubel) sollten günstigere Möglichkeiten für die Erweiterung des RGW-Intrablockhandels geschaffen werden.

Die Verrechnung erfolgt in transferablen Rubeln. Der Goldgehalt des transferablen Rubels (TRbl) beträgt 0,987412 Gramm Feingold. Der TRbl hat zwar den selben Goldgehalt wie der sowjetische Rubel, er ist aber mit ihm nicht identisch. Der TRbl ist eine reine Verrechnungseinheit. TRbl „entstehen" als Folge von Überschuß- bzw. Defizitpositionen. Insofern kann die IBWZ auch Kredite gewähren. Zusätzliche Mittel hierfür kann sie auch durch internationale Kreditgeschäfte und durch Einlagen ihrer Mitglieder in konvertiblen Währungen mobilisieren.

5. Organisationsstruktur/Finanzierung: Das Grundkapital der Bank beträgt 305,3 Mio. TRbl. Maßstab für die Verteilung des Grundkapitals ist der Anteil der Mitgliedsländer am Intrablockhandel. Oberstes Leitungsorgan ist der Bankrat. Jedes Mitgliedsland hat eine Stimme. Die Beschlüsse müssen einstimmig gefaßt werden. Exekutivorgan der Bank ist das Bankdirektorium. Es ist an die Weisungen des Bankrats gebunden.

6./7. Entwicklung/Perspektiven: Der Umfang der Verrechnungen durch die IBWZ hat sich aufgrund der Ausweitung der bilateralen Wirtschaftsbeziehungen von 23 Mrd. TRbl (1964) auf 140 Mrd. TRbl (1981) erhöht. Das Ziel, zu einer Multilateralisierung des Handels zu gelangen, wurde nicht erreicht. In der Praxis ist der transferable Rubel nicht transferierbar. Vielmehr wird der Außenhandel zwischen den RGW-Ländern weiter bilateral vereinbart und abgewickelt, wobei grundsätzlich ein bilateraler Ausgleich angestrebt ist. Entstehen Überschußpositionen, so sind diese einer Kreditgewährung gleichzusetzen. Dafür werden zwar Zinsen gezahlt. Sie sind aber niedrig, so daß die RGW-Länder nicht an einer Überschußposition interessiert sind. Die fehlende Transferierbarkeit bzw. Konvertierbarkeit ist damit ein handelshemmender Faktor geblieben.

Jochen Bethkenhagen

Internationale Investitionsbank (IIB)

1. Sitz: Moskau

2. Mitglieder: Bulgarien, CSSR, DDR, Mongolei, Polen, UdSSR und Ungarn als Gründungsmitglieder. Rumänien (1971), Kuba (1974) und Vietnam (1978) traten später bei. Assoziiertes Mitglied ist Jugoslawien. Afghanistan, Äthiopien, Finnland, VR Jemen, Laos und Mocambique haben einen Beobachterstatus.

3. Entstehungsgeschichte: Im Rahmen der Zusammenarbeit im → RGW wurde die Finanzierung von Projekten mit überstaatlicher Bedeutung immer dringlicher. Da die Währungen im RGW aber reine Binnenwährungen sind, fehlte ein internationaler Kapitalmarkt. Mit der Bildung einer Investitionsbank sollte die internationale Projektfinanzierung ermöglicht werden. Die Gründung dieser Bank wurde auf der 23. Sondertagung des RGW 1969 beschlossen. Die Unterzeichnung eines entsprechenden Abkommens erfolgte 1970. Zum 1.1.1971 nahm die Bank ihre Tätigkeit auf. Rumänien machte zunächst von seinem Recht Gebrauch und erklärte sich für nicht interessiert an der Bankengründung. Bereits im Jan. 1971 revidierte es seinen Entschluß und wurde Mitglied.

4. Ziele: Hauptaufgabe der IIB ist die Finanzierung von Investitionsprojekten, deren Realisierung im Interesse mehrerer Mitgliedsländer des RGW liegt. Dabei muß das kreditierte Objekt „dem wissenschaftlich-technischen Höchststand entsprechend, die Herstellung von Erzeugnissen höchster Qualität bei niedrigsten Kosten und zu Preisen, die dem Weltmarkt entsprechen, gewährleisten." Gemäß dem Gründungsabkommen gewährt die IIB Kredite an:

- Banken, Wirtschaftsorganisationen und Betriebe der Mitgliedsländer der Bank, die offiziell hierzu von den Mitgliedsländern bevollmächtigt sind;
- internationale Organisationen und Betriebe der Mitgliedsländer der Bank, die eine wirtschaftliche Tätigkeit ausüben;
- Banken und Wirtschaftsorganisationen anderer Länder nach einem vom Bankrat festgelegten Verfahren.

1973 wurde die Errichtung eines Sonderfonds zur Kreditierung von Hilfeleistungen für Entwicklungsländer beschlossen. Von den vorgesehenen 1 Mrd. TRbl. waren Anfang 1983 erst 30 Mio. TRbl. eingezahlt.

5. Organisationsstruktur/Finanzierung: Höchstes Leitungsorgan ist der Bankrat. In ihm sind alle Mitgliedsländer mit einer Stimme vertreten. Exekutivorgan ist der Vorstand; er ist dem Bankrat rechenschaftspflichtig. Ein Novum in der Geschichte der RGW-Organe bzw. Organisationen ist die Tatsache, daß in bestimmten Angelegenheiten – allerdings nicht in den entscheidenden, wie Bestätigung der Jahresbilanz, Gewinnverteilung, Ernennung des Vorstands usw. – qualifizierte Mehrheitsentscheidungen (75 v. H.) möglich sind. Ansonsten herrscht das Einstimmigkeitsprinzip. Das Grundkapital der Bank beträgt 1 071,3 Mrd. TRbl. Davon waren zum 1.1.1983 rd. 1/3 eingezahlt. 30 v. H. des Grundkapitals sind in konvertierbarer Währung zu zahlen. Reichen die Mittel nicht aus, kann die Bank Kredite – auch in konvertierbarer Währung auf internationalen Märkten – aufnehmen.

6./7. Entwicklung/Perspektiven: Zwischen 1971 und 1982 hat die IIB 83 Projekte mit Gesamtkosten von 10 Mrd. TRbl. gefördert. Die Kreditsumme betrug 3,5 Mrd. TRbl. Sektoral verteilen sich die Kreditmittel wie folgt: 70 v. H. für die Entwicklung der Brennstoff- und Energiewirtschaft, 19 v. H. für Maschinenbau und Elektronik, 9 v. H. für Metallurgie und Chemie und 2 v. H. für das Verkehrs- und Nachrichtenwesen. Größtes Einzelprojekt dürfte der Bau einer 2.700 km langen Erdgasleitung in der UdSSR gewesen sein (Orenburg-Pipeline). Die Zinssätze sind niedrig; sie betrugen z. B. für das Orenburg-Projekt 2 v. H. Ländern mit niedrigem ökonomischen Entwicklungsniveau (Mongolei, Kuba, Vietnam) sollen besonders günstige Zinsbedingungen eingeräumt werden. Mit der Gründung der IIB ist zwar der strenge Bilateralismus in den Kreditbeziehungen der

RGW-Länder untereinander gelockert worden. Überwunden ist er aber nicht, da die aus den Krediten resultierenden Warenlieferungen weiterhin bilateral vereinbart werden müssen. Für die RGW-Länder hat die IIB auch die Funktion einer zusätzlichen Quelle für Devisenkredite, da die Bank als Kreditnehmer auf westlichen Kapitalmärkten auftreten kann.

Jochen Bethkenhagen

Nordatlantische Verteidigungsorganisation (North Atlantic Treaty Organization/NATO)

1. Sitz: Brüssel (Politische Organisation); Casteau (Belgien) militärische Organisation (SHAPE)

2. Mitglieder: Belgien, Bundesrepublik Deutschland (1955), Dänemark, Frankreich, Griechenland (1952), Großbritannien, Island, Italien, Kanada, Luxemburg, Niederlande, Norwegen, Portugal, Spanien (1982), Türkei (1952) und die USA. (Ohne Jahreszahlen alle 1949).

3. Entstehungsgeschichte: Die NATO wurde am 4.4.1949 von zwei nordamerikanischen und zehn europäischen Staaten gegründet mit dem Ziel, sich vor dem Weltkommunismus unter Moskauer Führung zu schützen. Direkte und indirekte Aktionen der UdSSR in Osteuropa und Berlin (Blockade 1948/49) wurden seitens der westlichen politischen Führungen als sowjetische Expansion und Bedrohung perzipiert, der es zu begegnen galt. Der bereits 1947 abgeschlossene bilaterale militärische Beistandsvertrag zwischen Großbritannien und Frankreich und der ein Jahr später in Brüssel um die → BENELUX-Staaten mit diesen beiden Staaten erweiterte Brüsseler Pakt waren Vorstufen auf dem Wege zur Gründung der NATO (→ WEU).

4. Ziele/Vertragsinhalt: Wichtigste Aufgabe der NATO ist der Schutz ihrer Mitglieder gegen eine Aggression. Entsprechend Art. 51 der Charta der → UN hat sie die Aufgabe, den Frieden und die internationale Sicherheit zu fördern, auf Gewaltanwendung zu verzichten (es sei denn, das in Art. 51 verankerte Recht auf kollektive und individuelle Selbstverteidigung müßte wahrgenommen werden), Stabilität zu fördern und das Wohlergehen der Menschen zu verbessern. Neben der militärischen ist auch die politische, soziale, ökonomische und kulturelle Zusammenarbeit vorgesehen, so daß sich die NATO als Wertegemeinschaft versteht. Sie soll zur Verteidigung einer Lebensform, der westlichen Demokratie, beitragen. Trotz unterschiedlicher politischer Ordnungsformen der Mitgliedsländer wird darunter im wesentlichen verstanden: Anerkennung des liberal-pluralistischen Systems; Anerkennung des „kapitalistischen" Wirtschaftssystems mit der Garantie des Privateigentums an Produktionsmitteln; Anerkennung der Herrschaft des Rechts und des Völkerrechts.
Anders als die Westeuropäische Union ist die NATO *kein automatisches militärisches Verteidigungsbündnis,* da der Vertrag im Falle eines Angriffes den Mitgliedstaaten ihre Reaktionsart zur Entscheidung überläßt. Der territoriale Geltungsbereich umfaßt die Hoheitsgebiete aller Vertragsstaaten in Nordamerika und Europa, das türkische Hoheitsgebiet in Kleinasien und die der Oberho-

heit von Mitgliedstaaten unterstehenden Inseln im Nordatlantik nördlich des Wendekreises des Krebses. Der zeitliche Geltungsbereich des NATO-Vertrags ist unbegrenzt. Nach zwanzigjähriger Dauer (erstmals 1969) war es den Mitgliedern möglich, mit einjähriger Kündigung aus dem Bündnis auszuscheiden.

5. Organisationsstruktur/Finanzierung: Die NATO verfügt entsprechend ihrer Aufgabenstellung über eine politische und eine militärische Organisation.

5.1 Die politische Organisation – Als internationale Organisation, deren Mitglieder ihre außenpolitische Souveränität beibehalten haben, verfügt die NATO im NATO-Rat über das oberste Entscheidungsorgan. Der Rat, der sowohl auf der Ebene der Regierungschefs, der Außen- und Verteidigungsminister als auch der Ständigen Vertreter tagen kann, faßt seine Beschlüsse einstimmig, d. h. durch Konsensverfahren. Dieses Beschlußverfahren sichert gerade in den kleinen Mitgliedstaaten ein erhebliches Mitbestimmungspotential im Entscheidungsprozeß der NATO über die grundlegende Politik der Allianz. Fragen der Verteidigung werden im Verteidigungsplanungsausschuß (Defence Planning Committee/DPC) beraten, dem Vertreter derjenigen Mitgliedstaaten angehören, die sich auch an der integrierten Verteidigungsstruktur der NATO beteiligen. (Z. Z. sind Frankreich, Island und Spanien nicht beteiligt). Seit 1967 werden Fragen und Probleme, die die Nuklearpolitik der NATO betreffen, im Ausschuß für Nukleare Verteidigungsfragen und der Nuklearen Planungsgruppe (NPG) behandelt. Exekutivorgan der NATO ist das Generalsekretariat, dem der Generalsekretär als höchster internationaler Beamter der Organisation vorsteht. Er ist gleichzeitig auch Vorsitzender des NATO-Rats sowie des Ausschusses für Nukleare Verteidigungsfragen und der NPG.

Neben diesen offiziellen NATO-Organen haben sich zwischenzeitlich noch einige informelle Organe herausgebildet, die den Entscheidungsprozeß nachhaltig beeinflussen. Die 1968 eingerichtete Euro-Group besteht aus den Verteidigungsministern jener europäischen Länder, die auch der integrierten Militärorganisation angehören. Ihre wichtigste Aufgabe besteht in der Koordinierung des westeuropäischen Verteidigungsbeitrags innerhalb der NATO. Im Okt. 1977 wurde die High Level Group (HLG) von der NPG eingerichtet, der Vertreter aus zwölf Mitgliedsländern angehören. Sie erarbeitete die Grundlagen für den NATO-Doppelbeschluß. 1979 wurden die Special-Consultative-Group und die Special Group (SCG/SG) eingerichtet. Diese beiden informellen Organe setzen sich aus leitenden Beamten der Außenministerien der NATO-Länder (außer Frankreich) zusammen. Sie behandeln insbesondere Fragen in Zusammenhang mit der Rüstungskontrolle.

5.2 Die militärische Organisation – Nach dem Ausscheiden Frankreichs aus der integrierten Militärorganisation 1966 wurden organisatorische Veränderungen vorgenommen, so daß der Militärausschuß die höchste militärische Instanz des Bündnisses bildet. Er besteht aus den Stabschefs aller Bündnispartner. Island kann einen zivilen Beamten in den Militärausschuß entsenden. Frankreich läßt sich durch den Leiter seiner Militärmission beim Militärausschuß vertreten. Der zweimal im Jahr tagende Militärausschuß hat die Aufgabe, die Maßnahmen zu erarbeiten und zu empfehlen, die für die gemeinsame Verteidigung des NATO-Gebiets für erforderlich gehalten werden. Außerdem berät er den NATO-Rat in militärischen Fragen. Zwischen den Tagungen des Militärausschusses werden dessen Funktionen vom „Ständigen Militärausschuß" (hier handelt es sich um die militärischen Vertreter der Mitgliedsländer im Rang von Dreisternegeneralen) wahrgenommen. Zur Durchführung der Politik und der Beschlüsse des Militärausschusses dient der „internationale Militärstab". Um die Funktionsfähigkeit der militärischen Organisation zu gewährleisten, wurden vier regionale Kommandobehörden gebildet: Supreme Allied Commander Atlantic = SACLANT (Atlantik); Supreme Allied Commander Europe = SACEUR (Europa); Commander-in-Chief Channel Command = CINCHAN (Ärmelkanal); Canadian-U.S. Regional-Planning Group = CUSRPG (Regionale Planungsgruppe Kanada/USA). Aufgabe der obersten Befehlshaber in den Kommandobereichen ist die Ausarbeitung der Verteidigungspläne, Feststellung des Streitkräftebedarfs und Vorbereitung und Durchführung von Stabsrahmen- und Truppenübungen.

5.3 Finanzierung – Die Finanzierung der zivilen und militärischen Aufgaben richtet sich nach dem Bruttosozialprodukt der Mitgliedsländer. Während in der Gründungszeit die USA bis zu 43 % der Kosten übernahmen, wurde dieser Anteil sukzessiv verringert, so daß die europäischen Mitglieder heute höhere Lasten übernehmen. Die Bundesrepublik Deutschland mit z. Z. 22,8% ist größter europäischer Zahler.

6. *Entwicklung:* Die 35jährige Geschichte der NATO ist durch oftmalige Krisen gekennzeichnet, die das Bündnis in seinem Bestand gefährdeten. Dennoch ist es der Allianz immer wieder gelungen, ihre inneren Krisen erfolgreich zu überwinden. Vier Entwicklungsabschnitte kennzeichnen die Geschichte der NATO. Der 1949 begonnenen Aufbau- und Ausbauphase, die 1955 mit dem Beitritt der Bundesrepublik Deutschland in die NATO endet, schloß sich die Konsolidierungsphase der NATO an, die während der Berlinkrise von 1961 und der Kubakrise 1962 ihren Höhepunkt erfuhr. Zwar kam es auch in dieser Phase zu schweren Intraallianzkonflikten 1956, als Großbritannien und Frankreich im Suez-Konflikt versuchten, ihre „kolonialen Restbestände" aufrechtzuerhalten, und die USA die beiden Staaten zur Beendigung ihres Vorgehens in Nahost zwangen. Die Konsolidierungsphase endete mit dem Auszug Frankreichs aus der Militärorganisation, der eine militärische und politische Strukturreform der Allianz folgte. Die dritte Phase der NATO wurde durch die internationale Entspannungspolitik gekennzeichnet. 1967 erhielt die NATO in der vom NATO-Rat verabschiedeten Harmelstudie den Auftrag, neben der militärischen Verteidigung auch mit Hilfe politischer Maßnahmen die Sicherheit Europas zu gewährleisten. Ihr höchstes politisches Ziel wurde nun die Suche nach „einer gerechten und dauerhaften Friedensordnung in Europa mit geeigneten Sicherheitsgarantien", so daß ihr neues Selbstverständnis nun in der Kurzformel Sicherheit = Verteidigung plus Entspannung zum Ausdruck kam. Die vierte Phase der NATO setzt Mitte der 70er Jahre ein und kann als die Phase der verstärkten intraatlantischen Konfrontation, besonders zwischen Westeuropa und den USA, bezeichnet werden. Nicht zuletzt durch den aktiven sowjetisch-amerikanischen Bilateralismus zu Beginn der 70er Jahre, die US-Politik in Süd-Ost-Asien und die zunehmenden ökonomischen Differenzen zwischen Westeuropa und den USA wurde auch die NATO belastet. Besonders konfliktreich innerhalb der NATO wurden aber die Auseinandersetzungen über den NATO-Doppelbeschluß, als einzelne europäische Regierungen und Politiker sowie große Teile der europäischen Öffentlichkeit den Doppelbeschluß der NATO nicht mehr mittrugen. Der 1979

verabschiedete Doppelbeschluß sah als Antwort auf die sowjetische Mittel-
streckenraketenaufrüstung zum einen ein Verhandlungsangebot an die UdSSR,
zum anderen – falls es bis Ende 1983 zu keinem befriedigenden Verhandlungsergebnis käme – die Dislozierung von 108 Pershing-II-Raketen und 464 Marsch-
flugkörpern in westeuropäischen Ländern vor.
Trotz dieser zunehmenden Konfrontation war die NATO attraktiv genug, um
1982 mit Spanien das 16. Mitglied – wenn auch vorläufig nur in die politische
Organisation – aufnehmen zu können.

7. Probleme/Perspektiven: Ein großes Strukturproblem der NATO besteht
in ihrer heterogenen Mitgliedschaft. Neben der Supermacht USA, den beiden
Nuklearmächten Großbritannien und Frankreich, der konventionellen Groß-
macht Bundesrepublik Deutschland gibt es kleinere Bündnispartner sowie
Bündnispartner mit einem besonderen Status (z. B. lehnen es Dänemark und
Norwegen ab, in Friedenszeiten auf ihrem Territorium Kernwaffen zu stationie-
ren). Frankreich und Griechenland betreiben – wie auch Spanien – eine NATO-
Politik à la carte, d. h. sie sind nicht bereit, ihre Streitkräfte in die gemeinsame
Militärorganisation zu integrieren bzw. voll zu integrieren.
Nach wie vor besteht ein weiteres Strukturproblem der NATO in der Frage der
nuklearen Mitbestimmung. Zu jener Zeit, als das Bündnis eindeutig von den
USA dominiert wurde, und die europäischen Staaten durch den Zweiten Weltkrieg geschwächt waren, bedeutete das faktische Kernwaffenmonopol der USA
für die Allianz kein Problem. In dem Maße aber, in dem die Europäer ökonomisch prosperierten und einen größeren Bündnisbeitrag leisteten, stellte sich
auch die Frage der atomaren Mitbestimmung. *De Gaulle* hielt – zu Recht – den
Einsatz von Kernwaffen für unteilbar und forcierte den Aufbau der nationalen
französischen Kernstreitmacht (force de frappe). Der Aufbau einer multilateralen Atomstreitmacht (MLF) der NATO, die allerdings faktisch unter amerikanischen Einsatzbefehl geblieben wäre, scheiterte bereits 1963/4 in ihren Ansätzen. Auch heute ist gerade das Problem der nuklearen Mitbestimmung ein die
NATO belastender Faktor, da die unterschiedlichen Funktionen der Nuklearrüstung in der NATO-Strategie der „flexiblen Reaktion" für die USA und
Westeuropa seit Beginn der 80er Jahre deutlicher zu Tage treten als zu früheren
Zeiten. Die gesamte Diskussion der nuklearen Mitbestimmung zielt auf die alte
Frage nach der Glaubwürdigkeit der atomaren Schutzgarantien der USA gegenüber den westeuropäischen Verbündeten.
Ein weiteres die NATO z. Z. belastendes Problem ist die unterschiedliche Perzeption mehrerer wichtiger internationaler Probleme durch die NATO-Mitglied-
staaten. Insbesondere in der Einschätzung der Sowjetunion und ihrer Außenpolitik, in der Rolle der Westeuropäer und der USA gegenüber der Dritten
Welt und im Verhalten der Amerikaner und der Europäer in der Weltwirtschaft
zeigen sich heute die großen Interessendifferenzen zwischen den USA und ihren europäischen Partnern, die sich in einigen Politikfeldern sogar zu Divergenzen entwickeln können.
Obwohl die NATO durch zahlreiche Krisen gegangen ist, gelang es ihr immer,
als Bündnis ein anerkannter Akteur des internationalen Systems zu bleiben.
Ihre Schutzfunktion für die Bündnismitglieder konnte sie erfolgreich ausüben.
Für die Bundesrepublik Deutschland ist die NATO eine Konstante ihrer Außenpolitik, zu der es auf absehbare Zeit keine Alternative gibt. Die NATO garantiert
der Bundesrepublik Deutschland ebenso die Sicherheit, wie auch die NATO-

Partner durch die Einbindung der Bundesrepublik Sicherheit vor Deutschland erhalten. Zwar hat die NATO durch das Entstehen anderer westlicher internationaler Organisationen wie z. B. dem → Weltwirtschaftsgipfel der Staats- und Regierungschefs der wichtigsten westlichen Industrieländer oder der → Internationalen Energieagentur, ihre Funktion als Clearingstelle westlicher Politik eingebüßt! Nach wie vor bildet sie jedoch das wichtigste Instrument zur Gewährleistung westlicher Sicherheitspolitik. Ihr Erscheinungsbild in den 80er Jahren ist zwiespältig. Trotz massiver Vertragsverletzung eines Vertragspartners (Türkei ab 1981) und trotz der zeitweisen Beteiligung einer einflußreichen kommunistischen Partei an der Regierung eines Mitgliedlandes (Frankreich) stellt die NATO heute nach wie vor ein Verteidigungsbündnis dar, das an Attraktivität nichts eingebüßt hat. Wenn es den Mitgliedstaaten gelingt, die veränderten internationalen und innergesellschaftlichen Entwicklungen gemeinsam positiv zu verarbeiten, wird das Bündnis auch in der Zukunft einen wichtigen Beitrag zur Friedenserhaltung und Konfliktregelung leisten.

Literatur

Bayerische Landeszentrale für politische Bildung (Hrsg.) [2]1984: Nordatlantikpakt − Warschauer Pakt. Ein Vergleich zweier Bündnisse, München.
Buteux, Paul 1983: The Politics of Nuclear Consultations in NATO 1965 - 1980, New York.
Grosser, A. 1978: Das Bündnis − Die westeuropäischen Länder und die USA seit dem Krieg, München.
Hahn, W. F./Pfaltzgraff, R. L. 1982: Die atlantische Gemeinschaft in der Krise − Eine Neudefinition der transatlantischen Beziehungen, Stuttgart.
Myers, K. (Hrsg.) 1981: NATO − The next thirty years, Boulder.
NATO-Informationsabteilung (Hrsg.) 1982: Das Atlantische Bündnis − Tatsachen und Dokumente, Brüssel.
Schwartz, David N. 1983: NATO's Nuclear Dilemmas, Washington.
Stratmann, K. P. 1981: NATO-Strategie in der Krise? Baden-Baden.
Woyke, Wichard 1977: Die NATO in den siebziger Jahren, Opladen.

Wichard Woyke

Nordischer Rat (Nordic Council)

1. Sitz: Oslo

2. Mitglieder: Dänemark, Finnland, Island, Norwegen, Schweden

3. Entstehung: Der Nordische Rat als parlamentarische Organisation der skandinavischen Länder Dänemark, Norwegen, Island, Schweden und Finnland (seit 1959) tritt seit 1953 jährlich wechselnd in einer der Hauptstädte der Mitgliedsländer zu einer ordentlichen Sitzung zusammen.
Nach dem Ende des Zweiten Weltkrieges gewann die Idee einer Nordischen Union an neuer Attraktivität. Zunächst wurde auf schwedische Initiative hin ab Sept. 1948 parallel über die Bildung einer Zollunion und einer Verteidigungs-

allianz zwischen Dänemark, Norwegen und Schweden verhandelt. Aufgrund der unterschiedlichen historischen Erfahrungen der Staaten und einer nicht zu vereinbarenden aktuellen Interessenlage scheiterten aber diese Versuche. Dänemark und Norwegen sahen die nordische und ihre nationale Sicherheit aufgrund ihrer Erfahrungen im Zweiten Weltkrieg als Teilaspekt der Sicherheit des Westens und versprachen sich vom Beitritt zur → NATO (4.4.1949) erhebliche Militärhilfe der USA. Am 18.1.1950 erklärte dann der nordische Ausschuß für wirtschaftliche Zusammenarbeit (einschließlich Island), daß er keine Möglichkeiten zur Errichtung einer Zollunion sehe, was insbesondere auf den Widerstand Norwegens aufgrund seiner unterentwickelten Inlandsindustrie der Nachkriegszeit zurückzuführen war.

Dennoch waren sich die beteiligten Staaten einig in dem Ziel, langfristig eine engere nordische Zusammenarbeit im Rahmen eines gemeinsamen Marktes, der in kleinen Schritten verwirklicht werden müsse, anzustreben. Dieser Wunsch in Verbindung mit der Option, bereits vorhandene bilaterale und multilaterale Kooperationen vor allem auch im wissenschaftlichen, kulturellen und sozialpolitischen Bereich auszubauen, führte Anfang Dez. 1951 auf Initiative Dänemarks im Nordischen interparlamentarischen Rat zum Beschluß über die Einrichtung des Nordischen Rats. Dieser trat nach Ratifikation in den nationalen Parlamenten Schwedens (17.5.1952), Dänemarks (28.5.1952), Norwegens (25.6.1952) und Islands (10.12.1952) vom 13. bis 21.2.1953 zu seiner ersten Session in Stockholm zusammen.

Finnland nahm von Beginn an als Beobachter an den Tagungen teil, trat der Organisation aber mit Rücksicht auf das erhebliche Mißtrauen der Sowjetunion (NATO-Mitgliedschaft Dänemarks, Norwegens und Islands) erst am 28.10.1955 bei, indem die Regierung betonte, an Debatten außenpolitischen und militärischen Charakters nicht teilzunehmen. Eben diese Fragen sind aber ohnehin aus dem' Problemkatalog, den der Nordische Rat zu erörtern hat, ausgeklammert (Ausnahme: Debatte über den *Kekkonenplan* betreffs einer nuklearwaffenfreien Zone in Nordeuropa/23. Session vom 15. bis 20.2.1975). Zur Abstimmung in Fragen der internationalen Politik wurden vielmehr schon vor der Gründung des Nordischen Rats regelmäßige Außenministertagungen genutzt (ab 1956 unter Einschluß Finnlands), die vorwiegend Probleme der → Vereinten Nationen berühren.

4. *Ziele:* Der Nordische Rat konzentrierte sich auf den Ausbau der Zusammenarbeit der skandinavischen Länder auf wirtschaftlichem, kulturellem, sozialem und rechtlichem Gebiet. Grundlage seiner Arbeit ist seit 1962 die sogenannte Konvention von Helsinki, die zum Abschluß der 10. Tagung des Rates vom 17. bis 23.3.1962 unterzeichnet wurde. Die Konvention ist zugleich Ausdruck des Strebens der nordischen Staaten, ihre Zusammenarbeit zu vertiefen als auch einer Prioritätenverschiebung zugunsten rechtlicher, kultureller und sozialer Fragen. Nach vielen gescheiterten Anläufen zu einer Zollunion im Laufe der 50er Jahre und dem Betritt der Staaten zur → EFTA (Island erst 1970, Finnland ab 1961 assoziiert) werden hier Gesetzesvereinheitlichung, Ausbau der schulischen Bildung über die Nachbarstaaten, Angleichung des Ausbildungswesens und des Sozialsystems in den Vordergrund gestellt. Erst der vierte Abschnitt der Konvention behandelt in verhältnismäßig unverbindlicher Weise Fragen der engeren wirtschaftlichen Zusammenarbeit, gefolgt von Verkehrsproblemen und der Koordination der diplomatischen Arbeit der nordischen Staaten in Drittländern.

5. *Organisation:* Der Nordische Rat besteht heute aus 78 (1955: 69) stimmberechtigten Parlamentariern, die von den nationalen Parlamenten nach dem Proporzprinzip gewählt werden: Dänemark, Finnland, Norwegen und Schweden je 18 (155: 16), Island 6 (1955: 5). Hinzu kommen abhängig vom Gegenstand der Tagung (nicht stimmberechtigte) Regierungsvertreter in beliebiger Zahl. Der Nordische Rat wird geleitet von einem Präsidium aus fünf Regierungsmitgliedern, dem ein Sekretariat beigeordnet ist, das wiederum aus nationalen Sekretariaten der fünf Mitgliedstaaten besteht. Das Kollegium der Leiter der nationalen Sekretariate bereitet die Sitzungen des Nordischen Rates vor.

Alle Beschlüsse des Rates haben den Charakter von Empfehlungen und sind für die einzelnen Regierungen nicht bindend. Diese sind lediglich zur Berichterstattung über den Fortgang der zu einem bestimmten Beschluß eingeleiteten Maßnahmen gezwungen. Grundlage der Umsetzung von Initiativen bleiben aber nationale Gesetze der beteiligten Staaten, so daß von einem konsultativen Organ gesprochen werden muß.

Als permanente Organe fungieren fünf ständige Ausschüsse: Der Wirtschaftsausschuß (22 Mitglieder/Vorsitz: Schweden), der Kulturausschuß (17/Island), der Rechtsausschuß (13/Dänemark), der Sozial- und Umweltausschuß (13/Norwegen) und der Kommunikationsausschuß (13/Finnland). Darüber hinaus bildete der Nordische Rat am 16.2.1971 auf seiner 19. Tagung einen ständigen nordischen Ministerrat (Versuche einer Einsetzung datieren bereits bis 1959 zurück). Der Ministerrat soll zentral die Zusammenarbeit der nordischen Länder in Wirtschaftsfragen gegenüber Drittländern sowie zwischen den beteiligten Staaten koordinieren und anleiten. Aber auch er ist nur voll rechtsfähig, wenn alle Regierungen seinen Beschlüssen zustimmen.

6. *Entwicklung:* Seit 1954 bilden die nordischen Staaten für die Staatsangehörigen der Mitgliedsländer eine Paßunion (von 1958 bis 1979 auch für Ausländer); d. h., daß sie bei Grenzübertritt von Kontrollen befreit sind. Zugleich wurden auf Empfehlung der ersten Session des Nordischen Rates in Dänemark, Finnland, Norwegen und Schweden Lohnempfänger von der Notwendigkeit, eine Arbeitsgenehmigung zu beantragen, befreit, was der Schaffung eines gemeinsamen Arbeitsmarktes entspricht.

Die konkretesten Bemühungen (nach vielen gescheiterten Anläufen) um die Schaffung einer nordischen Wirtschaftsgemeinschaft ergaben sich 1968 bis 1970, als nach offensichtlichem Stagnieren der Bemühungen um eine Ausweitung der → EG Dänemark auf eine engere Kooperation drängte, die in dem NORDEK-Plan *(Nordic economic)* (ohne Island) mündete. Trotz verschiedener Aussetzungen der einzelnen Regierungen kam es im November 1969 zur Verabschiedung eines Terminplans, um im Febr. 1970 zu einer beschlußfähigen Vorlage zu gelangen. Der Integrationsplan scheiterte aber schließlich im Frühjahr 1970 am Widerstand Finnlands gegen eine Interpretation der NORDEK als Sprungbrett in die Europäische Gemeinschaft, wie sie besonders in Dänemark überwog.

Am 16.11.1975 empfahl der Nordische Rat auf seiner ersten Sondersitzung die Einrichtung einer (seit 1954 angeregten) Nordischen Investitionsbank. Ein entsprechendes Abkommen trat nunmehr am 1.6.1976 in Kraft. Die Bank ist mit 400 Mio. Sonderziehungsrechten ausgestattet (Schweden: 180, Dänemark: 88, Finnland: 64, Norwegen: 64, Island: 4). Kredite und Staatsgarantien können bis zu 250% des Grundkapitals betragen.

Das skandinavische Umweltschutzabkommen (5.10.1976) sieht Eingriffe der

Länder gegen Umweltschädigungen, die aus Entwicklungen in einem Nachbarstaat herrühren, so vor, als ob sie im eigenen Land auftreten würden. Im Streitfall kann eine neutrale Schiedskommission angerufen werden, deren Entscheidung alle beteiligten Regierungen zu akzeptieren haben.

7. *Perspektiven/Bewertung:* Ob der Nordische Rat auf längere Sicht die nordische Kooperation entscheidend in Richtung einer zunehmenden Auflösung nationaler Hoheitsrechte voranzutreiben vermag, muß heute trotz des Fortschritts den das Umweltschutzabkommen darstellt, stark bezweifelt werden:

1. Die unterschiedlichen Grundpositionen der Staaten zur Frage von Allianzbildung und Neutralität sind geblieben. Auf den Umstand, daß Außenwirtschaftspolitik eben auch Außenpolitik ist, hat nicht zuletzt Finnland wiederholt verwiesen, was selbst einer wirtschaftlichen Kooperation gegenüber Drittländern Grenzen setzt, erst recht aber einer außen- und sicherheitspolitischen Zusammenarbeit.
2. Dänemark ist seit 1973 Mitglied der EG und scheidet damit in Zukunft für einen nordischen Markt, dem zugleich Finnland angehört, aus.
3. Die wirtschaftlichen Gewichte sind ungleich zugunsten Schwedens und Dänemarks verteilt, was auch kleinere Kooperationsvorhaben erschwert.
4. Ein lediglich konsultatives Organ wie der Nordische Rat läßt den nationalen Interessen bzw. den Interessen einzelner Gruppen in den Mitgliedstaaten großen Spielraum, Empfehlungen zu unterlaufen oder ihre Umsetzung zu verzögern, so daß Entscheidungen, die einzelne Gruppen oder Staaten zum Wohl der gesamten nordischen Region zeitweilig benachteiligen, nur schwer erreichbar sind.

Auf den Gebieten Rechtsangleichung, Vereinheitlichung der Sozialordnung und Zusammenarbeit in Kultur und Forschung bestehen aber sicher noch große Möglichkeiten für eine engere Kooperation, die vom Nordischen Rat auch in Zukunft angeleitet werden kann.

Literatur

Haskel, B. 1976: The Scandinavian Option, Oslo-Bergen; laufende Veröffentlichungen in: Cooperation and Conflict, Zeitschrift des Nordic Cooperation Committee for International Politics, Oslo

Holger Ehmke

Rat für gegenseitige Wirtschaftshilfe/RGW (Communist Economies/ COMECON; Council for Mutual Economic Assistance/CMEA)

1. *Sitz:* Moskau. Hauptorgane des RGW sind die Ratstagung, das Exekutivkomitee, Komitees, die Ständigen Kommissionen (Sitz in den Hauptstädten der Mitgliedsländer) und das Sekretariat mit Sitz in Moskau. Die ersten beiden Organe tagen abwechselnd in den RGW-Ländern.

2. *Mitglieder: Gründungsmitglieder* des RGW sind die UdSSR, Bulgarien, Polen,

Rumänien, Ungarn und die Tschechoslowakei. Später traten bei: DDR (1950), Mongolei (1962), Kuba (1972) und Vietnam (1978). Seit 1964 ist Jugoslawien assoziiertes Mitglied. Albanien nimmt seit 1962 nicht mehr an den Ratsaktivitäten teil. Beobachterstatus haben derzeit Äthiopien, Afghanistan, Angola, Laos, Mocambique und die VR Jemen sowie Nicaragua.

3. Entstehungsgeschichte: Aus dem Gründungskommuniqué geht hervor, daß sowohl politische als auch ökonomische Überlegungen zur Ratsgründung geführt haben: „Die Konferenz hat weiter festgestellt, daß die Regierungen der Vereinigten Staaten und Großbritanniens sowie die Regierungen verschiedener anderer westeuropäischer Staaten dem Sachverhalt nach einen wirtschaftlichen Boykott gegen die volksdemokratischen Länder und gegen die UdSSR verhängt haben, weil es diese Länder nicht für möglich erachten, sich dem Diktat des Marshall-Plans zu unterwerfen, da dieser Plan die Souveränitätsrechte der Länder sowie die Interessen ihrer nationalen Wirtschaft verletzt." Mit der Gründung des RGW wurde von sowjetischer Seite offensichtlich das Ziel verfolgt, die osteuropäischen Länder auch wirtschaftlich stärker an sich zu binden und ihnen eine gewisse Kompensation für die verweigerte Marshallplanhilfe zu bieten. Allerdings waren auf seiten der UdSSR die materiellen Voraussetzungen hierfür nicht gegeben, so daß die politischen Motive Priorität gehabt haben dürften. Die Bereitschaft der osteuropäischen Länder zu einer stärkeren Anbindung an die UdSSR dürfte allerdings auch durch die 1948 einsetzende und mit dem amerikanischen Battle Act von 1951 (Ausfuhrverbot strategisch wichtiger Güter in kommunistisch regierte Länder) verstärkte Embargopolitik der westlichen Industriestaaten gefördert worden sein.

Wirtschaftlich spielte der RGW in den 50er Jahren keine bedeutende Rolle. Zwar wurde auf der 2. Tagung des Rates in Sofia (August 1949) die kostenlose Überlassung von Lizenzen vereinbart. Diese Regelung hat die Zusammenarbeit aber eher gehemmt als gefördert. Zwischen 1950 und 1954 fanden keine Ratstagungen statt. Sicher nicht ohne Einfluß auf die Aktivierung der Zusammenarbeit im RGW war die 1958 wirksam gewordene Gründung der Europäischen Wirtschaftsgemeinschaft. (→ EG) Erst jetzt begann man im RGW mit der Ausarbeitung eines Statuts. 1959 wurde es auf der 12. Ratstagung in Sofia verabschiedet. Es ist, mit einigen Modifikationen (zuletzt 1974), bis heute Grundlage für die Zusammenarbeit und legt Ziele, Prinzipien und organisatorische Tätigkeiten des RGW fest.

4. Ziele: Die Integration wird von den Mitgliedsländern als ein langfristiger Prozeß verstanden, dessen Endzustand noch weitgehend offen ist. Im Schrifttum wird aber darauf hingewiesen, daß der Integrationsprozeß als eine wachsende langfristig geplante Verflechtung mit allmählicher Verschmelzung der verschiedenen Volkswirtschaften zu einem einheitlichen Wirtschaftsmechanismus zu verstehen sei. Bei der Formulierung der offiziellen Dokumente konnten sich die Regierungen dagegen bisher nicht auf eine eindeutige Zielsetzung verständigen. 1949 nannte das Gründungskommuniqué die „Verwirklichung einer weitergehenden wirtschaftlichen Zusammenarbeit" durch den „Austausch von wirtschaftlichen Erfahrungen, Gewährung gegenseitiger technischer Hilfe und gegenseitigen Beistand" beim Außenhandel als Gemeinschaftsziel. Ebenso wie das 1960 in Kraft getretene Ratsstatut nennt auch das Komplexprogramm von 1971 das Ziel, durch Vereinigung und Koordinierung der Mitgliedsländer beizutragen zum beschleunigten Wirtschaftswachstum, zur Herausbildung moderner Produktionsstrukturen, zur Erhöhung des („materiellen und kulturellen") Lebensstandards der Bevölkerung, zur schrittweisen Annäherung und Angleichung des ökonomischen Entwicklungsniveaus der Mitgliedsländer des RGW, zum beschleunigten und stabileren Wachstum des Intrablockhandels, zur Stärkung der Verteidigungskraft der RGW-Länder und zur „Stärkung der Position der Mitgliedsländer des RGW in der Weltwirtschaft und im Endergebnis Sicherung des Sieges im ökonomischen Wettbewerb mit dem Kapitalismus"

Hauptmethode der Zusammenarbeit ist die Plankoordinierung. Zunächst beschränkte man sich auf die Abstimmung der Außenhandelspläne (Jahresprotokolle, langfristige Handelsabkommen). Später bemühte man sich um die Einbeziehung der Produktionspläne. Als Weiterentwicklung der Plankoordinierung können genannt werden: Spezialisierung und Kooperation bei der Produktion (derzeit im wesentlichen Fortschreibung der bereits existierenden Produktionsverteilung), Investitionsbeteiligungen (überwiegend bei Erschließung, Transport und Verarbeitung von Rohstoffen auf dem Territorium der UdSSR) sowie die Ausarbeitung sog. „Langfristiger Zielprogramme" für die Bereiche Landwirtschaft, Energie- und Rohstoffwirtschaft, Maschinenbau, Konsumgüter, Transportwesen. In diesen Programmen sollen der langfristige Bedarf ermittelt sowie die Maßnahmen zu seiner Deckung festgelegt werden.

5. *Organisationsstruktur:* Die Wahrung der nationalstaatlichen Souveränität ist eines der wesentlichsten Prinzipien des RGW. Der im Statut niedergelegte Grundsatz wurde in der Folgezeit stets bekräftigt: „Die sozialistische ökonomische Integration erfolgt auf der Grundlage der vollen Freiwilligkeit und ist nicht mit der Schaffung überstaatlicher Organe verbunden ..." Die entscheidende Garantie für die staatliche Souveränität der Mitgliedsländer ist das Prinzip der Einstimmigkeit bei allen Abstimmungen. Da sich dieses Prinzip als integrationshemmend erwiesen hat, gilt es seit 1967 nur noch für die jeweils „interessierten" Länder; d. h. jedes Land kann vor einer Abstimmung sein „Nichtinteresse" erklären und damit seine Mitarbeit an einem Projekt einstellen, ohne daß damit die vorgesehene Maßnahme blockiert wird. Jedes Mitgliedsland ist in den Organen des RGW mit einer Stimme vertreten.

Oberstes Entscheidungsorgan ist die Ratstagung, die in der Regel einmal im Jahr zusammentritt und die wesentlichsten Grundsatzentscheidungen fällt. Das eigentliche Leitungs- und Vollzugsorgan ist das Exekutivkomitee. Es ist für alle Fragen der Plankoordinierung sowie der Spezialisierung und Kooperation zuständig. Komitees (derzeit drei, nämlich für die Planung, die wissenschaftlich-technische Zusammenarbeit und für die materiell-technische Versorgung) können von der Ratstagung für die „komplexe Behandlung und Entscheidung der wichtigsten Probleme der Zusammenarbeit ... auf multilateraler Grundlage" geschaffen werden. Die organisatorischen Aufgaben nimmt das Sekretariat des RGW wahr. Mit Planungs- und Organisationsaufgaben sind die Ständigen Kommissionen betraut. Hierbei handelt es sich entweder um Branchenkommissionen (z. B. für die chemische Industrie) oder solche mit allgemeinen Aufgaben (z. B. für Währungs- und Finanzfragen). Die in den RGW-Organen getroffenen Entschließungen können entweder Beschlüsse (bei organisatorischen Fragen) oder Empfehlungen sein. Einstimmig gefaßte Empfehlungen werden allerdings erst rechtswirksam, nachdem sie von den nationalen Regierungen durch entsprechende

Gesetzgebung akzeptiert werden. Jedes Mitgliedsland ist in den Organen des RGW mit einer Stimme vertreten.

6. Entwicklung: Während in den 50er Jahren die Bildung eines organisatorischen Rahmens die Arbeiten des RGW bestimmte, gewannen Anfang der 60er Jahre währungs- und finanzpolitische Fragen zunehmend an Bedeutung. Mit der Gründung der → Internationalen Bank für Wirtschaftliche Zusammenarbeit (IBWZ) als Clearingstelle und der Schaffung einer gemeinsamen Verrechnungswährung (Transfer-Rubel) konnten 1964 konkrete Ergebnisse erzielt werden. Ihr folgte 1971 die → Internationale Investitionsbank (IIB).

Eine neue Entwicklungsetappe begann 1969, ein Jahr nachdem die Zollunion in der EWG verwirklicht worden war. Auf der 23. Ratstagung beschlossen die Parteivorsitzenden der Mitgliedstaaten die Ausarbeitung eines Dokuments, in dem die Schwerpunkte und Methoden der weiteren Zusammenarbeit fixiert werden sollten. Diesem Beschluß folgte eine breit angelegte Diskussion über die „Sozialistische Ökonomische Integration", einem Begriff, der erstmals 1970 in einem Ratsdokument verwendet wurde. Als Ergebnis eines politischen Kompromisses wurde 1971 das „Komplexprogramm für die weitere Vertiefung und Vervollkommnung der Zusammenarbeit und Entwicklung der sozialistischen ökonomischen Integration der Mitgliedsländer des RGW" verabschiedet. Dieses Programm sieht auf längere Frist Maßnahmen zur Vertiefung der Zusammenarbeit vor. Erstmals wurden konkrete Zeitvorgaben festgesetzt. Sie sind vor allem auf dem Währungssektor nicht eingehalten worden. Neben dem Ratsstatut ist das Komplexprogramm noch immer das wichtigste RGW-Dokument.

In der ersten Hälfte der 70er Jahre entwickelte der RGW Ansätze zu einer Gemeinschaftspolitik gegenüber Drittländern. 1973 wurde zwischen Finnland und dem RGW ein Abkommen „über die Zusammenarbeit" unterzeichnet. Ähnliche Vereinbarungen wurden später mit dem Irak und Mexiko getroffen. Die → UN gewährte dem RGW 1974 einen Beobachterstatus. In diesem Zusammenhang ist eine 1974 vorgenommene Satzungsänderung von Bedeutung. Danach kann der RGW mit anderen Staaten bzw. anderen internationalen Organisationen Verträge schließen bzw. Beziehungen unterhalten.

Seit dem Herbst 1973 bemüht sich der RGW um offizielle Kontakte zur EG, die ihrerseits von ihren Mitgliedstaaten das Mandat für die Durchführung einer gemeinsamen Handelspolitik gegenüber „Staatshandelsländern" erhalten hatte. Nachdem ein 1974 von der Gemeinschaft an die RGW-Länder gerichteter Entwurf für den Abschluß von Handelsabkommen unbeantwortet blieb, legte der RGW im Febr. 1976 einen Entwurf über ein „Abkommen zwischen dem RGW und der EWG über die Grundlagen der gegenseitigen Beziehungen" vor. Ausgehend von der → KSZE-Schlußakte werden darin eine Reihe von Vorschlägen unterbreitet. So u. a. die gegenseitige Gewährung der Meistbegünstigung, Nicht-Diskriminierung, insbesondere die Abschaffung von Ein- und Ausfuhrbeschränkungen, Gewährung von Krediten zu den bestmöglichen Bedingungen, Gewährung von EG-Handelspräferenzen an interessierte RGW-Länder. Die EG zeigte aus juristischen, wirtschaftlichen und politischen Gründen kein Interesse an einem umfassenden Abkommen mit dem RGW. Juristische Begründung: Der RGW besitze „keine supranationalen Befugnisse"; wirtschaftliche Begründung: die kleineren RGW-Länder würden „in eine zu große Abhängigkeit von der UdSSR geraten"; politische Begründung: man würde dazu beitragen, die „sowjetische Umklammerung der osteuropäischen Länder zu verstärken." Stattdessen will die EG Einzel-abkommen mit jedem RGW-Mitgliedstaat abschließen, mit dem RGW nur ein ganz allgemeingehaltenes Rahmenabkommen. Dies ist im Falle Rumäniens bereits 1980 gelungen.

7. Perspektiven: Vor allem seit dem Ende der 60er Jahre konnten im RGW Fortschritte bei der Koordinierung der Produktions- und Außenhandelsentschei-dungen erzielt werden. Noch immer aber behindern grundsätzliche Probleme eine Intensivierung der Zusammenarbeit. Hierzu zählt in erster Linie mangelnde Bereitschaft zum Souveränitätsverzicht. Für die kleineren RWG-Staaten dürfte die – im Vergleich zum politischen und militärischen Bereich – relativ größere wirtschaftliche Unabhängigkeit einen hohen Stellenwert haben. Ein Beispiel bietet die Währungspolitik als zentraler integrationshemmender Faktor: Die Preise in den einzelnen Mitgliedsländern werden entsprechend den wirtschafts- und sozialpolitischen Zielen von Parteien und Regierungen autonom bestimmt. Damit ergeben sich beträchtliche Unterschiede in den Preisstrukturen. Dies wiederum macht die Berechnung und Anwendung ökonomisch begründeter Wechselkurse unmöglich. Solange aber derartige Wechselkurse fehlen, können Aufwand und Ertrag von Integrationsmaßnahmen (Investitionsbeteiligungen, Spezialisierung und Kooperation der Produktion) nicht exakt ermittelt werden. Dies erklärt die zu beobachtende Zurückhaltung der Mitgliedsländer bei der Vornahme entsprechender Gemeinschaftsprojekte.
Integrationshemmend erweisen sich auch die Struktur- und Niveauunterschiede. Die politische Führungsmacht, die UdSSR, produziert etwa 2/3 des Sozialpro-dukts der Gemeinschaft. Hinsichtlich der Niveaus von ziviler Technologie und Lebensstandard ist sie den meisten Mitgliedsländern jedoch unterlegen. Unter-schiede im Industrialisierungsniveau erfordern verschiedene Wachstumsstrategien. Unterschiede in der Außenhandelsverflechtung (Extreme: UdSSR und Ungarn) erfordern unterschiedliche Reaktionsvermögen auf weltwirtschaftliche Verän-derungen. Dies spiegelt sich u. a. auch in der Verschiedenartigkeit der Planungs- und Leitungssysteme wider, die als ein „erheblich desintegrierender Faktor" betrachtet wird.

Literatur

Bernert, J. 1982: Bibliographie zur Integration und zum Integrationsrecht im RGW (COMECON), Baden-Baden
Bethkenhagen, J./Machowski, H. 1976: Integration im Rat für gegenseitige Wirt-schaftshilfe, Berlin
Seiffert, W. 1982: Das Rechtssystem des RGW, Baden-Baden
Uschakow, A. 1982: Integration im RGW (COMECON), Baden-Baden

Jochen Bethkenhagen

Warschauer Pakt

1. Sitz: Moskau. Vereintes Sekretariat; Ständige Kommission

2. *Mitglieder:* Bulgarien, ČSSR, DDR, Rumänien, Polen, UdSSR und Ungarn (bis 1968 Albanien, das wegen der Intervention von fünf WP-Staaten – ausgenommen Rumänien – in der ČSSR austrat.)

3. *Entstehung:* Der Warschauer Pakt wurde mit dem Vertrag über Freundschaft, Zusammenarbeit und gegenseitigen Beistand am 14.5.1955 auf 20 Jahre geschlossen und ist neben dem bereits 1949 gebildeten → Rat für Gegenseitige Wirtschaftshilfe (RGW) die wichtigste multilaterale Organisation des Ostblocks. Von der Möglichkeit, ein Jahr vor Ablauf der zwanzigjährigen Frist den Vertrag zu kündigen, hat kein MItglied Gebrauch gemacht. Der Vertrag wurde 1985 um weitere 20 Jahre verlängert, mit einer zusätzlichen Verlangerungsoption von 10 Jahren. Der zeitliche Geltungsbereich wird noch dahingehend beeinflußt, daß der WP nach den Intentionen seiner Mitglieder einmal in ein „System der kollektiven Sicherheit in Europa" transformiert werden soll. Die Bestimmung des Art. 11 sagt jedoch nichts über das Zustandekommen und den Inhalt eines solchen Systems aus. Der räumliche Geltungsbereich des Warschauer Vertrags beschränkt sich gemäß der Präambel und des Art. 4 auf europäische Länder, so daß der asiatische Teil der UdSSR – entgegen dem allgemeinen Satz des Völkerrechts, nach dem Verträge das gesamte Staatsgebiet ihrer Signatare erfassen – nicht in die Beistandsklausel einbezogen ist. Nur ein Angriff in Europa zieht den Bündnisfall des Warschauer Pakts nach sich. Hingegen sind die Bündnisklauseln der von der UdSSR 1967 mit Bulgarien und Ungarn, 1970 mit der CSSR und Rumänien und 1975 mit der DDR erneuerten bilateralen Bündnispakte territorial nicht mehr begrenzt. Die einzige Ausnahme bildet noch der sowjetisch-polnische Bündnispakt aus dem Jahre 1965, dessen Bündnisklausel sich ausschließlich gegen die Bundesrepublik Deutschland richtet. Für den sachlichen Geltungsbereich bildet Art. 4 das Kernstück. Die in ihm verankerte Beistandsklausel legt die automatische Beistandsverpflichtung der Mitglieder für den Fall eines bewaffneten Angriffs auf einen oder mehrere der Vertragspartner in Europa fest. Außerdem beraten sich die Teilnehmerstaaten unverzüglich über gemeinsame Maßnahmen, die zum Zwecke der Wiederherstellung und Aufrechterhaltung des Weltfriedens und der Sicherheit zu ergreifen sind. Die Beistandsklausel des WPs richtet sich nicht gegen einen bewaffneten Angriff aus den eigenen Reihen und erlaubt es nicht, militärischen Beistand auch gegen den Willen des Opfers eines bewaffneten Angriffs zu leisten.

4. *Ziele:* Die UdSSR verband mit der Schaffung des Acht-Mächte-Pakts vornehmlich drei Ziele: 1. die militärische Kooperation und Verteidigungsbereitschaft innerhalb des eigenen Machtbereichs zu verbessern und zu straffen sowie das schon bestehende bilaterale Bündnissystem durch die multilaterale Pakt-Organisation zu erweitern; 2. eine neue Rechtsgrundlage für die weitere Stationierung sowjetischer Truppen in einzelnen Pakt-Staaten zu schaffen und 3. der durch die Aufnahme der Bundesrepublik Deutschland in die → NATO (und → Westeuropäische Union) verstärkten westlichen Verteidigungsallianz ein multilaterales Bündnis entgegenzusetzen. Erst im Laufe der 60er Jahre verdeutlichte die Entwicklung der Militärallianz immer mehr das weitere Ziel der Sowjetunion, das Bündnis auch zur Koordinierung der Außenpolitik der Mitgliedsländer, und, wenn nötig, zur Disziplinierung unbotmäßiger Vertragspartner zu benutzen.

5. *Organisationsstruktur* Über den Aufbau, die Funktionen und Arbeitsweise der politischen und militärischen Organe der Warschauer Allianz ist nur wenig be-

kannt. Der Warschauer Vertrag selbst umreißt die institutionellen Formen der militärischen Kooperation und multilateralen außenpolitischen Koordinierung nur unzureichend. Wichtige strukturelle Veränderungen des Bündnisses besehloß der Politische Beratende Ausschuß auf seiner Sitzung am 17. März 1969 in Budapest, während die vom höchsten politischen Organ des Bündnisses am 25. und 26. November 1976 in Bukarest gefaßten Beschlüsse an der Struktur der Allianz nur wenig geändert haben.

5.1 Die politischen Führungsorgane: Als politisches Führungsorgan fungiert der PBA, „in den jeder Teilnehmerstaat des Vertrages ein Regierungsmitglied oder einen anderen besonders ernannten Vertreter delegiert" (Art. 6). Der PBA, der seine Beschlüsse einstimmig faßt und in dem die gesamte Leitung der östlichen Militärallianz koordiniert wird, hat nicht nur politische, sondern auch weitreichende militärische Funktionen. Art. 8 weist ihm Aufgaben auch im Bereich der ökonomischen und kulturellen Beziehungen zwischen den Vertragspartnern zu.

Als Hilfsorgane des PBA fungieren die Ständige Kommission und das Vereinte Sekretariat. Die Bildung der beiden Hilfsorgane war notwendig, da der PBA nicht den Charakter eines permanent tagenden Organs besitzt. Um die Außenpolitik der dem Warschauer Bündnis angehörenden Staaten möglichst wirksam zu koordinieren, haben sich im Laufe der Jahre organisatorische Formen herausgebildet, die im Vertragstext selbst nicht vorgesehen sind. Da die Außenminister der Allianz bereits regelmäßig beraten haben, bedeutet der Beschluß des PBA vom 26.11.1976, als Organ des PBA ein Komitee der Minister für Auswärtige Angelegenheiten zu bilden, nur eine Institutionalisierung der bisherigen Praxis.

5.2 Die militärischen Führungsorgane: Über die militärische Führungsstruktur sagt der Text des Warschauer Vertrags ebenfalls nur sehr wenig aus. Bis zur Umstrukturierung der Allianz im März 1969 bildeten das Vereinte Kommando und der Stab der Vereinten Streitkräfte die beiden einzigen militärischen Organe der östlichen Allianz. Das Vereinte Kommando umfaßt – gemäß Art. 5 – diejenigen Streitkräfte der Mitgliedstaaten, „die nach Vereinbarung zwischen den Parteien diesem aufgrund gemeinsam festgelegter Grundsätze handelnden Kommando zur Verfügung gestellt werden". In welchem Umfang die einzelnen Staaten dem Vereinten Kommando Truppen-Kontingente unterstellt haben, ist – mit Ausnahme der DDR – nicht bekannt. Die DDR hat sich im Zeitpunkt der militärischen Eingliederung der Nationalen Volksarmee in den Warschauer Pakt im Januar 1956 verpflichtet, ihre gesamten bewaffneten Kontingente dem Bündnis zur Verfügung zu stellen.

Die Leitung des Vereinten Kommandos fiel gemäß der in Warschau 1955 festgelegten militärischen Spitzengliederung dem Oberkommandierenden der Vereinten Streitkräfte zu, dem neben seinen Stellvertretern ein aus Vertretern der einzelnen Generalstäbe gebildeter Stab der Vereinten Streitkräfte zur Verfügung gestellt wurde. Bei der Errichtung des Warschauer Bündnisses einigten sich die Signatare darauf, daß der Oberkommandierende der Vereinten Streitkräfte stets ein sowjetischer Offizier sein soll. Er übt zugleich die Funktion als ein Erster stellvertretender Verteidigungsminister der UdSSR aus. Auch die Schlüsselstellung beim Stab der Vereinten Streitkräfte hatte bisher immer ein sowjetischer Armeegeneral inne.

138

Aufgrund der Budapester Beschlüsse am 17.3.1969 wurde die militärische Führungsspitze der Warschauer Allianz durch die Schaffung dreier neuer Organe umstrukturiert und differenzierter ausgestaltet. Das wichtigste militärische Führungsorgan ist seitdem das Komitee der Verteidigungsminister der Mitgliedstaaten des Warschauer Pakts, das in seiner Arbeit vom neu gebildeten Militärrat der Vereinten Streitkräfte unterstützt wird. Da die Verteidigungsminister bereits seit 1961 regelmäßig zu Konsultationen zusammengetroffen waren, bedeutet der Beschluß vom 17.3.1969 nur eine Institutionalisierung der bisherigen Übung. In Budapest wurde darüber hinaus beschlossen, als weiteres neues Gremium innerhalb des Oberkommandos das Vereinte Komitee zur Koordinierung der Waffentechnik zu bilden.

Dem Komitee der Verteidigungsminister gehören außer den Verteidigungsministern der sieben Mitgliedstaaten der Oberkommandierende und der Chef des Stabes der Vereinten Streitkräfte an. Da der PBA nur selten zusammentritt, kommt dem Komitee der Verteidigungsminister bei der Koordinierung aller militärischen Fragen eine zentrale Rolle zu. Bis zu den Beschlüssen vom 17.3. 1969 fungierten im Vereinten Kommando als Stellvertreter des Oberkommandierenden der Vereinten Streitkräfte die Verteidigungsminister der Mitgliedsländer in ihrer Eigenschaft als Oberbefehlshaber der jeweiligen nationalen Armee. Seit dem 17.3.1969 sind die Verteidigungsminister der Vertragsstaaten nicht mehr dem sowjetischen Oberkommandierenden der Vereinten Streitkräfte unterstellt, sondern bilden nun mit ihrem sowjetischen Kollegen das höchste militärische Organ der Allianz. Das Vereinte Kommando setzt sich aus dem Oberbefehlshaber, dem Chef des Stabes und den stellvertretenden Verteidigungsministern der Mitgliedsländer zusammen. Die starke Stellung der UdSSR ergibt sich daraus, daß sie die beiden Schlüsselpositionen des Oberbefehlshabers und des Chefs des Stabes der Vereinten Streitkräfte innehat und die beiden hohen sowjetischen Militärs sowohl dem Komitee der Verteidigungsminister als auch dem Militärrat angehören. Dem Oberkommandierenden der Vereinten Streitkräfte unterstehen im Frieden direkt die in Polen, Ungarn, der DDR und seit 1968 in der Tschechoslowakei stationierten sowjetischen Truppen, die Nationale Volksarmee der DDR einschließlich der Grenztruppen und die von den übrigen Vertragspartnern zur Verfügung gestellten Truppen-Kontingente.

6. *Entwicklung:* Da *Stalins* Nachfolger der wirtschaftlichen „Integration" des Ostblocks die Priorität einräumten, beschränkte sich der Warschauer Pakt auf dem Gebiet der militärischen Kooperation bis Anfang der 60er Jahre auf die Standardisierung der Waffen und der Waffenproduktion nach sowjetischem Muster und die Übernahme sowjetischer Organisationsformen und praktischer Lehren; die UdSSR hat seit 1955 den Ländern der Warschauer Allianz erhebliche Militärhilfe geleistet. Nach den Oktober-Ereignissen in Polen und Ungarn war die sowjetische Führung zunächst bemüht, ihre in der Deklaration vom 30.10.1956 gegebene Zusage einzulösen und die Stationierung ihrer Streitkräfte mit jenen Ländern zu regeln, in denen sie als Folge des Zweiten Weltkriegs Truppen stationiert hielt: am 17.12.1956 mit Polen, am 12.3.1957 mit der DDR, am 15.4.1957 mit Rumänien und am 27.5.1957 mit Ungarn. Während die UdSSR ihre Truppen aufgrund eines Arrangements mit den USA bereits im Dez. 1945 aus der Tschechoslowakei und aufgrund des Friedensvertrags vom 10.2.1947 im Dez. 1947 aus Bulgarien zurückgezogen hatte, vollzog sie gegenüber Rumänien 1958 diesen

Schritt. Mit der Tschechoslowakei schloß die UdSSR am 16.10.1968 einen Vertrag über die Stationierung sowjetischer Streitkräfte.

In eine neue Phase trat die Entwicklung des Warschauer Pakts Anfang der 60er Jahre. So wirkte sich seit 1961 der sowjetisch-chinesische Konflikt auch auf die Kooperation der östlichen Militärallianz aus: Albanien, das sich frühzeitig in der ideologischen und machtpolitischen Auseinandersetzung zwischen Moskau und Peking auf die Seite der Volksrepublik China gestellt hatte, spielte ab 1961 keine aktive Rolle mehr im Warschauer Bündnis. Nachdem die Pläne *Chruschtschows*, durch die Reform des Rats für Gegenseitige Wirtschaftshilfe einen Großmarkt zu schaffen, am Widerstand Rumäniens in den Jahren 1962-1964 gescheitert waren, gewannen für die sowjetische Führung die Aspekte der militärischen Zusammenarbeit und der gemeinsamen Stärke der Pakt-Streitkräfte ein sehr viel größeres Gewicht als in den Jahren zuvor. Gegen diese Tendenzen setzte sich im Laufe der 60er Jahre vor allem Rumänien zur Wehr, das auf seiner eigenen Interpretation der politischen und militärischen Rolle des Bündnisses bestand.

Den bisher wichtigsten Einschnitt in der Entwicklung des Warschauer Pakts bildet die militärische Intervention von fünf Mitgliedstaaten in der Tschechoslowakei am 21.8.1968. Die im Anschluß an die Invasion formulierte Breschnew- oder Moskauer Doktrin von der beschränkten Souveränität der kommunistischen Staaten, die in der Zwischenzeit vornehmlich nur Anhänger in der UdSSR, der DDR und in geringerem Maße in der CSSR gefunden hat, wies dem östlichen Militärbündnis eine neue Funktion zu: darüber zu wachen, daß in den Mitgliedsländern der politische und soziale Status quo von der jeweiligen politischen Führung nicht angetastet wird. Darüber hinaus war die UdSSR seit Mitte der 60er Jahre bestrebt, den Warschauer Pakt auch als Forum zu benutzen, um sich die eigenen außen- und vor allem europapolitischen Vorstellungen sanktionieren zu lassen. Der Sowjetunion ging und geht es schließlich darum, „den Mechanismus der politischen Zusammenarbeit im Rahmen des Warschauer Vertrags zu vervollkommnen". Dennoch hat sie es zugelassen, daß Rumänien seine militärische Mitarbeit in der Allianz sukzessive eingeschränkt hat.

7. Bewertung/Perspektiven: Nichts deutet darauf hin, daß die UdSSR die Struktur und Funktion des von ihr weitgehend beherrschten Warschauer Pakts in absehbarer Zeit zu modifizieren gedenkt. Eine Auflösung der Warschauer Allianz, deren militärisches Gewicht ständig zugenommen hat, erscheint vorläufig insofern ausgeschlossen, als sich der Charakter des Bündnisses seit der militärischen Intervention in der Tschechoslowakei grundlegend geändert hat. Seitdem dient der Warschauer Pakt der Sowjetunion vornehmlich dazu, den eigenen Herrschaftsbereich auch vor inneren Erschütterungen soweit wie möglich zu schützen und unbotmäßigen Mitgliedsländern den „rechten Weg" zu weisen. Die wichtige Funktion eines multilateralen politischen Koordinierungsorgans können die neben der Warschauer Allianz bestehenden bilateralen Bündnisverträge, durch die alle Staaten des Warschauer Vertrags miteinander verbunden sind, nicht übernehmen.

Literatur

Caldwell, L. T. 1979: The Warsaw Pact: Directions of Change, in: Problems of Communism, Vol. 24/1975, No. 5, S. 1-19

140

Hacker, J. 1983: Der Ostblock — Entstehung, Entwicklung und Struktur 1939-1980. Baden-Baden
Jones, Ch. D. 1981: Soviet Influence in Eastern Europe. Political Autonomy and the Warsaw Pact. New York
Remington, R. 1971: The Warsaw Pact. Case Studies in Communist Conflict Resolution. Cambridge/Mass. und London
Uschakow, A. 1976: Wandlungen im östlichen Bündnissystem, in: Moderne Welt — Jahrbuch für Ost-West-Fragen 1976, S. 370-387

Jens Hacker

Westeuropäische Union (Westeuropean Union/WEU)

1. Sitz: London (Generalsekretariat), Paris (Amt für Rüstungskontrolle)

2. Mitglieder: Belgien, Bundesrepublik Deutschland, Frankreich, Großbritannien, Italien, Luxemburg, Niederlande

3. Entstehungsgeschichte: Am 17.3.1948 unterzeichneten die → die BENELUX-Staaten zusammen mit Frankreich und Großbritannien den Brüsseler Pakt, ein auf 50 Jahre geschlossenes automatisches militärisches und politisches Verteidigungsbündnis, das sich in seiner Präambel noch gegen einen potentiellen Aggressor Deutschland richtete. Als im Zuge des europäischen Integrationsprozesses die geplante Europäische Verteidigungsgemeinschaft (EVG) scheiterte, wurde der durch die 1949 gegründete → NATO in seiner politischen Bedeutung relativierte Brüsseler Pakt revitalisiert. Großbritannien schlug im Sept. 1954 vor, den Brüsseler Pakt unter Aufnahme der Bundesrepublik Deutschland und Italiens zu einer Westeuropäischen Union zu erweitern und mit neuen Aufgaben zu versehen. Die Londoner Neunmächtekonferenz (sechs → EGKS-Staaten plus USA, Großbritannien und Kanada), die über die Beendigung des Besatzungsstatuts, den Beitritt der Bundesrepublik zur NATO sowie über das Saarstatut im Okt. 1954 erfolgreich verhandelte, wandelte den Brüsseler Pakt in die Westeuropäische Union um.

4. Ziele/Vertragsinhalt: Aufgabe der WEU ist es, „die Einheit Europas zu fördern und seiner fortschreitenden Integrierung Antrieb zu geben sowie engere Zusammenarbeit zwischen den Mitgliedstaaten und mit anderen europäischen Organisationen zu unterstützen" (Art. 8). Kernstück des Vertrags ist Art. 5, in dem sich die Vertragspartner im Falle eines bewaffneten Angriffs in Europa in Einklang mit Art. 51 der Satzung der → Vereinten Nationen „alle in ihrer Macht stehende militärische und sonstige Hilfe und Unterstützung" zusichern.
Die WEU verzichtet auf eine eigene militärische Parallelorganisation zur NATO und anerkennt damit die vorrangige Zuständigkeit des Atlantischen Bündnisses für die europäische Verteidigung. Neben der militärischen Kooperation ist auch die engere ökonomische und soziale Kooperation der Mitgliedsländer vorgesehen.
Vier Protokolle vervollständigen das Vertragswerk über die WEU. Im ersten Protokoll werden jene Vertragspassagen des Brüsseler Pakts annulliert, in denen Maßnahmen angekündigt wurden, die im Falle einer erneuten deutschen Aggression getroffen werden sollten. Im zweiten Protokoll werden die Höchststärken der Streitkräfte — für die Bundesrepublik zwölf Divisionen mit 500 000 Mann in

einem Zusatzabkommen beschlossen – der Mitgliedstaaten festgelegt. Bedeutsam an diesem Protokoll ist außerdem die Verpflichtung Großbritanniens, vier Divisionen und eine taktische Luftflotte auf dem Kontinent zu stationieren. Sie können nur mit Zustimmung der WEU-Staaten abgezogen werden. Im dritten Protokoll werden Rüstungskontrollen für das europäische Festland vorgeschrieben, von denen besonders die Bundesrepublik, z.T. aber auch die BENELUX-Staaten und Frankreich betroffen wurden. Hierin wurden insbesondere Herstellungsverbote für bestimmte Waffen ausgesprochen, die vor allem als Kontrolle gegenüber einer sich militärisch autonom entwickelnden Bundesrepublik konzipiert wurden. Auf Beschluß des WEU-Ministerrats ist dieses Protokoll in den 70er Jahren mehrfach dahingehend geändert worden, daß die Bundesrepublik in die Lage versetzt wurde, ursprünglich verbotene Waffen herzustellen. Bis 1984 bestanden noch Einschränkungen für die Bundesrepublik beim Bau von Langstreckenbombern, Fernraketen und Lenkwaffen. In der Anlage zum Protokoll III erklärte Bundeskanzler *Adenauer* den Verzicht auf die Herstellung von ABC-Waffen für die Bundesrepublik Deutschland auf ihrem Gebiet. Im vierten Protokoll wird die Errichtung eines Amtes für Rüstungskontrolle vorgesehen. Seine Aufgabe ist es, darüber zu wachen, daß das Verbot der Herstellung bestimmter Waffentypen eingehalten wird.

5. Organisationsstruktur/Finanzierung: Wichtigstes Organ ist der *„Rat der Westeuropäischen Union"*, der in der Regel aus den sieben Außenministern der Mitgliedstaaten besteht. Der Rat hat die Durchführung des Vertrages sowie der dazugehörigen Protokolle zu gewährleisten. Er ist das Exekutivorgan, dem alle wichtigen politischen und militärischen Entscheidungen vorbehalten sind. Zur Erfüllung seiner Aufgaben setzt er Unterorganisationen ein, wobei für die Kontinuität der Tätigkeit der *„Ständige Rat"*, bestehend aus den in London akkreditierten Botschaftern und einem hohen britischen Beamten unter Vorsitz des Generalsekretärs, durch vierzehntätige Zusammenkünfte sorgt. Das *Generalsekretariat* führt die ihm von den Organen übertragenen Aufgaben durch. Ein weiteres Unterorgan des Rats ist der *Ständige Rüstungsausschuß*, der aus sieben Mitgliedern besteht und sich mit Fragen der Standardisierung und Produktion von Waffen befaßt. Das ebenfalls vom Rat eingesetzte *Amt für Rüstungskontrolle* überwacht in Zusammenarbeit mit der NATO insbesondere die im Protokoll III niedergelegten Bestimmungen über Rüstungskontrolle. Die *Parlamentarische Versammlung* besteht aus 89 Mitgliedern. Sie setzt sich aus je 18 Vertretern der großen Mitgliedstaaten sowie aus je sieben Vertretern Belgiens und der Niederlande sowie drei Vertretern Luxemburgs zusammen. Die Versammlung tagt jährlich einmal (meistens in Paris) und debattiert den vom Rat vorgelegten Bericht über die WEU.

Das Budget der WEU betrug 1981 1,021 Mrd. US-Dollar, wovon allein die Bundesrepublik Deutschland, Frankreich, Italien und Großbritannien jeweils 20% aufbrachten.

6. Entwicklung: Die WEU war zunächst als Vehikel zur Lösung des deutschen Verteidigungsbeitrags nach dem Scheitern der EVG gedacht. Da mit der NATO jedoch eine militärisch bedeutendere Organisation existiert und alle sieben WEU-Staaten auch Mitglied der NATO sind, kam der WEU hauptsächlich Bedeutung im Rüstungskontrollbereich zu, insbesondere in der Rüstungskontrolle gegenüber der Bundesrepublik. Daneben gewann sie im europäischen Integrationsprozeß

eine gewisse Bedeutung, da sie nach dem Scheitern der Beitrittsanträge Großbritanniens in die →EWG (1963 und 1967) ein institutionelles Bindeglied zwischen den EWG-Staaten und Großbritannien darstellte.

7. Perspektiven: Angesichts der zunehmenden Auseinandersetzungen in den
europäisch-amerikanischen Beziehungen könnte die WEU einen größeren Stellenwert für den europäischen Integrationsprozeß erhalten. Sie kann der Kern für
eine eigene Europäische Verteidigungsunion werden, wenn es sich herausstellen
sollte, daß amerikanische und europäische Verteidigungsinteressen nicht mehr auf
einen Nenner zu bringen sind. Sie könnte sich damit weiter zu einer den europäischen Integrationsprozeß fördernden Organisation entwickeln. Für die Bundesrepublik Deutschland besitzt die WEU neben der NATO eine Rückversicherungs-
option im Falle des Versagens der amerikanischen Verteidigungsbereitschaft.

Literatur

Dransfeld, G. 1974: Die Rolle der Westeuropäischen Union im europäischen
   Integrationsprozeß, München (Diss.).
Twenty-Seventh Annual Report of the Council of the Assembly on the Council's
   activities for the period 1st January to 31st December, 1981 (Assembly of the
   Western European Union) 1982, Document 905, Paris.
Knop, Winfried R. 1984: Bundesrepublik Deutschland und Westeuropäische
   Union, Aachen (Diss.).

Wichard Woyke

Wirtschaftskommission der Vereinten Nationen für Europa (Economic Commission for Europe/ECE)

1. Sitz: Genf (Palais des Nations)

2. Mitglieder: die europäischen UN-Mitglieder einschließlich der Sowjetunion;
darüber hinaus die USA (seit 1947), Kanada (Vollmitglied seit 1973) und die
Schweiz (Vollmitglied seit 1971); die Bunderepublik Deutschland schon seit
1956.

3. Entstehung: Am Anfang der Bestrebungen, die zur Konstituierung der ECE
im Mai 1947 führten, stand die Überzeugung zahlreicher Führungskräfte ost-
und westeuropäischer Länder, den wirtschaftlichen Wiederaufbau nach den
Zerstörungen des Zweiten Weltkriegs nur in gemeinsamer Anstrengung erfolgreich
bewältigen zu können. Hinzu kamen das Bestreben, der Tendenz zur Ost-West-
Polarisierung entgegenzuwirken, das Bemühen um weitere amerikanische Hilfs-
gelder nach dem Auslaufen des UN-Hilfsprogramms für die befreiten Länder
→ (UNRWA) und die Suche nach Nachfolgeorganisationen für die kriegsbedingten
Kooperationsorgane im wirtschaftlichen Bereich (Europäische Kohleorganisation,
Europäische Verkehrsorganisation, Wirtschafts-Notausschuß für Europa). Seit
Anfang 1946 in den UN-Gremien diskutiert, wurde das Projekt einer UN-Wirt-
schaftsorganisation für Europa zunächst von den USA gefördert, weil ihnen am
Zustandekommen eines integrierten Wiederaufbauprogramms gelegen war; die
Sowjetunion betrachtete es dagegen mit Mißtrauen, weil sie um ihre Handlungs-
freiheit in den osteuropäischen Ländern und in der Sowjetischen Besatzungszone
Deutschlands fürchtete. Unter dem Druck der osteuropäischen Regierungen

stimmte die Sowjetführung schließlich im Dez. 1946 der Schaffung der neuen Organisation zu, sorgte dann aber in den Gründungsverhandlungen dafür, daß ihre Kompetenzen gering bzw. teilweise ungeklärt blieben.

4. *Ziele:* Der Wirtschafts- und Sozialrat der Vereinten Nationen beauftragte die ECE in seinem Gründungsbeschluß vom 28.3.1947 recht allgemein mit „Maßnahmen zur Förderung gemeinsamer Anstrengungen für den wirtschaftlichen Wiederaufbau Europas, zur Steigerung der wirtschaftlichen Aktivität in Europa und zur Aufrechterhaltung und Ausweitung der wirtschaftlichen Beziehungen der europäischen Länder sowohl untereinander als auch mit anderen Ländern der Welt." Wie diese Maßnahmen aussahen, blieb der ECE im wesentlichen selbst überlassen; konkretisiert wurde nur das Mandat für Untersuchungen wirtschaftlicher und technologischer Probleme, die sich den Mitgliedsländern stellen, sowie die Sammlung, Auswertung und Verbreitung entsprechender wirtschaftlicher, technologischer und statistischer Informationen. Im übrigen hängt ihr tatsächliches Arbeitsprogramm von der Zustimmung der jeweils betroffenen Mitgliedsländer ab.

5. *Struktur:* Organe der ECE sind die Vollversammlung, die Technischen Ausschüsse und das Sekretariat. An der Spitze des Sekretariats steht der Exekutivsekretär; ihm obliegt die Entscheidung über die personelle Zusammensetzung des Sekretariats, das neben Verwaltungs- und technischen Abteilungen auch eine Forschungs- und Planungsabteilung umfaßt. In Verbindung mit dieser Abteilung leisten die Technischen Ausschüsse die Hauptarbeit der ECE. Es gibt Ausschüsse für Kohle, Stahl, Maschinenbau, Rohstoffe, Holz, Bauindustrie, Landwirtschaft, Elektrizität, Verkehr, Handel, Wasser, Gas usw. Nach Bedarf werden neue Ausschüsse gebildet und bisherige Ausschüsse zusammengezogen; ebenso werden Nichtmitgliedsländer und Repräsentanten von internationalen Spezialorganisationen (Nongovernmental Organizations wie die internationalen Gewerkschaftsverbände oder die → Internationale Parlamentarier-Union) nach Bedarf auf beratender Basis zu den Ausschußarbeiten und zum Teil auch zur Vollversammlung hinzugezogen. Die Ausschüsse berichten der jährlich einmal (bisher im März/April) tagenden Vollversammlung; diese gibt Direktiven für die künftigen Arbeitsschwerpunkte und dient als Forum für die Diskussion wirtschaftspolitischer Fragen. Infolge der starken Stellung der mit großer Sachkompetenz arbeitenden Ausschüsse besteht die Funktion der öffentlich tagenden Vollversammlung in der Regel darin, Arbeitsergebnisse der Ausschüsse zu legitimieren; darüber hinaus bietet sie Gelegenheit zur plakativen Gegenüberstellung gegensätzlicher Standpunkte im Ost-West-Konflikt.

Entscheidungen können sowohl in den Ausschüssen als auch in der Vollversammlung mit einfacher Mehrheit getroffen werden; indessen legt das Interesse an der Durchführung vereinbarter Maßnahmen das Streben nach allgemeinem, zumindest aber weitgehendem Konsens in der Beschlußfindung nahe. Die Beschlußfassung über die Finanzierung der ECE-Aktivitäten obliegt der UN-Vollversammlung.

6. *Entwicklung:* Den stärksten Einschnitt in ihrer Geschichte erlebte die ECE gleich zu Beginn ihrer Tätigkeit: Die von einem Teil der westeuropäischen Öffentlichkeit wie von den osteuropäischen Regierungen getragenen Bestrebungen, sie zum Instrument des integrierten Wiederaufbauprogramms zu machen, das die USA im Juni 1947 als „Marshall-Plan" ankündigten, um damit eine

Zweiteilung des europäischen Kontinents zu verhindern, scheiterten einen Monat später am kumulierten Mißtrauen der westlichen Außenminister und der sowjetischen Führung. Wiederaufbau und Integration vollzogen sich nun blockweise (über die OEEC (→ OECD) im Westen und → COMECON im sowjetischen Machtbereich), und der ECE blieb nur noch die Möglichkeit, ein Minimum an Kooperation zwischen den beiden Blöcken zu sichern.

Daß sie den „Kalten Krieg" überhaupt überlebte, verdankte sie einerseits den ökonomischen Realitäten in Europa, die die Aufrechterhaltung von Handelsbeziehungen und die Koordination der Produktion trotz der politischen Konfrontation nahelegten, andererseits aber auch der Energie ihres ersten Exekutivsekretärs, des schwedischen Ökonomieprofessors *Gunnar Myrdal*, der es verstand, den Regierungen in Ost und West diese Realitäten nachhaltig zu Bewußtsein zu bringen. Freilich mußten sich ihre Aktivitäten auf „technische" Bereiche wie die Erstellung von Daten, die Standardisierung von Industriegütern und die Regelung des europäischen Binnenverkehrs konzentrieren; in politisch empfindlichen Arbeitsbereichen wie der Regelung der Handelsbeziehungen oder der Energie- und Rohstoffpolitik konnten wenig praktische Erfolge erzielt werden.

Mit dem Übergang zur ersten Entspannungsphase im Ost-West-Konflikt, die nach dem Tode *Stalins* 1953 einsetzte, konnte die ECE ihre Aktivitäten in allen Bereichen merklich ausweiten und entwickelte sie sich zu einem Forum für die graduelle Wiederannäherung von Ost und West. Auf dem Höhepunkt des Entspannungsprozesses in den frühen 70er Jahren wurde ihr von der → KSZE die Mission zugesprochen, an der Verwirklichung der KSZE-Beschlüsse zur Zusammenarbeit im wirtschaftlich-technischen Bereich zu arbeiten. Fortschritte in der Realisierung dieser Beschlüsse wurden bislang insbesondere im Bereich des Umweltschutzes erreicht, der sich seit den späten 60er Jahren zu einem neuen Arbeitsschwerpunkt der ECE entwickelt hat. Im Nov. 1979 wurde von den Teilnehmerstaaten eine umfassende Umwelt-Konvention unterzeichnet.

7. Perspektiven: Die Zukunft der ECE ist eng mit dem Fortgang des KSZE-Prozesses verbunden. Gegenwärtig scheint das unterdessen erreichte Netz praktischer Zusammenarbeit im wirtschaftlich-technischen Bereich der politischen Polarisierung standzuhalten; eine wesentliche Intensivierung der Zusammenarbeit ist jedoch trotz drängender Probleme im Bereich des Umweltschutzes, der Energieversorgung und der Anpassung der europäischen Volkswirtschaften an die weltwirtschaftliche Gesamtkonstellation der 80er Jahre nicht in Sicht.

Literatur

Kruse, H. 1967: Die Wirtschaftskommission der Vereinten Nationen für Europa, in: Europa-Archiv 22, 435-442.
Wightman, D. 1956: Economic Co-operation in Europe. A Study of the United Nations Economic Commission for Europe, London.
Yearbook of the United Nations, New York (mit fortlaufender Auflistung der ECE-Publikationen).

Wilfried Loth

Regionale Organisationen: Afrika

Afrikanische Entwicklungsbank (African Development Bank/AfDB bzw. ADB)

1. Sitz: Abidjan (Elfenbeinküste).

2. Mitglieder: Alle 50 unabhängigen Staaten Afrikas (mit Ausnahme der Republik Südafrika), außerdem seit Jahresende 1982 auch Zulassung nicht-afrikanischer Staaten (bis Mai 1983 insgesamt 20, überwiegend westl. IL, darunter Bundesrepublik Deutschland).

3. Entstehungsgeschichte: Die Gründung erfolgte 1963 in Khartoum; die effektive Arbeitsaufnahme begann erst 1966. Die ADB wurde zunächst als rein regionale Entwicklungsbank bewußt ohne Beteiligung von IL konzipiert. Zwecks Erweiterung der Kapitalbasis wurde bei der Jahrestagung 1979 die Zutrittsmöglichkeit nicht-afrikanischer Staaten beschlossen; wegen hinhaltenden Widerstandes (u. a. Algerien, Nigeria) wurde die Ratifizierung verzögert und erst Ende 1982 wirksam.

4. Ziele: Oberziel ist die Förderung der wirtschaftlichen Entwicklung und des sozialen Fortschritts in Afrika. Priorität gilt den ärmeren Mitgliedstaaten und in sektoraler Hinsicht der Landwirtschaft (insbesondere Nahrungsmittelproduktion) und der Verbesserung der Infrastruktur. Zur Erreichung eines möglichst hohen Ressourcentransfers in die afrikanischen Mitgliedsländer wird eine Verstärkung der Ko-Finanzierung mit anderen internationalen Finanzinstitutionen und mit privaten Banken angestrebt.

5. Organisation/Finanzierung: Oberstes Entscheidungsgremium ist die jährliche Tagung der Gouverneure der Bank (je einer pro Mitglied, meist Finanz- oder Wirtschaftsminister); diese wählt das Direktorium von 18 Exekutivdirektoren (davon 12 aus Afrika und 6 aus nicht-afrikanischen Ländern). An der Spitze der Bank steht ein auf fünf Jahre gewählter Präsident, gleichzeitig Vorsitzender des Direktoriums. Das Stammkapital sollte nach Beitritt der nicht-afrikanischen Staaten auf rund 6 Mrd. US-$ angehoben werden (davon 25% einbezahlt); den afrikanischen Staaten sind zwei Drittel des Kapitals und der Stimmrechtsanteile vorbehalten.

Tochterorganisationen der AfDB sind:
- African Development Fund (ADF), gegründet 1972 zum Zweck der Einbeziehung nicht-afrikanischer Staaten (1981 Beteiligung von 23 Ländern) und der Vergabe von Krediten zu speziellen Vorzugsbedingungen;
- Nigeria Trust Fund (NTF), gegründet 1976 zur Abwicklung von Sonderbeiträgen aus Nigeria (Gesamthöhe bis Ende 1982 rund 118 Mio. US-$);
- Société internationale financière pour les investissements et le développement en Afrique (SIFIDA), 1970 auf Initiative von AfDB und IFC als Holding-Gesellschaft gegründet, Sitz in Genf, Mitglieder sind über 100 Unternehmen aus IL;
- Africa Reinsurance Corporation (AFRICARE), gegründet 1976, Sitz in Lagos, Ziel ist Stärkung des Versicherungswesens.
- Association of African Development Finance Institutions (AADFI), gegründet 1975, Sitz in Abidjan, Ziel ist Koordinierung der Entwicklungsfinanzierung.

6./7. Entwicklung/Perspektiven: Das Gesamtvolumen der von AfDB, ADF und

NTF kumulativ bis Ende 1982 getätigten Investitionen belief sich auf 3,87 Mrd. US-$. Im Fünfjahresplan 1982-86 wird ein Ausleihvolumen von 7,3 Mrd. US-$ vorgesehen, davon 33% für Landwirtschaft, 22% Verkehrswesen, 20% Energie und öffentliche Versorgung, 11% Industrie und Entwicklungsbanken, 9% Gesundheit und Erziehungswesen sowie 5% für nicht-projektbezogene Aktivitäten. Durch den Beitritt der nicht-afrikanischen Länder erscheint die zentrale Rolle der AfDB als allumfassende Entwicklungsbank für den gesamten afrikanischen Kontinent wesentlich gestärkt; sie arbeitet in enger Abstimmung mit der Weltbank, verschiedenen arabischen Entwicklungsfonds, anderen internationalen Finanzinstitutionen und Privatbanken und erfreut sich eines guten Standing in diesen Finanzkreisen.

Literatur:

Fordwor, K. D. 1981: The African Development Bank. Problems of international cooperation, New York.

Rolf Hofmeier

Comité Permanent Inter-Etats de Lutte contre la Sécheresse dans le Sahel (CILSS)

1. Sitz: Ouagadougou (Obervolta).

2. Mitglieder: Gambia, Kapverden, Mali, Mauretanien, Niger, Obervolta, Senegal, Tschad.

3. Entstehungsgeschichte: Die Gründung erfolgte 1973 auf dem Höhepunkt der mehrjährigen großen Dürrekatastrophe (ab etwa 1968) in der afrikanischen Sahelzone. Die Kapverden traten 1976 bei.

4. Ziele: Oberziel ist die Koordinierung der nationalen Anstrengungen und der internationalen Hilfsmaßnahmen beim Kampf gegen die Dürre und die weitere Ausbreitung der Wüste. Es geht vornehmlich um die Abstimmung langfristiger Programme und Strategien und um die Mobilisierung dafür erforderlicher Ressourcen. Schwerpunkte der Aufmerksamkeit bilden Vieh- und Landwirtschaft, Wassernutzung, Verkehrswesen und Infrastruktur sowie generell alle ökologischen Fragen und die Ausbildung von Personal.

5. Organisation: Oberste Organe bilden Treffen auf Ebene der Staatschefs und ein Ministerrat. Das kleine Sekretariat unter Leitung eines Generalsekretärs wird von Beiträgen der Mitgliedstaaten und von verschiedenen Hilfsorganisationen getragen.
Eine Sonderorganisation im Rahmen des CILSS stellt das 1976 gegründete *Institut du Sahel* mit Sitz in Bamako (Mali) dar. Es dient der Forschung (z. B. in Fragen der Agronomie, Viehwirtschaft, Demographie) und betreibt ein Dokumentationszentrum.

6./7. Entwicklung/Perspektiven: Die eigenen Möglichkeiten der besonders armen Sahelländer zur Durchführung umfassender Programme zur Bekämpfung der Dürre sind äußerst begrenzt. Daher ist die Mobilisierung externer Hilfe und deren Koordinierung für den gesamten Großraum der davon betroffenen Gebiete umso bedeutender. Ein wichtiges Forum dafür bildet der *Club du Sahel*, ein vom ĊILSS und der → OECD initiierter informeller Zusammenschluß zwischen den Staaten der Region und internationalen Gebern (aktiv u.a. Frankreich, Niederlande, Kanada); in diesem Kreis wird ein wesentlicher Teil der internationalen Hilfsmaßnahmen abgesprochen. Darüber hinaus ist das CILSS auch Anlaufstelle für beträchtliche Hilfsaktionen verschiedener arabischer bzw. islamischer Institutionen.

Rolf Hofmeier

Commission du Bassin du Lac Tchad/CBLT (Lake Chad Basin Commission)

1. Sitz: N'djamena (Tschad).

2. Mitglieder: Kamerun, Niger, Nigeria, Tschad.

3. Entstehungsgeschichte: Die Gründung erfolgte 1964.

4. Ziele: Ursprüngliches Ziel war die Aufstellung eines Rahmenplanes für die Entwicklung des Einzugsbereiches des Tschadsees sowie die Koordination der Entwicklung insbesondere in bezug auf Wassernutzung, Land- und Viehwirtschaft, Fischerei und Verkehrswesen.

5. Organisation: Oberstes Entscheidungsorgan bildet die zweijährig stattfindende Konferenz der Staatschefs; daneben sind regelmäßige Treffen verschiedener sektoraler Regierungsvertreter vorgesehen. Ein Exekutivsekretär steht an der Spitze des ständigen Sekretariats der CBLT.

6./7. Entwicklung/Perspektiven: Trotz enormer Schwierigkeiten für die Durchführung einer geregelten Arbeit wegen der permanenten Bürgerkriegswirren im Tschad in den letzten Jahren besteht die Organisation immer noch fort. Bei der 4. Staatschefkonferenz im April 1983 in Lagos wurde ein neuerlicher Anlauf zu einer Reaktivierung der der CBLT ursprünglich gestellten Aufgaben unternommen. Eine tatsächliche Verbesserung der Situation ist aber kaum vor einer endgültigen Regelung der Tschadkrise zu erwarten.

Rolf Hofmeier

Communauté Economique des Etats de l' Afrique Centrale (CEEAC)

1. Sitz: Vorläufig Libreville (Gabun).

2. Mitglieder: Äquatorial-Guinea, Burundi, Gabun, Kamerun, Kongo, Rwanda, São Tomé und Principe, Tschad, Zentralafrikanische Republik, Zaire.

3. Entstehungsgeschichte: Die CEEAC wurde im Okt. 1983 auf Initiative aus dem Kreis der Mitglieder der → UDEAC gegründet. Angola nahm am Gründungstreffen als Beobachter teil und zeigte grundsätzliches Interesse an Mitgliedschaft, trat aber wegen gegenwärtiger innerer Probleme noch nicht bei.

4. Ziele: Oberziel ist die Förderung einer harmonischen wirtschaftlichen Zusammenarbeit in allen Bereichen. Angestrebt wird der allmähliche Abbau der gegenseitigen Zölle und anderer Handelshemmnisse sowie die Anwendung eines gemeinsamen Außenzolls, auf weitere Sicht eine völlige Freizügigkeit von Personen, Gütern und Kapital innerhalb des CEEAC-Gebiets. Darüber hinaus soll in einzelnen Sektorbereichen (wie Landwirtschaft, Industrie, Verkehr etc.) eine Harmonisierung der nationalen Politiken verfolgt werden.

5. Organisation: Die konkrete Ausgestaltung ist derzeit noch völlig offen. Ein vorläufiges Sekretariat zur Koordinierung der Anlaufaktivitäten ist in Libreville eingerichtet worden.

6./7. Entwicklung/Perspektiven: Die CEEAC schließt für den zentralafrikanischen Bereich eine wichtige Lücke in bezug auf die von der → ECA seit Mitte der 60er Jahre verfolgten Anstrengungen zur Schaffung verschiedener subregionaler Wirtschaftsgemeinschaften in Afrika. Die CEEAC ist in etwa parallel zu sehen zu → ECOWAS und → PTA. Aufgrund von Größe und Ressourcenausstattung nimmt Zaire eine eindeutig dominierende Position ein; auch Gabun, Kamerun und Kongo sind (u. a. als Ölproduzenten) im afrikanischen Kontext relativ wohlhabende Staaten, während die anderen Mitglieder zur ärmsten Ländergruppe gehören. Ein Kernelement der CEEAC bilden die bisherigen frankophonen Mitgliedsländer der → UDEAC, einen weiteren Block die in der → CEPGL zusammengeschlossenen (ehemals belgischen) Länder Burundi, Rwanda und Zaire. Die kleinen Inselstaaten Äquatorial-Guinea (ehemals spanisch) und São Tomé und Principe (ehemals portugiesisch) mußten sich zur Vermeidung einer vollständigen Isolation der entstehenden Regionalgruppierung anschließen, die aber einen vorwiegend frankophonen Charakter hat. Für die längerfristige Funktionsfähigkeit ungeklärte Probleme ergeben sich aus der teilweisen Überlappung mit Mitgliedschaften in anderen Regionalorganisationen (wie → UDEAC und → CEPGL), speziell für Burundi und Rwanda aber auch wegen ihrer heute stärkeren Ausrichtung nach Ostafrika und gleichzeitigen Mitgliedschaft in der → PTA.

Rolf Hofmeier

Communauté Economique des Pays des Grands Lacs (CEPGL)

1. Sitz: Gisenyi (Rwanda).

2. Mitglieder: Burundi, Rwanda, Zaire.

3. Entstehungsgeschichte: Wesentlichen Hintergrund dieser Wirtschaftsgemeinschaft bilden die gemeinsame Geschichte als ehemalige belgische Kolonial- bzw. Treuhandgebiete sowie das Bemühen, die auf Grund interner ethnisch-sozialer Konflikte in den einzelnen Ländern in den 60er und frühen 70er Jahren aus daraus resultierenden wechselseitigen Flüchtlingsströmen entstandenen Sicherheitsprobleme in den Griff zu bekommen. Bereits 1966 war ein erstes Sicherheitsabkommen abgeschlossen und 1967 die sogenannte „Tripartite Burundi-Rwanda-Zaire" ins Leben gerufen worden. Nach Jahren kontinuierlicher Treffen auf verschiedenen Ebenen wurde die CEPGL 1976 offiziell gegründet.

4. Ziele: Vorrangiges Ziel ist die Gewährleistung der Sicherheit der Staaten und ihrer Bevölkerung in einer Weise, daß „Ordnung und Ruhe" in den Grenzgebieten nicht gestört werden. Darüber hinaus sollen die Wirtschaftsbeziehungen in allen Bereichen intensiviert, der Handelsaustausch gefördert und gemeinsame Projekte in vielen verschiedenen Bereichen (u.a. Verkehr, Energie, Fischerei, Industrie) durchgeführt werden.

5. Organisation: Organe der CEPGL sind die jährliche Staatschefkonferenz, der Ministerrat, das ständige Exekutivsekretariat sowie die Schiedskommission. An der Spitze des Sekretariats steht ein auf vier Jahre gewählter Exekutivsekretär. Die Finanzierung erfolgt durch direkte Zuweisungen der Mitgliedstaaten.

Besondere Instrumente der CEPGL sind

— die *Banque de développement économique des Etats des Grands Lacs* (BDEGL), 1980 mit Sitz in Goma (Zaire) gegründet;
— die *Organisation de la CEPGL pour l'énergie des pays des Grands Lacs* (EGL), 1979 mit Sitz in Bujumbura (Burundi) gegründet;
— das *Institut de Recherche Agronomique et Zootechnique,* seit 1979 mit Sitz in Gitega (Burundi) in Funktion.

6./7. Entwicklung/Perspektiven: Weitgehend durch Unterstützung verschiedener externer Geber, insbesondere der→ EG, konnten mehrere gemeinsame Projekte bereits durchgeführt bzw. wenigstens geplant werden. Dies gilt etwa für die Verbesserung verschiedener Verkehrsverbindungen, Studien zur Nutzung von Methangasvorkommen und von gemeinsamen Industrieprojekten, die Entwicklung des Ruzizi-Tals und die Nutzung der Fischressourcen von Kivu- bzw. Tanganyika-See. Das wichtigste Einzelprojekt ist ein mit EG-Hilfe geplantes Wasserkraftwerk im Ruzizi-Tal, dessen Fortgang wegen Streit um die konkreten Modalitäten der späteren Nutzung jahrelang blockiert war.

Wegen des starken Übergewichts von Zaire gegenüber den beiden kleineren Partnern ist die CEPGL ein wenig homogenes Gebilde. Dies wird auch unterstrichen durch die unterschiedliche geographische Ausrichtung (entgegen den Traditionen aus der Kolonialzeit haben sich Burundi und Rwanda in letzter Zeit immer stärker auf das östliche Afrika orientiert) und die verschiedenen Überlappungen von Mitgliedschaften der drei Länder in anderen Regionalorganisationen (Burundi und Rwanda in →KBO und →PTA, alle drei in →CEEAC). Es ist offen, wieweit die CEPGL auf Dauer noch eine eigene Existenzberechtigung hat.

Literatur:

Voss, H. 1980: Kooperation in Afrika, in: Afrika Spectrum, Heft 1980/3, 319-336.

Rolf Hofmeier

Communauté Financière Africaine (CFA)

1./2./3. Sitz/Mitglieder/Organisationsstruktur: Die Communauté Financière Africaine (CFA) ist im engeren Sinne die Bezeichnung für das gesetzliche Zahlungsmittel Franc CFA innerhalb des Geltungsbereichs der Westafrikanischen Währungsunion → UMOA. Im weiteren Sinne umschreibt sie die Gesamtheit der Währungsbeziehungen zwischen Frankreich und seinen ehemaligen schwarzafrikanischen Kolonien innerhalb der sogenannten Franc-Zone. Die Mitglieder dieser Zone gruppieren sich, von Frankreich abgesehen, um drei Zentralbanken, denen das alleinige Recht, gesetzliche Zahlungsmittel zu emittieren, obliegt: der Zentralbank westafrikanischer Staaten (BCEAO: *Banque Centrale des Etats d'Afrique de l'Ouest)* mit Sitz in Lomé/Togo, mit den Mitgliedern Benin, Elfenbeinküste, Obervolta, Niger, Senegal und Togo und dem Zahlungsmittel Franc CFA; der Bank zentralafrikanischer Staaten (BEAC: *Banque des Etats d'Afrique Centrale)* mit Sitz in Yaoundé/Kamerun, mit den Mitgliedern Kamerun, VR Kongo, der Zentralafrikanischen Republik, Gabun und Tschad und dem Zahlungsmittel Franc CFA = *Coopération Financiere en Afrique Centrale* sowie der Zentralbank Malis (BCM: *Banque Centrale du Mali)* mit der Währung Franc-Malien.

4./5. Ziele/Entwicklung: Das zentrale Element der Franc-Zone, das ungeachtet verschiedener Modifikationen (Reservehaltung in Nicht-Franc-Währungen) die Kolonialphase überdauerte, ist die Garantie Frankreichs, den CFA-Franc und den Mali-Franc zu einem festen Kurs in französische Franc zu konvertieren. Gemeinsame Reservehaltung, freier Kapitalverkehr innerhalb der Zone einschließlich Frankreichs sowie die Kontrolle Frankreichs über die Emissionstätigkeit der drei Zentralbanken sind weitere wesentliche Elemente der Franc-Zone. Ihr gehörten bis 1972 bzw. 1974 auch Mauretanien und Madagaskar an, die ebenso wie zwischenzeitlich Mali in den 60er Jahren und Guinea aus dem Bestreben größerer währungspolitischer Autonomie heraus die Franc-Zone verließen. Angesichts der wirtschaftlichen Schwäche dieser zu den am wenigsten entwickelten Ländern zählenden Staaten war derartigen Autonomieansätzen, wie das Beispiel Malis und in jüngster Zeit auch Mauretaniens zeigt, kein Erfolg beschieden. Was Mali anbelangt, so ist der Reintegrationsprozeß in die UMOA zwar institutionell zum 1.6.1984 vollzogen worden, aber inhaltlich noch nicht abgeschlossen, wie sich aus den unterschiedlichen Paritäten (*Franc Malien* = 0,01 FF; *Franc CFA* = 0,02 FF) ersehen läßt.

6. Bewertung: Die Vorteile der Franc-Zone liegen für die wirtschaftlich schwächsten Mitglieder in der währungs- und geldpolitischen Stabilität, die den Zufluß französischen Kapitals aus öffentlichen und privaten Quellen sichert. Nachteile erwachsen generell aus der Tatsache, daß angesichts des internen Entwicklungsgefälles die Franc-Zone kein optimaler Währungsraum ist und speziell für die fortgeschritteneren Partner wie Elfenbeinküste und Kamerun aus ihrer zunehmenden Orientierung auf Handelspartner außerhalb der Franc-Zone bei gleichzeitig festem Wechselkurs zum französischen Franc. Auf diese Handelsströme wirken Wechselkursänderungen der französischen Währung zu anderen Industrieländerwährungen wie externe Schocks, auf die afrikanische Staaten keinerlei Einfluß haben (beispielsweise Verteuerung ihrer Importe aus Nicht-Franc-Zonen Ländern und Erhöhung ihrer Auslandsverschuldung in Nicht-Franc-Währungen bei Abwertung des französischen Franc).

Literatur:

Uhlig, C. 1976: Monetäre Integration bei wirtschaftlicher Abhängigkeit. Probleme einer währungspolitischen Strategie, dargestellt am Beispiel der Franc-Zone, München.

Rolf J. Langhammer

Conférence des Etats Sahariens

1. Sitz: Kein fester Sitz.

2. Mitglieder: Algerien, Libyen, Mali, Mauretanien, Niger, Tschad.

3. Entstehungsgeschichte: Die Idee zur Schaffung einer Organisation der Saharastaaten entstand 1976 bei einem Treffen der Staatschefs von Algerien, Libyen und Mali in Ouargla (Algerien). 1977 kam Niger hinzu, 1980 dann Mauretanien und Tschad.

4. Ziele: Oberziel ist die Intensivierung der regionalen Zusammenarbeit aller Saharastaaten in politischer, ökonomischer, technischer, kultureller und sozialer Hinsicht. Prinzipiell soll die Mitgliedschaft allen Anrainerstaaten der Sahara offenstehen. Zur 1980 vorgeschlagenen Verabschiedung eines Freundschafts- und Nichtangriffspaktes, eines Vertrages über gute Nachbarschaft und einer Abmachung über den freien Personen- und Güterverkehr ist es nicht gekommen.

5. Organisation: Eine feste Organisation und ein ständiges Sekretariat gibt es bisher nicht. Ein 1980 der Gipfelkonferenz vorgelegter Entwurf für die Schaffung einer festen *Organisation des Etats Sahariens* (OES) fand keine Zustimmung. Oberste Instanz der institutionalisierten Konferenz der Saharastaaten ist die in zweijährigem Turnus stattfindende Gipfelkonferenz der Staatschefs; dazwischen trifft sich ein Rat der Außenminister. Außerdem wurden fünf Kommissionen zur Behandlung praktischer Fragen der Zusammenarbeit auf Arbeitsebene durch Vertreter der nationalen Regierungen eingerichtet. Diese Kommissionen betreffen Land-, Vieh- und Forstwirtschaft; Bergbau, Industrie und Energie; Verkehr und Fernmeldewesen; Handel und Finanzen; Kultur, Information und Soziale Fragen.

6./7. Entwicklung/Perspektiven: Die Konferenz der Saharastaaten ist bisher – entgegen manchen in andere Richtung gehenden Intentionen – ein recht lockerer Zusammenschluß geblieben. Immerhin unterstreicht ihre Existenz aber das grundsätzliche Vorhandensein einiger gemeinschaftlicher Interessen bei den meisten Anrainerstaaten der Sahara. Auf der fachlichen Ebene der Arbeitskommissionen gibt es konkrete Ansatzpunkte für praktische Formen der Zusammenarbeit, die für alle beteiligten Seiten von Nutzen sein kann. Angesichts der recht unterschiedlichen politischen Ausrichtung von einigen der Mitgliedstaaten und der weitverbreiteten Unsicherheit über die Stetigkeit der außenpolitischen Zielsetzungen des libyschen Staatschefs *Kadhdhafi* ist allerdings eine wesentlich engere politische Abstimmung der an der Konferenz beteiligten Staaten kaum zu erwarten. Die hauptsächliche treibende Kraft hinter dieser Staatengruppierung war bisher offensichtlich Algerien gewesen. Marokko ist wegen der gegensätzlichen Auffassungen über die Frage der Westsahara bisher völlig abseits geblieben.

Rolf Hofmeier

Indische Ozean Kommission (Indian Ocean Commission /IOC)

1. Sitz: Noch offen.

2. Mitglieder: Madagaskar, Mauritius, Seychellen.

3. Entstehungsgeschichte: Zurückgehend auf eine lockere Zusammenarbeit der sogenannten progressiven Parteien und Regierungen der afrikanischen Inselstaaten im Indischen Ozean während der zweiten Hälfte der 70er Jahre wurde die IOC Ende 1982 vorwiegend auf Initiative von Mauritius formell gegründet.

4. Ziele: Angestrebt wird eine engere wirtschaftliche Zusammenarbeit vornehmlich im Bereich des Handels, der Fischerei und des Verkehrs, auf längere Sicht auch in bezug auf eine abgestimmte Industrieplanung und die Suche nach möglichen Erdölvorkommen.

5. Organisation: Bisher noch nicht konkretisiert.

6./7. Entwicklung/Perspektiven: Ein Abkommen über die Schaffung der IOC wurde bisher noch nicht unterzeichnet und ein geplantes Gipfeltreffen der Staatschef kam bis Mitte 1984 noch nicht zustande. Aufgrund der veränderten innenpolitischen Situation auf Mauritius nach vorzeitigen Neuwahlen Mitte 1983, die eine wesentlich konservativer orientierte Regierung erbrachten, scheint die weitere Zukunft und die Chance einer tatsächlichen Realisierung der mit der IOC verbundenen Absichten derzeit einigermaßen unsicher.

Rolf Hofmeier

Kagera Basin Organisation /KBO (Organisation pour l'Aménagement et le Développement du Bassin de Kagera)

1. Sitz: Kigali (Rwanda).

2. Mitglieder: Burundi, Rwanda, Tanzania, Uganda.

3. Entstehungsgeschichte: Die Vorgeschichte reicht bis 1967 zurück, als ein von → UNDP initiierter Bericht das beachtliche Entwicklungspotential des Kagera-Flußbeckens identifizierte. Die Gründung der KBO erfolgte 1977; Uganda trat formell erst 1982 bei, war jedoch an den früheren Planungsphasen schon beteiligt.

4. Ziele: Oberziel ist die gemeinsame Erschließung und Nutzung des Entwicklungspotentials im Einzugsbereich des Kageraflusses. Dabei geht es zunächst um die Erstellung notwendiger Studien für die anschließende Realisierung konkreter Projekte. Geplante Vorhaben betreffen ein Wasserkraftwerk, Bewässerungslandwirtschaft, Ausbau des Kommunikationswesens, Bau von Straßen und Bahnlinien sowie Ausbildungsmaßnahmen für diese Sektorprogramme; längerfristig bestehen auch Hoffnungen auf Erschließung von Bodenschätzen.

5. Organisation: Oberste Organe sind Treffen der Staatschefs sowie ein Ministerrat. Ein Exekutivsekretär steht an der Spitze des KBO-Sekretariats, das aus Beiträgen der Mitgliedstaaten finanziert wird. Reginalbüros der KBO in Gitega

(Burundi), Bukoba (Tanzania) und Mbarara (Uganda) befinden sich im Aufbau. Die einzelnen in Bearbeitung befindlichen Projektstudien werden von externen Entwicklungshilfeeinstitutionen (u. a. UNDP, EG, Österreich, Italien) finanziert.

6./7. Entwicklung/Perspektiven: Die nach dem Muster anderer Flußbecken-Entwicklungsorganisationen (→ OMVS, → OMVG) angelegte KBO ist bisher noch nicht über das Stadium der Projektplanung hinausgekommen. Die Realisierung der vorgesehenen Projekte erfordert erhebliche Finanzen und wird voll von der Verfügbarkeit externer Hilfe abhängig sein. Die Nutzung des Wasserkraftpotentials und die Entwicklung einer Bewässerungslandwirtschaft erscheinen am realistischsten, während die ambitionierten Vorhaben des Baus von neuen Eisenbahnlinien wohl eher eine Illusion bleiben werden.

Rolf Hofmeier

Mano River Union (MRU)

1. Sitz: Freetown (Sierra Leone).

2. Mitglieder: Guinea, Liberia, Sierra Leone.

3. Entstehungsgeschichte: Die MRU wurde 1973 von Liberia und Sierra Leone gegründet, 1980 trat Guinea hinzu.

4. Ziele: Hauptziel ist die Errichtung einer Zoll- und Wirtschaftsunion der Mitgliedstaaten. Ein gemeinsamer Außenzoll wurde 1977 eingeführt. Mitte 1981 traten die Bestimmungen über den zwischenstaatlichen Handel innerhalb der MRU in Kraft, womit ein wichtiger Schritt auf dem Weg zur vollständigen Zollunion erreicht war. Speziell für Guinea gibt es aber eine Menge spezieller Übergangsklauseln.

5. Organisation: Ein kleines Sekretariat mit einem Generalsekretär an der Spitze wird von direkten Zuwendungen der Mitgliedstaaten getragen. Neben dem Treffen der Staatschefs als oberstes Organ gibt es ein gemeinsames Minister-Komitee, in dem die Wirtschafts- und Finanzminister vertreten sind.

6./7. Entwicklung/Perspektiven: Die praktischen Fortschritte der MRU sind bisher verhältnismäßig gering gewesen. Die erheblichen Unterschiede der politischen und ökonomischen Systeme der Mitgliedsländer sowie die jeweilige interne Instabilität haben es offensichtlich erschwert, die MRU schneller voranzubringen. Im Hinblick auf längerfristige Perspektiven ist derzeit die Frage noch offen, welche Berechtigung die MRU innerhalb der größeren Wirtschaftsgemeinschaft aller westafrikanischen Staaten (→ ECOWAS) haben kann.

Rolf Hofmeier

Niger Basin Authority (Autorité du Bassin du Niger)

1. Sitz: Niamey (Niger).

2. Mitglieder: Benin, Elfenbeinküste, Guinea, Kamerun, Liberia, Mali, Niger, Nigeria, Obervolta, Sierra Leone, Tschad, Togo.

3. *Entstehungsgeschichte:* Die Organisation geht auf die ursprünglich 1964 gegründete *Commission du Fleuve Niger* (mit neun Mitgliedstaaten) zurück. 1980 erfolgte die Umbenennung zu dem heutigen Namen und die Reaktivierung dieser bis dahin etwas in Vergessenheit geratenen Flußbecken-Entwicklungsorganisation; seither traten Liberia, Sierra Leone und Togo als neue Mitglieder hinzu.

4. *Ziele:* Oberziel ist die Koordinierung zwischen allen Niger-Anliegerstaaten von Studien, Programmen und Projekten, die die Nutzung der Wasserressourcen und anderer Aspekte der Entwicklung des Nigerflusses betreffen. Die Organisation fungiert diesbezüglich auch als Koordinierungsstelle für die Mobilisierung internationaler technischer und finanzieller Hilfsmaßnahmen. Ein wichtiger Punkt ist die Regelung der Freiheit der Schiffahrt im gesamten Flußverlauf.

5. *Organisation:* Oberstes Entscheidungsorgan ist die zweijährig stattfindende Konferenz der Staatschefs; ein Ministerrat kommt in jährlichem Turnus zusammen. An der Spitze des kleinen technischen Sekretariats befindet sich ein auf vier Jahre gewählter Exekutivsekretär.

6./7. *Entwicklung/Perspektiven:* Die frühere *Commission du Fleuve Niger* hatte eine sehr eingeengte Funktion primär als Informationsstelle technischer Daten und Statistiken gehabt und hatte relativ wenig Aktivitäten entwickelt. Beim Gipfeltreffen 1980 wurde eine Ausweitung des Aufgabenbereichs und neue Aktivierung beschlossen; mit dem Ziel einer Mobilisierung von Kräften für größere gemeinsame Entwicklungsvorhaben wurde dabei ein *Fonds de Développement du Bassin du Niger* eingerichtet. Damit war eine neue Arbeitsausrichtung vorgegeben, deren Umsetzung sich aber erst über längere Zeiträume hinweg realisieren läßt.

Rolf Hofmeier

Organisation Commune Africaine et Mauricienne/OCAM (Gemeinsame Afrikanisch-Mauretanische Organisation/GAMO)

1. *Sitz:* Bangui (Zentralafrikanische Republik).

2. *Mitglieder:* Benin, Elfenbeinküste, Niger, Obervolta, Rwanda, Senegal, Togo, Zentralafrikanische Republik sowie (seit 1970) Mauritius. Austritte früherer Mitglieder: 1965 Mauretanien; 1972 Zaire; 1973 Kongo; 1974 Kamerun, Madagaskar, Tschad; 1977 Gabun.

3. *Entstehungsgeschichte:* Ursprünglicher Vorläufer war die 1961 von zwölf Staaten der sogen. Brazzaville-Gruppe in enger Anlehnung an Frankreich gegründete *Organisation Africaine et Malgache de Coopération Economique* OAMCE) mit Sitz in Yaoundé (Kamerun) gewesen. Die Neugründung der OCAM erfolgte 1965; in den Folgejahren veränderte sich die Mitgliedschaft häufig und nahm insgesamt erheblich ab.

4. *Ziele:* In der Anfangsphase bestand das offiziell deklarierte Ziel der OAMCE in der Schaffung eines gesamtafrikanischen Gemeinsamen Marktes; hiermit wurde eine Gegenposition zu *Nkrumah* mit seiner Propagierung der Vorrangigkeit der Idee einer politischen Union der afrikanischen Staaten bezogen. Außerdem diente

die OAMCE de facto auch der Bündelung der Interessen der frankophonen Staaten im Hinblick auf die damalige Debatte über die Modalitäten der Assoziierung an der EWG. Daneben wurden politische Ziele aber zunächst von der parallel zur OAMCE geschaffenen Union Africaine et Malgache (UAM) verfolgt. Die 1965 erfolgte Umwandlung in die OCAM erbrachte sodann eine erhebliche Veränderung der Zielsetzung: nun wurde aus praktischen Gründen nicht mehr ein gesamtafrikanischer Gemeinsamer Markt angestrebt, sondern eine praktikable Konföderation vorhandener bzw. entstehender regionaler Wirtschaftsgemeinschaften; auch die politischen Zielsetzungen wurden stark zurückgenommen (da seit 1963 die → OAU existierte), aber noch nicht völlig aufgegeben. 1974 kam es zu einer neuerlichen Überprüfung und Neufestlegung der Zielsetzungen: diese ergab nun eine ausschließliche Konzentration auf die Förderung der afrikanischen Zusammenarbeit in wirtschaftlichen, technischen, kulturellen und sozialen Angelegenheiten, während politische Fragestellungen bewußt anderen Institutionen (besonders der OAU) überlassen wurden. Eine Besonderheit der OCAM ist die Einbeziehung auch von kulturellen und sozialen Angelegenheiten, was sich in einer größeren Zahl von speziellen Sonderorganisationen (etwa für Ausbildung, Informationswesen, Medien, Forschungsaufgaben etc.) niederschlägt. 1979 wurde die Fluglinie Air Afrique und eine Post- und Fernmeldeorganisation offiziell aus dem Aufgabenbereich der OCAM ausgegliedert.

5. Organisation: Oberstes Organ ist die zweijährig stattfindende Konferenz der Staatschefs. Die nächste Ebene bildet der jährlich tagende Ministerrat der Außenminister. An der Spitze des Sekretariats steht ein auf zwei Jahre gewählter Generalsekretär. Neben den verschiedenen Sonderorganisationen für enge Spezialbereiche, deren Büros auf alle Mitgliedsstaaten verteilt sind, gibt es einen *Fonds de Garantie et de Coopération* (FCG) mit Sitz in Cotonou (Benin), der einem bestimmten Ausgleich zugunsten der ärmeren Länder und einer Förderung von ausländischen Investitionen dienen soll.

6./7. Entwicklung/Perspektiven: Gegenüber ihrer ursprünglich sehr viel weiter konzipierten Aufgabenstellung hat die OCAM im Laufe der Jahre beträchtlich an Bedeutung verloren. Nach den vielen Austritten stellt sie keine allumfassende Organisation nahezu aller frankophoner Staaten in Afrika mehr dar. Die geographische Streuung der gegenwärtigen Mitgliedschaft – von Senegal bis Mauritius – ist so breit, daß eine praktische Zusammenarbeit sehr erschwert wird. Einen relativ homogenen Kern innerhalb der OCAM bilden die fünf Länder des → Conseil de l'Entente sowie Senegal; die weitaus dominierenden Länder der Gesamtgruppierung sind die Elfenbeinküste und der Senegal. Der besondere Wert der OCAM liegt vorwiegend im Funktionieren der kulturellen und sonstigen Sonderorganisationen, die selten Beachtung finden und deren Bereiche von anderen Regionalorganisationen nicht abgedeckt werden.

Literatur:

Voss, H./Sandvoss, F. 1982: Kooperation in Westafrika. Eine Dokumentation multilateraler Institutionen, Hamburg.

Rolf Hofmeier

Organisation für Afrikanische Einheit/OAE (Organization of African Unity/OAU, Organisation de l'UnitéAfricaine/OUA)

1. Sitz: Addis Abeba (Äthiopien). Daneben gibt es das *African Liberation Committee* bzw. *Co-ordinating Committee for the Liberation of Africa* in Daresalaam (Tansania). Ferner bestehen eine Reihe sektoral bzw. regional und subregional organisierter Sonderorganisationen (oft in Zusammenarbeit mit der → ECA).

2. Mitglieder: Der OAU gehören 51 unabhängige afrikanische Staaten an, darunter die Rep. Westsahara seit 1982. Nicht-Mitglieder sind Namibia, die Rep. Südafrika und die von ihr geschaffenen (international nicht anerkannten!) „Staaten" Bophuthatswana, Ciskei, Transkei und Venda sowie ferner die brit. Kolonie St. Helena und das französische ‚Departement" Réunion.

3. Entstehungsgeschichte: Vor der Gründung am 25.5.1963 gab es langwierige Auseinandersetzungen, von denen u. a. die gescheiterten Konferenzen in Ghana 1958 *(Conference of African Peoples)* und die *third Conference of Independent States* 1960 in Addis Abeba zeugen. Allgemein standen sich in der Vorphase letztlich zwei Lager gegenüber. Die *Casablanca-Gruppe* vertrat eine militante, sozialistische, antikoloniale Position, orientiert an der Idee des Panafrikanismus. Auf der Grundlage der Vision von den „Vereinigten Staaten von Afrika" verfocht sie die Schaffung einer supranationalen afrikanischen Institution bei gleichzeitiger Beschränkung nationaler Souveränitätsrechte. Dagegen vertrat die konservative *Monrovia-Gruppe,* in der die extrem konservative *Brazzaville-Gruppe* aufging, eine Position der Anlehnung an die Ex-Kolonialländer sowie eines nur losen Zusammenschlusses der afrikanischen Staaten, ferner der Unveränderlichkeit kolonialer Grenzziehungen etc. Personell wurden die beiden Gruppen repräsentiert durch den Staatschef der Elfenbeinküste *Houphouuet-Boigny,* einerseits und den 1984 verstorbenen Staatschef von Guinea, *Sekou Touré,* andererseits. Die erwähnten Richtungsunterschiede lassen sich nicht in ein europäischem Denken entspringendes Links-Rechts-Schema einordnen.

4. Ziele/Vertragsinhalt: Zwar lagen bei den Vorverhandlungen im Rahmen einer Außenministerkonferenz am 15.5.1963 in Addis Abeba vier verschiedene Entwürfe für eine allafrikanische Organisation vor, darunter die *Charter of the Inter African and Malagary States* und die Charta der ‚Organisation Afrikanischer Staaten', aber nur letztere vermochte sich als Kompromißformel durchzusetzen. Die Idee eines afrikanischen Gesamtstaates mit entsprechenden Zentralinstitutionen scheiterte. Die OAU-Charta spiegelt so die Kräfte- und Mehrheitsverhältnisse im damaligen Afrika. Der auf Kompromiß und abhängige Entwicklung fixierten *Monrovia Gruppe* gelang die weitgehende Verankerung ihrer Vorstellungen in der Charta. Die in der Charta festgeschriebenen Prinzipien lassen sich in vier Kategorien zusammenfassen: 1. Prinzip der Unantastbarkeit der einzelstaatlichen Selbständigkeit; 2. Prinzip der friedlichen Lösung innerafrikanischer Konflikte; 3. Prinzip der Eliminierung des Kolonialismus in all seinen Formen; 4. Prinzip der Politik der Nichtpaktgebundenheit (Blockfreiheit).

5. Organisationsstruktur/Finanzierung: Die jährlich stattfindende Gipfelkonferenz der Staats- und Regierungschefs ist das höchste Organ. Der Staatschef des gastgebenden Landes übernimmt jeweils den Vorsitz für ein Jahr. Politisch bedeutsam ist v. a. der jährlich zweimal tagende Ministerrat (Außenminister). Er bereitet die Gipfelkonferenzen vor, überwacht die Umsetzung von Beschlüssen und ist allgemein für die Koordination der interafrikanischen Zusammenarbeit auf Grundlage der Gipfelbeschlüsse zuständig. Beschlüsse und Resolutionen der Gipfelkonferenzen sind nicht rechtsverbindlich. Zwar können laut Charta mit einer Zwei-Drittel-Mehrheit auch Sanktionen verhängt werden, doch hat sich faktisch das Konsensprinzip durchgesetzt. Die OAU hat einen vom Ministerrat gewählten Generalsekretär, der für die Überwachung und Durchführung von Beschlüssen des Ministerrates verantwortlich ist sowie für verschiedene Serviceleistungen (u. a. Vorbereitung der Jahresberichte und des Budgets). Wegen der fehlenden satzungsmäßigen Verankerung seiner Funktion sind die politischen Kompetenzen des Generalsekretärs umstritten. Seine Aufgaben beschränken sich in der Praxis jedoch v. a. auf den administrativen Bereich und seine Bedeutung auf praktisch-politischem Gebiet ist eher gering. Neben mehreren ständigen Ausschüssen (z. B. Kommission für Vermittlung, Schlichtung und Schiedsspruch) gibt es sieben sektoral organisierte Kommissionen, u. a. für Erziehung und Kultur, Gesundheit, Hygiene und Ernährung etc. Die Kommission für Flüchtlingsfragen und das ‚Büro zur Kontrolle des Boykotts gegen Südafrika' sind unmittelbar dem Generalsekretär zugeordnet. Die Finanzierung erfolgt durch Mitgliedsbeiträge, allerdings besteht z. Zt. ein Beitragsdefizit von ca. 25 Mio. US-Dollar.

6. Entwicklung: Die Bedeutung der OAU als Diskussionsforum und als eine um die Einigung Afrikas bemühte Institution kann nicht hoch genug eingeschätzt werden. Eine erste Entwicklungsphase fällt zusammen mit der Dekolonisierung Afrikas. Inhaltlich war sie geprägt von gemeinsamen Feinden und Arbeitsfeldern. Zunächst galt es, das Bewußtsein und die materielle Basis für den Kampf gegen Kolonialismus und Rassismus zu schärfen bzw. auszubauen sowie ferner die spezifisch afrikanischen Interessen gemeinsam auf der Weltbühne darzustellen. Erfolgreich hat die OAU v. a. zur Unabhängigkeit der ehemals portugiesischen Kolonien und Zimbabwes beigetragen. Weniger erfolgreich sind bisher entsprechende Bemühungen bzgl. Namibias. Eine zweite Phase ist bestimmt von dem Bemühen, die wirtschaftliche Integration zu fördern und durch den Aufbau intraafrikanischer Institutionen die hierzu notwenigen infrastrukturellen Voraussetzungen zu schaffen. Ende der 70er Jahre begannen Versuche (u. a. mit Unterstützung der → ECA), regionale und subregionale Strukturen sowie Transport- und Kommunikationssysteme zu vernetzen. Die verschiedenen transafrikanischen Trassen (z. B. Kairo – Gaberone) und die Pan African News Agency zeugen beispielsweise von diesem Bemühen. Der 1980 verabschiedete „*Lagos Plan of Action*" zeigt die verstärkte Hinwendung zu ökonomischen Themen. Der Plan sieht u. a. die Schaffung eines gemeinsamen afrikanischen Marktes bis zum Jahr 2000 vor. Ab Mitte der 70er Jahre entwickelte die OAU zunehmend außenpolitische Aktivitäten und vermochte in den Verhandlungen → EG mit den AKP-Staaten eine geschlossene afrikanische Position aufzubauen. Bei UN-Konferenzen (z. B. → UNCTAD) und in Dritte-Welt-Organisationen (z. B. → Blockfreie, Gruppe der 77) konnte die OAU wesentlich zur Solidarisierung innerhalb Afrikas sowie in anderen Entwicklungsregionen beitragen, hat ihre Stimmenmehrheit zu nutzen gewußt und die öffentliche Plattform wirksam in Anspruch genommen. Seit Bestehen gehört das Bemühen um die Lösung innerafrikanischer Konflikte zur traurigen Aufgabe der OAU. In diesem Zusammenhang befindet sich die Organisation seit 1980, verstärkt seit 1982 (Scheitern zweier Anläufe zur 19. Gipfelkonferenz) in einer schweren Krise. Westsahara-Konflikt und Tschad-Krise haben die OAU zeitweise lahmgelegt. 1980 wurde die Demokratische Arabische Republik Sahara (DARS) bzw. die Befreiungsbewegung POLISARIO als OAU-Mitglied anerkannt. Marokko, das in militärische Auseinandersetzungen mit der POLISARIO verwickelt war, stritt erfolgreich gegen die Anerkennung mit dem formaljuristischen Argument, daß nur der, der das gesamte Staatsgebiet kontrolliere, auch OAU-Mitglied sein könne. 1982 wurde die DARS vom Generalsekretär pflichtgemäß als Mitglied aufgenommen. Während dieser Akt juristisch korrekt war, wurde seine politische Brisanz offensichtlich unterschätzt. Die Ablehnungsfrontstaaten um Marokko ließen daraufhin durch Nichtteilnahme bzw. Boykott die 19. Gipfelkonferenz in Tripoli scheitern. Ebenso scheiterte die ‚Tripoli-2-Konferenz' – trotz eines Vorabverzichts auf Konferenzteilnahme durch die POLISARIO –, allerdings am Tschad-Konflikt. Der Regierung *Habre* sollte die Vertretung des Tschad auf der Konferenz zuerkannt werden, sie sollte jedoch freiwillig auf die Teilnahme verzichten. Der Ex-Staatschef des Tschad, *Queddei*, beanspruchte allerdings gleichfalls die Vertretung seines Landes. Die Spaltung der afrikanischen Delegationen in dieser Frage bewirkte, daß keine Seite das für die Eröffnung der Konferenz notwendige Quorum von 34 Staaten zu mobilisieren vermochte. Erst nach langwierigen Bemühungen konnte die 19. Gipfelkonferenz schließlich im Juni 1983 in Addis Abeba (Äthiopien) stattfinden. Dort wurde lediglich ein Interims-Generalsekretär gewählt und u. a. der Westsahara-Ausschuß beauftragt, einen Waffenstillstand und eine Volksbefragung vorzubereiten. Die 20. Gipfelkonferenz sollte in Conakry (Guinea) stattfinden, wurde jedoch wegen des Putsches Anfang 1984 nach Addis Abeba verlegt, wo sie Mitte November 1984 abgehalten wurde. Die DARS nahm offiziell als gleichberechtigtes Mitglied an der OAU-Gipfelkonferenz teil. Aus Protest gegen die Teilnahme der DARS an der Gipfelkonferenz trat Marokko aus der OAU aus, und Zaire suspendierte seine Mitgliedschaft. Es wurde auf der Gipfelkonferenz u. a. beschlossen: Versöhnungskomitee zur Tschadfrage, Abhaltung eines Wirtschaftsgipfels 1985.

7. Bewertung/Perspektiven. Die mäßige Solidarisierung der OAU-Staaten ist historisch angelegt und durch die Spaltung vor und während der Dekolonisierung (Casablanca- vs. Monrovia-Gruppe) bedingt. Die koloniale Zersplitterung und damit die Anbindung an die jeweiligen Kolonialmächte ist das zentrale Hindernis für die Einigung des Kontinents. In der OAU-Charta, die den kleinsten gemeinsamen Nenner darstellt und die die nationale Souveränität höher bewertet als ein geeintes Afrika, ist die Ineffektivität der Organisation bereits angelegt. In ihrer Frühphase hat die OAU durch ihre antikolonialistische und antirassistische Stoßrichtung einen wesentlichen Beitrag zur Dekolonisierung geleistet. Während innerafrikanische Konflikte anfangs aufgefangen werden konnten (z. T. durch charismatische afrikanische Führer), entglitt der OAU im Zuge der Internationalisierung von Konflikten und der Überlagerung durch den Ost-West-Konflikt mehr und mehr das Krisenmanagement. Die Sprachrohr-Funktion gegenüber den IL und die Koordinierungstätigkeit vor und während entwicklungspolitischer Konferenzen sind nicht zu unterschätzende Funktionen. Wegen der Unfähigkeit der OAU, Sanktionen durchzusetzen und wegen ihrer Fixierung auf das Prinzip der Nichteinmischung in innere Angelegenheiten liegen die Arbeitsschwerpunkte eher auf außenpolitischem und neuerdings auch wirtschaftspolitischem Gebiet. Die ethnisch-kulturelle, politisch-ökonomische und ressourcenmäßige Heterogenität der Mitglieder schafft Barrieren für eine echte Zusammenarbeit. Mit der formalen Unabhängigkeit Afrikas wurde lediglich die Herrschaftselite ausgetauscht, bei gleichzeitiger Übernahme und Abhängigkeit von Strukturen westlicher IL. Infolge der ausgebliebenen ökonomischen Dekolonisierung schreitet die Peripherisierung des Kontinents fort auf Kosten einer erstrebenswerten wirtschaftlichen Integration und der Wahrung afrikanischer Interessen.

Literatur

Akwensioge, M., 1974: Die Organisation für Afrikanische Einheit − Entstehungsgeschichte und Entwicklung seit 1963, (Diss.) Tübingen

Baumhögger, G., 1983:. Die Organisation der afrikanischen Einheit (OAU) am Scheideweg?, in: Jahrbuch Dritte Welt I, München, S. 221 ff.

Cervenka, Z. 1977: The unfinished quest for unity. Africa and the OAU, London

M'byinga, E., 1979: Pan-Africanism or Neo-Colonialism? The Bankruptcy of the OAU, London

Organization of African Unity, 1979: What kind of Africa by the year 2000, Addis Abeba

Wolfers, M., 1976: Politics in the Organization of African Unity, London

Kiflemariam Gebrewold

Organisation pour la Mise en Valeur du Fleuve Gambie/OMVG (Gambia River Development Organization)

1. Sitz: Kaolack (Senegal), Verlegung nach Dakar (Senegal) vorgesehen.

2. Mitglieder: Gambia, Guinea, Guinea-Bissau, Senegal.

3. Entstehungsgeschichte: Die OMVG wurde 1978 von Gambia und Senegal gegründet; 1980 erfolgte der Beitritt von Guinea und 1983 von Guinea-Bissau.

4. Ziele: Ziel ist die technische und wirtschaftliche Nutzung des Gambiaflusses nach dem Vorbild der Entwicklung des Senegalflusses (→ OMVS). Geplant ist der Bau von zwei Staudämmen auf senegalesischem Gebiet zur Gewinnung von rund 200 000 ha Bewässerungsland sowie eines kombinierten Brückenstaudammes in Gambia, der eine Straßenüberquerung des Flusses erlauben würde. Neben der Nutzung für Bewässerungslandwirtschaft steht die Elektrizitätsgewinnung im Vordergrund.

5. Organisation: Oberstes Organ ist das Treffen der Staatschefs, die nächste Ebene bildet ein Ministerrat. Die laufende Arbeit wird von einem vorläufig noch kleinen Hochkommissariat durchgeführt.

6./7. Entwicklung/Perspektiven: Die Arbeit der OMVG ist bisher noch nicht über das Stadium von Vorplanungen hinausgekommen; nach den Erfahrungen der OMVS wird es noch erheblicher Anstrengungen und Zeiträume bedürfen, bis Detailplanung und ausreichende Finanzierung sichergestellt werden können. Erst durch den Beitritt von Guinea konnte eine integrierte Einbeziehung auch der Oberlaufgebiete des Gambiaflusses erreicht werden. Die Gesamtbewertung der geplanten Vorhaben ist äußerst umstritten, da ökologische Dauerschäden (Versalzung) und negative soziale Auswirkungen der vorgesehenen Großprojekte befürchtet werden; erhofft wird die Gewinnung großer Bewässerungsgebiete für die Landwirtschaft sowie eine leichtere Verkehrsverbindung zwischen Nord- und Südsenegal über den Gambiafluß.

Rolf Hofmeier

Organisation pour la Mise en Valeur du Fleuve Sénégal/OMVS

1. Sitz: Dakar (Senegal).

2. Mitglieder: Mali, Mauretanien, Senegal.

3. Entstehungsgeschichte: Vorgängerorganisationen der 1972 gegründeten OMVS waren das *Comité Inter-Etats pour l'Aménagement du Fleuve Sénégal* (1963-68) bzw. die *Organisation des Etats Riverains du Sénégal* (1968-72) gewesen, denen bis 1972 auch Guinea angehört hatte.

4. Ziele: Ziel ist die technische und wirtschaftliche Nutzung des Senegalflusses. 1974 wurde ein auf 40 Jahre angelegter Entwicklungsplan zur Erreichung dieses Zieles angenommen; Kostenschätzungen beliefen sich ursprünglich auf 170 Mio. US-$, 1980 bereits auf 850 Mio. US-$. Zentrale Punkte sind der Bau von zwei großen Staudämmen (bei Diama im Deltagebiet des Senegal und bei Manantali in Mali) sowie die dadurch ermöglichte Bewässerung von bis zu 400 000 ha Land, der Bau eines Kraftwerkes und die Schiffbarmachung des Flusses.

5. Organisation: Oberstes Organ ist die unregelmäßig stattfindende Konferenz der Staatschefs. Ein Ministerrat tritt zweimal im Jahr zusammen. Das Sekretariat für die Durchführung der laufenden technischen und wirtschaftlichen Arbeiten wird von einem Hohen Kommissar, der dem Ministerrat gegenüber verantwortlich ist, und einem Generalsekretär geleitet. Die Finanzierung der sehr kostspieligen Staudämme und der anschließenden anderen Erschließungsmaßnahmen erfolgt durch Kredite von großen Konsortien, in denen fast alle internationalen Finanzierungs- und Entwicklungsinstitutionen mit Anteilen vertreten sind (u. a. → EG, → AfDB, verschiedene arabische Fonds, auch die Bundesrepublik Deutschland).

6./7. Entwicklung/Perspektiven: Die OMVS gilt als die weitaus effektivste der verschiedenen Flußbecken-Entwicklungsorganisationen in Afrika. Nach langen Verzögerungen wegen unterschiedlicher Interessen der verschiedenen notwendigen Finanziers und voneinander abweichender Meinungen und Studien zu zentralen technisch-wirtschaftlichen Fragestellungen des Gesamtvorhabens wurde schließlich 1981 mit dem Bau des Diama-Staudammes und wenig später mit dem in Manantali begonnen. Damit ist nach langer Vorlaufzeit ein gewaltiges Groß-projekt in Gang gesetzt worden, dessen endgültige Auswirkungen höchst unsi-cher sind. Ernsthafte Skeptiker bezweifeln nicht nur die ökonomische Rationa-lität, sondern befürchten auch ökologische Probleme und negative soziale Kon-sequenzen für die in dem Gebiet bisher lebende Bevölkerung.

Rolf Hofmeier

Ostafrikanische Gemeinschaft (East African Community/EAC)

1. Sitz: Arusha/Tansania

2. Mitglieder: Kenia, Tansania, Uganda

3. Entstehungsgeschichte: Die Gründung der ECA reicht weit in die Kolo-nialzeit zurück, als mit Gründung der Ostafrikanischen Währungsbehörde (1919), der Einführung des ostafrikanischen Shillings (1936) und der Einfüh-rung der Einkommensteuer in Kenia (1937), Uganda und Tansania (1940), markante Stationen auf dem Weg zur Gründung dieser Institution zurückgelegt wurden. Formal wurde der Vertrag am 6.6.1967 unterzeichnet und trat am 1.12.1967 in Kraft.

4. Ziele/Vertragsinhalte: Das Ziel dieser Gemeinschaft war: „die Vertiefung und Regelung der Industrie-, Handels- und anderen Beziehungen zwischen den Partnerstaaten zum Zwecke einer schnellen, harmonischen und ausgewo-genen Entwicklung sowie einer anhaltenden Ausweitung aller ökonomischen Aktivitäten, wobei die Vorteile gerecht verteilt werden sollen." Freizügigkeit von Arbeit und Kapital sowie Bestimmungen hinsichtlich von Agrarprodukten waren nicht Bestandteil des Vertrages, dagegen aber ein gemeinsamer Zolltarif auf alle Importgüter von Drittländern, Abbau aller Handelsrestriktionen im Intra-Handel, sowie die Absicht, die Geld- und Finanzpolitik zu harmonisieren.

5. Organisationsstruktur/Finanzierung: Hauptfinanzierungsquelle der EAC waren das Gemeinschaftsbudget und Transferleistungen aus dem Ausland. Die Organisationsstruktur kennzeichnete sich wie folgt: Höchstes weisungs-befugtes Organ der EAC war die „East African Authority", die aus den drei Staatspräsidenten bestand und Beschlüsse einstimmig fassen mußte. Der Rat der ostafrikanischen Minister war für die Verhandlungen mit Drittstaaten zu-ständig. Daneben gab es Ausschüsse der Ministerstellvertreter sowie für For-schung, Soziales, Finanzen, Wirtschaft, Planung, Verkehr und Gemeinsamen Markt. Ein Legislativrat, bestehend aus 36 Mitgliedern, besaß über den in den Verträgen niedergelegten Bereichen Gesetzgebungsbefugnis.

6. Entwicklung: Die ähnliche Produktionsstruktur und Produktpalette der Mitglieder war eines der Problemfelder, die zum Scheitern der EAC geführt haben.
Zum Zeitpunkt der Vertragsunterzeichnung schien diese ostafrikanische Region noch eine Einheit zu sein, wobei die Verbindungsstrukturen das Resultat der Kolonialzeit waren. Die Befürchtung nach der staatlichen Unabhängigkeit durch externe Einflüsse ihre Souveränität zu verlieren, war mit ein Grund für die Gründung der EAC. Entscheidend dürfte die Laissez-faire-Politik des

Gemeinsamen Marktes gewesen sein. Viele Integrationsvorteile sollten aus dem Freihandel resultieren und darüber hinaus Investitionstätigkeiten von transnationalen Unternehmen anreizen und eine finanzielle Liquidität für den Intra-Handel in ausreichender Menge erbringen. Die verstärkten Integrationsbemühungen steigerten wohl die Gesamtproduktivität sowie das reale Einkommen, sie vermochten aber nicht die Verteilung dieses Einkommens zu gewährleisten. Stattdessen wurden Ungleichheiten verstärkt.

7. Perspektiven/Bewertung: Die Geschichte der EAC zeigt in exemplarischer Weise, wie die Vermischung von politischen und ökonomischen Problemen von im Prinzip neo-kolonialen Staaten aus strukturellen Gründen solche Wirtschaftsgemeinschaften unter solchen Umständen per se zum Scheitern verurteilt. Die immer noch exogen auf die Metropolen orientierten Wirtschaften der drei genannten Staaten ließ die Errichtung von rudimentär kohärenten gemeinsamen Wirtschaftsinteressen nicht in dem notwendigen Maße zu. Die Erscheinung von *Idi Amin* als Präsident von Uganda und die sowohl politischen als auch persönlichen Differenzen, die der tansanische Präsident *Julius Nyrere* zu ihm hatte, waren praktisch nur der Anlaß für die Zerrüttung der EAC bzw. für die atmosphärische Verschlechterung innerhalb der East African Authority, die letztlich zum Zusammenbruch führte.

Literatur

East African Community, Special Survey, 1974, in: African Development 8, 1-54
Green, R.H. 1968/69: The East African Community, in: *Legum, C.* (Hrsg.): Africa Contemporary Record, London
Hazlewood, A. 1975: Economic integration: The East African experience, London
Heimsoeth, H. 1980: Die Auflösung der ostafrikanischen Gemeinschaft, in: Verfassung und Recht in Übersee 13, 55-59
Liebenow, J. G. 1979: The quest for East African unity: 'one step forward, two steps backward', in: *Delancey, M. W.* (Hrsg.): Aspects of international relations in Africa, Columbia, 126-158
Mwase, N. 1977: The East African Community: a study of regional disintegration, in: University of Dar-es-Salam (Hrsg.): Economic Research Bureau, Nr. 77.10
Schinner, H.-D. 1980: Der Bankrott der Ostafrikanischen Gemeinschaft (EAC): Versuch einer Bewertung ökonomischer, politischer und persönlicher Unverträglichkeiten als Beispiel für die Schwierigkeiten regionaler afrikanischer Länder, Amsterdam
Schneider-Barthold, W. 1974: Einheit und Zwiespalt in der Ostafrikanischen Gemeinschaft, in: *Krämer, M.* u. a. (Hrsg.): Die Afrika-Wirtschaft 1973/74, 142-147

Kiflemariam Gebrewold

Preferential Trade Area for Eastern and Southern Africa (PTA)

1. Sitz: Lusaka (Zambia)

2. Mitglieder: Äthiopien, Burundi, Djibouti, Komoren, Kenya, Lesotho, Malawi, Mauritius, Rwanda, Somalia, Swaziland, Uganda, Zambia, Zimbabwe. Außerdem vorgesehen, aber bis Mitte 1984 noch nicht beigetreten: Angola, Botswana, Madagaskar, Mocambique, Seychellen, Tanzania.

3. Entstehungsgeschichte: Die Vorgeschichte geht bis in die frühen 60er Jahre zurück, als die → ECA bereits die Idee einer Wirtschaftsgemeinschaft vornehmlich des östlichen Afrika – die meisten Staaten im südlichen Afrika hatten damals noch nicht die Unabhängigkeit erlangt – propagiert, diese aber nach Gründung der → EAC 1967 nicht weiter verfolgt hatte. Nach dem Zusammenbruch der EAC war dann ab 1977 im Rahmen des in Lusaka befindlichen *Multinational Programming and Operational Centre* (MULPOC) der ECA die alte Idee nun im Hinblick auf die Schaffung einer Präferenzhandelszone erneut vorangetrieben worden; nach den ursprünglichen Planungen waren dafür insgesamt 18 Staaten des östlichen und südlichen Afrika, zunächst jedoch ohne Burundi und Rwanda (die nach der ECA-Einteilung zu dem MULPOC für Zentralafrika gehören), als Mitglieder vorgesehen. Nach langwierigen und teilweise schwierigen Verhandlungen, die sich aus einer gewissen Skepsis gegenüber den Realisierungschancen der PTA und der Parallelität zu den gleichzeitigen Anstrengungen zum Aufbau der → SADCC ergaben, kam es schließlich Ende 1981 zum offiziellen Gründungstreffen in Lusaka, wobei aber zur Enttäuschung der Initiatoren zunächst nur neun der vorgesehenen 18 Staaten den Gründungsvertrag unterschrieben. Bis Ende 1983 kamen noch weitere fünf Länder (darunter Burundi und Rwanda als neue Interessenten) hinzu, doch sechs potentielle Mitglieder blieben bisher weiterhin im Abseits. Der Vertrag trat Anfang 1983 in Kraft, nach beträchtlichen Anlaufschwierigkeiten wurde die sogen. „operationale Phase" der PTA aber erst zur Jahresmitte 1984 begonnen.

4. Ziele: Wesentliche Elemente der Präferenzhandelszone beziehen sich auf die allmähliche Reduzierung und Abschaffung von Zöllen auf innerhalb der Ländergruppe hergestellte Waren, auf den Abbau anderer quantitativer und administrativer Handelshemmnisse, auf die gegenseitige Einräumung der Meistbegünstigungsklausel und auf die Schaffung von geeigneten Finanzierungs- und Transfermodalitäten zur Erleichterung des gegenseitigen Handels; die geplante Gründung einer Handels- und Entwicklungsbank der PTA soll speziell dem letzten Punkt dienen. Die PTA wird von ihren Initiatoren als erster Schritt auf dem Weg zu einem Gemeinsamen Markt und schließlich bis zum Jahr 2000 zur Entstehung einer Wirtschaftsgemeinschaft des östlichen und südlichen Afrika verstanden. Neben der unmittelbaren Konzentration auf den Handelsbereich wird daher auch eine Stärkung der regionalen Kooperation in bezug auf Fragen der Landwirtschaft, der Industrie und des Verkehrswesens anvisiert.

5. Organisation: Ein kleines Sekretariat nahm Anfang 1983 seine Arbeit in Lusaka auf. Oberstes Entscheidungsgremium ist die jährliche Konferenz der Staatschefs; auf der nächsten Ebene gibt es für die Behandlung von Fachfragen einen Ministerrat der Handelsminister. Die Zentralbank von Zimbabwe erhielt die Aufgabe zugewiesen, als Verrechnungsstelle für die Zahlungsabwicklung von jeweiligen Importen, die in nationalen Währungen vorgenommen werden, zu fungieren.

6./7. Entwicklung/Perspektiven: Die bisherige Entstehungsgeschichte der PTA war von erheblichen Hindernissen geprägt. Schon nach wenigen Monaten wurde der erste Generalsekretär nach Unstimmigkeiten entlassen; die zur Deckung der Kosten des Sekretariats erforderlichen Mitgliedsbeiträge liefen nur sehr unvollständig ein. Das anhaltende Zögern im Hinblick auf einen formellen Beitritt von sechs vorgesehenen Mitgliedsländern kennzeichnet die vielerorts nach wie vor bestehende Skepsis bezüglich der Tragfähigkeit des PTA-Konzepts. Grundsätzlich erscheint es angesichts der vorliegenden Erfahrungen vieler anderer regionaler Integrationsversuche in der Dritten Welt außerordentlich zweifelhaft, ob der auf dem klassischen Prinzip des Freihandels beruhende Ansatz der PTA bei Berücksichtigung der tiefgreifenden Strukturunterschiede der beteiligten Länder tatsächlich einen echten Fortschritt in die längerfristig beabsichtigte Richtung bringen kann. Die PTA-Mitgliedschaft ist außerordentlich heterogen und über ein riesiges geographisches Gebiet – von Lesotho im Süden bis Djibouti im Nordosten einschließlich der Inseln im Indischen Ozean – verstreut, so daß schon von daher ein intensiverer Handelsaustausch zwischen vielen der beteiligten Staaten schwer vorstellbar ist. Außerdem gibt es vielfältige unklare Überlappungen mit Mitgliedschaften einzelner Länder in anderen Regionalorganisationen (etwa die neun Länder der → SADCC; Burundi und Rwanda in der → CEPGL; die BLS-Staaten in der → SACU; Kenya, Tanzania und Uganda im Rahmen einer wie auch immer gearteten neuen Form der Zusammenarbeit in Ostafrika nach der Lösung der Streitigkeiten um das Ende der → EAC), so daß insgesamt Nutzen und längerfristige Lebensfähigkeit der PTA derzeit noch in Zweifel gestellt werden müssen. Aus der Sicht der ECA bildet allerdings die PTA neben → ECOWAS und → CEEAC einen wichtigen subregionalen Pfeiler bei der Entstehung größerer Wirtschaftsgemeinschaften in Afrika, aus denen nach dem 1980 verabschiedeten Aktionsplan von Lagos der → OAU bis zum Jahre 2000 eine das gesamte Afrika umfassende Wirtschaftsgemeinschaft entstehen soll.

Rolf Hofmeier

Rat der Entente (Conseil de l'Entente/CdE)

1. Sitz: Abidjan/Elfenbeinküste

2. Mitglieder: Benin, Borkina Fasso (Obervolta), Elfenbeinkünste, Niger, Togo.

3. Entstehungsgeschichte: Die CdE ist ein politisch-ökonomischer Zusammenschluß von fünf ehemaligen französischen Kolonien Westafrikas. Motor dieser Entwicklung, die 1959 zur Gründung des CdE führte, war der Präsident der Elfenbeinküste *Felix Houphouet-Boigny* (FHB). Die CdE ist eigentlich ein Resultat der Nachwehen französischer Kolonialherrschaft. Nach mehr als 50jährigem Zwangszusammenschluß im Rahmen der *Afrique Occidental Française (AOF)* begann im Zuge der Dekolonisierung die Auflösung der AOF. Obwohl der größte Teil der unabhängig gewordenen Staaten aus ökonomischen und übergeordneten pan-afrikanischen Überlegungen die AOF beibehalten wollte, drängte Frankreich zwecks „Balkanisierung" der Region u. a. auf die Auflösung der AOF. Für Zentralafrika gab es die AEF – *Afrique Equatoriale Française*, die ebenfalls aufgelöst wurde. Tatkräftige Unterstützung erhielt im Falle der AOF-Auflösung Frankreich just von FHB, der aus nationalegoistischen Gründen vornehmlich gegen die Umverteilung von Fiskalmitteln zugunsten der Nachbarstaaten war und so eine Interessenidentität mit Frankreich suchte. 1959/60 wurde die Demontage der „Mali-Föderation" – ein Zusammenschluß der heutigen Länder Benin, Mali, Borkina Fasso und Senegal – mit Hilfe Frankreichs – gewissermaßen als Wegbereitung für den CdE – vollzogen. Nicht zuletzt war die CdE ein Vehikel, mit dessen Hilfe die Organisation *Commune Africaine Mauricienne* 1965 als Mittel der ökonomischen, sozio-kulturellen und technischen Zusammenarbeit gegründet wurde. Dabei spielte die deutlich ideologisch motivierte Intention die radikal panafrikanische Orientierung anderer Zusammenschlüsse wie der *Casablanca*-Gruppe zu desavouieren, eine wichtige Rolle.

Die *Communauté Economique du Bétail et de la Viande du Conseil de l'Entente (CEBV)* ist eine Unterorganisation der CdE mit Sitz in Ouagadougou/Borkina Fasso; Gründungsjahr 1970. Die CdE ist eine multilaterale und multisektorale Organisation im westafrikanischen Raum, zwecks Errichtung einer Teil-Wirtschaftsgemeinschaft. Als operationeller Arm fungiert das *Fonds d'Entraide et de Garantie des Emprunts du Conseil de l'Entente (FEGECE)*-Gegenseitiger Hilfe- und Anleihgarantiefonds des Rates der Entente mit Sitz in Abidjan, welches 1966 gegründet wurde.

4. Vertragsinhalt/Ziele: Die Vertragsziele sind sowohl politischer als auch funktioneller Natur. Zum letzteren gehören: die entwicklungspolitischen Aktivitäten im Bereich der ländlichen Entwicklung, dörfliche Wasserversorgungsprogramme, Telekommunikation, Bildungs- aber auch Nationale Lotterie und Tombolaprogramme. Im wesentlichen werden Infrastrukturmaßnahmen und Aktivitäten entfaltet bzw. geplant, die als Anreiz für Direktinvestitionen oder zur Steigerung der lokalen Produktionen dienen sollen. Von daher ist der eher politische Charakter der CdE deutlich, denn letztlich verkörpert es durch seine Programme und deren Zielrichtung eine Entwicklungsstrategie im Sinne der Schaffung eines Investitionsklimas für externe Investoren.
Berücksichtigt man die Initialrolle der Elfenbeinküste, so schließt sich der Motivationskreis, der zur Gründung der CdE geführt hat. Die Elfenbeinküste ist, bezogen auf das BSP, das ‚höchstentwickelte' Land auf der Basis einer peripherkapitalistischen Entwicklung. Die CEBV dient auch zur Abstimmung und Koordinierung der nationalen Volkswirtschaften und der Gewährung von Präferenzzöllen.

5. Finanzierung/Organisationsstruktur: Instrument der Finanzierung von Projekten ist das FEGECE, das als Kreditinstitut fungiert und durch Stellung von Bürgschaften die Drittmittel zur Finanzierung von Projekten bereitstellt. Jedes Mitgliedsland soll 10 % seiner Staatseinnahmen entrichten, damit das FEGECE daraus die wirtschaftlich schwachen Länder versorgen kann. Die Konferenz der Staatschefs ist oberstes Beschlußorgan der CdE, wobei im Turnus jeder Staatschef Präsident der CdE ist. Ansonsten führt ein Generalsekretär die Geschäfte der Organisation

6. Entwicklung: Auch wenn die ursprüngliche Motivation zur Gründung der

CdE von Frankreich und dessen „Vertreter" in der Region, *Houphouet-Boigny* initiiert wurde und Frankreichs Interessen diente, so gibt es doch entwicklungspolitische Projekte der beteiligten Länder, die ihren eigenen Interessen dienen. Die USA, die Niederlande und Frankreich traten als Hauptkreditgeber in den letzten Jahren in Erscheinung. Zwischen 1967-1978 wurden rund 30 Projekte nationaler und regionaler Art in folgenden Sektoren abgewickelt: Landwirtschaft, Tierhaltung, Tourismus, Textilproduktion, Bildungsmaßnahmen, Geologie, Mineralogie.

Literatur

Thompson, V. 1972: West Africa's Council of the Entente, Ithaca
Ten Years of the Entente, 1974, in: West Africa 2970, 603-605
Conseil de l'Entente, 1978: Actions for the Economic Development of Memberstates, Abidjan
Bilan d'activité en 1980 et depuis l'origine du Fonds d'Entraide et de Garantie des Emprunts du Conseil de l'Entente, 1982, in: Bulletin de l'Africque Noire 1123, 12-13
Rapport d'activité, 1978: Fonds d'Entraide et de Garantie des Emprunts du Conseil de l'Entente, Abidjan
Ropp, K. v. d. 1972: Elfenbeinküste und Conseil de l'Entente, in: Außenpolitik 23, 117-125

Kiflemariam Gebrewold

Southern African Customs Union/SACU

1. Sitz: Kein formeller Sitz, Geschäftsführung erfolgt durch südafrikanische Behörden.

2. Mitglieder: Botswana, Lesotho, Swaziland, Republik Südafrika.

3. Entstehungsgeschichte: Das derzeitige SACU-Abkommen wurde 1969 nach Erreichung der politischen Unabhängigkeit der sogenannten BLS-Staaten abgeschlossen, es bildet faktisch aber die kontinuierliche Fortsetzung der bereits 1910 bei Gründung der Südafrikanischen Union geschaffenen Zollunion mit den drei damaligen britischen Hochkommissariatsgebieten. Neuverhandlungen über die Verteilungsformel der anfallenden Zolleinnahmen fanden 1978/79 statt; die Anwendung der seit Ende 1981 geltenden neuen Formel mit einem höheren Anteil für die BLS-Länder wurde bisher von Südafrika einseitig verweigert.

4. Ziele: Zentraler Vertragsinhalt ist die Regelung der Existenz einer Zollunion, innerhalb deren Grenzen praktisch (von einigen Ausnahmen abgesehen) Freihandel besteht. Als spezielle kompensatorische Maßnahmen für die gegenüber Südafrika wesentlich schwächeren BLS-Staaten gibt es für neue Industrien die Möglichkeit der Anwendung zeitlich begrenzter Schutzzölle gegenüber südafrikanischen Konkurrenzprodukten sowie die Erhöhung der den BLS-Staaten rechnerisch zustehenden Zolleinnahmen um einen bestimmten Multiplikator (derzeit 42%) als Ausgleich für den Verzicht auf eine eigene Zollpolitik.

5. Organisation: Es gibt keine spezielle SACU-Organisation. Die erforderlichen Zoll- und Steuererhebungen und deren Verwaltung werden treuhänderisch von Südafrika durchgeführt. Eine *Customs Union Commission* aus Regierungsvertretern der Mitgliedstaaten hat die Aufgabe der Überwachung der ordnungsgemäßen Durchführung der Bestimmungen sowie der Verhandlungen über Veränderungen der Zolltarife, der Einnahmenverteilungsformel und anderer laufender Erfordernisse.

6./7. Entwicklung/Perspektiven: Die SACU stellt ein wesentliches und seit Jahrzehnten wirksames Instrument der praktischen wirtschaftlichen Einbindung der BLS-Staaten in die dominante Volkswirtschaft Südafrikas dar. Dieser Effekt wird noch verstärkt durch die parallele Existenz des einheitlichen Rand-Währungsgebiets, dem Lesotho und Swaziland auch nach Schaffung nomineller eigener Währungen noch immer angehören und von dem sich Botswana erst 1976 abgekoppelt hatte.

Die SACU hat über die Funktion als Zollunion hinaus auch eine eminent politische Bedeutung. Sie dient gerade wegen der sonstigen außenpolitischen Isolierung Südafrikas in Afrika als wichtiger Beleg für die Intensität der wirtschaftlichen Beziehungen mit einigen der Nachbarländer im südlichen Afrika. Durch die anhaltende von Südafrika ausgeübte Kontrolle ist auch Namibia in den Geltungsbereich der SACU einbezogen. Gleiches gilt auch für die insgesamt zehn Homelands, von denen nach südafrikanischer Auffassung bereits vier (Transkei, Bophuthatswana, Ciskei, Venda) die – international allerdings von keiner Seite anerkannte – Unabhängigkeit erreicht haben. Bisher ist an dem bestehenden SACU-Vertrag nicht gerührt worden, aber es gibt wachsende Anzeichen dafür, daß die BLS-Staaten über die Existenz der SACU zumindest zu einer faktischen Anerkennung der „unabhängigen" Homelands gezwungen werden sollen. Darüber hinaus verfolgt Südafrika weiterhin das seit 1979 propagierte Konzept einer größeren *Constellation of Southern African States* (CONSAS), in das neben den Homelands auch mehrere Nachbarländer einbezogen werden sollten, wobei die SACU-Mitglieder aufgrund ihrer faktischen ökonomischen Abhängigkeit von Südafrika eine besondere Rolle spielten. Wegen der totalen Verweigerung aller unabhängigen Länder im südlichen Afrika konnte die CONSAS-Idee bisher nicht realisiert werden (in erheblich reduzierter Form wurde 1983 lediglich eine *Southern African Development Bank* unter Beteiligung Südafrikas und den Homelands geschaffen), die dahinter stehende Perspektive einer möglichst weitgehenden Einbeziehung der Nachbarländer in den Bannkreis der Wirtschaftsmacht Südafrika ist damit aber keineswegs aufgegeben. Für die BLS-Staaten bieten in den letzten Jahren neu entstandene Regionalgruppierungen wie ⁺SADCC und ⁺PTA potentielle, aber bei realistischer Betrachtungsweise dennoch begrenzte Möglichkeiten einer allmählichen Lockerung der vollständigen Abhängigkeit von Südafrika und der dominanten Orientierung auf die SACU.

Literatur:

Weimer, B. 1984: Die Zollunion im südlichen Afrika – ein Stabilitätsfaktor in einer instabilen Region?, in: Afrika Spectrum, Heft 1, S. 5-23.

Rolf Hofmeier

Southern African Development Coordination Conference/SADCC

1. Sitz: Gaborone (Botswana).

2. Mitglieder: Angola, Botswana, Lesotho, Malawi, Moçambique, Swaziland, Tanzania, Zambia, Zimbabwe.

3. Entstehungsgeschichte: Die Schaffung dieser auf keinen historischen Vorbildern beruhenden Gruppierung geht auf eine Initiative der ursprünglich fünf sogenannten Frontlinienstaaten (Angola, Botswana, Moçambique, Tanzania, Zambia) zurück; ein erstes Ministertreffen mit Formulierung der grundlegenden Ziele fand Mitte 1979 in Arusha (Tanzania) statt. Ein Gipfeltreffen der Staatschefs im April 1980 in Lusaka (Zambia) konstituierte formell die SADCC in ihrer gegenwärtigen Zusammensetzung. Vertreter der SWAPO nehmen als Beobachter an SADCC-Treffen teil; es ist vorgesehen, daß ein unabhängiges Namibia zehntes Mitglied werden soll. Ein Aufnahmebegehren von Zaire wurde mehrfach abgelehnt.

4. Ziele: Die Grundsatzdeklaration der Lusaka-Gründungskonferenz konkretisierte unter dem Titel *Southern Africa: Toward Economic Liberation* die folgenden vier durch koordinierte Aktionen zu verfolgenden Entwicklungsziele:
– die Verringerung der wirtschaftlichen Abhängigkeit besonders, aber nicht ausschließlich, von der Republik Südafrika;
– die Schaffung von Verbindungen zur Herbeiführung einer echten und gleichmäßigen regionalen Integration;
– die Mobilisierung von Ressourcen zur Förderung der Durchführung nationaler, zwischenstaatlicher und regionaler Politiken;
– abgestimmte Aktionen zur Gewährleistung internationaler Kooperation im Rahmen der Strategie einer wirtschaftlichen Befreiung.

5. Organisation: Ein Spezifikum der SADCC ist die ausgesprochen lockere Organisationsform und das Fehlen eines spezifizierten Gründungsvertrages, was u.a. auch in der Beibehaltung des Worts Konferenz für die ständige Institution zum Ausdruck kommt; Geschäftsgrundlage bilden lediglich die Lusaka-Grundsatzdeklaration und Einzelbeschlüsse der verschiedenen Gipfelkonferenzen. Oberstes Entscheidungsorgan ist die jährlich stattfindende Konferenz der Staatschefs; darunter gibt es als Lenkungsgremium einen Ministerrat, der u.a. auch für die Abhaltung einer jährlichen Koordinierungskonferenz mit internationalen Geberinstitutionen verantwortlich ist. Für die Erörterung spezieller sektoraler Fragen gibt es regelmäßige Treffen der zuständigen Fachminister und auf Beamtenebene. Für den Bereich des als Schlüsselsektor angesehenen Verkehrs- und Fernmeldewesens wurde eine separate *Southern African Transport and Communications Commission* (SATCC) mit einem eigenen ständigen Sekretariat in Maputo (Moçambique) eingerichtet. Das bewußt sehr klein gehaltene

SADCC-Sekretariat, das unter Leitung eines Exekutivsekretärs dem Ministerrat gegenüber verantwortlich ist, hat lediglich koordinierende Aufgaben; nach den negativen Erfahrungen mit anderen Regionalorganisationen soll keine übermäßige internationale Bürokratie aufgebaut werden. Dies beinhaltet andererseits aber auch die Gefahr einer mangelnden Abstimmung oder eines hohen Aufwandes für häufige Treffen. Für die Erarbeitung konkreter Programme in bestimmten Sektoren haben jeweils einzelne Länder die federführende Verantwortung übernommen (z.B. Mocambique: Verkehrswesen; Zimbabwe: Landwirtschaft, Angola: Energie, Tanzania: Industrie etc.). Der weitaus überwiegende Teil der von SADCC vorgesehenen Maßnahmen ist von externer technischer und finanzieller Hilfe abhängig. Diese Hilfe soll zwar durch SADCC mobilisiert und koordiniert werden, die Abwicklung erfolgt jedoch im Regelfall nicht über SADCC als Institution, sondern auf bilateraler Ebene zwischen Geberland bzw. -institution und dem SADCC-Mitgliedsland, in dem eine konkrete Maßnahme durchzuführen ist.

6./7. Entwicklung/Perspektiven: Der neuartige Ansatz der SADCC hat in der kurzen Zeit von deren Existenz erhebliche Aufmerksamkeit und auch konkrete materielle Unterstützung auf diese neue Gruppierung lenken können. Im Vordergrund steht hier nicht der traditionelle, aber in Afrika weitgehend ineffektive Versuch der Schaffung einer Freihandelszone, sondern ein pragmatisches Verständnis vom allseitigen Nutzen einer funktionalen Zusammenarbeit bei konkreten Einzelprojekten bzw. Sektorprogrammen, wobei die einzelnen Mitgliedsländer jeweils selektiv über ihre Beteiligung entscheiden können und sich keineswegs an allen Maßnahmen beteiligen müssen. Die Hauptaufmerksamkeit wurde bisher auf das Verkehrs- und Fernmeldewesen gerichtet, aber inzwischen befinden sich auch für nahezu alle anderen Bereiche der Wirtschafts- und Sozialentwicklung Programme wenigstens in Vorbereitung. Trotz der grundsätzlich pragmatischen Vorgehensweise dürfen die Schwierigkeiten, die sich aus der Heterogenität der Mitgliedstaaten (in bezug auf politische und wirtschaftliche Ausrichtung und aus unterschiedlicher geographischer Lage bedingter Orientierung) ergeben, jedoch keineswegs unterschätzt werden.

Ein wesentliches Element der Entstehung und des Zusammenhalts der SADCC stellt die permanente Konfrontation der Mitgliedsländer mit der Realität der Rassenpolitik und der ökonomischen Übermacht der Republik Südafrikas dar. Ein zentrales, jedoch keineswegs ausschließliches Ziel einer verstärkten regionalen Kooperation der SADCC-Staaten liegt daher in der Verringerung der bisherigen Abhängigkeit von Südafrika; vor allem für die Mitglieder der → SACU ergeben sich hieraus wegen der besonders engen Verflechtungen spezielle Konflikte. Eine bestimmte Überlappung der Aufgabenstellung besteht zwischen SADCC und der ebenfalls im Aufbau befindlichen, geographisch noch breiter angelegten → PTA, wobei noch nicht klar abzusehen ist, wieweit hier eine vernünftige Arbeitsteilung vorgenommen werden kann; alle SADCC-Staaten sollen potentiell auch Mitglieder der PTA werden.

Literatur:

Hofmeier, R. 1981: Die SADCC. Neue Perspektiven einer regionalen Kooperation im Südlichen Afrika und der Verringerung der Abhängigkeit von Südafrika. In: Afrika Spectrum, Heft 3, S. 245-264.

Zehender, W. 1983: Kooperation statt Integration. Erfolgsaussichten der SADCC, Deutsches Institut für Entwicklungspolitik Berlin.

Rolf Hofmeier

Westafrikanische Währungsunion (Union Monétaire Ouest Africaine/ UMOA)

1. Sitz: Dakar, Senegal

2. Mitglieder: Benin, Elfenbeinküste, Obervolta, Mauretanien (bis 1972), Niger, Senegal, Togo (ab 1963)

3. Entstehungsgeschichte: Die UMOA wurde im Mai 1962 von den Mitgliedern der Zentralbank westafrikanischer Staaten BCEAO (Banque Centrale des Etats d'Afrique de l'Ouest) gegründet; 1963 trat Togo der UMOA bei.
Die UMOA ist kolonialen Ursprungs. Ihr unmittelbarer Vorgänger, das 1955 gegründete „Institut d'Emission de l'Afrique Occidentale Française et du Togo" mit der Kolonialwährung Franc-CFA (= *Francs des Colonies Françaises d'Afrique)* wurde zwar nach der Unabhängigkeit durch die UMOA bzw. die BCEAO abgelöst, ihre Grundelemente blieben indessen die gleichen: freier Kapitalverkehr innerhalb der Franc-Zone, Konvertibilitätsgarantie Frankreichs, fester Wechselkurs zum FF, gemeinsame Reservehaltung beim französischen *Trésor* in FF, Sitz der westafrikanischen Zentralbank in Paris sowie eine maßgebliche Kontrolle der Emissionstätigkeit der Bank durch Frankreich, was sich auch in der Sitzverteilung im Verwaltungsrat der Zentralbank (1/3 der Sitze für Frankreich) niederschlug.

4. Ziele: Die UMOA verfolgt die Aufrechterhaltung des an den FF gebundenen Währungsgefüges sowie die Realisierung des freien Kapitalverkehrs.

5. Organisation: Die einmal jährlich tagende Gipfelkonferenz der Staatschefs bestimmt die Richtlinien für die Politik der UMOA. Danach gibt es einen Ministerrat, der in unregelmäßigen Abständen tagt und die Politik der Mitgliedstaaten abstimmt.

6. Entwicklung: Guinea und Mali, zwei Mitglieder der kolonialen Föderation, traten aus Autonomiebestrebungen heraus der UMOA nicht bei, mit der Folge, daß die Konvertibilitätsgarantie Frankreichs für die neuen nationalen Währungen der beiden Staaten erlosch und wesentliche Nachteile für diese mit Frankreich eng wirtschaftlich verbundenen Staaten entstanden. Seit 1965 strebte Mali die Reintegration in die UMOA an. 1967 kam es zu einer Währungsübereinkunft mit Frankreich, die Malis Währung ähnliche Rechte wie dem CFA-Franc sichert. Die volle Reintegration, die den Ersatz des Mali-Franc durch den CFA-Franc beinhaltet, erfolgte zum 1.6.1984. Eine Annäherung Guineas an die UMOA ist vorgesehen. Ähnliche Probleme wie mit Mali haben sich auch für Mauretanien ergeben, das 1972 die UMOA verließ. Auch hier sind Reintegrationsversuche im Gange. Die UMOA wurde im Nov. 1973 dergestalt modifiziert, daß eine „Afrikanisierung" der Verwaltung der Zentralbank vorgenommen wurde. Seither entfallen lediglich zwei der 14 Sitze im Verwaltungsrat auf Frankreich. Der Sitz der Bank wechselte von Paris nach Dakar. Seit 1973 kann die BCEAO bis zu 35% ihrer Devisenreserven in anderen Reservewährungen als dem französischen Franc halten: eine Abkehr vom Prinzip der Zentralisierung (Pool) der Devisenreserven. Dies kommt der zunehmenden Diversifizierung der Handelsbeziehungen zu Ländern außerhalb der Franc-Zone entgegen.

7. *Bewertung/Perspektiven:* Die UMOA ist gegenwärtig die einzige de jure Währungsunion zwischen Entwicklungsländern, wenn man von dem Sonderfall der Rand-Zone (Lesotho, Swaziland und Südafrika) absieht. Sie schafft wegen des einheitlichen Wechselkurses Standortnachteile für die schwächeren Mitglieder Bénin und Obervolta gegenüber der Elfenbeinküste und Senegal und verschärft somit das regionale Entwicklungsgefälle. (→ CFFA)

Literatur

Uhlig, C. 1976: Monetäre Integration bei wirtschaftlicher Abhängigkeit. Probleme einer währungspolitischen Strategie dargestellt am Beispiel der Franc-Zone, München.

Rolf J. Langhammer

Westafrikanische Wirtschaftsgemeinschaft (Communauté Economique de l'Afrique de l' Ouest /CEAO)

1. Sitz: Ouagadougou (Obervolta).

2. Mitglieder: Elfenbeinküste, Mali, Mauretanien, Niger, Obervolta, Senegal. Außerdem mit Beobachterstatus: Benin, Togo.

3. Entstehungsgeschichte: Die CEAO trat im Jan. 1974 in Kraft als Nachfolgeorganisation der 1959 im Zuge des Austritts von Guinea aus der Föderation Französisch-Westafrika (1958) und der bevorstehenden Unabhängigkeit der frankophonen Staaten Afrikas zunächst gegründeten UDAO *(Union Douanière des Etats de l'Afrique Occidentale),* die ihrerseits bereits 1966 durch die UDEAO *(Union Douanière des Etats de l'Afrique de l'Ouest)* ersetzt worden war. Den Hintergrund zu diesen Umstrukturierungen bildete vornehmlich die Rivalität zwischen der Elfenbeinküste und Senegal. Die Hauptinitiative zur Gründung der CEAO ging von der Elfenbeinküste mit starker Unterstützung Frankreichs aus, um einen relativ homogenen Block frankophoner Staaten entstehen zu lassen, während gleichzeitig Bestrebungen zur Schaffung einer größeren und die ehemaligen kolonialen Einflußzonen übergreifenden Wirtschaftsgemeinschaft in Westafrika (→ ECOWAS) im Gange waren.

4. Ziele: Oberstes Ziel ist die Schaffung einer Freihandelszone bis 1986. Außerdem gibt es zwei Entwicklungsfonds zur Durchführung von Einzelprojekten und von Entwicklungsprogrammen in den weniger entwickelten Mitgliedstaaten. Das Hauptgewicht der Anstrengungen liegt jedoch eindeutig in der Harmonisierung des Handelsbereiches.

5. Organisation: Oberstes Organ ist die einmal im Jahr stattfindende Konferenz der Staatschefs; Entscheidungen müssen grundsätzlich einstimmig getroffen werden. Auf der Ebene eines mindestens zweimal im Jahr tagenden Ministerrates (Vertretung meist durch Finanzminister) werden Fachfragen behandelt. An der Spitze des CEAO-Sekretariats steht ein auf vier Jahre gewählter Generalsekretär. Die Finanzierung erfolgt durch direkte Zuweisungen der Mitgliedstaaten, wobei die Elfenbeinküste und Senegal je ein Drittel tragen.

Spezielle Instrumente sind:

- der *Fonds Communautaire de Développement* (FCD), der entsprechend dem Anteil am Handel von Industriegütern innerhalb der CEAO finanziert wird und zur Kompensation von Handelsverlusten und Durchführung von Entwicklungsprojekten dient;
- der *Fonds du Solidarité et d'Intervention pour le Développement Economique de la Communauté* (FOSIDEC), der 1977 speziell für die Finanzierung von Entwicklungsvorhaben in den ärmeren Mitgliedsländern eingerichtet wurde;
- die regionale Kooperationssteuer, die 1976 zur Anregung des Handels mit Industrieprodukten innerhalb der CEAO eingeführt wurde und statt aller anderen Steuern und Zölle eine Vorzugsbehandlung bedeutet.

Über den ursprünglichen Aufgabenbereich der CEAO hinausgehend wurde 1977 auch ein *Accord de Non-Agression et de l'Assistance en Matière de Défense* (AN AD) vereinbart, der zusätzlich Togo mit einbezieht.

6./7. Entwicklung/Perspektiven: Im Handelsbereich sind bereits erhebliche Fortschritte erzielt worden: für unbearbeitete Rohprodukte gibt es keine Handelsschranken mehr, der Handel mit Industrieprodukten innerhalb der CEAO konnte beträchtlich ausgeweitet werden. Das Finanzvolumen der Gemeinschaftsaktivitäten vervierfachte sich in den ersten fünf Jahren des Bestehens. Die eindeutige Führungsrolle in der CEAO liegt bei der Elfenbeinküste, die zweite Position nimmt der Senegal ein, während die anderen vier Partner wesentlich schwächer dastehen. Eine im Hinblick auf die längerfristige Berechtigung und Lebensfähigkeit derzeit noch offene Frage ist die teilweise Überschneidung mit mehreren anderen Regionalorganisationen, wie der → OCAM und dem → Conseil de l' Entente und insbesondere der ganz Westafrika umfassenden → ECOWAS. Eigentlich hat die CEAO durch die ECOWAS weitgehend ihre Daseinsberechtigung verloren, doch wird sie als Block frankophon orientierter Staaten bewußt noch aufrechterhalten, u.a. offensichtlich als Vorsichtsmaßnahme für ein eventuelles Scheitern der größeren ECOWAS.

Literatur:

Voss, H./Sandvoss, F. 1982: Kooperation in Westafrika. Eine Dokumentation multilateraler Institutionen, Hamburg.

Rolf Hofmeier

Wirtschaftsgemeinschaft Westafrikanischer Staaten (Economic Community of West African States/ECOWAS; Communauté Economique des Etats de l'Afrique de l'Ouest/CEDEAO)

1. Sitz: Lagos (Nigeria)

2. Mitglieder: Neben → CEAO Benin, Gambia, Ghana, Guinea, Guinea-Bissau, Kapverdische Inseln (seit 1977), Liberia, Nigeria, Sierra Leone, Togo

3. Entstehungsgeschichte: Nach dem Scheitern früherer Integrationsversuche (z. B. der 1967 gegründeten ‚Economic Community of West Africa') bemühten sich Nigeria und Togo ab 1972/73 um den Zusammenschluß aller Staaten der Region. Gefördert wurde dieser v. a. durch das Streben Nigerias als regionaler Wirtschaftsmacht nach Märkten, Kapitalanlagesphären und politischem Einfluß, aber auch durch die gewandelte Politik Frankreichs infolge wachsenden ökonomischen Interesses an den anglophonen Staaten sowie die EG-Entwicklungspolitik (Lomé-Abkommen 1975; Reservierung eines Teils der EG-Gelder für Integrationsprojekte). Der ECOWAS-Vertrag wurde am 28.5.1975 unterzeichnet und trat nach Erweiterung um fünf Zusatzprotokolle (auf Initiative Senegals und Malis) Ende 1976 in Kraft.

4. Ziele/Vertragsinhalt: Ziel ist die Förderung der Zusammenarbeit und Entwicklung in allen Wirtschaftsbereichen, in Währungs- und Finanzfragen sowie in sozialen und kulturellen Angelegenheiten. Erreicht werden soll dies durch Abbau der Zölle sowie nichttarifärer und administrativer Handelshemmnisse; Errichtung eines gemeinsamen Außenzolltarifs gegenüber Drittländern; freie Mobilität für Personen, Kapital und Dienstleistungen; Einrichtung eines ‚Fonds für Zusammenarbeit, Kompensation und Entwicklung' und durch Harmonisierung der nationalen Politiken in allen Kooperationsbereichen. Durch schrittweise Integration (zunächst Freihandelszone angestrebt) soll innerhalb von 15 Jahren eine Zollunion entstehen, die längerfristig zum Gemeinsamen Markt ausgebaut werden soll.

5. Organisationsstruktur/Finanzierung: Oberstes Organ ist die jährlich tagende Konferenz der Staats- und Regierungschefs. Sie legt die Grundlinien der ECOWAS-Politik fest und trifft für alle weiteren Organe bindende Entscheidungen (Modalitäten nicht vertraglich geregelt). Der Ministerrat, bestehend aus je zwei Repräsentanten pro Mitglied, tagt mindestens zweimal im Jahr. Er überwacht v. a. die Umsetzung von Beschlüssen. An der Spitze des Exekutivsekretariats steht ein auf vier Jahre von der Gipfelkonferenz gewählter Exekutivsekretär. Als Rechtsorgan ist das Tribunal zuständig für die Vertragsinterpretation und die Schlichtung von Streitigkeiten unter Mitgliedern. Daneben bestehen vier Technische Kommissionen sowie zwei Komitees im Währungsbereich. Bedeutsam ist v. a. der seit 1977 arbeitende Fonds (Sitz Lomé). Er finanziert vertragsbedingte Einnahmeverluste sowie Projekte. Von dem autorisierten Kapital in Höhe von 500 Mio. US-Dollar waren im November 1981 erst 38 Mio. US-Dollar eingezahlt. Die Anteile der Mitglieder werden nach einem Koeffizienten aus BSP und Pro-Kopf-Einkommen ermittelt (z. B. Nigeria 32 %, Elfenbeinküste 30 %, Ghana 12 %). Ähnlich gestaffelt sind auch die Beiträge zu dem vom Sekretariat ausgearbeiteten und vom Ministerrat zu billigenden Haushalt.

6. Entwicklung: Nach anfänglichen Startschwierigkeiten (u. a. Reibungsverluste zwischen Fonds und Sekretariat) wurden 1979 die Binnenzölle eingefroren. 1981 begann der schrittweise Abbau (bis 1989). Gleichzeitig wurden spezielle Regelungen für Gemeinschaftsprodukte getroffen als Schutz gegen Konkurrenz transnationaler Konzerne. Der Zollabbau erstreckt sich danach nur auf Produkte von Unternehmen, an denen nationales Kapital ab 1981 mindestens zu 20 %, ab 1983 zu 35 % und ab 1989 zu 51 % beteiligt ist. Nach einem 1983 beschlossenen Mehrstufenplan sollen die vier „fortgeschrittenen" Mitglieder die Zölle bei Gütern hoher Priorität in 4, bei anderen Gütern in 6 Jahren abbauen; die fünf „weniger fortgeschrittenen" in 6 bzw. 8 Jahren und die sieben „am wenigsten fortgeschrittenen" in 8 bzw. 10 Jahren. Im Zuge der angestrebten Freizügigkeit für Personen wurde 1980 der Visum-Zwang aufgehoben. 1981 schlossen 13 Mitglieder (nichtbeteiligt sind Guinea-Bissau, Kapverdische Inseln und Mali) einen Verteidigungspakt, der u. a. die Bildung einr gemeinsamen Streitmacht und eines Verteidigungsrates vorsieht.

7. *Perspektiven/Bewertung:* Eine vorläufige Bilanz zeigt eine Reihe von Problemen. V. a. im Währungsbereich wird die Kooperation durch die kolonial bedingte Zugehörigkeit zu unterschiedlichen Währungssystemen erschwert. Der Handel konnte bisher nicht ausgeweitet werden. Die teilweise Überschneidung mit anderen Regionalorganisationen führt im Ergebnis zu einer – auch im Hinblick auf eine gesicherte Finanzierung der ECOWAS – problematischen finanziellen Mehrfachbelastung einzelner Mitglieder. Es bestehen gegensätzliche (entwicklungs-) politische Orientierungen (z. B. marxistisch-leninistische VR Benin, liberal-kapitalistische Elfenbeinküste) und deutliche Machtungleichgewichte bzgl. des Wirtschaftspotentials. Eine eindeutige Vormachtstellung hat Nigeria. Das besondere Interesse des Landes an Integrationsfortschritten wirkt einerseits integrationsfördernd, weckt jedoch auch erhebliche Vorbehalte (v. a. der CEAO). Ferner besteht die Gefahr, daß sich die krisenhafte Entwicklung in Nigeria (Jan. 1983 brutale Ausweisung „illegaler" Wanderarbeiter; Liquiditäts- und Wirtschaftskrise infolge sinkender Öleinnahmen; Dez. 1983 Militärputsch) negativ auf die ECOWAS auswirkt. Bemerkenswert sind die Anstrengungen zum Ausgleich bestehender Ungleichgewichte, z. B. durch den Fonds sowie die Staffelung des Integrationstempos. Hieraus könnte sich möglicherweise eine Perspektive für weitere Fortschritte ergeben.

Literatur

Elias, T. O. 1978: The Economic Community of West Africa, in: The Yearbook of World Affairs, London, 93-116

Kühn, R./Seelow, F. 1978: Voraussetzungen und Perspektiven der „Economic Community of West African States" (ECOWAS), in: Vierteljahresberichte, Nr. 71, 57-69

„Neue Entwicklungspolitik", 7. Jg. 1981, Nr. 1, Themenheft: Zusammenarbeit zwischen Entwicklungsländern: Die Wirtschaftsgemeinschaft westafrikanischer Staaten (ECOWAS)

Ojo, O. J. B. 1980: Nigeria and the formation of ECOWAS, in: International Organization, 4 (Autumn), 571-604

Ziemer, K. 1982: West- und Zentralafrika: Grundstrukturen und länderübergreifende Problemstellungen, in: Nohlen, D./Nuscheler, F. (Hrsg.): Handbuch der Dritten Welt Bd. 4: Westafrika und Zentralafkrika, Hamburg, 97-121 (bes. 108-114).

Andreas Langmann

Wirtschaftskommission der Vereinten Nationen für Afrika (United Nations Economic Commission for Africa/ECA)

1. Sitz: Der Hauptsitz ist in Addis Abeba, Äthiopien. Daneben gibt es noch in Lusaka, Niamey, Jaunde, Tangier und Gisenyi vor Ort Büros als Programm- und Kontaktzentren (sog. *Multinational Programming and Operational Centres* – MULPOC).

2. Mitglieder: Außer der Republik Südafrika und der Demokratischen Arabischen Republik Sahara (die unter marokkanischer Herrschaft ist) sind alle Staaten Afrikas Mitglied der ECA. Südafrika ist auf Beschluß des → Wirschafts- und Sozialrats der UN bis zur Abschaffung seiner Rassenpolitik von der Mitgliedschaft suspendiert. Gründungsmitglieder der ECA waren neun Staaten. 1963 wurde Portugal als damalige Kolonialmacht mehrerer afrikanischer Staaten aus der ECA verbannt und 1965 erlosch Rhodesiens Status eines assoziierten Mitgliedes. Namibia ist assoziiertes Mitglied.

3. Entstehungsgeschichte: Antikolonialer Kampf, unabhängige wirtschaftliche Entwicklung und die Gründung der ECA sind eng miteinander verbunden. Der Wirtschafts- und Sozialrat der UN beschloß 1946, die → UN-Wirtschaftskommission für Europa (ECE) zu gründen. 1947 wurde die → *Economic and Social Commission für Asia and the Pacific* (ESCAP) gegründet, um die großen Bevölkerungsprobleme zu lösen und den Nachkriegs-Wiederaufbauprogrammen die Hilfe der UN zukommen zu lassen. Im selben Jahr wurde eine Empfehlung zur Gründung der → *Economic Commission for Latin America* (ECLA) ausgesprochen, um den Einwohnern dieses Kontinents einen höheren Lebensstandard zu ermöglichen, damit diese Region ihren Anteil zum Wohlergehen der Menschheit beitragen könne. Zwar wurde 1947 eine Resolution im → *Economic and Social Council* (ECOSOC) der UN eingebracht, mit dem Ziel, eine *Economic Commission for North Africa and Ethiopia* zu gründen, aber ohne Erfolg. In den Jahren 1951 und 1956 wurden vergleichbare Vorschläge im ECOSOC dank der Majorität der IL blockiert bzw. abgelehnt. Statt die ECA zu gründen, begnügte man sich in der UN mit Studien zur ökonomischen Situation Afrikas. 1950/51 gründete die UN die *Commission for Technical Cooperation in Africa South of the Sahara* (CCTA). Dieses, vom Ansatz her koloniale zwischenstaatliche Organ sollte die technische Kooperation zwischen den Kolonialregierungen forcieren. 1957 umgingen die afrikanischen Staaten mit Hilfe anderer EL den ECOSOC und brachten die Gründung der ECA direkt in die 12. Session der UN-Generalversammlung. Mit Unterstützung einiger IL und der Dritten Welt wurde der ECOSOC angewiesen, eine afrikanische Wirtschaftskommission zu gründen. Auf der Grundlage der Resolution 671 A (XXV) der ECOSOC wurde am 29.4.1954 die ECA gegründet.

4. Ziele: Als UN-Organisation ist die ECA im wesentlichen eine Institution, die im gesamten Bereich der sozio-ökonomischen Projekt- und Programmaßnahmen Afrikas tätig ist. Aus der Resolution des ECOSOC von 1958 und weiterer Resolutionen geht hervor, daß die ECA als Zentrum und Clearingstelle für: a) Regierungskonsultationen zur freien Aussprache, Definition und Koordinierung von Kooperationsmaßnahmen, b) die Erarbeitung von Wirtschaftsstrategien im Dienste der afrikanischen Völker und deren Initiierung und Forcierung, c) das Studium und die Erarbeitung gemeinsamer Fragestellungen zu regionalen und subregionalen Gruppen, d) die Informations- und Datensammlung bzw. Auswertung dient.

5. Organisationsstruktur/Finanzierung: Die ECA besteht z.Z. aus a) dem Sekretariat, b) der Konferenz der Minister, c) dem Exekutiv-Komitee und d) dem technischen Komittee der Experten. Das Sekretariat ist für Steuerung- und Abwicklung der laufenden Aufgaben zuständig.

Kernstück und Verbindungsglied zwischen dem Sekretariat und den Ländern, in denen die ECA ihre Serviceleistungen anbietet, sind die MULPOC's. Die Minister, die für Wirtschaft und Planung zuständig sind, treffen sich im zweijährigen Rythmus und beschließen über die generelle Politik und die prioritären Programme der ECA-Arbeit. Bei diesen Sitzungen wird das Arbeitsprogramm der ECA festgelegt und beschlossen. Die Finanzierung der ECA erfolgt über den, von der UN-Vollversammlung angesetzten, regulären Etat und über Sonderetats, die auf bilateralen Zuschüssen von Ländern und Institutionen beruhen. Verbindliche Beitragskonferenzen der Mitglieder sind eine weitere Finanzquelle, die allerdings vom Volumen her gering ist.

6. Entwicklung: Die erste Dekade der ECA war überschattet vom Streit um eine Kompefenz- und Standortbestimmung innerhalb der UN-Familie. Es ging hauptsächlich um die Frage, inwieweit die ECA autonom von der UN Zentrale (Generalsekretariat) handeln könne und um die Delegation exekutiver Befugnisse sowie um die Effektivität und die Struktur von Kommission und Sekretariat der ECA.

Drei Phasen kann man seit der Gründung der ECA unterscheiden: a) Gründungs- und Orientierungsphase, b) Sammlung und Auswertung sozio-ökonomischer Daten und Abhaltung von Seminaren, Konferenzen usw. zu wichtigen sozioökonomischen Fragen, c) Anregung und Koordinierung der ökonomischen Kooperation zwischen den Mitgliedsländern. Auch wenn die ECA für diverse Projekte und Programme eigene finanzielle und personelle Leistungen erbringt, so besteht ihre Hauptaufgabe darin, Studien und Fachtagungen zu wirtschaftlichen, technischen und statistischen Fragen zu erarbeiten. Darauf aufbauend können dann Entscheidungen getroffen werden. Darüber hinaus gehört Einsatz von Beratern und technischem Personal auf vielen Gebieten (Entwicklungsexperten) aus den diversen Fachabteilungen der ECA zu den laufenden Aufgaben der personellen Entwicklungshilfe.

7. Perspektiven/Entwicklung: Die ECA entfaltet ihre Aktivitäten nur auf Wunsch der nationalen Regierungen. Die Implementierung der Programme kann nur erfolgen, wenn es von der Ministerkonferenz beschlossen wird. Die ECA hat sich trotz schwieriger sozio-politischer Verfassung als wichtiges Instrument des innerafrikanischen Handels, der Vernetzungsbemühungen im Transport- und Verkehrswesen und auf der programmatischen Ebene erwiesen. Sowohl die *Monrovia Strategy for Economic Development of Africa* als auch der *Lagos Plan of Action* sind letztlich durch praktische und theoretische Vorarbeiten der ECA erst ermöglicht worden. Zwar hat die ECA als regionale Institution die Tendenz bürokratisch zu sein und Entwicklung mit den wirtschaftspolitischen Lehrmeinungen des Westens zu verwechseln, dennoch hat sie ihre Funktion für die Befreiung Afrikas aus der Armut. In letzter Zeit forciert sie auch self-reliance-Strategien und die Süd-Süd-Kooperation.

Literatur:

Adedeji, A. 1979: The Economic Commission for Africa. Its origin, development, problems and prospects, Addis Abeba.

Gruhn, I. V. 1979: Regionalism reconsiderd: The Economic Commission for Africa, Boulder/Colo.

Twenty-first birthday for ECA 1979, in: West Africa 3225, 789-791.

ECA What prospect for Africa's future?, 1974 in: Tandon, Y. (Hrsg.): Readings in African international relations, 2nd. Ed. Nairobi.

Review of the institutional machinery of the Economic Commission for Africa 1970, o.O.

Kiflemariam Gebrewold

Zentralafrikanische Zoll- und Wirtschaftsunion (Union Douanière et Economique de l'Afrique Centrale/UDEAC)

1. Sitz: Bangui (Zentralafrikanische Republik)

2. Mitglieder: Gabun, Kongo, Zentralafrikanische Republik, Kamerun. Seit Dez. 1983 ist Äquatorialguinea Mitglied.

3. Entstehung: Die UDEAC wurde im Dez. 1964 von den vier Mitgliedern ihrer kolonialen Vorgängerin, der *Union Douanière* Equatoriale (UDE) sowie dem ehemaligen Mandatsgebiet Kamerun gegründet. Der Gründungsvertrag trat am 1.1.1966 in Kraft.

4. Zielsetzung/Funktionsweise: Neben der Harmonisierung der Wirtschaftspolitik ist ein gemeinsamer Außenzoll vorgesehen. Kernelemente der UDEAC sind ein gemeinsamer Außenzoll, gebildet aus dem Außenzoll der UDE und dem Kameruns, ein Solidaritätsfonds, aus dem heraus Zollmindereinnahmen, die Partnern daraus erwachsen, daß sie von Mitgliedern anstatt von Drittländern importieren, kompensiert werden sollen sowie ein einheitliches Produktionssteuersystem, die sogenannte Einheitssteuer *(taxe unique)*. Dieses Steuersystem stellt ein Privileg dar, das auf Antrag Industrieunternehmen gewährt wird, die innerhalb der UDEAC Güter exportieren wollen. Diese Unternehmen werden von allen anderen indirekten Steuern und Abgaben befreit und genießen zudem Zollfreiheit beim Import von Vorprodukten aus Drittländern. Die Einheitssteuer wird auf den Wert ab Werk erhoben und fließt dem Bestimmungsland zu, d. h. verbleibt beim heimischen Verbrauch im Produktionsland oder wird an das importierende Partnerland als Ersatz für Zolleinnahmeverluste abgeführt. Da die Steuersätze je nach Bestimmungsland differieren, tritt der häufige Fall auf, daß die Steuersätze auf ein mit eigenen Produkten konkurrierendes Gut aus einem Partnerland höher sind als die Sätze auf das für den heimischen Konsum bestimmte eigene Produkt. In diesem Fall besteht ein Quasi-Binnenzoll.

5. Organisation: Oberstes Organ ist der Rat der Staatschefs, der für alle Mitgliedstaaten bindende Beschlüsse faßt. Das Direktorium und das Generalsekretariat teilen sich in die laufenden Aufgaben der Organisation.

6. *Entwicklung:* Die UDEAC sah sich von Beginn an internen Verteilungs-konflikten ausgesetzt, die für Integrationsgemeinschaften zwischen Ländern unterschiedlichen Entwicklungsniveaus in der Dritten Welt charakteristisch sind. Die wirtschaftlich schwächeren Mitglieder ZAR und Tschad sahen sich durch den Abbau der Handelsschranken benachteiligt und machten die Gemeinschaft für regionale Handelsbilanzdefizite, Zollmindereinnahmen und ein sich ver-größerndes Einkommensgefälle innerhalb der Gemeinschaft verantwortlich. Kompensationsansprüche wurden in ihren Augen nur unzureichend erfüllt, mit der Folge, daß sowohl die ZAR als auch Tschad 1968 die UDEAC verließen. Im gleichen Jahr trat ihr jedoch die ZAR wieder bei. Der mehrmals vorgesehene Wiedereintritt Tschads scheiterte bislang an den innenpolitischen Unruhen in diesem Land und zuletzt am Widerstand der Volksrepublik Kongo. Auf der Tagung der Staatschefs im Dez. 1983 wurde dieser Widerstand allerdings aufge-geben.

7. *Perspektiven/Bewertung:* Die UDEAC hat als Folge des kompensatorisch wirkenden Einheitssteuersystems den eigenen Anspruch, eine Zoll- und Wirt-schaftsunion zu sein, verfehlt. Sie ist nicht einmal eine Freihandelszone. Darüber hinaus weist sie deutliche Stagnationstendenzen auf und ist auch bislang mit ihrem ehrgeizigsten Ziel, eine regionale Industrialisierungsplanung zu erstellen, an internen Verteilungskonflikten gescheitert. Zudem hemmen weiterhin hohe Transportkosten den Integrationsprozeß.

Literatur

Rolf J. Langhammer, Die Zentralafrikanische Zoll- und Wirtschaftsunion. Inte-grationswirkungen im Frühstadium industrieller Entwicklung. Kieler Studien Nr. 151, Tübingen 1978.

Rolf J. Langhammer

Regionale Organisationen: Naher Osten

Arabische Bank für ökonomische Entwicklung in Afrika (Arab Bank for Economic Development in Africa/ABEDA)

1. Sitz: Sitz der ABEDA ist Karthoum, Sudan.

2. Mitglieder: Alle arabischen Staaten und die Palästinensische Befreiungsorganisation mit Ausnahme von Djibouti, Somalia, Nord- und Süd-Jemen. Die Mitgliedschaft Ägyptens wurde im April 1979 suspendiert.

3. Entstehungsgeschichte: Die Gründung der ABEDA ist auf Bemühungen der → Arabischen Liga zurückzuführen, nach dem israelisch-arabischen Krieg von 1973 eine engere wirtschaftliche und politische Zusammenarbeit mit den in der → OAU zusammengeschlossenen afrikanischen Staaten herzustellen, insbesondere die Auswirkungen der Ölpreiskrise für diese Länder zu mildern und sie für den arabischen Standpunkt im Nahostkonflikt zu gewinnen. Die Unterzeichnung des Gründungsvertrages erfolgte am 18.2.1974 in Kairo.

4. Zielsetzung: Ziel der ABEDA ist a) die Teilnahme an der Finanzierung der Volkswirtschaftspläne und Entwicklungsprojekte in den afrikanischen Staaten, b) die Förderung der Beteiligung arabischen Kapitals — staatlich und privat — an afrikanischen Entwicklungsprojekten sowie c) die Organisierung und Finanzierung technischer Hilfe für die afrikanischen Staaten. Potentielle Empfänger von Leistungen der ABEDA sind alle Mitglieder der OAU, soweit sie nicht der Liga der Arabischen Staaten angehören.

5. Organisation: Höchstes Organ der ABEDA ist der *Board of Governors* (Rat der Gouverneure). Er tritt jährlich auf der Ebene der Finanzminister zusammen und entscheidet über die Grundzüge der Geschäftspolitik der Bank. Die laufenden Geschäfte der ABEDA nimmt der *Board of Directors* (Direktorium) wahr. Sieben Länder mit 200 oder mehr Kapitalanteilen haben einen ständigen Sitz in diesem Gremium. Vier weitere Direktoren werden von den Gouverneuren für eine Amtszeit von jeweils vier Jahren ernannt. Präsident der Bank und Vorsitzender des *Board of Directors* ist der Tunesier *Chazli al-Ayari.*

6. Entwicklung: Das Nominalkapital der ABEDA hat sich von 231 Mio. US-$ 1974 auf 988,25 Mio. US-$ 1983 erhöht. Ursächlich dafür waren Kapitalaufstockungen und die Übernahme des *Special Arab Aid Fund for Africa* 1976. Größter Kapitalgeber ist Saudi-Arabien mit 241 Mio. US-$. Die Summe der von der ABEDA zu Entwicklungshilfebedingungen bereitgestellten Mittel beläuft sich bis Ende 1983 auf 777,8 Mio. US-$. 33 von insgesamt 41 möglichen afrikanischen Ländern haben bis zu diesem Zeitpunkt Kredite erhalten. Der Anteil an der Finanzierung einzelner Projekte liegt im Durchschnitt bei 12%. Gefördert werden vor allem Maßnahmen zur Verbesserung der Infrastruktur, aber auch Vorhaben auf dem Gebiet der Landwirtschaft und der Industrie. Bei der Erfüllung ihrer Aufgaben arbeitet die ABEDA eng mit der → Weltbank, dem → IWF, der → FAO und anderen Suborganisationen der → UN sowie mit arabischen und afrikanischen Entwicklungsbanken und Gemeinschaftsunternehmen zusammen.

7. Bewertung: Die ABEDA ist Ausdruck einer verstärkten Institutionalisierung afro-arabischer Zusammenarbeit. Als Organisation multilateraler arabischer Entwicklungshilfe an die afrikanischen Staaten hat sie in der Vergangenheit erhebliche finanzielle Mittel bereitgestellt. Die Vergabe der Mittel ist im wesentlichen nach ökonomischen Kriterien erfolgt. Das Ziel, von 1976-80 1 Mrd. US-$ in Afrika zu investieren, ist allerdings nicht erreicht worden. Ebensowenig ist durch die Aktivitäten der ABEDA ein neuer afro-arabischer Machtblock entstanden. Nach wie vor dominieren im Verhältnis zwischen arabischen und afrikanischen Staaten unterschiedlich gelagerte bilaterale Beziehungen.

Literatur:

Alkazaz, A. 1977: Die multilaterale arabische Entwicklungshilfe an die afrikanischen Staaten. Die Institutionen und ihre Leistungen, in: Orient, 18. Jg., H. 3, 115-158.
Arab World File (Fiches du Monde Arabe), Gen-1702/1-8.

Rüdiger Robert

Arabischer Fonds für ökonomische und soziale Entwicklung (Arab Fund for Economic and Social Development / AFESD)

1. Sitz: Kuwait.

2. Mitglieder: Alle arabischen Staaten und die Palästinensische Befreiungsorganisation (PLO). Die Mitgliedschaft Ägyptens ist wegen des Friedensschlusses mit Israel seit April 1979 suspendiert.

3. Entstehungsgeschichte: Der AFESD wurde am 18.12.1971 aufgrund einer vom Wirtschaftsrat der Arabischen Liga am 16.5.1968 gebilligten Übereinkunft gegründet. Hintergrund war die Niederlage der arabischen Staaten gegen Israel im Juni-Krieg 1967. Sie hat auf der arabischen Gipfelkonferenz von Khartoum u.a. zu der Entscheidung geführt, die Hilfe der ölreichen arabischen Staaten für Entwicklungsprojekte in den übrigen Staaten der Region zu verstärken.

4. Zielsetzung: Oberziel des AFESD ist die Förderung der sozial-ökonomischen Entwicklung und die Verwirklichung eines ,ausgewogenen und gleichgewichtigen Wirtschaftswachstums' im ganzen arabischen Raum. Hauptaufgaben des Fonds sind in diesem Zusammenhang a) die Gewährung von Krediten zur Finanzierung insbesondere von Projekten, deren Realisierung im gesamtarabischen Interesse liegt, b) die Mobilisierung öffentlichen und privaten Überschußkapitals für Entwicklungsvorhaben und c) die Bereitstellung wissenschaftlicher und technischer Hilfe für arabische Investoren.

5. Organisation: Höchstes Organ des AFESD ist der *Board of Governors*. Er fungiert als Anteilseignerversammlung, legt die Geschäftspolitik des Fonds in ihren Grundzügen fest, wählt und kontrolliert die Mitglieder des *Board of Directors* und ernennt den *General Manager.* Der sechsköpfige *Board of Directors* führt die laufenden Geschäfte des AFESD. Vorsitzender ist der *General Manager*. Von 1972-1979 war dies der Libanese *Saeb Jaroudy*. Seit 1979 ist es der Syrer *Mohamed al-Imadi.*

6. Entwicklung: Das ursprünglich auf 100 Mio. KD festgesetzte Kapital des

185

AFESD ist bis April 1982 auf 800 Mio. KD erhöht worden. Das gezeichnete Kapital betrug 1982 750,1 Mio. KD, das eingezahlte Kapital 374,2 Mio. KD. Die größten Kapitalgeber sind Kuwait, Saudi-Arabien und Libyen. Die Höhe der bis 30.9.1983 bewilligten Kredite beläuft sich auf 465,5 Mio. KD. Gefördert worden sind vor allem Maßnahmen zur Verbesserung des Transport- und Kommunikationswesens sowie zum Ausbau der Wasser- und Elektrizitätsversorgung, aber auch industrielle und landwirtschaftliche Projekte. Das Verfahren des AFESD bei der Vergabe von Krediten ähnelt dem der Weltbank. Grundsätzlich können Kredite lediglich an oder in Länder vergeben werden, die Mitglieder des Fonds sind.

7. Bewertung: Seine Aufgaben hat der AFESD bis Ende der 70er Jahre nur begrenzt erfüllen können. Anlaufschwierigkeiten haben dazu geführt, daß der Fond seine Operationen erst Anfang 1973 aufgenommen hat. In größerem Umfang war dies sogar erst der Fall nach dem Oktoberkrieg 1973 und dem Beginn der aktiven Mitarbeit durch Saudi-Arabien im Juli 1974. Mißmanagement hat 1978 zu einer weitgehenden Einstellung der Tätigkeit des AFESD geführt. Die Aktivitäten konnten nach Überwindung der internen Krise 1979 jedoch mit einem Kreditvolumen von ca. 30-40 Mill. KD wieder aufgenommen werden. Obwohl das Schwergewicht der Aufgaben des AFESD im Bereich der regionalen Gemeinschaftsprojekte liegen soll, sind bis Anfang der 80er Jahre vorwiegend nationale Entwicklungsprojekte gefördert worden.

Literatur:

Alkazaz, A. 1976: The Arab Fund for Economic and Social Development (AFESD). Organisation, Entwicklungsstrategie und bisherige Leistungen, in: Orient, 17. Jg., H. 4, 85-108.
Demir, S. 1979: Arab development funds in the Middle East, Hrsg : UNO. Institute for Training and Research, New York u. a.
Arab World File (Fiches du Monde Arabe), Gen-1701/1-8.

Rüdiger Robert

Arabischer Gemeinsamer Markt (AGM)

1. Mitglieder: Mitglieder des AGM sind Ägypten, Irak, Jordanien, Libyen, Mauretanien, Syrien und Süd-Jemen.

2. Entstehung: Das → CAEU verabschiedete auf seiner zweiten Sitzung 1964 eine Resolution zur Errichtung des AGM; noch im gleichen Jahr unterzeichneten und ratifizierten Ägypten, Irak, Jordanien und Syrien die Resolution (Kuwait unterzeichnete, ratifizierte sie aber nicht), so daß die Vereinbarung im August 1964 in Kraft treten konnte. Libyen trat dem AGM 1977 bei, Mauretanien 1980, Süd-Jemen 1982; mit Somalia und Sudan wird verhandelt.

3. Ziele: Die AGM-Resolution greift einige der weitreichenden Zielsetzungen des *Agreement on Arab Economic Unity,* durch das 1964 das CAEU geschaffen wurde, auf und konkretisiert sie teilweise: freier Personen- und Kapitalverkehr, freier Austausch von in- und ausländischen Gütern, freie Wahl von Wohnort und Arbeitsplatz, freier Transitverkehr, jeweils zwischen den Mitgliedsländern des AGM.

4. *Entwicklung:* In der Praxis war der AGM auf eine Liberalisierung des Warenverkehrs beschränkt. Neben der Anwendung der Meistbegünstigungsklausel hatte die AGM-Resolution eine Zollreduktion vorgesehen, und nach einer sechsjährigen Übergangsperiode wurde 1971 zwischen den Ursprungsmitgliedern eine Freihandelszone errichtet. Pläne, diese zur Zollunion mit gemeinsamem Außenzoll fortzuentwickeln, wurden nicht realisiert. Als Reaktion auf den Friedensvertrag mit Israel führten 1979 AGM-Mitglieder Handelsrestriktionen gegen Ägypten ein.

5. *Bewertung:* Die Wachstums- und Entwicklungsimpulse aus der Handelsliberalisierung im AGM waren quantitativ sehr gering. Abgesehen davon, daß Länder mit großen Märkten (z. B. Algerien, Saudi Arabien) dem AGM fernblieben, ist der geringe quantitative Effekt vor allem auf die unterschiedlichen Entwicklungsniveaus und die vielfach einseitigen, nicht zur Nachfrage der anderen AGM-Länder passenden Produktionsstrukturen zurückzuführen. Außerdem betreiben einige AGM-Länder eine staatliche Wirtschaftsplanung, die auch den Außenhandel umfaßt und dessen Entfaltung nur insoweit zulassen kann, wie dies mit der nationalen Planung verträglich ist. Qualitativ ist eine einseitige Konzentration der Integrationsvorteile auf die weiter entwickelten AGM-Länder zum Problem geworden: Länder mit fortgeschritteneren Techniken wurden durch die Ausweitung der Märkte begünstigt, während die entsprechenden Produktionen in den weniger entwickelten Ländern nach dem Fortfall der Zollmauern nicht wettbewerbsfähig waren. Aus solchen ökonomischen Gründen, aber auch wegen politischer Differenzen wurden nicht-tarifäre Handelshemmnisse (insbes. administrative Behinderungen) nicht nur nicht beseitigt, sondern gewannen sogar an Bedeutung. Daher kann trotz Zollabbau von einem tatsächlich freien Warenverkehr im AGM nicht die Rede sein. Für die Integration und künftige Entwicklung des arabischen Raums könnte sich eine Liberalisierung des Kapitalverkehrs als fruchtbarer erweisen. Entsprechende Vereinbarungen wurden bereits getroffen, jedoch losgelöst vom AGM und unter Beteiligung auch solcher arabischer Länder, die dem AGM ferngeblieben sind (vgl. CAEU). Das Problem des Vorteilsausgleichs zwischen den weiter und den weniger entwickelten arabischen Ländern ist auch in diesem Rahmen relevant, jedoch weiterhin ungelöst.

Literatur

Arab Monetary Fund 1982: Annual Report and Financial Statements for the Year Ended December 31, 1981, Abu Dhabi.
Ghantus, E. T. 1982: Arab Industrial Integration – A Strategy for Development, London, Canberra.
Kaddori, F. 1983: The Joint Arab Economic Action and the Role of the Council of Arab Economic Unity, in: Studia Diplomatica, Bd. 36 (1983), S. 29-48.
Makdisi, S. A. 1979: Arab Economic Co-operation, in: *Aliboni, R.* (Hrsg.): Arab Industrialisation and Economic Integration, London, S. 90-133.
Saadeddin, F. 1977: Die arabische Wirtschaftsintegration, Tübingen.
UNCTAD 1983: Economic Co-operation and Integration among Developing

Countries – A Review of Recent Developments in Subregional, Regional, and Interregional Organizations and Arrangements, Vol. III, UNCTAD Document TD/B/X. 7/51 (Part. III), 18 May 1983.

Volker Nienhaus

Arabischer Währungsfonds (Arab Monetary Fund/AMF)

1. Sitz: Abu Dhabi/VAE.

2. Mitglieder: 20 arabischer Staaten und Palästina. Ägyptens Mitgliedschaft ist seit 1979 suspendiert.

3. Entstehung: Die vom → CEAU 1964 verabschiedete Resolution zur Errichtung des → Arabischen Gemeinsamen Markts (AGM) sah auch die Schaffung einer Arabischen Zahlungsunion und eines Arabischen Währungsfonds vor; Mitte der 70er Jahre, nachdem durch die Ölpreissteigerungen in einigen arabischen Ländern große Kapitalüberschüsse, in den anderen dagegen erhebliche (zusätzliche) Zahlungsbilanzdefizite entstanden waren, fand die Idee der Errichtung eines AMF breite Zustimmung. Mit Ausnahme Djiboutis unterzeichneten 1976 alle Mitglieder der → Arabischen Liga (AL) einen entsprechenden Vertrag, der 1977 in Kraft trat.

4. Kapital/Ziele: Das gezeichnete Kapital des AMF stieg 1983 auf 600 Mio. AAD (Arab Accounting Dinar: 1 AAD = 3 SZR; SZR = Sonderziehungsrecht des IWF), ca. 1,8 Mrd. US-Dollar). Wichtigstes Ziel des AMF ist die Korrektur (Finanzierung) von Zahlungsbilanzungleichgewichten (-defiziten) der Mitgliedsländer; weitere Ziele sind: Stabilisierung der Wechselkurse arabischer Währungen untereinander, gegenseitige Konvertibilität, Förderung der Entwicklung arabischer Finanzmärkte, als Fernziel die Schaffung einer einheitlichen arabischen Währung sowie als generelle Ziele die Förderung der arabischen Wirtschaftsintegration und der ökonomischen Entwicklung in den Mitgliedstaaten.

5. Organisation: Grundlegende Entscheidungen (z.B. Aufnahme neuer Mitglieder, Kapitalerhöhungen, Vertragsänderungen) trifft der *Gouverneursrat.* In ihm hat jedes Mitglied zunächst 75 Stimmen und je gezeichnetem Kapitalanteil (von 50.000 AAD) eine weitere Stimme. Größter Kapitalzeichner ist Saudi Arabien mit 15% des Kapitals, gefolgt von Ägypten, Algerien, Irak und Kuwait mit je 10%. Entscheidungen werden im Gouverneursrat i. d. R. mit absoluter Stimmenmehrheit getroffen; Erhöhungen der Kreditobergrenzen bedürfen einer Zwei-Drittel-Mehrheit. Der Gouverneursrat legt die Grundsätze für die Tätigkeit des AMF fest und wählt den achtköpfigen *Rat der Exekutivdirektoren,* der die Geschäfte führt. Jeder Exekutivdirektor repräsentiert ein oder mehrere Mitglieder und verfügt über ein Stimmenpaket entsprechend der Summe der Stimmen der von ihm vertretenen Länder im Gouverneursrat. Entscheidungen werden mit absoluter Stimmenmehrheit der Anwesenden getroffen.

6./7. Entwicklung/Perspektiven: Mitglieder können vom AMF im Rahmen von inzwischen fünf verschiedenen Fazilitäten mit unterschiedlichen Konditionen, Auflagen bzw. Zweckbindungen und Höchstbeträgen (zwischen 75 und 175% des in konvertibler Währung eingezahlten Kapitals) zinsbegünstigte Kredite erhalten. Ölimporte werden nicht finanziert. Nach einer Abschätzung des Kreditbedarfs wird vom Gouverneursrat eine Obergrenze für die Summe aller einem Land gewährten Kredite festgelegt, die von ursprünglich 150 bis 1982 auf 500% des eingezahlten Kapitals angehoben wurde, aber 1983 angesichts der steigenden Kreditnachfrage wieder auf 300% reduziert werden mußte. Bis zum 31.12.1983 hatte der AMF insgesamt zehn Ländern 39 Kredite über insgesamt 229,6 Mio. AAD zugesagt. 1983 nahm Irak erstmals AMF-Kredite in Anspruch und wurde mit 55 Mio. AAD (= 24% aller AMF-Kredite) größter Kreditnehmer, gefolgt von Marokko (22%) und Sudan (16%).

Da die Zahlungsbilanzdefizite vieler arabischer Staaten fundamental sind, können ihre Ursachen durch eine Kreditfinanzierung des AMF nicht beseitigt werden. Die Beseitigung dieser zumeist sehr großen Ungleichgewichte wäre aber eine wesentliche Voraussetzung für Erfolge bei den weiterreichenden (monetären) Integrationszielen.

Literatur:

Arab Monetary Fund 1983: Annual Report and Financial Statements for the Year Ended December 31, 1982. Abu Dhabi.

Haseeb, K./Makdisi, S.A. (Hrsg.): 1982: Arab Monetary Integration-Issues and Prerequisites, London.

Volker Nienhaus

Kooperationsrat der Arabischen Golfstaaten (Gulf Cooperation Council/GCC)

1. Sitz: Riyadh, Saudi-Arabien.

2. Mitglieder: Bahrain, Kuwait, Oman, Katar, Saudi-Arabien und die Vereinigten Arabischen Emirate.

3. Entstehungsgeschichte: Die Gründung des GCC im Febr./Mai 1981 ist eine Folge zunehmender interner, regionaler und globaler Gegensätze am Persisch/Arabischen Golf. Maßgeblich zum Zusammenschluß beigetragen haben wirtschaftliche und soziale Spannungen in den Mitgliedstaaten, der Prozeß der ‚Reislamisierung‘, die Revolution in Iran, der Einmarsch der Sowjetunion in Afghanistan, die zunehmenden Spannungen mit den USA und der Ausbruch des iranisch-irakischen Krieges.

4. Zielsetzung: Oberstes Ziel des GCC ist die Sicherung der Überlebensfähigkeit der Mitglieder nach innen und außen. Zu diesem Zweck sollen ‚die Beziehungen, die Bande und die Kooperation‘ untereinander in den Bereichen Wirtschaft, Finanzen, Kultur, Information, Sozialwesen, Justiz- und gesetzgeberische Angelegenheiten vertieft und gefestigt werden. Fernziel ist die wirtschaftliche Integration der Mitglieder und soziale Verschmelzung ihrer Völker. Nicht zuletzt wird eine engere Zusammenarbeit auf dem Gebiet der Außen- und Sicherheitspolitik angestrebt.

5. Organisation: Der GCC ist ein regionaler Zusammenschluß. Höchstes Organ ist der Oberste Rat. Er tritt auf der Ebene der Staatsoberhäupter zusammen.

Unterstützt wird er in seiner Leitungsfunktion durch den Ministerrat. Dieser besteht aus den Außenministern der Mitgliedstaaten oder ihren Vertretern. Einzig kontinuierlich arbeitendes Organ des GCC ist das Generalsekretariat. Es hat planende, koordinierende und ausführende Funktion. An seiner Spitze steht der frühere Botschafter Kuwaits bei den Vereinten Nationen *Abdallah Bishara.*

6. Entwicklung: Die Bemühungen des GCC um eine engere Zusammenarbeit auf ökonomischem Gebiet haben im Nov. 1981 zur Unterzeichnung eines umfassenden Wirtschaftsrahmenabkommens geführt. Erste konkrete Schritte, die den arabischen Golfstaaten einen nahtlosen Übergang in das Nach-Erdölzeitalter ermöglichen sollen, sind der Beschluß zur Abschaffung der Zölle zwischen den Mitgliedstaaten zum 1.3.1983 und die Vereinbarung über die Gründung einer *Gulf Investment Corporation* mit einem Kapital von 2,1 Mrd. US-$. Der Abschluß eines kollektiven Abkommens zur Erhöhung der inneren Sicherheit ist bislang ebenso gescheitert wie der Versuch, sich über ein gemeinsames Sicherheitskonzept zu verständigen. Regionale Spannungen – insbesondere den israelisch-arabischen Konflikt und den iranisch-irakischen Krieg – hat der GCC lediglich abfangen, nicht aber beseitigen können. Das Verhältnis zu den Supermächten ist trotz fortdauernder Anlehnung an die USA von einer spürbaren Unsicherheit gekennzeichnet.

7. Bewertung: Das Ergebnis der Bemühungen des GCC um mehr Sicherheit und Stabilität für die arabischen Golfstaaten entspricht nicht den ursprünglich hochgesteckten Erwartungen, darf aber auch nicht mit einem Scheitern des GCC gleichgesetzt werden. Insgesamt trägt der GCC zu einer Stärkung der Position Saudi-Arabiens auf der Arabischen Halbinsel bei. Zudem fördert er die Zusammenarbeit zwischen den beteiligten Staaten. Anstelle spektakulärer Fortschritte ist künftig eher eine Politik der kleinen Schritte zu erwarten. Dabei dürften die Respektierung der einzelstaatlichen Souveränität und die Notwendigkeit zu politischer und gesellschaftlicher Innovation eine nicht weniger große Rolle spielen als der außenpolitische Druck, der auf den arabischen Golfstaaten lastet.

Literatur:

Heard-Bey, F. 1983: Die arabischen Golfstaaten im Zeichen der islamischen Revolution. Forschungsinstitut der Deutschen Gesellschaft für Auswärtige Politik (Hrsg.): Arbeitspapier zur Internationalen Politik Nr. 25, Bonn.
Kelly, J.B. 1981: Brennpunkt Golf – Die Ölstaaten und der Westen, Berlin.
Niblock, T. 1980: The Prospects for Integration in the Arab Gulf, in: ders. (Hrsg.): Social and Economic Development in the Arab Gulf, London, 187-209.
Robert, R. 1983: Der Golfkooperationsrat: Die arabischen Golfstaaten auf der Suche nach Sicherheit und Stabilität, in: Orient, 24. Jg., H. 2, 235-259.

Rüdiger Robert

Liga der Arabischen Staaten/Arabische Liga/AL
(League of Arab States)

1. Sitz: Tunis. Bis 1979 war Sitz der Organisation Kairo.

2. Mitglieder: Mitglieder sind acht afrikanische und 13 asiatische Staaten, ferner die Palästinensische Befreiungsorganisation (PLO). Ihr gemeinsames Merkmal ist die Zugehörigkeit zur arabischen Welt. Die Mitgliedschaft Ägyptens ruht seit März 1979.

3. Entstehungsgeschichte: Die Gründung der AL ist eine Folge des arabischen Nationalismus. Er war zunächst gegen das Osmanische Reich, später gegen die europäischen Kolonialmächte gerichtet. Während einige arabische Staaten in den 20er und 30er Jahren begrenzte Unabhängigkeit erlangen konnten, blieb das Ziel unerreicht, die seit 1919 bestehende Zersplitterung der arabischen Welt zu überwinden. Erst der Ausbruch des Zweiten Weltkriegs hat Großbritannien veranlaßt, von der strikten Ablehnung zur vorsichtigen Förderung des Gedankens der arabischen Einheit überzugehen. 1943 haben daraufhin sowohl Irak als auch Transjordanien Pläne zur Vereinigung der Länder des *Fruchtbaren Halbmondes* vorgelegt. Als größter arabischer Staat hat Ägypten die Diskussion schließlich an sich gezogen. Das hat zur Einberufung einer gesamtarabischen Konferenz im Sept./Okt. 1944 nach Alexandria geführt. Im Verlauf der Verhandlungen ist das Streben nach arabischer Einheit indes in den Hintergrund gerückt. Vorherrschendes Interesse war die Sicherung bzw. Erringung einzelstaatlicher Unabhängigkeit und Macht. Die Konsequenz war der Verzicht auf die Schaffung einer *Arabischen Union* zugunsten eines lockeren regionalen Zusammenschlusses in Form der AL. Der Gründungsvertrag ist am 22.3.1945 in Kairo von Ägypten, Irak, Libanon, Saudi-Arabien, Syrien und Transjordanien sowie am 10.5.1945 von (Nord-)Jemen unterzeichnet worden.

4. Ziele: Zweck der AL ist die Festigung der Beziehungen zwischen den Mitgliedstaaten, die Koordinierung ihrer Politik mit dem Ziel, die einzelstaatliche Unabhängigkeit und Souveränität zu schützen, und − ganz allgemein − die Behandlung aller die arabischen Länder angehenden Fragen und Interessen. Die Liga verfolgt darüber hinaus den Zweck, eine enge Zusammenarbeit zwischen den Mitgliedstaaten auf den Gebieten Wirtschaft, Finanzen, Verkehr, Kultur, Staatsangehörigkeitswesen, Soziales und Gesundheit zu erreichen, und zwar unter Berücksichtigung der Struktur der einzelnen Staaten und der dort vorherrschenden Lebensbedingungen. In Streitfällen, die zu einem Krieg zwischen zwei Mitgliedstaaten oder zwischen einem Mitglied und einem anderen Staat führen könnten, soll die AL versöhnend eingreifen.

5. Organisation: Höchstes Organ der AL ist der Ligarat. In ihm hat jedes Mitglied eine Stimme. Seit 1964 tritt der Rat auf der Ebene der Könige und Staatschefs als arabische Gipfelkonferenz zusammen. Ihm sind das Funktionieren der Liga und die Verwirklichung ihres Zweckes anvertraut. Er bestimmt auch über die Art der Zusammenarbeit mit anderen internationalen Organisationen. Neben dem Ligarat mit dem Politischen Komitee, den übrigen ständigen Ausschüssen, einem Wirtschafts- und einem Verteidigungsrat bildet das Generalsekretariat den institutionellen Kern der AL. An seiner Spitze steht ein mit Zwei-Drittel-Mehrheit gewählter Generalsekretär. Das war bis 1979 stets ein Ägypter: Von 1945-1952 *Abdel Rahman Azzam Pascha,* von 1952-1972 *Abdel Khalik Hassouna* und von 1972-1979 *Mahmud Riad.* Seit Juni 1979 ist der Tunesier *Schedli Klibi* im Amt. Der Generalsekretär hat erhebliches politisches Gewicht. Er beruft nicht nur die Sitzungen des Ligarates ein, stellt das jährliche Budget auf und ernennt die Spitzenbeamten seiner Organisation, sondern erarbeitet auch selbständig politische Empfehlungen, führt die vom Rat gefaßten Beschlüsse aus, vermittelt in Konfliktfällen zwischen den Mitgliedern und tritt als höchster diplomatischer Repräsentant der arabischen gegenüber der nichtarabischen Welt auf.

6. Entwicklung: Schwerpunkt der Aktivitäten der AL war in den ersten Jahrzehnten ihres Bestehens das Bemühen um eine rasche Entkolonialisierung der arabischen Welt. Bei der Erringung der Unabhängigkeit Marokkos, Tunesiens, Libyens, Kuwaits, Algeriens und Südarabiens hat die Liga diplomatische und wirtschaftliche Hilfestellung geleistet. Darüber hinaus war sie lange Zeit Ausdruck arabischer Gemeinsamkeit im Kampf um Palästina. Die Stoßrichtung dieses Kampfes galt indes nicht so sehr der Verwirklichung eines von allen arabischen Staaten getragenen Konzepts zur Lösung des Nahostkonflikts als vielmehr der Verhinderung der Politik und Existenz Israels. Der israelisch-ägyptische Friedensschluß von 1979 hat die AL deshalb in Befürworter (Oman, Somalia, Sudan), gemäßigte (Saudi-Arabien, Jordanien, Marokko usw.) und radikale (Algerien, Libyen, Syrien, Süd-Jemen) Kritiker der ägyptischen Nahostpolitik gespalten.

Den Gedanken der arabischen Einheit hat die Liga nicht in die Praxis umsetzen können. Auch ist es ihr bei Versuchen zur Beilegung innerarabischer Konflikte zumeist nicht gelungen, sich gegen einzelstaatliche Egoismen durchzusetzen. Auf wirtschaftlichem, sozialem und kulturellem Gebiet hat sie die Kooperation zwischen den arabischen Staaten jedoch verbessern können. Nach eigenem Bekunden war sie bei der Vereinheitlichung von Schulsystemen, Lehrplänen, Schulbüchern und Lexika außerordentlich erfolgreich. Auf wirtschaftlichem Gebiet hat sie die Gründung zahlreicher Neben- und Unterorganisationen initiiert. Beispiele dafür sind der Rat für Arabische Wirtschaftseinheit (1964), der Arabische Gemeinsame Markt (1964), der → *Arab Fund for Economic and Social Development* (1968), die *Union of Arab Banks* (1975) und verschiedene *Arab Joint Ventures.* Das hochgesteckte Ziel vollständiger arabischer Wirtschaftseinheit ist allerdings nicht erreicht worden.

Neue Betätigungsfelder, auf denen sich die AL in den 70er Jahren hat profilieren können, sind der afro-arabische und der euro-arabische Dialog. Als Ausdruck der Solidarität zwischen der in ihrer Gesamtheit ölreichen arabischen Welt und den zumeist ölarmen afrikanischen Ländern, aber auch als Instrument im israelisch-arabischen Konflikt ist 1973 die → *Arab Bank for Economic Development in Africa* gegründet worden. Im März 1977 hat in Kairo die erste und bislang einzige afro-arabische Gipfelkonferenz stattgefunden. Der euro-arabische Dialog, an dessen Organisation die AL maßgeblichen Anteil hat, ist 1973 von arabischer Seite angeregt worden. Als Versuch, eine systematische Zusammenarbeit mit Europa auf allen Gebieten der Politik, der Wirtschaft und der Kultur herzustellen, hat er nur geringe Erfolge gezeitigt. Dennoch hat dieses Forum und das Auftreten der AL im Rahmen dieses Forums dazu beigetragen, eine Konfrontationsatmosphäre und Fehlreaktionen zwischen Europa und der arabischen Welt zu vermeiden. Der israelisch-ägyptische Friedensschluß und die Suspendierung der Mitgliedschaft Ägyptens in der AL haben im Mai 1979 zur Unterbrechung des Dialogs geführt. Die Bemühungen um eine Wiederbelebung dauern seitdem an.

7. *Bewertung:* Die Vielzahl der Aktivitäten, die die AL in ihrer nahezu 40jährigen Geschichte ergriffen hat, ist beeindruckend. Die Liga hat sich indes zu keinem Zeitpunkt als der erhoffte Wegbereiter der arabischen Einheit erwiesen. Initiativen zum Zusammenschluß arabischer Staaten sind von ihr nicht ausgegangen. Abgesehen von der Gründung des → Golfkooperationsrates 1981 haben sich die arabischen Staaten nicht einmal auf das ihnen nach dem Ligapakt zustehende Recht berufen, jeden für wünschenswert gehaltenen Vertrag zu schließen, um eine ‚noch engere Zusammenarbeit und noch stärkere Bindung untereinander' herzustellen. Für die praktische Arbeit der AL war die Wahrung der einzelstaatlichen Souveränität stets bedeutsamer als das Ziel der arabischen Einheit. Letzterem kommt im Bewußtsein der Araber jedoch häufig ‚fiktive Realität' zu. Ihr Ausdruck gegeben zu haben, ist ein Verdienst der AL.

Der Zustand, in dem sich die Liga seit Ende der 70er Jahre befindet, ist unbefriedigend. Durch die doppelte Spaltung – zum einen über den israelisch-ägyptischen Friedensschluß, zum anderen über den iranisch-irakischen Krieg – hat die Organisation viel von ihrer an und für sich schon begrenzten Handlungsfähigkeit eingebüßt. So hat die Suspendierung der Mitgliedschaft Ägyptens nicht nur dazu geführt, daß das bevölkerungsreichste arabische Land von einer konstruktiven Mitarbeit in der AL ausgeschlossen ist, sondern auch zum Aufbau eines weitgehend neuen Verwaltungsapparates in Tunis gezwungen. Zeitweilig hat sich Ägypten überdies um die Bildung einer direkten Gegenorganisation zur AL bemüht.

Seit der Ermordung *Sadats* im Herbst 1981 ist eine allmähliche Wiederannäherung Ägyptens an die arabische Welt erkennbar. Auf der 12. arabischen Gipfelkonferenz im Sept. 1982 ist es den Mitgliedern der Liga mit Ausnahme Libyens zudem gelungen, sich durch weitgehende Übernahme des Fahd-Plans (im wesentlichen die Forderung nach Gründung eines eigenständigen Palästinenserstaates bei gleichzeitiger indirekter Anerkennung des Existenzrechts des Staates Israel) erstmals auf eine gemeinsame Konzeption für einen Frieden im Nahen Osten zu verständigen. Gleichwohl ist eine durchgehende Tendenz zu mehr Zusammenarbeit innerhalb der arabischen Welt nicht feststellbar. Nur wenn in dieser Hinsicht ein Wandel erfolgt, kann die AL (wieder) stärker als Sprachrohr der gesamten Region im Konflikt mit Israel dienen und der Kooperation zwischen den arabischen Staaten auf wirtschaftlichem und sozialem Gebiet neue Impulse geben. Auch dürfte es ihr unter dieser Voraussetzung erheblich leichter fallen, den Prozeß der arabisch-islamischen Renaissance im Sinne einer fruchtbaren Auseinandersetzung mit – statt einer Abkehr von – der industriellen Struktur des Westens und seiner auf Wissenschaft und Technologie basierenden Kultur zu beeinflussen.

Literatur:

Gomaa, A.M. 1977: The Foundation of the League of Arab Staates. Wartime Diplomacy and Inter-Arab Politics 1941 to 1945, London – New York.
Macdonald, R.W. 1965: The League of Arab States. A Study in the Dynamics of Regional Organisation, Princeton.
Robert, R. 1980: Die Liga der Arabischen Staaten. Versuch einer Bestandsaufnahme, in: Aus Politik und Zeitgeschichte, Beilage zur Wochenzeitung ‚Das Parlament', Nr. 23, 25-46.

Rüdiger Robert

Organisation arabischer erdölexportierender Länder (Organisation of Arab Petroleum Exporting Countries/OAPEC)

1. Sitz: Kuwait

2. Mitglieder: Gründungsmitglieder (1968): Kuwait, Libyen, Saudi-Arabien. Später traten noch bei: Algerien, Bahrein, Katar, Vereinigte Arabische Emirate (alle 1970), Irak, Ägypten (1979 suspendiert), Syrien (alle 1972)

3. Entstehungsgeschichte: Anlaß der Gründung der OAPEC war die Konfrontationspolitik der arabischen Staaten gegen Israel. Im Juni-Krieg 1967 verhängten einzelne arab. Ölländer ein Ölembargo gegen die USA, GB und die BR Deutschland, denen man Unterstützung Israels vorwarf. Dieses Embargo wurde jedoch von nicht-arab. Mitgliedern der → OPEC unterlaufen. Die politischen Gegensätze zwischen radikalen und konservativen arabischen Staaten erlaubten allerdings zunächst nur die Gründung der OAPEC durch die letzteren (im Jahre 1968). Erst nach der Revolution in Libyen (im Sept. 69) öffnete sich die Organisation auch den anderen arab. Staaten.

4. Ziele: Die OAPEC soll satzungsgemäß der Koordinierung der Erdölpolitik, der Harmonisierung der rechtlichen Bedingungen, dem Austausch von Informationen und von Fachwissen dienen. Außerdem wurde die Bildung gemeinsamer Unternehmen ins Auge gefaßt. Die Rechte und Pflichten gegenüber der OPEC sollten durch diesen Vertrag nicht tangiert werden. Die Vertragspartner verpflichteten sich sogar, selbst wenn sie nicht Mitglieder der OPEC sind (wie z. B. Bahrein, Ägypten, Syrien), sich auch durch deren Beschlüsse gebunden zu fühlen.

5. Organisation/Finanzstruktur: Höchstes Organ der OAPEC ist ein Ministerrat. Dessen Sitzungen werden durch ein Bureau, in dem jedes Mitgliedsland einen Vertreter entsendet, vorbereitet, das auch die Entscheidungen ausführt. Das Bureau wird unterstützt durch ein Sekretariat, an dessen Spitze ein Generalsekretär steht (seit 1968 gab es drei). Außerdem wurde 1980 ein richterliches Organ, der „Judicial Board", eingerichtet. Die Satzung sieht für bestimmte Bereiche Mehrheitsentscheidungen im Ministerrat − bei einem Vetorecht der Gründungsmitglieder − vor. Tatsächlich werden die Beschlüsse jedoch immer einstimmig gefällt. In Konfliktfällen werden sie ausgelagert oder unterbleiben. Das Budget wird zu gleichen Teilen von allen Mitgliedsländern aufgebracht. Es belief sich 1980 auf ca. 7 Mio. US-Dollar. Im Sekretariat waren 1980 51 akademische und 81 technische Angestellte beschäftigt.

6. Entwicklung: Die OAPEC brauchte einige Jahre Anlaufzeit, um tatsächlich wirksam werden zu können. Einer der folgenreichsten Beschlüsse, die der OAPEC zugeschrieben werden, wurde von einem Gremium außerhalb der Organisation gefaßt: Da der Irak weitergehende Maßnahmen befürwortete und sich der Mehrheit nicht anschloß, beschloß ein bisher nicht existierender Ministerrat arabischer Erdölminister die Produktionskürzungen und das selektive Ölembargo während des vierten Palästinakrieges 1973. Diese Beschlüsse lösten u. a. die erste Ölpreisrevolution aus.
Das Sekretariat der OAPEC hat bisher zahlreiche Studien und Feasibility-Untersuchungen für „Flußabwärtsaktivitäten" der Ölwirtschaft durchgeführt bzw. in Auftrag gegeben. Außerdem wurden vier Gemeinschaftsunternehmen (eine

Schiffahrtslinie, eine Werft, eine Petroleuminvestitionsgesellschaft und eine Servicegesellschaft) sowie ein Petroleum Training Institute gegründet; eine Ingenieur- und Consulting Company befindet sich im Aufbau. An der sehr umfangreichen bilateral, aber auch multilateral abgewickelten Entwicklungshilfe der arab. Ölländer ist die OAPEC, bis auf einen bescheiden ausgestatteten Fonds für die Zahlungsbilanzprobleme arab. Erdölimporteure (gegr. 1974), nicht beteiligt.

7. Bewertung/Perspektiven: Auch die OAPEC leidet unter den Spannungen zwischen den radikalen und den konservativen arab. Staaten. Der erreichte Integrationsgrad reicht nicht an die im Abkommen festgesetzten Normen heran, dennoch kann die OAPEC begrenzte Erfolge vorweisen. Es bleibt allerdings abzuwarten, ob die seit 1980 sich immer enger gestaltende politische, ökonomische und militärische Kooperation der konservativen Golfländer, die auch die Erdölpolitik miteinschließt, die OAPEC aushöhlt.

Literatur

El-Gebali, Salah 1981: Die OAPEC als Organisation zur Interessenvertretung der Arabischen Ölländer in den internationalen wirtschaftlichen Beziehungen, Frankfurt a. M.
Maachou, Abdelkader 1982: OAPEC and Arab Petroleum, Paris

Rolf Hanisch

Rat für Arabische Wirtschaftseinheit (Council of Arab Economic Unity/CAEU)

1. Sitz: Seit 1979 Amman (zuvor Kairo)

2. Mitglieder: Ägypten (seit 1979 suspendiert), Irak, Jordanien, Kuwait, Libyen, Mauretanien, Nord-Jemen, Somalia, Sudan, Süd-Jemen, Syrien, V.A.E. und die PLO.

3. Entstehung: Ein zentrales Anliegen der → Arabischen Liga (AL) war die Förderung der wirtschaftlichen Einheit der arabischen Welt. Die AL legte 1957 ihren Mitgliedern den Entwurf für ein *Agreement on Arab Economic Unity* vor, das 1964 (ratifiziert von fünf Staaten) in Kraft trat.

4. Ziele: Ziel ist die Verschmelzung der arabischen Staaten zu einer Wirtschaftseinheit. Als Institution, die insbes. durch die Erarbeitung operationaler Vorschläge den wirtschaftlichen Integrationsprozeß schrittweise voranbringen soll, wurde durch das *Agreement* das CAEU geschaffen.

5. Organisation: Im CAEU hat jedes Mitglied eine Stimme; Entscheidungen bedürfen der Zweidrittelmehrheit. Rechtlich bindend werden sie für das einzelne Mitglied aber erst, wenn es sie national ratifiziert hat. Der Ratsvorsitz wechselt jährlich. Neben einem *Generalsekretariat* arbeitet eine Reihe ständiger fachbezogener Komitees und Subkomitees (z. B. für wirtschaftliche Entwicklung, Plankoordination, Geld- und Finanzpolitik, Zölle). Das CAEU ist in Verwaltung und Finanzierung autonom.

6. *Entwicklung:* Das CAEU verabschiedete 1964 eine Resolution zur Errichtung eines → Arabischen Gemeinsamen Marktes (AGM). Durch Schaffung einer Freihandelszone und später einer Zollunion sollte der innerarabische Handel ausgeweitet werden. Der Liberalisierung des Kapitalverkehrs dient das *Agreement on Arab Investments and Capital Movements,* das vom CAEU 1970 verabschiedet und 1973 und 1975 geändert bzw. ergänzt wurde. Diese Vereinbarung gewährt arabischen Investoren das Recht zu Kapital- und Gewinntransfers sowie Schutz vor Nationalisierung und Enteignung. Ergänzend wurde zur Versicherung von Investitionen gegen nicht-kommerzielle Risiken 1974 die rechtlich und wirtschaftlich unabhängige *Inter-Arab Investment Guarantee Corporation* gegründet. Das CAEU hat in den letzten Jahren verstärkt die Bedeutung von *Arab Joint Ventures* (Unternehmungen mit Kapitaleignern aus mehreren arabischen Ländern) für eine effektive landwirtschaftliche und industrielle Kooperation hervorgehoben. Nach den eher enttäuschenden Erfahrungen mit dem Arabischen Gemeinsamen Markt (und nachdem in der arabischen Region Petrokapital verfügbar war), hat sich der Integrationsansatz von einer reinen Handelsliberalisierung hin zu einer Projekt- und Investitionskoordinierung verlagert.

7. *Bewertung:* Gemessen am Fernziel der arabischen Wirtschaftseinheit sind die Integrationserfolge sehr bescheiden. Allerdings darf man nicht verkennen, daß erhebliche ökonomische Probleme jede Integration von Ländern mit sehr unterschiedlicher Ausstattung mit Arbeitskräften und Bodenschätzen, mit großen Abständen im Entwicklungsniveau und mit gegensätzlichen Wirtschaftsordnungen behindern. In der arabischen Welt kommen erschwerend häufige politische Differenzen hinzu. Solche integrationshemmenden Faktoren kann man aber nicht dem CAEU anlasten, das vielmehr immer wieder auf verschiedenen Gebieten konkrete Vorschläge für eine Intensivierung der Wirtschaftsbeziehungen zwischen den arabischen Staaten gemacht hat.

Literatur

Arab Monetary Fund 1982: Annual Report and Financial Statements for the Year Ended December 31, 1981, Abu Dhabi.

Ghantus, E. T. 1982: Arab Industrial Integration – A Strategy for Development, London, Canberra.

Kaddori, F. 1983: The Joint Arab Economic Action and the Role of the Council of Arab Economic Unity, in: Studia Diplomatica, Bd. 36 (1983), S. 29-48.

Makdisi, S. A. 1979: Arab Economic Co-operation, in: *Aliboni, R.* (Hrsg.): Arab Industrialisation and Economic Integration, London, S. 90-133.

Saadeddin, F. 1977: Die arabische Wirtschaftsintegration, Tübingen.

UNCTAD 1983: Economic Co-operation and Integration among Developing Countries – A Review of Recent Developments in Subregional, Regional, and Interregional Organizations and Arrangements, Vol. III, UNCTAD Document TD/B/X.7/51 (Part. III), 18 May 1983.

Volker Nienhaus

Regionale Organisationen: Asien und Pazifik

Asiatische Entwicklungsbank (Asian Development Bank/ADB)

1. Sitz: Manila

2. Mitglieder: 31 „regionale" Mitglieder (aus dem Raum der → ESCAP) sowie 14 „nichtregionale" Mitglieder (westliche Industrieländer) mit Kapitalanteil von ca. 2:1 (in Sonderziehungsrechten).

3. Entstehungsgeschichte: Die ADB wurde auf Anregung der damaligen ECAFE als regionales Entwicklungs-Finanzierungsinstitut 1966 gegründet. In den letzten Jahren erfolgte eine starke Ausweitung der Aktivitäten.

4. Ziele/Vertragsinhalt: Hauptziel ist die Förderung des wirtschaftlichen Wachstums und der regionalen Zusammenarbeit im asiatisch-pazifischen Raum, insbesondere durch finanzielle und technische Zusammenarbeit mit den regionalen Mitgliedsländern und den in diesem Bereich tätigen sonstigen internationalen, nationalen und privaten Organisationen.

5. Organisation/Finanzierung

5.1 Organisationsstruktur: Der Gouverneursrat (je zwei Vertreter jedes Mitgliedslandes) ist das höchste Beschlußorgan. Er tagt in der Regel einmal pro Jahr. Das Direktorium besteht aus acht „regionalen" und vier „nichtregionalen" Direktoren. Es ist verantwortlich für die allgemeine Geschäftspolitik und die Wahl des Präsidenten. Es trifft die Entscheidung über Kredite und Bilanz der Bank. Die Direktoren werden in der Regel auf zwei Jahre vom Gouverneursrat gewählt. Der Präsident (aus der Region) wird auf fünf Jahre vom Gouverneursrat gewählt. Er führt die laufenden Geschäfte der Bank. Ihm unterstehen ein Vizepräsident für Finanzen und Verwaltung (mit den ihm unterstehenden Abteilungen/Büros des Sekretärs; für Recht; Budget und Personal; interne Verwaltung; Finanzen; Rechnungswesen; Volkswirtschaft; Information; Computerdienste) und ein solcher für operative Aufgaben (mit den Abteilungen/Büros für Entwicklungspolitik; Länder; Landwirtschaft und ländliche Entwicklung; Infrastruktur; Industrie und Entwicklungsbanken; Projektdienste); Residenz in Bangladesh; als Stabsabteilungen unterstehen ihm direkt die interne Revision und die Effizienzprüfung. Der Mitarbeiterstab beträgt ca. 1000 Personen.

5.2 Finanzierung: Die Mittel der ADB stammen aus zwei Quellen: Ordentliche Mittel und Mittel aus Sonderfonds. Ordentliche Mittel: Durch Beschluß des Gouverneursrates Erhöhung des Kapitals auf 16,3 Mrd. US-Dollar (zu Wechselkursen vom 31.12.1982) zum 25.4.1983, davon stehen ca. 88% als „abrufbar" nur unter bestimmten Voraussetzungen zur Verfügung. Ordentliche Mittel sind weiter Rücklagen und Refinanzierungen auf den internationalen Kapitalmärkten bzw. Schuldverschreibungen bei den Zentralbanken der Mitgliedsländer, in der Regel der Industrie- und der Ölländer. Die Refinanzierung ist auf die Höhe des abrufbaren Kapitals beschränkt. Mittel aus *Sonderfonds* werden von den Mitgliedstaaten freiwillig zur Verfügung gestellt bzw. stammen aus Anlagen bisher nicht verwendeter Mittel der Sonderfonds und aus regulärem Kapitel. Z. Z. bestehen der Asiatische Entwicklungsfonds (ADF) und der Sonderfonds für Technische Hilfe (TASF).

6. Aktivitäten/Entwicklung: Der Aufbringungsseite des Kapitels entspricht die Verwendungsseite: Reguläre Operationen (aus ordentlichen Kapitalmitteln) und Sonderoperationen (Sonderfonds-Mittel); gelegentlich kommt es auch zu einer gemischten Finanzierung. Sonderfonds-Mittel werden subventioniert (für besonders arme Länder), die übrigen zu Marktbedingungen vergeben. Die Projektfinanzierung überwiegt die Programmfinanzierung; diese ist dem Anteil nach auf einen niedrigen Prozentsatz der Ausleihungen an ein Land beschränkt. Kredite werden meist in Devisen, nur zu einem geringen Prozentsatz in der Währung des Empfängerlandes vergeben. Kreditnehmer sind Regierungen und Verwaltungen von Mitgliedsländern sowie nationale und internationale öffentliche oder private Körperschaften und Unternehmen. Die Kreditprüfung hebt auf die Schuldendienstfähigkeit des Nehmerlandes sowie die betriebs- und volkswirtschaftliche Bedeutung der beantragten Projekte ab.

Die Technische Hilfe als wesentliches Element der entwicklungspolitischen Rolle der Bank dient wesentlich der Vergrößerung der Absorptionsfähigkeit der ärmsten Länder, nimmt also die Form von Beratung bei der Projektvorbereitung und -durchführung und bei der Stärkung entwicklungspolitisch wichtiger Institutionen an.

Ende Februar 1983 hat die Bank (kumuliert) 11,5 Mrd. US-Dollar für 565 Projekte ausgeliehen, davon 3,5 Mrd. US-Dollar aus dem Asiatischen Entwicklungsfonds für die ärmsten Länder. Da die Bank nur Teilfinanzierungen vornimmt, ist ein erheblich höherer Betrag zusätzlich *entwicklungswirksam* geworden. Nach Empfängerländern standen an der Spitze (Stichtag 28.2.1983) Indonesien mit 16,9% der Ausleihungen; die Philippinen (13,9%); Südkorea (13,8%); Pakistan (12,6%); Thailand (10,8%) und Bangladesh (9,1%); alle übrigen Länder haben jeweils weniger als 1 Mrd. Dollar an Krediten erhalten. Sektoral ist eine Konzentration auf Landwirtschaft (29,8%); Energie (25,7%); Transport, Verkehr und Nachrichtenwesen (14,0%) und Entwicklungsbanken (12,7%) festzustellen. Die technische Hilfe konzentriert sich auf Landwirtschaft (55,0%); Energie (15,3%) und Verkehr und Nachrichtenwesen (10,0%).

7. Perspektiven/Bewertung: In mancher Hinsicht ist die Bank der Entwicklung der → Weltbank und vergleichbarer regionaler Finanzierungsinstitutionen gefolgt: Reine Bankoperationen im engeren Sinne sind durch technische Beratung zur Förderung der Entwicklung ergänzt worden; die rein ökonomisch rentablen Projekte stehen nicht mehr im Zentrum, werden vielmehr durch Vorhaben der Nahrungsmittelproduktionssteigerung, der Befriedigung der Grundbedürfnisse, der Förderung der Beschäftigung usw. ergänzt.

Die Bundesrepublik hat zum 31.12.1983 8,1% des Kapitals der nichtregionalen Mitglieder (3,4% des Gesamtkapitals) gezeichnet. Ihr politischer Gesamteinfluß ist relativ bescheiden.

Literatur

Jahresberichte der ADB.
Artikel „Asiatische Entwicklungsbank" im Handbuch für Internationale Zusammenarbeit, Baden-Baden (Loseblattsammlung, fortlaufend).
Asiatische Entwicklungsbank, Fragen und Antworten, Manila 1928
ADB, Loan and Technical Assistance Approvals, No. 83/2, 1983.

Jürgen H. Wolff

Australien-Neuseeland-USA-Pakt / ANZUS-Pakt / Pazifik-Pakt

1. Sitz: Canberra/Australien

2. Mitglieder: Australien, Neuseeland und USA.

3. Entstehungsgeschichte: Am 9.3.1950 erfolgte ein formeller Vorschlag des australischen Außenministers zur Errichtung eines pazifischen Sicherheitspaktes, der daneben auch kulturelle, ökonomische und politische Konsultationen umfassen sollte. Im Rahmen der Umorientierung der australischen Sicherheitspolitik auf die USA sollte gegen einen potentiellen Angreifer Japan ein Schutzbündnis geschaffen werden. Im Verlauf der Verschärfung des Ost-West-Konflikts (Ausbruch des Korea-Krieges 1950) wurde am 1.9.1951 der ANZUS-Pakt in San Francisco unterzeichnet und trat, gleichzeitig mit dem japanischen Friedensvertrag, am 28.4.1952 in Kraft, da Australien und Neuseeland dadurch eine Sicherung gegen eine mögliche neue japanische Aggression erhielten, und die Vereinigten Staaten im Rahmen ihrer containment-Politik mit Hilfe des ANZUS-Pakts und des amerikanisch-japanischen Vertrags von 1951 den Kommunismus in Südostasien einzudämmen hofften.

4. Ziele/Vertragsinhalt: Von Australien und Neuseeland zunächst als Risikogemeinschaft gegen einen japanischen Angriff gedacht, entwickelte sich die Funktion von ANZUS im Verlauf der 50er Jahre zu einem im Rahmen von → NATO, CENTO, SEATO gegen die UdSSR gebildeten Bündnissystem unter der Führung der USA. Kernstück des Vertrages ist Art. 4, der lautet: „Jede der Parteien anerkennt, daß ein bewaffneter Angriff im Pazifik-Gebiet auf irgend eine der anderen Parteien gefährdend für den eigenen Frieden und die eigene Sicherheit wäre und erklärt, daß sie handeln würde, um der gemeinsamen Gefahr in ihren Übereinstimmungen mit ihren Verfassungsbestimmungen zu begegnen." Es besteht also keine automatische militärische Beistandspflicht. Auch geht die Verpflichtung der Unterstützung hinter die Bestimmungen des NATO-Vertrages zurück, in der ausdrücklich militärische Maßnahmen vorgesehen werden. Für die USA wird ein militärisches Eingreifen noch durch den „War Powers Act" v. 7.11.73 erschwert, der den Präsidenten auffordert, für einen militärischen Beistand erst die Zustimmung des Kongresses einzuholen.

5. Organisationsstruktur: Der Rat setzt sich aus den Außenministern zusammen, die sich seit Aug. 1952 jährlich einmal abwechselnd in den Mitgliedsländern treffen. Das Ständige Koordinierungsorgan, aus den Stellvertretern der Außenminister bestehend, tritt zu Sondersitzungen zusammen. Das Militärkomitee, dem Vertreter der Militärstäbe der Mitgliedsländer angehören, tritt „je nach Bedarf" zusammen.

6. Entwicklung: Die Bedeutung des ANZUS-Paktes wurde durch die Gründung der SEATO im Jahr 1954 relativiert, da die drei Mitgliedstaaten ebenfalls dieser südostasiatischen Verteidigungsorganisation angehörten. Nach der Auflösung der SEATO gewann ANZUS neue Bedeutung; jedoch nicht mehr gegenüber der Sowjetunion, sondern er verbesserte insbesondere den Konsultationsmechanismus zwischen den USA und Australien. 1979 wurde die Erweiterung um Japan vom Militärkomitee erörtert, ist jedoch bis heute nicht vollzogen. Die Reagan-Administration befürwortete 1982 eine Intensivierung der militärischen Kooperation.

7. Bewertung: Der ANZUS-Pakt weist vor allem zwei Schwachpunkte auf: einmal die ungenaue Beistandsverpflichtung und zum anderen die ungenaue territoriale Geltung des Begriffes „Pazifisches Gebiet". So beschloß die australische Regierung, „Taiwan/Formosa nicht als zum Vertragsgebiet zugehörig zu betrachten". Auch die Frage der Unterstützung der australischen Truppen in Malaysia und Borneo während der indonesischen Konfrontationspolitik in den 50er Jahren wurde von den USA und Australien unterschiedlich interpretiert. Während in den 50er Jahren die USA in diesem Pakt keine Verpflichtung erkannten, sah Australien durch diesen Pakt seine Sicherheit gewährleistet.

Literatur

Spender, P.: Exercises in Diplomacy – The ANZUS Treaty and the Colombo Plan, Sydney 1969

Wichard Woyke

Colombo-Plan

1. Sitz: Colombo, Sri Lanka

2. Mitglieder: Insgesamt 26, in der Mehrzahl asiatische und pazifische Entwicklungsländer, zusätzlich die Industriestaaten Australien, Großbritannien, Kanada, Japan, Neuseeland und USA.

3. Entstehungsgeschichte: Die Organisation wurde anläßlich der ersten auf asiatischem Boden im Jan. 1950 abgehaltenen Außenministerkonferenz des → Commonwealth mit sieben Mitgliedern für eine Dauer von sechs Jahren unter dem Namen „Colombo Plan for Cooperative Economic Development in South and South-East Asia" gegründet. Danach erfolgten mehrfache Verlängerungen um Fünfjahresperioden. Im Jahr 1977 wurde der Name in „Colombo Plan for Cooperative Economic and Social Development in Asia and the Pacific" geändert. Schließlich wurde 1980 die Organisation als unbefristet erklärt.

4. Ziele/Vertragsinhalt: ‚To raise the standard of living by accelerating the peace and widening the scope of economic development in the countries of South and South East Asia by a co-operative approach to their problems, with special emphasis on the problem of the production of food." (1. Jahresbericht, März 1952).

5. Organisationsstruktur/Finanzierung:

5.1 Der Colombo-Plan hat vier Hauptorgane: Das „Consultative Committee" auf Ministerebene, das höchste Diskussions- und Kontroll-(review)Organ, tritt in unregelmäßigen Abständen alle ein bis zwei Jahre zusammen. Seit 1973 existierten ein Technical Cooperation Committee und ein Special Topic Committee als Unterausschüsse, jenes mit Diskussion („review") der technischen Zusammenarbeit, dieses mit wechselnden Spezialthemen befaßt.
Der Colombo Plan Council besteht aus den Ländervertretern. Er tritt mehrmals pro Jahr in Colombo zusammen. ‚It assists in the development of the region

by promoting technical cooperation and disseminates information. . ." (Jahresbericht 1981 des Colombo Plan Council). Abstimmungen gibt es weder im Committee noch im Council; Rechtsregeln gibt es nur für Council und Bureau.
Das Colombo Plan Bureau ist das technische Sekretariat des Rats (Council) und
das Beratungsorgan des Committee. Es verwaltet seit 1973 ein Sonderprogramm
zur Drogenbekämpfung.
Schließlich gibt es noch das Colombo Plan Staff College for Technician Educa-
tion, das 1975 gegründet wurde und seinen Sitz in Singapur hat.

5.2 Finanzierung: Die geringen Kosten für den kleinen Stab werden prinzipiell
von allen Mitgliedsländern zu gleichen Teilen getragen. Die Entwicklungshilfe-
programme sind nicht Teil des Budgets.

6. *Aktivitäten/Entwicklung:* Der Colombo-Plan ist multilaterial im Ansatz
(gemeinsame Diskussion von Problemen und Strategiedebatten, Koordina-
tionsbemühungen), jedoch bilateral in der Durchführung insofern, als die Entwicklungshilfeleistungen jeweils zwischen Geber- und Empfängerland ausgehandelt werden. Die Angabe von Zahlen für die Entwicklungshilfe unter dem Stich-
wort „Colombo-Plan" ist daher wenig sinnvoll. Immerhin sei vermerkt: Haupt-
formen der Entwicklungshilfe sind technische und finanzielle Zusammenarbeit.
Erstere zielt auf Entsendung von Experten und Entwicklungshelfern (1982 =
43,2% der Ausgaben für technische Zusammenarbeit in Höhe von 449,6 Mio.
US-Dollar), Stipendien- und Ausbildungsprogramme (19,1%); Lieferung von
Ausrüstungsgütern (5,9%). Die Aufbringungsseite hat nach Ländern im Laufe
der Zeit beträchtliche Verschiebungen zu verzeichnen. 1982 standen an der
Spitze Japan (33,7%), die USA (37,8%), Großbritannien (12,7%) und Austra-
lien (13,8%).
Die finanzielle Zusammenarbeit wird in den Statistiken im Gegensatz dazu nicht
getrennt ausgewiesen: die Zahlen (1982 insgesamt 3,58 Mrd. Dollar) umfassen
also die technische Zusammenarbeit, sind also nicht voll vergleichbar. Haupt-
geber (1982) waren Japan (38,6%), die USA (30,3%), Großbritannien (8,9%),
Australien (13,8%), Kanada (8,0%).
Die wichtigsten Empfänger der technischen Hilfe waren in dieser Reihenfolge
Indonesien, Bangladesh, die Philippinen, Thailand, Malaysia, Nepal und Sri
Lanka; bei der „Official Development Assistance" insgesamt ist die Reihenfolge Bangladesh, Indonesien, Indien und Pakistan. Alle Zahlen schließen die
technische Zusammenarbeit zwischen Entwicklungsländern (TCDC) aus.
Die zahlreichen Sonderthemen der Konferenzen (und damit die Schwerpunk-
te des Plans) sind schwierig zu vereinheitlichen. Die Erarbeitung von nationalen
Plänen stand am Anfang; ein durchgehendes Thema sind Fragen der Landwirt-
schaft geblieben; hinzu kamen Bereiche wie technische Zusammenarbeit von
Entwicklungsländern; das Drogenbekämpfungsprogramm; die Ausbildung von
Technikern u. a.

7. *Perspektiven/Bewertung:* Gerade wegen seiner geringen Größe und seiner
informellen Vorgehensweise ist der Colombo-Plan ein nützliches Instrument der
Diskussion und Abstimmung von Entwicklungshilfe im asiatischen Raum.

Literatur:

Jahresberichte, Colombo-Plan-Berichte über die Sitzungen des Consultative Committee.
Zeitschrift The Colombo Plan News Letter

Jürgen H. Wolff

Regionale Zusammenarbeit für Entwicklung (Regional Cooperation for Development/RCD)

1. Sitz: Teheran

2. Mitglieder: Türkei, Pakistan, Iran

3. Entstehung: Die Regional Cooperation for Development wurde auf einer Gipfelkonferenz der nahöstlichen CENTO-Staaten Türkei, Iran und Pakistan im Juli 1964 gegründet.

4. Ziele: Die *Gemeinsame Erklärung der Staatsoberhäupter* nennt als wichtigste Ansätze für eine Beschleunigung der wirtschaftlichen Entwicklung der RCD-Länder einen freieren Güterverkehr zwischen ihnen, die Errichtung von Gemeinschaftsunternehmungen, die Verbesserung der Infrastruktur der Region (insbes. im Verkehrssektor) sowie gegenseitige technische Hilfe. Außerdem sollen die kulturellen Beziehungen intensiviert werden.

5. Organisation: Höchstes Organ der RCD ist der *Rat der Außenminister;* seine Entscheidungen werden vom *Regionalen Planungskomitee* vorbereitet, dem die Leiter der *nationalen Planungsorganisationen bzw. -behörden* angehören und der insbes. eine Abstimmung der Entwicklungspläne der Mitgliedsländer herbeiführen soll. Ferner wurden *Fachkommissionen* (u. a. für die Bereiche Industrie, Erdöl und Petrochemie, Handel, Verkehr und Kommunikation, technische Zusammenarbeit), *Spezialinstitutionen* (wie eine Handelskammer, ein Kulturinstitut, ein Versicherungszentrum, ein Büro für Schiffahrt) sowie ein *Sekretariat* errichtet.

6. Entwicklung: Wichtige Ergänzungen erfuhr die Gemeinsame Erklärung von 1964 durch die *Vereinbarung über ein multilaterales Zahlungsabkommen* (Ankara, April 1967), das den RCD-Mitgliedern im gegenseitigen Handel Kreditlinien einräumt und einen jährlichen Saldenausgleich vorsieht, und durch die *RCD-Vereinbarung über Handel* (Teheran, Sept. 1968), die die Meistbegünstigungsklausel enthält, von der allerdings Präferenzregelungen aufgrund bestehender Vereinbarungen und künftiger Mitgliedschaften von RCD-Ländern in Zollunionen, Freihandelszonen usw. ausgenommen sind. Im Bereich der industriellen Zusammenarbeit hat die RCD die Konzeption der *Gemeinschaftsunternehmungen* entwickelt; bei solchen sind entweder die Mitgliedstaaten am Eigenkapital beteiligt, oder sie verpflichten sich, ihren Importbedarf (ganz oder zu einem bestimmten Teil) zu Weltmarktpreisen bei den Gemeinschaftsunternehmungen zu decken. Einige solcher Unternehmungen wurden vor allem im Bereich der Grundstoff- und (petro-)chemischen Industrie errichtet.

7. Bewertung/Perspektiven: Wenngleich die RCD in einzelnen und begrenzten Bereichen durchaus funktioniert hat, ist ihr jedoch – gemessen an den weitgesteckten Entwicklungszielen – ein genereller, durchschlagender Erfolg versagt geblieben. Besonders dort, wo die Kooperation auf die Zusammenfassung bereits bestehender Institutionen oder die Beschneidung des Spielraums für nationale Politiken hinauslief, sind Ergebnisse ausgeblieben. So kam es z. B. weder zur Verschmelzung der drei nationalen zu einer gemeinsamen Fluggesellschaft, noch konnte man sich über die eingeschränkte Meistbegünstigungsklausel und einige Zollsenkungen hinaus dem Ziel des freien Handels in der Region entscheidend nähern; auch im Infrastrukturbereich sind größere Kooperationsprojekte wie die Eisenbahnlinie Ankara-Teheran-Karachi nicht realisiert worden. Es erwies sich als zunehmend schwieriger, die nationalen Entwicklungspolitiken sinnvoll miteinander abzustimmen oder gar zu verzahnen. Nach der Revolution im Iran 1979 kam die RCD zunächst faktisch zum Erliegen; es wurde sogar die formelle Auflösung erwogen, jedoch nicht vollzogen. 1984 ergriff Iran die Initiative zur Wiederbelebung der RCD. Es wurde vorgeschlagen, einerseits den Kreis der Mitglieder um zusätzliche islamische Länder zu erweitern, andererseits die Kooperation zu intensivieren und die Gruppierung in *Regional Economic Cooperation (REC)* umzubenennen.

Literatur

UNCTAD 1983: Ecomomic Co-operation and Integration among Developing Countries – A Review of Recent Developments in Subregional, Regional Interregional Organizations and Arrangements, Vol. III, UNCTAD-Document TD/B/C. 7/51 (Part III), 18 May 1983.
Bahadir, S. A. 1984: Theorien und Strategien der regionalen Wirtschaftsintegration von Entwicklungsländern, Berlin.

Volker Nienhaus

Südasiatische Regionale Zusammenarbeit (South-Asian Regional Cooperation/SARC)

1. Sitz: Kein zentrales Sekretariat vorgesehen

2. Mitglieder: Bangladesch, Bhutan, Indien, Malediven, Nepal, Pakistan, Sri Lanka

3. Entstehungsgeschichte: Am 2.8.1983 erfolgte in Neu-Delhi die Unterzeichnung einer Erklärung durch die Außenminister der beteiligten Länder. Die Kooperationsbemühungen gehen zurück auf einen Vorschlag des später ermordeten Staatspräsidenten von Bangladesch, *Ziaur Rahman,* aus dem Jahre 1979. Vorbereitende Arbeiten wurden geleistet im Rahmen verschiedener Konferenzen der Staatssekretäre des Äußeren (Colombo April 1981; Kathmandu Nov. 1981; Islamabad Aug. 1982; Dhaka März 1983; Neu-Delhi Juli 1983). Dabei setzten sich die anderen fünf Staaten gegen Bangladesch und Sri Lanka mit der Auffassung durch, die regionale Zusammenarbeit solle nicht frühzeitig institutionalisiert werden, sondern durch kleinere sektorale Kooperationsprojekte voranschreiten.

4. Ziele/Vertragsinhalt: Die Zielsetzungen beschränken sich auf die Förderung kultureller und technischer Kontakte sowie auf die Förderung des wirtschaftlichen Wachstums. Dabei liegen die Schwerpunkte auf der Landwirtschaft, dem Postwesen, der Telekommunikation sowie dem Transportsektor bei völliger Ausklammerung aller Außenhandelsfragen. w

5. Organisationsstruktur/Finanzierung: Die Zusammenarbeit soll zunächst nicht mit der Gründung einer Organisation verbunden sein; es besteht lediglich ein Ständiger Ausschuß, dessen Arbeit durch regelmäßige Kontakte von Regierungsbeamten ergänzt werden soll (innerhalb sog. Technischer Ausschüsse). Sämtliche Entscheidungen müssen einstimmig getroffen erden. Die Finanzierung beruht auf freiwilligen Beitragsleistungen der Mitgliedsländer sowie Zuschüssen von Drittländern (z. B. ⇥EG).

6. Entwicklung: Noch nicht zu beurteilen.

7. Perspektiven/Bewertung: Bislang handelt es sich um nicht mehr als eine politische Absichtserklärung zur Regionalisierung der bestehenden bilateralen Kontakte. Die Mitgliedstaaten unterscheiden sich gravierend sowohl in ihrer außenpolitischen Orientierung (z. B. in der Afghanistan-Frage) als auch in ihrer ökonomischen Struktur und Leistungsfähigkeit (überragende Dominanz Indiens). Auch die bewaffneten Konflikte der Vergangenheit prägen die gegenseitige Einschätzung wichtiger Mitgliedsländer (Indien, Pakistan, Bangladesch). Die Funktion der Zusammenarbeit kann daher zunächst nur darin bestehen, Konfliktpotentiale zu reduzieren und Verständigungsprozesse einzuleiten. Eine Analogie zur benachbarten ⇥ ASEAN ist auf absehbare Zeit nicht zu erwarten. Zur Evaluierung des Konzepts einer South Asian Organisation for Economic and Trade Coordination wurde bislang lediglich ein Koordinationskomitee gebildet.

Wilfried Lütkenhorst

Süd-Pazifisches Forum/Südpazifisches Büro für ökonomische Zusammenarbeit (South Pacific Forum/SPF, South Pacific Bureau for Economic Co-Operation/SPEC)

1. Sitz: Suva (Fiji)

2. Mitglieder: 13 Länder: 11 selbständige südpazifische Inselstaaten sowie Australien und Neuseeland; die „Föderierten Staaten von Mikronesien" haben Beobachterstatus.

3. Entstehung: Das SPF wurde am 5.8.1971 auf seiner ersten Konferenz in Wellington (Neuseeland) gegründet. Am 17.4.1973 erfolgte die Unterzeichnung des Abkommens zur Gründung von SPEC.

4. Ziele/Vertragsinhalt: SPF ist keine völkerrechtlich verankerte Organisation, sondern lediglich ein lockerer institutioneller Rahmen für Konferenzen der beteiligten Regierungschefs. Formale Festlegungen auf bestimmte Zieldimensionen bzw. Aktivitäten wurden nicht vorgenommen.
Das SPEC dient als Exekutivorgan von SPF und wurde 1975 zum offiziellen Se-

kretariat aufgewertet. Hauptaufgabe ist die Förderung von Konsultation und Kooperation der Mitgliedstaaten, insbes. über Probleme des Außenhandels und Transportwesens. Gegenwärtige Arbeitsfelder sind u. a.: Handelsexpansion, Telekommunikation, Tourismus, Seerecht, Meeresressourcen und Umweltpolitik.

5. Organisationsstruktur/Finanzierung: Das SPF erschöpft sich im jährlichen Treffen der Regierungschefs und verfügt über keinerlei eigene Organisation. Sämtliche Entscheidungen basierten bislang auf allgemeinem Konsens ohne formale Abstimmungsprozedur.

Das SPEC besteht aus dem Komitee als eigentlichem Exekutivorgan (Zusammentreffen zweimal jährlich) und dem Sekretariat mit nur elf Personen. Das jährliche Budget liegt unter 1 Mio.US-Dollar und wird zu je einem Drittel von Australien, Neuseeland sowie allen übrigen Mitgliedstaaten getragen.

6. Entwicklung: Das SPEC hat 1974 die Aufgaben der Pacific Islands Producers' Association übernommen sowie in den Folgejahren eine Reihe von Unterorganisationen mit spezifischen Funktionen ins Leben gerufen (u.a. 1977 die gemeinsame Schiffahrtslinie Pacific Forum Line, 1979 die South Pacific Forum Fisheries Agency). Seit 1981 gewähren Australien und Neuseeland in einem Handelsabkommen den anderen Mitgliedstaaten nicht-reziproke Marktzugangsvergünstigungen.

7. Perspektiven/Bewertung: Dem Ziel einer Intensivierung des intra-insularen Handels und der wirtschaftlichen Kooperation ist man bislang kaum nähergekommen. Mittelfristig wird die Bedeutung von SPF/SPEC in dem Maße zunehmen, wie generell der pazifische Wirtschaftsraum an Gewicht gewinnt sowie speziell die Ausbeutung der Meeresbodenschätze in Angriff genommen wird.

Wilfried Lütkenhorst

Verband südostasiatischer Staaten (Association of South East Asian Nations/ASEAN)

1. Sitz: Jakarta (Sekretariat)

2. Mitglieder: Indonesien, Malaysia, Philippinen, Singapur, Thailand, Brunei (1984).

3. Entstehungsgeschichte: Im Zeichen der sich verschärfenden innenpolitischen Wirren in der Volksrepublik China („Große Proletarische Kulturrevolution") und des sich in ersten Ansätzen andeutenden Disengagements der Amerikaner in Indochina wurde Aug. 1967 ASEAN auf einer Außenministerkonferenz der ursprünglichen Mitgliedstaaten in Bangkok gegründet („Deklaration von Bangkok", s. u.). Die 1959/61 gegründete und 1966 reaktivierte Association of South East Asia (ASA) wurde mit der ASEAN vereinigt. *Maphilindo,* 1963 gegründet (ein von *Sukarno* initiiertes Bündnis von Blockfreien aus der Malaiischen Föderation, Indonesien und den Philippinen), wurde aufgelöst. Die perzipierte Außenbedrohung (kommunistische Machtübernahme in ganz Indochina 1975) gab Anlaß zu einer Verstärkung der wirtschaftlichen Zusammenarbeit.

4. Ziele/Vertragsinhalt: Die Außenminister-*Deklaration* (nicht Vertrag) von Bangkok vom 8.8.1967 verweist auf gemeinsame Probleme und Interessen der Länder der Region und drückt den Wunsch aus, diese durch die Hauptbetroffenen in gemeinsamer Anstrengung zu lösen bzw. zu wahren. Äußere Störungen jeglicher Art sollen abgewehrt werden – ein klarer Hinweis an Nordvietnam; umgekehrt werden die ausländischen Stützpunkte (cf. der USA) zu vorübergehenden und die Stabilität fördernden Erscheinungen erklärt.

Ziel des Verbandes soll sein:

„– das wirtschaftliche Wachstum, den sozialen Fortschritt und die kulturelle Entwicklung in der Region durch gemeinsame Bemühungen im Geiste der Gleichheit und Partnerschaft zu beschleunigen, um die Grundlagen für eine glückliche und friedvolle Gemeinschaft der südostasiatischen Nationen zu stärken;

– den Frieden und die Stabilität der Region durch konsequente Beachtung von Gerechtigkeit und Rechtlichkeit in den Beziehungen unter den Ländern dieser Region und durch die Befolgung der Prinzipien der Charta der Vereinten Nationen zu fördern;

– die aktive Zusammenarbeit und gegenseitige Hilfe in Bereichen gemeinsamen Interesses auf wirtschaftlichem, sozialem, kulturellem, technischem, wissenschaftlichem und administrativem Gebiet zu fördern;

– sich gegenseitig Hilfe zu gewähren in Form von Ausbildungs- und Forschungsstätten in den Bereichen der Erziehung, der Berufsausbildung, der Technik und der Verwaltung;

– zur besseren Nutzung ihrer Landwirtschaft und Industrie, zur Ausweitung ihres Handels, einschließlich des Bemühens um die Probleme des internationalen Handels, zur Verbesserung ihres Transportwesens und ihrer Kommunikationsmittel sowie zur Hebung des Lebensstandards ihrer Völker wirkungsvoller zusammenzuarbeiten;

– das Studium der Probleme Südostasiens zu fördern;

– mit bestehenden regionalen und internationalen Organisationen, die ähnliche Ziele verfolgen, eine enge und nutzbringende Zusammenarbeit zu pflegen und alle Wege zu noch umfassenderer Zusammenarbeit untereinander zu erforschen" (Deklaration von Bangkok).

Eine Offenhaltungsklausel für weitere Staaten der Region gab im Hinblick auf kommunistische Nachbarstaaten Anlaß zu Dissens unter den Mitgliedern und blieb ohne praktische Bedeutung. Die Allgemeinheit der Ziele zeigt die Unsicherheit über den künftigen Kurs und den Wunsch, den Umständen entsprechend flexibel agieren und reagieren zu können. 1976 wurde – als einziger formeller Vertrag – auf Bali der Freundschafts- und Koopertionsvertrag unterzeichnet. der eine friedliche Regelung von Streitigkeiten vereinbart.

5. Organisationsstruktur/Finanzierung.

5.1 Organisationsstruktur: Ursprünglich war nur eine äußerst lockere Organisation (Rotations- und Einstimmigkeitsprinzip) geplant. Die Deklaration von Bangkok ist im Organisationsbereich jedoch in wichtigen Punkten überholt. Heute stellt er sich wie folgt dar:

Nach der Gipfelkonferenz, die nur in unregelmäßigen Abständen zusammentritt, bildet das mindestens einmal jährlich tagende Treffen der Außenminister das höchste Entscheidungsorgan. Ihm untersteht (u. a. zur Überbrückung zwischen den Außenministerkonferenzen) der ständige Ausschuß aus dem Außenminister des gastgebenden Landes und den dort residierenden Botschaftern der übrigen Mitgliedsländer. Die Stellung des erst 1976 eingerichteten Generalsekretariats

(Exekutiv- oder Koordinationsorgan) ist zwischen den Ländern sowie zwischen Außen- und Wirtschaftsministern strittig. Vier ständige Komitees (Wissenschaft und Technologie; Sozialentwicklung; Kultur und Information; Budget) und acht adhoc-Ausschüsse (u. a. Ein Verbindungsausschuß zur → EG mit Sitz in Brüssel; ein Koordinationsausschuß; Sonderausschüsse für Zuckerfragen, für → GATT-Verhandlungen usw.) unterstehen dem ständigen Ausschuß. In allen Mitgliedstaaten existiert ein Nationales Sekretariat zur Durchführung der Arbeit der ASEAN in dem betreffenden Land und zur Vorbereitung der Tagungen von Ministern und Ausschüssen. Diese Nationalen Sekretariate gelten als einflußreicher als das Generalsekretariat, was u. a. an der Rekrutierungspraxis für dessen Leiter liegt. 1976 wurde zusätzlich eine Wirtschaftsministerkonferenz eingerichtet. Fünf der Komitees (jetzt Wirtschaftskomitees genannt) wurden ihr unterstellt. Das unklare Verhältnis zu der Außenministerkonferenz spiegelt einen sachlichen Konflikt (Vorrang politischer oder ökonomischer Erwägungen?) und einen organisatorischen Kompetenzkonflikt wider. Darüber hinaus gibt es einen gemeinsamen EG-ASEAN-Ausschuß.

5.2 Die Finanzierung erfolgt durch einen gemeinsamen Fonds der Mitgliedsländer, der nach einem bestimmten Schlüssel aufgebracht wird.

6. *Entwicklung/Aktivitäten:* Hierbei sind der wirtschaftliche und der politische Bereich zu unterscheiden.

6.1 Die größten Erfolge hat ASEAN zweifellos auf dem Feld der Diplomatie und der Außenpolitik errungen. Dabei ist eine Verstärkung der Zusammenarbeit seit 1975 (Fall Indochina) zu verzeichnen. ASEAN hat es verstanden, erfolgreich seine Aktivitäten gegenüber den rivalisierenden kommunistischen, andererseits gegenüber westlichen und pro-westlichen Industrieländern zu koordinieren. Dies wiederum hat zu wachsender Beachtung durch Japan, die EG (periodische gemeinsame Außenministerkonferenzen, die vierte im März 1983; Abkommen EG-ASEAN 1980 über Handel und wirtschaftliche Zusammenarbeit), China, und – wenn auch im negativen Sinne – die UdSSR und Vietnam geführt. Zwei Faktoren dürften hierfür entscheidend gewesen sein: Einmal eine prinzipiell homogene außenwirtschaftliche Interessenlage, die etwa eine einseitige wirtschaftliche Penetration des Raumes durch Japan durch ein Gegengewicht (USA und EG) auszutarieren, im übrigen bevorzugten Zugang zu den Märkten der betreffenden Wirtschaftsblöcke und erhöhte Entwicklungshilfeleistungen erreichen will. Der zweite Faktor war das Gefühl wachsender Bedrohung durch das von der UdSSR gestützte Vietnam (wie ein Schock wirkte die eindeutig verdammte Invasion Kambodschas durch dieses Ende 1978), was zu einem völligen Wandel der chinesischen Haltung ASEAN gegenüber führte (Anerkennung des Verbandes durch Peking). – ASEAN ist es auch gelungen, das Problem des philippinischen Anspruchs auf Sabah (Malaysia) unterhalb der Explosionsschwelle zu halten.

6.2 Zahlreiche Ansätze einer engeren wirtschaftlichen Kooperation (bis hin zu frühen unrealistischen Zielen einer Freihandelszone bzw. Wirtschaftsgemeinschaft) sind versucht worden; sie kollidieren mit dem äußerst unterschiedlichen Entwicklungsstand der Länder (Extreme sind Singapur und Indonesien) und simplen nationalen Egoismen. Drei Ansätze seien kurz erwähnt: 1. Maßnahmen der Handelsliberalisierung im Gefolge eines 1977 abgeschlossenen „Agreement on Prefential Trading Arrangements" mit dem Ziel einer begrenzten

Freihandelszone bis 1990; der Ansatz ist mehr als vorsichtig, hat den bescheidenen Intra-ASEAN-Handel (ca. 15 % des Gesamthandels) kaum beeinflußt. 2. Gemeinsame Errichtung von Großindustrien in einem Land, die jeweils den Gesamtraum zu beliefern hätten, steht erst in den Anfängen. 3. Wirtschaftliche Zusammenarbeit durch Errichtung von Ergänzungs- (Komplementär-)Industrien, die ebenfalls auf zahlreiche Probleme stößt. Hier hat sich die Privatindustrie inzwischen einigermaßen interessiert gezeigt.

7. *Perspektiven/Bewertung:* ASEAN hat sich überraschenderweise weniger zu einem Handels- bzw. Wirtschaftsblock entwickelt (dessen Realisierung liegt auch bei günstigen Annahmen noch in weiter Ferne); vielmehr hat es als außenpolitischer und außenwirtschaftspolitischer Akteur in den letzten Jahren ein erhebliches Gewicht erlangt. Nach zahlreichen gescheiterten Versuchen der Wirtschaftskooperation von Staaten der Dritten Welt dürfte auch in Zukunft die wirtschaftliche Rolle von ASEAN der politischen nachstehen.

Literatur

O. V. Artikel ASEAN, in: Handbuch für Internationale Zusammenarbeit, Teil III.
Duscha, W., 1982: Die Integrationsbestrebungen der ASEAN-Abriß einer Bestandsaufnahme zu Beginn der 80er Jahre, in: Internationales Asienforum, Bd. 13, S. 331-354
Filfield, R. H., 1979: ASEAN: Image and Reality, in: Asian Survey, Bd. 19, S. 1199-1208
Herres, F., 1981: ASEAN. Ein Weg aus der Unterentwicklung? Grenzen und Möglichkeiten regionaler wirtschaftlicher Zusammenarbeit, München
Kasch, V., o. J.: Die ökononische Bedeutung und politische Rolle der ASEAN, ebda.
Kraft, A., 1980: ASEAN-Wirtschaftliche Kooperationsbestrebungen und ihr Realisierungsgrad, hektographiert, Bonn

Jürgen H. Wolff

Wirtschaftliche und Soziale Kommission der Vereinten Nationen für Asien und den Pazifik (Economic and Social Commission for Asia and the Pacific/ESCAP)

1. Sitz: Bangkok

2. Mitglieder: 35 Länder: alle Länder Süd-, Südost- und Ostasiens außer DVR Korea und Taiwan; alle Länder Ozeaniens aus Kiribati, Tuvalu und Vanuatu (alle 3 assoziiert); zusätzlich: Iran, Frankreich, Großbritannien, Niederlande, UdSSR und USA; 6 weitere Länder, darunter Brunei und Hongkong, sind assoziierte Mitglieder.

3. Entstehungsgeschichte: Die ESCAP wurde am 28.3.1947 als Economic Commission for Asia and the Far East (ECAFE) durch den Economic and Social Council (→ ECOSOC) der → UN) gegründet. Die Gründung basiert auf Resolution 46 (I) der UN-Generalversammlung vom 11.12.1946. Ursprünglich hatte sie zehn Mitglieder (davon nur 4 aus Asien). Die erste Konferenz fand im Juni 1947 in Shanghai statt.

Die 1974 erfolgte Namensänderung in ESCAP sollte eine sowohl regionale (Pazifik) als auch sachliche (soziale Probleme) Kompetenzerweiterung zum Ausdruck bringen.

4. *Ziele/Vertragsinhalt:* ESCAP ist als eine von fünf Regionalkommissionen der UN für die Förderung der wirtschaftlichen und sozialen Entwicklung des asiatisch-pazifischen Raumes zuständig. Die Organisation ist Bestandteil von ECOSOC und als solche administrativ dem UN-Generalsekretariat unterstellt. Inhaltlich obliegt die Festlegung der Ziele und Aktivitäten den Mitgliedsländern. Oberstes Ziel ist dabei die Intensivierung regionaler Kooperation in ausgewählten Problembereichen des Entwicklungsprozesses. Seit 1974 gelten als besondere Prioritäten: Agrarsektor/Nahrungsmittelproduktion; Energie; Rohstoffe und Fertigwaren; Technologietransfer; Handel, transnationale Konzerne und finanzieller Ressourcentransfer; integrierte ländliche Entwicklung. Gemäß Resolution der ESCAP-Kommission von 1980 genießt daneben zukünftig die Förderung der wirtschaftlichen und technischen Zusammenarbeit zwischen Entwicklungsländern (ECDC/TCDC) besonderen Vorrang. ESCAP wird tätig auf Anfrage von Mitgliedsländern (meist institutionell kanalisiert durch → UNDP), wobei der Vorrang regional relevanter Projekte (z. B. Mekong-Projekt) die Unterstützung bei der nationalen Entwicklungsplanung insbes. der ärmsten Mitgliedsländer nicht ausschließt.

5. *Organisationsstruktur/Finanzierung:* Oberstes Organ ist die Kommission, die in regelmäßigen jährlichen Konferenzen auf Ministerebene die Arbeitsschwerpunkte der Organisation festlegt. Darunter bestehen neun ständige Komitees, die in ein- bis zweijährigem Abstand konferieren sowie eine Reihe von Ad-hoc-Arbeitsgruppen und Ad-hoc-Konferenzen wechselnder inhaltlicher Ausrichtung. Aufgrund mangelnder Integration der erst 1974 in ESCAP einbezogenen südpazifischen Inselstaaten wurde im Okt. 1980 ein Verbindungsbüro in Nauru etabliert.

Trotz der gleichzeitigen Mitgliedschaft der USA, der UdSSR sowie der VR China basieren die meisten Projektentscheidungen auf allgemeinem Konsens.

Die Finanzierung des ordentlichen Budgets erfolgt aus UN-Mitteln (1981: 26 Mio. US-Dollar); ergänzend treten bilaterale technische und finanzielle Leistungen hinzu (1981: ca. 20 Mio. US-Dollar, davon BR Deutschland ca. 2 Mio. US-Dollar).

6. *Entwicklung:* ESCAP teilt mit den anderen Regionalkomitees eine strukturell problematische Position innerhalb der UN. Ihre primär regionale Kompetenzzuweisung steht in Konkurrenz zu den fachlichen Zuständigkeiten diverser UN-Sonderorganistionen (z. B. UNCTAD, → UNIDO, → FAO), was zu erheblichen Reibungsverlusten führt. Hinzu kommen Abstimmmungsprobleme mit → UNDP als Koordinator aller technischen Hilfsmaßnahmen. Die von einem UN-Ad-hoc-Ausschuß geforderte und Ende 1977 durch eine UN-Resolution bekräftigte Stärkung der Rolle der Regionalkommissionen stößt daher auf erhebliche Schwierigkeiten. Hinzu kommen spezifische Erschwernisse, die in der Größe der asiatisch-pazifischen Region sowie ihrer politischen, kulturellen und sozio-ökonomischen Heterogenität begründet sind. Letztlich steht die geringe finanzielle Ausstattung in krassem Mißverhältnis zu den ESCAP zugedachten Funktionen.

7. *Perspektiven/Bewertung:* Ohne die im einzelnen sinnvollen Aktivitäten (z. B. Gründung der → ADB auf ESCAP-Initiative) und die gerade für die ärmeren Mitgliedsländer wichtige Beratungsfunktion geringschätzen zu wollen, muß der politische Handlungsspielraum von ESCAP als relativ klein eingestuft werden. Wichtige Kooperationsimpule werden wohl auch in Zukunft eher von der subregionalen Ebene (z. B. → ASEAN) ausgehen.

Wilfried Lütkenhorst

Wirtschaftskommission der Vereinten Nationen für Westasien (Economic Commission for Western Asia/ECWA)

1. Sitz: Bagdad

2. Mitglieder: Bahrein, Irak, Jordanien, Kuwait, Libanon, Oman, Qatar, Saudi-Arabien, Syrien, Vereinigte Arabische Emirate, Nord- und Südjemen, PLO. Nichtmitgliedschaft Israels durch westliche Länder gerügt als Verletzung von Art. 1 und 2 der Satzung der Vereinten Nationen (ethnische Nichtdiskriminierung).

3. Entstehungsgeschichte: Aufgrund der Resolution des Wirtschafts- und Sozialrates der → Vereinten Nationen vom 9.8.1973 wurde die ECWA jüngste Wirtschaftskommission der UN. Sie beruht auf Art. 68 der Satzung: Mitte 1974 nahm sie ihre Tätigkeit auf.

4. Ziele: Die Ziele der ECWA entsprechen im Kern den Zielen der übrigen Wirtschaftskommissionen der Vereinten Nationen: Förderung gemeinsamer Maßnahmen zur wirtschaftlichen Entwicklung der entsprechenden Region (einschließlich Entwicklungsplanung) und der Wirtschaftsbeziehungen der Mitgliedsländer untereinander; Sammlung von statistischem und sonstigem Informationsmaterial, dessen Auswertung, Aufbereitung, Publikation; wissenschaftliche Untersuchungen im Bereich Wirtschaft und Technik; Beratungsdienste für die Mitgliedsregierungen. Die ECWA konzentriert sich auf Wasserwirtschaft, Ausbildung von Fachpersonal, Tourismus, öffentliche Finanzen und Verwaltung, Naturschätze, Bevölkerungs- und Sozialprobleme, Transport- und Kommunikationswesen, Energie. Beschlüsse binden die Mitgliedstaaten nicht.

5. Organisationsstruktur/Finanzierung: Oberstes Organ ist das Plenum der Kommission (besetzt mit Vertretern der Mitgliedsregierungen). Exekutivorgan ist das Sekretariat (intergrierender Teil von → ECOSOC der UN) mit einem vom Generalsekretär der Vereinten Nationen ernannten Leiter. Daneben gibt es Fachausschüsse und Fachkonferenzen als weitere Organe sowie Expertengruppen und Beratungsstäbe als Teile des Sekretariats. Die Haushalte zählen zum Gesamthaushalt der UN.

6./7. Entwicklung/Bewertung: Die gleichen Faktoren, die bis 1973 die Gründung der Kommission erschwert und zu der Ausweichlösung des United Nations Economic and Social Office in Beirut, einer Gemeinschaftsgründung von ECOSOC, → UNCTAD und → UNIDO geführt haben, insbesondere die Spannungen/Kriege zwischen Israel und seinen arabischen Nachbarstaaten und die tiefgreifenden wirtschaftlichen und sozialen Antagonismen zwischen den arabischen Mitgliedsländern der ECWA, dauern an und haben sich z. T. verschärft. Unglücklich wirkt sich auch die Zuordnung des arabisch geprägten Nordafrika an die Wirtschaftskommission für Afrika in Addis Abeba aus, da sie einen kulturell zusammengehörigen Raum zwei verschiedenen regionalen Wirtschaftskommissionen zuordnet. Die ECWA dürfte die geringste Bedeutung im Rahmen der Wirtschaftskommissionen der UN haben.

Literatur

Thode, R., 1977: Wirtschaftskommissionen, in: *Wolfrum, R./Prill, N. J./Brückner, J.,* (Hrsg.) 1977: Handbuch Vereinte Nationen, München, S. 545-552.

Jürgen H. Wolff

Regionale Organisationen: Amerika

Amazonas-Pakt (Tratado de Cooperation Amazónica)

1. Sitz: kein ständiger Sitz

2. Mitglieder: Bolivien, Brasilien, Ecuador, Guyana, Kolumbien, Peru, Surinam, Venezuela

3. Entstehungsgeschichte: Nach Übermittlung eines brasilianischen Vertragsentwurfs im Nov. 1976 wurden in drei Verhandlungsrunden durch Aufweichung der weitgehenden brasilianischen Konzeption vor allem die Befürchtungen ausgeräumt, Brasilien verfolge mit dem Abschluß eines Amazonas-Vertrages Vormachtbestrebungen. Am 3.7.1978 erfolgte in Brasilia die Vertragsunterzeichnung.

4. Ziele: Grundgedanke ist die auf Zusammenarbeit beruhende Erschließung der Amazonasregion. Dabei werden als Einzelziele u. a. genannt: Nutzung von Wasserkraft und Bodenschätzen, größtmögliche Freiheit der Schiffahrt, Förderung von Verkehr und Tourismus, wissenschaftliche und technische Zusammenarbeit, Schutz ethnologischer Minderheiten und des ökologischen Gleichgewichts. Das Vertragsgebiet ist nicht exakt angegeben,es ist das Gebiet, „das aus geographischen, ökologischen oder wirtschaftlichen Gründen" (Art. II, nach *Scherfenberg* 1979: 67) zur Region gerechnet werden kann.

5. Organisationsstruktur: Höchstes Organ ist der Außenministerrat, der nur auf Verlangen von fünf der acht Mitglieder zusammentritt. Die Durchführung seiner Beschlüsse und die Beratung eventuell vorgeschlagener Gemeinschaftsprojekte sind u. a. Aufgabe des jährlich auf Botschafterebene tagenden *Rates für Amazonische Zusammenarbeit.* Die Vorbereitung geschieht durch ein dem reihum wechselnden Tagungsland „vorauswanderndes" Sekretariat; ein ständiges Sekretariat existiert nicht. Bei sämtlichen Beschlüssen wird Einstimmigkeit verlangt. Für deren Ausführung sollen dann ständige Nationale Kommissionen sorgen.

6./7. Entwicklung/Bewertung: Die von Brasilien ausgehende Initiative zum Abschluß des Vertrages dürfte folgende Gründe gehabt haben: Erhöhung des außenpolitischen Gewichts, besonders gegenüber Argentinien; zusätzliche Verringerung der Bedeutung des z. Z. der Vertragsinitiative in einer tiefen Krise befindlichen → Anden-Paktes; Einbindung Venezuelas, um dessen Einfluß auf die Andenregion und die Karibik zu schwächen und gleichzeitig Verbesserung des Zugangs zu diesen Regionen. Der Abschluß des Vertrages bedeutet zwar einen gewissen außenpolitischen Erfolg Brasiliens, bleibt aber in wesentlichen Fragen (Freizügigkeit der Schiffahrt, gemeinsame Nutzung der Wasserkraft, ständiges Sekretariat, bis hin zur Ablehnung einer Zollunion) hinter dem Entwurf zurück. Besonders die Mitglieder des Andenpaktes betonen „die nationale Eigenverantwortlichkeit und Selbstständigkeit" *(Scherfenberg* 1979: 18). Die Betonung der Einbindung des Vertragsgebietes in die jeweilige Volkswirtschaft, so der Vertragstext, ist wohl eher das Gegenteil einer wirtschaftlichen Integration der gesamten Region. Selbst im Vertragskern, der Erschließung der Region, bleiben konkrete Fragen ungelöst (Richtlinien zur Nutzung von Wasserkraft und Bodenschätzen, Verfahren des Informationsaustausches, Aufgaben und Kompetenzen der Nationalen Kommissionen). Vorgesehene Gemeinschaftsprojekte sind wegen Unterschieden in Entwicklungsstand und Wirtschaftsstruktur kaum von gegenseitigem Nutzen, zudem verfügen allenfalls Brasilien und Venezuela bzw. multinationale Konzerne über ausreichend Kapital, qualifizierte Arbeitskräfte und *know-how*. Die Problematik von Grenzstreitigkeiten wurde ausgeklammert. Fragwürdig muß das Ziel der Erhaltung des bestehenden ökologischen Gleichgewichts bewertet werden, da vor allem Brasilien (ca. 2/3 des Regenwaldes) durch großflächige Abholzung zugunsten von Rinderweidewirtschaft (dadurch Erhöhung der Bodenerosion) massiv das lokale und regionale Klima beeinflußt. Folge der fortgesetzten Abholzung dürfte der spürbare Rückgang der Niederschläge im zentralen und westlichen Amazonasbecken sein, da ca. 60 % des dort fallenden Regens aus wiederverdunsteten Niederschlägen besteht. Ebenso erscheint der Schutz der in der Region lebenden Indianer vor dem Hintergrund schlechter medizinischer Versorgung und Mißachtung bestehender gesetzlicher Regelungen (z. B. Brasilien: Verkleinerung von Reservaten, u. a. 1981 *Waimiri-Atroari*-Reservat) zweifelhaft.

Literatur

Gerdts, J. 1983: Indianer Brasiliens – Opfer des Fortschritts, in: pogrom Nr. 96, 9-60.
Hummer, W. 1980: Neueste Entwicklungen im fortschreitenden Integrationsprozeß in Lateinamerika, in: Jahrbuch des Öffentlichen Rechts der Gegenwart, Neue Folge 29, 527-563.
Scherfenberg, U. 1979: Der Amazonaspakt. Inhalt, Ziele und Probleme eines neuen Integrationsvertrages, Hamburg.

Wolfgang Kiehle

Andenpakt (Pacto Andino)

1. Sitz: Lima (Junta); Quito: Gericht.

2. Mitglieder: Bolivien, Chile (bis 31.6.76), Ecuador, Peru, Venezuela (seit 1974).

3. Entstehungsgeschichte: Im Abkommen von Cartagena (Kolumbien) vom 26.5.1969 schlossen sich die fünf Andenländer Bolivien, Chile, Kolumbien, Ecuador und Peru zum Andenpakt *(Pacto Andino)* zusammen. Venezuela (an den Vorverhandlungen beteiligt) trat dem Abkommen am 1.1.1974 bei, Chile verließ den Pakt am 30.6.1976. Nach dem sich abzeichnenden Scheitern der → ALALC sollte der Versuch eines neuen Ansatzes der wirtschaftlichen Integration auf subregionaler Ebene (und vereinbar mit dem lateinamerikanischen Integrationsprozeß) in Anlehnung an die integrationspolitischen Lehren der → CEPAL unternommen werden.

4. Ziele: Als Hauptziele wurden definiert: Errichtung eines Gemeinsamen Marktes, Harmonisierung der nationalen Entwicklungspläne mit dem Integrationsvorhaben, Intensivierung und gemeinsame Planung des Industrialisierungsprozesses, gerechte Verteilung der Integrationsvorteile auf die Mitgliedstaaten unter Bevorzugung der weniger entwickelten Länder (Bolivien und Ecuador). Als Mittel (und Teilziele) wurden u.a. vorgesehen: a) automatischer Binnenzollabbau bis 1980, Errichtung eines gemeinsamen Außenzolls gegenüber Drittländern bis 1975; b) Aufstellung gemeinsamer und aufeinander abgestimmter Industrialisierungspläne, der sog. sektoralen Programme zur industriellen Entwicklung PSDI *(Programas Sectoriales de Desarrollo Industrial);* c) Gemeinsames Statut über die Behandlung des Auslandskapitals *(Decisión 24* von 1970), errichtet Beschränkungen für das Auslandskapital, dem strategische Bereiche verwehrt bleiben. In der verarbeitenden Industrie darf das Auslandskapital nur minderheitlich vertreten sein. Bisherige Mehrheitsbeteiligungen ausländischer Investoren müssen innerhalb festgelegter Fristen reduziert werden. Der jährliche zulässige Gewinntransfer wird auf höchstens 14 % reduziert werden; Programme zur Förderung der Landwirtschaft; Maßnahmen zur Beschaffung von Kapital innerhalb und außerhalb der Subregion zur Finanzierung integrationspolitisch wichtiger Investitionen, u.a. zur besonderen Förderung von Bolivien und Ecuador.

5. Organisation: Das oberste Organ des Andenpakts ist die Kommission, in der jedes Mitgliedsland gleichgewichtig mit weisungsgebundenen Bevollmächtigten vertreten ist. Sie tagt dreimal im Jahr und entscheidet mit 2/3 Mehrheit, bei zentralen Fragen, etwa bei den PSDI, wird Einstimmigkeit gefordert. Die Junta *(Junta del Acuerdo de Cartagena,* JUNAC) ist das der Kommission gleichgestellte Gemeinschaftsorgan, der die Planung und die Ausführung der Entscheidungen obliegt. Sie besteht aus drei Mitgliedern, die einstimmig von der Kommission auf drei Jahre berufen werden; der Vorsitz wechselt jährlich. Der Junta zugeordnet ist das Permanente Sekretariat. Entscheidungen werden von Kommission und Junta gemeinsam getroffen, wobei die Junta die Vorlagen ausarbeitet und mit der Kommission verhandelt. Organe mit beratender Funktion sind das Konsultativkomitee (Verbindungsorgan zwischen Vertragsländern und der Junta) und der Beratende Wirtschafts- und Sozialausschuß *(Comité Asesor Económico y Social,* CAES), der sich aus Vertretern von Unternehmerverbänden und Gewerkschaften aus den Mitgliedsländern zusammensetzt und vor den Entscheidungen der Kommission gehört wird. Im Jahre 1968 war bereits die Entwicklungsbank der andinen Länder → CAF gegründet worden. 1976 wurde – mit durchaus ähnlichen Funktionen – der Andine Reservefonds *(Fondo Andino de Reservas)* mit Sitz in Bogotá eingerichtet. 1979 kam der Rat der Außenminister *(Consejo Andino)* zustande, der zweimal jährlich tagt. In den 70er Jahren erfolgte des weiteren der Abschluß von Zusatzabkommen für den Kulturbereich, für den Gesundheitsbereich und arbeits- und sozialrechtliche Fragen sowie über die Errichtung eines Andinen Gerichtshofes und eines Andinen Parlaments. Die institutionelle Ausgestaltung des Andenpakts zeigt, daß das Integrationszie_ weit über die rein kommerzialistischen Intentionen von ALALC hinausging.

6. Entwicklung: Freilich ergaben sich in der Praxis erhebliche Durchführungsprobleme. Die gesetzten Ziele konnten in keinem Bereich eingehalten werden. Einige der vorgesehenen Instrumente, vor allem die *Decisión 24,* führten zu scharfen Konflikten unter den Mitgliedsländern und lähmten den Integrationsprozeß. Chile bestand auf einer Lockerung der Beschränkungen, die dem Auslandskapital auferlegt wurden, da es das Ausbleiben von Direktinvestitionen und die damit verbundenen Folgen für den Technologietransfer als widersprüchlich zu den Industrialisierungsplänen betrachtete. Auch die Aufweichung der Bedingungen (u.a. Erhöhung des Gewinntransfers von 14 auf 20 und später auf 24%) konnte den Austritt Chiles aus dem Andenpakt nicht verhindern. Die Verabschiedung gemeinsamer Industrieprogramme erwies sich als ausgesprochen schwierig. Bisher konnten nur drei PSDI vereinbart werden: für metallmechanische Industrie (1972), für Petrochemie (1975) und für die Automobilindustrie (1977), PSDI für Düngemittel, Pharmazeutik, Hüttenwesen (Eisen und Stahl), Elektronik etc. blieben in der Vorbereitungsphase stecken. Als Problem stellte sich dabei der unterschiedliche Industrialisierungsstand der Mitgliedsländer heraus, ebenso wie deren sehr unterschiedliche Absorptionsfähigkeit. Bolivien, für das ein Sonderprogramm (*Decisión 119* von 1977) aufgelegt wurde, mangelt es an Aufnahme-, Verarbeitungs- und Umsetzungsfähigkeit der zur Verfügung gestellten Ressourcen. Die Fristen für die Liberalisierung des Handels im Andenpakt und die Errichtung eines gemeinsamen Außenzolltarifs wurden nicht eingehalten, die Zunahme des intraandinen Handels hielt sich in Grenzen (Anteil am Gesamtexport der Länder: 1969:2%, 1980:5%), so daß selbst die Fortschritte in Richtung auf einen Gemeinsamen Markt unbefriedigend waren. In diesem Kontext blieben die Ziele harmonischer Entwicklung, d.h. der Verbesserung und Angleichung der Lebensbedingungen der verschiedenen Bevölkerungsschichten zwischen Stadt und Land und zwischen den Ländern, reine Rhetorik.

7. *Perspektiven/Bewertung:* Angesichts der Krise des Andenpaktes und neuer Herausforderungen der lateinamerikanischen Länder (Verschuldungskrise) beschlossen die Staatspräsidenten der Andenpaktländer im Bolívar-Gedächtnisjahr 1983 eine Vierzehn-Punkte-Erklärung, in der sie den Willen zum Ausdruck brachten, dem Integrationssystem eine neue Dynamik zu verleihen, seine Ziele neu abzustecken, seine Aktionsprogramme neu zu formulieren und sein Instrumentarium zu verbessern. Der Katalog von Forderungen knüpft an die bisherigen Integrationsziele an, weist freilich eine stärkere Außenfunktion des Andenpakts auf, in deren vielleicht erfolgreicherer Wahrnehmung möglicherweise eine Kompensation für die mangelnde Integration nach innen gesehen wird. Dies zeichnete sich schon in den außenpolitischen Aktivitäten beim Regimewechsel in Nicaragua, im Mittelamerika-Konflikt, im Falkland-Konflikt, bei der Protestaktion gegen die Machtübernahme durch Militärs in Bolivien etc. ab. Als allgemeine Ziele werden genannt: die gemeinsame Überwindung der wirtschaftlichen Schwierigkeiten der Mitgliedsländer, die Reduzierung der Auswirkungen der internationalen Wirtschaftskrise auf die Subregion und der Verwundbarkeit der Mitgliedsländer innerhalb des Weltwirtschaftssystems, die Verbesserung der Integration des Andenpakts in den Weltmarkt sowie die Minderung der Export- und Außenabhängigkeit der Andenpaktländer.

Literatur:

Hummer, W. 1980; Neueste Entwicklungen im fortschreitenden Integrationsprozeß in Lateinamerika, in: JöR 29, 527-563;
López-Casero, F./Waldmann, P. 1981: Nationaler Entwicklungsstand und regionale Integration. Der Andenpakt aus der Perspektive der Mitgliedstaaten, in: *Mols, M.* (Hrsg.), Integration und Kooperation in Lateinamerika. Paderborn u.a., 157-248;

Zelada Castedo, A. 1983: La cooperación política en el Grupo Andino, in: Integración Latinoamericana 83, 30-48.

Dieter Nohlen

Andine Finanzkorporation (Corporación Andina de Fomento/CAF)

1. Sitz: Caracas.

2. Mitglieder: Bolivien, Chile (bis 12.8.1977), Ecuador, Kolumbien, Peru und Venezuela.

3. Entstehung: Die Andine Finanzkorporation wurde am 7.2.1968 gegründet und nahm am 8.6.1970 ihre Geschäftstätigkeit auf.

4. Ziele: Förderung des subregionalen Integrationsprozesses der Andenländer, zugleich damit die Reduzierung von Entwicklungsunterschieden zwischen den Mitgliedsländern und bei Koordinierung der Förderungsmaßnahmen mit anderen Institutionen der Andengruppe, insbesondere dem →Andenpakt. In Art. 4 des Gründungsvertrages werden u. a. als Aufgaben der CAF genannt: Ausarbeitung von Studien zur Findung, Vorbereitung und Durchführung von Projekten; direkte und indirekte Gewährung finanzieller und technischer Hilfe bei der Vorbereitung und Durchführung multinationaler oder komplementärer Projekte; Beschaffung von Kapital zur Investition im andinen Raum; Förderung von Initiativen zur Kapitalbildung und -mobilisierung; Koordinierung der Zusammenarbeit mit andinen und internationalen Institutionen in der Entwicklung der Subregion.

5. Organisation: Die CAF ist eine juristische Person des Völkerrechts in der Rechtsform einer Aktiengesellschaft. Aktien können nicht nur von den Regierungen der Mitgliedsländer, sondern auch von öffentlichen, halböffentlichen und privaten Institutionen der Mitgliedsländer gezeichnet werden. Organe der CAF sind die Aktionärsversammlung, das Direktorium, das die Geschäftspolitik des zwar nicht an Gewinn, jedoch auch an wirtschaftlichen Kriterien (etwa Finanzierung der Geschäftsunkosten, Liquidität) orientierten Unternehmens bestimmt, das Exekutivkomitee und der Exekutivpräsident. Die Mitgliedsländer sind in den Kollektivgremien gleichgewichtig vertreten.

6./7. Entwicklung/Perspektiven: Die Kapitalsammlungs- und Kanalisierungsfunktion der CAF konnte sich in den 70er Jahren kontinuierlich verstärken, ehe die Krise des Andenpakts Anfang der 80er Jahre die Operationen stark reduzierte. Das genehmigte Kapital von 1968: 100 Mio. wurde 1974 auf 400 Mio. US-$ erhöht, das sich in gezeichnetes und einzuzahlendes Kapital (etwa 25%), gezeichnetes Garantiekapital (etwa 50%) und nicht gezeichnetes Kapital (etwa 25%) unterscheidet. Das Garantiekapital dient vor allem dazu, Finanzierungsmittel aufzunehmen. Die Fremdmittel stammen sowohl aus der Andengruppe (Zentralbanken) als auch aus Lateinamerika (BID), den Industrieländern (Geschäftsbanken) und von internationalen Organisationen (→UNDP,UNIDO etc.). Seit Bestehen konnte die CAF bis Juni 1983 mittels Eigenkapital, Schuldverschreibungen und Krediten etwa 1,2 Mrd. US-$ für andine Entwicklungsprojekte bereitstellen. Die vergebenen Mittel konzentrierten sich einerseits auf

218

nationale (statt multinationale) Projekte – Folge mangelnder integrationspolitischer Fortschritt des Andenpakts – und andererseits auf Bolivien und Ecuador, also die beiden weniger entwickelten Andenländer (zu über 50%). Damit wurde einer Zielsetzung des CAF durchaus entsprochen. Die Plazierung der Kredite hatte aber auch zur Folge, daß aufgrund mangelnder Absorptionsfähigkeit in den beiden Ländern ein hoher Anteil abgebrochener, d.h. nicht erfolgreicher Projekte zu verzeichnen war. Trotzdem bildet die Ausweitung der Finanzierungskapazität des CAF eine der integrationspolitischen Forderungen, welche die Staatspräsidenten der Mitgliedsländer im Bolívar-Jahr 1983 zur Wiederankurbelung des andinen Integrationsprozesses erhoben.

Literatur:

Bascón, E. 1981: Die Corporacion Andina de Fomento als Entwicklungsbank des Andenpakts, Institut für Iberoamerika-Kunde, Arbeitsunterlagen 11, Hamburg.
CAF 1972ff. (jährl.): Memoria y balance, Caracas; Actividades de la Corporación Andina de Fomento, in: Comercio Exterior 34, 1984, 263ff.

Dieter Nohlen

Gemeinsamer Markt der Ostkaribik (East Caribbean Common Market/ ECCM)

1. Sitz: Basseterre/St. Kitts-Nevis

2. Mitglieder: Antigua und Barbuda, Dominica, Grenada, St. Kitts-Nevis, Montserrat, St. Lucia, St. Vincent (und die Grenadinen)

3. Entstehungsgeschichte: Bereits kurze Zeit nach dem Inkrafttreten der CARIFTA – mit 1.5.1968 – unterzeichneten die sieben weniger entwickelten Mitglieder dieser Freihandelszone – Antigua, Dominica, Grenada, St. Kitts-Nevis, Anguilla, Montserrat, St. Lucia, St. Vincent (und die Grenadinen) – am 11.6.1968 den Vertrag zur Gründung des *„East Caribbean Common Market" (ECCM).*
Im Zuge der Gründung der „Organisation der Staaten der Ostkaribik" (→ OECS) am 18.6.1981 kam es (auch) zu einer Modifizierung der Satzung des ECCM durch das *„East Caribbean Common Market (Amendment) Agreement, 1981"* (Annex III zur OECS-Satzung), das am 5.10.1981 in Kraft trat. Rein faktisch werden die Funktionen des ECCM aber heute von der OECS wahrgenommen.

4. Zielsetzung: Anlaß für die Gründung des *subregionalen* ECCM (als *Zollunion)* innerhalb der CARIFTA (als *Freihandelszone)* war der Umstand, damit die weniger entwickelten Staaten der Karibik rascher an den Entwicklungsstand der entwickelteren Staaten heranzuführen. Als Territorien mit ehemaligem kolonialen Status (frühere britische Antillen und nun „Associate States") waren bzw. sind die Mitglieder des ECCM stark nach dem Vereinigten Königreich hin ausgerichtet und überwiegend noch monokulturell strukturiert. GB absorbierte noch 1967 mehr als 70 % (!) der Gesamtexporte der Länder des ECCM und stellte über 30 % deren Importe; im Gegensatz dazu belief sich der intrazonale Handel im ECCM auf bloß 2 % (!) des Gesamthandels der Mitgliedsländer.

Als *Ziele* spricht Art. 2 ECCM-Satzung neben der Steigerung der allgemeinen Wohlfahrt und der Ausweitung der gegenseitigen Handelsbeziehungen insbesondere die gerechtere Verteilung der Integrationsgewinne an, die durch eine progressive Liberalisierung und Binnenzollsenkung erreicht werden soll.

Die von der ECCM-Satzung nur programmatisch angesprochene Harmonisierungsverpflichtung der Außenzölle wurde durch den Abschluß eines Übereinkommens zur Etablierung eines *gemeinsamen Außenzolltarifs* (parallel mit dem CARICOM-Vertrag; siehe dort unter 2.2.) am 12.4.1973 konkretisiert. Spätestens bis 1.8.1985 (im Falle Montserrats) haben die Mitgliedstaaten des ECCM einen gemeinsamen Außenzoll einzurichten und ihn dem gemeinsamen Außenzoll des „Karibischen Gemeinsamen Marktes" → (CCM) anzugleichen.

Bezüglich der Kooperaton im Bank- und Währungswesen wurde für die Staaten und Territorien der Ostkaribik bereits im März 1965 eine *„East Caribbean Currency Authority" (ECCA)* mit Sitz in Basseterre/St. Kitts eingerichtet, der 1968 noch Grenada beitrat, während Barbados am 31.3.1974 austrat. Damit war eine völlige Deckung im Mitgliederstand zwischen der ECCA und dem ECCM erreicht. Die ECCA kann Banknoten und Scheidemünzen ausgeben; 1976 wurde Art. 9 ECCA-Satzung modifiziert und die Parität des „East Caribbean-Dollar" neu definiert (→ „Karibische Entwicklungsbank"). Ebenso dient die ECCA als Clearingstelle im CARICOM/CCM auf der Basis der „CARICOM Multilateral Clearing Facility" (CMCF). Am 1. Oktober 1983 kam es zur Umwandlung der ECCA in die „Eastern Caribbean Central Bank (ECCB) – eine *eigene Zentralbank* für die Ostkaribik, womit weltweit zum ersten Mal eine Integrationszone über eine völlig supranationale Währungshoheit in Form einer einzigen Zentralbank verfügen wird; Sitz der ECCB bleibt Basseterre.

5. Organisation: An *Organen* sieht die ECCM-Satzung einen *Ministerrat* und ein *Sekretariat* vor, wobei der Rat, als oberstes Organ des ECCM ermächtigt ist, sowohl – bindende – Entscheidungen als auch unverbindliche Empfehlungen zu erlassen. In bezug auf die Stimmrechtsgestaltung stipuliert Art. 18 Abs. 5 das sog. „negative Einstimmigkeitsprinzip", aufgrund dessen ein Beschluß dann als zustandegekommen gilt, wenn kein negatives Votum abgegeben wurde. Darüber hinaus bedarf aber jeder Beschluß zu seiner Gültigkeit des Vorliegens von Pro-Stimmen von nicht weniger als 2/3 aller Mitgliedstaaten.

6./7. Entwicklung/Bewertung: Die politische Kohäsion im ECCM geht nicht nur daraus hervor, daß es dem Rat gelungen ist, ausgewählte industrielle Produktionen den einzelnen Mitgliedern zuzuteilen, sondern daß sie auch in der Lage waren, durch die Gründung der *„Organisation der Staaten der Ostkaribik"* (1981) (siehe dort) sich einen weiteren, intensiveren, wirtschaftlichen und politischen Überbau zu geben.

Literatur

Text der *Satzung des ECCM:* International Legal Materials (ILM) Vol. XII (1973), S. 1044ff. Zur Novellierung des ECCM vgl. ILM, Vol. XX (1981), S. 1166ff.

Central Bank for Eastern Caribbean, in: CARICOM Perspective No. 18 (1983), S. 19 f.

Hummer, W.: Subregionale Präferenzzonen als Mittel lateinamerikanischer Integrationspolitik, Sonderband 8-75 der Zeitschrift für Lateinamerika, Wien, S. 116 ff.

Waldemar Hummer

Interamerikanische Entwicklungsbank (Banco Interamericano de Desarollo/BID, Inter-American Development Bank/IDB)

1. Sitz: Washington

2. Mitglieder: 1984 gehörten der Bank *43 Mitglieder* an; 25 lateinamerikanische Länder, die USA und Kanada sowie 16 nichtregionale europäische und asiatische Länder.

3. Gründung und Stimmrechtsgestaltung: Die IDB wurde − auf brasilianische Initiative − am 30.12.1959 von den USA und 19 lateinamerikanischen Ländern gegründet und nahm am 1.10.1960 ihre Geschäftätigkeit auf. Das Statut der IDB wurde am 1.6.1976 modifiziert, um auch nicht-regionale Mitglieder zuzulassen. Um den regionalen Charakter der IDB zu erhalten, müssen nicht weniger als 53,53% der Stimmrechte bei den lateinamerikanischen Entwicklungsländern, 35% bei den USA und 4,58% bei Kanada verbleiben. Die nicht-regionalen Staaten können somit lediglich über einen Stimmrechtsanteil von höchstens 6,88% verfügen (zum 31.12.1983); in den für sie grundlegenden Angelegenheiten verfügen sie jedoch über eine Sperrminorität.

4. Organisation: Das oberste Organ der IDB ist der Gouverneursrat, der jährlich einmal zusammentritt und aus je einem Delegierten und dessen Stellvertreter pro Mitgliedsland beschickt wird. Er wählt den Präsidenten, während der Geschäftsführende Vizepräsident vom zwölfköpfigen Direktorium − dem ständigen Organ der IDB − gewählt wird. Dem Direktorium gehören zehn regionale und zwei nicht-regionale Direktoren an. Das Stimmrecht eines jeden Direktors ist vom gezeichneten Kapitalanteil seines Heimatstaates abhängig (135 „Grundstimmen" sowie je eine weitere Stimme für einen gezeichneten Anteil am ordentlichen oder inter-regionalen Kapital). Der Präsident vertritt die IDB nach außen und ist Chef des Personals (mit den Außenstellen 1983 ca. 2000 Angestellte). Die IDB hat Niederlassungen in allen ihren Mitgliedstaaten sowie Büros in Paris und London.

5. Ziele: Gemäß ihres Status obliegt der IDB die Beschleunigung des Prozesses der *individuellen* und *kollektiven wirtschaftlichen Entwicklung* der *Mitgliedstaaten,* wozu sie sowohl dem öffentlichen als auch dem privaten Sektor derselben Kredite zur Verfügung stellt, die sowohl für Infrastrukturprojekte als auch für sonstige Produktionstätigkeiten und Dienstleistungen verwendet werden. Dies geschieht allerdings nur mit Billigung des betreffenden Staates und unter der Annahme der Nichtfinanzierung durch private Kredite. Darüber hinaus leistet die IDB auch *technische Hilfe* bei der Ausarbeitung, Finanzierung und Umsetzung von Entwicklungsprojekten. Im speziellen finanziert sie aber Projekte zur wirtschaftlichen Integration, für deren Konditionierung sie genaue Richtlinien erarbeitet hat. Von 1960 bis 1980 hat die IDB die wirtschaftliche Integration in Lateinamerika mit fast 2 Mrd. US-Dollar unterstützt.

6. *Finanzierungsmittel:* Das *Stammkapital* der IDB besteht aus dem *ordentlichen* und dem *interregionalen* Kapital. Das *interregionale* Kapital wurde Mitte 1976 durch eine Änderung der IDB-Satzung geschaffen, um die Aufnahme nicht-regionaler Mitglieder und die Verwendung des von ihnen gezeichneten Kapitals zur Kreditgewährung zu gestatten. Beide Kapitalkonten werden völlig getrennt geführt, wenngleich eine Verschmelzung geplant ist. Das *ordentliche* Stammkapital wurde von 1 Mrd. US-Dollar auf 10 Mrd. US-Dollar erhöht, wobei durch breite Zeichnung rd. 88 % des Subskriptionskapitals Haftungskapital ist. Das *interregionale* Stammkapital beträgt 2 Mrd. US-Dollar. Im Dez. 1978 empfahl der Gouverneursrat den Mitgliedsländern eine – fünfte – Kapitalerhöhung um insgesamt 8 Mrd. US-Dollar, die im Juli 1981 in Kraft getreten ist. Mit der sechsten Kapitalaufstockung (1983 - 1986) werden weitere 15,7 Mrd. US-Dollar der IDB zugeführt.

Ende 1983 belief sich das genehmigte Kapital der IDB auf fast 43 Mrd. US-Dollar. Darüber hinaus verwaltet die IDB 1,2 Mrd. US-Dollar in den von einigen Ländern eingerichteten *Treuhandfonds.*

Etwa ein Drittel der Finanzierungsmittel der IDB stammt aus Beiträgen zu ihren insgesamt *13 Sonderfonds.* Wichtigster Sonderfonds für „weiche" Kredite ist der *„Fund for Special Operations"* (FSO), dessen Beträge sich 1980 auf fast 6 Mrd. US-Dollar beliefen. Bis 1980 gewährte die IDB 1.186 Kredite in Höhe von rund 16 Mrd. US-Dollar, die zur Finanzierung von Entwicklungsprojekten im Gesamtwert von über 61 Mrd. US-Dollar beitrugen. Die Kredite dienten zu 26,5% dem Ausbau der Energieversorgung, zu 22,8% der Förderung der Landwirtschaft, zu 14,1% der Industrie- und Bergbauförderung, zu 17,8% der Verbesserung der sozialen Infrastruktur, zu 14% der Meliorierung des Verkehrs- und Nachrichtennetzes sowie zu 4,8% der Exportfinanzierung und der Tourismusförderung. Der Ausleihzinssatz für Kredite beträgt 8,25%, die Laufzeit schwankt zwischen 15 und 30 Jahren. Bis Ende 1983 vergab die IDB in Form von Krediten und technischer Zusammenarbeit insgesamt 25 Mrd. US-Dollar und half damit, Entwicklungsvorhaben im Werte von fast 100 Mrd. US-Dollar zu finanzieren.

7. *Kooperation:* Die IDB kooperiert eng mit den Institutionen der → Weltbank-Gruppe (IBRD, IDA, IFC) und dem IMF (→ IWF) sowie mit den regionalen Finanzierungsinstitutionen in Lateinamerika und der Karibik (→ BCIE, → CAF, FONPLATA, → CDB, → CABEI, CARIBANK etc.).

Literatur

Text des *Statuts:* United Nations Treaty Series (UNTS), Vol. 389, S. 70ff. Mutharika, A. P., The International Law of Development. Basic Documents, Vol. 1 (1978), S. 79ff., 353ff.
Dell, S. 1972: The Inter-American Development Bank. A Study in Devolopment Financing
Deutsche Bundesbank (Hrsg.), [2]1981. Internationale Organisationen und Abkommen im Bereich von Währung und Wirtschaft, S. 67ff.

Inter-American Development Bank 1983: Annual Report 1982, S. 1ff., 31, 121 f.

Interamerikanische Entwicklungsbank (Hrsg.) 1978: Eine neue Partnerschaft im Interesse der Entwicklung

UNCTAD 1975: Current problems of economic integration. The role of multilateral financial institutions in promoting integration among developing countries, Doc. TD B/531, S. 42ff.

White, J. 1970: Regional Development Banks, S. 137ff.

Waldemar Hummer

Karibische Entwicklungsbank (Caribbean Development Bank/CDB)

1. Sitz: Zunächst Kingston/Jamaica, dann Bridgetown/Barbados

2./3. Mitglieder/Entstehung: Die CDB wurde am 18.10.1969 von den englisch-sprachigen Staaten und abhängigen Territorien der Karibik – zusammen mit Großbritannien und Kanada – gegründet und nahm 1970 in *Kingston/* Jamaica ihre Geschäftstätigkeit auf. In der Folge verlegte sie ihren *Sitz* aber nach *Bridgetown*/Barbados, wo sie auch heute noch tätig ist. 1972 wurden Kolumbien und Venezuela Mitglieder der CDB, 1981 Mexiko.

4. Ziele: Der Hauptzweck der CDB ist, „to contribute to the harmonious economic growth and development of the member countries in the Caribbean ... and to promote economic co-operation and integration among them, having special and urgent regard to the needs of the less developed members of the region" (Art. 1 Statut). Im Gegensatz zu anderen Integrationsbanken zielt die CDB damit nicht unmittelbar auf die wirtschaftliche Integration der Mitgliedstaaten ab und zwar deshalb, da einige der Mitgliedstaaten nicht in der Karibik liegen und auch nicht alle der Mitglieder aus der Region Mitgliedstaaten der seit 1968 bestehenden CARIFTA waren (Bahamas, Caicos-, Caymans-, Turks-Islands, britische Jungfern-Inseln).

5. Organisationsstruktur: Die CDB verfügt über einen *Gouverneursrat,* ein *Direktorium,* einen *Präsidenten* sowie einen *geschäftsführenden Vizepräsidenten.* Das Direktorium besteht aus elf Direktoren, von denen sieben die englisch-sprachigen Staaten und Territorien der Karibik und vier die anderen Mitgliedstaaten repräsentieren. Der Präsident, oberster Exekutivfunktionär der CDB, wird vom Gouverneursrat für fünf Jahre bestellt und ist dem Direktorium gegenüber verantwortlich.

Die CDB kann *Kredite* an die Regierungen der Mitgliedstaaten, öffentliche Institutionen und private Firmen vergeben. Ebenso kann sie *Bürgschaften* übernehmen und *Aktien* zeichnen. Die Bürgschaftsübernahme im Rahmen der ordentlichen Mittelvergabe darf allerdings nicht den Betrag des eingezahlten Kapitals übersteigen, ebenso wie auch Aktienbeteiligungen 10 % desselben nicht überschreiten dürfen.

Die Tätigkeit der CDB, die sowohl „harte" als auch „weiche" Kredite vergeben kann, zerfallen in zwei Arten von Operationen: (a) *ordentliche,* die mit eigenen Mitteln getätigt werden, und (b) *spezielle* Operationen, die aus Mitteln eines *Special Development Fund"* (1980 über 80 Mio. US-Dollar) gespeist werden.

Daneben kann die CDB *spezielle Fonds* errichten oder deren Verwaltung übernehmen (zur Zeit *19*, mit Eingaben von über 100 Mio. US-Dollar), die insbesondere Kredite zu „weichen" Konditionen an die weniger entwickelten Territorien der Region vergeben. Die CDB finanzierte bis Mitte der 70er Jahre multinationale (Integrations-)Projekte nur bis zu 20 % ihres Gesamtkreditrahmens und nahm auch bei der Finanzierung von Industrieprojekten in den weniger entwickelten Mitgliedsländern eine konservative und restriktive Politik wahr. Dies veranlaßte auch die CARIFTA, am 1.6.1973 eine eigene *„Caribbean Investment Corporation" (CIC)* mit *Sitz* in *St. Lucia* zu gründen, die insbesondere die industrielle Entwicklung der weniger entwickelten Mitgliedstaaten finanzieren sollte. Das Stammkapital der CIC betrug gem. Art. 5 15 Mio. Ostkaribische Dollar (= ca. 7 Mio. US-Dollar). (Im Juli 1976 löste sich der „Ostkaribische Dollar" von seiner Pfund/Sterling-Parität (1 Pfund Sterling = 4,80 Ostkaribische Dollar) und koppelte sich an den US-Dollar an (1 US-Dollar = 2,70 Ostkaribische Dollar)). 1981 betrug der Gesamtrahmen der Kredite, die die CDB im Rahmen ihrer ordentlichen und speziellen Operationen vergeben konnte, 405 Mio. US-Dollar. Die gesamte Kreditvergabe durch die CDB im Zeitraum 1970 bis 1980 betrug 293 Mio. US-Dollar, wovon 52,2% den weniger entwickelten Mitgliedstaaten und 47,8% den entwickelteren Mitgliedstaaten (Barbados, Guyana, Jamaica, Trinidad-Tobago) zugeflossen sind.

In ihrer Kreditvergabe kennt die CDB eine eindeutige Priorität zugunsten des Agrarsektor, des Tourismus und des Infrastrukturbereichs. Priorität genießen auch Unternehmen, deren Kapital sich in Händen regionaler Kapitaleigner befindet. Bei der Industriefinanzierung verlangt die CDB (aber) einen Eigenfinanzierungsanteil von 40 %.

6. Kapital: Das ursprüngliche Stammkapital der CDB betrug 50 Mio. US-Dollar, das zu 10.000 Aktien zum Nennwert von je 5.000 US-Dollar gestückelt war. Davon hielten Jamaica 2.240; Trinidad/Tobago 1.540; Bahamas 660; Guyana 480; Barbados 280; Antigua, Belize, Dominica, Grenada, St. Kitts-Nevis-Anguilla, St. Lucia, St. Vincent je 100; Cayman Islands, Montserrat, Turks und Caicos Islands, Virgin Islands je 25 Aktien. 1972 erwarben Kolumbien und Venezuela je 600 Aktien zu je 7.500 US-Dollar; zugleich wurde das Stammkapital um 50 Mio. US-Dollar erhöht. Der Gouverneursrat bestimmte aber zugleich, daß die Mitglieder des „Commonwealth Caribbean" stets die Mehrheit der Stimmen haben und auch die Mehrheit der Direktoren stellen sollen.

7. Kooperation: Die CDB kooperiert eng mit einschlägigen Institutionen der → CARICOM (Regional Development Agency etc.) und erhält technische Unterstützung von der → IBRD und dem → UNDP. 1981 wurde von der IBRD und dem PNUD die *„Caribbean Project Development Facility"* (CPDF) gegründet.

Literatur

Text des *Statuts* in: United Kingdom Treaty Series Nr. 36 (1970), Cmnd. 4358 London, H. M. Stationery Office, 1970, S. 5ff. Mutharika, A. P., The International Law of Development. Basic Documents, Vol. 1 (1978), S. 225ff.
Caribbean Development Bank: Annual Report 1981 (1982)

Fitzgerald, F. 1969: The Caribbean Development Bank, in: *Preiswerk, R.* (ed.) Regionalism and the Commonwealth Caribbean

Hodgkinson, E. Caribbean. Unhitching the currency from sterling, in: World Banking (1976/77), S. 22 f.

Hummer, W. 1975: Wirtschaftliche Kooperation und Integration in der Karibik, in: Bericht: Förderung industrieller Zusammenarbeit durch Entwicklungsbanken im karibischen Raum, Deutsche Stiftung für Internationale Entwicklung (DSE) Dok. 792 B/III;S 7/75, S. 1 ff.

Waldemar Hummer

Karibische Gemeinschaft, Karibischer Gemeinsamer Markt (Caribbean Community/CARICOM, Caribbean Common Market/CCM)

1. Sitz: Georgetown (Guyana)

2. Mitglieder: Antigua und Barbuda, Bahamas, Barbados, Belize, Dominica, Grenada, Guyana, Jamaika, Montserrat, St. Kitts-Nevis, St. Lucia, St. Vincent, Trinidad und Tobago

3. Entstehungsgeschichte: Im „*Georgetown Accord*" vom 12.4.1973 kamen die Regierungschefs aller „Commonwealth Caribbean Countries" überein, den Integrationsprozeß der CARIFTA zu beschleunigen und ihm durch die Ausbildung einer „*Karibischen Gemeinschaft*" und eines „*Karibischen Gemeinsamen Marktes*" ein neues politisches Profil und eine neue institutionelle Struktur zu geben. Den vier entwickelteren Ländern (Barbados, Guyana, Jamaica, Trinidad/Tobago) wurde dafür eine Frist bis zum 1.8.1973, den acht weniger entwickelten Ländern (Antigua und Barbuda, Belize, Dominica, Grenada, Montserrat, St. Kitts-Nevis-(Anguilla), St. Lucia, St. Vincent) eine solche bis zum 1.5.1974 eingeräumt. Wie vorgesehen trat der Gründungsvertrag („*Treaty of Chaguaramas*") der „*Caribbean Community*" *(CARICOM)* am 1.8.1973 in Kraft. Als *Annex* zum *CARICOM-Vertrag* findet sich die Satzung des „*Caribbean Common Market*", der allerdings keine eigene Organisation darstellt, sondern lediglich eine Teilaktivität (wirtschaftlicher Art) der (politisch orientierten) CARICOM bezeichnen soll. Bis zum Beitritt des letzten CARIFTA-Staates (St. Kitts-Nevis-Anguilla) zur CARICOM am 26.7.1974 bestand die CARIFTA neben der CARICOM und ging erst mit diesem Zeitpunkt in der neuen Organisation auf. Das bisherige Commonwealth Caribbean Regional Secretariat wurde in das *CARICOM–Sekretariat* umgewandelt und nahm seinen *Sitz* in *Georgetown*/Guyana. Neuerdings werden Assoziationen und Beitritte weiterer karibischer Länder und Territorien diskutiert; so ist *Surinam* assoziiert und die bisher assoziierten *Bahamas* traten mit 4.7.1983 dem CARICOM-Vertrag (nicht aber dem CCM) bei.

4./5. Zielsetzung/Struktur:

4.1 *CARICOM.* Die CARICOM genießt gem. Art. 20 CARICOM-V. volle Rechtspersönlichkeit und hat sich insb. die Koordinierung der Außenpolitiken der Mitgliedstaaten – zur Erhöhung der „bargaining power" – zum Ziel gesetzt. Gem. Art. 6 bestehen als politische *Organe* die „Konferenz der Regierungschefs" sowie der „Rat des Gemeinsamen Marktes", der gem. dem Annex zur Schaffung eines Karibischen Gemeinsamen Marktes in Organeinheit zu errichten ist. In ihrer Willensbildung unterliegt die „Konferenz" dem Einstimmigkeitsprinzip und kann sowohl bindende Entscheidungen als auch unverbindliche Stellungnahmen erlassen. Als *Institutionen* zählt Art. 10 sieben und Art. 14 weitere *„Assoziierte Institutionen"* auf (10 an der Zahl, z. B. CDB). Als oberstes Administrativorgan richtet Art. 15 das *„Community Secretariat"* ein, dem ein auf fünf Jahre gewählter Generalsekretär vorsteht.

Die *Zielsetzung* der CARICOM ist in der Präambel und in Art. 4 niedergelegt: (a) *wirtschaftliche Integration* der Mitgliedstaaten durch die Errichtung eines Gemeinsamen Marktes (iSd Annexes); (b) *Koordinierung der Außenpolitiken* der Mitgliedstaaten; (c) *funktionelle Kooperation* in 15 nicht-wirtschaftlichen Bereichen, d. h. Einrichtung gemeinsamer Dienste, Förderung der sozialen, kulturellen und technologischen Entwicklung etc. (vgl. Anhang zu Art. 18).

4.2 *Caribbean Common Market (CCM).* Neben seinem „politischen Überbau" sieht der CARICOM-Vertrag in einem *Annex* – der gem. Art. 32 einen integrierenden Bestandteil des Gründungsvertrages bildet – die Errichtung eines *„Karibischen Gemeinsamen Marktes"* vor. Neben dem bereits erwähnten politischen Organ des „Rates des Gemeinsamen Marktes" verfügt der CCM noch über ein Sekretariat, das allerdings mit dem CARICOM-Sekretariat identisch ist (Art. 9). Zugleich mit dem Abschluß des „Treaty of Chaguaramas" unterzeichneten die Vertragsstaaten auch ein Übereinkommen zur Etablierung eines *gemeinsamen Außenzolltarifes,* der für die entwickelteren Länder bis 1.8.1976 und für die weniger entwickelten Länder (d. s. die Länder des *„Gemeinsamen Marktes der Ostkaribik",* siehe dort) bis zum 1.8.1981 bzw. 1.8.1985 (Montserrat) einzurichten war bzw. sein wird.

Die Art 51 ff. CCM-Satzung statuieren ein *Sonderregime* für die *weniger entwikkelten Mitgliedstaaten,* für die eine Reihe von Ausnahmeregelungen und Vorzugsbehandlungen vorgesehen sind. Im Vergleich zur CARIFTA (bloße Freihandelszone) stellt der CCM eine *Zollunion* dar, die tendenziell auf eine *Wirtschaftsunion* hin ausgerichtet ist; der CCM versucht nämlich, ansatzweise einige Marktfreiheiten (Niederlassungsfreiheit, Dienstleistungsfreiheit) zu verwirklichen. Dazu kommt noch die in Art. 47 vorgesehene gemeinsame Schutz- und Bewirtschaftungspolitik der regionalen Ressourcen. Mit 1.6.1981 traten *neue Ursprungsregelungen* gem. Art. 14 CCM-Satzung in Kraft.

6. *Außenbeziehungen:* Sowohl die CARICOM stricto sensu (als Internationale Organisation) gem. Art. 8 Abs. 4 bzw. 20 Abs. 3, als auch der CCM gem. Art. 70 CCM-Satzung (obwohl dieser keine IO ist!) verfügen über eine *„treaty making power"* und können dementsprechend in völkerrechtliche Beziehungen mit anderen Völkerrechtssubjektiven treten. Diesbezüglich bestehen Beziehungen mit der EWG (Lomé-Abkommen), mit dem → „Zentralamerikanischen Gemeinsamen Markt" (MCCA), mit dem → Anden-Pakt, dem → SELA und der → ALADI.

Literatur

Text des „Treaty of Chaguaramas" in: International Legal Materials (ILM), vol. XXI (1973), S. 1033 ff.

Chernick, S. E. The Commonwealth Caribbean. The integration experience (1978)

Commonwealth Caribbean Regional Secretariat, From CARIFTA to Caribbean Commity (1972)

Caribbean Community Secretariat (ed.), The Caribbean Community in the 1980s. Report by a group of Caribbean experts (1981)

Geiser, H.-J. La Convención de Lomé y la integracion del Caribe: una primera evaluación, in: Integración latinoamericana, Nr. 3 (Juni 1976), S. 31ff.

Geiser, H.-J. Regional Integration in the Commonwealth Caribbean, in: Journal of World Trade Law, 6/1976, S. 546 ff.

Geiser, H.-J./Alleyne, P./Gajraj, C. Legal Problems of Caribbean Integration. A Study on the Legal Aspects of CARICOM (1976)

Meijers, H. New International Persons in the Caribbean, in: Netherlands International Law Review, 1/2 (1977), S. 160 ff.

Hummer, W. Wirtschaftliche Kooperation und Integration in der Karibik, in: Deutsche Stiftung für Internationale Entwicklung (DSE). Bericht: Förderung industrieller Zusammenarbeit durch Entwicklungsbanken im karibischen Raum, Dok. 792 B III-S 7/75 (1975), S. 1 ff.

Payne, A. The rise and fall of Caribbean regionalisation, in: Journal of Common Market Studies, 3/1981, S. 255 ff.

Ramasaran, R. CARICOM: The Integration Process in Crisis, in: Journal of World Trade Law, 3/1978, S. 208 ff.

Waldemar Hummer

La Plata-Becken-Vertrag

1. Sitz: Buenos Aires.

2. Mitglieder: Argentinien, Bolivien, Brasilien, Paraguay, Uruguay.

3. Entstehung: Die fünf Länder Argentinien (34%), Bolivien (19%), Brasilien (17%), Paraguay (100%) und Uruguay (80%), die mit den in Klammern angegebenen Teilen ihres Territoriums im La-Plata-Becken *(Cuenca del Plata)* liegen, unterzeichneten am 23.4.1969 in Brasília den La-Plata-Becken-Vertrag.

4. Ziele: Ziel des Vertrags ist die „harmonische Entwicklung" und „physische Integration" einer ressourcenreichen Region. Das La-Plata-Becken ist das Einzugsgebiet des Flußsystems des Rio de la Plata (290 km Länge) und seiner großen Zuflüsse Paraná (4 000 km), Paraguay (2 500 km) und Uruguay (2 200 km) mitsamt deren Nebenflüssen. Mit 3,2 Mio. qkm ist es eines der größten Stromtäler der Erde; hier lebten 1984 über 80 Mio. Menschen (über 70% der argentinischen, etwa die Hälfte der brasilianischen Bevölkerung). Wirtschaftlich bedeutend sind die landwirtschaftlichen Nutzflächen, Grundlage der Agroexport-Integration der Länder in den Weltmarkt. Seit jeher Standort der argentinischen Industrie, ist das Becken durch die südwestliche Stoßrichtung des brasilianischen Wirtschaftswachstums ein industrieller Wachstumspol Südamerikas. Besondere wirtschaftliche Bedeutung kommt den hydroelektrischen Energieressourcen der großen Flüsse zu, deren Wasser auch der Landwirtschaft und dem Verkehr dienen.

5. Organisation: Der Vertrag sieht zwei Hauptorgane vor:
– Die Konferenz der Außenminister *(Conferencia de Cancilleres);* sie tagt einmal im Jahr und hat Entscheidungsbefugnis;
– Das Intergouvernementale Koordinationskomitee *(Comite Intergovernamental Coordinador,* CIC), die Exekutive mit Sitz in Buenos Aires. Seit 1974 besteht ein gemeinsamer Finanzierungsfonds, FONPLATA, mit Sitz in Sucre/ Bolivien. Es bestehen sechs ständige Arbeitsgruppen (u.a. je eine für Verkehr, für hydroelektrische und natürliche Ressourcen, für wirtschaftliche Zusammenarbeit, Handel und industrielle Komplementierung, für Gesundheit und Erziehung). Mit konkreten Projekten befaßt sind technische und politische Ad-hoc-Kommissionen, welche nur von den unmittelbar betroffenen Mitgliedsländern besetzt werden (Drei-Länder-Kommissionen = *Tripartitas).* Einen wechselnden Status besitzt URUPABOL, die Gruppe der kleineren Länder des La-Plata-Beckens.

6./7. Entwicklung/Perspektiven: Die integrationspolitische Zielsetzung des Vertrags ist sehr verschieden von der anderer Integrationsprozesse in Lateinamerika (→ ALALC, Andenpakt, MCCA). Mit „physischer Integration" ist vor allem physische Infrastruktur gemeint (Staudämme, Straßen, Brücken, Kommunikation etc.). Weder ist ein Zollabbau noch ein gemeinsamer Markt noch wirklich komplementäre Industrialisierung geplant. Der Akzent liegt des weiteren auf begrenzten Kooperationsabkommen, die bi-, seltener trilateral abgeschlossen werden. Bislang blieb das Prinzip der Multilateralität auf den Grundvertrag beschränkt. Er dient mehr als Bezugspunkt einer Kooperation unter den Unterzeichnerstaaten, dem positive Entwicklungen in den wirtschaftlichen und politischen Beziehungen zwischen den Ländern zugerechnet werden, ohne daß diese tatsächlich durch den Brasilia-Vertrag angeregt wurden.
Die wichtigsten konkreten Projekte konnten (nach teilweise sehr konfliktivem Verlauf der Verhandlungen) in der Energiegewinnung vereinbart werden. Höhepunkt war der Okt. 1979 erzielte Kompromiß zwischen Argentinien und Brasilien über die Wasserhöhen des damals noch im Bau befindlichen Kraftwerks von Itaipú (brasilianisch-paraguayisch) und des geplanten Kraftwerks von Corpus (argentinisch-paraguayisch). Inzwischen konnte Itaipu, achtmal so groß wie Assuan, nach zehnjähriger Bauzeit und mit einer Leistung von jährlich 12,6 Mrd. kWh fertiggestellt werden. Die Kritik an Itaipú ist symptomatisch für jene, die an der La-Plata-Becken-Kooperation insgesamt geübt wird: daß die Kooperation der brasilianischen Expansionspolitik in der Region und weniger den nationalen Interessen der anderen Länder diene.

Literatur:

Nohlen, D./Fernández, M. 1981: Kooperation und Konflikt im La-Plata-Becken, in: Vierteljahresberichte '84, 175-192.

Dieter Nohlen

Lateinamerikanische Integrationsassoziation (Asociación Latinoamericana de Integración/ALADI, Latin American Integration Association/ LAIA)

1. Sitz: Montevideo

2. Mitglieder: alle spanisch bzw. portugiesisch sprechenden Staaten Südamerikas sowie Mexiko.

3. Entstehung: Durch den *„Vertrag von Montevideo 1980"* (offizieller Name der Satzung der ALADI gem. Art. 64 ALADI-V.) vom 12.8.1980 wurde von elf lateinamerikanischen Staaten (Argentinien, Bolivien, Brasilien, Chile, Ekuador, Kolumbien, Mexiko, Paraguay, Peru, Uruguay und Venezuela) die *„Lateinamerikanische Integrationsassoziation"* (ALADI/LAIA) als Nachfolgeorganisation der aus denselben Mitgliedstaaten gebildeten „Lateinamerikanischen Freihandelsassoziation" (ALALC/LAFTA) ins Leben gerufen. Die ALADI als Rechtsnachfolger der ALALC tritt demgemäß in all deren Rechte und Verbindlichkeiten ein und ersetzte auch – mit Inkrafttreten des „Vertrages von Montevideo 1980" am 18.3.1981 – den Organapparat der ALALC.

4. Entwicklung:

4.1 Untergang der ALALC/LAFTA. Mit der Gründung der ALADI endete der zwanzig Monate vorher begonnene Prozeß der *Umstrukturierung* der *ALALC.* Die am 18.2.1960 gegründete ALALC war als *Freihandelszone* konzipiert, die bis zum Jahre 1973 definitiv einzurichten gewesen wäre. Aufgrund großer Schwierigkeiten mußten die Mitgliedstaaten der ALALC diese Frist in Art. 1 des Protokolles von Caracas (vom 12.12.1969) bis zum 31.12.1980 erstrecken. Aber auch innerhalb dieser erstreckten Frist war es den Mitgliedstaaten der ALALC nicht möglich, die vorgesehene Freihandelszone definitiv einzurichten, so daß sie – nach 18jährigem Bestehen der ALALC – im Nov. 1978 die Umstrukturierung der ALALC beschlossen. Dabei sollte die grundsätzliche Zielsetzung der Freihandelszone aufgegeben und die ALALC durch eine neu zu konzipierende Integrationsform ersetzt werden, die den geänderten Verhältnissen seit der Errichtung der ALALC (1960) Rechnung tragen sollte. Nach langwierigen Diskussionen einigte man sich schließlich darauf, die ALALC in der ALADI aufgehen zu lassen und die neue Wirtschaftsorganisation nicht mehr als regionale Präferenzzone i. S. v. Art. XXIV GATTSt., sondern bereits als *„neuen"* Typ von *Süd-Süd-Integration* i. S. d. „Ermächtigungsklausel" des GATT zu konzipieren.

4.2 Konzeptuelle Verschiedenheiten zwischen ALALC und ALADI. Am 28.11. 1979 beschlossen die Vertragsparteien des →GATT im Rahmen der Tokio-Runde einstimmig die sog. *„Ermächtigungsklausel"*, die für Süd-Süd-Integrationen zwischen Entwicklungsländern erleichterte Konditionen statuiert. Damit sind neuerdings im Süd-Süd-Verhältnis auch – nicht näher definierte – „Zonen für die Einräumung von Handelspräferenzen" GATT-konform, die in jedweder tarifarischen und nicht-tarifarischen Präferenzierung reziproker Art bestehen können. Obwohl sich die ALADI nicht direkt auf diese „Ermächtigungsklausel" beruft (und auch nicht alle ALADI-Mitglieder (nur sechs von elf) GATT-Mitgliedstaaten sind), stellt sie doch einen ersten „indirekten" Anwendungsfall derselben dar.

Während die *ALALC* noch eine strikte *Multilateralisierung* der Konzessionen und Präferenzbehandlung anstrebte, wird dieses System im Rahmen der *ALADI* völlig aufgebrochen und das Hauptaugenmerk auf flexiblere *bi-* und *beschränkt multilaterale* Instrumente zur Präferenzierung gelegt; beim Integrationskonzept der ALADI handelt es sich nämlich um bloß bi- bzw. beschränkt multilaterale Liberalisierungs- und Präferenzierungsaktionen innerhalb eines Rahmens von multilateralen Regionalpräferenzen. Damit ist bei der ALADI der Multilateralismus lediglich in der regionalen Rahmenpräferenz vorhanden. Die dabei aufgestellte Forderung der Vereinbarkeit der bloß partiellen Präferenzregime untereinander sowie auch mit den multilateralen Regionalpräferenzen an sich wird aber große Kompatibilitätsprobleme aufwerfen.

4.3 *Probleme der Übernahme des in der ALALC erreichten Präferenzierungsstandes (,,patrimonio histórico'') in die ALADI.* Im Rahmen der komplexen Problematik der Sukzession der ALALC durch die ALADI kam der Überführung des ,,patrimonio histórico", d. h. des materiellen Gehaltes an Konzessionen und Präferenzen, die bereits im Schoß der ALALC ausgehandelt wurden (ca. 12.300 Titel) große Bedeutung zu, da diese nicht automatisch auf die ALADI übergingen, sondern neu verhandelt werden mußten. Nach mehrfachen Erstreckungen verhandelte man im April 1983 letztmalig über die Überführung des Konzessionsstandes der ALALC in die ALADI.

5. *Ziele:* Die ALADI, deren *weitergehende* Zielsetzung in der Errichtung eines *,,Lateinamerikanischen (Gemeinsamen) Marktes''* besteht, hat als *unmittelbares* Ziel die Ausbildung eines *Präferenzraumes*, bestehend aus einem regionalen Präferenzrahmen und einer Reihe weiterer bi- und beschränkt multilateraler Präferenzabkommen. In den Übereinkünften regionalen Geltungsbereichs wirken *alle* Mitgliedstaaten, in denen mit bloß beschränktem persönlichen Geltungsbereich nur eine *begrenzte Anzahl* derselben mit. In seinen Art. 15 bis 23 richtet der ALADI-Vertrag ein Sonderregime zur Unterstützung der Mitgliedstaaten mit relativ geringer wirtschaftlicher Entwicklung ein. Kap. IV enthält Bestimmungen über die Zusammenarbeit mit anderen Ländern und Integrationszonen *Lateinamerikas*, während Kap. V die Zusammenarbeit der ALADI mit Integrationszonen *außerhalb* Lateinamerikas – auf der Basis der Grundsätze der ,,Neuen Internationalen Wirtschaftsordnung – zur Pflicht macht.

6. *Organisation:* Hinsichtlich der *institutionellen Struktur* bestehen drei *politische* Organe: a) Rat der Außenminister; b) Konferenz zur Würdigung und Angleichung (der getroffenen Präferenzabsprachen); c) Komitee der Ständigen Vertreter und ein *technisches* Organ (Generalsekretariat). Der *Rat* ist das oberste Organ der ALADI, das seine Entscheidungen nur in Anwesenheit aller Mitgliedstaaten fassen kann. Der *Konferenz* kommt die Aufgabe der Überwachung und Steuerung des Integrationsprozesses zu. Das *Komitee* ist das *ständige* Organ der ALADI, das insbesondere den Prozeß der Konzertierung von Übereinkünftigen regionalen Geltungsbereichs voranzutreiben hat, wozu es – mindestens einmal pro Jahr – Sitzungen der Mitgliedstaaten einzuberufen hat. Es faßt seine Beschlüsse in Anwesenheit von mindestens zwei Drittel der Mitgliedstaaten. Der Rat, die Konferenz und das Komitee fassen ihre Beschlüsse in der Regel mit den Stimmen von zwei Drittel der Mitgliedstaaten. Dem *Generalsekretariat* steht ein Generalsekretär vor, der für eine Drei-Jahresperiode bestellt wird und der weisungsfrei ist. Als erster Generalsekretär wurde der Para-

guayaner *Julio César Schupp* bestellt. Des weiteren können auch *beratende* Hilfsorgane errichtet werden.

Die ALADI genießt umfassende Privatrechtsfähigkeit, expressis verbis ist ihr aber keine Völkerrechtspersönlichkeit eingeräumt. Ihren internationalen Funktionären kommen allerdings die funktionellen diplomatischen Immunitäten und Privilegien zu.

7. Bewertung/Perspektiven: Die durch einen starken Pragmatismus und Flexibilität gekennzeichnete neue Integrationskonzeption der ALADI steht noch vor ihrer näheren Bewährung, es muß aber bereits jetzt die Befürchtung geäußert werden, daß sie die Tendenz zum Abbau der Multilateralisierung verstärken und bloß partielle Präferenzregelungen fördern wird; dies wird aber à la longue zu einer großen Zersplitterung des Präferenzregimes im Schoße der ALADI führen.

Literatur

Text der *Satzung* der ALADI/LAIA: INTAL, Integración latinoamericana, Nr. 47, Juni 1980, S. 4 ff. (spanisch); International Legal Materials (ILM), Vol. XX, 3/1981, S. 672 ff. (englisch).

Arocena, M. El surgimiento de la Asociación Latinoamericana de Integración, in: INTAL, Integración latinoamericana, Nr. 59 (1981), S. 11 f.

Barros Charlin, R. Análisis comparativo de los Tratados de Montevideo 1960 y 1980, in: INTAL, Integración latinoamericana, Nr. 50 (1980), S. 30 ff.

Hummer, W. Die „Lateinamerikanische Integrationsassoziation" (ALADI) als Rechtsnachfolger der „Lateinamerikanischen Freihandelsassoziation" (ALALC), in: Verfassung und Recht in Übersee, 4/1980, S. 361ff.

Hummer, W. Lateinamerikanische Integrationsassoziation (ALADI/LAIA), in: Waldmann, P.-Zelinsky, U. Politisches Lexikon Lateinamerika, 2. Aufl. (1982), S. 383 ff.

Hummer. W. Rechtsfragen aus Anlaß der Sukzession der ALALC durch die ALADI, in: FS L.-J. Constantinesco (1983), S. 259 ff.

Morales Barria, F. ALADI. Comentarios Preliminares al Tratado de Mondevideo de 1980 (1981)

Salazar Santos, F. La Asociación Latinoamericana de integración, in: Nueva Sociedad, 53 (1981), S. 29 ff.

Tussie, D. Latin American Integration: From LAFTA to LAIA, in: Journal of World Trade Law, 5/1982, S. 399 ff.

Wionczek, M. La evaluación del Tratado de Montevideo 1980 y las perspectivas de las acciones de alcance parcial de la ALADI, in: INTAL, Integración latinoamericana, Nr. 50 (1980), S. 4 ff.

Waldemar Hummer

Lateinamerikanisches Wirtschaftssystem (Sistema Económico Latinoamericano/SELA)

1. Sitz: Caracas.

2. Mitglieder: 26 lateinamerikanische Staaten.

3. Entstehung: Das Lateinamerikanische Wirtschaftssystem SELA wurde auf Initiative der mexikanischen und venezolanischen Staatspräsidenten *Luis Echeverría* und *Carlos A. Pérez* am 17.10.1975 gegründet. Der Unterzeichnung des Panama-Vertrags *(Convenio de Panama)* gingen 16monatige Verhandlungen der 23 Gründungsmitglieder voraus. Seit dem Beitritt Surinams 1978 zählt SELA 26 Mitglieder und umfaßt mit Ausnahme von Puerto Rico und einigen von Großbritannien und Frankreich abhängigen Gebieten den gesamten lateinamerikanischen und karibischen Raum. Im Gegensatz zu anderen gesamtamerikanischen Organisationen (→ OAS und CECLA) sind die USA ausgeschlossen und ist Kuba einbezogen, ein Hinweis auf die politische Stoßrichtung von SELA.

4. Ziele: Hauptziel von SELA ist die ,,integrale, selbständige und unabhängige Entwicklung'' Lateinamerikas (Präambel), Teilziele bilden (laut Art. 5 des Gründungsvertrags): a) Förderung der regionalen Zusammenarbeit, b) Koordinierung der bestehenden regionalen Integrationsprozesse, c) Förderung gemeinsamer wirtschaftlicher und sozialer Entwicklungsprojekte, d) Koordinierung der Standpunkte und Erarbeitung einer gemeinsamen Position ganz Lateinamerikas gegenüber den Industrieländern und vor internationalen Organisationen, e) Förderung der weniger entwickelten Länder innerhalb der Region.

5. Organisation/Finanzierung: Organe und Arbeitsebenen: a) Der Lateinamerikanische Rat ist das oberste Entscheidungs- und Legislativorgan. Jedes Land ist durch einen Minister (meist Wirtschaftsminister) vertreten. Die einmal jährlich in Caracas stattfindenden Ratssitzungen werden auf Expertentreffen vorbereitet. Beobachter lateinamerikanischer und internationaler Organisationen können an den Ratssitzungen teilnehmen. Die Kompetenzen des Rats sind u.a. die Festlegung der SELA-Politik, die Wahl des Sekretariats, die Verabschiedung des Haushalts. In wichtigen Fragen ist Einstimmigkeit, sonst 2/3 Mehrheit erforderlich. Ratsvorsitz und Stellvertretung wechseln turnusmäßig in alphabetischer Reihenfolge der Mitgliedsländer. b) Das Ständige Sekretariat ist das Exekutivorgan des Rats und nimmt die Funktion der Außenvertretung von SELA wahr. Zu seinen Aufgaben gehört u.a. die Vorlage von Vorschlägen an den Rat, die Ausführung der Ratsbeschlüsse, die Koordinierung der Aktionskomitees, die Organisation von Expertentreffen, die Kontaktpflege mit anderen regionalen und internationalen Organisationen. Der an der Spitze stehende Sekretär und sein Stellvertreter, die unterschiedlicher Nationalität sein müssen, werden auf vier Jahre vom Rat gewählt. Das Sekretariat verfügt über 25 Planstellen, von denen aus Finanzierungsgründen zunächst nur 15 besetzt waren. Der jährliche Etat belief sich 1983 auf: ca. 4,5 Mio. US-$ (1976: 1,9 Mio. US-$). An der Finanzierung sind die Mitgliedsländer je nach Wirtschaftskraft beteiligt. Die Quoten betrugen 1976 für Argentinien, Brasilien und Mexiko je 12,5%, für Chile, Kolumbien, Kuba, Peru und Venezuela je 7%, für 13 Staaten je 1,2%, für weitere vier Länder je 0,4%. c) Die Aktionskomitees (AKs) sind dezentralisierte und für eine bestimmte Zeitdauer bestehende Zusammenschlüsse interessierter Staaten (vorzeitiger Austritt möglich) zur Vorbereitung und Durchführung gemeinsamer Projekte. Als flexibles und pragmatisches Instument sind sie die für SELA spezifische Form der intraregionalen und multilateralen Kooperation. Ein AK muß mindestens drei Länder umfassen. Jedes AK, dessen Sitz jeweils die Hauptstadt eines beteiligten Landes ist, hat sein eigenes Sekretariat und muß für seine Finanzierung selbst aufkommen. Seit 1981 werden Überlegungen zur Finanzierung der Projekte, die aus den AKs hervorgehen, angestellt und die Einrichtung eines SELA-Fonds für Vorstudien, Studien und technische Beratung diskutiert.

6. Entwicklung: Aufgabenfelder der AKs sind Entwicklungsprojekte im landwirtschaftlichen, industriellen, technischen und sozialen Bereich. Sie sind an folgenden Zielen orientiert: Nutzung der eigenen Ressourcen, Befriedigung der Grundbedürfnisse, Unterstützung weniger entwickelter oder notleidender Regionen, Verringerung der externen Abhängigkeit. Die Zahl der AKs fluktuiert. 1982 waren acht AKs in Funktion: Hilfe für Argentinien (CAARA), Wiederaufbau Nicaraguas (CARN), kunsthandwerkliche Produkte, Meeres- und Süßwasserprodukte, Tourismus, Errichtung eines lateinamerikanischen technologischen Informationsnetzes (RITLA), staatliche Unternehmensverbände für Außenhandel (OECEG), lateinamerikanische Informationsagentur (ALASEI). Aus den AKs gingen hervor: a) die Gründung regionaler Organisationen wie z.B. OLAVI (*Organización Latinoamericana de Vivienda y Desarrollo Urbana;* besteht seit Jan. 1982), OLDEPESCA (*Organización Latinoamericana de Desarrollo Pesquero;* seit Okt. 1982), die lateinamerikanische Exportbank BLADEX *Banco Latinoamericano de Exportacion);* b) die Gründung lateinamerikanischer Multinationaler Konzerne wie z.B. MULTIFERT (*Empresa Multinacional de Fertilizantes;* seit 1979), COMUNBANA *(Comercializadora Multinacional del Banano),* GEPLACEA *(Grupo Especial de Países Latinoamericanos y del Caribe Exportadores de Azúcar),* NAMUCAR (*Naviera Multinacional del Caribe;* seit 1975), das Multinationale lateinamerikanische Erdölunternehmen PETROLATIN (seit Aug. 1982). – Weitere Arbeitsinstrumente sind: technische Kommissionen, Koordinierungskomitees und Arbeitsgruppen.
Die Aktivitäten von SELA lassen sich in eine interne und eine externe Strategie untergliedern. Zur internen Strategie gehört die Zusammenarbeit mit regionalen Institutionen (wie BID, CEPAL, SIECA, OLADE, INTAL) und mit anderen Integrationssystemen (wie MCCA, CARICOM, ALADI), die Arbeit der Aktionskomitees sowie die Schaffung von lateinamerikanischen Multinationalen Unternehmen. 1982 wurde ein zweijähriges Kooperationsprogramm verabschiedet mit der Zielsetzung, den lateinamerikanischen Kooperationsprozeß unter dem Gesichtspunkt der wirtschaftlichen Sicherheit durch Maßnahmen der Verringerung von Abhängigkeit und externer Verletzbarkeit der einzelnen Volkswirtschaften der Länder voranzutreiben. Des weiteren sollten die vorrangigen Aktionsfelder bestimmt, die Institutionen des Systems gestärkt und die einzelnen Aktionen mit einem programmatischen Inhalt versehen werden (*Decisión* 125/1982).
Zur externen Strategie gehören die Kontakte zu internationalen Organisationen (wie → FAO, → Weltbank, → IWF, → UNIDO, → EG), wobei SELA die einzige regionale lateinamerikanische Organisation ist, die bei internationalen Konferenzen anwesend ist (erstmals 1976 bei der KIWZ; → Nord-Süd-Dialog) und Beobachterstatus hat (z.B. bei → UNCTAD-Konferenzen seit 1976). Dort tritt SELA als Sprecher Lateinamerikas auf. Beide Strategien erfordern eine keineswegs einfache Interessenabstimmung der lateinamerikanischen Länder, die wirtschaftlich und politisch mehr Vielfalt als Einheit aufweisen. Im Falkland-Konflikt wurde von SELA schmerzlich der Mangel an Koordinierungsfähigkeit der lateinamerikanischen Staaten empfunden – besonders im Vergleich zu den EG-Ländern.
SELAs Beziehung zu den USA ist durch Konfrontation gekennzeichnet. Die

Vorwürfe richten sich u.a. gegen die Diskriminierung Lateinamerikas durch das US-Außenhandelsgesetz, gegen den von den USA gepflegten Bilateralismus und gegen die neue politische Linie Washingtons gegenüber Lateinamerika. Nach anfänglicher Nichtbeachtung haben die USA SELA als Gesprächspartner anerkannt. Eine Verringerung der wirtschaftlichen Abhängigkeit von den USA sucht SELA auch durch eine Verstärkung der Beziehung zur EG, was jedoch auf Schwierigkeiten stößt. SELA beklagt die Vernachlässigung Lateinamerikas durch die EG im Vergleich zu anderen Entwicklungsländern, wie den AKP-Staaten, und den Protektionismus besonders im agrarpolitischen Bereich, zumal eine Zunahme der Handelshemmnisse als Folge der Süderweiterung befürchtet wird.

7. *Bewertung/Perspektiven:* Mit dem Versuch einer qualitativen Neugestaltung der Nord-Süd-Beziehungen und einer Intensivierung der Süd-Süd-Beziehungen kann SELAs Politik dem Konzept der *collective self-reliance* zugeordnet werden. SELAs Ziele und Aktivitäten definieren sich freilich noch immer stark reaktiv, wie beispielsweise im 1982 verabschiedeten Dokument zu einer Strategie Wirtschaftlicher Sicherheit und Unabhängigkeit Lateinamerikas, das als Antwort auf die restriktiven Maßnahmen der EG und USA gegenüber Argentinien im Zusammenhang mit dem Falkland-Konflikt zustande kam.

Literatur:

Brown, F. 1984: El SELA y el drama económico latinoamericano, Caracas.
Garzón Valdés, E. 1980: SELA — Eine Organisation der Lateinamerikanischen Entwicklungspolitik, in: Die Dritte Welt, Neustadt, 86-101; Intal 1982: Sistema Económico Latinoamericano (SELA), in: INTAL: El proceso de integración en América Latina en 1981, Buenos Aires, 193-231;
Mols, M. 1981: Das Lateinamerikanische Wirtschaftssystem SELA, in:
Mols, M. (Hrsg.): Integration und Kooperation in Lateinamerika, Paderborn, 249-309.

Annette Schmid/Dieter Nohlen

Organisation Amerikanischer Staaten (Organization of American States/OAS, Organización de los Estados Americanos/OEA)

1. Sitz: Washington (Ständiger Rat mit Generalsekretariat Rio de Janeiro (AJC), Buenos Aires (CECLA) San José (IACHR).

2. Mitglieder: 32 (1984) unabhängige Länder Amerikas. 16 Staaten, darunter BR Deutschland, haben Beobachterstatus.

3. Entstehung: Die OAS wurde als erste regionale Mehrzweckorganisation im Rahmen der → UN auf der IX. Interamerikanischen Konferenz der Amerikanischen Staaten von 21 Ländern am 30.4.1948 in Bogotá gegründet (Gründungscharta der OAS, seit 13.12.1951 in Kraft). Der ein Jahr zuvor geschlossene → Rio-Pakt zur Errichtung eines kollektiven regionalen Sicherheitssystems wurde in die OAS integriert.

4. Ziele: Die Ziele der zentralen interamerikanischen Organisation sind: Wahrung von Frieden und Sicherheit in der Hemisphäre, Schlichtung von Konflikten unter den Mitgliedstaaten, kollektive Abwehr äußerer Bedrohung, enge wirtschaftliche, soziale und kulturelle Zusammenarbeit.

Von der Gründung der OAS versprachen sich die lateinamerikanischen Länder vor allem eine Förderung ihrer wirtschaftlichen Entwicklung. Ihre diesbezüglichen Forderungen, bereits auf verschiedenen interamerikanischen Konferenzen seit Beginn der 40er Jahre vertreten, kamen jedoch in der Gründungscharta kaum zum Zuge. Die noch für das gleiche Jahr vorgesehene Wirtschaftskonferenz fand (auch in den folgenden Jahren) nicht statt. Die USA ließen sich nicht für ein umfangreiches finanzielles Hilfsprogramm ähnlich dem Marshallplan gewinnen. Unter dieser Enttäuschung hat die Bewertung der OAS durch die Lateinamerikaner ebenso gestanden wie unter ihrer wachsenden Instrumentalisierung durch die USA zur Verfolgung ihrer wirtschaftlichen und geostrategischen Interessen.

5. Organisation: Die institutionelle Struktur der OAS wurde durch das Protokoll von Buenos Aires vom 27.2.1967, in Kraft seit 27.2.1970, reformiert. Das oberste Organ der OAS war ursprünglich die Interamerikanische Konferenz, die alle fünf Jahre einberufen werden sollte. 1967 wurde sie durch die jährlich tagende Vollversammlung abgelöst. Sie ist das höchste Entscheidungsgremium, beschließt über die Mitgliedschaft, verabschiedet den Haushalt, beaufsichtigt die Arbeit der Sonderorganisationen etc. Jedes Mitglied hat eine Stimme, es besteht kein Vetorecht. Das wichtigste beratende Gremium zwischen den Vollversammlungen ist das Konsultativtreffen der Außenminister, das von jedem Mitglied durch Antrag beim Ständigen Rat entsprechend der Gründungscharta oder dem Rio-Pakt einberufen werden kann. Der Vollversammlung unmittelbar verantwortlich sind die drei Räte: a) der Ständige Rat *(Consejo Permanente),* in dem jeder Mitgliedstaat durch einen Bevollmächtigten im Rang eines Botschafters vertreten ist. Präsidentschaft und Vizepräsidentschaft wechseln alle 18 Monate; b) der Wirtschafts- und Sozialrat (*Consejo Interamericano Economico y Social,* CIES), das Koordinierungsorgan für die Entwicklungsaktivitäten der OAS, in dem jeder Mitgliedstaat durch ein Regierungsmitglied vertreten ist. Der CIES tagt einmal im Jahr; c) der Interamerikanische Rat für Erziehung, Wissenschaft und Kultur (*Consejo Interamericano para la Educacion, la Ciencia y la Cultura,* CIECC, auch IACESC), der frühere Kulturrat, organisiert wie CIES. Die Vollversammlung wählt auf fünf Jahre den Generalsekretär und seinen Stellvertreter. Ihnen untersteht das Generalsekretariat mit Sitz in Washington/D.C., wo die Hauptorgane der OAS tagen. Daneben existieren eine Reihe von Ausschüssen beratender Natur und Sonderkommissionen. Aus der Kommission für Menschenrechte (*Comisión Interamericana de Derechos Humanos,* CIDH, auch IACHR), die 1960 zustande kam, ging 1979 der Interamerikanische Gerichtshof für Menschenrechte hervor, der zu einem Hauptorgan der OAS avancierte. Die Militärregierungen Lateinamerikas weigerten sich jedoch, sich der Gerichtsbarkeit des Gerichtshofes (7 Richter) zu unterwerfen. Beratende Funktionen gegenüber Vollversammlung und Treffen der Außenminister haben die Interamerikanische Rechtskommission *(Comisión Juridica Interamericana)* und die Interamerikanische Kommission für friedliche Schlichtung (*Comisión Interamericana de Entendimiento Pacífico).* Innerhalb der OAS entstand 1964 mit der Sonderkommission für Lateinamerikanische Koordination (*Comisión Es-*

pecial de Coordinación Latinoamericana, CECLA) mit Sitz in Buenos Aires, das erste Gremium im Interamerikanischen System, das die USA ausschloß und einen Konsens der lateinamerikanischen Länder gegenüber den USA, aber auch gegenüber den Industrieländern im Kontext der UNCTAD-Verhandlungen zu formulieren versuchte (bisheriger Höhepunkt: Konsens von Viña del Mar 1969). 1970 wurde durch den CIES der Sonderausschuß für Konsultation und Verhandlungen CECON gegründet, dem aufgegeben wurde, die USA zu bewegen, ihre Außenwirtschaftspolitik stärker mit den Interessen der lateinamerikanischen Länder abzustimmen.

6./7. Entwicklung/Perspektiven: Eine wichtige und insgesamt erfolgreiche Funktion konnte die OAS bei Grenzstreitigkeiten und Spannungen ausüben: Costa Rica/Nicaragua 1948, 1955, 1959; Haiti/Dominikanische Republik 1949, 1950; Nicaragua/Honduras 1957; Panama/USA 1964; Kuba/USA 1964 etc. Im Gefolge wachsender sozialer Unruhen in Lateinamerika entwickelte sich die OAS jedoch immer mehr zu einem Instrument der Abwehr revolutionärer und auch reformerischer Aktivitäten. 1962 wurde der Marxismus-Leninismus als unvereinbar mit dem Interamerikanischen System erklärt, Kuba von der Mitwirkung ausgeschlossen und mit Wirtschaftssanktionen belegt (denen sich nicht alle Länder anschlossen). Die militärische Intervention der USA in der Dominikanischen Republik 1965 – gegen eine Politik notwendiger Strukturreformen gerichtet – wurde nachträglich durch die OAS gebilligt, die Besatzungstruppen konnten mittels Hinzufügung einiger lateinamerikanischer Soldaten zur interamerikanischen Streitmacht erklärt werden. Die sozialrevolutionäre Bedrohung des Interamerikanischen Systems von innen weckte die Bereitschaft der USA für ein umfangreiches wirtschaftliches Hilfsprogramm, das 1961 in Punta del Este unter dem Namen *„Allianz für den Fortschritt"* verabschiedet wurde. Der Ressourcentransfer wurde jedoch zum Vehikel einer verstärkten komplexeren Durchdringung Lateinamerikas mit US-Kapital, ohne das die gesetzten Entwicklungsziele erreicht wurden. Statt der erhofften Stärkung der demokratischen Institutionen setzten sich Ende der 60er/Anfang der 70er Jahre in vielen Ländern Lateinamerikas Militärregime durch. Damit gewann die Frage der Menschenrechte an großer Bedeutung; die OAS konnte sich durch Verurteilungen der Militärputsche in Chile, El Salvador, Honduras etc. und von Menschenrechtsverletzungen Verdienste erwerben. Im Rahmen der OAS begannen auch die Versuche der lateinamerikanischen Staaten, ihre Interessen zu koordinieren. Eine Politik, die über verbale Artikulationen von Konsens hinausging, mußte jedoch den Rahmen der OAS sprengen und führte zur Gründung der → SELA. Infolge der Ausdifferenzierung des Interamerikanischen Systems hat die Gefahr der Instrumentalisierung der OAS für die Zwecke der wirtschaftlichen und militärischen Hegemonialmacht in den 80er Jahren nachgelassen. Die OAS kann einige nützliche Funktionen der interamerikanischen Kooperation wahrnehmen (s. etwa auch Vertrag über Nuklearfreiheit von 1967), insbesondere im Bereich der Konfliktschlichtung. Das entscheidende Gegengewicht gegen die Geltendmachung nur oder überwiegend der Interessen der USA ist die latente Drohung der Lateinamerikaner, eine rein lateinamerikanische Organisation ähnlicher Funktion (ohne USA) zu gründen.

Literatur

Brock, L. 1975: Entwicklungsnationalismus und Kompradorenpolitik , Meisenheim.

Volker G. Lehr/Dieter Nohlen

Organisation der Staaten der Ostkaribik (Organization of Eastern Caribbean States/OECS)

1. Sitz: Basseterre/St. Kitts

2. Mitglieder: Antigua und Barbuda, Dominica, Grenada, Montserrat, St. Kitts-Nevis, St. Lucia, St. Vincent und die Grenadinen.

3. Entstehungsgeschichte: In der Ostkaribik bestanden bereits sowohl *wirtschaftliche* (Gemeinsamer Markt der Ostkaribik) als auch *politische* Integrationsformen (Westindische Föderation (1958-1972); Projekt einer „Ostkaribischen Föderation" (1965 gescheitert); Assoziierte Staaten Westindiens (1967)). Zur weiteren Vertiefung ihrer wirtschaftlichen/politischen *subregionalen Zusammenarbeit* schlossen Antigua und Barbuda, Dominica, Grenada, Montserrat, St. Kitts-Nevis, St. Lucia, St. Vincent und die Grenadinen (sechs souveräne Staaten und eine britische Kronkolonie) am 18.6.1981 in Basseterre/St. Kitts den „Vertrag zur Gründung der *Organisation der Staaten der Ostkaribik*" (OECS), dem als Annex die novellierte Satzung des „Gemeinsamen Marktes der Ostkaribik" (ECCM; siehe dort unter 1.) angeschlossen wurde. Er trat am 2.7.1981 in Kraft. Es handelt sich dabei um einen Zusammenschluß von Mikrostaaten mit einer Gesamtfläche von 1.150 Quadratmeilen und 520.000 Einwohnern.

4. Zielsetzung: Die OECS dient vordringlich der solidarischen Zusammenarbeit zwischen den Mitgliedstaaten, zum Schutz ihrer Souveränität und zur Erhöhung ihrer „bargaining power" gegenüber Dritten. Insbesondere sollen die Außenpolitiken koordiniert und die wirtschaftliche Integration gefördert werden. Auch soll auf den Gebieten „funktioneller Kooperation" (Art. 3) – Verkehr, Luft- und Schiffahrt, Tourismus, Bankwesen, Technologie etc. – eng zusammengearbeitet werden.

5. Organisation Die OECS ist als Internationale Organisation mit eigener Völkerrechtssubjektivität ausgestattet, die über eine eigene „treaty making power" und Privatrechtsfähigkeit verfügt. Sie steht allen Staaten und Territorien der „karibischen Region" (nicht genau umschrieben) zum Beitritt offen. Die OECS verfügt über *fünf Organe:* die „Behörde der Regierungschefs der Mitgliedstaaten der Organisation", die „Komitees" für Auswärtige Angelegenheiten, für Verteidigung und Sicherheit und für wirtschaftliche Angelegenheiten, sowie das „Zentralsekretariat". Für die friedliche Streitbeilegung ist eine „Vergleichskommission" aus fünf Schiedsrichtern vorgesehen, die endgültige Entscheidungen treffen kann.
Die „Behörde der Regierungschefs" ist das oberste Organ der OECS, das – einstimmig – die Außenpolitiken koordiniert, die OECS nach außen vertritt und für sie auch völkerrechtliche Verträge abschließen kann. Die drei spezialisierten Komitees sind aus den einzelnen Ressortministern zusammengesetzt und können den nachgeordneten Institutionen gegenüber einstimmig bindende Beschlüsse fassen.

6./7. Bewertung/Perspektiven: Obwohl alle Mitgliedstaaten der OECS bereits sowohl in *regionalen* (→ CARICOM und → CCM), als auch in *subregionalen* (→ ECCM) politischen und wirtschaftlichen Integrationsgebilden zusammengeschlossen sind, wird der OECS in Zukunft eine wichtige Funktion für den Zusammenhalt der Ostkaribik nach innen und außen zukommen.

Sowohl die *„Assoziierten Staaten Westindiens"* (WISA) als auch der *„East Caribbean Common Market"* (ECCM) haben durch die Gründung der OECS völlig an Bedeutung verloren.

Literatur

Text der *Satzung* der OECS in: International Legal Materials (ILM), vol. XX (1981), S. 1166 ff.

Hummer, W. 1982: Die „Organisation der Staaten der Ostkaribik", in: *Waldmann, P. – Zelinsky, U.* Politisches Lexikon Lateinamerika, S. 400 ff.

OECS – The first Year, in: CARICOM Perspective No. 13 (1982), S. 6

Waldemar Hummer

Organisation der Zentralamerikanischen Staaten (Organización de los Estados Centroamericanos/ODECA, Organization of Central American States/OCAS)

1. Sitz: Generalsekretariat: San Salvador

2. Mitglieder: Costa Rica, El Salvador, Guatemala, Honduras, Nicaragua.

3. Entstehungsgeschichte: Aufgrund ihrer räumlichen Kohärenz, ihrer gemeinsamen Geschichte und Sprache und der im Vergleich zu den anderen Regionen Lateinamerikas relativ geringen intraregionalen Entwicklungsdiskrepanzen scheint Zentralamerika wie kaum eine andere Region des Subkontinents die Voraussetzungen für einen politischen Zusammenschluß aufzuweisen. Einschlägige, seit der Unabhängigkeit (1823) unternommene Versuche einer politischen Union blieben jedoch bis zur Mitte unseres Jahrhunderts erfolglos. Auf Initiative der Außenminister Guatemalas und El Salvadors schlossen sich mit der *‚Charta von San Salvador'* am 14.10.*1951* die fünf zentralamerikanischen Staaten Costa Rica, Honduras, Guatemala, El Salvador und Nicaragua zur *‚Organisation der Zentralamerikanischen Staaten' (ODECA, OCAS)* zusammen. Panama, dem gemäß der Charta ein späterer Beitritt vorbehalten blieb, arbeitete zeitweilig in der ODECA mit, ohne jedoch Vollmitglied zu sein.

4. Ziele: Aus dem Scheitern früherer politischer Einigungsversuche zogen die Gründerstaaten den Schluß, daß einer umfassenderen Integration zunächst eine Phase der Kooperation auf den verschiedenen Politiksektoren vorausgehen müsse. Entsprechend nannte die Charta als vorrangiges Ziel des neuen Zusammenschlusses, die Verbindungen untereinander zu festigen (Art. 1), und die ökonomische, politische und kulturelle Entwicklung der Region voranzutreiben. 1964 wurde die Kooperation auch auf den militärischen Sektor ausgedehnt.

5. Organisationsstruktur: Wegen der mangelnden Effektivität der ODECA in den 50er Jahren wurde am 12.12.*1962* auf Initiative Guatemalas eine *revidierte Charta* verabschiedet (Inkraftgetreten am 30.3.1965), die eine neue Struktur für ODECA vorsah. Oberstes Gremium ist danach die nur gelegentlich zusammentretende *,Konferenz der Regierungschefs'*. Ihr sind als regelmäßig tagende Organe die *,Konferenz der Außenminister'* und der *,Exekutivrat'* nachgeordnet. Zu den Leitungsorganen gehört ebenfalls die nur sporadisch zusammentretende *,Konferenz der anderen Minister'*. Als Generalsekretariat dient der Organisation das *,Zentralamerikanische Büro'* mit Sitz in San Salvador. Für die Lösung konkreter Fragen in den verschiedenen Politikbereichen sind vor allem die *,Räte'* (,Consejos') verantwortlich: Der *Wirtschaftsrat* (1) befaßt sich mit der Planung, Koordinierung und Implementierung der wirtschaftlichen Integrationsprogramme. Der aus je drei Angehörigen der gesetzgebenden Kammern der Mitgliedsländer gebildete *,Legislativrat'* (2) soll sich um Fragen einer einheitlichen Gesetzgebung in Zentralamerika kümmern. Dem *,Kultur- und Bildungsrat'* (3) geht es um eine größere Einheit auf dem Gebiet von Kultur und öffentlichem Bildungs- und Ausbildungswesen. Der bereits 1955 vorgeschlagene, aber erst 1963 eingerichtete *,Verteidigungsrat'* (,Consejo de Defensa Centroamericana'→CONDECA) dient als Konsultationsorgan in Verteidigungsangelegenheiten und hat die Aufgabe der kollektiven Verteidigung – nach innen wie nach außen. Die Erledigung der kontinuierlichen Aktivitäten obliegt dem 1964 in Guatemala-Stadt errichteten *,Ständigen Komitee der CONDECA'*. Als weitere Spezialeinheiten wurden 1965 der *,Rat für Arbeit und soziale Fürsorge'* und der *,Rat für Tourismus'* geschaffen. Es folgten Räte für Gesundheit und Landwirtschaft. Schließlich wurde ein aus den Präsidenten der nationalen Gerichtshöfe gebildeter *,Zentralamerikanischer Gerichtshof'* ins Leben gerufen. Er kann nur über Fälle entscheiden, die die Mitgliedstaaten einvernehmlich vor ihn bringen.

6. Entwicklung: In den ersten Jahren ihres Bestehens leistete die ODECA wenig effektive Arbeit. Im *,Zentralamerikanischen Sekretariat'* gab es jahrelang so wenig zu tun, daß der Delegierte Guatemalas wegen fehlender Beschäftigung seinen Rücktritt erklärte. Die Versuche von ODECA, die Ansätze ökonomischer Integration zu koordinieren und unter ihre Kontrolle zu bringen, schlugen fehl. In den 60er und 70er Jahren beließ man dem Generalsekretariat (SIECA) und dem Wirtschaftsrat des 1960 geschaffenen MCCA bei ökonomischen Fragen den Vortritt und konzentrierte sich in der praktischen Arbeit vor allem auf die Sektoren: Kultur und Erziehung, Gesundheit und Arbeit. Hier kam es durchaus zu Kooperationsfortschritten. Andererseits erwies sich ODECA jedoch als unfähig, den 1969 ausgebrochenen *,Fußballkrieg'* zwischen Honduras und El Salvador zu verhindern. Dieser Konflikt führte zum Abbruch der Beziehungen zwischen beiden Staaten und zum Rückzug von Honduras aus dem CONDECA. Als 1973 auf Beschluß der Außenministerkonferenz Personal und Aktivitäten abgezogen wurden, zeigte sich, wie dünn die Decke gemeinsamen Handelns geworden war. Mit der Zunahme innenpolitischer Konflikte in der zweiten Hälfte der 70er Jahre und dem Ausscheren Nicaraguas 1979 aus dem Block autoritär regierter, antireformerischer Regime wurde ODECA schließlich als solche in Frage gestellt.

7. Bewertung/Perspektiven: – Insgesamt waren die politischen Einigungsbemühungen von ODECA – wie schon in der Vergangenheit – wenig erfolgreich. Die Vielfalt der Ziele, das Fehlen einer klaren und autorisierten politischen Linie sowie einer logischen Struktur der Organe und nicht zuletzt die chronische Finanzknappheit dürften für den geringen Integrationsbeitrag von ODECA in erster Linie verantwortlich sein. Seine Mitglieder verfielen dem Irrtum, Flexibilität mit Vagheit und Oberflächlichkeit in den Absichten und Verfahren zu verwechseln. ODECA fehlte die Autorität und das notwendige Prestige, um die verschiedenen und in den 70er Jahren immer stärker auseinanderdriftenden nationalen Interessen zu harmonisieren und die politischen Krisen zu überwinden. Unter organisatorischem Aspekt war vor allem die Position der Außenminister für die Schwächung der ODECA verantwortlich. Die beanspruchte Dominanz blieb formal, da die Wirtschaftsminister ihren eigenen Kooperationsmechanismus etablierten und die vom Wirtschaftsrat der ODECA zugeteilte untergeordnete Rolle nicht zu akzeptieren bereit waren. Effizienzmindernd wirkte sich schließlich das Fehlen eines technischen Sekretariats aus, das – dem Generalsekretariat (SIECA) im MCCA vergleichbar – die Integrationsabsichten in praktische Politik umsetzen konnte. So behielt ODECA weitgehend seinen formalen Charakter. Die Vorstellung, neue Schritte der Einigung Zentralamerikas mittels einer internationale Organisation zu initiieren, wurde nicht von der ODECA, sondern in erster Linie von der UN-Regionalorganisation → CEPAL in praktische Politik umzusetzen versucht.

Im Zuge der Eskalierung des Nicaragua-Problems versuchten die USA, den CONDECA in Dienst zu nehmen und gegen Nicaragua einzusetzen. Mit der Gründung der „Contadora"-Gruppe durch Mexiko, Panama, Venezuela und Kolumbien ging aber die Initiative zur Befriedung der Situation auf diese lateinamerikanische Gruppierung über, die damit die Reaktivierungsversuche der ODECA und CONDECA durch die USA – zur Disziplinierung Nicaraguas – unterlief.

Literatur

Text der ‚Charta von San Salvador' vom 14.10.1951: Spanische Fassung abgedruckt in: Gallardo, R.: Las Constituciónes de la Republica Federal de Centro America, 2 Bde., Instituto de Estudios Politicos, Madrid 1958, 2. Bd., S. 1232

Text der revidierten Charta vom 12.12.1962: Spanische Fassung abgedruckt in: Fernandez-Shaw, F.: La Integración de Centro America, Ediciones Cultura Hispánica, Madrid 1965, S. 137

Etchison, D. L.: The United States and Militarism in Central America, New York 1975

Fuentes Mohr, A.: La Creación de un Mercado Común. Apuntes Historicos sobre la experiencia de Centro America, BID/INTAL, Buenos Aires 1973

Fuentes Inurozqui, M.: Centro America y la Organización de los Estados Centromericanas (ODECA), in: Revista de Politica Internacional, Nr. 146, Madrid 1976, S. 53-69

Ortez Colindres, E.: Integración Politica de Centro America, Editorial Universitaria Centroamericana (EDUCA), San José 1975

Schmitter, Ph. C.: Autonomy or Dependence as Regional Integration Outcomes: Central America, Berkeley 1972

Shaw, R. Q.: Central America: Regional Integration and National Political Development, Boulder 1979

Zeledon, M. T.: La ODECA. Sus Antecedentes Historicos y su Aporte al Derecho International Americano, San José 1966

Klaus Bodemer

Rio-Pakt (Tratado Interamericano de Asistencia Recíproca/TIAR)

1. Sitz: Rio de Janeiro.

2. Mitglieder: 21 amerikanische Staaten einschließlich USA.

3./4. Entstehung/Ziele: Das interamerikanische Beistandsabkommen vom 2.9. 1947, unterzeichnet von 19 Staaten auf der Interamerikanischen Konferenz für Frieden und Sicherheit in Quintandinha/Petrópolis bei Rio de Janeiro. Der Rio-Pakt, 1951 von 21 Ländern ratifiziert, steht im Kontext der Politik des *containment* der USA gegenüber der Sowjetunion und der „Blockierung vermeintlich oder tatsächlich von der Sowjetunion unterstützter sozialrevolutionärer Entwicklungen" (*Brock* 1975: 64). Er wurde zum Modell für später gegründete Systeme regionaler und kollektiver Sicherheit (→ NATO, SEATO). Jedoch sollte nicht das seinerzeit bestehende Interesse lateinamerikanischer Länder an dem die Hemisphäre umschließenden Pakt übersehen werden, das deutlich auf der als Vorkonferenz anzusehenden Tagung von Chapultepec/ Mexiko (Febr./März 1945) zum Ausdruck kam, motiviert durch das Verlangen nach US-amerikanischer Wirtschaftshilfe zur Lösung der mit dem Kriegsende erwarteten Wirtschaftsprobleme Lateinamerikas. Aufgrund der Paktgebundenheit blieb Lateinamerika in den 50er Jahren den → Blockfreien und damit den Anfängen der Organisation der Dritte-Welt-Länder fern.

5. Organisation: Der Rio-Vertrag, angelegt auf strikte Vereinbarkeit mit dem UN-Gründungsvertrag, errichtete ein System der kollektiven Sicherheit mit eigenständiger Sanktionsgewalt, dem Vorrang gegenüber den Organen der → UN eingeräumt wurde, sowohl im Verhältnis der amerikanischen Staaten untereinander als auch gegenüber (nicht-hemisphärischen) Drittländern. Oberstes Entscheidungsgremium ist das Konsultativtreffen der Außenminister, einberufbar auf Verlangen eines Mitgliedstaates. Entscheidungen erfordern 2/3 Mehrheit, vorgesehene Maßnahmen: Abbruch der diplomatischen Beziehungen, Wirtschaftssanktionen, militärische Interventionen. 1975 wurde das Verfahren zur Aufhebung von Sanktionsbeschlüssen vereinfacht: statt 2/3 Mehrheit noch absolute Mehrheit.

6./7. Entwicklung/Perspektiven: Im gleichen Jahr wurde jedem Mitgliedsstaat eingeräumt, seine ökonomische, soziale und politische Ordnung selbst zu bestimmen und sich mit anderen zur Gewährleistung ökonomischer Sicherheit zusammenzuschließen. Damit wurden vom US-Modell abweichende Entwicklungsstrategien (etwa Nationalisierung des Auslandskapitals) und gegen die USA und die westlichen Industrieländer verfolgte Kooperationen unter Entwicklungsländern (etwa in Form der Kartellbildung strategischer Rohstoffe) anerkannt. Auf der Basis des Rio-Pakts fanden bis 1980 16 Aktionen statt, die von der friedlichen Beilegung von Grenzstreitigkeiten zwischen lateinamerikanischen Ländern bis zu militärischen Interventionen (Dominikanische Republik 1965) reichten. Sie verbinden sich im öffentlichen Bewußtsein mehr mit der → OAS, in die das mit dem Rio-Pakt geschaffene interamerikanische Sicherheitssystem bereits 1948 integriert worden war.

Literatur:

Brock, L. 1975: Entwicklungsnationalismus und Kompradorenpolitik, Meisenheim.

Dieter Nohlen

Wirtschaftskommission der Vereinten Nationen für Lateinamerika (Comision Económica para America Latina/CEPAL)

1. Sitz: Santiago de Chile

2. Mitglieder: Lateinamerikanische Staaten sowie USA, Großbritannien und Niederlande.

3. Entstehung: Die UN-Wirtschaftskommission für Lateinamerika wurde im Febr. 1948 vom →ECOSOC gegründet. Anfang der 80er Jahre zählte die CEPAL 32 Mitgliedsländer.

4. Ziele/Aufgaben: Die Aufgaben der CEPAL bestehen in der wissenschaftlichen Analyse der Entwicklungsprobleme und Entwicklungsprozesse in Lateinamerika, in der Entwicklungsplanung und der Beratung lateinamerikanischer Regierungen sowie in der Ausbildung von Planungsstäben für die nationalen Verwaltungen. Ihr obliegen die jährlichen Berichte über die wirtschaftliche Entwicklung in den einzelnen Ländern und die Evaluierungen des Entwicklungsprozesses in Lateinamerika, gemessen an den Zieldaten der Internationalen Entwicklungsdekaden (alle zwei Jahre). Sie veröffentlicht eine Vielzahl periodisch erscheinender Schriften und Sonderstudien und ist wie keine andere Institution in der wirtschafts- und sozial-wissenschaftlichen Debatte in Lateinamerika präsent. Auch kann ihr Einfluß auf die Staatsbürokratien in den lateinamerikanischen Ländern kaum überschätzt werden. CEPAL „hat eine führende Rolle in der Diagnose der entwicklungspolitischen Problematik und in der Formulierung von Vorschlägen für die regionale Wirtschaftspolitik gespielt" (*Wilhelmy* 1983: 218).

5. Organisation: Im Gegensatz zu den anderen UN-Wirtschaftskommissionen hat CEPAL kein System von Unterorganen entwickelt. Zwei Fachausschüsse, der Zentralamerikanische Ausschuß für wirtschaftliche Zusammenarbeit und der Handelsausschuß bilden ihre Organe. Ihr Organisationsstab umfaßt ca. 400 Fach- und Hilfskräfte.

6./7. Entwicklung/Perspektiven: Die große Bedeutung der CEPAL geht zurück auf die eigene wirtschaftstheoretische Konzeption und die daraus abgeleiteten wirtschaftspolitischen Empfehlungen, die unter der Ägide des ersten Generalsekretärs der CEPAL, des Argentiniers *Raúl Prebisch*, entwickelt wurde. Der sog. *cepalismo* entstand in Kritik an der klassischen Außenhandelstheorie und ihres Grundkonzepts, des Theorems der komparativen Kosten. Die Grundthese von *Prebisch* fußt auf der Unterscheidung der am Welthandel beteiligten Länder in ein industrielles Zentrum und eine unterentwickelte Peripherie (Zentrum-Peripherie-Modell). Für beide Ländergruppen ist der Handel nicht von gleichem Nutzen. Es profitieren die dynamischen Länder des Zentrums. Die Struktur der wirtschaftlichen Beziehungen der lateinamerikanischen Länder mit den Industrieländern bedingt die Aufrechterhaltung der Unterentwicklung. Der Handel hat somit nicht den Effekt, die im Theorem der komparativen Kosten vorausgesagte Nivellierung der Einkommensunterschiede auf internationaler Ebene herbeizuführen. Eine wesentliche Erklärung dafür bieten die *terms of trade:* die Verschlechterung der relativen Preise für die lateinamerikanischen Primärgüterexporte mit dem Ergebnis, daß für eine konstante Menge von Industriegüterimporten eine stets größere Menge von Primärgüterexporten getauscht wird. Entwicklungssoziologische Faktoren, die extern über die ungleiche, abhängige Weltmaktintegration vermittelt sind und von CEPAL-Wissenschaftlern auf den Begriff der strukturellen Heterogenität gebracht wurden (s. *Nohlen/Sturm* 1982) erweitern den Erklärungszusammenhang von Unterentwicklung. Historisch unterschied die CEPAL die Wirtschaftsentwicklung Lateinamerikas in: Entwicklung nach außen *(desarrollo hacia afuera)* durch Export, Entwicklung nach innen *(desarrollo hacia adentro)* durch Importersatzindustrialisierung und schließlich die Krise des Importsubstitutionsmodells, zu deren Überwindung die CEPAL – gestützt auf ihre wirtschaftstheoretische Konzeption – konkrete wirtschaftspolitische Maßnahmen empfiehlt: ein Bündel struktureller Reformen im Innern der lateinamerikanischen Volkswirtschaften und eine Restrukturierung ihrer Weltmarktintegration, darin eingeschlossen regionaler Wirtschaftsintegration. *Fernando E. Cardoso* (1977 : 26 ff.) hat die grundlegenden entwicklungspolitischen Ideen der CEPAL wie folgt zusammengefaßt: ,,1. Industrialisierung und ein ,gesunder' Protektionismus; 2. Entwicklung des Exportsektors in Einklang mit der allgemeinen Wirtschaftspolitik; 3. eine geplante Verdrängung der Einfuhr von durch eigene Produktion ,ersetzlichen' Gütern; und 4. erhöhte Kapitalbildung ohne Konsumverzicht der armen Mehrheit der Bevölkerung. Die Ausführung einer solchen Politik erfordert vor allem die Stärkung der wirtschaftspolitischen Führung und insbesondere a) staatliche Kontrollen im Exportsektor, um die Verwendung der Einnahmen für Entwicklungszwecke zu sichern; b) die Förderung der Kapitalgüterindustrie; c) die Stimulierung der ausländischen Investitionen zum Ausgleich der fehlenden Eigenmittel" (in der Übersicht von *Wilhelmy* 1983 : 224). Hinzuzufügen ist die Forderung nach regionaler Wirtschaftsintegration, der vielleicht am entschiedensten – wenn auch mit insgesamt mageren Erfolgen – von den nationalen Regierungen entsprochen wurde (→ ALALC, → MCCA, → Andenpakt).

Der Höhepunkt der Einflußnahme der CEPAL auf die Entwicklungs- und Wirtschaftspolitik der lateinamerikanischen Länder lag in den 60er Jahren. Im gleichen Jahrzehnt orientierten sich auch die Entwicklungsländer im Dialog mit den Industrieländern (→ UNCTAD-Konferenzen, Gruppe der 77) am *cepalismo*. In der wissenschaftlichen Diskussion und in der politischen Auseinandersetzung wurde er bald von links (marxistisch orientierte Sektoren der *dependencia*, imperialismustheoretische Positionen) und von rechts (neoklassische Theorie, orthodox-liberale Wirtschaftspolitik/Monetarismus) angegriffen und erhielt eine pejorative Bedeutung, da er einerseits gegen rechts Strukturreformen forderte, andererseits aus linker Sicht im Reformismus stecken blieb – Schicksal vieler vernünftiger, aber eben nur mittlerer Positionen. Angesichts der großen Erneuerungsfähigkeit des *cepalismo* (s. *Prebisch* 1982, *Cardoso/Prébisch* 1982) und angesichts des Schiffbruchs, den orthodox-liberale Wirtschaftskonzepte zu Beginn der 80er Jahre erlitten haben, scheinen die Chancen gut zu stehen für eine politische Renaissance des cepalinischen Denkens.

Literatur:

Cardoso, F. H. 1977: The Originality of a Copy: CEPAL and the IDEA of Development, in: CEPAL-Review 2, 7-40.
Cardoso, F. H./Prébisch, R. 1982: En torno al Estado y el desarrollo, Mexiko.
Rodriguez, O. 1980: La teoria del subdesarrollo de la CEPAL, Mexiko.
Wilhelmy, M. 1983: CEPAL und die entwicklungspolitische Debatte in Lateinamerika, in: *Buisson, I./Mols, M.* (Hrsg.): Entwicklungsstrategien in Lateinamerika in Vergangenheit und Gegenwart, Paderborn u.a., 217-225.

Dieter Nohlen

Zentralamerikanische Bank für Wirtschaftliche Integration (Banco Centroamericano de Integración Económica/BCIE, Central-American Bank for Economic Integration/CABEI)

1. Sitz: Tegucigalpa (Honduras)

2. Mitglieder: Costa Rica, El Salvador, Guatemala, Honduras, Nicaragua

3. Entstehung: Die BCIE wurde am 13.12.1960 von *Guatemala, El Salvador, Honduras* und *Nicaragua* gegründet und nahm im Juni 1961 ihre Geschäftstätigkeit mit *Sitz* in *Tegucigalpa*/Honduras auf. Das Statut trat am 8.5.1961 in Kraft. *Costa Rica* trat ihm im Juli 1963 bei.

4. Ziele: Gem. Art. XVIII All. Vertrag über die wirtschaftliche Integration Zentralamerikas (1960) soll die BCIE die „wirtschaftliche Integration" und die ausgeglichene Wirtschaftsentwicklung der Mitgliedsländer fördern"; zu diesem Zweck hat sie gem. Art. II ihrer Satzung einschlägige Projektfinanzierungen vorzunehmen. Hinsichtlich der genauen Definition, was ein „Integrationsprojekt" ist, bestehen aber nach wie vor gewisse Meinungsverschiedenheiten; rein lokale und nationale Projekte gehören an sich aber nicht dazu.

5. Organisation/Finanzierung.

5.1 Organisation. Die BCIE hat zwei Hauptorgane: den *Gouverneursrat* und das von einem Präsidenten geleitete *Direktorium.* Dem *Gouverneursrat* gehören die einzelnen Wirtschaftsminister und Zentralbankpräsidenten der Mitgliedsländer (keine Erweiterung auf weitere regionale oder außerregionale Mitglieder vorgesehen) an, die in Ausübung ihrer Funktionen unabhängig sind und über zwei – getrennte – Stimmen verfügen. Alle wichtigen Kompetenzen obliegen dem Gouverneursrat, der allerdings eine Reihe davon auf das Direktorium delegiert hat; er behält sich aber die Aufsicht darüber vor.
Das *Direktorium* ist für die Geschäftsführung der BCIE verantwortlich. Seine Mitglieder werden vom Gouverneursrat auf fünf Jahre gewählt; jeder Mitgliedstaat stellt einen Direktor. Aus der Reihe der Direktoren wählt der Gouverneursrat den *Präsidenten,* der zugleich gesetzlicher Vertreter der BCIE und oberster Leiter der Geschäftsführung ist.

Für alle Entscheidungen des Direktoriums und für fast alle des Gouverneurs-rates gilt das *einfache Mehrstimmigkeitsprinzip.*

5.2 Stammkapital und Kreditvergabe. Das Stammkapital der BCIE betrug zunächst 16 Mio. US-Dollar, nach dem Beitritt Costa Ricas 20 Mio. US-Dollar. Es wurde in der Folgezeit mehrfach erhöht; zur Finanzierung ihrer Aufgaben kann sich die BCIE auch fremder Mittel in Form von Anleihen, Bürgschaften, Schenkungen etc. bedienen. Die BCIE hat neben einem *ordentlichen Fonds* u. a. einen *Fonds zur Finanzierung von Projekten zur Beschaffung von Wohnraum.*

Die BCIE darf nur wirtschaftlich gesunde und technisch durchführbare Projekte finanzieren. Zu diesem Zweck darf sie Darlehen gewähren und Bürgschaften übernehmen. Durch Beschluß des Gouverneursrats vom Aug. 1963 kann sie aber auch Aktien und Obligationen erwerben. Der Mindestbetrag für Darlehen der BCIE beträgt 25.000 US-Dollar. Projekte werden grundsätzlich bis zu 60 % ihrer Kosten finanziert. Aufgrund eines Abkommens mit der US-Agentur für Internationale Entwicklung (AID) erhielt die BCIE 1965 die *Verwaltung* des *„Zentralamerikanischen Fonds für wirtschaftliche Integration"* übertragen, der als Sonderkonto (42 Mio. US-Dollar) geführt und auch von Zuschüssen der IDA und der BID gespeist wird. Im Schnitt gehen ca. 25 % der Mittel in Industrie- und 75 % in Infrakstrukturprojekte.

6./7. Entwicklung/Bewertung: Obwohl die BCIE für die Finanzierung wirtschaftlicher Integrationsprojekte im Rahmen des → *„Zentralamerikanischen Gemeinsamen Marktes"* (MCCA) eine wichtige Rolle spielt, konnte sie ihrer wichtigsten Aufgabe – aufgrund Opposition der USA – der Finanzierung des Systems der *„Zentralamerikanischen Integrationsindustrien"* nicht gerecht werden. Die BCIE kooperiert auch eng mit den Institutionen des → MCCA (SIECA, ICAITI, ICAP, CAMC).

Literatur

Text des *Statuts* der BCIE: United Nations Treaty Series (UNTS) vol. 455, S. 204 ff. (englisch); Fernandez-Shaw, F. G. La integración de Centro América (1965), S. 833ff. (spanisch); Mutharika, A. P. The International Law of Development. Basic Documents. Vol. 1 (1978), S. 189ff.

Cochrane, J. The Central American Bank for Economic Integration, in: Caribbean Studies 5/1965, S. 69 ff.

Hummer, W. Der zentralamerikanische Integrationsprozeß und seine gegenwärtigen Umstrukturierungsversuche in rechtlicher und ökonomischer Sicht, Sonderband 16-1979 der Zeitschrift für Lateinamerika, Wien, S. 39 ff.

Ordóñez Fernández, H. El Banco Centroamericano dentro del Proceso de Integración Económica del Istmo (1968)

UNCTAD, Current problems of economic integration. The role of multilateral financial institutions in promoting integration among developing countries, Doc. TD/B/531 (1975), S. 51 ff.

Waldemar Hummer

Zentralamerikanischer Gemeinsamer Markt (Mercado Común Centroamericano / MCCA: Centramerican Common Market / CACM)

1. Sitz: Guatemala-Stadt

2. Mitglieder: Guatemala, Honduras (bis 1971), El Salvador, Nicaragua, Costa Rica (1962)

3. Entstehungsgeschichte: Nach einer mehrjährigen Phase der Vorbereitung wurde im Dez. 1960 mit dem ‚Generalvertrag‘ (‚Tratado General‘) oder *‚Vertrag von Managua‘* (‚Tratado de Managua‘) der ‚Zentralamerikanische Gemeinsame Markt‘ (MCCA, CACM) gegründet (Inkraftgetreten: Juni 1961). Tragende Integrationsphilosophie des Zusammenschlusses war das von den USA favorisierte Freihandelskonzept mit dem Gedanken einer Zollunion. Das von der → CEPAL anvisierte und in der Vorbereitungsphase dominierende Konzept einer abgestimmten Regionalentwicklung und Industrieplanung konnte sich demgegenüber nicht durchsetzen.

4. Ziele: In Art. I des Generalvertrags verpflichten sich die Signatarstaaten zur Bildung eines Gemeinsamen Marktes und einer Zollunion. Um dieses Ziel zu erreichen, soll gemäß Art. II eine Freihandelszone sowie ein gemeinsamer Außenzoll geschaffen werden. Weiterhin enthält das Vertragswerk Vereinbarungen für eine gemeinsame Industrialisierungspolitik, eine integrierte Infrastrukturpolitik sowie eine Zusammenarbeit auf den Gebieten Währung und Finanzen.

5. Organisationsstruktur: Der Realisierung der genannten Ziele dienen insbesondere drei im Generalvertrag vorgesehene *Organe:* (1) der Wirtschaftsrat (‚Consejo Económica Centroamericano‘), (2) der Exekutivrat (‚Consejo Executivo‘) und (3) das Ständige Sekretariat (‚Secretaria Permanente del Tratado General de Integración Económica Centroamericana, SIECA‘) mit Sitz in Guatemala-Stadt. Neben diesen Hauptorganen wurde eine Vielzahl weiterer Instrumente und Institutionen mit häufig nicht klar bestimmbaren Kompetenzen und Verantwortlichkeiten geschaffen − Kehrseite einer fehlenden Integrationssystematik und eines weitgehenden pragmatischen Integrationsverständnisses.

6. Integrationsentwicklung
6.1 *Die Phase ökonomischer Erfolge (1960 - 1966):* Die ersten Jahre des Integrationsgeschehens waren die ökonomisch erfolgreichsten. Bis 1966 konnte der intraregionale Handel zu ca. 95% liberalisiert werden. Der Handelsaustausch verdoppelte sich im jährlichen Durchschnitt, wobei sich der Fertigwarenanteil von 32,1% (1960) auf 44,8% (1965) erhöhte. Gegenüber Drittländern bestand für 98% aller in der Zollnomenklatur aufgeführten Waren ein gemeinsamer Außenzoll. Ausgenommen von diesem Zolltarif waren u. a. traditionelle Exportprodukte wie Kaffee, Kakao, Bananen und Baumwolle, bei denen eine Einigung wegen nationaler Exportinteressen der Mitgliedsländer nicht gelang. Weitere Fortschritte wurden erzielt auf den Gebieten Zollverwaltung, Industrieförderung und Planung (Errichtung von Integrationsindustrien, System zur Industrieförderung, Steuervergünstigungen, Planung in der Textilindustrie), Finanz- und Währungswesen (Errichtung einer Integrationsbank und einer Kompensationskammer, Abkommen zur Gründung einer Währungsunion), im Landwirtschaftssektor sowie in den Bereichen Verkehrsinfrastruktur und Telekommunikation.

Infolge der Markterweiterung erhöhte sich der Zustrom ausländischer (vor allem US-amerikanischer) Direktinvestitionen in die Region, die insbesondere der verarbeitenden Industrie und der Ausrüstungsindustrie für den Landwirtschaftssektor zugute kamen. Die Mitgliedsländer partizipierten am ökonomischen Fortschritt unterschiedlich. Die industriell fortgeschritteneren Mitgliedsländer Guatemala und El Salvador profitierten überdurchschnittlich vom Integrationsprozeß, während das am wenigsten entwickelte Honduras eine Negativbilanz aufwies.

6.2 *Die Phase der Krise und Stagnation (seit 1966):* Ab 1966 machten sich Zeichen einer Krise bemerkbar: die Phase des Exportbooms Zentralamerikas gegenüber Drittländern ging zurück; der erhoffte ‚spill-over‘ der Kooperation blieb aus, die Integrationsdynamik verlangsamte sich spürbar; die außenwirtschaftliche Situation der Mitgliedsländer Honduras und Costa Rica verschlechterte sich; die Distributionsprobleme verschärften sich. Die militärische Auseinandersetzung zwischen Honduras und El Salvador im Jahr 1969 (‚Fußballkrieg‘) führte schließlich 1971 zum Austritt von Honduras aus dem Gemeinsamen Markt. Seitdem werden die Handelsbeziehungen zwischen den zentralamerikanischen Staaten in doppelter Weise geregelt: Zum einen über bilaterale Abkommen zwischen Honduras und den Staaten Guatemala, Costa Rica und Nicaragua (1972/73), zum anderen über Beziehungen zwischen diesen drei Ländern im Rahmen des Generalvertrags. Die ökonomischen Konsequenzen dieser integrationspolitisch unbefriedigenden Regelung spiegeln sich in der Entwicklung des Handels: Der Wert des intraregionalen Handels ging in den Jahren der Krise (1969 - 1976) von jährlich 13% auf 5% zurück. Zwar wurde versucht, mit Aktivitäten zur Förderung des Agrarsektors, der Neufestlegung des gemeinsamen Außenzolls sowie mit Anstrengungen in Richtung einer Stärkung der kollektiven Verhandlungsmacht (gemeinsames Auftreten der Subregion auf der → UNCTAD IV, bei den → GATT-Verhandlungen, im BID sowie im Handel mit der → EG) die Stagnation im Integrationsprozeß zu überwinden, doch waren diese Schritte insgesamt nicht stark genug, einen neuen Integrationsschub auszulösen.

7. *Bilanz/Perspektiven:* Trotz mehrerer Anläufe in den 70er Jahren, den Stillstand im Integrationsgeschehen zu überwinden (1972/73: Integrationsstudien der SIECA und der CEPAL; 1974: Vertragsentwurf zur Schaffung einer „Zentralamerikanischen Wirtschafts- und Sozialgemeinschaft‘), konnten die bestehenden Integrationshemmnisse (ungleiche Kosten-Nutzen-Verteilung; Konflikt zwischen nationalen Entwicklungszielen und Integrationszielen; institutionelle Mängel, ökonomische Folgen der weltweiten Energie- und Wirtschaftskrise; militärische Konflikte in und zwischen den Mitgliedstaaten) bis heute nicht überwunden werden. Der Plan einer regionalen Industrialisierungspolitik scheiterte teils an der Opposition der USA, teils an Mängeln grundsätzlicher Natur (hoher Planungsanspruch; geringe Priorität des Integrationsprogramms in den nationalen Politiken, fehlende finanzielle Autonomie der Integrationsorgane). Von den bisherigen Integrationserträgen profitierte lediglich eine Minderheit in den Mitgliedsländern, während die breite Mehrheit der Bevölkerung – in der Präambel des Generalvertrags als der eigentliche Nutznießer der Integration apostrophiert — weitgehend leer ausging. Die für die wirtschaftliche Entwicklung überfällige Agrarreform wurde nicht in Angriff genommen.
Insgesamt gesehen ist die noch heute andauernde Krise des MCCA Teil der allgemeinen Krise Zentralamerikas, deren tiefere Ursachen in den ungelösten

sozio-strukturellen Problemen der Region sowie ihrer hohen Außenabhängigkeit liegen. Qualitative Verbesserungen dürften sich erst dann ergeben, wenn die kriegerischen Auseinandersetzungen beendet, die sozialen Problemen (inclusive der nationalen und intraregionalen Verteilungsprobleme) durch beherzte Reformpolitiken angegangen, eine Stärkung des institutionellen Rahmens des Gemeinsamen Marktes vorgenommen und der zur Fehlallokation von Ressourcen führende Protektionismus abgebaut werden. Insgesamt gilt es, von utopischen Integrationszielen zugunsten pragmatischer Integrationsschritte (via stärkere Projektorientierung) Abstand zu nehmen. Die sozialen, politischen und ökonomischen Lageparamter der zentralamerikanischen Region wie ihres internationalen Umfelds geben hinsichtlich einer Überwindung des Integrationsstillstands in den nächsten Jahren freilich kaum zu Optimismus Anlaß.

Literatur

Text des Generalvertrags: deutsche, von der SIECA autorisierte Fassung: R. Peterswerth, S. 101ff.

Cline, W. R./Delgado, E., Economic Integration in Central America, Washington D.C. 1978

Cohen Orantes, I./Rosenthal, G. (u.a.). Reflections in the conceptual framework of Central American economic integration, in: CEPAL-Review, 1977, 1, S. 21-57

Demyk, N. L., integration centreamericaine. Problèmes et perspectives, in: Notes et Etudes Documentaires. Problèmes d'Amerique Latine, 1978, 4457, S. 67-100.

Fuentes Mohr, A., La creación de un mercado común. Apuntos históricos sobre la experiencia de Centroamérica, INTAL/BID, Buenos Aires 1973

IBRD, Central America. Special Report on the Common Market, Washington 1980

Janka, H., Zentralamerika. Zur politischen Ökonomie eines Integrationsansatzes, in: Forschungsinstitut der Friedrich-Ebert-Stiftung, Arbeiten aus der Abt. Entwicklungsländerforschung, Nr. 34, Bonn 1976

Mariscal, N., Dinamica histórica y crisis de la integración centroamericana, in: Estudios Centroamericanas, San Salvador, 29, 1974, 307, S. 283-301

Peterswerth, R., Das Vertragswerk des Zentralamerikanischen Gemeinsamen Marktes, Berlin 1973

Schmitter, Ph. C., Autonomy or dependence as regional integration outcomes: Central America, Berkeley 1972

Klaus Bodemer

Zentralamerikanischer Verteidigungsrat (Consejo de Defensa Centroamericano/CONDECA, Central American Defence Council/CADC)

1. Sitz: Guatemala

2. Mitglieder: El Salvador, Guatemala, Honduras, Nicaragua (Costa Rica und Panama wurden zum Beitritt eingeladen).

3. Entstehung: Bereits zu Beginn der 60er Jahre beschlossen die Außenminister El Salvadors, Guatemalas, Honduras und Nicaraguas Maßnahmen für die Einrichtung eines gemeinsamen integrierten Oberkommandos zu treffen, die in der Charta von San Salvador im Dez. 1962 unterzeichnet wurden. 1965 erfolgte dann die Gründung der CONDECA auf Initiative der USA.

4. Ziel / Vertragsinhalt: Grundsätzlich wird eine engere militärpolitische Zusammenarbeit verfolgt; jedoch richtet sich der Zusammenschluß hauptsächlich gegen potentielle kommunistische Aggressionen. Außerdem sieht der Vertrag Maßnahmen zur Harmonisierung der Ausrüstung, der Ausbildung und der Gliederung der Streitkräfte der Vertragsstaaten vor.

5. Organisation: Die CONDECA besitzt einen Verteidigungsrat, der im Falle einer kommunistischen Aggression Koordinationspläne der bewaffneten Streitkräfte der Mitgliedsländer vorzubereiten hat.

6./7. Entwicklung/Perspektiven: Aufgrund wachsender Spannungen zwischen den Mitgliedstaaten – u.a. „Fußballkrieg" zwischen Honduras und El Salvador 1969, Konflikte zwischen Costa Rica und Nicaragua – versandete die CONDECA. Die nicaruguanische Revolution von 1979 sprengte vollends die Perspektive einer regionalen Verteidigungsgemeinschaft, begründete aber die Forderung nach einer Belebung der Organisation unter Ausschluß von Nicaragua (Okt. 1983) zur Isolierung dieses Landes und zur besseren Koordinierung der von den USA geleisteten Militärhilfe für El Salvador, Guatemala und Honduras.

Dieter Nohlen

Informelle, nichtvertragliche Organisationen/Konferenzen

Abrüstungskonferenzen

1. Zur Geschichte internationaler Abrüstungsbemühungen

Als erster konkreter Versuch in neuerer Zeit, Abrüstung auf dem Wege internationaler Vereinbarungen (im Gegensatz zur einseitigen, selbst auferlegten Abrüstung) zustandezubringen, wird ganz überwiegend die *I. Haager Friedenskonferenz* im Jahre 1899 angesehen. Zwar scheiterten auch damals schon Bemühungen, die Land- und Seestreitkräfte einzufrieren oder zu verringern, aber zusammen mit der *II. Haager Friedenskonferenz* im Jahre 1907 hat es doch insofern einen Erfolg gegeben, als das Kriegsvölkerrecht entscheidend weiterentwickelt werden konnte, insbesondere durch die Haager Landkriegsordnung, die Giftgasdeklaration und die Konvention über das Legen automatischer U-Boot-Kontaktminen. Auch der *Internationale Gerichtshof* in Den Haag ging aus diesen Konferenzen hervor. Der damals entwickelte rechtliche Ansatz wurde in der Folgezeit nie aufgegeben. So wurde das Haager Recht z. B. durch die *Genfer Rot-Kreuz-Abkommen von 1949* ergänzt und 1977 wurden dazu *Zusatzprotokolle* unterzeichnet, deren Ratifizierung allerdings noch in vielen Fällen aussteht. In Amerika wird auf das *Rush-Bagot-Abkommen von 1817* als ersten erfolgreichen Versuch der Abrüstung und Rüstungskontrolle hingewiesen. Damals vereinbarten die USA und Großbritannien, die Seestreitkräfte auf den großen Seen auf einige wenige Schiffe auf jeder Seite zu begrenzen. Nach dem Ersten Weltkrieg verstärkten sich internationale Abrüstungsbemühungen, und die Forderung nach umfassender, allgemeiner Abrüstung erhielt nicht zuletzt durch die im Krieg erlittenen großen Opfer starken Auftrieb. Auf Teilgebieten konnten dabei auch Erfolge erzielt werden, insbesondere durch das *Flotten-Abkommen von Washington* im Jahre 1922, das zu einer Begrenzung der Flottenstärken der führenden Seemächte (USA, Großbritannien, Japan, Frankreich, Italien) und zu einem Einfrieren der Seefestungen und der Stützpunkte im westlichen Pazifik führte. Das *Londoner Zusatzabkommen* aus dem Jahre 1930 ergänzte diese Vereinbarungen durch eine Begrenzung für neue Schiffsklassen. Eine weitere, für das Jahr 1935 vorgesehene Flottenkonferenz kam jedoch wegen der Weigerung Japans nicht zustande. Ein weiterer Fortschritt in den internationalen Abrüstungsbemühungen war das *Genfer Giftgasprotokoll aus dem Jahre 1925,* das den Einsatz von Giftgas und bakteriologischen Waffen im Krieg untersagte. Versuche, zur allgemeinen Abrüstung beizutragen, waren jedoch nicht erfolgreich. Die *Genfer Abrüstungskonferenz unter Schirmherrschaft des Völkerbundes von 1932* verlief im Sande – nicht zuletzt, weil Deutschland eigene Abrüstungsschritte vom vorherigen Herunterrüsten auf das deutsche Niveau abhängig machte. Im Versailler Vertrag waren Deutschland einseitige Abrüstungsverpflichtungen auferlegt worden und die damit verbundene Diskriminierung sollte auf diesem Wege aufgehoben werden, zumal die Satzung des Völkerbundes bestimmte, daß auch die Sieger ihre Rüstungen auf ein Mindestmaß begrenzen sollten. Allgemeine, vollständige Abrüstung war auch das Ziel der Abrüstungsbemühungen nach dem Zweiten Weltkrieg, waren doch die Schrecken und Opfer dieses Krieges um ein Vielfaches höher als die des Ersten Weltkrieges. Hinzu kam, daß die Existenz von Kernwaffen und neuen Massenvernichtungswaffen den Druck auf wirksame Abrüstungsmaßnahmen erheblich verstärkte. In der Satzung der → *Vereinten Nationen* wurde die Notwendigkeit der Abrüstung und Rüstungsbegrenzung stark betont und der *Sicherheitsrat* beauftragt,

Pläne zur Absrüstung und Rüstungsbegrenzung vorzulegen. Auf Beschluß der UN-Generalversammlung vom 24.6.1946 wurde die *Atomenergie-Kommission* gegründet, die sich u. a. mit der Frage nuklearer und anderer Massenvernichtungswaffen befassen sollte. Großbritannien, Kanada und die USA hatten bereits am 15.11.1945 eine *Atom-Charta* vorgeschlagen, die die Kontrolle der Kernenergie durch die Vereinten Nationen vorsah. In die gleiche Richtung zielte der *Baruch-Plan* der USA vom 14.6.1946. Diese Pläne fielen jedoch bald dem heraufziehenden Ost-West-Konflikt, der die internationalen Beziehungen nach dem Zweiten Weltkrieg bestimmen sollte, zum Opfer. Am 11.2.1952 wurde die *Atomenergie-Kommission* wieder aufgelöst. Ein neuer Anlauf der Vereinten Nationen zur Rüstungskontrolle wurde mit der Gründung einer *UN-Abrüstungskommission* durch Beschluß der 6. UN-Generalversammlung vom 11.1.1952 versucht. Obwohl auch hier zahlreiche Bemühungen um eine allgemeine Abrüstung scheiterten (z. B. der britisch-französische Phasenplan vom Juni 1954, ein sowjetischer Entwurf zur allgemeinen Abrüstung vom 10.5.1955, der Open-Skies-Vorschlag der USA vom Juli 1955), kam es unter Einfluß und Mitwirkung dieses inzwischen erweiterten Gremiums doch zu erfolgreichen Abrüstungsschritten. Dazu gehören insbesondere die Gründung der →*Internationalen Atomenergie-Organisation* mit Sitz in Wien im Jahre 1957. Das *Antarktisabkommen* von 1959, der *Weltraumvertrag* von 1966, der *Vertrag über das Verbot der Anbringung von Kernwaffen und anderen Massenvernichtungswaffen auf dem Meeresboden und im Meeresgrund* von 1971 *(Meeresbodenvertrag)*, die *Konvention über das Verbot der Entwicklung, Herstellung und Lagerung bakteriologischer (biologischer) und toxikologischer Waffen* von 1977 und die *Konvention über das Verbot der militärischen Anwendung von umweltverändernden Techniken* von 1975. Verhandlungen über ein *Verbot von chemischen Waffen* und ein *umfassendes Verbot von Kernwaffenversuchen* laufen noch.

2. Nukleare Abrüstung

Mit dem *Antarktisabkommen*, dem *Weltraumvertrag* und dem *Meeresbodenvertrag* konnten entscheidende Durchbrüche nuklearer Rüstungsbegrenzung mit weltweitem Charakter erzielt werden. Die drei Abkommen unterbinden die Stationierung von Nuklearwaffen und anderen Massenvernichtungsmitteln in der Antarktis, im Weltraum und auf dem Meeresboden. Das bereits vorhandene Nuklearwaffenpotential wurde dadurch jedoch nicht beschränkt. Ein weiterer wichtiger Schritt zur Begrenzung der nuklearen Rüstung wurde mit dem *Vertrag zur Einstellung der Kernwaffenversuche in der Atmosphäre, im Weltraum und unter Wasser* getan. Er wurde 1963 von den USA, der UdSSR und Großbritannien unterzeichnet. Seither sind dem Vertrag 100 Staaten beigetreten. Ein Verbot unterirdischer Kernwaffenversuche kam bisher nicht zustande, wohl aber gelang 1974 eine Vereinbarung zwischen den USA und der UdSSR, unterirdische Kernwaffenversuche ab 1976 auf 150 Kilotonnen Sprengkraft zu begrenzen. Die Kernwaffenstaaten *Frankreich* und *China* traten dem Teststopp-Abkommen nicht bei, da sie eine Beschränkung ihrer nuklearen Entwicklung nicht zulassen wollten. Ebenso wie der Teststopp-Vertrag zielte auch der *Vertrag über die Nichtweiterverbreitung von Kernwaffen* (Kernwaffensperrvertrag) aus dem Jahre 1968 darauf ab, den nuklearen Status quo festzuschreiben. Auch in diesem Fall stand nicht die Abrüstung, sondern die Nichtrüstung derjenigen Staaten im Vordergrund, die die Fähigkeit zur Entwicklung von Nuklearwaffen besaßen. Die Wirksamkeit des Kernwaffensperrvertrages bleibt also begrenzt, zumal Kernwaffenstaaten wie Frankreich und China dem Vertrag nicht beitraten und wichtige Schwellenmächte wie Argentinien, Brasilien, Indien, Israel, Pakistan und Südafrika nicht unterzeichneten. Die Kernwaffenstaaten verpflichteten sich in diesem Vertrag allerdings zu Verhandlungen über nukleare Abrüstung. Als Ausfluß dieser Verpflichtung sind insbesondere die Verhandlungen zwischen den USA und der UdSSR über die Begrenzung strategischer Waffen (SALT) anzusehen. Diese 1969 begonnenen Gespräche führten 1972 zu einem ersten bilateralen Abkommen (SALT I), das aus zwei Teilen bestand: Dem *ABM-Vertrag* und dem *Interimsabkommen über die Begrenzung von Offensivwaffen*. Mit dem ABM-Vertrag verzichten beide Seiten mit Ausnahme von einigen wenigen Systemen zum Schutz der Hauptstädte und von Startanlagen für Interkontinentalraketen darauf, ballistische Abwehrsysteme zu dislozieren. Mit dem Interimsabkommen wurde für den Zeitraum von fünf Jahren (1972-1977) auf den Bau weiterer landgestützter und seegestützter Abschußvorrichtungen für ballistische Interkontinentalraketen verzichtet. Gleichzeitig sollten weitere Verhandlungen über die Begrenzung strategischer Offensivwaffen geführt werden. Diese Verhandlungen *(SALT II)* begannen im Nov. 1972 und führten 1974 zu einer ersten Vereinbarung (Abkommen von Wladiwostik), die den Rahmen für einen SALT II-Vertrag festlegte. Danach sollte die gemeinsame Obergrenze für Abschußgeräte (land-, see- und luftgestützt) bei 2400 und die Grenzen für Systeme mit unabhängig voneinander lenkbaren Sprengköpfen (MIRV) bei 1320 liegen. Die Laufzeit des SALT II-Vertrages sollte bis 1985 reichen. Am 18.6.1979 wurde der auf dieser Grundlage ausgehandelte SALT II-Vertrag in Wien unterzeichnet. Er wurde jedoch nicht ratifiziert. Beide Seiten nahmen vielmehr am 29.6.1982 neue Verhandlungen mit dem Ziel einer Begrenzung der strategischen Offensivwaffen, jetzt START (Strategic Arms Reduction Talks) genannt, auf. Die Bestimmungen des SALT II-Vertrages wurden jedoch von beiden Seiten weitgehend eingehalten. Im Salt II-Vertrag war vorgesehen, daß im weiteren SALT-Verhandlungen (SALT III) auch über nukleare Mittelstreckenwaffen verhandelt wird. Die für die Sicherheit Europas zentrale Frage wurde jedoch verhandlungstechnisch aus dem SALT-Rahmen ausgeklammert. Vor allem auf europäischen Druck wurden über diese Frage im Nov. 1981 Verhandlungen in Genf aufgenommen. Auf der Grundlage des sogenannten NATO-Doppelbeschlusses vom Dez. 1979 (→ NATO) soll in den *INF-Verhandlungen* (INF = Intermediate Range Nuclear Forces) versucht werden, insbesondere die bereits in Europa stationierten landgestützten sowjetischen nuklearen Mittelstreckenwaffen zu reduzieren, um eine Dislozierung neuer amerikanischer Nuklearwaffen mittlerer Reichweite in Europa überflüssig zu machen. Die START- und INF-Verhandlungen wurden im Herbst 1983 unterbrochen. Im Januar 1985 einigten sich die USA und die UdSSR, Abrüstungsverhandlungen über Weltraumwaffensysteme, Interkontinentalraketen und Mittelstreckensysteme im Frühjahr 1985 aufzunehmen.

Zum Bereich der vertrauensbildenden Maßnahmen im Bereich der nuklearen Abrüstung sind die Maßnahmen zu zählen, die der Einhegung des Nuklearkrieges dienen. Eine erste Maßnahme dieser Art war die Vereinbarung über eine „heiße Leitung" vom 20.6.1963 (Hot-Line-Agreement), die zur Errichtung einer direkten Telegrafen-Fernschreibverbindung zwischen den Vereinigten Staaten und der Sowjetunion für Notfälle führte. Dieses Abkommen wurde am 30.9.1971 ergänzt. Zur Absicherung gegen den ungewollten Atomwaffengebrauch schlossen beide Länder am 30.9.1971 eine *Vereinbarung über Atom-Unfälle*. Das am weitesten gehende Abkommen dieser Art ist die *Vereinbarung zur Verhinderung eines Atomkrieges* vom 22.6.1973, das im Falle einer Krise, die den Einsatz von Nuklearwaffen nach sich ziehen könnte, Konsultationen mit dem Ziel einer Abwendung der Gefahr eines Nuklearkrieges vorsieht. Die *Vereinbarung zur Verhinderung von Zwischenfällen auf dem offenen Meer* vom 25.5.1982 soll die Sicherung der militärischen Navigation auf und von Flügen über dem offenen Meer garantieren. Über Wert und Nutzen der bisherigen Versuche, zur nuklearen Abrüstung beizutragen, kann man unterschiedlicher Auffassung sein. Fest steht, daß von wirksamer Abrüstung kaum die Rede sein kann, wohl aber sind im Sinne einer nuklearen Rüstungsbegrenzung wie auch im Hinblick auf die Einhegung des Nuklearkrieges bedeutsame Vereinbarungen erzielt worden.

3. Abrüstungskonferenzen der Vereinten Nationen

Vor allem auf Druck der Blockfreien Staaten (→ Blockfreienbewegung), die schon 1961 einen entsprechenden Vorschlag gemacht haben, kam 1978 die erste Sondergeneralversammlung (SGV) der UN über Abrüstung zustande, die eine Abrüstungserklärung und ein Aktionsprogramm verabschiedete und das Abrüstungsinstrumentarium der UN verbesserte. Die *Abrüstungserklärung* kritisierte den gegenwärtigen Stand der Überbewaffnung und hob insbesondere die Notwendigkeit der nuklearen Abrüstung hervor. Darauf bezieht sich vor allem auch das *Aktionsprogramm*, das als Endziel die Abschaffung aller Kernwaffen proklamiert. Weder die Erklärung noch das Aktionsprogramm sind rechtlich verbindlich. Die Verbesserungen des Instrumentariums der UN sind dagegen wirksam: 1. Neuschaffung einer alle Mitgliedstaaten umfassenden Abrüstungskommission; 2. Befassung des ersten Ausschusses der Generalversammlung ausschließlich mit Abrüstungsfragen; 3. Schaffung eines erweiterten Verhandlungsgremiums, des *Committee on Disarmament*, das den Genfer Abrüstungsausschuß (CCD) ablösen soll.

Alle bisherigen CCD-Mitglieder sollen jedoch auch dem neuen Ausschuß angehören. Der neue Ausschuß trat im Jan. 1979 erstmals zusammen.

Die zweite SGV der UN über Abrüstung fand bereits vier Jahre später im Jahre 1982 statt, wie im Schlußdokument der ersten SGV bindend vorgesehen. Sie war angesichts eines zunehmenden Verfalls des Gewaltverbots der UN-Charta durch eine Vielzahl von bewaffneten Konflikten und durch die rapide Verschlechterung der Beziehungen zwischen den Vereinigten Staaten und der UdSSR weit weniger erfolgreich und konnte den offenen Fehlschlag nur mühsam verbergen. Die Weiterführung der multilateralen Abrüstungsdiskussion konnte jedoch gesichert werden, so daß davon auszugehen ist, daß die UN in jedem Fall, also auch auf turnusgemäßen Generalversammlungen, Abrüstungsvorschläge unterbreiten werden.

4. Regionale Abrüstung und Rüstungskontrolle in Europa

Abgesehen vom Antarktis-Abkommen, das sich auf eine unbewohnte Region der Erde bezieht, ist der *Vertrag von Tlatelolco* (1967) bisher das einzige wirksame regionale Rüstungsbegrenzungsabkommen für Nuklearwaffen. Lateinamerika ist damit atomwaffenfreie Zone. Auch die nuklearen Schwellenländer Argentinien und Brasilien haben den Vertrag unterzeichnet, Argentinien allerdings noch nicht ratifiziert und vor der Ratifizierung durch alle Vertragsparteien wird der Vertrag auch in Brasilien nicht in Kraft treten. Kuba gehört dem Vertrag von

Tlatelolco nicht an. Vorschläge für andere atomwaffenfreie Zonen, z. B. in ganz *Europa*, in *Mitteleuropa* (Rapacki-Plan), in *Nordeuropa*, auf dem *Balkan* und im *Nahen Osten* sind bisher nicht in die Wirklichkeit umgesetzt worden. Auch der relativ bescheidene Vorschlag eines von taktischen Kernwaffen freien Korridors von 150 km auf jeder Seite entlang der Grenze zwischen NATO und Warschauer Pakt in Europa *(Palme-Vorschlag)* hat bisher wenig Aussichten, in die Tat umgesetzt zu werden. In Europa, der Region mit der stärksten Waffen- und Truppenkonzentration der Welt, gibt es darüber hinaus weitere Anstrengungen, einen Abbau konventioneller Rüstungen zu erreichen. Der wichtigste Verhandlungsprozeß in diesem Zusammenhang ist *MBFR*. Die Wiener *Verhandlungen über die gegenseitige Verringerung von Truppen und Rüstungen sowie verwandte Maßnahmen in Mitteleuropa* laufen seit Okt. 1973, bisher allerdings ohne ein Verhandlungsergebnis vorweisen zu können. Reduzierungsraum ist das Territorium Belgiens, der Bundesrepublik, der Niederlande und Luxemburgs auf westlicher Seite und der DDR, Polens und der CSSR auf östlicher Seite. Reduziert werden sollen sowohl Stationierungstruppen als auch nationale Truppen. Stationierungsländer sind vor allem die USA und die UdSSR, aber auch Kanada, Großbritannien, Belgien und die Niederlande. Frankreich, ebenfalls Stationierungsland im Reduzierungsraum, nimmt an den MBFR-Verhandlungen nicht teil. Außerdem nehmen an den MBFR-Verhandlungen mit Sonderstatus teil: Bulgarien, Dänemark, Griechenland, Italien, Norwegen, Rumänien, Türkei und Ungarn. Übereinstimmung unter den Teilnehmern besteht darin, daß Ost und West im Reduzierungsraum insgesamt nicht mehr als je 700000 Bodentruppen und 20000 Luftstreitkräfte unterhalten. In der Datenfrage wie auch hinsichtlich der Verifikation konnte jedoch noch keine Einigung erreicht werden. Ein Anstoß zur konventionellen Abrüstung in Europa ging auch von der KSZE-Schlußakte (→ KSZE) aus, die am 1.8.1975 in Helsinki unterzeichnet wurde. In der Schlußakte wurden eine Reihe von vertrauensbildenden Maßnahmen vereinbart (Ankündigung von Manövern und Truppenbewegungen, Austausch von Manöverbeobachtern) und darüber hinaus auf die Notwendigkeit von konkreten Abrüstungsmaßnahmen hingewiesen. Auf der 2. KSZE-Folgekonferenz in Madrid, konnte außerden eine *Konferenz über Vertrauens- und Sicherheitsbildende Maßnahmen und Abrüstung in Europa* beschlossen werden, die im Jan. 1984 in Stockholm ihre Arbeit aufnahm. Die dort zu treffenden Maßnahmen sollen sich auf ganz Europa und das angrenzende Seegebiet und den angrenzenden Luftraum beziehen, militärisch bedeutsam und politisch verbindlich sein sowie eine angemessene Form der Verifikation haben.

Literatur

Stockholm International Peace Research Institute (SIPRI) 1977: Rüstung und Abrüstung im Atomzeitalter, Reinbek.

United States Arms Control and Disarmment Agency 1980: Arms Control and Disarmament Agreements, Washington.

Stockholm International Peace Research Institute (SIPRI) 1978: Arms Control: A Survey and Appraisal of Multilateral Agreements, London.

Forndran, E. 1981: Abrüstung und Rüstungskontrolle. Historische Erfahrungen und theoretische Probleme, Berlin.

Seidler, F. W. 1974: Die Abrüstung. Eine Dokumentation der Abrüstungsbemühungen seit 1945, München, Wien.
Schütz, H. J. 1980: Zur Geschichte der internationalen Abrüstungsverhandlungen, in: DGFK-PP Nr. 22, Bonn.

Dieter Dettke

Internationale Bewertung des nuklearen Brennstoffkreislaufs (International Nuclear Fuel Cycle Evaluation/INFCE)

1. Entstehung: Im Okt. 1977 beschlossen Vertreter von 40 Staaten und vier internationalen Organisationen in Washington, eine „internationale Bewertung des nuklearen Brennstoffkreislaufs" vorzunehmen. Nach dem Beschluß dieser INFCE-Gründungskonferenz fanden – mit organisatorischer Unterstützung der → IAEO – zweijährige Beratungen in Wien statt, an denen 59 IL und EL und sechs internationale Organisationen – → EG, IAEO, NEA, → IEA – → OECD, OPANAL, → UN – teilnahmen. Die Abschlußkonferenz verabschiedete am 28.2.1980 einstimmig ein Abschlußkommuniqué.

2. Organisation: Formal handelt es sich bei INFCE um eine internationale Konferenz mit den Organen Plenarversammlung, acht Arbeitsgruppen und einem technischen Koordinierungsausschuß. Teilnehmer waren offizielle Vertreter der beteiligten Staaten und internationalen Organisationen und Nuklearexperten. Die Plenarversammlung trat nur zu drei Sitzungen zusammen. Die acht Arbeitsgruppen befaßten sich mit jeweils einem Aspekt des nuklearen Brennstoffkreislaufs. An ihren 61 Sitzungen nahmen 519 Experten aus 46 Ländern teil. Der technische Koordinierungsausschuß bestand aus den 22 Co-Vorsitzenden der Arbeitsgruppen und erstellte die abschließende INFCE-Studie.

3. Zielsetzungen: INFCE hatte von der Gründungskonferenz ein konkretes Mandat erhalten: die Erstellung einer „technisch-analytischen Studie" um 1. die Kooperation zwischen nuklearen Liefer- und Empfängerländern zu verbessern und 2. Wege für eine bessere zivile Nutzung der Kernenergie aufzuzeigen, ohne dabei deren Technologie für die Produktion von Nuklearwaffen mißbrauchen zu können. Auslösender Faktor für die Einberufung von INFCE war eine politische Kontroverse zwischen den USA einerseits und den westeuropäischen Industriestaaten und Japan andererseits über die möglichen Implikationen einer zunehmenden zivilen Nutzung der Nuklearenergie und einer horizontalen Proliferation von Nuklearwaffen. Die Zündung eines indischen nuklearen Sprengsatzes 1974 und der Abschluß des deutsch-brasilianischen Nukleartransferabkommens 1975 führten zu einer Revision der bisherigen USA-Politik. Der → Weltwirtschaftsgipfel der führenden westlichen Industriestaaten und Japans im Mai 1977 hatte die INFCE-Einberufung beschlossen, um bereits eingeleitete oder beabsichtigte nationale nuklear-politische Maßnahmen der USA durch einen internationalen Konsens zu ersetzen. Formell war INFCE eine „Regierungskonferenz ‚sui generis'" (Patermann 1981:311). Sie besaß ausdrücklich kein Verhandlungsmandat. Ihre ausschließliche Funktion war die Erstellung einer „technisch-analytischen Studie" ohne einen verbindlichen Charakter für die beteiligten Staaten. Ihre Ergebnisse sind daher lediglich Orientierungs- und Entscheidungshilfen und haben keine völkerrechtliche Bindungswirkung.

4. Entwicklung und Bewertung: Die Bedeutung der konsensual verabschiedeten Berichte der acht Arbeitsgruppen und der zusammenfassende Überblick – INFCE-Studie – liegen neben der umfangreichen Datensammlung vor allem in der gemeinsamen Bewertung der technischen und ökonomischen Grundlagen für die zivile Nutzung der Nuklearenergie und der Feststellung, daß eine Verhinderung der weitere horizontalen Proliferation von Nuklearwaffen ein politisches und kein technisches Problem sei.

Für zukünftige Verhandlungen auf dem Sektor der internationalen Nuklearpolitik und bei der Implementierung bi- und multilateraler Verträge und Vereinbarungen – wie z.B. dem Nichtverbreitungsvertrag – stellt die INFCE-Studie ein wichtiges Dokument dar.

Literatur:

Deutscher Bundestag 1980: Unterrichtung durch die Bundesregierung, betr. Internationale Bewertung des Kernbrennstoffkreislaufs (INFCE), Drucksache 8/3986.

IAEO (Hrsg.) 1980: INFCE Summary Volume, Wien.

Patermann, C. 1981: Völkerrechtliche Aspekte der „Internationalen Bewertung des nuklearen Brennstoffkreislaufs – INFCE" in: German Yearbook of International Law, Vol. 24, 306-328.

Lothar Wilker

Internationale Produzentenvereinigungen

1./2. Sitz/Mitglieder:

Rohstoff	Name der Produzenten-vereinigung	Grün-dungs-	Sitz des Sekretariats	Mitglieder (*Beobachter bzw. Ass.)
Nahrungsmittel und Getränke				
Bananen	Union de Paises Exportadores de Banano (UPEB)	1974	Panama	5
Erdnüsse	African Groundnut Council (AGC)	1964	Lagos	6
Kaffee	Interafrican Coffee Organisation (IACO)	1960	Abidjan	16
	Organisation Africaine et Malgache du Café (OAMCAF)	1960		8
Kakao	Cocoa Producer Alliance (CPA)	1962	Lagos	9
Kokosnuß	Asian Pacific Coconut Community	1969	Djakarta	9
Tee	International Tea Community	1970		

Zucker	Grupo de Paises Latino-americanos y del Caribe Exportadores de Azucar (GEPLACEA)	1974/76	Mexico	20 + 1*
Pfeffer	Pepper Community	1972		3

Agrarische Rohstoffe

Edelhölzer	Organization of Wood Producing and Exporting African Contries	1975	Libreville	12
	Council of SE-Asian Lumber Prod. Ass. (SEALPA)	1975	Djakarta	3
Kautschuk	Ass. of Natural Rubber Producing Countries (ANRPC)	1970	Kuala Lumpur	8

Erze, Mineralien

Bauxit	International Bauxite Ass. (IBA)	1974	Kingston	11
Eisenerz	Ass. of Iron Ore Exporting Countries (APEF)	1975	Genf	9
Kupfer	Intergovernmental Countries (CIPEC)	1967	Paris	6 + 3*
Tungsten	Primary Tungsten Ass.	1975		8 + 4*
Zinn	Ass. of Tin Producing Countries (ATPC)	1983		3
Quecksilber	Intern. Ass. of Mercury Producing Countries (ASSIMER)	1974	Genf	5

3. *Entstehungsgeschichte:* Bemühungen zur Gründung von Rohstoffprodu-zentenvereinigungen hat es schon im 19. Jh. (unter den europ. Zuckerrübenpro-duzenten) und vor allem in der Zwischenkriegszeit zwischen den Kolonialunter-nehmen in Süd- und Südostasien im Tee-, Kautschuk- und Zinnsektor gegeben. In den 50er Jahren versuchten wiederholt die lateinamerikanischen Kaffepro-duzenten sich kollektiv zu organisieren und die Preise zu beeinflussen. Erst in den 60er Jahren kam es jedoch nach und nach zur Gründung von Produ-zentenvereinigungen, die bis heute existieren. Von 1960-72 wurden elf Produ-zentenvereinigungen im Erdöl-, Kaffee-, Kakao, Kupfer-, Kokosnus-, Kaut-schuk- und Pfeffersektor gegründet. Die Erfolge der Erdölstaaten 1973/4 führte zur Gründung von neun Produzentenvereinigungen für Bauxit, Mercury, Bana-nen, Zucker, Holz, Eisenerz und zuletzt schließlich auch noch für Zinn (vgl. die Übersicht). Für Phosphate, Ölsaaten, Baumwolle, Jute und Fleisch wurden bisher ergebnislose Anläufe unternommen.
Auf der Rohstoffkonferenz der EL im Febr. 75 in Dakar wurde darüber hinaus die Gründung eines „Council of Associations of Developing Countries

Producers-Exporters of Raw Materials beschlossen. Dessen Statutenentwurf wurde 1977 von einer Expertengruppe ausgearbeitet. Obwohl alle Konferenzen der Blockfreien (→ Blockfreienbewegung) die Dringlichkeit dieses Projektes immer wieder bekräftigten, ist es – wohl auch aus finanziellen Gründen – bisher noch nicht zur Gründung des Produzentenrates und der Einrichtung eines Sekretariats gekommen.

4. Ziele/Vertragsinhalte: Die Zielsetzungen der meisten Produzentenvereinigungen sind sehr moderat. Gegenseitige Information und Kommunikation steht im Vordergrund, vielleicht auch der Versuch, die jeweiligen Politiken der Mitgliedstaaten zu harmonisieren. In einigen Vertragstexten wird jedoch auch die Einschränkung der Rolle der TNK bzw. der Aufbau einer gemeinsamen Verteidigungsfront gegen Übergriffe bzw. Pressionsversuche derselben als ein Ziel genannt. Bei der Regulierung der Weltmarktpreise denkt man mehr daran, die Konsumentenländer zum Abschluß Internationaler Warenabkommen zu drängen, als daß man unilaterale Kartellaktionen nur der Produzenten wagen würde.

5. Organisationsstruktur: Zentrales Entscheidungsorgan der Produzentenvereinigung ist in der Regel ein Ministerrat, der meist nur einmal im Jahr (oder zusätzlich in ao. Sitzungen) zusammentritt. Ihm untergeordnet hat man in einigen Vereinigungen Exekutivausschüsse, in denen meist höhere Beamte der Mitgliedstaaten vertreten sind, die zwischen den Sitzungen des Ministerrates die Politik formulieren und die Durchführung derselben durch das Sekretariat zu überwachen haben. Die Verwaltungsorgane werden von einem Generalsekretär oder Direktor geleitet. Allgemein ist die Supranationalität kaum entwickelt. Die Organe der Produzentenvereinigungen können allenfalls „Empfehlungen" geben und damit die Politik ihrer Mitgliedsländer zu koordinieren versuchen. Die meisten Satzungen sehen eine einstimmige bzw. Konsensus-Beschlußfassung vor. In einigen wenigen Vereinigungen (African Timber Org., IBA, ANRPC) sind allerdings 2/3- oder einfache Mehrheiten vorgeschrieben. Jedoch auch hier wird man kaum vom Konsensprinzip abweichen können. Die Sekretariate sind meist nur mit einem sehr kleinen Etat ausgestattet, personell unterbesetzt und können kostenverursachende („Sonder-")Programme oft nur durch finanzielle Zuwendungen Dritter (etwa von UN-Organisationen) durchführen.

6. Entwicklung: Die Tätigkeit der meisten P. beschränkt sich auf einen Erfahrungsaustausch und (vergebliche) Harmonisierungsversuche der Politiken der Mitgliedstaaten. Viele P. haben einen technischen und/oder ökonomischen Informationsdienst aufgebaut. Einige führen Seminare und Fortbildungsveranstaltungen durch. Lediglich die Kaffeeproduzenten (1957/58, 1958/59, 1972/73) und die Kupferexporteure (1974-76, 1978) suchten durch Angebotsdrosselung, die Kakaoproduzenten sogar einmal durch Einstellung aller Verkäufe (1964/65), einen anhaltenden Preisverfall zu stoppen. Während die beiden ersteren begrenzte Erfolge dabei erzielen konnten, endete der Versuch für die Kakaoproduzenten, die die Kartellpolitik konsequent betrieben hatten, mit einem dramatischen Fiasko, das auch zur Destabilisierung der politischen Systeme einiger dieser Länder beitrug. Kaum erfolgreicher sind die Bauxitproduzenten, die alljährlich eine Preisempfehlung für Bauxit und Alumina, zunächst verstanden als „Mindestpreise" (1977), dann in Anlehnung an die US-Produzentenpreise für Aluminiumbarren (seit 1978), geben, an die sie sich selbst dann meist nicht halten. Die Bananenexporteure suchten durch Gründung der UPEB (ursprünglich durch. Erhöhung. der Exportsteuern einen Teil der Konsumentenrente sich zu sichern. Einige wichtige Produzentenländer blieben der UPEB jedoch fern bzw. beteiligten sich nicht an dieser gemeinsamen Aktion.

7. *Perspektiven:* Die vielfach übertrieben interpretierten Erfolge der Erdölexporteure und ihrer Produzentenvereinigungen (→ OPEC, OAPEC) hat gelegentlich zu unrealistischen Erwartungen bezüglich der Möglichkeiten weiterer Produzentenzusammenschlüsse geführt. Die bisherige Entwicklung hat gezeigt, daß die ökonomischen Bedingungen auf den meisten Rohstoffmärkten wesentlich schwieriger als auf dem Ölmarkt der 70er Jahre sind. Emanzipationsversuche dieser Rohstoffproduzenten haben daher weit größere Probleme zu lösen. Es wurde zudem offenbar, daß es erhebliche Unterschiede der ökonomischen und politischen Interessen, Zielsetzungen und Strategien zwischen den einzelnen Produzentenländern selbst gibt, die diese bisher selten bereit sind, auf einen gemeinsamen Nenner zu reduzieren, um zu kollektiven oder harmonisierten Aktionen zu kommen. Auf dem Gebiet der Produktions- und Angebotspolitik zur Beeinflussung der Weltmarktpreise dürfte dies auch in Zukunft schwer oder gar nicht möglich sein. Bessere Perspektiven müßte es hingegen für eine harmonisierte Politik gegenüber den TKN, den Aufbau von Gemeinschaftsunternehmen mehrere Rohstoffproduzentenländer und für eine abgestimmte Strategie beim Aufbau von Rohstoffzuliefer- und rohstoffverarbeitenden Industrien geben.

Literatur

Fortin, C. 1980: Die institutionelle Politik der Dritten Welt und Collective Self-Reliance. Der zwischenstaatliche Rat der kupferexportierenden Länder (CIPEC), in: *Khan, K. M.* (Hg.): Self-Reliance als nationale und kollektive Entwicklungsstrategie. München, 417-462

Hanisch, R. 1975: Confrontation between Primary Commodity Producers and Consumers: The Cocoa Hold-Up of 1964-65, in: The Journal of Commonwealth and Comparative Politics, XIII/3, 242-260

Hanisch, R. 1982: Produzentenvereinigungen von Entwicklungsländern, in: Mathies, V. (Hg.): Süd-Süd-Beziehungen. München, 187-224

Hveem, H. 1978: The Politcal Economy of Third World Producer Associations. On Conditions and Constraints for effective collective Action among Raw Material Producing-Exporting Countries. Oslo

Kreider, L. E. 1977: Banana cartel? Trends, Conditions and Institutional Developments in the Banana Market, in: Inter-American Economic Affairs, 31/2, 3-24

Litvak, J. A./Maule, Ch. 1980: The International Bauxite Agreement: A Comodity Cartel in Action, in: International Affaires (London) 56/2, 296-314

Martner, G. o. J.: Producers-Exporters Associations of Developing Countries. An Instrument for the Establishment of a New International Economic Order. Genf

Mikdashi, Z. 1976: The International Politics of Natural Ressources. A keen and impartial Look at the Relationships between Transnational Enterprises and their Host Governments. Itaca

Mingst, K. A. 1976: Cooperatin or Illusion? An Examination of the Inter-governmental Council of Copper Exporting Countries, in: International Organization, 30/2, 263-287

Pollard, D. E. 1982: Conflict Resolution in Producers' Associations, in: The International and Comparative Law Quaterly, 31/1, 99-126

Schirmer, W. G./Meyer-Wöbse, G. 1980: Internationale Rohstoffabkommen. Vertragstexte mit einer Einführung und Bibliographie. München

Rolf Hanisch

Internationale Warenabkommen und ihre Organisationen

1/2: Sitz/Mitglieder:

Warenabkommen	Laufzeit	Sitz des Sekretariats
International Cocoa Agreement	1973-76, 1976-79/81, 1981-	London
International Coffee Agreement	1940-48: Amerika, 1962-68; 1968-72/76; 1976-82, 1983-	London
International Olive Oil Agreement	1959-63, 1964-79, 1980-	Madrid
International Rubber Agreement	1980/82-	Kuala Lumpur
International Sugar Agreement	1937-53, 1953-58, 1959-68, 1969-73, 1974-78, 1978-84	London
International Tin Agreement	1956-60, 1960-65, 1965-70, 1970-75, 1976-80, 1981-	London
International Wheat Agreement	1933-35, 1942-45, 1949-67, 1968-71, 1971-	London
International Jute and Jute Product Agreement	(Mitte 1983 noch nicht von genügend viel Verbraucher-ländern ratifiziert)	Dacca
International Tropical Timber Agrcement	Nov. 1983 unter-zeichnet	

3. Entstehungsgeschichte: Internationale Warenabkommen (W) zwischen Produzenten- und Konsumentenländern wurden schon in der Vorkriegszeit gegründet. Die Initiative zur Unterzeichnung von W. und zur Bildung Internationaler Rohstofforganisationen (R) geht heute von den rohstoffexportierenden EL aus, während die IL als Konsumentenländer sich nur zögernd an ihnen beteiligen bzw. ihnen ganz fern blieben. W. haben so oft eine lange und zähe Vorgeschichte diplomatischer Verhandlungen. Über den Abschluß des Kakaoabkommens wurden so nicht weniger als 26 Jahre verhandelt und gesprochen (von 1956-72).

Die dem Freihandel verpflichtete Havanna-Charta von 1948, die nie in Kraft getreten ist, befaßte sich ausführlich mit der Bildung von R., die als Ausnahmeregelung zur Beseitigung von Marktstörungen und zur Verhinderung von Preisschwankungen befürwortet wurden. Die 1964 gegründete → UNCTAD machte sich dann konsequenter zum Fürsprecher der EL und forderte den Abschluß von W. Dieser erfolgte jedoch sehr schleppend. Auf der vierten UNCTAD-Konferenz in Nairobi 1976 wurde daher ein „Integriertes Rohstoffprogramm" beschlossen, das die Bildung eines Gemeinsamen Fonds vorsah, durch den Ausgleichslager für Rohstoffe sowie Diversifizierungs- und Wettbewerbsverbesserungen finanziert werden sollen. Der Plan sah den Abschluß weiterer W. für dann insgesamt zehn „Kern-" und acht weitere Rohstoffe vor. Ein Abkommen über den Gemeinsamen Fonds wurde jedoch erst 1980 – mit stark reduzierten Zielsetzungen und geringerer finanzieller Ausstattung – unterzeichnet. Bis Dez. 1982 hatten ihn jedoch nur 39 Länder (mit 31 % der Kapitalanteile) ratifiziert. Bisher konnte er noch nicht in Kraft treten. Inzwischen konnten nur für Kautschuk (1980), Jute (1982), Tropenholz (1983) neue Warenabkommen abgeschlossen werden, wobei für die beiden letzten die fristgerechte Ratifizierung noch nicht erreicht werden konnte.

Seit längerer Zeit gibt es noch eine Reihe von Rohstoffkonsultativgruppen, die sich mehr mit technischen Fragen (Erstellung von Statistiken, Forschung, Marktinformation, Produktwerbung) befassen. Zu ihnen gehört die International Lead and Zinc Group (gegr. 1959), das International Cotton Advisory Committee (ICAC), die International Rubber Study Group (IRSG), sowie die Studiengruppen für Getreide, Reis, Öle und Fette, Rindfleisch, Bananen, Jute/Kenaf und verwandte Fasern, Tee und Hartfasern im Rahmen der → FAO.

4. Ziele/Vertragsinhalte: Ziel der W. ist die Schaffung eines Ausgleiches von Angebot und Nachfrage zu angemessenen Preisen für Produzenten und Verbraucher und eine Verminderung der Preisschwankungen. Man sucht dies durch Maßnahmen zur Förderung des Konsums, durch Verbesserung der Wettbewerbsfähigkeit des Rohstoffes (etwa gegenüber Synthetica) – „marktwirtschaftlich" – bzw. durch Angebotsregulierung mittels Exportquoten oder Aufkäufe durch ein Internationales Ausgleichslager – „dirigistisch" – zu erreichen.

5. Organisationsstruktur/Finanzierung: Das zentrale Entscheidungsorgan in den R. ist ein Rohstoffrat, der meist zweimal im Jahr zusammentritt. In ihm sind alle Mitgliedsländer vertreten. Das Stimmrecht wird nach den jeweiligen Export- und Importanteilen gewichtet, wobei sich Importeure und Exporteure mit jeweils gleichen Stimmenanteilen gegenüberstehen. Beschlüsse und Empfehlungen bedürfen meist beiderseitiger absoluter Mehrheiten, in wichtigen Fragen auch Zweidrittelmehrheiten. Unterhalb des Rohstoffrates arbeitet ein kleinerer ständiger Exekutivausschuß, der nur in der Intern. Zinnorganisation fehlt. Dessen Mitglieder werden vom Rat gewählt. Die laufenden Geschäfte werden durch ein Sekretariat abgewickelt, an dessen Spitze ein Exekutivdirektor steht, dem zur Seite, im Bedarfsfall, der Manager des Ausgleichslagers gestellt wird. Die Sekretariate sind meist klein: In der Kakaoorganisation arbeiteten 1975 20 akademische und 37 technische Mitarbeiter, in der Zuckerorganisation sogar nur 6 bzw. 21 (1974). Die laufenden Kosten werden meist anteilig von den Mitgliedsländern aufgebracht (entsprechend ihrer jeweiligen Bedeutung auf dem Rohstoffmarkt). Die Mittel für die Ausgleichslager werden durch ständige Exportprämien (in der ICO) bzw. durch Geld- und Warenabgaben aufgebracht (in der ITG). Außerdem werden gelegentlich Mittel auf dem Kapitalmarkt aufgenommen.

6. *Entwicklung:* Die R. erfüllen im allgemeinen nicht die in sie gesetzten Erwartungen. Nur in einigen Fällen konnten die erheblichen Preisschwankungen etwas abgemildert werden. Für Weizen, Olivenöl und neuerdings Jute und Tropenholz konnte man sich nicht auf gemeinsame Preisstützungsmaßnahmen einigen. Im Zentrum der Arbeit dieser R. stehen allein technische Fragen der Produktförderung, Marktentwicklung, Statistik usw. In den übrigen R. sucht man durch Marktintervention mittels eines Ausgleichslagers (Zinn, Kakao, Kautschuk) bzw. durch Exportquoten (Kaffee, Zucker, bis 1980 Kakao) die Marktpreisentwicklung innerhalb eines Preisbandes mit Niedrigst- und Höchstpreisen zu halten. Namentlich die großen Konsumländer haben jedoch oft an wirklich funktionierenden W. kein Interesse und beteiligen sich häufig allenfalls aus politischen Gründen an den Verhandlungen. So wurden viel zu niedrige Preisbänder festgesetzt (wie im ICA 1972-80) oder die Organisation mit unzureichenden Mitteln ausgestattet. Einige wichtige Produzentenländer (wie die Elfenbeinküste im dritten Kakaoabkommen, Bolivien im sechsten Zinnabkommen) blieben den W. schließlich fern; desgleichen immer wieder auch wichtige Verbraucherländer wie die USA (Zinn, Kakao, Zucker), die Sowjetunion (Zinn, Kaffee) sowie die EG (Zucker). Der Funktionsfähigkeit der W. wurde daher schon von vornherein enge Grenzen gesetzt. In einigen Fällen, wie beim Zucker (1962-68 nach der Cubakrise, außerdem 1973-77 und seit 1984), konnte man sich überhaupt nicht auf Interventionsmaßnahmen einigen bzw. setzte diese aus politischen Gründen wieder außer Kraft (man unterhielt aber weiter das Sektretariat). Auch zwischen den Produzenten selbst gibt es — etwa bei der Quotenfestsetzung — immer wieder Probleme. Billigproduzenten suchen durch Ausweitung ihrer Exporte, unter Inkaufnahme eines Preisverfalls, eher höhere Exporteinnahmen zu erzielen als relativ teure bzw auf dem Markt etablierte Produzenten. Die grundlegende Schwäche dieser Regulierungsversuche kann auch nicht übersehen werden: Durch Exportquoten und Ausgleichslager wird zwar ein mehr oder weniger großer Teil der Produktion vom Markt ferngehalten (Ende 1982 belief sich dieser auf 1/3 der Kaffee-Ernte, 1/4 der Zinnproduktion, 10 % der Kakao-, 4 % der Kautschuk- und 5 % der Zuckerproduktion). Diese Produktion lastet jedoch nach wie vor auf dem Markt, wenn sie nicht vernichtet bzw. nicht-konventionellen Verwendungen zugeführt wird. Dazu ist man bisher nur in Ausnahmefällen in der Lage gewesen.

7. *Perspektiven:* Internationale Organisationen können nur so erfolgreich sein, wie die Mitgliedsländer sie erfolgreich sein lassen. Die Bereitschaft der IL die R. zu stärken – und hier macht die BR Deutschland keine Ausnahme – war bisher meist nicht sehr groß, desgleichen meist die Bereitschaft der EL, wenn sie ihre eigene Souveränität in der Produktions- und Exportpolitik mit einbringen sollten. Das von den westlichen IL immer wieder vorgebrachte Argument der Beeinträchtigung des „freien Welthandels" durch die W. ist aber einfach unredlich. Auf dem Zuckermarkt, im Textilsektor, durch die den EL aufgezwungenes „Selbstbeschränkungsabkommen", setzen sie den freien Weltmarkt zum Schutz ihrer eigenen Wirtschaftszweige selbst außer Kraft, um nur einige Beispiele zu nennen, die beliebig ergänzt werden könnten. Damit wird deutlich, wie die Machtverhältnisse im internationalen Rohwarenhandel noch liegen und für national-egoistische Interessen auch eingesetzt werden. Immerhin haben die EL einen Bedeutungszuwachs insofern erfahren, daß die IL mit ihnen über den Abschluß von W. überhaupt verhandeln müssen. Gegenwärtig laufen solche Verhandlungen noch über Bananen, Kupfer, Mangan, Bauxit, Baumwolle, Hartfasern und Tee. Es ist zu erwarten, daß noch weitere nicht sehr effiziente W. abgeschlossen werden.

Literatur

Baron, S. u. a. 1977: Internationale Rohstoffpolitik. Ziele, Mittel, Kosten. Tübingen

Finlaysen, J. A./Zacher, M. W. 1983: The politics of International Commodity Regulation: the negotiation and operation of the International Cocoa Agreements

Fischer, B. 1972: The International Coffee Agreement. A Study in Coffee Diplomacy. New York

Hanisch, R. 1978: Kakaopolitik – Das Ringen der Entwicklungsländer mit den Industrieländern um die Regulierung eines Rohstoffmarktes, in: Verfassung und Recht in Übersee, 27-57

Law, A. D. 1975: International Commodity Agreements. Lexington

Rangarajan, L. N. 1978: Commodity Conflict. The Political Economy of International Commodity Negotiations. Itaca

Schirmer, W. G./Meyer-Wöbse, G. 1980: Internationale Rohstoffabkommen. Vertragstexte mit einer Einführung und Bibliographie. München

Schraven, J. 1982: Internationale und supranationale Rohstoffverwaltung. Berlin

Rolf Hanisch

Intra – Süd – Kooperation

1. Begriff: Die Intra-Süd-Kooperation (oder: Süd-Süd-Kooperation) umfaßt jegliche politische, wirtschaftliche und sonstige Zusammenarbeit zwischen EL auf der globalen, regionalen und subregionalen Ebene. Je nach ihrer Mitgliederzahl, geographischen Reich- und sektoralen Spannweite sowie ihrer Intensität weist diese Kooperation unterschiedliche Formen auf (von relativ lockeren Zusammenschlüssen wie z.B. den Blockfreien (→ Blockfreie Länder) und → internationalen Produzentenvereinigungen bis zu relativ festen Integrationsgebilden und formalen Regionalorganisationen wie z.B. dem → Andenpakt und der → OAU). In den 70er Jahren hat insbesondere die politisch motivierte Beförderung der Süd-Süd-Kooperation auf der globalen Ebene (als Analogie-Konzept zur Nord-Süd-Kooperation) an Bedeutung gewonnen.

2. Entstehungsgeschichte: Nach ersten begrenzten Anfängen (u.a. Zollunionen, Gemeinsame Märkte, Panbewegungen, Regionalorganisationen) führten in den 70er Jahren folgende Faktoren zu einer Ausdehnung der Süd-Süd-Kooperation: die Weltwirtschafts- und Energiekrise zu Anfang der 70er Jahre hatte die Forderung der EL nach einer Neuen Weltwirtschaftsordnung und eine verstärkte Solidarisierung der EL (Blockfreie, Gruppe der 77 → OPEC) zur Folge; das Aufkommen der Schwellen- und OPEC-Länder stellte als materiell-ökonomische Basis für den Süd-Süd-Austausch neue dynamische Wirtschafts-, Finanz- und Machtzentren mit neuartigen Angebots- und Nachfragepotentialen bereit; der fast völlige Stillstand des → Nord-Süd-Dialogs gegen Ende der 70er Jahre schließlich verwies auf einen verstärkten Süd-Süd-Dialog. Theoretisch lag den Bemühungen um intensivierte Süd-Süd-Kooperation das Konzept der „kollektiven Self-Reliance" zugrunde, das seit 1970 im Rahmen der Blockfreienbewegung erarbeitet worden war und im Kern bedeutet, sich nicht allein oder vorrangig auf die Zusammenarbeit mit den IL zu verlassen, sondern durch kollektive Mobilisierung und Bündelung eigener Ressourcen und Fähigkeiten Antriebskräfte für wirtschaftliches Wachstum und gesellschaftliche Entwicklung zunehmend aus sich selbst heraus zu gewinnen.

3. Ziele: Die Ziele der Intra-Süd-Kooperation sind zweifach: zum einen soll sie die gemeinsame Verhandlungsmacht der EL gegenüber den IL stärken, um Vorteile in den Nord-Süd-Beziehungen zu erreichen (= „Gewerkschaft der Dritten Welt"), zum anderen soll sie durch gemeinsame Anstrengungen der EL einen eigenständigen Beitrag zum Abbau von Unterentwicklung leisten (= „Einheit gegen die Armut").

4. Entwicklung und Organisationsstruktur: Auf der globalen Ebene gibt es vier wichtige Ansätze der Süd-Süd-Kooperation. Zwei davon können als exklusive Aktivitäten der EL gelten: zum einen die politisch-wirtschaftliche Zusammenarbeit der Blockfreien (Aktionsprogramm für wirtschaftliche Zusammenarbeit seit 1972 in nunmehr über zwanzig Bereichen; Institut der „Koordinierungsländer", die für die Aktivitäten in den einzelnen Bereichen verantwortlich sind); zum anderen die wirtschaftliche Zusammenarbeit der „Gruppe der 77", die infolge ihrer langjährigen Schwerpunktorientierung auf die Nord-Süd-Kooperation im Rahmen der → UNCTAD die Süd-Süd-Kooperation erst relativ spät betrieb (Konferenzen in Mexiko-City 1976, in Arusha 1979 und vor allem in Caracas 1981: dort Schaffung einer institutionell-organisatorischen Maschinerie für die Zusammenarbeit in sieben Schwerpunktbereichen/Handel, Technologie, Ernährung, Landwirtschaft, Energie, Rohstoffe, Finanzierung, Industrialisierung). In jüngster Zeit zeichnet sich eine Tendenz zur Harmonisierung der bisher getrennt laufenden Süd-Süd-Programme der Blockfreien und der „Gruppe der 77" ab.

Hoffnungen auf eine umfassende Finanzierung dieser Programme durch die OPEC haben sich bislang nicht erfüllt.

Neben diesen Eigenanstrengungen der EL gibt es seit Mitte der 70er Jahre Süd-Süd-Kooperationen auch in enger Anbindung an bestehende internationale Organisationen: zum einen die ECDC (Wirtschaftliche Zusammenarbeit zwischen EL) bei der UNCTAD (Schwerpunkt=Förderung des Süd-Süd-Handels); zum anderen die TCDC (Technische Zusammenarbeit zwischen EL) beim UNDP (Schwerpunkt=Förderung der gemeinsamen Nutzung technologischer Potentiale). Die Finanzierung dieser Kooperationsprogramme soll durch die internationale Staatengemeinschaft erfolgen, also auch durch die IL.

5. *Perspektiven/Bewertung:* Die Intra-Süd-Kooperation befindet sich noch in der Formierungsphase. Getragen von realen weltwirtschaftlichen und politischen Veränderungsprozessen hat sie konkrete Fortschritte bisher eher im institutionell-organisatorischen und konzeptionellen Bereich als im Bereich des realen materiellen Austausches erzielt. Im Spannungsfeld des Nord-Süd-Konflikts muß sie ihre politische Originalität und Eigenständigkeit erst noch entfalten (Ersatz oder Ergänzung der Nord-Süd-Kooperation?). Einem weiteren Ausbau der Intra-Süd-Kooperation steht vor allem auch der mangelnde politische Wille vieler EL entgegen, die bei einer stärkeren Institutionalisierung offenbar Souveränitätseinbußen und Vormachtsansprüche einzelner EL befürchten.

Literatur:

Altmann, J. 1983: Ordnungspolitische Aspekte der Süd-Süd-Kooperation, in: *Simonis, U.E.* (Hrsg.): Ordnungspolitische Fragen zum Nord-Süd-Konflikt, Berlin, 55-77.
Bodemer, K. 1981: Technische Zusammenarbeit zwischen Entwicklungsländern, Bonn.
Carlsson, J. (ed.) 1982: South-South Relations in A Changing World Order, Uppsala.
Gauhar, A. (ed.) 1983: South-South Strategy, London.
Matthies, V. (Hrsg.) 1982: Süd-Süd-Beziehungen. Zur Kommunikation, Kooperation und Solidarität zwischen Entwicklungsländern, München-Köln-London.
Pavlic, B./Uranga, R.R./Cizelj, B./Svetlicic, M. (Hrsg.) 1983: The Challenges of South-South Cooperation, New York.
Uhlig, C./Ahn, D.-S. 1981: Süd-Süd-Kooperation, München-Köln-London.

Volker Matthies

Konferenz über Sicherheit und Zusammenarbeit in Europa/KSZE

1. *Entstehung und Bedeutung:* Die am 1.8.1975 durch höchstrangige Vertreter (in der Regel Staats- oder Regierungschefs) der 35 Teilnehmerstaaten unterzeichnete *Schlußakte der Konferenz über Sicherheit und Zusammenarbeit in Europa* ist als das bisher wohl wichtigste Dokument multilateraler Ost-West-Ko-

operation in Europa anzusehen. Sie war zugleich der Höhepunkt der Entspannungspolitik zwischen Ost und West im Zeichen des Bilateralismus der Supermächte, die mit SALT und der neuen deutschen Ostpolitik 1969 begann und spätestens mit der sowjetischen Invasion Afghanistans im Dez. 1979 weitgehend zum Erliegen kam, um in eine neue Phase der Konfrontation zwischen den beiden Weltführungsmächten einzumünden. In der Entwicklung des internationalen Systems seit Ende des Zweiten Weltkrieges scheint sich damit die *Regelkreistheorie* von *Carl Friedrich von Weizsäcker* zu bestätigen, nach der drei Grundfiguren im gegenwärtigen internationalen System die Tendenz haben, sich der Reihe nach abzulösen; nämlich feindliche Bipolarität (Mitte der 40er bis Ende der 50er Jahre), Multipolarität (Ende der 50er bis Ende der 60er Jahre), kooperative Bipolarität (Ende der 60er bis Ende der 70er Jahre). Erstaunlich ist allerdings – und diese Tatsache steht in einem gewissen Widerspruch zur Weizsäckerschen Regelkreistheorie –, daß der KSZE-Prozeß in der Substanz auch unter den Bedingungen zunehmender Konfrontation zwischen den beiden Weltführungsmächten seit Ende der 70er Jahre aufrechterhalten werden konnte und dem Verhaltensmuster der feindlichen Bipolarität jedenfalls nicht vollständig zum Opfer fiel. In dieser Tatsache wird vor allem ein starkes Eigeninteresse der europäischen Klein- und Mittelmächte an der Dämpfung des Ost-West-Gegensatzes deutlich, ein Interesse, das dazu beitragen könnte, eine neue Phase der Multipolarität des internationalen Systems einzuleiten. Gedankliche Ansätze für die KSZE finden sich vor allem in sowjetischen Vorschlägen für eine europäische Sicherheitskonferenz, die bis zur Mitte der 50er Jahre zurückreichen und jeweils unterschiedliche Ziele hatten. War es Mitte der 50er Jahre in erster Linie der Versuch, den Beitritt der Bundesrepublik Deutschland zur → NATO zu verhindern, so verlagerte sich das Ziel entsprechender Konferenzvorschläge Mitte der 60er Jahre auf die Verhinderung einer multilateralen Atomstreitmacht der NATO (MLF), die dann allerdings wenig später an innerwestlichen Gegensätzen scheiterte. In der *Bukarester Erklärung* vom Juli 1966 schließlich wurde auf dem Hintergrund der französischen Unabhängigkeitsbestrebungen, die dann 1967 zum Austritt Frankreichs aus der militärischen Integration der NATO führten, die gleichzeitige Auflösung von NATO und → Warschauer Pakt als Ziel deklariert. Politisch durchsetzbar und annehmbar wurde der Gedanke einer KSZE erst in dem Augenblick, als sich die politischen Ziele der beiden Weltführungsmächte im Verhältnis zueinander und gegenüber Europa Ende der 60er Jahre in entscheidender Weise zu verändern begannen und in der Bundesrepublik die Entspannungspolitik auf der Grundlage des *territorialen Status quo* in Europa als Voraussetzung für das Ziel der deutschen Einheit auch innenpolitisch mehrheitlich als notwendig anerkannt wurde. Während der SALT-Prozeß den nuklearen Status quo zwischen den beiden Weltmächten festschrieb, zielten die deutsche Ostpolitik und der KSZE-Prozeß auf die Fixierung des *territorialen Status quo* in Europa ab, allerdings ohne damit endgültige Grenzregelungen vorzunehmen. Diese sind nach wie vor einem *Friedensvertrag* vorbehalten, aber die Ost-West-Vereinbarungen Anfang der 70er Jahre (SALT, Ostverträge, Berlin-Abkommen und KSZE-Schlußakte) insgesamt kommen einem Friedensvertrag zur Beendigung des Zweiten Weltkriegs sehr nahe.

2. *Vorbereitung und Verlauf:* Auf Einladung der finnischen Regierung tra-

ten am 22.11.1972 in Dipoli bei Helsinki die Vertreter von 32 europäischen Staaten sowie der USA und Kanadas zusammen, um vorbereitende Konsultationen für KSZE zu führen. Von den eingeladenen europäischen Staaten hatte nur Albanien die Teilnahme abgelehnt, weil die KSZE nach albanischer Auffassung ein Instrument des Hegemoniestrebens der Sowjetunion und der USA sei. Den Konsultationen von Helsinki vorausgegangen waren allerdings zahlreiche bilaterale und bündnisinterne Abstimmungen und Kontakte. Ergebnis der Konsultationen – sie wurden am 8.6.1973 mit den sogenannten Schlußempfehlungen abgeschlossen – von Helsinki waren folgende Empfehlungen für die Konferenz:

2.1 *Organisation der Konferenz:* Die Konferenz wird in drei Phasen abgehalten. *Erste Phase:* Tagung der Außenminister und Verabschiedung der Verfahrensregeln, der Tagesordnung und der Aufgabenstellung für die Arbeitsorgane der Konferenz. *Zweite Phase:* Arbeit spezieller Kommissionen und Unterkommissionen mit dem Ziel, Entwürfe für Empfehlungen, Resolutionen und Erklärungen sowie sonstige Schlußdokumente herzustellen. *Dritte Phase:* Verabschiedung der Schlußdokumente.

2.2 *Tagesordnung und die dazugehörenden Aufgabenstellungen:* Drei bzw. vier Bereiche – später allgemein „Körbe" genannt – wurden vorgesehen: 1. Fragen der Sicherheit in Europa; 2. Zusammenarbeit in den Bereichen der Wirtschaft, der Wissenschaft und der Technik sowie des Umweltschutzes; 3. Zusammenarbeit in humanitären und anderen Bereichen; 4. Die Folgen der Konferenz.

2.3 *Teilnahme, Beiträge, Gäste:* Berechtigt zur Teilnahme sind *alle* europäischen Staaten sowie die Vereinigten Staaten und Kanada. Als Ehrengast wurde der Generalsekretär der → Vereinten Nationen zur Eröffnung eingeladen. Zu einzelnen Punkten der Tagesordnung können nichtteilnehmende Staaten – insbesondere die Mittelmeerstaaten – sowie internationale Organisationen hinzugezogen werden.

2.4 *Datum:* Die Konferenz über Sicherheit und Zusammenarbeit in Europa wird am 3.7.1973 eröffnet.

2.5 *Ort der Konferenz:* 1. Phase: Helsinki; 2. Phase: Genf; 3. Phase: Helsinki.

2.6 *Verfahrensregeln:* Wichtigste Regeln waren: 1. Alle Teilnehmerstaaten beteiligen sich als souveräne, unabhängige Staaten und unter den Bedingungen voller Gleichheit. 2. Die Konferenz findet außerhalb der militärischen Bündnisse statt. 3. Die Beschlüsse der Konferenz werden durch *Konsens* gefaßt.

2.7 *Finanzielle Regelung:* Die Kosten der Konferenz werden von den Teilnehmern nach einem bestimmten Verteilerschlüssel getragen. Auf die Bundesrepublik Deutschland entfallen 8,80%.
Obwohl die KSZE ausdrücklich außerhalb der militärischen Bündnisse stattfinden sollte, haben die Bündnissysteme in Ost und West auf der Konferenz eine ganz erhebliche politische Rolle gespielt, ja sie wurden sogar durch die Konferenz in erheblichem Maße zur Zusammenarbeit im Bündnisrahmen herausgefordert. Auf NATO-Seite wurden vor, während und nach der Konferenz ständig Konsultationen geführt, um die Haltung zu den einzelnen Konferenzthemen und -fragen abzustimmen. Der Warschauer Pakt verfuhr ebenso. Eine dritte Staatengruppe, die der neutralen und nichtpaktgebundenen Staaten (die soge-

nannte NN-Gruppe), fand sich im Verlauf der Konferenz ebenfalls zu einer sehr engen Abstimmung zusammen, so daß der Verlauf der Konferenz insgesamt in starkem Maße von den Aktivitäten und Initiativen dieser drei politischen Gruppierungen bestimmt wurde, wobei die NN-Staaten häufig vermittelnd zwischen Ost und West tätig wurden, um Kompromisse möglich zu machen. Aber auch zahlreiche andere internationale Organisationen schalteten sich in den KSZE-Prozeß mit z. T. beachtlichen Beiträgen ein. Dazu gehören neben NATO und Warschauer Vertrag vor allem die → Europäische Gemeinschaft, der → Europarat, die → WEU, die → ECE und die → IPU. Die IPU ist zugleich auch Dachorganisation für Parlamentarier-Konferenzen der 35 KSZE-Teilnehmer. Bisher haben insgesamt vier Parlamentarier-Konferenzen der KSZE-Teilnehmer stattgefunden, und es ist davon auszugehen, daß diese Konferenzen eine ständige Einrichtung bleiben werden, solange es den KSZE-Prozeß gibt.

3. *Inhalt der KSZE-Schlußakte:* Die KSZE-Schlußakte ist kein verbindliches völkerrechtliches Vertragswerk, sondern eine Absichtserklärung der Teilnehmer, in ihren Beziehungen untereinander trotz unterschiedlicher Gesellschaftsordnungen und politischer Auffassungen ein Höchstmaß an Zusammenarbeit anzustreben. Dennoch hat die Schlußakte einen hohen politisch-moralischen Rang als Maßstab für außenpolitisches Verhalten und für die Einhaltung anerkannter Normen des Völkerrechts auch im innerstaatlichen Bereich, z. B. die Menschenrechte. Sie ist Verhaltenskodex und zugleich ein politisches Programm der Entspannung zwischen Ost und West in Europa. Ihr hoher Rang ergibt sich nicht zuletzt daraus, daß sie von den Staats- oder Regierungschefs der Teilnehmer feierlich unterzeichnet worden ist. Bedeutsam für die Bundesrepublik ist, daß es sich nicht um eine Konferenz über Deutschland handelt. Nach dem Willen der Teilnehmer berühren die Ergebnisse „weder ihre Rechte und Verpflichtungen noch die diesbezüglichen Verträge und Abkommen und Abmachungen". Mit dieser Rechtswahrungsklausel werden die Rechte und Pflichten der Vier Mächte für Berlin und Deutschland als Ganzes sichergestellt. Die Vorteile, die aus den Ergebnissen der Schlußakte hervorgehen, sind ferner „zwischen ihren Staaten und in ganz Europa zu gewährleisten." Mit dieser Formulierung ist sichergestellt, daß Berlin von den Bestimmungen der Schlußakte nicht ausgenommen ist. Trotz Anerkennung des Prinzips der Unverletzlichkeit der Grenzen wird als Ausdruck des Prinzips der souveränen Gleichheit von den Teilnehmern festgehalten, daß „ihre Grenzen in Übereinstimmung mit dem Völkerrecht, durch friedliche Mittel und durch Vereinbarung verändert werden können." Damit stehen die Ergebnisse der KSZE auch einer dynamischen Entwicklung der westeuropäischen Integration nicht entgegen. Ein wenig unvermittelt und ohne rechte Systematik werden in der Schlußakte im Anschluß an den sogenannten „zweiten Korb", in dem Wirtschaftsfragen behandelt werden, auch „Fragen der Sicherheit und Zusammenarbeit im Mittelmeerraum" angesprochen. Diese Absichtserklärungen kamen vor allem auf Wunsch Maltas zustande. Die einzelnen Kapitel der Schlußakte, die gleichgewichtig sind und zusammengehören, enthalten folgende Bestimmungen:

3.1 *Fragen der Sicherheit in Europa:* Dazu gehören die zehn Prinzipien: 1. Souveräne Gleichheit, 2. Gewaltverbot, 3. Unverletzbarkeit der Grenzen, 4. territoriale Integrität, 5. friedliche Regelung von Streitfällen, 6. Nichteinmischung, 7. Achtung der Menschenrechte, 8. Gleichberechtigung und Selbstbestimmung,

9. Zusammenarbeit, 10. Erfüllung völkerrechtlicher Verpflichtungen; und vertrauensbildende Maßnahmen: Vorherige Ankündigung von größeren militärischen Manövern, Austausch von Manöverbeobachtern und vorherige Ankündigung größerer militärischer Bewegungen.

3.2 Zusammenarbeit in den Bereichen der Wirtschaft, der Wissenschaft und der Technik sowie der Umwelt: In diesem umfangreichen Teil der Schlußakte werden Grundsatzfragen der Gestaltung des systemübergreifenden Wirtschaftsverkehrs behandelt. Insbesondere sollen dadurch Handel und industrielle Kooperation auch durch Projekte gemeinsamen Interesses verbessert und die Zusammenarbeit in der Wissenschaft, der Technik sowie in Fragen des Umweltschutzes intensiviert werden.

3.3 Zusammenarbeit in humanitären und anderen Bereichen: Dieser Teil der KSZE-Schlußakte ist ein entscheidendes neues Element in den internationalen Beziehungen, denn nach bisheriger Praxis waren Kontakte und Beziehungen zwischen Menschen kaum Gegenstand internationaler Vereinbarungen. Wenn auch die Bestimmungen dieses „dritten Korbes" den jeweiligen innerstaatlichen Regelungen unterliegen, so ist dieser Teil der KSZE-Schlußakte doch als der stärkste Ausdruck des Willens zur Entspannung in Europa anzusehen – insbesondere auf östlicher Seite. Ziel des „dritten Korbes" sind vor allem Erleichterungen für Familienzusammenführung, Verwandtenbesuche, Eheschließung und Reisen. Außerdem sollen Jugendaustausch, Tourismus und Sportbegegnungen gefördert werden (Bereich menschliche Kontakte). Im Bereich der Information sollen der Austausch von mündlicher, gedruckter und gesendeter und gefilmter Information sowie die Arbeitsbedingungen für Journalisten verbessert werden. Im Bereich Kultur, Bildung und Wissenschaft sollen der kulturelle Austausch allgemein, die gegenseitige Kenntnis über kulturelle und wissenschaftliche Errungenschaften und Bildungseinrichtungen sowie die Kenntnis von Sprachen und fremden Zivilisationen gefördert werden.

3.4 Folgen der Konferenz: Die Schlußakte läßt offen, in welcher Form der Konferenzgedanke weitergeführt wird. Auf östlicher Seite bestand ein Interesse daran, die KSZE zu einer ständigen Einrichtung weiterzuentwickeln und dazu auch ein ständiges Gremium einzurichten. Auf westlicher Seite wollte man zunächst Erfahrungen sammeln. Hier stand der Überprüfungsgedanke im Vordergrund. Fest vereinbart wurde jedoch ein erstes Folgetreffen, das 1977/78 in Belgrad stattfand.

4. Politische Entwicklung nach Unterzeichnung der KSZE-Schlußakte: Die Sensibilität der Fragen, die mit der KSZE-Schlußakte erstmals einer Regelung zugeführt werden sollten, mußte zwangsläufig dazu führen, daß die Weiterentwicklung der Zusammenarbeit in starkem Maße vom Zustand der internationalen Lage abhängig war. Eine Verschlechterung der internationalen Beziehungen, insbesondere im Verhältnis zwischen den beiden Weltführungsmächten, mußte deshalb auch notwendigerweise auf den KSZE-Prozeß durchschlagen, denn beide Weltführungsmächte waren zugleich KSZE-Teilnehmer. Schon allein deshalb waren internationale Krisen, in denen sich die USA und die Sowjetunion gegenüberstanden, auch im KSZE-Rahmen spürbar. Die Abhängigkeit von der Weltlage wurde anläßlich des ersten KSZE-Folgetreffens besonders deutlich spürbar. Das Jahr 1977 stand ganz im Zeichen der von US-Präsident *Carter* betonten Menschenrechte, die Bestandteil der Prinzipienerklärung der KSZE-Schlußakte sind. Insbesondere in Osteuropa bildeten sich unter Berufung auf die KSZE-Schlußakte alsbald sogenannte Helsinki-Gruppen, die die dort bekräftigten Rechte und Möglichkeiten nun für sich in Anspruch nahmen. Sie wurden auf östlicher Seite jedoch als Gefahr für die innere Sicherheit angesehen mit dem negativ beladenen Begriff „Dissidenten" belegt und teilweise drastischen Verfolgungsmaßnahmen ausgesetzt, was wiederum auf westlicher Seite als Verstoß gegen Geist und Buchstaben der Schlußakte angesehen wurde. Diese Auseinandersetzung und eine sich verschärfende Konfrontation zwischen USA und Sowjetunion schränkten die Aussichten für konkrete Möglichkeiten einer Weiterentwicklung des KSZE-Prozesses erheblich ein. Dennoch wurden auf diesem ersten Folgetreffen die Bestimmungen der Schlußakte in allen ihren Teilen erneut bekräftigt und die Tatsache, daß es in der Frage der Verwirklichung der Menschenrechte Meinungsverschiedenheiten gegeben hat, offen ausgesprochen. Das in Belgrad vereinbarte zweite KSZE-Folgetreffen fand von Nov. 1980 bis Sept. 1983 in Madrid statt. Auch dieses Treffen war von schweren internationalen Krisen überschattet, insbesondere die sowjetischen Invasion Afghanistans im Dez. 1979, die Krise in Polen, die mit der Ausrufung des Kriegsrechts im Dez. 1981 zu erheblichen Verwerfungen im Gefüge der Ost-West-Beziehungen und auch innerhalb der beiden Bündnissysteme führte und schließlich – am Ende der Beratungen in Madrid – der Abschuß eines koreanischen Verkehrsflugzeuges über sowjetischem Territorium, bei dem 269 Passagiere ums Leben kamen.

In dieser gespannten Lage hat sich der KSZE-Prozeß nicht nur als Gradmesser vorhandener Spannungen, sondern als Instrument der Wiederanknüpfung von Beziehungen erwiesen, und zwar gerade weil die internationale Lage sich auf dramatische Weise zuzuspitzen drohte. Das Ergebnis des Folgetreffens in Madrid war schließlich eine Weiterentwicklung des KSZE-Prozesses unter mehreren Gesichtspunkten:

1. Einigung auf eine „Konferenz über Vertrauens- und Sicherheitsbildende Maßnahmen", die am 17. Jan. 1984 in Stockholm ihre Beratungen aufnahm.

2. Vereinbarung eines weiteren KSZE-Folgetreffens, das ab 4.11.1986 in Wien stattfindet.

3. Vereinbarung eines Expertentreffens über Menschenrechte und Grundfreiheiten, das ab 7.5.1985 in Ottawa stattfindet.

4. Vereinbarung eines Expertentreffens über menschliche Kontakte, das am 4.4.1986 in Bern stattfindet.

5. Veranstaltung eines Kulturforums in Budapest (15.10.1983). Gleichzeitig wurden wesentliche Normen und Rechte, einschließlich des Rechts auf Bildung von Gewerkschaften und der freien Ausübung ihrer Rechte und Tätigkeiten, bekräftigt.

Literatur

Schramm, F. K./Riggert, W. G./Friedel, A. 1972: Sicherheitskonferenz in Europa, in: Dokumentation 1954-1972, Frankfurt.
Jacobsen, H. A./Mallmann, W. /Meyer, C. 1973: Sicherheit und Zusammenarbeit in Europa (KSZE) – Analyse und Dokumentation, in: Dokumente zur Außenpolitik, Band II, Köln.

Volle, H./Wagner, W. 1972: KSZE. Konferenz über Sicherheit und Zusammenarbeit IN Europa, in: Beiträge und Dokumente aus dem Europa-Archiv, Bonn.
Delbrück, J./Ropers, N./Zellentin, G. 1977: Grünbuch zu den Folgewirkungen der KSZE, Köln.
Schwarz, H. P./Haftendorn, H. 1970: Europäische Sicherheitskonferenz, Opladen.
Presse- u. Informationsamt der Bundesregierung 1983: Sicherheit und Zusammenarbeit in Europa. KSZE-Dokumentation, Bonn.

Dieter Dettke

Nord-Süd-Dialog

1. Hintergrund: Ein wichtiger Faktor für den Versuch eines organisierten Nord-Süd-Dialoges war auf seiten der EL die bewußter wahrgenommene Diskrepanz zwischen der weitgehend erreichten formalen politischen Unabhängigkeit und dem weiterhin bestehenden ökonomischen Entwicklungsrückstand und der ökonomischen Abhängigkeit. Indikatoren für eine wachsende Organisierung des Südens und eine Prioritätenverschiebung zu weltwirtschaftlichen Strukturfragen bereits in den 60er Jahren waren einerseits der größere Einzugsbereich und die Themenveränderung bei der → Bewegung der blockfreien Staaten, andererseits die Durchsetzung der → UNCTAD gegen den Widerstand der westlichen IL und der Ausbau der Gruppe der 77 als Vertretung des Südens. Als wichtiger Einschnitt ist der erfolgreiche Einsatz der arabischen Ölwaffe im Rahmen des israelisch-arabischen Konfliktes 1973 und die von der → OPEC anschließend durchgesetzten Ölpreisexplosion anzusehen. Die Ölpreisexplosion war ein wichtiger Faktor für die folgende weltwirtschaftliche Rezessionskrise, der schwersten seit der Weltwirtschaftskrise 1929. Erstmals hatten Teile des Südens bewiesen, daß der Süden nicht einseitig nur vom Norden wirtschaftlich abhängig war und damit die Behauptung der wachsenden wirtschaftlichen Interdependenz empirisch untermauert.
Das gewachsene Selbstbewußtsein der Dritten Welt schlug sich in verstärkten Forderungen nach einer Änderung der Ende des Zweiten Weltkrieges geschaffenen Weltwirtschaftsordnung nieder, die ohne maßgebliche Beteiligung des überwiegend noch im Kolonialstatus „verhafteten" Südens zustande gekommen sei und einseitig die Interessen der westlichen IL berücksichtige. Auf der 6. UN-Sondergeneralversammlung über Rohstoffragen im Mai 1974 setzten die EL die Verabschiedung der „Erklärung über die Errichtung einer neuen Weltwirtschaftsordnung" und eines Aktionsprogramms durch und im Herbst 1974 wurden die Vorstellungen der Dritten Welt noch einmal in der „Charta der wirtschaftlichen Rechte und Pflichten der Staaten" verankert, die von der 29. Generalversammlung der →UN mehrheitlich beschlossen wurde. In beiden Grundsatzdokumenten erweist sich die angestrebte Neue Weltwirtschaftsordnung (NWWO) nicht als eine in sich geschlossene, widerspruchsfreie Konzeption, sondern als ein heterogener Katalog von Forderungen höchst unterschiedlichen Abstraktionsgrades. Die Charakterisierung „neu" trifft weniger für die einzelnen Forderungen, zu, als vielmehr für die Präsentation als Pakte und den Versuch einer einheitlichen Durchsetzung. Die Forderungen beziehen sich nicht nur auf Neu-

273

regelungen in der Sache – angesprochene Bereiche sind insbesondere Rohstoffe, Handel, Währung, Finanzierung –, sondern auch auf Veränderungen der Entscheidungsprozesse. Insgesamt wird weiterhin von einer arbeitsteiligen Weltwirtschaft ausgegangen, aber die Dritte Welt fordert stärker an ihren Entwicklungsinteressen orientierte Strukturelemente und einen „demokratischen" Entscheidungsprozeß im Sinne eines größeren Mitspracherechtes. Ein charakteristisches Element ist die aufgrund der Kolonialerfahrungen verständliche, gleichwohl widersprüchliche Betonung absoluter Handlungsfreiheit für die EL, insbesondere im Bereich der Rohstoffe, bei gleichzeitiger Forderung vielfältiger Handlungsbeschränkungen für die IL. Die meisten westlichen IL hatten bei der Behandlung der beiden Grundsatzdokumente zur NWWO Vorbehalte in wichtigen Punkten deutlich gemacht und sich bei der Abstimmung der Stimme enthalten oder ablehnend votiert. Wegen der fehlenden Bindungswirkung der UN-Mehrheitsentscheidungen war die NWWO damit vorerst weiterhin Programm, und ihre Umsetzung in die Realität bedurfte konkreter Vereinbarungen, die die Dritte Welt im Rahmen des Nord-Süd-Dialoges anstrebte.

2. *Akteure, Foren, Themen:* Der Begriff Nord-Süd-Dialog legt die Vermutung nahe, der Norden – IL – und der Süden – EL – seien die beteiligten Akteure. Abgesehen von der Ungenauigkeit der geographischen Einordnung sind auch die Gruppen IL und EL interessenmäßig heterogen. Die Dritte Welt hat ihre Gruppeneinheit als wichtiges Element ihrer Verhandlungsstärke angesehen und deshalb ungeachtet der Interessendifferenzierung – u. a. Erdölexporteure, Schwellenländer, am wenigsten entwickelte Länder – dieser Einheit auch im Rahmen ihrer Verhandlungsstrategie einen hohen Stellenwert eingeräumt. „Norden" verdeckt einmal die Spaltung in osteuropäische und westliche IL, wobei sich erstere bisher nur sehr zurückhaltend an dem Dialog beteiligt haben, so daß es sich eher um einen West-Süd-Dialog handelt. Innerhalb der westlichen IL, die ihre Position über die → OECD abzustimmen versuchen, gibt es ein Spektrum, das von den gegenüber den Forderungen des Südens aufgeschlossenen Ländern, v. a. die nordischen Länder und die Niederlande, bis zu den „hardlinern" reicht, zu denen insbesondere die USA, aber auch die Bundesrepublik Deutschland gerechnet werden.

Die Grundstrategie der Dritten Welt bestand darin, möglichst nur Verhandlungen über das gesamte Paket in globalen Organisationen, insbesondere der UN, mit Beteiligung der gesamten Gruppe zu führen, während die westlichen IL umgekehrt möglichst konkrete, spezifische Verhandlungen mit direkt betroffenen Ländergruppen in funktionalen Organisationen, z. B. den westlich dominierten → IWF und → Weltbank, anstrebten. Der Nord-Süd-Dialog ist daher in den vergangenen etwa zehn Jahren in unterschiedlichen Foren, mit unterschiedlichen Akteuren über eine Vielzahl von Themen geführt worden, wobei die drei genannten Elemente bereits Teil der Auseinandersetzungen waren.

Zu den auch unter dem Aspekt des unterschiedlichen Zuganges besonders interessant erscheinenden Foren zählen:

a) Konferenz über Internationale Wirtschaftliche Zusammenarbeit (KIWZ) 1975-77 in Paris: Sie war das Kompromißergebnis des Versuches der westlichen IL, über das aus ihrer Sicht vorrangige Energieproblem mit den ölexportierenden Ländern zu verhandeln. Um die Einheit der Dritten Welt nicht zu gefährden, setzten die Erdölexporteure eine Erweiterung sowohl der Themenpalette um die die EL primär interessierenden Fragen als auch des Teilnehmerkreises durch – weitere erdölimportierende EL. Beteiligt wurden schließlich acht westliche IL – darunter die als Einheit auftretende→ EG – und neunzehn EL – darunter nur eines der am wenigsten entwickelten Länder –, die in vier Kommissionen die Problembereiche Energie, Rohstoffe, Entwicklung und Finanzen behandelten. Das Ergebnis war für beide Seiten enttäuschend, da eine Einigung nur in sekundären Fragen erreicht wurde, aus westlicher Sicht insbesondere eine Entschärfung der „Ölwaffe" nicht gelang.

b) Unabhängige Kommission für Internationale Entwicklungsfragen (Nord-Süd-Kommission) 1977 bis 1979: Mit der von der → Weltbank angeregten, aber betont unabhängigen Kommission wurde der Versuch gemacht, den festgefahrenen Nord-Süd-Verhandlungen von außen, durch eine Gruppe angesehener, politisch erfahrener, aber nicht in die Regierungsverantwortung eingebundener „elder statesmen" neue Impulse zu geben. Die von *Willy Brandt* zusammengestellte und geleitete Kommission – zehn Repräsentanten des Südens, acht der westlichen IL bei Verweigerung des Ostblocks – legte Ende 1979 ihren von allen Mitgliedern getragenen Bericht vor mit dem programmatischen Titel „Das Überleben sichern. Gemeinsame Interessen der Industrie- und Entwicklungsländer". Unter Betonung der „gemeinsamen Interessen" dieskutiert die Kommission eine breite Themenpalette – u. a. Einbeziehung häufig vernachlässigter Themen wie Bevölkerung, Umwelt, Abrüstung und Entwicklung – und macht Vorschläge sowohl für neue Sachregelungen als auch für eine Verbesserung des Entscheidungsprozesses, wobei für 1980-1985 ein Prioritätenprogramm vorgeschlagen wird. Die Empfehlungen, die wichtige Elemente der NWWO aufnehmen und den Forderungen der EL generell mit großer Sympathie begegnen, bewirkten zwar eine beachtliche internationale Diskussion, aber wenig praktisches Handeln. Die offiziell gar nicht mehr bestehende Nord-Süd-Kommission machte daher mit ihrem zweiten Bericht „Hilfe in der Weltkrise" Ende 1982 einen erneuten Versuch, ein Sofortprogramm auf den Gebieten Finanzen, Handel, Welternährung und Energie sowie zum Verhandlungsmodus zu initiieren, bisher wiederum ohne großen Erfolg. Ein Verfahrensvorschlag allerdings, der bereits im ersten Bericht enthalten war, wurde erprobt. Die Nord-Süd-Kommission hatte gelegentliche Nord-Süd-Gipfelkonferenzen mit einem kleinen, aber möglichst repräsentativen Teilnehmerkreis vorgeschlagen, um dem Nord-Süd-Dialog Orientierung zu geben.

c) Nord-Süd-Gipfelkonferenzen in Cancun, Mexiko am 22. und 23.10.1981: An der ersten Nord-Süd-Gipfelkonferenz waren 22 Staats- und Regierungschefs beteiligt, darunter die VR China, während sich die UdSSR wiederum verweigerte. Von der direkten Befassung der obersten politischen Entscheidungsebene mit den Nord-Süd-Problemen und den persönlichen Kontakten wurde eine Verbesserung des Klimas, ein höherer Stellenwert der Nord-Süd-Fragen und ein neuer Impuls für die Verhandlungen erhofft. Zumindest kurzfristig blieben die Ergebnisse aber weit hinter den aufgrund des spektakulären Charakters des Treffens hochgeschraubten Erwartungen zurück. U. a. wurden „globale Verhandlungen" im Rahmen der UN unterstützt, um zur Lösung der Nord-Süd-Probleme beizutragen.

Außer den genannten Foren war das gesamte UN-System in den Nord-Süd-Dialog eingeschaltet, wobei die UNCTAD-Konferenzen insbesondere für die

Verhandlungen über das von den EL vorrangig angestrebte Integrierte Rohstoffprogramm eine besonders wichtige Rolle spielte. 1979 beschloß die 34. UN-Generalversammlung 1980 „globale Verhandlungen" zu eröffnen, um Probleme in den Bereichen Rohstoffe, Handel, Währung und Finanzen sowie Energie in einem „integrierten Verfahren" anzugehen. Eine Einigung über diese globalen Verhandlungen ist aber trotz der Erklärung auf dem Nord-Süd-Gipfel in Cancun und der Bereitschaftserklärung auf mehreren → Weltwirtschaftsgipfeln der westlichen IL bisher nicht gelungen. Dabei ist der Hauptstreitpunkt der Versuch der EL, mit Hilfe der Verhandlungen indirekt über die UN größeren Einfluß auf die Sonderorganisationen IWF, Weltbank und → GATT zu erlangen.

3. Perspektiven/Bewertung: Der Nord-Süd-Dialog hat zwar gemessen an der ihm gewidmeten Aufmerksamkeit in Form von Konferenzen, Tagesordnungen etc. an Stellenwert gewonnen, hat aber gemessen an diesem Aufwand wie an den an ihn geknüpften Erwartungen bisher nur dürftige Ergebnisse gebracht. In der kontroversen Diskussion werden v. a. die Bedeutung von internationalen Strukturreformen für die Situation der EL, der Grad der Interdependenz, Notwendigkeit und Erfolgschancen eines veränderten Nord-Süd-Dialoges und der Stellenwert alternativer oder ergänzender Handlungsmöglichkeiten unterschiedlich eingeschätzt. Mit den Vorbehalten gegenüber dem Nord-Süd-Dialog ist gleichzeitig auch die Skepsis gegenüber einer als Alternative begriffenen „autozentrierten Entwicklung" und → Intra-Süd-Kooperation gewachsen, auch wenn sie als eigenständiges Element sinnvoll sind. Bei der Ursachenanalyse für den bisherigen Mißerfolg werden einerseits Einstellungen und Strategien der Akteure, andererseits der Verhandlungsmodus betont. Die westlichen IL seien zwar in ihrer Defensivstrategie der „Schadensbegrenzung" kurzfristig erfolgreich gewesen, wobei die Einschätzung der Ölwaffe als weniger bedrohlich eine wichtige Rolle gespielt habe. Andererseits habe die Haltung der Dritten Welt – Verbalradikalismus und Simplifizierung, Überbetonung des politischen Willens und Vernachlässigung der technischen Aspekte – die ablehnende Haltung der westlichen IL vestärkt. Die vorherrschende Perzeption sei die eines Null-Summen-Spiels gewesen, so daß die meist längerfristigen, gemeinsamen Interessen zu kurz gekommen seien. Die teilweise kontrovers beurteilten Reformvorschläge richten sich v. a. auf den Verhandlungsprozeß.

— Einbeziehung der Interessenlage und Argumente der Gegenseite – Dialog statt eines kollektiven Monologes;
— Priorität für Fragen, bei denen der status quo allgemein als unbefriedigend betrachtet wird, Grundprinzipien ausgeklammert werden können und Vorteile einer Änderung einigermaßen kalkulierbar sind und möglichst beide Seiten begünstigen;
— Verhandlungsgruppen mit sachlich und zeitlich begrenzten Aufträgen, weniger Beteiligten und mehr Verhandlungsspielraum unter Berücksichtigung größerer fachlicher Kompetenz und direkter Betroffenheit;
— weiteres Experimentieren mit gründlich vorbereiteten Nord-Süd-Gipfelkonferenzen;
— generell flexiblere Nutzung des Gruppensystems und Bereitschaft, auch in kleineren Teilgruppen voranzugehen, wenn Vetogruppen eine allgemeine Regelung verhindern. Schwierig ist insbesondere das Verhältnis einer flexibleren Gruppennutzung bei Verhandlungen und der Legitimierung der Ergeb-

nisse durch allgemeine Foren. Abzuwarten bleibt auch, ob die Silberstreifen am weltwirtschaftlichen Horizont die Reformbereitschaft als Grundvoraussetzung eines erfolgversprechenden Nord-Süd-Dialoges nicht kurzfristig weiter reduzieren.

Literatur

Brandt, W. (Hrsg.) 1983: Hilfe in der Weltkrise. Ein Sofortprogramm. Der 2. Bericht der Nord-Süd-Kommission, Reinbek

Cassen, R. et al. 1982: Rich Country Interests and Third World Development, London

Commonwealth Group of Experts 1982: The North-South-Dialogue. Making it work, London

Mayrzedt, H. et al. 1981: Perspektiven des Nord-Süd-Dialogs und internationale Verhandlungsmechanismen, Köln

OECD 1983: World Economic Interdependence and the evolving north-south relationship, Paris

Rothstein, R. L. 1979: Global Bargaining – UNCTAD and the Quest for a New International Economic Order, Princeton

Rothstein, R. L. 1984: Is the North-South Dialogue Worth Saving? In: Third World Quarterly 6, 155-182

Unabhängige Kommission für Internationale Entwicklungsfragen 1980: Das Überleben sichern. Gemeinsame Interessen der Industrie- und Entwicklungsländer. Bericht der Nord-Süd-Kommission, Köln

Wissenschaftlicher Beirat beim Bundesministerium für wirtschaftliche Zusammenarbeit – Ausschuß Nord-Süd-Kommission – 1983: Stellungnahme zu den Vorschlägen des zweiten Brandt-Berichts, in: BMZ – aktuell, Bonn

Uwe Andersen

Seerechtskonferenz der Vereinten Nationen

1. Entstehung: Nach sechsjährigen Vorbereitungen (1967 bis 1973) und neunjährigen Verhandlungen (1973 bis 1982) ist die 3. UN-Seerechtskonferenz mit der Unterzeichnung ihrer Schlußakte, in deren Mittelpunkt ein umfassendes Vertragswerk mit 320 Artikeln, 9 Anhängen und 5 Resolutionen steht, am 10.12.1982 in Montego Bay (Jamaica) zu Ende gegangen. Neben den traditionellen Meeresnutzungen der Schiffahrt, Fischerei und Festlandsockelausbeutung wurden nun auch Tiefseebergbau, Umweltschutz, Meeresforschung und Technologietransfer in einer neuen maritimen Nutzungsordnung geregelt.

Ausgelöst wurde diese Konferenz durch die Entdeckung immenser Rohstoffvorkommen in der Tiefsee. Die Gefahr einer Aufteilung dieser wertvollen Ressourcen unter den größten Industriestaaten sollte gebannt werden. Das geltende Seerecht, d.h. vor allem die vier Seerechtskonventionen von 1958 hielten für die sich abzeichnenden Nutzungskonflikte nur unzureichende Lösungsmodelle bereit. Zuvor hatte sich das Seerecht über Jahrhunderte hinweg nur unwesentlich, zumeist gewohnheitsrechtlich fortentwickelt und nach Auffassung einer großen Anzahl von Staaten mit dem technischen Fortschritt nicht mithalten können. Das seit dem 17. Jahrhundert zentrale Rechtsprinzip der ‚Freiheit der Meere" ging davon aus, daß die Ozeane dem Gemeingebrauch aller Staaten offenstanden und keiner staatlichen Hoheitsgewalt unterworfen werden konnten. Den Küstenstaaten standen lediglich schmale Territorialgewässer zum Schutze ihres Staatsgebietes zu; ihre Breite orientierte sich noch bis nach dem Zweiten Weltkrieg nahezu weltweit an der Weite eines Kanonenschusses im 18. Jahrhundert – damals drei Seemeilen. Erst danach begannen sich einige Industriestaaten für die Erschließung der neuen Erdölvorkommen im küstennahen Meeresgrund zu interessieren. Zur rechtlichen Absicherung der mit hohen Investitionen verbundenen Explorationen erließ US-Präsident *Truman* am 29.9.1945 eine später berühmt gewordene und nach ihm benannte Proklamation, in der die USA das ausschließliche Nutzungsrecht an den Naturschätzen ihres Kontinentalschelfs für sich beanspruchten. Diesem Beispiel folgten alsbald zahlreiche Küstenstaaten – ein Run auf die Festlandsockelgebiete setzte ein. Trotz der gravierenden Eingriffe in die Meeresfreiheit blieben Proteste gegen diese einseitigen Maßnahmen aus. Stattdessen erfuhr die neue Festlandsockel-Doktrin rasch gewohnheitsrechtliche Anerkennung. Gleichzeitig verursachte diese Entwicklung bei einer großen Anzahl von Staaten, die hiervon nicht profitieren konnten, so großes Unbehagen, daß nach mehrjährigen Vorbereitungen durch die UN-Völkerrechtskommission im Jahre 1958 die erste UN-Seerechtskonferenz in Genf zusammentrat. Ihr Ergebnis waren vier überwiegend Gewohnheitsrecht kodifizierende Übereinkommen vom 29.4.1958: die Konventionen über das Hohe Meer, über das Küstenmeer und die Anschlußzone, über den Festlandsockel sowie über den Schutz der lebenden Schätze des Meeres. Einer weiteren Genfer Seerechtskonferenz blieb 1960 der Erfolg versagt, da man sich vor allem über die umstrittene Jahrhundertfrage der Küstenmeerbreite und die Fischereizonen nicht hatte einigen können.

In den vier Konventionen wurde – verkürzt ausgedrückt – das Prinzip der Meeresfreiheit nach zwei Richtungen hin beschränkt: Zum einen durch zwischen 3 und maximal 12 Seemeilen breite Küstengewässer bzw. Fischerei- und Anschlußzonen, zum anderen durch die Anerkennung darüberhinausgehender Schelfnutzungsrechte, die den Küstenstaaten die ausschließliche Nutzung des Festlandsockels, nicht aber des darüberliegenden sog. epikontinentalen Meeres, das nach wie vor dem Gemeingebrauch offenstand, erlaubten. Während man aber 1958 davon ausging, daß in absehbarer Zeit eine Ausbeutung des Meeresbodens kaum in über 200 m Wassertiefe technisch möglich wäre, erwies sich diese Annahme schon bald als unrichtig: Die reichen Rohstoffvorkommen der Tiefsee und ihre Ausbeutung rückten in greifbare Nähe.

Vor diesem Hintergrund neuer Rechtsunsicherheit brachte der Malteser UN-Botschafter Arvid *Pardo* 1967 seine inzwischen berühmt gewordene Meeresbodeninitiative in die UN-Generalversammlung ein, indem er vorschlug, den Tiefseeboden zum „Gemeinsamen Erbe der Menschheit" zu erklären, es einer internationalen Behörde treuhänderisch zu unterstellen und jeglicher nationalen Aneignung oder militärischen Nutzung zu entziehen. Als der in der Folge eingesetzte Meeresbodenausschuß seine Arbeit aufnahm, zeigte sich rasch, daß eine isolierte Behandlung der Tiefseefrage ohne Berücksichtigung aller übrigen Seerechtsfragen kaum möglich war. Mit überwältigender Mehrheit faßte deshalb die UN-Generalversammlung 1969 den Beschluß, das gesamte Seerecht zu reformieren und dazu eine neue Kodifikationskonferenz einzuberufen. Obwohl die vorbereitenden Arbeiten des Meeresbodenausschusses weithin als unbefriedigend empfunden wurden, nahm die 3. UN-Seerechtskonferenz im Dez. 1973 ihre Arbeit in New York auf. Es folgten insgesamt elf Sessionen in Caracas sowie abwechselnd in Genf und New York bis zur Annahme der Konvention am 30.4.1982 mit 130 gegen 4 Stimmen (USA, Israel, Türkei, Venezuela) bei 17 Enthaltungen. Die Unterzeichnung der Schlußakte der Konferenz erfolgte am 10.12.1982 durch immerhin 117 Staaten. Damit fanden die bisher wohl bedeutendsten und komplexesten Verhandlungen in der UN-Geschichte ihren Abschluß. Der neue Vertrag wird zwei Jahre zur Unterzeichnung aufliegen. Sein Inkrafttreten kann jedoch erst ein Jahr nach Hinterlegung der 60. Ratifikationsurkunde erfolgen, so daß auch die unterzeichnenden Staaten rechtlich noch nicht an den Inhalt des neuen Übereinkommens gebunden sind. In der Zwischenzeit wird sich eine Vorbereitungskommission, deren Mitglieder nur aus Unterzeichnerstaaten bestehen darf, mit der Schaffung der vorgesehenen Meeresbodenbehörde und des internationalen Seegerichtshofs befassen.

2. *Inhalt der Konvention:* Im Mittelpunkt der ersten 10 (von insgesamt 17) Teile der Konvention steht das allgemeine Seerecht: Mit der Anerkennung einer maximalen Breite von 12 Seemeilen findet der Streit um das Küstenmeer sein Ende; ausländischen Schiffen wird dort auch künftig das Recht der „friedlichen Durchfahrt" garantiert. In den rund einhundert für die internationale Schiffahrt wichtigen Meerengen wird allen Schiffen, U-Booten und Flugzeugen die Transitpassage mit der Auflage gestattet, daß diese ohne Verzögerung, Unterbrechung oder Beeinträchtigung bzw. Bedrohung der Anliegerstaaten erfolgt. Ferner werden den Küstenstaaten u. a. ausschließliche Fischerei- und Meeresbodennutzungsrechte in bis zu 200 Seemeilen breiten Wirtschaftszonen eingeräumt. Für die sich in einigen Fällen darüber hinaus erstreckenden Schelfgebiete gilt als äußere Grenze – wiederum von einigen Ausnahmen abgesehen – eine von der Küste an bemessene 350-Seemeilen-Linie oder eine 100-Seemeilen-Linie, gemessen von der 2 500-m-Tiefenisobathe, falls sich das betreffende Schelfgebiet tatsächlich entsprechend ausdehnt. In diesem über die ausschließliche Wirtschaftszone hinausgehenden Festlandsockelbereich unterliegen die als entwickelt geltenden Küstenstaaten der Verpflichtung, einen Teil ihrer Nutzungserträge (in Geld oder tatsächlich gewonnenen Rohstoffen) an die internationale Gemeinschaft abzuführen.
Für die nachbarstaatliche Abgrenzung der Küstenmeere einerseits, der Wirtschaftszonen und des Festlandsockels andererseits sieht die Konvention jeweils eigene Regeln und Verfahren vor. Im übrigen wird der Rechtsstatus der Gewässer jenseits der Küstenmeere für Schiffahrt, Luftfahrt und Kabelverlegung demjenigen des Hohen Meeres angeglichen; alle kommerziellen und militärischen Schiffe können sich dort im Rahmen näher definierter Regeln frei bewegen.
Teil XI der Konvention regelt den Tiefseebergbau, wobei für die großen dort lagernden Rohstoffvorkommen (vorwiegend Mangan, Zink, Kupfer, Eisen, Kobalt, Nickel etc. in Form von kartoffelgroßen sog. Manganknollen) das Prinzip des „Gemeinsamen Erbes der Menschheit" verwirklicht wird. Der Abbau dieser Bodenschätze erfolgt unter Aufsicht einer Meeresbodenbehörde, und zwar über ein sog. Parallelsystem von besonders lizensierten Privatunternehmen und einem als Organ der Behörde errichteten internationalen Bergbauunternehmen (Enterprise), das einen näher definierten Anteil der Gebiete ausbeuten soll. Einigen sog. Pionierinvestoren, insbesondere aus den USA, Frankreich, der UdSSR und insgesamt elf weiteren Staaten wurden davon unabhängig für die ersten acht Jah-

re auf Drängen der USA Vorzugsnutzungsrechte gewährt. Die von der Internationalen Meeresbodenbehörde für die Erteilung von Abbauverträgen erhobenen Gebühren sowie die durch das „Enterprise" erzielten Einnahmen werden zugunsten benachteiligter Staaten umverteilt. Eine Dreiviertelmehrheit der Vertragsstaaten kann diesen Teil der Konvention 20 Jahre nach Beginn der kommerziellen Nutzung revidieren.

Die Teile XII und XIII sind den Belangen des maritimen Umweltschutzes und der wissenschaftlichen Meeresforschung gewidmet, während sich Teil XIV mit Entwicklung und Transfer von Meerestechnologie befaßt. Teil XV schließlich bietet ein detailliert geregeltes, mit zahlreichen Ausnahmen versehenes System obligatorischer Streitbeilegung, wobei die Wahl eines der angebotenen Verfahren freigestellt ist; darüber hinaus ist die Errichtung eines Internationalen Seegerichtshofs mit Sitz in Hamburg vorgesehen. Daneben kann aber nach wie vor auch der IGH angerufen werden.

3. Probleme: Das Gelingen dieser umfassenden Seerechtsreform stellt einen bedeutenden Meilenstein in den Bemühungen der UN um Rechtsfortbildung und Kodifikation dar. Zwar klaffen bei manchen der erzielten Ergebnisse idealistischer Ansatz und reales Ergebnis weit auseinander — etwa wenn mit der Anerkennung der Ausschließlichen Wirtschaftszonen 40% der wertvollsten Gebiete der Weltmeere und damit rund 80% aller Fischgründe sowie 90% der maritimen Öl- und Gasvorkommen zugunsten einer Gruppe geographisch begünstigter Küstenstaaten, unter Verzicht auf die gebotene internationale Solidarität und ohne jede Berücksichtigung der ärmeren Staaten nationalisiert werden. Vor dem Hintergrund anhaltender ideologischer, politischer und wirtschaftlicher Spannungen zwischen Ost und West, Nord und Süd wäre der Konferenz mit diesem erzielten Verhandlungsresultat beinahe die Quadratur des Kreises gelungen, hätten die USA nicht als größte Seemacht der Welt in Abkehr von ihrer früher angenommenen Haltung dieses Ergebnis in letzter Minute jedenfalls teilweise wieder in Frage gestellt. Obwohl ursprünglich von den USA initiiert, empfand die Regierung *Reagan* das Regime des künftigen Tiefseebergbaus als zu dirigistisch, planwirtschaftlich-bürokratisch und somit ihren Interessen abträglich. Experten erwarten übrigens eine wirtschaftliche Ausbeutung der Tiefseeressourcen erst in etwa 20 bis 30 Jahren. Die amerikanischen Befürchtungen beruhen denn auch vorwiegend auf Technologietransfer und den vorgesehenen Revisionsmöglichkeiten von Bestimmungen, die sich zum Nachteil der USA auswirken könnten. Als nur einer von vier Staaten stimmten die USA gegen die Verabschiedung der Konvention und unterzeichneten diese auch nicht, obwohl weite Teile des Vertrages mit den amerikanischen Interessen, besonders der Schiffahrt oder auch der Zuweisung der größten und zugleich wertvollsten Ausschließlichen Wirtschaftszone in Einklang stehen. Mit der amerikanischen Abstinenz wird aber das weitere Schicksal der Konvention zunächst ungewiß bleiben.

4. Bundesrepublik Deutschland und Seerechtskonferenz: Für die Bundesrepublik Deutschland, die wie keine andere große Industrienation geographisch benachteiligt ist, war es von Anfang an schwer, deutschen Meeresinteressen zum Durchbruch zu verhelfen — zu sehr stand die Konferenz im Zeichen der begünstigten Langküstenstaaten, die zudem bereits vor Konferenzende ihre Rechte einseitig proklamierten, und der Dritten Welt, die hier einen Hebel zur Verwirklichung wichtiger Elemente der Neuen Weltwirtschaftsordnung ansetzen wollte.

Andererseits liegen die getroffenen Schiffahrtsregelungen für ein Land mit der viertgrößten Handelsflotte ebenso im deutschen Interesse wie der vorgesehene Seegerichtshof mit Sitz in Hamburg. Eine Unterzeichnung der Konvention wurde u. a. wegen deutscher Bedenken gegen das Tiefseebergbauregime – mit den amerikanischen Bedenken vergleichbar – im Dez. 1984 abgelehnt. Mit dieser Entscheidung nimmt die Bundesrepublik Deutschland damit aber auch das Risiko auf sich, den diplomatischen Erfolg, den Seegerichtshof zu beheimaten, zu verspielen. Abzuwarten bleibt darüber hinaus, ob langfristig die Ablehnung nicht auch den bereits im Tiefseebergbau engagierten deutschen Firmen schaden wird.

Literatur:

Platzöder, R. /Graf Vitzthum, W. 1974: Zur Neuordnung des Meeresvölkerrechts auf der III. Seerechtskonferenz der Vereinten Nationen, Ebenhausen.
Platzöder, R. 1975: Die III. Seerechtskonferenz der Vereinten Nationen – Eine Zwischenbilanz.
Platzöder, R. 1976: Politische Konzeptionen zur Neuordnung des Meeresvölkerrechts.
Rüster, B. 1978: Die Rechtsordnung des Festlandsockels.
Rüster, B. 1982: Die Zukunft des blauen Planeten – Internationale Meerespolitik und die III. Seerechtskonferenz der Vereinten Nationen (1973-1981) in: Opitz (1982) Weltprobleme (S. 309 ff.).
Graf Vitzthum, W. 1972: Der Rechtsstatus des Meeresbodens.
Graf Vitzthum, W. 1981: Die Plünderung der Meere, Fischer-Taschenbuch, Frankfurt/M.

Bernd Rüster

Weltwirtschaftsgipfel (WWG)

1. Entstehungsgeschichte: Die wirtschaftspolitischen Gipfelkonferenzen sind ein Kind der Krise. Die weltwirtschaftliche Rezession 1974/75 erschütterte den in den westlichen IL verbreiteten Optimismus, das ausgebaute wirtschaftspolitische Instrumentarium und der Stand des wirtschaftspolitischen Wissens ermöglichten eine indirekte Steuerung marktwirtschaftlicher Systeme, die zumindest schwere Krisen ausschließe. Sie verdeutlichte zugleich die stark gewachsene internationale Wirtschaftsverflechtung und den hohen Grad der privatwirtschaftlichen Integration, z. B. Herausbildung multinationaler Unternehmen und supranationaler Geld- und Kapitalmärkte, dem kein entsprechend ausgebautes internationales Steuerungsinstrumentarium gegenübersteht. Auch Spitzenpolitiker wie Bundeskanzler *Schmidt* befürchteten ein Reaktionsmuster wie bei der Weltwirtschaftskrise 1929, d. h. Versuche, die Krise durch nationale Alleingänge zu Lasten anderer Länder zu lösen. Angesichts der zu erwartenden Gegenmaßnahmen und der bestehenden engen Interdependenz hätte ein Versuch der national verengten Krisenbewältigung die Krise mit Sicherheit katastrophal verschärft.

Auf diesem Hintergrund ergriff der französische Staatspräsident *Giscard d'Estaing* 1975 die Initiative und schlug informell vor, die politischen Spitzen Frankreichs, Deutschlands, Großbritanniens, Japans und der USA sollten sich treffen, um die besonders brisanten Währungsfragen auf höchster Ebene zu erörtern. Die Initiative dürfte von Erfahrungen im → IWF beeinflußt worden sein. Bei den Verhandlungen zur Reform des internationalen Währungssystems wurde die Position der westlichen IL im Zehnerklub abgestimmt. Informell hatte sich jedoch eine noch elitärere „Fünfer-Gruppe" herausgebildet, indem sich die Finanzminister der o. g. Länder zu Geheimtreffen versammelten, darunter *Giscard d'Estaing* und *Helmut Schmidt*. Für den vom deutschen Bundeskanzler unterstützten Vorschlag des französischen Staatspräsidenten dürften darüber hinaus die Ende 1974 beschlossenen regelmäßigen → EG-Gipfelkonferenzen eine Rolle gespielt haben. Nach Vorkonsultationen mit den Betroffenen, die zu einer thematischen Ausweitung auf den Gesamtbereich der Wirtschaftspolitik und auf Drängen Italiens zu einer Erhöhung der Teilnehmerzahl auf sechs führte, wurde der erste WWG vom 15.-17.11.1975 im Schloß Rambouillet durchgeführt. Es handelte sich um eine Weltpremiere, der hohe symbolische Bedeutung zukam.

2. Ziele: Für die WWG gibt es keine vereinbarten Ziele, doch läßt sich aus den Vorstellungen von Teilnehmern und der Diskussion über die WWG der folgende Zielkatalog ableiten:
- offene, gegenseitige Information und Diskussion der weltwirtschaftlich wichtigsten politischen Akteure über die nationalen Positionen sowie ihre Motive;
- größere persönliche Vertrautheit der Staats- und Regierungschefs und damit verbunden ein höheres Maß an Erwartungssicherheit;
- Versuche einer gemeinsamen Zielfindung und Koordinierung der nationalen Politiken auf diese Ziele hin. Die Intensität und Reichweite einer Harmonisierung der nationalen Politiken kann offensichtlich unterschiedlich groß sein, sie kann sich z. B. auf ein defensives Unterlassen zielschädlicher Maßnahmen, etwa Verstärken der Handelsbarrieren, beschränken oder sich offensiv auf zielfördernde abgestimmte Maßnahmen beziehen;
- Orientierung der nationalen Regierungsapparate an Zielvorgaben der WWG wegen des persönlichen Engagements der Regierungsspitzen und damit verbesserte Umsetzungschancen;
- verstärkte Aufklärung der Öffentlichkeit über die Notwendigkeit, weltwirtschaftliche Interdependenzen im nationalen Entscheidungsprozeß zu berücksichtigen, und damit verbunden
- internationale Schützenhilfe für weltwirtschaftliche gebotene, aber innenpolitisch schwer durchsetzbare Entscheidungen;
- Vertrauensbildung bei den Wirtschaftsakteuren (Symbolwert der Gemeinsamkeit).

3. Organisation: Entgegen den Vorstellungen von *Giscard d'Estaing,* der eher an ad hoc-Gipfel bei entsprechenden Anlässen gedacht hatte, haben sich die WWG zu regelmäßigen, jährlichen Treffen entwickelt, auch wenn es sich formell bis heute um keine ständige Einrichtung handelt. Der informelle Charakter der meist zweitägigen Konferenzen wird betont. Dies drückt sich auch darin aus, daß die Vorbereitung der WWG von personlichen Beauftragten („Sherpas") der Staats- und Regierungschefs übernommen und damit dem üblichen bürokratischen Prozeß entzogen wird. Die Konferenzen finden an wechselnden Orten meist um die Jahresmitte statt, wobei reihum jeweils ein Teilnehmer die Rolle des Gastgebers und Vorsitzenden übernimmt.

4. Teilnehmer: Die WWG beruhen auf der Annahme, daß die Wirtschaftsgroßmächte eine besondere Verantwortung haben und ein kleiner Teilnehmerkreis die Chancen für eine Abstimmung der nationalen Politiken verbessert. Nun ist der Begriff *Welt*wirtschaftsgipfel insofern mißverständlich, als es sich eigentlich um *West*wirtschaftsgipfel handelt, d. h. die Teilnehmer ausschließlich aus dem Kreis der westlichen IL stammen. Damit ist die Reichweite eines erzielten Gipfelkonsenses von vornherein stark eingeschränkt. Andererseits gilt, daß erst die größere System- und Interessennähe der westlichen IL zu der Hoffnung berechtigt, WWG könnten einen wichtigen Beitrag leisten zu einer auf gemeinsame Ziele hin abgestimmten Wirtschaftspolitik.

Auch innerhalb der westlichen IL erwies sich die Abgrenzung des Teilnehmerkreises als schwierig. Auf Proteste Italiens hin war bereits der erste WWG über die ursprünglich vorgesehenen fünf Teilnehmer – Bundesrepublik Deutschland, Frankreich, Großbritannien, Japan und USA – hinaus auf sechs erweitert worden. Die Beteiligung Italiens zog auf Drängen der USA die Einbeziehung Kanadas – ab dem WWG II – nach sich. Die kleineren IL fürchteten, die Gipfelbeteiligung erweise sich als Interessenfilter und führe zu einer Präjudizierung von Entscheidungen z. B. in internationalen Organisationen, ohne ihre Interessen zu berücksichtigen. Dies wirkte sich im Fall der EG so aus, daß die kleineren Mitgliedsländer die Beteiligung des EG-Kommissionspräsidenten ab WWG III durchsetzten. Die ursprünglich nur selektive Beteiligung des Kommissionspräsidenten bei Fragen mit EG-Konpetenz, z. B. Handel, wurde nach Protesten der kleineren EG-Mitglieder ausgeweitet. Seit 1977 sind bei den – europalastigen – WWG sieben Länder und die EG vertreten, die etwa die Hälfte des Welthandels repräsentieren.

Eine analoge Auseinandersetzung um die Beteiligung gab es auch auf nationaler Ebene, bevorzugt in Ländern mit Koalitionsregierungen. Neben den Staats- und Regierungschef waren die Außen- und Finanzminister auf allen WWG vertreten. Auf späteren WWG wurden selektiv weitere Minister, z. B. auf deutscher Seite der Wirtschaftsminister, hinzugezogen.

5. Entwicklung: Bisher haben elf WWG stattgefunden: I 1975 in Rambouillet, Frankreich, II 1976 San Juan, USA, III 1977 London, Großbritannien, IV 1978 Bonn, Bundesrepublik Deutschland, V 1979 Tokio, Japan, VI 1980 Venedig, Italien, VII 1981 Ottawa, Kanada, VIII 1982 Versailles, Frankreich, IX 1983 Williamsburg, USA, X 1984 London, XI 1975 Bonn. Themenbereiche, die auf jedem WWG wieder zur Sprache kamen, waren:

- Konjunktur- und Wachstumspolitik,
- Währungspolitik,
- Handelspolitik,
- Energiepolitik,
- Entwicklungspolitik und die Beziehungen zu den EL.

Die Gewichtung auf den einzelnen WWG war jedoch sehr unterschiedlich und durch die aktuelle Situation geprägt. Z. B. kann der WWG I von der thematischen Akzentuierung her als Währungsgipfel charakterisiert werden und entsprach damit der Diagnose des Initiators *Giscard d'Estaing,* daß das internationale Währungssystem als zentrales Krisenelement anzusehen sei. Dagegen stand z. B. auf dem WWG V 1979 die Energiesituation, konkret die Verringerung der Öleinfuhren, im Vordergrund.

Auch die Bereitschaft zur Konkretisierung der Absprachen in Richtung gemeinsamer Aktionen war unterschiedlich ausgeprägt. Als bisheriger Höhepunkt der Konkretisierung und damit auch Bindung ist der WWG IV in Bonn einzustufen. Er hat sich insbesondere um ein Paket zur Wiederbelebung der Konjunktur bemüht, in das entsprechend der unterschiedlichen Situation der beteiligten Länder unterschiedliche Beiträge eingegangen sind, z. B. deutsche Maßnahmen zur Nachfragestützung, amerikanische energiepolitische Verpflichtungen, japanische Zusagen zur Wachstumssteigerung und Importerhöhung. Die enttäuschenden Erfahrungen mit diesem Paket haben dazu beigetragen, die Gipfelergebnisse und -verpflichtungen wieder allgemeiner zu fassen.

Auch der Harmoniegrad der WWG variierte deutlich, abhängig nicht zuletzt von den wirtschaftspolitischen Philosophien der Beteiligten (z. B. Spektrum *Reagan – Mitterrand*). Als kontroversester Gipfel gilt der von Versailles 1982 (VIII), bei dem der Streitpunkt Handelsbeschränkungen gegenüber dem Ostblock andere Ergebnisse, insbesondere im Währungsbereich, überschattete. Die Kontroverse wurde durch spätere konfligierende Interpretationen der gemeinsamen Gipfelerklärung noch verstärkt und führte sogar zu einer Infragestellung weiterer WWG.

Mit wachsender Gipfelzahl hat auch die Neigung zur Vergabe von Arbeitsaufträgen und einer vorsichtigen Ergebniskontrolle zugenommen. Nicht zu verkennen ist auch eine verstärkte Tendenz, die WWG nicht nur zu benutzen, um brisante politische Fragen außerhalb der Wirtschaftspolitik intern zu diskutieren – aufgrund des Teilnehmerkreises fast unvermeidlich –, sondern dies auch nach außen sichtbar zu machen. Dies geschieht teilweise in Form einer Zusammenfassung des Vorsitzenden zu politischen Fragen, teilweise auch, und damit verbindlicher, in Form eigenständiger politischer Erklärungen der Staats- und Regierungschefs, wie etwa 1983 in Williamsburg zur Abrüstung und Rüstungskontrolle.

6. Perspektiven/Bewertung: Die WWG sind unter Krisendruck entstanden und arbeiten immer noch unter den Bedingungen einer weltwirtschaftlichen Krisensituation. Die bisherigen Erfahrungen haben gezeigt, daß überhöhte Erwartungen – etwa eine Krisenlösung – fehl am Platze waren, aber auch die Routinisierung der WWG hat zum Abbau des medienverstärkten Erwartungshorizonts beigetragen. Andererseits sind die Ergebnisse der WWG – der Versuch einer internationalen „konzertierten Aktion" – nicht geringzuschätzen. Sie dürften v. a. im defensiven Bereich anzusiedeln sein, d. h. Verhinderung einer Krisenverschärfung durch nationale Alleingänge ohne Beachtung der internationalen Rückwirkungen. In einer vorläufigen Bilanz erscheinen die WWG als zwar bescheidener, aber realistischer und weiter entwicklungsfähiger Beitrag, die krisenträchtige Steuerungslücke in der internationalen Wirtschaftspolitik zu verringern. Detaillierte Kritikpunkte und entsprechende Änderungsvorschläge orientieren sich primär an zwei Denkmodellen: a) freier Meinungsaustausch im engsten Kreis mit maximaler Flexibilität, b) stärkere institutionelle Einbindung.

Zu den angesprochenen Punkten gehören: Größe des Plenums, Einrichtung eines Sekretariats, verstärkte Vor- und Nachbereitung, Verzicht auf Gipfelerklärungen, Ausschluß der Presse, Grad der Konkretisierung von Absprachen. Die WWG haben sich bereits stärker in Richtung des Modells b) entwickelt, und eine Verstärkung dieser Tendenz dürfte das Mißtrauen der nichtbeteiligten Staaten erhöhen und die ohnehin schwierige Frage der Abgrenzung des Teilnehmerkreises wieder beleben.

Literatur

Andersen, U. 1978: Wirtschaftspolitische Gipfelkonferenzen, in: Aus Politik und Zeitgeschichte B 39, 3-19

Fowler, H. H./*Burgess,* W. R. 1977: Harmonizing Economic Policy: Summit Meetings and Collective Leadership. Report of the Atlantic Council's Working Group Economic Policiy, Washington

Hellmann, R. 1982: Weltwirtschaftsgipfel wozu? Baden-Baden

de Menil, J./*Solomon,* A. M. 1983: Weltwirtschaftsgipfel, Arbeitspapiere zur Internationalen Politik 26, Bonn

Kenen, P. (Ed.) 1982: From Rambouillet to Versailles: A Symposium, Essays in International Finance 149, Princeton

Robinson, Ch. et al. 1980: Summit Meetings and Collective Leadership in the 1980's, Washington

Uwe Andersen

Nichtgouvernementale Organisationen

Amnesty International (ai)

1. Sitz: Das Internationale Sekretariat ist in London, die deutsche Sektion in Bonn.

2. Mitglieder: 350.000 Mitglieder in 150 Ländern, 2700 Gruppen, 42 nationale Sektionen in keinen osteuropäischen, aber allen westeuropäischen und 19 weiteren Staaten; Einzelmitglieder in 108 Ländern, u. a. in Iran, Polen, UdSSR, Vietnam. In der BR Deutschland 11.000 Mitglieder, 688 Gruppen.

3. Entstehungsgeschichte: ai wurde 1961 vom engl. RA *Peter Benenson,* zunächst als eine auf ein Jahr befristete Kampagne „*appeal for Amnesty*" zur Freilassung politischer Häftlinge gegründet. Der Beschluß zur Fortsetzung als Organisation erfolgte auf der ersten internationalen Konferenz 1961 in Luxemburg. Die Gründung erster Nationaler Sektionen in Belgien, der BR Deutschland und Irland vollzog sich gegen Ende 1961. Die Bezeichnung *amnesty international* ist seit 1962 offizieller Name

4. Ziele: ai verfolgt einen weltweiten Einsatz für die Einhaltung der Menschenrechte durch Bemühung um fairen und unverzüglichen Strafprozeß bzw. Freilassung sog. *prisoners of conscience* (Menschen, die aus politischen, religiösen, rassischen oder ethnischen Gründen in Haft sind und Gewalt weder angewandt noch befürwortet haben); betreibt Kampagnen gegen Folter, Verschwindenlassen von Personen, Hinrichtungen, Todesstrafe u. a. grausame Behandlung von Gefangenen unabhängig vom Inhaftierungsgrund und Einstellung zur Gewalt. Dabei ist ai gebunden an die Grundsätze Neutralität, Ausgewogenheit und Unabhängigkeit. Keine nationale Sektion darf in Angelegenheiten des eigenen Landes tätig werden. Mangels rechtlicher oder vertraglicher Sanktionierungsmittel ist die Erzeugung öffentlichen Meinungsdrucks durch Aufklärungarbeit eines der wirksamsten Arbeitsmittel.

5. Organisationsstruktur/Finanzen

5.1 Internationale Ebene: Oberstes Beschlußorgan ist der Internationale Rat (IR), in den die Ländersektionen Delegierte entsprechend ihrer Mitgliederzahl entsenden. Der IR tagt einmal jährlich, seit 1983 alle zwei Jahre, und ist zuständig für Berichte, Initiativen, Arbeitsrichtlinien, Statuten und Etatfragen. Der IR wählt ein Internationales Exekutivkomitee (IEK), das die Ratsbeschlüsse ausführen soll, die Arbeit des Internationalen Sekretarias (IS) überwacht und dessen Generalsekretär ernennt. Hauptaufgabe des IS ist die Ermittlung in Fällen von Menschenrechtsverletzungen und deren Weitergabe an Arbeitsgruppen, außerdem Koordination der Kampagnen, Veröffentlichungen, Kontakte u. a. m. I. d. R. kann das IS der Nachfrage von Gruppen nach Fällen nicht im gewünschten Umfang nachkommen.

5.2 Nationale Ebene: Die Nationalen Sektionen sind in ihrer Organisationsform weitgehend autonom und daher sehr unterschiedlich strukturiert. Basis der amnesty-Arbeit sind die Gruppen vor Ort. Bezirke bilden in der Bundesrepublik die mittlere regionale Ebene. Beschlüsse auf nationaler Ebene werden in der Jahresversammlung gefaßt, zu der jede Gruppe einen Delegierten entsendet. Das Nationale Sekretariat ist zuständig für Kontakte, Koordination und Erschließung langfristiger Geldquellen.

5.3 Finanzierung: ai finanziert seine Arbeit aus Spenden und Beiträgen der Einzelmitglieder und Gruppen. Die Höhe der Gruppenbeiträge wird vom IS festgelegt. Der Jahresbeitrag für deutsche Gruppen beträgt z. Z. (1984) 2.580 DM. Regierungsgelder dürfen nur angenommen werden, wenn sie nicht mehr als 5 % des Jahresetats des Empfängers ausmachen. Das Stimmrecht im IR ist an die Zahlung des Jahresbeitrags an das IS gebunden. Finanzschwache Sektionen können Zuwendungen aus dem im IS verwalteten Ausgleichfonds erhalten.

6. Entwicklung: ai erfuhr während der ersten fünf Jahre seines Bestehens eine starke Expansion und konnte sich stabilisieren. Die 1966 einsetzende Krise war finanziell bedingt und durch die Kontroverse zwischen dem Gründer und dem Vorsitzenden des IEK, *Mc Bride,* gekennzeichnet. Darauf erfolgte 1967 der Rücktritt des langjährigen Vorsitzenden *Benenson.*
Im Jahr der Menschenrechte (1968) führte ai die „Woche des Gewissensgefangenen" ein. Seit 1973 wird die „Kampagne gegen die Folter" (CAT); seit 1981 die „Kampagne gegen Verschwindenlassen" durchgeführt.
Für seine Arbeit erhielt ai 1974 die *Beccaria-Medaille,* 1977 den *Friedens-Nobelpreis* und den *Gustav-Heinemann-Preis* und 1978 den *UN-Preis.*

7. Bewertung/Perspektiven: Obwohl ai's Urteil wichtiger Faktor in der Außenpolitik demokratischer Staaten ist, haben seit Gründung die Verstöße gegen die Menschenrechte weltweit zugenommen. Viele Staaten bekennen sich aus Legitimierungsgründen nur formell zu ihnen. In Zukunft müßten die Ursachen der Verstöße stärker und öffentlichkeitswirksamer untersucht werden, statt nur an Regierungen zu appellieren.

Literatur

amnesty international 1981: Der internationale Menschenrechtsschutz, Frankfurt
dies. 1980: Handbuch der Gruppenarbeit, Bonn
dies., erscheint jährlich, Jahresbericht, Frankfurt
Claudius/Stepan 1976: Amnesty International, Portrait einer Organisation, München
Larson 1983: Im Namen der Menschenrechte. Die Geschichte von amnesty international, München.

Charles Klingenberg

Christlich-Demokratische Weltunion (CDWU)

1. Sitz: Das Generalsekretariat befindet sich in Rom.

2. Mitglieder: Christlich-demokratische Parteien in: der Bundesrepublik Deutschland, Argentinien, Österreich, Belgien, Bolivien, Chile, Malta, Norwegen, Neuseeland, Niederlande, Peru, Schweiz, CSSR, Uruguay, Venezuela. Gesamtmitgliedschaft: über 50 Christ-demokratische Parteien in der Welt.

3. Entstehungsgeschichte: Die CDWU wurde von den Christlich-demokratischen Organisationen Amerikas und den Christlich-demokratischen Parteien Mitteleuropas am 29.7.1961 in Santiago de Chile gegründet. Die mehr als 50 Mitglieder umfassende Organisation hat auch Beobachterstatus bei den → Vereinten Nationen.

4. Ziele/Vertragsinhalte: Die CDWU besteht aus den Christlich-demokratischen Organisationen, deren Ziel es ist, in den einzelnen Ländern und in der Welt eine Politik zu gewährleisten und zu fördern, die sich an den Werten des christlichen Humanismus, der Freiheit, des Friedens und der sozialen Gerechtigkeit orientiert und deren Grundlage die Achtung der Würde eines jeden Menschen, die Unabhängigkeit, die Selbstbestimmung und die Solidarität aller Völker ist, wobei immer die Autonomie eines jeden Mitglieds der Union beachtet wird. Dabei hat die CDWU folgende Ziele:

- Förderung und Koordinierung der Aktion der Christlich-demokratischen Organisationen unter Gewährleistung der gegenseitigen Solidarität;
- Durchführung von ideologischen und politischen Studien, die für die Christliche Demokratie in der Welt von allgemeinem Interesse sind und
- Förderung und Sicherung der Präsenz und der Entwicklung auf internationaler Ebene der Christlichen Demokratie.

5. Organisationsstruktur/Finanzierung: Die CDWU umfaßt drei Kategorien von Mitgliedern: Ordentliche, angeschlossene und assoziierte Mitglieder. Die Organe der CDWU sind: Der Politische Ausschuß, der Exekutiv-Ausschuß und das Generalsekretariat.

Der Politische Ausschuß tritt wenigstens einmal im Jahr auf Einberufung des Präsidenten zusammen.

Der Politische Ausschuß billigt die ideologischen Definitionen der CDWU; bestimmt die Politik der CDWU und legt die allgemeinen Aktionsrichtlinien fest; entscheidet über die Zulassung als ordentliches Mitglied oder den Ausschluß einer Partei in einem Gebiet, in dem keine Regionalorganisation besteht; wählt den Präsidenten, den Generalsekretär und den stellvertretenden Generalsekretär für die Dauer von zwei Jahren und kann aufgrund der 2/3-Mehrheit der Mitglieder die Satzung ändern.

Die politischen Funktionen des Exekutivausschusses sind u.a.: Durchführung der Entscheidungen des Politischen Ausschusses und Gewährleistung des Funktionierens der Organisation; Verwirklichung aller beschlossener Initiativen; Herstellung und Aufrechterhaltung der Verbindung zwischen Christlich-demokratischen Organisation.

Das Generalsekretariat ist das ständige Organ der CDWU und gewährleistet die Kontinuität der Arbeit. Dem Generalsekretär obliegt die Durchführung der Beschlüsse des Exekutivausschusses und des Politischen Ausschusses. Er ist der rechtliche Vertreter der CDWU.

Die Weltkonferenz besteht aus den Christlich-demokratischen Staats- und Regierungschefs und Außenministern, den Präsidenten und Generalsekretären der Christlich-demokratischen und der anderen ordentlichen angeschlossenen Mitglieder sowie den Christlich demokratischen Vorsitzenden der nationalen und internationalen parlamentarischen Versammlungen, den Vorsitzenden der nationalen und internationalen Christlich-demokratischen Parlamentsfraktionen, den Mitgliedern des Politischen Ausschusses der CDWU, anderen bedeutenden Christlich-demokratischen Persönlichkeiten sowie den Vertretern der assoziierten Mitglieder auf Entscheidung des Politischen Ausschusses.

Finanzierung: Die DC Italiens und die CDU der Bundesrepublik tragen faktisch die Hauptkosten der CDWU. Insgesamt wird die Finanzierung hauptsächlich durch die Beiträge der regionalen und internationalen Mitgliedsorganisationen, den angeschlossenen Parteien sowie der assoziierten Mitglieder sichergestellt.

6. Entwicklung: Im Mai 1977 wurde auf der Tagung der CDWU in Brüssel ein „Weltmanifest" verabschiedet, das die politischen Grundsätze enthält, auf das sich die Christlich-demokratischen Parteien der ganzen Welt geeinigt haben. Damit sollte „den falschen Versprechungen eines kollektiven Materialismus und dem Konzept eines individualistischen Kapitalismus ein Christlich-demokratisches Modell einer freien und gerechten Gesellschaft gegenübergestellt" werden, die auf Beteiligung und Verantwortlichkeit des Einzelnen und der sozialen Gruppen im gemeinsamen Einverständnis die pluralistische Gesellschaft aufbaut.

Da die Christlich-demokratischen Parteien in den Entwicklungsländern links von denen der europäischen Industriestaaten stehen, sind Programmatik und Politik der CDWU stark von der Kompromißfähigkeit der Mitglieder abhängig. Dabei fordert die CDWU von den Industrienationen Opfer zu Gunsten der armen Staaten. Gemeinsame Herausforderung der weltweiten Partnerschaft und der politischen Arbeit bildet die Politik der kommunistischen Parteien und die Idee des Klassenkampfes. Auf ihrer Tagung 1978 in Caracas befaßte sich die CDWU mit der Erneuerung der Demokratie in Latein-Amerika sowie der Verteidigung der Menschenrechte in Latein-Amerika, Afrika und Ost-Europa. Ein Hauptziel war die Stärkung der CD-Parteien Latein- und Mittelamerikas bei ihrem Kampf gegen die Militärdiktaturen, wie z. B. in Chile. Kontrovers war die Frage, ob und in welchem Umfang mit sozialistischen Gruppen und Parteien dabei zusammengearbeitet werden soll. Bei ihrer Tagung im März 1981 erklärte sich die CDWU mit Blick auf El Salvador zu einer Zusammenarbeit mit der → sozialistischen Internationale bereit, um eine politische und zufriedenstellende Lösung zu ermöglichen.

Seit Beginn der 80er Jahre rückte verstärkt der afrikanische Kontinent ins Zentrum der politischen Planungen und Beschlüsse der CDWU, seit dem 1978 im Rahmen der CDWU eine − „Ständige afrikanische Sektion" − ihre Tätigkeit aufgenommen hat.

Afrika und Lateinamerika bilden die beiden außereuropäischen Schwerpunkte der politischen Tätigkeit der CDWU. Dies schlägt sich auch in der Wahl des neuen Präsidenten, des chilenischen Christdemokraten *Andres Zaldevar* nieder; der 1982 zum Nachfolger von *M. Rumor* gewählt wurde.

7. Bewertung: Seit ihrer politischen Reaktivierung 1977 ist die CDWU in eine neue Phase eingetreten, die der Renaissance Christlich-demokratischer Parteien in aller Welt einen neuen angemessenen Rahmen für Zusammenarbeit geben soll. Herausragend ist der Versuch, der kommunistischen und sozialistischen Idee der Internationale eine Christlich-demokratische Internationale gegenüberzustellen. Gerade der weltweite Anspruch wird durch die Unterschiede zwischen Industrienationen und Staaten der Dritten und Vierten Welt jedoch relativiert. Aber trotz der Unterschiede ist das gemeinsame Ziel, ein weltweites System Christlich-demokratischer Kooperation zur Überwindung undemokratischer diktatorischer Strukturen durch die Tätigkeit der CDWU stärker ins Bewußtsein getreten. Nicht nur die Kooperation mit Christ-demokratischen

Parteien, wie mit den Christen im Libanon, oder die Kooperation mit Sozialdemokraten, auch die Mitarbeit nichtchristlicher konservativer Parteien ist kontrovers, wie das Beispiel der spanischen Christdemokraten zeigt.

Insgesamt gesehen hat die politische Bedeutung der CDWU seit 1978 nicht zugenommen. Bei der Behandlung der wichtigen globalen Themen wird man mit ihr zu rechnen haben.

Literatur:

Horner, F. 1981: Konservative und christdemokratische Parteien in Europa — Geschichte, Programmatik, Strukturen, Wien/München.

Christian Hacke

Greenpeace (GP)

1. Sitz: GP International, Lewes, East Sussex (Großbritannien), Hauptkoordinationsbüro privatrechtlicher und überparteilicher Art.

2. Mitglieder: nationale Hauptbüros in Kanada, den USA, Frankreich, Großbritannien und den Niederlanden (mit Stimmrecht) sowie in Australien, Neuseeland, Dänemark und der BR Deutschland (mit Beobachterstatus).

3. Entstehungsgeschichte: Die international wirkende Umweltschutzorganisation GP, 1971 in Kanada gegründet, entstand aus Protestaktionen gegen die Atombombenversuche der USA (Grenzbesetzung zwischen den USA und Kanada; Fahrt eines GP-Schiffes nahe an die Aleuten, um die dort von den USA geplanten Atomversuche durch die Anwesenheit von GP-Mitarbeitern und deren potentielle Gefährdung zu verhindern). Diese geschickt weltweit öffentlich inszenierten Provokationen, die durch ihre bewußte Gewaltlosigkeit sowie durch den Einsatz des Lebens überzeugten, führten schnell zu einer Vergrößerung der Mitgliederbasis sowohl in Nordamerika als auch in West-Europa sowie zu einer ersten, gewissen Institutionalisierung in Form der GP-Foundation (Vancouver/Kanada). Dadurch wurden die Aktionen finanziell und organisatorisch abgesichert.

4. Ziele: Mit exemplarischen, direkten Aktionen soll ein weltweites Umweltbewußtsein geschaffen werden. Man hofft dadurch auf die Regierungen Druck auszuüben, mit dem Ziel, zerstörte, ökologische Kreisläufe vor allem im Bereich der Ozeane wiederherzustellen. Dieser Arbeitsschwerpunkt bedingt u.a. den internationalen Charakter von GP.

5. Organisationsstruktur: Zentrales Entscheidungsorgan ist seit 1979 der GP-Weltrat in Amsterdam mit dem „Chairman" und GP-Initiator *McTaggert*. Im Rat, in dem die o.g. Hauptbüros durch einen „Trustee" vertreten sind, werden alle internationalen Kampagnen, deren Finanzierung und deren strategische Durchführung nach dem Einstimmigkeitsprinzip beschlossen. GP ist zentralistisch organisiert: Stimmberechtigte Mitglieder der nationalen und regionalen Büros (e.V.) sind nur (weltweit) rd. 200, z.T. hauptamtliche Mitarbeiter. Ihnen stehen ca. 400 000 Förderer gegenüber, die GP weitgehend durch Beiträge und Spenden finanzieren sowie die Kampagnen und Demonstrationen mittragen. Gerechtfertigt wird diese Struktur mit der Gefährlichkeit der Aktionen, die meist von den Mitgliedern getragen werden, und mit der Notwendigkeit einer schnellen, flexiblen, internationalen Koordination.

6. *Entwicklung:* 1975 begann GP, die Ausrottung der Wale durch die Walfangflotten verschiedenster Staaten zu bekämpfen, indem sich z.B. ein Schiff mit GP-Besatzung zwischen Wal und Fangschiff drängte. Dem folgten Aktionen gegen die Abschlachtung von Robben, deren begehrte Felle kurz nach dem Fang durch Besprühung mit Farbe für den Verkauf unbrauchbar gemacht wurden. Auf ähnliche Art und Weise wurde an ausgewählten Fällen die Versenkung von chemischen und radioaktiven Abfällen im Meer verhindert. Erfolge sind z.T. zu verzeichnen: Australien gab den Walfang auf; Bayer (Leverkusen) stellte die sog. Verklappung von Abfallstoffen im Meer ein; in Belgien wurde ein Gesetz gegen die Dünnsäure-Verklappung verabschiedet. Die Internationale Walfangkommission, vor der GP-Vertreter als Zeugen gehört wurden, beschloß ein Walfangmoratorium (ab 1985). Ein GP-Mitglied wurde Repräsentant von Nauru und Kiribati (Pazifik-Staaten) auf der Konferenz der Staaten der sog. Londoner Konvention (Übereinkommen über die Verhütung der Meeresverschmutzung). Diesen Erfolgen stehen zahlreiche Anklagen wegen Nötigung und auf Schadensersatz gegenüber – nicht ohne finanzielle Folgen.

7. *Perspektiven:* 1980 wurde in Hamburg ein GP-Hauptbüro gegründet, dem bald Gruppen aus Bremen, Kiel und Münster durch sog. Kontaktstellenverträge zugeordnet wurden. Öffentlichkeitswirksam waren die Gruppen vor allem durch Aktionen gegen die Verklappung von Dünnsäure sowie gegen umweltschädliche Unkrautvernichtungsmittel. Im Protest der Bremer und Kieler Gruppen gegen die zentralistische Struktur von GP zeigt sich allerdings auch ein Strukturproblem von GP, nämlich die Diskrepanz zwischen der Notwendigkeit einer effektiven, professionalisierten und z.T. bürokratisierten Organisation und dem Bestreben der Gruppen und Förderer nach vermehrter Mitbestimmung.

Literatur:

Bittorf, W.: „Sie zeigen uns Wege aus der Ohnmacht", in: DER SPIEGEL, 6.9.1982: „Die Führungsstruktur, die Personalpolitik und das Geld", in: furter Rundschau, 2.10.1982.
Griefahn, M. (Hrsg.) 1982: Greenpeace, Reinbek bei Hamburg;

Jürgen Bellers

Internationale Arbeitgeberorganisation (International Organization of Employers/IOE)

1. *Entstehung/Mitgliedschaft:* Die Internationale Arbeitgeberorganisation IOE mit Sitz in Genf, wurde am 22.5.1920 in London als Zusammenschluß von zunächst zwölf, vorrangig westeuropäischen Arbeitgeberverbänden gegründet. Mit

diesem internationalen Verbandsgremium schufen sich die Arbeitgeber eine Plattform zum multilateralen Informations- und Meinungsaustausch und gleichzeitig ein Instrument zur abgestimmten Interessenvertretung gegenüber der 1919 im Rahmen des Versailler Vertrages gegründeten und dem Völkerbund assoziierten Internationalen Arbeitsorganisation (International Labour Organization) → ILO. Gegenwärtig (Aug. 1983) zählt die IOE 92 Arbeitgeberdachverbände aus 88 Ländern der nicht-kommunistischen Welt zu ihren Mitgliedern. Die Bundesrepublik ist durch die Bundesvereinigung der deutschen Arbeitgeberverbände (BDA) vertreten. Im Vergleich zu den 132 nicht-kommunistischen ILO-Mitgliedstaaten, weist die IOE nach Regionen aufgeschlüsselt folgende Repräsentationsgrade auf: 33 afrikanische Mitgliedsverbände (ILO:48), 20 asiatische (ILO:32), 18 nord- und südamerikanische (ILO:31) und 21 europäische (ILO:21). Mit 17 weiteren Arbeitgeberverbänden, insbesondere in den am wenigsten entwickelten Ländern Afrikas, Asiens und Lateinamerikas unterhält die IOE informelle Kontakte.

2. *Tätigkeitsbereiche und Organisation:* Die IOE, der laut Statuten alle nationalen Spitzenverbände der Arbeitgeber beitreten können, die sich zu privatwirtschaftlichen Prinzipien bekennen und keiner staatlichen Reglementierung unterliegen, nimmt vorrangig folgende Aufgaben wahr:
- Die Koordinierung und Vertretung arbeitsmarkt- und sozialpolitischer Interessen ihrer Mitglieder in allen Bereichen, in denen internationale Organisationen sozialpolitische Aktivitäten entfalten (internationale Kodifizierung von Arbeitsnormen, Verhaltenskodex für MNKs etc.). Der Schwerpunkt der IOE-Tätigkeiten konzentriert sich naturgemäß auf die ILO; hier fungiert die IOE als Koordinierungszentrale der Politik des Arbeitgeberblocks im Rahmen aller dreigliedrigen Beratungsvorgänge der ILO und ihrer Organe (Internationale Arbeitskonferenz, Sektorenausschüsse, Beratergruppen und Forschungsinstitute). Die IOE arbeitet ferner mit den wichtigsten nicht-gouvernementalen internationalen Organisationen der Privatwirtschaft, wie beispielsweise der → Internationalen Handelskammer Paris (ICC), mit der sie seit 1977 einen gemeinsamen Koordinierungsausschuß unterhält, zusammen.
- Zu den weiteren Aufgaben der IOE gehört die Förderung und Vertiefung des fachlich-technischen wie auch politischen Meinungsaustauschs unter den Mitgliedsverbänden und die öffentliche Verbreitung unternehmerischer Zielvorstellungen im Sinne des ,free enterprise'.
- Infolge der Politisierung des Nord-Süd-Konfliktes seit Anfang der 70er Jahre ist die IOE verstärkt bemüht, Unternehmensverbände in der Dritten Welt mittels Studienmissionen und intensivierter Informationsdienstleistungen zu unterstützen bzw. an deren Aufbau mitzuwirken.

Die beiden Willensbildungsorgane der IOE sind der Generalrat, der sich aus Delegierten der einzelnen Mitgliedsverbände zusammensetzt, i.d.R. einmal jährlich zusammentritt und Grundsatz-, Budget- und Mitgliedschaftsfragen regelt und das drei- bis viermal jährlich tagende Exekutivkomitee der nationalen Verbandsgeschäftsführer, das als eigentliches Lenkungsgremium fungiert. Die verstärkten internationalen Regelungsbemühungen in den Bereichen ,Multinationale Unternehmen' und ,Mitbestimmung' und der daraus resultierende Veränderungsdruck auf den status quo unternehmerischer Interessen, veranlaßte die IOE zur Etablierung zweier entsprechender, ständiger Expertenausschüsse. Das insgesamt 14-köpfige IOE-Sekretariat ist für die Ausführung der Beschlüsse und die Administration der internationalen Verbandszusammenarbeit zuständig.

3. Entwicklungstendenzen: Die Repräsentativität der IOE als Vertretungsorgan und Sprachrohr der Arbeitgeber innerhalb des UN-Systems hat im Laufe der 70er Jahre, insbesondere infolge des Mitgliederzuwachses aus Ländern der Dritten Welt, zugenommen. Die organisatorischen Ressourcen der IOE und die – in Grundsatzfragen – vorhandene ideologische Affinität unter den Mitgliedsverbänden ermöglicht eine kohärente und vergleichsweise effektive Interessenvertretung. Dies zeigt sich in den wiederholten Auseinandersetzungen um Struktur- und Verfahrensfragen innerhalb der ILO, bei denen die IOE, gegenüber gegensätzlichen Forderungen der staatskommunistischen Länder, das Prinzip der Dreigliedrigkeit und der Autonomie der Sozialpartnerorganisationen wahren konnte; dies zeigt sich auch in der Vertretung unternehmerischer Interessen gegenüber den vor allem aus dem Gewerkschaftslager vorgetragenen Forderungen nach einer Erhöhung und stärkeren internationalen Verrechtlichung sozialpolitischer Normen. Andererseits führen die Auseinandersetzungen um eine Neue Weltwirtschaftsordnung auch innerhalb der IOE zu Abstimmungsschwierigkeiten und offenbaren grundsätzliche Strukturprobleme zwischen formaler Gleichheit und realer Macht- und Einflußverteilung unter den Mitgliedern.

Hans-Wolfgang Platzer

Internationale Berufssekretariate (IBS)

1. Sitz: s. Tabellenübersicht

2. Mitgliederorganisationen: Neben den angeführten 14 IBS, die dem → IBFG angeschlossen sind, besteht noch der ebenfalls dem IBFG verbundene Weltverband der Diamantenarbeiter, mit Sitz in Amsterdam, der aber über den Organisationsbereich von ca. 10.000 Mitgliedern der Diamantenbranche hinaus keine Bedeutung hat. Vom IBFG getrennt hat sich der Internationale Verband der Petroleumarbeiter (IVPC), Denver; er hat seine Tätigkeit z. Z. eingestellt.
Neben den Berufssekretariaten, die dem IBFG verbunden sind, verfügen sowohl der → WVA als auch der → WGB über Brancheninternationalen, allerdings mit geringer Bedeutung. Des weiteren bestehen unabhängig von den internationalen Konföderationen Branchenorganisationen wie z. B. der liberal-konservative Lehrerverband World Confederation of Organisations of the Teaching Profession (WCOTP).

3. Entstehungsgeschichte: Noch bevor auf nationaler Ebene der gewerkschaftliche Organisationsprozeß abgeschlossen war, kam es im letzten Drittel des 19. Jh. zu internationalen Kontakten und ersten Abkommen zwischen noch handwerklich geprägten Berufsgewerkschaften. Bis zum Ersten Weltkrieg bildeten sich mehrere Dutzend IBS; gleichzeitig kam es schon zu ersten Zusammenschlüssen bestehender Sekretariate und 1913 zur gegenseitigen Anerkennung und Abgrenzung der Tätigkeitsfelder zwischen IBS und Internationalem Gewerkschaftsbund (IGB). Diese Entwicklung setzte sich, unterbrochen durch den Ersten Weltkrieg, fort – Anfang der 30er Jahre gab es etwa 30 IBS. Ihre Mitgliederzahl reichte von einigen 1000 bis zu ca. 2 Mio. (ITF). Mit wenigen Ausnahmen war das Organisationsgebiet auf Europa beschränkt; Ansätze zur

Ausweitung auf Lateinamerika und Nordamerika wurden durch die Weltwirtschaftskrise und den Zweiten Weltkrieg verhindert. Einen eigenständigen Apparat konnten nur wenige IBS aufbauen, so daß sich ihre Tätigkeit, die meist vom Sekretariat einer Mitgliedsgewerkschaft wahrgenommen wurde, auf Informationsaustausch über Tarifvertragsentwicklungen, Arbeitsbedingungen und Gesundheitsschutz, auf Streikunterstützung und Solidaritätsaktionen beschränkte.
Mit der Gründung der Roten Gewerkschaftsinternationale (RGI, 1921) intensivierten sich die Beziehungen zum IGB. Der Grad der Autonomie der IBS, ihre Vertretung im IGB und ihre Einflußnahme auf dessen Politik blieben aber ständige Reibungspunkte. Den sowjetischen Gewerkschaften gegenüber bewahrten die IBS bis auf wenige Ausnahmen Distanz.
Mit dem Zweiten Weltkrieg kam die Tätigkeit der IBS zum Erliegen. Nach 1945 schien mit der Bildung des WGB die Existenz der IBS zunächst in Frage gestellt. Ihre rasche Wiederbelebung und Neugründung konfrontierte den WGB mit dem Problem, welchen Status sie in einer einheitlichen Weltgewerkschaftsbewegung einnehmen sollten.
Das ausgeprägte Autonomiebestreben der IBS, sozialdemokratisch/sozialistisch orientierte Führungen, nicht zuletzt die Einflußnahme der AFL und die WGB-Politik, die den IBS ihre Autonomie bestritt, führten zum Scheitern der Integration in den WGB noch vor dessen Spaltung. Nach der Gründung des IBFG wurde die Beziehung zu den IBS im ‚Mailänder Abkommen' (1951, zuletzt 1969 novelliert) geregelt: Die Autonomie der IBS fand Anerkennung, die Zugehörigkeit zu ein und derselben Gewerkschaftsbewegung wurde proklamiert, und die IBS verpflichteten sich, die allgemeine Politik des IBFG zu übernehmen. – In einigen IBS-Statuten wird allerdings die politische Unabhängigkeit betont.

4. Ziele/Vertragsinhalt: Die IBS sind Zusammenschlüsse von (nationalen) Einzelgewerkschaften bestimmter Branchen, Industrien oder Berufsgruppen. Die allgemeinen Zielsetzungen – wie internationale Solidarität der Arbeiter, Kampf gegen Ausbeutung, Sicherung und Ausbau sozialer, ökonomischer und kultureller Errungenschaften der Arbeiter, Organisationsfreiheit, Demokratie und Menschenrechte – variieren in ihrer Formulierung und tagespolitischen Bedeutung je nach gewerkschaftlichem und politischem Selbstverständnis der IBS. Es reicht von business-unionism und sozialpartnerschaftlichen Positionen bis zu sozialistischer Programmatik. Gemeinsam ist fast allen IBS eine explizite Ablehnung orthodox-kommunistischer Gewerkschaften und Distanz zum WGB und seinen IVG. Mitunter gerät diese Haltung zu starrem Antikommunismus; aber die eurokommunistische Entwicklung (→ Kommunistische Weltbewegung) und die Entspannungspolitik haben auch hier Wandlungen eingeleitet.
Das konkrete Aufgabengebiet der IBS umfaßt die Information, Koordination und Repräsentation ihrer Mitgliederorganisationen. Ihre Tätigkeit besteht im Sammeln, Auswerten und Verbreiten branchenspezifischer Informationen über berufliche und industrielle Probleme, Lohn- und Arbeitsverhältnisse, tarifpolitische Entwicklungen, Arbeits- und Gesundheitsschutz. Ihre koordinierende und unterstützende Funktion richtet sich vor allem auf Arbeitskämpfe, Tarifauseinandersetzungen, Aufbau und Entwicklung von Gewerkschaften in der Dritten Welt und gegen Einschränkungen der Organisationsfreiheit. Schwerpunkte der meisten IBS seit den 60er Jahren sind die Auseinandersetzung mit Multinationalen Konzernen (MNK), die Förderung des Gewerkschaftsaufbaus in der Dritten Welt durch Schulungs- und Bildungsarbeit und direkte Unter-

stützung sowie die Mitarbeit in internationalen Organisationen (vor allem → ILO und andere UN-Organisationen). Durchgängig für alle IBS besteht das Problem, beschlossene Programme, die in sich bereits einen Minimalkonsens darstellen, bei ihren Mitgliederorganisationen durchzusetzen. Da die Autonomie der nationalen Organisationen von den IBS garantiert wird, es auch keine Neigung seitens der Mitgliederverbände gibt, Kompetenzen, die ein Eingreifen in nationale Belange gestatten würden, an die IBS abzutreten, beruht ihre Handlungsfähigkeit, soweit sie auf die aktive Unterstützung der Mitglieder angewiesen ist, auf der Bereitschaft der einzelnen Verbände zur Mitarbeit und Solidarität. Eine ausgeprägt national orientierte Gewerkschaftspolitik verfolgen aber in der Regel die meisten mitgliederstarken Organisationen.

5. *Organisationsstruktur/Finanzierung:* Mit Variationen in Umfang und Funktion haben alle IBS vier Organe: Kongreß, Vorstand (Exekutiv-Komitee), Präsident und Generalsekretär. Der Kongreß als höchstes Gremium setzt sich aus den Delegierten aller angeschlossenen Verbände zusammen und tagt alle drei oder vier Jahre. Der Vorstand, der zwischen den Kongressen Entscheidungsträger ist, setzt sich nach einem statuarisch festgesetzten Verteilungsschlüssel zusammen. Er kann z.B. alle Mitgliedsorganisationen erfassen (Zentralkomitee des IMB), bestimmte Landesorganisationen bevorzugen (ICEF), Ländergruppen und/oder Regionalgruppen als Grundlage haben (IUL) oder die Vertretung von Branchengruppen sichern. Der Präsident nimmt häufig nur repräsentative Funktionen wahr, während Aktivitäten und politische Ambitionen der IBS in hohem Maße von den Generalsekretären beeinflußt werden.

Bei der Formulierung der Politik und der Tätigkeit der IBS kommt den mitgliederstarken, häufig den gesamten nationalen Organisationsbereich eines IBS vertretenden Industriegewerkschaften eine besonders einflußreiche Position zu. Dies gilt vor allem für bundesdeutsche, skandinavische und (z. T.) us-amerikanische Organisationen. Ihr Organisationsprinzip begünstigt sie gegenüber der Vielzahl kleiner Mitgliederverbände, von denen häufig mehrere, z. T. konkurrierende Gewerkschaften eines Landes – je nach Organisationsprinzip und Abgrenzung der Organisationsbereiche – den einzelnen IBS angehören.

Neben der Mitgliederzunahme führte die globale Ausdehnung der IBS (Ausnahmen, die nach wie vor fast ausschließlich in Europa agieren, sind IBV, ISKGU, IGF) zur Regionalisierung der Organisationen, wobei die Bildung europäischer Regionalorganisationen zeitweise die finanzielle Grundlage wie die Handlungsbereiche der IBS zu gefährden drohte.

Neben der Regionalisierung hat sich als Folge des industrieverbandlich geprägten Konzentrationsprozesses der IBS eine Binnendifferenzierung nach Fach- und Branchengruppen oder Produktionszweigen herausgebildet, die z. T. satzungsmäßig verankert ist.

Die Arbeit der IBS wird in erster Linie durch die regulären Beiträge der angeschlossenen Gewerkschaften (etwa 1 SFr. je Mitglied pro Jahr) finanziert; daneben kann der Kongreß Sonderbeiträge beschließen. Ein Teil des regulären Beitragsaufkommens wird bei einigen IBS, die ihre Tätigkeit in der Dritten Welt intensiviert haben, satzungsmäßig für diesen Arbeitsbereich reserviert (25-30 %). Das macht bereits deutlich, daß die IBS durchgängig von den mitgliederstarken Industriegewerkschaften Europas, Nordamerikas und Japans finanziert werden.

Dennoch sind sie mit Ausnahme des IMB bei ihren Schulungs-, Bildungs- und Selbsthilfeprojekten auf Finanzhilfen (z. T. personelle Kooperation) von internationalen Organisationen wie UN-Organisationen, IBFG, nationalen gewerkschaftsnahen oder gewerkschaftlichen Institutionen und Stiftungen wie FES, DANIDO, AIFLD usf. angewiesen.

6. Entwicklung: Die politisch-programmatische Position der IBS wurde in den 50er Jahren durch Blockbildung und Systemkonfrontation bestimmt. Sozialistisch-sozialdemokratische Zielsetzungen traten zugunsten sozialpartnerschaftlicher, kapitalismus-affirmativer und pragmatischer Konzeptionen zurück – nicht zuletzt aufgrund des Einflusses von AFL-Gewerkschaften.

Die veränderten Tätigkeitsfelder der IBS (Dritte Welt, MNK) und der wachsende Einfluß sozialdemokratisch orientierter Gewerkschaften ließen bei einigen IBS systemkritische Haltungen wieder auftreten und führten bei einigen finanziell nicht abhängigen IBS zu einem politisch eigenständigen Kurs gegenüber dem IBFG, u. a. auch in der Frage des Verhältnisses zu kommunistischen Gewerkschaften (IGF).

Dennoch bestehen regelmäßige Beziehungen zwischen IBS und IBFG, die aber primär auf die Zusammenarbeit in internationalen Institutionen (ILO, → OECD etc.) gerichtet sind. Jährlich findet eine Konsultativtagung der Generalsekretäre der IBS mit dem des IBFG statt; in Organen des IBFG sind die IBS vertreten, und es bestehen gemeinsame Ausschüsse für MNK und für Fragen der berufstätigen Frau. – Eine gemeinsame internationale Gewerkschaftsstrategie besteht nicht; ebenso ist die Zusammenarbeit der IBS untereinander nur punktuell. Kapital- und Arbeitsplatzexport durch MNK wurden seit den 60er Jahren zu einem Hauptproblem der IBS. Umfangreiche Datensammlungen und Konzernstudien wurden und werden von den IBS zur Entwicklung und Strategie einzelner MNK erstellt und den Mitgliederorganisationen (z. B. für Tarifauseinandersetzungen) zur Verfügung gestellt. Daneben initiieren und koordinieren die IBS weltweite Aktionen bei Arbeitskonflikten einzelner Organisationen mit MNK, mobilisieren die Intervention einflußreicher Gewerkschaften, nehmen z. T. selbst an Tarifverhandlungen teil oder suchen ihren Einfluß bei der Konzernspitze geltend zu machen. Mit der Bildung von Weltkonzernräten/-ausschüssen für MNK (IMB, IUL, ICEF) wurde im Interesse der Arbeitsplatzsicherung in entwickelten kapitalistischen Industrienationen eine konzernweite Harmonisierung der Arbeits- und Sozialbedingungen durch (u. a.) internationale Tarifverträge angestrebt. Die Hoffnung, eine internationale Gewerkschaftsstrategie damit zu initiieren, findet aber nach wie vor ihre Grenzen an der dominanten Orientierung der einzelnen Mitgliederorganisationen auf den nationalen Arbeitsmarkt, was sich mit der gegenwärtigen Krise noch verstärkt. Unterhalb dieser Zielsetzungen konnten Konzernräte bei Arbeitskämpfen, der Verbesserung der Arbeitsverhältnisse usf. erfolgreich intervenieren – nicht zuletzt zugunsten schwacher Organisationen in der Dritten Welt.

7. Probleme/Perspektiven: Die Unterschiede in den gewerkschaftspolitischen Konzeptionen, in den gesellschaftlichen Rahmenbedingungen nationaler Gewerkschaftspolitik und die nicht zur Disposition stehende Autonomie der Mitgliederorganisationen gegenüber den IBS ziehen die Grenzen für den Internationalismus der IBS. Grenzen, die auch durch nationale Orientierung der mitgliederstarken Industriegewerkschaften und ihre Fähigkeit zu eigenständigem internationalen Engagement bestimmt sind. Mit der gegenwärtigen Krise wächst bei den Gewerkschaften die Bereitschaft, Protektionismus und Staatsintervention zugunsten nationaler Arbeitsplatzsicherung zu fordern und mitzutragen.

Gestaltende Funktionen haben die IBS durch ihre Schulungs- und Unterstützungstätigkeit in der Dritten Welt gewinnen können. Neben der Zurückweisung kommunistischer Gewerkschaftseinflüsse verfolgen sie hier langfristig die Perspektive, industrieverbandliche Gewerkschaftsstrukturen zu fördern. Krisenbedingter Mitgliederverlust und damit Budget-Einbußen zwingen aber derzeit zu einer Einschränkung dieses Handlungsfeldes.

Trotz der geringen finanziellen Ressourcen und des kleinen Mitarbeiterstabes (der IMB mit 14 Mio. Mitgliedern beschäftigt in Genf nur 45 Personen) haben die IBS in den letzten 2 Jahrzehnten erstaunliche Aktivitäten entfaltet und internationale Anerkennung gefunden.

Literatur

Coldrick, A. P., Philip Jones, 1979: The International Directory of the Trade Union Movement, London.

Gottfurcht, H. 1966: Die Internationale Gewerkschaftsbewegung von den Anfängen bis zur Gegenwart, Köln.

Internationaler Bund Freier Gewerkschaften (Hg.), 1952ff.: Tätigkeitsberichte des IBFG, Brüssel.

Neuhaus, R., 1981: International Trade Secretariats, Objectives, organisation, activities, Bonn.

Olle, W., (Hg.) 1978: Einführung in die internationale Gewerkschaftspolitik, Bd. 1, Berlin.

Opel, F., 1968: 75 Jahre Eiserne Internationale 1893-1968, Frankfurt.

Piehl, E., 1973: Multinationale Konzerne und internationale Gewerkschaftsbewegung, Düsseldorf.

ders., 1984: Internationale Arbeit – Westeuropa und die Welt, in: Gewerkschaftsjahrbuch 1984, hrsg. v. M. *Kittner*, Köln, S. 507ff.

Rowan, R. L. u. a., 1980: Multinational Union Organizsations in the Manufacturing Industries, Philadelphia.

ders. u. a., 1983: Multinational Union Organizations in the White-Collar, Service, and Communications Industries, Philadelphia.

Tudyka, K. P., 1978: Tom Etty, Marion Sucha, Macht ohne Grenzen und grenzenlose Ohnmacht. Arbeitnehmerbewußtsein und die Bedingungen gewerkschaftlicher Gegenstrategien in multinationalen Konzernen, Frankfurt.

Tudyka, K. P., 1983: Internationale Berufssekretariate, in: Internationales Gewerkschaftshandbuch, Hrsg. von *S. Mielke*, Opladen, S. 31 ff.

Windmuller, J. F., 1978: International Trade Union Movement, in: *Roger Blanpain* (Hrsg.), Internatioanl Encyclopaedia for Labour Law and Industrial Relations, Deventer.

Peter Rütters

IBS	Anschrift	Präsident (P) Genralsekretär (G)
Internationaler Bergarbeiterverband (IBV/MIF)	75-76, Blackfriars Road LONDON, SE i 8HE Großbritannien	A. Stendalen (P) J. Oylslaegers (G)
Internationale Vereinigung Freier Lehrergewerkschaften (IVFL/IFFTU)	Herengracht 54-56 AMSTERDAM, 1015 BN Niederlande	A. Shanker (P) F. Van Leeuwen (G)
Internationaler Bund der Bau und Holzarbeiter (IBBH/IFBWW)	27-29, rue de la Coulouvrenière GENF, 1204 Schweiz	A. Buys (P) J. Loefblad (G)
Internationaler Bund der Privatangestellten (IBP/FIET)	15, av. de Balexert GENF-Chatelaine, 1210 Schweiz	T. Whaley (P) H. Maier (G)
Internationale Föderation von Chemie-, Energie- und Fabrikarbeiterverbänden (ICEF) IFPL	58, rue de Moillebeau GENF 19, 1211 Schweiz	M. Evans (P) M. Boggs (G)
Internationale Graphische Föderation (IGF)	Monbijoustraße 73 BERN, 3007 Schweiz	L. Mahlein (P) A. Kaufmann (G)
Internationaler Metallgewerkschaftsbund (IMB/IMF)	Route des Acacias, 54-bis Case postale 325 GENF, 1227 Schweiz	H. Mayr (P) H. Rebhan (G)
Internationale der Öffentlichen Dienste (IÖD/PSI) PTTI	Centre D'Aumard Avenue Voltaire Ferney-Voltaire, 072 10 Frankreich	H. Kluncker (P) H. Engelberts (G)
Internationales Sekretariat der Gewerkschaften für Kunst und Unterhaltung (ISGKU/ISETU)	Maria-Theresien-Str. 11 WIEN, 1090 Österreich	J. Schweinzer (Geschäftsf. P.)
Internationale Textil-, Bekleidungs- und Lederarbeiter Vereinigung (ITBLV/ITGLWF)	Rue Joseph Stevens 8 BRÜSSEL, 1050 Belgien	K. E. Person (P) C. Ford (G)
Internationale Transportarbeiter Föderation (ITF)	133-135 Great Suffolk Str. LONDON, SE 1 1 PD Großbritannien	F. Prechtl. (P) H. Lewis (G)
Internationale Union der Lebens- und Genußmittelarbeiter-Gewerkschaften (IUL)	Rampe du Pont Rouge 8 GENF, (Petit-Lancy), 1213 Schweiz	G. Döding (P) D. Gallin (G)

Regionalvertretung	Mitglieder in Mio.	Angeschlossene Organisationen	In Ländern
Afrika	1,1	36	33
Europa Asien Amerika	5,5	72	60
Afrika Asien/Pazifik Amerika	3,0 (2,1 bez. Mitgl.)	128	56
Afrika Asien Amerika Europa	7,0	194	84
Asien Amerika	6,3 (davon 1,7 asso- ziierte Mitgl.)	185	63
	0,7	39	29
Afrika Asien Amerika Europa	14,0	180	70
Afrika Amerika Asien	9,0	170	70
Europa	0,35	50	29
Afrika Asien Amerika Europa	5,5	130	63
Afrika Amerika Asien Europa	4,4	387	84
Afrika Asien/Pazifik Amerika Europa	1,9	176	62

Zahlenangaben nach unterschiedlichen Erhebungsjahren. Quelle: Geschäfts-
berichte der IBS; Neuhaus 1981, S. 153; Piehl 1984, S. 527; Tudyka 1983, S. 34

Internationale Demokratische Union (IDU)

1. Sitz: Die IDU unterhält in London ein kleines Sekretariat.

2. Mitglieder: Gründungsmitglieder sind 19 christ-demokratische, konservative und Zentrumsparteien aus 12 westeuropäischen Staaten (BR Deutschland, Dänemark, Finnland, Frankreich, Großbritannien, Griechenland, Liechtenstein, Norwegen, Österreich, Schweden, Spanien, Zypern) sowie aus den USA, Australien, Japan, Neuseeland.

3. Entstehungsgeschichte: Die IDU wurde am 24.6.1983 in London als Dachorganisation der 1978 gegründeten Europäischen Demokratischen Union (EDU) und der 1982 geschaffenen Pazifischen Demokratischen Union (PDU) gegründet. Die Mitgliedschaft in der IDU kann jede Partei erwerben, die bereits Mitglied der EDU oder der PDU ist. Parteien außerhalb des Einzugsbereiches dieser beiden regionalen Organisationen können auch unmittelbar die Mitgliedschaft erwerben. Die Aufnahme erfolgt einstimmig.

4. Ziele und Aufgaben: Ziel der IDU ist die Festigung der gemeinsamen weltanschaulichen Überzeugung; sie soll engere Beziehungen zwischen den Parteien auf bi- und multilateraler Ebene herstellen, einen Anreiz zur gegenseitigen Unterstützung bieten und als Forum des Meinungs- und Informationsaustausches dienen. Sie bekennt sich zur Demokratie, freiheitlichen Gesellschaftsordnung und sozialen Marktwirtschaft; sie betrachtet die Familie, das private Eigentum und die persönliche Verantwortung des Einzelnen als Grundpfeiler einer freien und offenen Gesellschaft.

5. Organisationsstruktur: Oberstes Organ ist die mindestens alle zwei Jahre zusammentretende Parteiführerkonferenz. Sie entscheidet über Zielsetzung und Aufgaben der IDU, wählt den Vorsitzenden und dessen Stellvertreter, den Schatzmeister und bestellt den Exekutivsekretär. Diese bilden zusammen mit den Vorsitzenden und Exekutivsekretären von EDU und PDU das Exekutivkomitee, das die laufenden Arbeiten leitet. Die enge Verknüpfung mit EDU und PDU drückt sich ferner in der Bestimmung aus, daß zum Vorsitzenden der IDU gewöhnlich einer der beiden Vorsitzenden der regionalen Unionen gewählt werden soll. Entscheidungen außer über Verfahrensfragen werden einstimmig gefällt. Die Finanzierung erfolgt durch Mitgliedsbeiträge.

6./7. Bewertung/Perspektiven: Die IDU sieht ihre Stärke darin, daß sie einen sehr viel größeren Teilnehmerkreis als die Christlich-Demokratische Internationale (CDI) ansprechen kann, weil der Verzicht auf die konfessionelle Bindung ihr erlaubt, Parteien mit vergleichbarer weltanschaulicher Grundausrichtung auch aus Ländern und Kontinenten anderer Tradition zusammenzuführen. Die eher konservative Ausrichtung der Union hat allerdings auch dazu geführt, daß wie bereits bei → EDU bzw. PDU die christ-demokratischen Parteien der BENELUX-Staaten, der Schweiz und Italiens bzw. Lateinamerikas nicht bereit waren, Mitglied der neuen Vereinigung zu werden.

Beate Kohler-Koch

Internationale Handelskammer (International Chamber of Commerce/ ICC)

1. Mitgliedschaft und Tätigkeitsbereiche: Die 1919 gegründete ICC, mit Sitz in Paris, ist die einzige weltumfassende Organisation des privaten Unternehmertums. Ihre Mitglieder sind Einzelunternehmen, Verbände und Kammern aus über 100 Ländern. Die ICC fungiert gleichermaßen als internationale „pressure group" wie als Kommunikations- und Selbstverwaltungsorgan der Privatwirtschaft in zahlreichen internationalen Handels- und Verkehrsfragen. Im einzelnen erstreckt sich die Tätigkeit der ICC auf die Förderung einer liberalen Weltwirtschaftsordnung und die Wahrung ihrer Mitgliederinteressen in allen unternehmensrelevanten Feldern der internationalen Politik, darunter den Auseinandersetzungen um eine neue Weltwirtschaftsordnung, den internationalen Regelungsbemühungen in den Bereichen Energie, Rohstoffe, Transport und Verkehr sowie den Fragen des Technologietransfers und der Rolle multinationaler Konzerne. Zu diesem Zweck partizipiert die ICC intensiv an den Arbeiten der entsprechenden internationalen Regierungsorganisationen, namentlich der → UN und ihrer Sonderorganisationen, bei denen die ICC den Konsultativstatus I besitzt sowie dem → GATT, der → OECD und der → EG. Des weiteren erarbeitet die ICC praxisnahe, global abgestimmte Richtlinien und Standardformulare für den Wirtschaftsverkehr (Dokumentenakkreditive, Richtlinien für Inkassi etc.), handelt freiwillige Verhaltensregeln für Unternehmen und Verbände aus (Kodizes für Werbung und Vertrieb, Umweltschutzleitsätze etc.) und fördert den Informationsaustausch unter ihren Mitgliedern mittels eines umfangreichen Publikationssystems und regelmäßig veranstalteter Konferenzen und Symposien. Eine wesentliche Aufgabe der ICC besteht schließlich in der Beilegung internationaler Handelsstreitigkeiten durch eine eigene ICC-Schiedsgerichtsbarkeit. Mittels dieser seit 50 Jahren praktizierten Selbstregulierung internationaler Wirtschaftskonflikte entscheidet die Kammer rund 200 Streitfälle pro Jahr.

2. Aufbau und Arbeitsweise: Die Arbeit der ICC wird von nationalen Landesgruppen, die ihrerseits selbständige Organisationen sind, getragen. Die ‚deutsche Gruppe der Internationalen Handelskammer' wurde 1925 in der Rechtsform eines Vereins gegründet. In ihr sind international tätige deutsche Unternehmen, Spitzen- und Fachverbände sowie Industrie- und Handelskammern vertreten. Die deutsche Gruppe als eine der großen, in allen wichtigen ICC-Gremien vertretenen und einflußreichen Landesgruppen, arbeitet in zwei Richtungen: sie versucht in den Beratungen jene Themenkomplexe vorrangig zu behandeln, die für die deutsche Außenwirtschaft besonders relevant sind; sie sorgt umgekehrt für die Verbreitung der ICC-Arbeitsergebnisse auf der nationalen Mitglieder- und Regierungsebene.

Gegenwärtig existieren 55 Landesgruppen der ICC in allen westlichen Industrieländern sowie zahlreichen Entwicklungsländern. Die Landesgruppen ernennen Delegierte für die Organe und Fachkommissionen der ICC und bestimmen die Führungsgremien der Kammer – das Präsidium, den 15-köpfigen Lenkungsausschuß und das oberste Beschlußgremium, den aus 86 Mitgliedern bestehenden Rat. Das rund 100 Mitarbeiter umfassende, sich in vier Fachabteilungen gliedernde Generalsekretariat koordiniert die Tätigkeiten der einzelnen Organe und der für den Selbstverwaltungscharakter charakteristischen Sondergremien. Aus der Vielzahl der von der ICC unterhaltenen Sondergremien sind insbesondere die folgenden hervorzuheben:

- Der Schiedsgerichtshof, dessen Tätigkeiten durch eine Seeschiedsgerichtsorganisation, ein internationales Zentrum für Sachverständigengutachten, ein ständiges Komitee für Vertragsanpassung sowie einen internationalen Ausschuß zur Bekämpfung von Erpressung und Bestechung unterstützt und ergänzt werden;
- das 1979 gegründete Institut für Recht und Praxis der internationalen Wirtschaft, das der Weiterentwicklung des internationalen Wirtschaftsrechts dient;
- das internationale Büro der Handelskammern (BICC), das sich mit allgemeinen Fragen der Kammertätigkeit und dem Aufbau von Kammersystemen in der Dritten Welt befaßt;
- und der Entwicklungsrat, der die für die Dritte-Welt-Mitglieder relevanten ICC-Fachkommissionen koordiniert und die Landesgruppen der Entwicklungsländer fachlich unterstützt.

Hans-Wolfgang Platzer

Internationale Lufttransportgesellschaft (International Air Transport Association/IATA)

1. Sitz: die IATA ist der weltweite Dachverband der Linienverkehr betreibenden Luftverkehrsgesellschaften. Sie hat ihren Sitz in Montreal, ein zweites Hauptbüro in Genf, und unterhält Zweigbüros in Washington, London, Singapur, Buenos Aires, Rio de Janeiro, Bangkok und Nairobi.

2. Mitglieder: Die Mitgliedschaft ist freiwillig. Sie steht allen Unternehmen offen, die von einem ICAO-Mitgliedstaat (oder einem in die → ICAO aufnahmefähigen Staat) für den Luftverkehr zugelassen sind und aufgrund zwischenstaatlicher Abkommen mit internationalen Flugliniendiensten betraut sind. Unternehmen, die nur Inlands-Luftverkehr betreiben, können assoziierte Mitglieder werden. Die IATA zählte Mitte 1984 132 Mitgliedsunternehmen, davon 23 assoziierte Mitglieder.

3. Entstehungsgeschichte: Im Anschluß an die Gründung der ICAO auf der Konferenz von Chicago (1944) wurde die IATA am 19.4.1945 in Havanna neu gegründet. Sie war Nachfolgerin der von 1919 bis 1941 bestehenden, aber hauptsächlich auf Europa beschränkten „International Air Traffic Association". Wie die ICAO errichtete die IATA ihren Sitz in Montreal/Kanada, wo sie durch ein spezielles Gesetz des kanadischen Parlaments vom 18.12.1945 als internationale Körperschaft kanadischen Rechts konstituiert wurde. Schon kurze Zeit später, im Luftverkehrsabkommen zwischen den USA und Großbritannien vom 11.2.1946 (Bermuda-Abkommen), wurde die IATA damit betraut, die Tarife für die im Abkommen ausgehandelten Routen festzusetzen und den Regierungen zur Genehmigung vorzulegen. Diesem Beispiel sind in den folgenden Jahren die meisten Luftfahrtnationen gefolgt, so daß die IATA neben ihren Aufgaben der Interessenwahrnehmung auch wichtige Aufgaben der Tarifbildung im internationalen Luftverkehr übernommen hat. Da in der IATA — über die zumeist staatseigenen Luftfahrtunternehmen — indirekt Staaten zusammengeschlossen sind, erscheint die zunehmend verwendete Charakterisierung als quasi-zwischenstaatliche Organisation zutreffend.

4. Ziele und Aufgaben: Die Satzung der IATA („Articles of Association") sieht in ihrem Art. 3 folgende Ziele und Aufgaben vor:
- Förderung eines sicheren, regelmäßigen und wirtschaftlichen Luftverkehrs zum weltweiten Nutzen;
- Pflege der Luftverkehrswirtschaft und Behandlung aller damit zusammenhängenden Fragen;
- Bereitstellung von Einrichtungen für die Zusammenarbeit zwischen den Lufttransportunternehmen, die direkt oder indirekt im internationalen Luftverkehrssystem tätig sind;
- Zusammenarbeit mit der ICAO und anderen internationalen Organisationen.

5. Organisationsstruktur/Finanzierung: Die Organisationsstruktur der IATA ist gegliedert in
- die Generalversammlung, die jährlich einmal zusammentritt;
- den Exekutivausschuß, der durch vier ständige Fachausschüsse (Verkehrs-, Finanz-, Rechts- und Technischer Ausschuß) sowie Sonderausschüsse unterstützt wird. Er zählt gegenwärtig maximal 25 Mitglieder;
- das Sekretariat, das vom Generaldirektor geleitet wird;
- die Verkehrskonferenzen, zu denen sowohl Verfahrenskonferenzen als auch Tarifkoordinierungskonferenzen gehören. Die letzteren koordinieren die Tarife in und zwischen verschiedenen Verkehrsregionen (z.B. Europa-Afrika; Europa-Fernost);
- die technischen Konferenzen, die sich mit aktuellen Fragen von allgemeinem Interesse für die Luftfahrt beschäftigen (z.B. Luftsicherheit; medizinische Fragen etc.) und in etwa zweijährigem Turnus zusammentreten;
- besondere Einrichtungen, wie das IATA Clearing House (Sitz in Genf), das als zentrale Verrechnungsstelle zwischen den Mitgliedgesellschaften fungiert.

Die Finanzierung der IATA erfolgt durch ihre Mitgliedsunternehmen, deren Jahresbeiträge auf Empfehlung des Exekutivausschusses von der Generalversammlung für das jeweils folgende Jahr festgesetzt werden. Die Höhe des jeweiligen Beitrages wird nach einem Schlüssel bestimmt, der insbesondere das Volumen der internationalen Beförderungsdienste jedes Mitglieds berücksichtigt.

6./7. Entwicklung/Perspektiven/Bewertung: Die IATA hat sich seit den relativ bescheidenen Anfängen 1945 zu einem quasi-universellen Verband entwickelt (in dem allerdings die Fluggesellschaften der meisten Ostblockländer, vor allem der Sowjetunion und Chinas, noch fehlen). Ihre Konferenzen und Beschlüsse kommen mit Billigung aller beteiligten Regierungen zusammen und Tarife müssen überprüft und genehmigt werden, ehe sie in Kraft treten können. Funktionsweise und Verfahren der Tarifbildung werden von den Regierungen und der ICAO überwacht. Die IATA-Mitglieder können sich frei für Teilnahme oder Nichtteilnahme an Tarifkoordinierungskonferenzen entscheiden und sind nur im Fall ihrer Teilnahme an die ausgehandelten Tarife gebunden.
Ferner ist die Service-Funktion der IATA für den Luftverkehrsbenutzer zu unterstreichen, die vor allem das „Interlining" (Benutzung von Anschlüssen von weltweit mehr als 250 Gesellschaften mit nur einem Flugschein), das „BAGTRAC" (Suchsystem für verlorenes Gepäck) und praktische Erleichterungen in vielen Bereichen hervorgebracht hat.
In anderen Bereichen, vor allem im technischen Bereich und auf dem Gebiet des

Luftrechts, hat die IATA wichtige Beiträge zur Modernisierung des Luftverkehrssystems geleistet.

Literatur:

Brancker, J. W. S. 1977: IATA and What It Does, Leiden.
Chuang, R. Y. 1972: The International Air Transport Association, Leiden.
Haanappel, P. P. C. 1978: Ratemaking in International Air Transport, Deventer.
Specht, W. 1978: Die IATA, Bern/Frankfurt/M.
Schwenk, W. 1981: Handbuch des Luftverkehrsrechts, Köln.

Ludwig Weber

Internationale Vereinigung für Politikwissenschaft (International Political Science Association/IPSA)

1. Sitz: Der rechtliche Sitz ist in Paris. Das Generalsekretariat und damit der faktische Sitz wechselt mit dem Generalsekretär, seit 1973 ist es in Ottawa.

2. Mitglieder: Die IPSA besteht aus 40 kollektiven Mitgliedern der nationalen Vereinigungen für Politikwissenschaft. In den EL gibt es auch regionale Assoziationen wie die afrikanische, die viele Länder umfassen. In den letzten Jahren spielt eine wachsende Zahl individueller Mitglieder eine Rolle.

3. Entstehungsgeschichte: Die IPSA entstand 1949. Die vier ursprünglichen Mitglieder waren USA, Kanada, Großbritannien und Frankreich. Seither gibt es zwei offiziell zugelassene Sprachen: Englisch und Französisch.

4. Ziele: Die Ziele der IPSA sind die Förderung der Politikwissenschaft in allen Ländern (Sie existierte als ausdifferenziertes Fach zum Gründungsdatum nur in wenigen westlichen Ländern), Austausch von Informationen, die Organisation von internationalen Round Tables und den Weltkongressen (Dreijahresturnus), Herausgabe einer Zeitschrift (International Political Science Review) und bibliographischer Dokumentation (Abstracts).

5. Organisationsstruktur/Finanzierung: Das Budget der IPSA ist verhältnismäßig bescheiden (140 000 US-$ 1983). Die Organisation finanziert sich aus Mitgliedsbeiträgen (50%), Subventionen der → UNESCO (ca. 20% des Budgets) und dem Vertrieb ihrer Publikationen und Dokumentationen. Organe der IPSA sind das Council (Rat), das nur anläßlich der Präsidentenwahl alle drei Jahre auf dem Weltkongreß zusammentritt, das Exekutivkomitee und der Präsident. Im Council gilt nicht „one country, one vote", sondern abgestuft nach dem Gewicht der Wissenschaft in einzelnen Ländern (gemessen an der Mitgliederzahl, der Partizipation bei internationalen Tagungen und der wissenschaftlichen Publikationen im Fach) werden ein bis drei Sitze verteilt (drei Sitze haben zur Zeit: USA, UdSSR, Vereinigtes Königreich Frankreich, BR Deutschland, Kanada, Indien). Die Organisationsspitze wechselt alle drei Jahre. Die nordatlantische Region hat jedoch bisher immer ein starkes Übergewicht behauptet. Die sozialistischen Länder sind im Exekutivkomitee von 16 Mitgliedern nur mit zwei Sitzen vertreten (UdSSR, Jugoslawien).

306

6. *Entwicklung:* In den letzten Jahren gab es eine Tendenz, die Dritte Welt stärker für die Partizipation zu mobilisieren. Die Gegenreaktion, das Gefühl bei vielen Wissenschaftlern der nordatlantischen Gebiete, daß der Kern der Wissenschaft angesichts der Ausweitung in Gefahr sei, zwingt jedoch zu einer vorsichtigen Politik in der Organisationsspitze. Austrittsdrohungen altetablierter Vereinigungen hat es gelegentlich gegeben, nennenswerte Abspaltungen konnten jedoch verhindert werden. Trotz des politischen Forschungsgegenstandes ist der Konfliktaustrag relativ unpolitisch gehalten worden und die Agenden hielten sich an ihr wissenschaftspolitisch beschränktes Mandat.

7. *Bewertung/Perspektiven:* Die Rolle der Bundesrepublik Deutschland in der IPSA war bisher beträchtlich. Die deutsche Partizipation an den Weltkongressen lag nach den USA und Kanada – gelegentlich vor England und Frankreich – an dritter Stelle. Die Bundesrepublik Deutschland ist immer das erste Land gewesen, dessen Sprache nicht als Verhandlungssprache zugelassen war. Der Integrationsgrad war relativ hoch, solange die Mitgliederzahl beschränkt blieb. Mit dem Wachstum zeigen sich jedoch regionale Sonderbestrebungen (wie das European Consortium for Political Research). Eine volle Mitgliedschaft aller Länder der Welt ist in absehbarer Zeit nicht zu erwarten, da das Fach in vielen Ländern noch Beschränkungen aufgrund ideologischer Voreingenommenheit der Regierungen ausgesetzt ist. In den sozialistischen Ländern stößt die Aktivität der IPSA auf Grenzen, weil das Fach zwar auf der Vereinigungsebene – meist Professoren der Akademie – existiert, aber im Lehr- und Forschungsbetrieb der Länder als ausdifferenzierte Wissenschaft noch unterrepräsentiert erscheint. Hier liegt vermutlich in der Zukunft das größte Ausdehnungspotential für die IPSA.

Literatur:

Trent, J.: 1982, International Political Science, Institutional Development. In: *Andrews, W.* (Hrsg.): International Handbook of Political Science, Westport/Conn., S. 34-46.
UNESCO: 1950, Contemporary Political Science. Paris.

Klaus von Beyme

Internationaler Bund Freier Gewerkschaften (IBFG)

1. *Sitz:* Das Generalsekretariat des IBFG hat seinen Sitz in Brüssel, die Asiatische Regionalorganisation (ARO) in Neu-Delhi, die Interamerikanische (ORIT) in Mexico-Stadt und die Afrikanische Regionalorganisation (AFRO) in Monrovia (Liberia) und Ouagadougou (Obervolta).

2. *Mitgliedsorganisationen:* Mitte 1983 hatte der IBFG, eine Weltföderation nationaler Gewerkschaftsbünde, 134 Mitgliedsorganisationen aus 94 Ländern auf allen Kontinenten mit ca. 85 Mio. Mitgliedern. Der IBFG ist – abgesehen von den Ostblockstaaten, wo der mitgliederstärkere *Weltgewerkschaftsbund* (WGB) fast 90% seiner Mitglieder organisiert – sowohl in den Industriestaaten als auch in den Staaten der Dritten Welt die repräsentativste Weltkonföderation der Gewerkschaften und organisiert insbesondere das Gros der Landeszentralen

in den Ländern der Welt, die die →IAO – Übereinkommen über Vereinigungsfreiheit und Gewerkschaftsrechte nicht nur angenommen haben sondern auch anwenden.

Mitglieder können alle Gewerkschaftsbünde werden, die sich aus freiem Willen zu den Zielen und der Satzung des IBFG bekennen. Die Mitgliedsorganisationen des IBFG sollen „frei, repräsentativ und demokratisch sein"; frei zur Kritik an der Regierung und frei und unabhängig von den Arbeitgebern, repräsentativ als nationaler Verband und demokratisch im inneren Aufbau und hinsichtlich ihrer Vorstellungen über die Gesellschaft (Tudyka 1983:4). Mehrere Länder wie Brasilien, Dänemark, Finnland, Indien, Indonesien, Japan und Pakistan sind durch mehr als eine Landeszentrale vertreten. In Ausnahmefällen hat der IBFG auch Einzelgewerkschaften aufgenommen.

Die Größe der Mitgliedsorganisationen variiert zwischen einigen hundert und mehreren Mio. Mitgliedern. Zwanzig der Mitgliedsbünde hatten 1983 mehr als eine Mio. Mitglieder. Die drei größten Mitgliedsorganisationen sind die AFL/CIO (Mitglied 1949 bis 1969 und seit 1.1.1982) mit ca. 13,6, der TUC mit 10,5 und der DGB mit knapp 8 Mio. Mitgliedern.

3. Entstehungsgeschichte: Vorläuferorganisation ist der *Internationale Gewerkschaftsbund* (IGB) – 1902 bis 1913 *Internationale Zentralstelle der gewerkschaftlichen Landeszentralen* genannt –, der von sozialdemokratischen und sozialistisch orientierten europäischen Gewerkschaften gegründet und bis zur Auflösung 1945 von diesen auch dominiert wurde und 1904 ca. 2,5, 1913 ca. 7,7, 1919 über 23 und 1929 ca. 14 Mio. Mitglieder vertrat. Er stellte im ersten Jahrzehnt lediglich eine Kontakt- und Verbindungsstelle der angeschlossenen Gewerkschaftsbünde dar. Der 1919 neu gegründete IGB blieb trotz veränderter Struktur und erweitertem Tätigkeitsgebiet aufgrund der Gegensätze zwischen den Gewerkschaftsbünden der Ententemächte einerseits und der Mittelmächte andererseits und der Differenzen zwischen den angeschlossenen Gewerkschaftsbünden in der Frage des Verhältnisses zur Sowjetunion und zur *Roten Gewerkschaftsinternationalen* (RGI) in seinen Aktivitäten gehemmt.

Der 1949 gegründete IBFG ist eine Abspaltung der sozialdemokratisch/sozialistisch orientierten Gewerkschaftsbünde von dem 1945 unter Beteiligung kommunistischer Gewerkschaftsbünde gegründeten *Weltgewerkschaftsbund* (→ WGB). Neben den Versuchen der mitgliederstarken Gewerkschaften in den staatssozialistischen Ländern, den WGB unter ihre Kontrolle zu bringen, den Bestrebungen des WGB, die Autonomie der →*Internationalen Berufssekretariate* (IBS) einzuschränken, spielte auch die Verschärfung des Ost-West-Konfliktes bei der Neugründung des IBFG eine wesentliche Rolle. An dem Gründungskongreß des IBFG in London nahmen Gewerkschaftsdelegierte aus 53 Industrie- und Entwicklungsländern teil.

4. Zielsetzung: Als die zentralen Punkte seines Programms nennt der IBFG in einer Selbstdarstellung von 1983 die folgenden Ziele:

„– Förderung der Interessen der Erwerbstätigen überall in der Welt.
– Bemühungen um eine ständige Hebung des Lebensstandards, um Frieden, Vollbeschäftigung und soziale Sicherheit.
– Verringerung der Kluft zwischen reich und arm sowohl in den einzelnen Ländern als auch unter den Staaten.
– Eintreten für Völkerverständigung, Abrüstung und Sicherung des Friedens.

– Hilfe bei der Organisierung der Arbeitnehmer in allen Ländern und bei Bemühungen um die Anerkennung ihrer Organisationen als freie Verhandlungspartner.
– Kampf gegen Unterdrückung und Diktatur überall und gegen jede Diskriminierung aufgrund von Rasse, Hautfarbe, Glauben oder Geschlecht.
– Verteidigung der grundlegenden Menschen- und Gewerkschaftsrechte." (Freie Gewerkschaftswelt 2/1983:6).

Diese Zielsetzungen, die in der Satzung des IBFG ausführlich dargelegt werden, werden von ihm ebenso wie im Gründungsjahr 1949 in den Worten „Brot, Frieden und Freiheit" zusammengefaßt und lassen im Vergleich zu 1949 in den allgemeinen Grundzügen eine deutliche Kontinuität erkennen. Veränderungen in der Programmatik zeigen sich im Verhältnis zu den Gewerkschaften der staatssozialistischen Länder, in der Frage des Nord-Süd-Konflikts und in der Auseinandersetzung mit dem international tätigen Kapital, ferner im Bemühen um Abrüstung und ein Verbot der Kernwaffen. Insgesamt läßt sich feststellen, daß das Programm des IBFG aufgrund der erheblichen Differenzen im gewerkschaftlichen Selbstverständnis seiner Mitgliederorganisationen einen Minimalkonsens darstellt, der im Unterschied zum WGB und dem →Weltverband der Arbeitnehmer nur ansatzweise antikapitalistische, systemüberwindende Akzente enthält.

5. Organisationsstruktur/Finanzierung: Die wichtigsten Organe des IBFG sind der Kongreß, der Vorstand und der Generalsekretär. Der Kongreß, der alle vier Jahre tagt, setzt sich aus Delegierten aller angeschlossenen Organisationen zusammen. Die Delegiertenzahl der Mitgliedsorganisationen ist abhängig von ihrer Mitgliederzahl. Der Kongreß berät und beschließt über Berichte und Vorschläge des von ihm gewählten Vorstandes und des Generalsekretärs. Die sechsunddreißig 1983 vom 13. Weltkongreß gewählten Vorstandsmitglieder kommen aus allen Weltregionen; Industrie- und Entwicklungsländer sind etwa gleich stark im Vorstand vertreten. Dem Vorstand des IBFG gehören ferner vier von den jährlichen Allgemeinen Konferenzen der →*Internationalen Berufssekretariate* (IBS) gewählte Vertreter an. Der Vorstand, der mindestens zweimal jährlich tagt „führt nicht nur die Beschlüsse des Kongresses aus, er ist das handelnde und leitende Organ des IBFG" (Tudyka 1983:6f). Er wählt auch den Präsidenten und die Vizepräsidenten, denen im Unterschied zum Generalsekretär nur repräsentative Funktionen zukommen (vgl. ebda. 7).
Das Sekretariat leitet der Generalsekretär, der für die Verwaltung und die Pflege der Kontakte zu den Mitgliedsorganisationen verantwortlich ist. Neben dem Sekretariat in Brüssel unterhält der IBFG ständige Büros in Genf und in New York (→UN-Organisationen). Von den bereits erwähnten Regionalorganisationen, die den Aufbau und die Aktivitäten der Gewerkschaften in der Dritten Welt unterstützen sollen, sind sowohl ARO als auch ORIT vergleichsweise repräsentativ und nicht ohne Einfluß in ihrer Region.
(Zur Zusammenarbeit des IBFG mit den ihm assoziierten IBS vergleiche den Artikel Internationale Berufssekretariate.)
Die Arbeit des IBFG wird ausschließlich von seinen Mitgliedsorganisationen finanziert, deren Jahresbeiträge der Kongreß festlegt. Einige Mitglieder aus den Industriestaaten zahlen ferner freiwillige Beiträge in einen internationalen Solidaritätsfonds, aus dem vor allem die Arbeit in den Entwicklungslän-

dern finanziert wird und Opfer politischer Verfolgung, Unterdrückung oder von Naturkatastrophen Hilfe erhalten (Freie Gewerkschaftswelt 2/1983:7).

6./7. Entwicklung/Perspektiven: Die Entwicklung des IBFG verlief von einer wesentlich auf Europa und Amerika und einige wenige Staaten in Afrika und Asien begrenzten und zunächst antikommunistisch orientierten Weltkonföderation zur repräsentativsten Organisation der nationalen Gewerkschaftsbünde auf Weltebene.

Der IBFG ist heute sowohl in den Industriestaaten als auch in den Entwicklungsländern Lateinamerikas und Asiens die führende der drei Weltkonföderationen. In Afrika hängt die Gewinnung von weiteren Mitgliedsorganisationen wesentlich davon ab, ob die Organization of African Trade Union Unity (OATUU) im Unterschied zur bisherigen Handhabung Doppelmitgliedschaften in der OATUU und in einer Weltkonföderation zuläßt.

Die weiteren Expansionschancen für den IBFG hängen wesentlich von der Überlebensfähigkeit des WVA ab und ob es dem IBFG gelingt, die Zusammenarbeit mit den bisher autonomen Regionalorganisationen, wie z. B. OATUU und *Europäischer Gewerkschaftsbund* und den auf Weltebene nicht gebundenen nationalen Dachverbänden zu intensivieren. Die Chancen des IBFG, seine Bedeutung zu erhöhen, hängen ferner davon ab, ob es ihm stärker als bisher gelingt, „eine bessere Übereinstimmung der Politik der Mitgliedsorganisationen mit den Beschlüssen der leitenden Organe des IBFG sicherzustellen, und so die Wirkung internationaler Gewerkschaftsaktionen soweit wie möglich zu erhöhen".

Literatur:

Coldrick, A.P./Jones, Ph. 1979: The International Directory of the Trade Union Movement, London.

Internationaler Bund Freier Gewerkschaften 1983: Tätigkeitsbericht 1979-1982, Brüssel.

Ders., 1983: Freie Gewerkschaftswelt (offizielles Organ), Heft 2, Brüssel.

Sassenbach, J. 1931: Internationaler Gewerkschaftsbund, in:
Heyde, L. (Hrsg.): Internationales Handbuch des Gewerkschaftswesens, Berlin, Bd. 1, 823-334.

Tudyka, K.P. 1983: Internationaler Bund Freier Gewerkschaften, in:
*Mielke, S.*1983 (Hrsg.): Internationales Gewerkschafts-Handbuch, Opladen, 3-9.

Windmuller, J.P. 1978: International Trade Union Movement, in: Blanpain, R. (Hrsg.): International Encyclopaedia for Labour Law and Industrial Relations, Bd. 1, Deventer.

Siegfried Mielke

Internationales Olympisches Komitee (International Olympic Committee/IOC)

1. Sitz: Das IOC als „höchste Autorität" der Olympischen Bewegung hat seit 1915 seinen Sitz in Lausanne.

2. *Mitglieder:* Dem IOC gehören 87 männliche und vier weibliche Personen, zumeist Mitglieder nationaler Eliten, an (Stand: 1.8.1984). Die 91 IOC-Mitglieder kommen aus über 70 Staaten. Sie müssen Bürger eines Landes sein, das ein vom IOC anerkanntes *Nationales Olympisches Komitee* (NOK) besitzt. 159 NOKs sind vom IOC anerkannt (Stand: 1.8.1984).

3. *Entstehungsgeschichte:* Unter aktiver Federführung des Begründers der Olympischen Spiele der Neuzeit, des frz. Barons *Pierre de Coubertin* (1863-1937), fand der *I. Olympische Kongreß* im Juni 1894 in Paris (Sorbonne) statt. 79 Delegierte aus 13 Ländern beschlossen die Prinzipien für eine Erneuerung der Olympischen Spiele und wählten die Mitglieder des 1. Olympischen Komitees (*Krüger* 1980).

4. *Ziele und Aufgaben:* Vordringliche Aufgaben des IOC sind:
   a) Die Durchführung und Organisation der Olympischen Spiele regelmäßig alle vier Jahre zu sichern und zu leiten;
   b) den Amateursport zu fördern und
   c) den Sport auf die olympischen Ideale im Sinne P.*de Courbertins* zu orientierten (IOC-Regeln).

5. *Organisationsstruktur/Finanzierung:* Als *non-gouvernmental organisation* bzw. als juristische Person nach Schweizer Recht ist das IOC nach vorherrschender Rechtsmeinung kein Völkerrechtssubjekt *(Symposium 1981)*. Die traditionell „oligarchische Struktur" der Olympischen Bewegung (Lüschen 1981) wird durch das Kooptationsprinzip des IOC sowie durch satzungsmäßig gesicherte Kompetenzen des IOC-Präsidenten und des neunköpfigen IOC-Exekutivausschusses verstärkt und der Organisationsspitze zugewiesen. Weitere Organe sind u.a.: die einmal im Jahr, zweimal im Olympiajahr, tagende IOC-Session, zahlreiche IOC-Ausschüsse, der Sportdirektor.
Gesteigerte Organisations- und Steuerungsprobleme angesichts der wachsenden Komplexität der Olympischen Spiele führten 1973 zur ständigen Institutionalisierung einer *Dreier-Kommission,* bestehend aus dem IOC, der Generalversammlung der NOKs und der Internationalen Sportverbände.
Die Finanzierung erfolgt aus Mitgliederbeiträgen, Spenden, Zuschüssen und Gewinnen aus den Olympischen Spielen.

6. *Derzeitige Hauptprobleme sind:* Schaffung einer vergleichbaren sozialen Absicherung für Spitzenathleten in unterschiedlichen Gesellschaftssystemen durch Änderung der *Amateurregel (IOC-Regel 26)*. Dadurch wird eine starke Entwicklung zu „*offenen Spielen*", d. h. die zunehmende Teilnahme von Berufssportlern ermöglicht.
Neben der Arbeit an einer Modernisierung der IOC-Statuten sind die Probleme der wachsenden Kommerzialisierung, des Gigantismus und einer angemessenen Entnationalisierung z.Z. Hauptdiskussionspunkte *(NOK 1982; Güldenpfennig* 1982).
Versuche des IOC zu einer stärkeren völkerrechtlichen Absicherung zu gelangen, angesichts der aus internationalen Spannungen resultierenden Anschläge (München 1972) und Olympia-Boykotte (Montreal 1976, Moskau 1980 und Los Angeles 1984).

7. *Perspektiven/Bewertung:* Die bundesdeutsche Sportführung hat weitergehende Einflußchancen, u.a. die Anwärterschaft *W. Daumes* auf die IOC-Präsi-

dentschaft, trotz ihrer international anerkannten sportorganisatorischen Kompetenz, durch den Boykott der XXII. Olympischen Spiele in Moskau (1980) vorerst verspielt. Die Wahl des zweiten bundesdeutschen IOC-Mitgliedes, des renommierten Wirtschaftsführers *B. Beitz*, zum IOC-Vizepräsidenten (1984-1988) und die Ernennung des NOK-Geschäftsführers *W. Tröger* zum IOC-Sportdirektor zeigen jedoch starke Aufwärtstendenzen.

Die olympische Bewegung wird zunehmend zum integralen Faktor der internationalen Politik und bleibt Austragungsort der Systemkonkurrenz. Die 24. Olympischen Spiele in Seoul (1988) sind erneut vom Boykott der sozialistischen Staaten bedroht.

Literatur:

Güldenpfennig, S. 1981: Internationale Sportbeziehungen zwischen Entspannung und Konfrontation, Der Testfall 1980, Köln.

Güldenpfennig, S. 1982: Wegweiser in die Zukunft der Olympischen Bewegung – Zwischenbericht 1981, Köln.

Klein, W. (Hrsg.) ²1981: Deutsches Sporthandbuch, Organisation – Recht – Verwaltung, 26. Ergänzungslieferung (1982), Wiesbaden.

Krüger, A. 1980: Neo-Olympismus zwischen Nationalismus und Internationalismus, in: *Überhorst, H.* (Hrsg.), Geschichte der Leibesübungen, Bd. 3/1, Berlin, 522-568.

Krüger, A. 1982: Deutschland und die Olympische Bewegung (1918-1980), Ebenda Bd. 3/2, Berlin, 1026-1081.

Lüschen, G. 1981: Die Verbandspolitik Nationaler Olympischer Komitees, in: Sportwissenschaft 11 (1981) 2, 183-197.

Nationales Olympisches Komitee für Deutschland (NOK) (Hrsg.) 1982: Der Kongreß, Berichte und Dokumente zum 11. Olympischen Kongreß Baden-Baden 1981, München.

Olympische Rundschau, Hrsg.: IOC, Lausanne (engl., frz., span.).

Regeln und Statuten des IOC (IOC-Regeln), in: *Rauball, R.* 1972: Olympische Statuten, Berlin, 19-60.

Symposium des NOK u.a. 1981: Olympische Leistung, Ideal, Bedingungen, Grenzen, Begegnungen zwischen Sport und Wissenschaft, Eine Dokumentation, o.O., 309-380.

Horst Hübner

Internationales Rotes Kreuz (IRK)

1. Sitz: Genf

2. Mitglieder: Die nationalen Rotkreuzgesellschaften aus 131 Staaten, das Internationale Komitee vom Roten Kreuz (IKRK) sowie die Liga der Rotkreuzgesellschaften sind Mitglieder des IRK.

3. Entstehungsgeschichte: Anläßlich der blutigen Auseinandersetzungen auf dem Schlachtfeld von Solferino wurde 1863 auf Anregung des Schweizer Henri *Dunant* das IKRK gegründet. 1919 wurde die Liga, der Weltbund der nationalen Rotkreuzgesellschaften, auf amerikanische Initiative hin gegründet.

4. *Ziele:* Die Grundlage für das Wirken des IRK sind die Rotkreuzgrundsätze. Sie gelten unverändert von Anfang an. Ihre jetzt gültige Fassung wurde 1965 in Wien beschlossen. Es sind die Menschlichkeit, Unparteilichkeit, Neutralität, Unabhängigkeit, Freiwilligkeit, Einheit und Universalität. Innerhalb des Grundsatzes der Menschlichkeit wird ein besonderes Gewicht auf den Friedensgedanken gelegt. Deshalb lautet auch der Wahlspruch des IRK: Per humanitatem ad pacem – durch Menschlichkeit zum Frieden.

5. *Organisation:*

5.1 Das IRK hat drei gemeinsame Organe. Zunächst die Internationale Rotkreuzkonferenz. Neben dem IKRK, der Liga und den nationalen Gesellschaften gehören ihr alle Staaten an, die Partner des Genfer Rotkreuzabkommens sind (1984: 156). Sie tagt in vierjährigem Abstand und befaßt sich mit grundlegenden Problemen des IRK, mit allgemeinen humanitären Fragen und der Fortentwicklung und Durchsetzung des humanitären Völkerrechts. Sodann der Delegiertenrat. Ihm gehören nur die Rotkreuzinstitutionen an. Er tagt unregelmäßig, heute allerdings häufiger als zu früheren Zeiten. Seine Bedeutung wächst, da die Konferenzen durch die Regierungsvertreter leicht zu einer Politisierung führen können. Die Ständige Kommission schließlich besteht aus je zwei Vertretern des IKRK und der Liga sowie fünf von der Internationalen Rotkreuzkonferenz gewählten Personen aus den nationalen Gesellschaften. Neben vielen organisatorischen Aufgaben hat sie auch eine Art schiedsrichterlicher Funktion.

5.2 Das IKRK ist ein privatrechtlicher Verein des schweizerischen Zivilrechts mit Sitz in Genf. Soweit ihm in völkerrechtlichen Verträgen bestimmte Befugnisse zugesprochen sind, ist es als partikuläres Völkerrechtssubjekt zu betrachten. Satzungsgemäß besteht es aus höchstens 25 Mitgliedern, ausschließlich Schweizern. Unter den Mitarbeitern ragen die Delegierten (1984 ca. 300) hervor, die vor Ort, meistens unter extremen Schwierigkeiten, ihre Aufgaben verrichten. Das IKRK genießt überall in der Welt hohes Ansehen und Vertrauen. Kaum berechtigte Kritik wird an ihm wegen seiner ausschließlich schweizerischen Zusammensetzung, wegen seiner konsequenten Neutralität und seiner – allerdings nicht schrankenlosen – Diskretion geübt.

5.3 Die Liga ist der Weltbund der nationalen Gesellschaften. Sie ist eine juristische Person des schweizerischen Zivilrechts. Ihre Organe sind die Generalversammlung, in der jede nationale Gesellschaft über eine Stimme verfügt und die alle zwei Jahre tagt. Der Exekutivrat tritt halbjährlich zusammen. Alle Gremien sind multinational besetzt.

5.4 Von den nationalen Gesellschaften führen (1984) 109 das Rotkreuzzeichen, 21 den Roten Halbmond und die UdSSR beide Zeichen. In jedem Land kann nur eine nationale Gesellschaft bestehen, die ihre Tätigkeit über das ganze Land erstrecken muß.

6. *Entwicklung:* Das IRK entfaltete sehr schnell nach seiner Gründung eine umfassende Tätigkeit zugunsten der Kriegsopfer. Seine Aufgaben umfassen dabei Schutz und Hilfe für verwundete, kranke und kriegsgefangene Angehörige der Streitkräfte sowie für kriegsbetroffene Zivilpersonen. Seit Ende des Zwei-

ten Weltkriegs erstreckt sich die Hilfe in ständig zunehmender Weise auch auf politische Gefangene, verschwundene Personen und Opfer der Folter. Weiterhin entfaltet das IKRK eine ausgedehnte Tätigkeit zugunsten der Weiterentwicklung des humanitären Völkerrechts, vor allem der Genfer Rotkreuzabkommen von 1949 und der Zusatzabkommen von 1977. Die nationalen Rotkreuzgesellschaften erfüllen Pflichtaufgaben, die aus dem humanitären Völkerrecht resultieren; Aufgaben, die von IRK-Konferenzen besonders empfohlen werden wie z.B. Katastrophen- und Entwicklungshilfe, Suchdienst, Familienzusammenführung, Blutspendedienst etc. und Aufgaben, die jeweils landesverschieden sind.

7. Bewertung/Perspektiven: Bei aller organisatorischen Vielfalt versteht sich das IRK als echte Gemeinschaft, in der einer dem anderen beisteht. Das DRK der BR Deutschland arbeitet intensiv mit den anderen Gesellschaften zusammen. Kritische Perioden gab es für die Weltgemeinschaft des Roten Kreuzes in der Nachkriegsperiode lediglich zweimal: Anfang der 50er Jahre kam es im Verlauf des Koreakrieges zu schweren Kontroversen mit der UdSSR und Mitte der 60er Jahre zu ebenso schweren Auseinandersetzungen mit der VR China. Jedoch wurden diese Krisen überwunden, so daß sich das IRK als lebenswichtig und wichtiger Akteur in den internationalen Beziehungen erwiesen hat.

Literatur:

Boissier, P. 1963: Historie du Comité International de la Croix Rouge – De Solferino à Tsoushima, Paris.
Durand, A. 1978: Histoire du Comité Internationale de la Croix Rouge – De Sarajevo à Hirsohima, Genf.
Haug, H. 1966: Rotes Kreuz – Werden, Gestalt – Wirken, Bern.
Huber, M. 1941: Rotes Kreuz – Grundsätze und Probleme, Zürich.
Huber, M. 1951: Das Internationale Rote Kreuz – Idee und Wirklichkeit, Zürich.
Moreillon, J. 1973: Le Comité International de la Croix Rouge et la protection des détenus politiques, Genf.
Pictet, J. 1956: Die Grundsätze des Roten Kreuzes, Genf.
Schlögl, A. [7]1980: Die Genfer Rotkreuzabkommen vom 12. August 1949, Bonn.
Manuel de la Croix Rouge Internationale [11]1971, Genf.

Anton Schlögl

Interparlamentarische Union/IPU (Interparlamentary Union/IPU)

1. Sitz: Genf.

2. Mitglieder: Z. Z. 102 Parlamente, darunter alle Mitgliedstaaten der →NATO und des →Warschauer Pakts, viele Staaten der Dritten Welt, die Neutralen und bedeutende Länder wie Australien, China, Indien, Jugoslawien, Kanada, Mexiko, Neuseeland.
Beobachter: U.a. Unterorganisationen der →UN, →Europarat, Lateinamerikanisches Parlament; PLO, SWAPO.

3. Entstehungsgeschichte: Die Wurzeln der IPU liegen in der Friedensbewegung des 19. Jhs. Die Idee der Schlichtung grenzüberschreitender Konflikte durch gemeinsame Aktionen vieler Staaten wurde von den Gründern der IPU, dem englischen Arbeiterführer Sir *William Randal Cremer* und dem französischen Pazifisten *Frédéric Passy* (beide Friedensnobelpreisträger), dadurch verwirklicht, daß sie Abgeordnete aus den verschiedensten Ländern zusammenführten, damit ihr Verständnis für die internationale Solidarität wuchs und die friedliche Streitschlichtung auf dem Wege über den Einfluß auf die Regierungen erreicht werden konnte. Seit 1889 finden alljährlich in den Hauptstädten der Mitgliedsgruppen dieser Zielsetzung gewidmete IPU-Konferenzen statt.

4. Ziele/Vertragsinhalt: Art. 1 der Statuten.

„Die Interparlamentarische Union hat zum Ziel, persönliche Kontakte zwischen den in nationalen Gruppen zusammengefaßten Mitgliedern aller Parlamente zu fördern und sie in gemeinsamer Aktion zu vereinen, um dadurch die uneingeschränkte Mitwirkung ihrer jeweiligen Staaten bei der Festigung und Entwicklung der repräsentativen Einrichtungen sowie bei der Förderung des Werkes des Friedens und der Zusammenarbeit zwischen den Völkern, insbesondere durch Unterstützung der Ziele der Vereinten Nationen, zu sichern und aufrechtzuerhalten. Im Blick auf diese Zielsetzung äußert sich die Interparlamentarische Union zu allen internationalen Fragen, deren Regelung auf parlamentarischem Wege erfolgen kann, und unterbreitet Vorschläge für die Entwicklung der parlamentarischen Einrichtungen, um deren Arbeitsweise zu verbessern und ihr Ansehen zu erhöhen."

5. Organisationsstruktur/Finanzierung: Die Interparlamentarische Konferenz, die sich aus Delegationen der Mitgliedsländer zusammensetzt, verabschiedet alljährlich Empfehlungen zu allen aktuellen Fragen der Zeit. Der *Interparlamentarische Rat*, dem nach dem Vorbild des amerikanischen Senats zwei Vertreter jeder Gruppe angehören, „legt die Tätigkeiten der Union in Übereinstimmung mit den in der Satzung festgelegten Zielen" fest. Vier *Studienausschüsse* (für Politik und Abrüstung, Recht, Wirtschaft und Kultur und nichtautonome Gebiete) bereiten während der beiden jährlichen Tagungen die Empfehlungen der Vollkonferenz vor. Dank der Tätigkeit eines im Jahre 1976 eingesetzten *Sonderausschusses für Verletzungen der Menschenrechte von Parlamentariern* wurde eine große Zahl früherer Parlamentarier in Ländern Afrikas, Lateinamerikas etc. aus der Haft entlassen. Eine der Union als beratendes Organ beigeordnete *Vereinigung der Generalsekretäre der Parlamente* schlägt Maßnahmen zur Verbesserung der parlamentarischen Verfahren, besonders in den Entwicklungsländern, vor.

Die *Finanzierung* erfolgt ausschließlich über Beiträge der Mitgliedsgruppen; die Union verfügte im Jahre 1983 über einen Etat von 3 556 000 sfr. Das Generalsekretariat hat 19 hauptamtliche Mitarbeiter.

6. Entwicklung: Während früher im wesentlichen Länder mit parlamentarischen Systemen westlicher Prägung der Organisation angehörten, erwarben seit den 50er Jahren auch Länder mit faktischen Einparteiensystemen (Ostblock, seit 1972 die DDR, Länder der Dritten Welt) die Mitgliedschaft. Hierdurch sind strukturelle Veränderungen eingetreten: der Ablauf der Konferenzen wird durch Gegensätze bestimmt, wie sie sich ähnlich bei den → UN darstellen. Die IPU ist weitgehend zu einem Forum oft heftiger Ost-West- und Nord-Süd-Auseinandersetzungen geworden.

7. Perspektiven/Bewertung: Der Deutsche Bundestag ist als „Interparlamentarische Gruppe der Bundesrepublik Deutschland" seit 1952 Mitglied und entsendet regelmäßig Delegationen zu den Konferenzen (im Kaiserreich Mitgliedschaft von 1890 bis 1918, Weimarer Zeit: 1919 bis 1933). Im Jahre 1978 fand die Jahreskonferenz in Bonn statt. Ungeachtet der weiter bestehenden Konfrontationen versucht die Organisation zur Zeit mit Erfolg, Struktur und Ablauf der Sitzungen zu straffen. Als nützliche gemeinsame Aktionen im Dienste des Weltfriedens erwiesen sich fünf Interparlamentarische KSZE-Konferenzen (eine sechste ist in Vorbereitung), die Wesentliches zur Förderung des KSZE-Prozesses beitrugen.

Horst Ferdinand

Kommunistische „Weltbewegung"

1. Historische Entwicklung: Von 1919 bis 1943 gehörten alle kommunistischen Parteien der III. (Kommunistischen) Internationale an, die ihren Sitz in Moskau hatte und sich durch eine straffe Organisationsstruktur auszeichnete. Nach dem Scheitern der Weltrevolution und der Stalinschen Proklamation des „Sozialismus in einem Lande" (1925) gelang es der KPdSU als einziger Regierungspartei, sie vollständig zu beherrschen und den Interessen sowjetischer Außenpolitik nutzbar zu machen; bewerkstelligt wurde dies hauptsächlich durch die Ausnutzung finanzieller Abhängigkeiten, das Prinzip des demokratischen Zentralismus und den rücksichtslosen Einsatz ideologischen Terrors.

Nachdem die *Komintern* unter dem Eindruck der Anti-Hitler-Koalition 1943 aufgelöst worden war, sah sich die UdSSR erst 1947 wieder veranlaßt, einen organisatorischen Zusammenschluß vorzunehmen, um zum einen die jugoslawischen Kommunisten stärker einzubinden und zum anderen im Kalten Krieg eine Propagandaplattform gegen westliche Einflüsse zu besitzen.

Dieses *„Informationsbüro der Kommunistischen und Arbeiterparteien"* (Kominform) hatte allerdings nur neun Mitglieder, denen neben den ost- und südosteuropäischen Parteien diejenigen Italiens und Frankreichs angehörten. Zudem reduzierte der schon im nächsten Jahr offen zwischen Moskau und Belgrad ausbrechende Konflikt, der seine Verlegung nach Bukarest notwendig machte, seine Bedeutung auf die einer fast ausschließlich demonstrativen Institution.

Die Auswirkungen des XX. Parteitages der KPdSU (Febr. 1956) führten auch zur formellen Auflösung des Kominform, dessen Steuerungsfunktion – bis heute – die Abteilung für Internationale Beziehungen beim Sekretariat des ZK der KPdSU übernahm.

Daneben förderten freilich die innersowjetischen Entstalinisierungsversuche das von *P. Togliatti* formulierte Konzpet des „Polyzentrismus" und die – 1960/61 im Bruch gipfelnden – Auseinandersetzung mit Peking. Deshalb ergänzte die KPdSU bei dem Versuch, die Kommunistische Weltbewegung zusammenzuhalten, das Instrument der bilateralen Parteibeziehungen – besonders im Hinblick auf die Disziplinierung der nicht im eigenen Machtbereich befindlichen Parteien – durch eine neue Form des „Konzilkommunismus". Wann immer die Verselbständigungstendenzen oder die internationalen Probleme zu groß wurden, drängte Moskau auf Regional- oder Globalkonferenzen, um Geschlossenheit zu demonstrieren. So kam es 1957 (nach den Aufständen in Ungarn und Polen), 1960 und 1969 (nach den Grenzzwischenfällen am Ussuri und der gewaltsamen Beendigung des „Prager Frühlings") zu Welt- sowie 1967 bzw. 1976 (parallel zur → KSZE) zu Europakonferenzen.

2. *Inhaltliche Auseinandersetzungen:* Inhaltlich gelang es der KPdSU immer weniger, ihre Vorstellungen von „Proletárischem Internationalismus" kompromißlos durchzusetzen. Abgesehen davon, daß wichtige Parteien − wie die KPCh − zum Teil entweder überhaupt nicht teilnahmen oder die Unterzeichnung der Schlußdokumente verweigerten, lassen die langwierigen und kontroversen Vorbereitungsphasen erkennen, wie unterschiedlich die Auffassungen mittlerweile geworden sind. Heute kann man den Auslassungen oft mehr Erkenntnisse über den Zustand der Kommunistischen Weltbewegung entnehmen als den offiziellen, gemeinsamen Deklarationen.

Die Hauptstreitpunkte zwischen den „Autonomisten", als deren wichtigste Vertreter die Kommunisten Italiens (KPI) und Jugoslawiens (BdKJ) fungieren, und der KPdSU entzündeten sich an den sowjetischen Forderungen, erstens die Weltkonferenzen zu institutionalisieren, zweitens den „Demokratischen Zentralismus" auch auf die internationalen Parteibeziehungen anzuwenden, drittens den in der UdSSR etablierten Sozialismus als verbindliches Modell anzuerkennen und, viertens, die Außenpolitik Moskaus bedingungslos zu unterstützen.

Während die erste Forderung schon 1969 in Kap. IV des Hauptdokuments mit dem Hinweis ad acta gelegt wurde, es gäbe kein leitendes Zentrum mehr, sondern nur noch eine freiwillige Koordinierung, endete die zweite − wenigstens formal − im Vorfeld der Konferenz der Kommunistischen und Arbeiterparteien Europas mit der Zuerkennung eines Veto-Rechts für alle Teilnehmer. Dagegen konnte der nach zähem Ringen 1976 geschlossene Kompromiß, das Recht jeder Partei auf den eigenen Weg zum Sozialismus mit der Annahme des sowjetischen „Friedensprogramms" als außenpolitische Richtschnur zu verbinden, den grundsätzlichen Konflikt um die beiden letzten Forderungen nicht beilegen. Ihre Realisierung bedeutet nämlich die Quintessenz des sowjetischen Interesses am Fortbestand einer wenigstens rudimentär institutionalisierten Kommunistischen Weltbewegung.

3. *Entwicklung/Perspektiven:* Zur Zeit erkennt die KPdSU etwa 94 Parteien als „kommunistisch" an und versucht schon seit längerem, sie im Rahmen einer IV. Weltkonferenz zu vereinigen. Selbst wenn ihr dies gelingen sollte, wird der politikbestimmende Effekt allerdings minimal sein. Auf europäischer Ebene, der Moskau absolute Priorität beimißt, besitzt der Konzilkommunismus keine Zukunft mehr, da sowohl Rumänen und Jugoslawen als auch die Kommunistischen Parteien Italiens, Frankreichs (KPF) und Spaniens (KPSp) bereits 1976 unmißverständlich deutlich gemacht haben, daß diese Konferenz die letzte ihrer Art gewesen sei. Hier muß die UdSSR auf andere Möglichkeiten der Einflußnahme zurückgreifen.

Harald Geiss

Liberale Internationale/LI

1. Sitz: Das Generalsekretariat der LI ist seit Gründung in London.

2. Mitglieder: Es gibt zwei Arten von Mitgliedern: neben liberalen Parteien nationale Gruppen der LI, zu denen auch osteuropäische Exilgruppen zählen. Die LI ist stark auf Europa zentriert; hier kommen die Mitglieder aus den EG-Staaten (außer Irland und Griechenland), sowie aus Österreich, Schweiz, Norwegen, Schweden und Finnland. Außereuropäische Mitglieder kommen aus Indien, Israel, Canada, Senegal, seit Mitte der 70er Jahre auch aus lateinamerikanischen Staaten. Die Zahl der „Beobachter" wächst, seit sich die LI weltweit um „Gesprächspartner" bemüht, auch wenn keine liberalen Parteien existieren.

3./4. Entstehungsgeschichte/Ziele: Die LI wurde 1947 als „Liberale Weltunion" gegründet. Ziel der Gründer (Parteien, Gruppen und Einzelpersönlichkeiten) war es, beim Wiederaufbau Europas die Idee der Freiheit zur Geltung zu bringen und als Brücke zwischen den Liberalen GB's und des Kontinents zu dienen.da die Mitglieder der LI politisch-programmatisch eine große Bandbreite aufwiesen, war die LI primär ein der gegenseitigen Information und Kommunikation dienendes internationales Forum. Das „Liberale Manifest von Oxford", bei der Gründung verabschiedet, enthielt das Bekenntnis zu folgenden liberalen Grundpositionen: persönliche, politische und wirtschaftliche Freiheit, Leistung und Engagement als Ergänzung der Freiheit, Beachtung liberaler Grundsätze in den internationalen Beziehungen; es war keine Basis für gezielte Politikbeeinflussung.

5. Organisationsstruktur: Der Kongreß als oberstes Organ setzt sich zusammen aus bis zu 20 Delegierten pro Land, bis zu zwei für jede Organisation liberaler Parlamentarier, bis zu drei für jede Exilgruppe, sowie dem Vorstand (Präsident und Vizepräsidenten). Er tagt jährlich und behandelt dabei jeweils ein spezielles Thema. Das Exekutivkomitee, bestehend aus dem Vorstand, je zwei Vertretern pro Land und vier Vertretern der Exilgruppen, tritt dreimal jährlich zusammen. Die seit 1964 regelmäßig abgehaltenen informellen Treffen der Parteiführer spielen politisch eine zentrale Rolle.

6./7. Entwicklung und Probleme: Die Vielfalt der in der LI vereinigten politischen Strömungen (Großgrundbesitzer und antiklerikal-laizistische Ausrichtung in Südeuropa, neue Mittelschichten in Skandinavien, Wirtschaftsliberalismus i. S. freier Marktwirtschaft in Mitteleuropa, sozialliberale Positionen vor allem bei der jüngeren Generation und in Großbritannien), die Mitgliedschaft nationaler Gruppen statt des Engagements aller liberalen Parteien und die spezifische Rolle als dritte Kraft in der politischen Kräftekonstellation vieler Staaten mit der Notwendigkeit zu großer Elastizität ermöglichten nur einen recht allgemein gehaltenen programmatischen Konsens; das Gründungsmanifest von 1947 wurde 1967 mit der Liberalen Erklärung von Oxford ohne substantielle Änderungen fortgeschrieben. Erst der „Liberale Appell 1981" als neues LI-Manifest enthält neue Positionen: die Rolle des Staates in der Wirtschaft wird, neben der Privatinitiative, unter dem Eindruck wirtschaftlicher und sozialer Krisen positiver gesehen; politische Freiheitsrechte und soziale Aspekte von Grundrechten werden unter dem Eindruck politischer Unterdrückung (z. B. in Lateinamerika) und sozialer Not (in der Dritten Welt) besonders betont.

Die Ablehnung kollektivistischer und totalitärer Tendenzen sowie die Forderung, die politische Ordnung des Staates und die internationale Ordnung auf die Freiheit des Individuums zu gründen, gelten unverändert. Schwerpunkt der praktischen Aktivität in Europa war die Förderung der europäischen Einigung; mit der ELD verfügen die Liberalen über eine EG-weite Parteiföderation. Die Öffnung der LI für gleichgesinnte politische Kräfte in aller Welt seit den 70er Jahren gibt der LI-Arbeit eine neue Dimension, die für die Formulierung liberaler Grundpositionen und Leitbilder nicht folgenlos bleiben wird.

Rudolf Hrbek

Liga der Islamischen Welt

1. Sitz: Mekka (Saudi-Arabien)

2. Mitglieder: Unter den 26 Mitgliedern der Gründungsversammlung von 1962 fanden sich drei islamische Religionsgelehrte aus Saudi-Arabien und jeweils einer aus Nord-Nigeria, Pakistan, Senegal, Indien, Ägypten, Jemen, Syrien, Algerien, Afghanistan, Marokko, Mauretanien, Singapur, Irak, Philippinen, Ceylon, Jordanien, Nigeria, China, Libanon und Türkei sowie der ehemalige Mufti von Jerusalem, *Haji Amin al-Husaini* als auch der Rektor des Islamischen Zentrums in Genf, *Sa id Ramadan*. Die Zahl der Mitglieder der Gründungsversammlung ist heute auf über 50 angewachsen. Soweit bekannt ist, finden sich in ihr keine Vertreter der in Iran vorherrschenden schi'itischen Richtung des Islams.

3. Entstehung: Der entscheidende Katalysator für die Entstehung einer internationalen islamischen Organisation war die Aufhebung des Kalifats 1924, das die Einheit der islamischen Gemeinde wenigstens noch symbolisiert hatte. Bemühungen um internationale Konferenzen (Mekka und Kairo 1926, Jerusalem 1931) blieben zunächst unfruchtbar wegen der partikularen Interessen der in der islamischen Welt neu entstandenen Nationalstaaten. Der Gründung der „Liga" 1962 ging die Gründung der heute noch bestehenden „Islamischen Weltkonferenz" (Mu'tammar al- 'Alam al-islami) in Karachi 1952 voraus. Politisch stand und steht hinter der „Liga" Saudi-Arabien, das mit Hilfe der „Liga" säkulare und sozialistische Ideologien, wie sie in den 60er Jahren vor allem im *Nasserismus* repräsentiert waren, bekämpfen wollte.
Die Liga der Islamischen Welt (rabitat al-'alam al-islami) ist die wichtigste internationale islamische Organisation auf nicht-staatlicher Ebene.

4. Ziele: Entsprechend der Satzung besteht für die Liga folgendes Ziel: „Den Appell des Islams zu verbreiten, seine Prinzipien und Lehren zu erklären, ihn betreffende entstellende Deutungen zu widerlegen, gefährliche Verschwörungen zu bekämpfen, mit denen die Feinde des Islams die Muslime zur Abwendung von ihrer Religion verlocken; die Einheit der Muslime und ihre Brüderlichkeit untereinander zu wahren und in der Weise auf die Angelegenheiten der Muslime zu. schauen, daß ihre Interessen, ihre Hoffnungen und die Lösung ihrer Probleme verwirklicht wird" (Majallat rabitat al-'alam al-islami Aug. 1963, S. 35).

5. Organisation: Oberstes Organ der „Liga" ist die Gründungsversammlung. Sie tritt einmal im Jahr während der Pilgerfahrt in Mekka, die als eine Art „natürliche" islamische Konferenz angesehen wird, zusammen. An der Spitze der „Liga"

steht der Generalsekretär, der laut Satzung immer ein saudischer Religionsge-
lehrter sein muß. Seit Okt. 1983 ist es Dr. *'Abdallah 'Umar Nasif.* Die „Liga"
hat Beobachterstatus bei den → UN. Sie wird zum größten Teil von Saudi-Arabien
finanziert.

6./7. Entwicklung/Bewertung: Anders als die → „Organisation der Islamischen
Konferenz" (OIC) ist die „Liga" als auf nicht-staatlicher Ebene arbeitende Organisation entschieden stärker ideologisch ausgerichtet. Die Propagierung des
Ideenguts der in Saudi-Arabien staatstragenden „fundamentalistischen" Ideologie des Salafiya-Islam sunnitischer Prägung ist ihr Hauptinteresse. Die Errichtung von Moscheen, insbesondere in Regionen der islamischen Welt, wo Muslime Minderheiten darstellen (Südostasien, Schwarzafrika, Europa, USA),
die Unterstützung islamischer Vereine, gehören neben der Herausgabe einer arabischen und englischen Zeitschrift sowie der Herausgabe von Büchern und der
Abhaltung von Konferenzen zu den wichtigsten Aktivitäten. Ohne Zweifel ist
die „Liga" zu einem wichtigen Forum der gemäßigten Kräfte des sogenannten
fundamentalistischen Islam geworden. Doch die religiös-ideologischen Auffassungen der „Liga" dürfen nicht als Konsensus der islamischen Welt gewertet
werden. Bemühungen von Vertretern der „Liga", *Mu'ammar al-Kadhdhafi* 1979
von als „ketzerisch" empfundenen Behauptungen abzubringen, schlugen fehl.
Der Besuch einer Delegation im Iran *Khomeinis* 1979 blieb im Bereich des
Protokollarischen. Als ein nicht unbedeutendes Instrument saudischer Außenpolitik darf die „Liga" dennoch nicht zu gering eingeschätzt werden. Außerdem
gilt sie vielen Muslimen als ein wichtiger und zeitgemäßer Schritt zur Verwirklichung der Einheit der islamischen Gemeinde.

Literatur:

Kramer, M. S. 1978: An Introduction to World Islamic Converences, Tel Aviv
(The Shiloah Center for Middle Eastern and African Studies, Occasional Pa-
pers No. 63).
Reissner, J. 1984: Internationale islamische Organisationen, in:
Ende, W. und *Steinbach, U.* (Hrsg.), Der Islam in der Gegenwart (2 Bände).
Majallat rabitat al-'alam al-islami, Mekka (Monatszeitschrift der Liga) und The
Muslim World League (Monatszeitschrift der Liga in Englisch).

Johann Reissner

Ökumenischer Rat der Kirchen/ÖRK (World Council of Churches/ WCC)

1. Sitz: Genf

2. Mitglieder: Über 300 Mitgliedskirchen aus ca. 100 Ländern repräsentieren
ca. 400 Mio. Christen. Die Römisch-Katholische Kirche (ca. 750 Mio. Mitglieder) ist zwar nicht Mitglied des ÖRK, beteiligt sich aber an einigen ÖRK-Vorha-
ben.

3. Entstehungsgeschichte: Die Weltmissionskonferenz 1910 in Edingburgh
führte 1921 zum *Internationalen Missionsrat,* 1925 zur *Bewegung für Prakti-*

sches Christentum, 1927 zur Bewegung für *Glauben und Kirchenverfassung*
1948 gründeten 147 Kirchen offiziell den ÖRK. 1961 erfolgte der Beitritt der
orthodoxen Kirchen Osteuropas und der Zusammenschluß mit dem *Internationalen Missionsrat* und 1973 mit dem *Weltrat für christliche Erziehung*.

4. Ziele/Vertragsinhalt: Funktionen und Ziele des ÖRK sind Einheit, Zeugnis, Dienst und Erneuerung der Kirchen. Er hat keine gesetzgebende Gewalt
über die Kirchen, hat beratende Funktion und kann nur in solchen Angelegenheiten handeln, die ihm eine oder mehrere Kirchen übertragen.

5. Organisationsstruktur/Finanzierung: Die Vollversammlung tritt in der Regel alle sieben Jahre zusammen (1948 Amsterdam, 1954 Evanston, 1961 Neu-Delhi, 1968 Uppsala, 1975 Nairobi, 1983 Vancouver). Die Delegierten (1983:
900) legen die Richtlinien für die Programme (s. u.) fest. Der Zentralausschuß
(134 Mitglieder) tagt jährlich. Er wählt aus seiner Mitte den Exekutivausschuß,
setzt Kommissionen ein und wählt den Generalsekretär, der einen Stab von ca.
300 Mitarbeitern leitet. Diese arbeiten in drei Programmeinheiten: *Glauben und
Zeugnis, Gerechtigkeit und Dienst, Bildung und Erneuerung.* Ihr Anteil am Gesamthaushalt des ÖRK (1983: ca. 32 Mio. Sfr) liegt bei ca. 16 % bzw. 43 % bzw.
9 %. Die einzelnen Mitgliedskirchen sind die wichtigsten Geldgeber. Einen festen Mitgliedsbeitrag gibt es nicht.

6./7. Entwicklung/Perspektiven/Bewertung: Nach Duchrow (1980) sollte
der ÖRK aus dem Zustand eines ohnmächtigen Zweckverbandes zum christlichen Rätemodell entwickelt werden. Der ÖRK wäre dann bevollmächtigt, z. B.
den Nord-Süd-Konflikt (wie die *„Bekennende Kirche"* den sog. *„Arierparagraphen")* zum *„casus confessionis"* erheben zu können. Haupthindernis dafür seien die internationalen konfessionellen Strukturen. Machterhaltungsinteressen
blockierten deren notwendigen Selbstauflösungsprozeß.

Literatur

van der Bent, A. J. [2]rev. 1981: What in the World is the World Council of
    Churches?, Genf.
Duchrow, U. [2]1980: Konflikt Ökumene, München.
Howell, L. 1982: Im Glauben handeln. Der ÖRK seit 1975, Genf.
Krüger, H./Müller-Römheld, W. [2]1976: Bericht aus Nairobi 75, Offizieller Bericht, Frankfurt.
Moderow, H. M./Sens, M. 1979: Orientierung Ökumene, Berlin.

Volker Lubinski

Sozialistische Internationale/SI

1. Sitz: Sitz des Sekretariats in London, Sitz der Unterorganisation Bund
der sozialdemokratischen Parteien der EG in Brüssel, Committee for Latin-America and the Carribbean in Santo Domingo und der Asian-Pacific Socialist
Organisation in Tokio.

2. Mitglieder: Die SI hat 1983 54 Mitgliederparteien, davon 32 in Regierung
bzw. in letzter Zeit an der Regierung. 23 sozialdemokratische und sozialistische

Parteien in Europa, 14 sozialdemokratische und radikaldemokratische Parteien in Lateinamerika, neun in Afrika und Asien, vier in Nahost und zwei in Nordamerika. Zwölf weitere Mitgliedsorganisationen wie SI-Frauen, Internationale der Jungsozialisten (IUSY) und Internationale Falken gehören ihr ebenfalls an. Enge Zusammenarbeit besteht mit dem →IBFG. Kontakte existieren auch mit Befreiungsbewegungen wie PLO, POLISARIO, SWAPO und Sandinistas.

3. Entstehungsgeschichte: Die SI wurde 1884 unter Mitarbeit von Karl *Marx* als (Erste) Sozialistische Internationale gegründet und 1889 als Zweite Internationale wiedergegründet. Im Ersten Weltkrieg brach sie durch die Spaltung und die Kriegsschulddebatte zusammen. Im Jahr 1923 wurde sie als Sozialistische Arbeiter-Internationale neu gegründet und betrieb eine Politik der Abgrenzung gegenüber Sowjetkommunismus und KOMINTERN. Aufgrund der Herrschaft des Faschismus und des Ausbruchs des Zweiten Weltkrieges brach die SI erneut zusammen. Im Jahr 1951 erfolgte in Frankfurt die Wiedergründung als Sozialistische Internationale, die 1976 im Rahmen einer politischen und organisatorischen Reform wiederbelebt wurde und seit dieser Zeit zunehmend Bedeutung erlangt hat. Seit 1976 ist *Willy Brandt* (SPD) Präsident.

4. Ziele: Die SI harmonisiert, koordiniert und initiiert intern. und außenpolitische Forderungen ihrer Mitgliederparteien, organisiert gegenseitige politische und materielle Unterstützung und beeinflußt Regierungspolitik. Sie hat fünf Arbeitsschwerpunkte. Im Ost-West-Konflikt soll auf der Grundlage von Entspannung und friedlicher Konfliktlösung Rüstungskontrolle und Abrüstung durchgesetzt werden. Im Nord-Süd-Konflikt soll ein Kompromiß zwischen IL und EL erreicht werden, dessen erster Schritt die Vorschläge der Brandt-Kommission sind. Weiterhin sollen über eine Reform des internationalen Währungs-, Finanz- und Handelssystems die Interessen der Dritten Welt besser gewahrt werden. In Lateinamerika sollen der Liberalisierungs- und Demokratisierungsprozeß ausgebaut und militärische Eingriffe von außen verhindert werden. Ziel dabei ist eine plurale Demokratie unter Berücksichtigung von Menschenrechten und sozioökonomischen Reformen mit außenpolitischer Unabhängigkeit und regionaler Zusammenarbeit. Menschenrechte sollen sowohl für Gruppen als auch Individuen global und unabhängig von der jeweiligen Gesellschaftsstruktur bzw. Entwicklungsstand durchgesetzt werden. Regionale Konflikte wie Nah-Ost, Westsahara, Südliches Afrika, Iran-Irak, Zentralamerika usw. sollen unter aktiver Vermittlung der SI und ihrer Mitgliederparteien friedlich gelöst werden.

5. Organisationsstruktur/Finanzierung: Oberstes Organ ist der alle 2 - 3 Jahre stattfindende Kongreß. Zwischenzeitlich wird in zwei Bürositzungen pro Jahr, in denen alle Mitgliederorganisationen vertreten sind, entschieden. Dabei besitzen Präsident und Sekretariat großen Einfluß. Zusätzlich finden Arbeitskonferenzen, Studiengruppen, Missionen und Parteiführertreffen statt, die die Entscheidungen vorbereiten. Die relativ geringen Finanzmittel werden ausschließlich von den Mitgliedsparteien aufgebracht.

6. Entwicklung: Aus einer eurozentrierten und durch politische Konflikte gekennzeichneten Parteienassoziation ist vor allem seit 1976 ein in Europa, Lateinamerika und darüber hinaus einflußreiche INGO entstanden, die als Parteienorganisation gegenüber Regierungspolitik größeren Handlungsspielraum besitzt, sich gleichzeitig aber auch der Regierungspolitik ihrer Mitgliederparteien bedienen kann. Dagegen besteht ein begrenzter Einfluß auf die → Blockfreienbewegung, die USA und die UdSSR. Wichtige Anstöße sind vor allem in der Rüstungskontrolle, der Unterstützung demokratischer Regierungen in der Dritten Welt und der Wahrung der Menschenrechte festzustellen.

7. *Bewertung/Perspektiven:* Insgesamt mehr indirekter Einfluß auf internationale Politik in der Vorbereitung und Unterstützung von Regierungspolitik auf Parteiebene. Grenzen liegen dabei sowohl in der nationalen Eigenständigkeit von Mitgliederparteien als auch in der Schwierigkeit, über interne Konflikte hinweg zu politischen Initiativen zu gelangen.

Literatur

Zorghbibe, C. 1969: L'internationale socialiste: structure et idéologie, in: Politique Etrangère (34), 1/69, S. 81-107

Reimund Seidelmann

Union der Industrien der Europäischen Gemeinschaft (Union des Industries de la Communautée Européenne/UNICE)

1. Tätigkeitsbereiche und Organisation:

Die 1958 mit Sitz in Brüssel gegründete UNICE ist der führende europäische Verbandszusammenschluß nationaler Unternehmensdachverbände. Die UNICE repräsentiert gegenwärtig 14 wirtschafts- und sozialpolitische Spitzenverbände der zehn EG-Mitgliedstaaten. (für die Bundesrepublik den Bundesverband der deutschen Industrie (BDI) und die Bundesvereinigung der deutschen Arbeitgeberverbände (BDA)) und 14 assoziierte Verbände der übrigen westeuropäischen Staaten. Zu den wesentlichen Aufgaben und Organisationszielen der UNICE gehören die Information der nationalen Mitgliedsverbände über die Politik der EG und die Vertiefung des gegenseitigen Erfahrungsaustausches; die Formulierung eines gemeinsamen europäischen Industriestandpunktes und dessen Vertretung gegenüber den Organen der Gemeinschaft; die informelle Abstimmung mit den zahlreichen euro-industriellen Branchenverbänden und weiteren gesamtwesteuropäischen sowie internationalen Zusammenschlüssen der Privatwirtschaft und die Geschäftsführung und Koordinierung des EG-Arbeitgeberverbindungsausschusses, einem 1970 mit Einrichtung des Ständigen Ausschusses für Beschäftigungsfragen unter der Führung UNICEs etablierten sozialpolitischen Koordinierungsgremium aller privatwirtschaftlichen EG-Verbände. Die Willensbildung des Verbandes vollzieht sich innerhalb eines differenzierten, dem Charakter des EG-Entscheidungssystems (→ EG) angepaßten Organisationsgefüges: Die sechs Hauptabteilungen des 35 Personen umfassenden Sekretariats koordinieren die Tätigkeit von rund 40 ständigen bzw. ad hoc Ausschüssen, in denen nationale Verbandsexperten in jährlich insgesamt 300 Sitzungen das gesamte Spektrum unternehmensrelevanter Wirtschafts- und Sozialpolitik der EG behandeln. Der zwei- bis dreimal monatlich unter Vorsitz des UNICE Generalsekretärs tagende ‚Ausschuß der Ständigen Vertreter' (die Leiter der von den Mitgliedsverbänden am Sitz der Gemeinschaft unterhaltenen Büros), bildet das eigentliche Bindeglied zwischen nationaler und europäischer Verbandsebene. Dieses Gremium hat die Aufgabe, konsensfähige Positionen zu sondieren und zu aggregieren und damit die Entscheidungsfindung der beiden UNICE-Führungsorgane, des Exekutivkomitees der nationalen Hauptgeschäftsführer und des zweimal jährlich tagenden Rats der Präsidenten vorzubereiten. Zur Vertretung ihrer Interessen unterhält die UNICE enge, formelle wie informelle Kontakte zu allen Gemeinschaftsorganen, insbesondere zur EG-Kommission.

2. Entwicklungstendenzen der transnationalen Verbandszusammenarbeit:
Die UNICE weist seit ihrer Gründung eine kontinuierliche Zunahme und Ausdifferenzierung institutionalisierter Zusammenarbeit auf: die sukzessive Vergrößerung des Sekretariats, die Verdichtung der Kommunikationsprozesse (Zahl der Ausschußsitzungen, Intensivierung des wechselseitigen Informationsaustauschs etc.), die Erweiterung der behandelten Themenbereiche und die signifikante Zunahme der verabschiedeten Stellungnahmen sind Ausdruck dieser Entwicklung. Diesen quantitativen Entwicklungstendenzen – nicht zuletzt Reflex der innerhalb des EG-Raumes verdichteten Interdependenzbeziehungen – stehen zahlreiche Strukturgegebenheiten entgegen, die eine über den konföderalen Charakter der UNICE hinausgehende Intensivierung der Zusammenarbeit behindern. Dazu zählen u. a. Unterschiede in den nationalen Verbandstrategien und -strukturen, vor allem aber die aus den jeweiligen gesamtwirtschaftlichen oder sektoralen Bedingungen der einzelnen Volkswirtschaften resultierenden Divergenzen in den ordnungspolitischen Orientierungen, ökonomischen Interessenlagen und Handlungsprioritäten der Mitgliedsverbände. Infolge der wirtschaftlichen Krisenentwicklungen seit Mitte der 70er Jahre ist eine abnehmende Konsensfähigkeit der UNICE in konkreten handels- und industriepolitischen Fragen und eine Zunahme nationalstaatlich ausgerichteter Strategien ihrer Mitgliedsverbände zu verzeichnen.

Literatur

Platzer, H.W. 1984: Unternehmensverbände in der EG – ihre nationale und transnationale Organisation und Politik, Kehl/Straßburg
Wirtschafts- und Sozialausschuß der EG 1980: Die Europäischen Interessenverbände und ihre Beziehungen zum Wirtschafts- und Sozialausschuß, Baden-Baden

Hans-Wolfgang Platzer

Weltfußballverband (Fédération Internationale de Football Association/ FIFA)

1. Sitz: Hauptquartier und Sitz der FIFA ist Zürich.

2. Mitglieder: 1983 sind 154 nationale Fußballverbände. Sie sind über alle Kontinente verteilt: in Afrika 42, Asien 37, in Europa 34, in Nord-, Mittel- und Zentralamerika 23, in Südamerika 10, in Australien 4 und weitere vier assoziierte Mitglieder *(FIFA 1983).*

3. Enstehungsgeschichte: Die FIFA wurde am 21.5.1904 von sieben westeuropäischen nationalen Dachverbänden in Paris gegründet. Gründungsmitglieder: Belgien, Dänemark, Frankreich, Niederlande, Spanien, Schweden und die Schweiz.

4. Ziele: Ziel der FIFA-Tätigkeit ist die Förderung und Überwachung des Amateur-, Nichtamateur- und Berufsfußballspiels. Unter Ausschluß aller rassistischen, religiösen und politischen Diskriminierungen sollen die freundschaftlichen Beziehungen zwischen den Nationalverbänden gefördert werden *(FIFA-Statuten 1981, Art. 2).* *Weitere Aufgaben:* Ausrichtung der Jugend-Weltmeisterschaft (FIFA/Coca-Cola Cup 1983), des Olympischen Fußballturniers (Los Angeles 1984) bzw. einer Amateurweltmeisterschaft sowie des FIFA – Weltpokals (Mexiko 1986).

5. Organisationsstruktur/Finanzierung:

5.1 Die FIFA setzt sich aus den von ihr anerkannten und ihr angeschlossenen Dachverbänden zusammen, welche das Fußballspiel in ihren Ländern bzw. Staaten kontrollieren. Prinzip: ein Land/Staat besitzt innerverbandlich eine Stimme; Ausnahme ist Großbritannien, hier sind vier britische Verbände anerkannt worden (Ebenda, Art. 1).

5.2 Auf ‚Weltebene‘ gliedert sich die Organisationsstruktur der FIFA in
– den FIFA-Kongreß, das gesetzgebende Organ
– zwei ausführende Organe, das Exekutiv-Komitee (20 Mitglieder und der Präsident, z. Z. *J. Havelange*) und das siebenköpfige Dringlichkeitskomitee
– das Generalsekretariat als administratives Organ und
– zehn Ständige Kommissionen und Komitees, u.a. die Disziplinar- und Amateurkommission sowie die Organisationskommission für den FIFA-Weltpokal 1986.

5.3 Auf ‚kontinentaler Ebene‘ wurden von der FIFA sechs ‚continental confederations‘ anerkannt, z.B. die Vereinigung der Europäischen Fußballverbände mit Sitz in Bern, Schweiz. Diese besitzen ebenfalls die Aufgabe der Förderung und Überwachung des Fußballspiels auf den Kontinenten; sie wählen Delegierte in die zentralen FIFA-Gliederungen.

5.4 Die FIFA-Finanzierung wird gesichert durch Mitgliederbeiträge (300 sFr./a pro Verband), Einnahmen aus allen Länderspielen und internationalen Turnieren (je Spiel 2% der Bruttoeinnahmen) und den Weltmeisterschaften (10% der Bruttoeinnahmen) *(FIFA-Statuten 1981,* Art. 36ff.). Der Reingewinn der FIFA bei den XII. (XI.) Fußballweltmeisterschaften in Spanien 1982 (Argentinien 1978) betrug 6,5 (4,6) Mio sfr.

6. Entwicklung: Die wachsende Kommerzialisierung internationaler Fußballveranstaltungen – z.B. Bruttoeinnahmen bei der XII. Fußball-WM 1982: 115 Mill. SFr.; davon 39 Mio aus dem Verkauf von Fernsehrechten, 36 Mio aus der Stadionwerbung, 40 Mio aus dem Verkauf der Eintrittskarten – verstärkt die weitgehende Ausrichtung der FIFA-Tätigkeit auf die Förderung des Profifußballs und ermöglicht die Ausrichtung der Fußball-WM nur relativ finanzkräftigen Staaten.
Ein Boykott der Teilnahme an der XI. Fußball-WM in Argentinien (1978) drohte angesichts der nachweislich enormen Menschenrechtsverletzungen durch die Militärjunta nach dem Putsch 1976 *(Das Parlament 1978: Laaser* 1980). Diese ‚Politisierung‘ verweist auf die weiterhin bestehende Anfälligkeit auch des Fußballsports gegenüber internationalen Spannungen.

7. Perspektiven: Der Einfluß des *Deutschen Fußballbundes* auf die FIFA ist angesichts ihres Status als größter Fußball-Einzelverband (4,5 Mio Mitglieder, vgl. *DSB 1984*) und ihre Weltpokalerfolge als groß einzuschätzen. Das zeigt sich u.a. in zahlreichen Funktionen ihres Präsidenten *H. Neuberger*, der als führender europäischer Fußballfunktionär u.a. einer der FIFA-Vizepräsidenten und Mitglied in zahlreichen relevanten FIFA-Kommissionen ist *(FIFA 1983)*.

Literatur:

Das Parlament 1978: Themenausgabe Fußball, 22 (1978), 26, Bonn.
Deutscher Sportbund (DSB) 1984: Jahrbuch des Sports 1984, Frankfurt/M.
FIFA 1983: Directory of Adresses, Stand: 1/1983, in: FIFA-Handbook, Zürich.
FIFA 1981: Statuten, Reglement, Geschäftsordnung des Kongresses, Amateur-Definition der FIFA, in: FIFA-Handbook, Zürich.
Hopf, W. (Hrsg.) 1979: Fußball, Soziologie und Sozialgeschichte einer populären Sportart, Bensheim.
Laaser, E. 1980: Die Fußballweltmeisterschaft 1978 in der Tagespresse der Bundesrepublik Deutschland, Berlin.

Horst Hübner

Weltgewerkschaftsbund/WGB

1. Sitz: Seit 1956 hat der WGB seinen Sitz in Prag (bis 1949 in Paris; nach der Spaltung zunächst in Wien). Die dem WGB angegliederten Branchensektionen, die Internationalen Vereinigungen der Gewerkschaften (IVG), haben ihre Sekretariate in u.a. Prag, Berlin, Moskau, Sofia und Helsinki. Formell unabhängige, aber die WGB-Richtung vertretende Regionalorganisationen bestehen für Lateinamerika, der Congreso Permanente de Unidad Sindical de los Trabajadores de América Latina (CPUSTAL) mit Sitz in Mexico City, und für den arabischen Raum, die International Confederation of Arab Trade Unions in Bagdad (ICATU).

2. Mitgliederorganisationen: Mitglieder des WGB sind in der Regel nationale Gewerkschaftsbünde; mit eingeschränkten Organisationsrechten besteht die Möglichkeit als „assoziiertes Mitglied" dem WGB verbunden zu sein; das ist auch der Status der Regionalorganisationen auf den Kongressen. Fast 90 % der Mitglieder werden von den Gewerkschaften des COMECON (→ RGW) organisiert; allein der sowjetische Gewerkschaftsbund stellt ca. 130 Mio. Mitglieder von den (nach WGB-Angaben) 206 Mio. in 90 Ländern organisierten Arbeitnehmern (1982). Relevante Organisationen in westlichen Industriestaaten sind die CGT (Frankreich) und einige Branchenorganisationen der japanischen SOHYO. Die Mehrzahl der affiliierten Organisationen sind mitgliederschwache Gewerkschaften der Dritten Welt.
Der Führungsanspruch der Sowjetunion, programmatische Differenzen und letztlich gescheiterte Öffnungsbestrebungen führten zum Austritt wichtiger Organisationen aus folgenden Staaten: Jugoslawien (1950), China und Albanien (1966), Italien (1978). Die CGT hat sich seit 1978 aus allen Ämtern zurückgezogen.

3. Entstehungsgeschichte: Der nach dem Zweiten Weltkrieg gegründete WGB, dem die meisten sozialdemokratischen/sozialistischen und kommunistischen Gewerkschaften angehörten, hatte nicht lange Bestand. Die unterschiedliche staatliche und gesellschaftliche Integration der Gewerkschaften in den kapitalistischen und den staatssozialistischen Ländern, die dadurch bedingten Funktionsdifferenzen der Gewerkschaften sowie deren unterschiedlich starke Bindung an ihnen nahestehende Parteien und nicht zuletzt der Versuch der mitgliederstarken Staatsgewerkschaften Osteuropas (bes. der UdSSR), den WGB für die eigene Politik zu instrumentalisieren, sind die wichtigsten Gründe, die von Anfang an die Labilität des WGB prägten und schließlich zur Abspaltung der sozialdemokratisch/sozialistischen Mitgliederorganisationen führten. Die politische Bruchlinie bildete letztlich die Haltung zum Marshall-Plan; wenngleich organisationspolitische Fragen wie die Beziehung zu den Internationalen Berufssekretariaten und die Verbindlichkeit von Beschlüssen des WGB Dauerkonfliktpunkte bis zur Spaltung des WGB 1949 blieben.

4. Zielsetzung: Zu den programmatischen Schwerpunkten des WGB zählt seit den 60er Jahren der gewerkschaftliche Kampf gegen Multinationale Konzerne (MNK), der vor allem von den IVG koordiniert und getragen werden und für den WGB wichtige Ansatzpunkte für Aktionseinheiten mit ihm nicht angeschlossenen Gewerkschaften bieten soll. Diese Intention der Aktionseinheit verfolgen auch verschiedene Deklarationen des WGB wie die Charta der Gewerkschaftsrechte (1978), die Charta der sozialen Sicherheit (1982) und die der → ILO unterbreitete Deklaration zum sozialen Fortschritt (1978).

Der WGB steht bei der Umsetzung seiner Programmatik vor einem kaum zu überwindenden Dilemma. Er verfolgt einerseits eine antikapitalistische Strategie, ohne – bis auf Ausnahmen – in den kapitalistischen Staaten über die organisatorische Macht zu ihrer Durchsetzung zu verfügen; andererseits steht er wegen der Funktion der Gewerkschaften in staatssozialistischen Ländern vor dem Problem, selbst grundlegende Forderungen nach Organisationsfreiheit, wie sie in den bislang vom WGB anerkannten ILO-Konventionen formuliert sind, für die Mitgliederorganisationen in den staatssozialistischen Ländern nicht durchsetzen zu können. Eingeengt wird der Handlungsspielraum des WGB noch dadurch, daß seine politischen Stellungnahmen weitgehend den außenpolitischen Positionen der UdSSR folgen wie z. B. bei der Auseinandersetzung mit Jugoslawien (1950) oder bei der Haltung der Solidarność.

5. Organisationsstruktur/Finanzierung: Der Kongreß, das höchste Entscheidungsgremium des WGB, tagt alle vier Jahre. Der Generalrat, der als Entscheidungsträger zwischen den Kongressen fungiert und mindestens einmal im Jahr zusammentritt, wählt den Präsidenten, den Vizepräsidenten, den Generalsekretär und die sechs Sekretäre. Er setzt sich zusammen aus je einem Vertreter und einem Stellvertreter der angeschlossenen Gewerkschaften und der 11 IVG. Das Exekutiv-Büro gilt als eigentliches Leitungsgremium des WGB. Es überwacht die Arbeit des Generalsekretärs und des Sekretariats. Ihm ist das Recht zu politischen Stellungnahmen vorbehalten. Mindestens alle vier Monate tritt es zusammen. Das seit 1969 auf Organisationsfunktionen beschränkte Sekretariat besteht aus dem Generalsekretär, seinem Stellvertreter und sechs Sekretären. Ihm unterstehen Fachabteilungen wie die für Information und Presse, für Verwaltung und Finanzen (1976 verfügte der WGB über Mitgliederbeiträge von 2,6 Mio. US-Dollar, vgl. Windmüller 1978: 98 f.), das Kontaktbüro mit den IVG etc.

Als Reaktion auf kritische Stellungnahmen des Sekretariats, des Generalsekretärs, *I. Saillant* und des Präsidenten *R. Bitossi,* zum Einmarsch der Warschauer-Pakt-Staaten in die CSSR wurde das Sekretariat mit der „Reform" der Organisationsstruktur 1969 entmachtet. Politische Stellungnahmen obliegen seitdem dem Exekutivbüro, das gleichzeitig durch die Erweiterung des Mitgliederkreises repräsentativer gestaltet wurde. Auf Initiative der italienischen CGIL und der rumänischen Gewerkschaft können die nationalen Gewerkschaften seit 1966 über die Verbindlichkeit von WGB-Beschlüssen selbst entscheiden. Im Rahmen dieser organisationspolitischen Reformen wurde auch der Status der ‚assoziierten Mitglieder' statutenmäßig gestärkt und ihnen Mitbestimmungs- und Beratungsrechte in WGB-Gremien eingeräumt.

Die Berufsorganisationen des WGB, die 11 IVG, besitzen einen teilautonomen Status: Sie verfügen über eigene Statuten und autonome Finanzverwaltung — die durch finanzielle Abhängigkeit vom Bund, der 25 % der Mitgliederbeiträge an die IVG laut Satzung abführen muß, eingeengt ist. In ihrer Tätigkeit, ihrer Satzungsautonomie und ihren Programmen sind sie an die Statuten und Grundsatzprogramme des WGB gebunden.

Die mit assoziiertem Status auf den Kongressen des WGB vertretenen Regionalorganisationen CPUSTAL und ICATU werden allem Anschein nach finanziell vom WGB gestützt.

6. Entwicklung: Die Spaltung des WGB und die betont antikommunistische Gründung des IBFG beantwortete der WGB in der Zeit des „Kalten Krieges" mit kompromißlosem Konfrontationskurs, der vom IBFG mit Kontaktverbot zu kommunistischen Gewerkschaften für die eigenen Mitgliederorganisationen (1952 bis 1970) beantwortet wurde. Entspannungspolitik, Ost-West-Dialog und die Notwendigkeit einer flexibleren Strategie in den Entwicklungsländern leiteten im WGB — nicht zuletzt forciert durch die Forderung der rumänischen Gewerkschaft und der CGIL nach größerer Autonomie, Dezentralisierung und Regionalisierung — eine „Politik der Öffnung" ein. Folgen waren: eine konstruktivere Mitarbeit des WGB in UN-Organisationen (vor allem in der → ILO, → UNESCO, → FAO, → ECOSOC, → UNCTAD, → UNIDO), wenngleich die Deklaration politischer Grundsatzpositionen noch immer dominant ist und die Handlungsfähigkeit dieser Organisationen hemmt; der Versuch systemübergreifende Gewerkschaftskontakte mit der Perspektive internationaler Zusammenarbeit mit dem → IBFG, dem → WVA und vor allem dem EGB herzustellen — hierfür bot die ILO und ihre Europäischen Gewerkschaftskonferenzen den Boden.

Mit der Anerkennung formal autonomer Regionalorganisationen, der Aufwertung der ‚assoziierten Mitglieder' und dem Angebot punktueller Kooperation und Unterstützung unterhalb der formellen Mitgliedschaft versucht der WGB Einflußverlusten in der Dritten Welt entgegenzuwirken, wie sie in Afrika mit der Gründung der All-African Trade Union Federation (AATUF) und der panafrikanischen OATUU (1973), in Lateinamerika mit dem Niedergang der Confederacion de Trabajadores de America Latina (CTAL) und nach dem Bruch zwischen Ägypten und der UdSSR mit dem Funktionsverlust der ICATU zum Ausdruck kamen.

7. Perspektiven/Bewertung: Für eine internationale Gewerkschaftspolitik sind dem WGB enge Grenzen gesteckt. Sie sind durch das Übergewicht der Gewerkschaften der UdSSR und der meisten Ostblockstaaten im WGB und deren Funktion im staatssozialistischen System sowie durch das Fehlen einer hinreichenden Organisationsmacht in den kapitalistischen Industrieländern zur Durchsetzung der propagierten antikapitalistischen Zielsetzungen markiert. Letztlich kann von einer eigenständigen, einflußfähigen, gestaltenden und integrativen internationalen Gewerkschaftspolitik des WGB kaum die Rede sein. Die wichtigsten Aktionsfelder dürften daher auch in Zukunft die Gewerkschaften der Dritten Welt und die Präsenz in internationalen Organisationen bleiben.

Literatur

Coldrick, A. P./Jones, Ph. 1979: The International Directory of the Trade Union Movement, London.
Lademacher, u. a. 1978: Der Weltgewerkschaftsbund im Spannungsfeld des Ost-West-Konflikt, in: AfS, Bd. XVIII, S. 119-218
Ließ, O. 1983: Weltgewerkschaftsbund, in: *S. Mielke* (Hrsg.), Internationales Gewerkschaftshandbuch, Opladen, S. 21 ff.
Olle, W. (Hrsg.), 1978: Einführung in die internationale Gewerkschaftspolitik, Bd. 1, Berlin.
Windmuller, J. P. 1978: International Trade Union Movement, in: *Roger Blanpain* (Hrsg.), International Encyclopaidia for Labour Law and Industrial Relations, Deventer
Weltgewerkschaftsbewegung, hrsg. vom WGB, Prag

Peter Rütters

Weltverband der Arbeitnehmer/WVA

1. Sitz: Brüssel

2. Mitglieder: Nach eigenen Angaben gehören dem WVA Anfang 1984 68 Mitgliedsorganisationen mit insgesamt 15 Mio. Mitgliedern in mehr als 70 Ländern aller Kontinente an. Nach dem Austritt der *Confédération Française Démocratique du Travail* (CFDT, 1978) und des *Nederlands Katholiek Vakverbond* (NKVV, 1981) sind die belgische *Confédération des Syndicats Chrétiens* mit über 1,2 Mio. und der protestantische *Christelijk Nationaal Vakverbond* in den Niederlanden mit ca. 300 000 Mitgliedern die bedeutendsten westeuropäischen Mitgliedsorganisationen des WVA. Das Gros der Mitgliedsverbände und der Mitglieder des WVA kommt aus Lateinamerika (ca. 5 Mio.) und aus Asien.

3. Entstehungsgeschichte: Das erste internationale Sekretariat christlicher Gewerkschaften mit Sitz in Köln wurde 1908 eingerichtet. Es stellte lediglich eine „informelle Kontaktstelle" *(Etty/Piehl* 1983: 22) dar und existierte nur bis zu Beginn des Ersten Weltkrieges. Die Hauptstreitfragen: „Arbeitervereine oder Gewerkschaften und interkonfessionelle oder getrennt katholisch/evangelische Gewerkschaften" (ebda.) wurden zugunsten der Gewerkschaften auf interkonfessioneller Basis entschieden.

Die 1920 von christlichen Gewerkschaften aus zehn Ländern (mit ca. 3,3 Mio. Mitgliedern) gegründete Nachfolgeorganisation, der *Internationale Bund Christlicher Gewerkschaften* (IBCG), blieb eine europäische Organisation, in der – ebenso wie vor dem Ersten Weltkrieg – der deutschen Mitgliedsorganisation mit mehr als 1/3 der Gesamtmitgliedschaft eine maßgebliche Rolle zukam.

4. Ziele: Der WVA verurteilt in seinen programmatischen Äußerungen „alle Formen des Kapitalismus sowie des marxistischen Staatssozialismus", weil diese die Entwicklungen zu einer humanen Wirtschaft hemmen (Art. 7, Grundsatzerklärung). Als Grundforderungen für die vom WVA angestrebte Wirtschafts- und Gesellschaftsordnung sind zu nennen: Ein pluralistisches System, das die unveräußerlichen Menschenrechte, und ein Wirtschaftssystem, das den Menschen als „wesentlichen Faktor der Produktion" (ebda., Art. 5) anerkennt und den Arbeitnehmern „Dank des gewerkschaftlichen Einflusses die Kontrolle des Betriebsgeschehens" zugesteht. Der WVA lehnt alle Wirtschaftsordnungen ab, in denen „Besitz, Führung und Gewinn der Betriebe" ausschließlich in den Händen der Kapitalvertreter verbleiben (ebda., Art. 6). Auf der überbetrieblichen Ebene fordert er für die Gewerkschaften „das Recht und die Mittel . . . , aktiv und wirksam in die Bestimmung, Durchführung und Kontrolle der Wirtschafts-, Sozial- und Entwicklungspolitik ihres Landes einzugreifen" (ebda., Art. 8).

Forderungen nach einer völligen Selbstbestimmung der Arbeitnehmer, das Plädoyer für eine revolutionäre Ausrichtung der Gewerkschaften und die antikapitalistische Position finden ihre Grenzen in der grundsätzlichen Anerkennung des Privateigentums an Produktionsmitteln. Der WVA betont jedoch die soziale Bindung des Eigentums. Wenn es das Gemeinwohl erfordert, sind die mit dem Privateigentum verbundenen Rechte an den Produktionsmitteln gesetzlich einzuschränken und auf den Staat zu übertragen. Um die Sicherung der Interessen und Werte der Individuen zu gewährleisten, ist jedoch dafür Sorge zu tragen, daß das „Übermaß an Entscheidungsgewalt des Staates und der Einfluß der Technokratie durch die Übernahme von Verantwortung und die Mitwirkung von Gruppen, Gemeinschaften und Basisorganisationen beschnitten wird" (Art. 11).

Menschenbild, Betonung der Basisorganisationen, Staatsauffassung, die Stellung zum Privateigentum und Gemeinwohlvorstellungen des WVA lassen auch bei fehlender Betonung des Subsidiaritätsprinzips eine starke Anlehnung an das Konzept der christlichen (insbesondere katholischen) Soziallehre erkennen. Die verbale Öffnung der ehemals europäischen christlichen Gewerkschaftsinternationale gegenüber den „traditionellen Werten aus sonstigen Weltteilen" bleibt selbst im programmatischen Bereich begrenzt.

5. Organisationsstruktur/Finanzierung: Die wichtigsten Organe des WVA sind der Kongreß, der Bundesvorstand, der geschäftsführende Vorstand, der vom Kongreß gewählte Vorsitzende/Präsident und der Generalsekretär, dem die organisatorische Leitung des WVA obliegt. Der Kongreß ist die Generalversammlung sämtlicher Mitgliederorganisationen, deren Stimmenzahl auf den Kongressen sich nach der Mitgliederzahl, für die sie an den WVA Beiträge leisten, richtet. Er ist das „höchste gesetzgebende Organ der WVA" (Art. 14, Satzung). Die Formulierung und Durchführung der Politik des WVA wird jedoch stärker von dem Bundesvorstand, in dem u. a. der Vorsitzende, der Generalsekretär und deren Stellvertreter, die Regionalorganisationen, die Fachinternationalen und die wichtigsten Landesbünde vertreten sind und von der Geschäftsführung, d. h. in erster Linie von dem Generalsekretär, bestimmt.

In den 60er Jahren kam den organisatorisch weitgehend autonomen Regionalorganisationen eine vergleichsweise große Bedeutung zu. Nach der Auflösung (1974) der *Union Pan-Africaine des Travailleurs Croyants* (UPTC) und der *Europäischen Organisation* (EO-WVA) kommt heute lediglich der lateinamerikanischen Regionalorganisation, der CLAT, die eng mit zahlreichen progressiven Bauern- und Befreiungsbewegungen zusammenarbeitet, größere Bedeutung zu, während die asiatische Regionalorganisation, die *Brotherhood of Asian Trade Unions* (BATU), durch das Vordringen des Kommunismus in Indochina erheblich geschwächt wurde. Auch die Bedeutung und Aktivitäten der Internationalen Fachverbände (Brancheninternationalen) sind eher begrenzt.

Die Finanzierung des WVA wird im wesentlichen von den Mitgliedsbünden in Europa und in Kanada getragen. Kassenberichte oder dergleichen werden nicht publiziert.

6. Entwicklung: Die Entwicklung des IBCG nach dem Zweiten Weltkrieg ist zum einen durch eine Internationalisierung der Organisation über den europäischen Rahmen hinaus und durch eine damit einhergehende Regionalisierung des IBCG bzw. des WVA und zum anderen durch eine allmähliche Entkonfessionalisierung der Organisation, die 1968 ihren Ausdruck in der Umbenennung des IBCG in WVA findet, gekennzeichnet.

7. Perspektiven: Seit dem Austritt von CFDT und NKVV ist der WVA in den führenden westlichen Industriestaaten auf eine periphere Rolle zurückgedrängt. Bestrebungen des WVA, diesen Machtverlust durch Terraingewinn in den Ländern der Dritten Welt zumindest teilweise auszugleichen, lassen sich aufgrund seiner begrenzten finanziellen Mittel lediglich bei wachsender Außenfinanzierung realisieren. *Etty/Piehl* (1983:30) prognostizieren für den WVA zwei Hauptoptionen: „Aufgehen im IBFG" oder Entwicklung zu einem „Weltverband der progressiven Bewegungen". Aufgrund der heftigen Kontroversen zwischen den Regionalorganisationen des IBFG und des WVA in Lateinamerika. der Schwerpunkte der WVA-Tätigkeit und der Zusammenarbeit des WVA mit zahlreichen progressiven nicht-gewerkschaftlichen Organisationen in den Ländern der Dritten Welt, erscheint die Entwicklung in Richtung der letztgenannten Alternative am wahrscheinlichsten.

Literatur:

Etty, T. /Piehl, E. 1983: Weltverband der Arbeitnehmer, in: *Mielke, S.* (Hrsg.): Internationales Gewerkschaftshandbuch, Opladen, 21-30.

Otte, B. 1931: Internationaler Bund der Christlichen Gewerkschaften, in: *Heyde, L.* (Hrsg.): Internationales Handbuch des Gewerkschaftswesens, Berlin, Bd. 1, 817-823.

Weltverband der Arbeitnehmer, 1981: Satzungen und Geschäftsordnung, angenommen vom 20. Kongreß, Manila 9.-14. November.

Ders., 1968: Grundsatzerklärung, angenommen vom 16. Kongreß, Luxemburg, 1.-4. Oktober.

Ders., 1981: Orientierungsbericht, T. I und II, 20. Kongreß, Manila, 9.-14. November.

Ders., 1983: Aktionsprogramm des Weltverbandes der Arbeitnehmer, Brüssel.

Windmuller, J. P. 1978: International Trade Union Movement, in: Blanpain, R. (Hrsg.); International Encyclopaedia for Labour Law and Industrial Relations, Bd. 1, Deventer.

Siegfried Mielke

Personenregister

Adenauer, Konrad 142
Amin, Idi 14, 165
Al-Ayari, Chazli 184

Beitz, Berthold 312
Benenson, Peter 288
Beyen, Johan Willem 109
Bishara, Abdallah 190
Bitussi, R. 328
Brandt, Willy 275, 322

Carrington, Peter 14
Carter, James Earl 271
Chatti, Habib 59
Chruschtchow, Nikita Sergejewitsch
  140
Churchill, Winston Leonard Spencer
  · 65
Coubertin, Pierre de 311f
Clausen, A. W. 26
Cremer, William Randal 315
Cuellar, Javier Perez de 69
Curie, Marie 87

Daume, Willi 311
Dunant, Henri 313

Echeverria, Luis 232
Einstein, Albert 87
Eisenhower, Dwight, David 187
Elisabeth II., Königin 14
Erhard, Ludwig 110
Estaing, Giscard d' 281

Gaulle, Charles de 114, 128
Gaye, Amadou Karim 59

Habre, Hissen 161
Hallstein, Walter 115

Hammarskjold, Dag 69

Hassan II., König 59
Hassouna, Abdel Khalik 191
Havelange, Jao 326
Houphouet-Boigny, Felix 159, 169
Al-Husaini, Hajj Amin 320
Huxley, Julian 88

Al-Imadi, Mohamed 185

Jaroudy, Sark 185

Al-Kadhdhafi, Umar Muammar 62,
  154, 320
Kaunda, Kennth 14
Khane, Abd-El Rahman 90
Khomeini, Ruhollah Musawi 321
Klibi, Schedli 192

Lie, Trygve 69
Luns, Joseph 109

Marx, Karl 322
M'Bow, Amadou Mahtar 87, 89
McBride, Sean 289
McTaggert, David 292
Mitterrand, François 284
Mugabe, Robert 14
Muzerewa, Abel 14
Myrdal, Gunnar 145

Nasser, Gamal Abdel 58
Nasif, Abdallah Umar 320
Nehru, Motlal 8
Neuberger, Hermann 326
Nkomo, Joshua Mqabuko Myongolo
  14
Nkrumah, Kwame 12, 157
Nyerere, Julius Kambaragene 14, 165

Pardo, Arvid 278
Pascha, Abdel Rahman Azzam 191
Passy, Frédéric 315
Pérez, Carlos A. 232
Pirzada, Shadin Fuddin 59
Prebisch, Raúl 242

Queddei, Goukouni 161

Rahman, Tunku Abdul 59
Rahman, Zaur 204
Ramadan, Sa'id 320
Ramphal, John 15
Reagan, Ronald 280, 284
Riad, Mahmud 192
Roosevelt, Franklin Delano 65
Rumor, Mariano 291

Al-Sadat, Muhammad Anwar 193
Saillant, Louis 328
Saouma, Edouard 17
Schmidt, Helmut 281f

Die Autoren dieses Buches

Andersen, Uwe, Dr.; Professor für Politikwissenschaft an der Ruhr-Universität Bochum

Bellers, Jürgen, Dr.; Wiss. Assistent am Institut für Politikwissenschaft der Westfälischen Wilhelms-Universität Münster

Bethkenhagen, Jochen, Dr.; Wiss. Mitarbeiter am Deutschen Institut für Wirtschaftsforschung in Berlin

von Beyme, Klaus, Dr.; Professor für Politikwissenschaft an der Ruprecht-Karls-Universität Heidelberg

Bodemer, Klaus, Dr.; Akademischer Oberrat am Institut für Politikwissenschaft der Universität Mainz

Bohnet, Michael, Dr.; Mitarbeiter im Bundesministerium für witschaftliche Zusammenarbeit

Dettke, Dieter, Dr.; Leiter des Büros der Friedrich-Ebert-Stiftung in Washington

Ehmke, Holger; Mitarbeiter in der Bundeszentrale für Politische Bildung, Bonn

Gebrewold, Kiflemariam, M.A., Dipl.-Agraringenieur; freiberuflicher wiss. Mitarbeiter bei der Forschungsstätte der Evangelischen Studiengemeinschaft Heidelberg

Geiss, Harald, Dr.; Wiss. Mitarbeiter am Ostkolleg der Bundeszentrale für Politische Bildung, Köln

Grosser, Dieter, Dr.; Professor für Politikwissenschaft an der Ludwig-Maximilians-Universität München

Ferdinand, Horst, Dr.; Ministerialrat, Leiter des Referats Interparlamentarische Angelegenheiten in der Verwaltung des Deutschen Bundestages

Hacke, Christian, Dr.; Professor für Politikwissenschaft an der Bundeswehrhochschule Hamburg

Hacker, Jens, Dr.: Professor für Politikwissenschaft an der Universität Regensburg

Häckel, Erwin, Dr.: Privatdozent, z. Zt. Lehrstuhlvertretung Politikwissenschaft an der Universität Münster

Hanisch, Rolf, Dr.: Wiss. Mitarbeiter am Institut für Internationale Angelegenheiten, Universität Hamburg

Hofmeister, Rolf, Dr.: Direktor des Instituts für Afrikakunde, Hamburg

Hrbek, Rudolf, Dr.: Professor für Politikwissenschaft an der Eberhard-Karls-Universität Tübingen

Hübner, Horst, Dr.: Wiss. Mitarbeiter am Institut für Leibeserziehung der Westfälischen Wilhelms-Universität Münster

Hüfner, Klaus, Dr.: Professor für Wirtschaftswissenschaften an der Freien Universität Berlin

Hummer, Waldemar, Dr.: Professor für Politikwissenschaft an der Leopold-Franzens-Universität Innsbruck

Jenisch, Uwe, Dr.: Mitarbeiter im Ministerium für Wirtschaft und Verkehr des Landes Schleswig-Holstein, Kiel

Kiehle, Wolfgang, cand. rer. pol.: Mitarbeiter im Miterbildungswerk, Bochum

Klingenberg, Charles, ev.-freikirchlicher Theologe; Wiss. Mitarbeiter der ev. Arbeitsstelle Fernstudium für kirchliche Dienste, Hannover

Kohler-Koch, Beate, Dr.; Professor für Politikwissenschaft an der Technischen Hochschule Darmstadt

Kuschke, Wolfram, M.A.; MdL Nordrhein-Westfalen, Lünen

Langhammer, Rolf J., Dr.; Wiss. Mitarbeiter am Institut für Weltwirtschaft an der Universität Kiel

Langmann, Andreas, Dipl.-Sozialwissenschaftler; Doktorand an der Ruhr-Universität Bochum

Lehr, Volker, Dr.; Mitarbeiter an der Universidad Nacional Autonoma de Mexico

Lubinski, Volker, M.A., ev.-freikirchlicher Theologe; Wiss. Mitarbeiter an der Ruhr-Universität Bochum

Lütkenhorst, Wilfried, Dr.; Diplom-Ökonom; Mitarbeiter der UNIDO, Wien

Loth, Winfried, Dr.; Professor für Politikwissenschaft an der Westfälischen Wilhelms-Universität Münster

Magiera, Siegfried, Dr.; Professor für Öffentliches Recht an der Hochschule für Verwaltungswissenschaften Speyer

Matthies, Volker, Dr.; Wiss. Mitarbeiter am Institut für Allgemeine Überseeforschung, Hamburg

Matzke, Otto, Dr., Diplom-Volkswirt; ehemaliger Direktor der FAO, Rom

Mielke, Siegfried, Dr.; Professor für Politikwissenschaft an der Freien Universität Berlin

Naumann, Jens, Dr.; Wiss. Mitarbeiter am Max-Planck-Institut für Bildungsforschung, Berlin

Nienhaus, Volker, Dr.; Privatdozent am Seminar für Wirtschafts- und Finanzpolitik der Ruhr-Universität Bochum

Nohlen, Dieter, Dr.; Professor für Politikwissenschaft an der Ruprechts-Karl-Universität Heidelberg

Reissner, Johannes, Dr.; Wiss. Mitarbeiter der Stiftung Wissenschaft und Politik Ebenhausen

Robert, Rüdiger, Dr ; Akademischer Oberrat am Institut für Politikwissenschaft der Westfälischen Wilhelms-Universität Münster

Rüster, Bernd, Dr.; Juristisches Lektorat C. H. Beck-Verlag, München

Rütters, Peter,; Wiss. Mitarbeiter am Institut für Innenpolitik und Komparatistik der Freien Universität Berlin

Schmid, Annette, Dipl.-Übersetzerin; Mitarbeiterin am Institut für Politikwissenschaft der Universität Heidelberg .

Schmidt, Gustav, Dr.; Professor für Politikwissenschaft an der Ruhr-Universität Bochum

Schlögl, Anton, Dr.; Generalsekretär (a. D) des Deutschen Roten Kreuzes, Bonn

Seidelmann, Reimund, Dr.; Privatdozent am Institut für Politikwissenschaft der Justus-Liebig-Universität Gießen

Unser, Günter, Dr.; Wiss. Mitarbeiter am Institut für Politikwissenschaft der Rheinisch-Westfälischen Technischen Hochschule Aachen

Weber, Ludwig, Dr.; Mitarbeiter der IATA, Genf

Wolff, Jürgen, Dr.; Professor für Soziologie an der Ruhr-Universität Bochum

Woyke, Wichard, Dr.: Privatdozent am Institut für Politikwissenschaft der Westfälischen Wilhelms-Universität Münster